风景园林文汇

孟兆桢

张国强 编

中国建筑工业出版社

图书在版编目（CIP）数据

风景园林文汇/张国强编. —北京：中国建筑工业
出版社，2014.5
ISBN 978-7-112-16297-0

I.①风… II.①张… III.①园林艺术－中国－文集
IV.①TU986.62－53

中国版本图书馆CIP数据核字（2013）第321082号

责任编辑：郑淮兵　杜　洁
责任校对：陈晶晶　刘　钰

风景园林文汇

张国强　编

*
中国建筑工业出版社出版、发行（北京西郊百万庄）
各地新华书店、建筑书店经销
北京中科印刷有限公司印刷
*
开本：787×1092毫米　1/16　印张：26¾　字数：600千字
2014年8月第一版　2014年8月第一次印刷
定价：**78.00**元
ISBN 978-7-112-16297-0
（25013）

序

汇滴水为川　循传统创新
——赞贺《风景园林文汇》付梓

我们都为中国梦凝聚力量，作为综合国力之一的风景园林学科也要走传承创新之路为共圆国梦发力，这是科学发展之路。

不惑之年和知天命的人群都着眼于将毕生所积累的专业知识总结出来，使之传承下去，尽到为中国民族文化不断流淌中的一滴水的作用。滴水虽小但可汇滴水为川。张国强君 1956 年考入北京林学院城市及居民区绿化专业，亦即今之风景园林专业。那年头没有博士学位制度，四年本科就在专业基本理论方面打下了全面、系统而扎实的基础。毕业后投入城市园林和风景名胜区规划设计社会实践工作，数十年如一日，在此基础上先后主持了风景园林设计中心和信息中心的工作。通过数十年辛勤耕耘积累和深悟人生天职，倾心于编著一本有益于中国风景园林传承的文汇。人各有志，他的慧眼认识到中国风景园林文汇的重要性，敢于不畏其艰，迎难而上，终于出版，如愿以偿，这是值得赞赏和祝贺的。我们要诚挚地感谢为本书致力的所有人，感谢他们的辛勤劳动。

说到这本书的意义还必须了解中国风景园林的特点，这是几千年的历史积淀铸成的。西方重理，中华民族重文，文理交融以文为主。中国风景园林"景面文心"，我曾欲以七言诗反映中国风景园林的特色：

综合效益化诗篇　诗情画意造空间
相地借景彰地宜　景以境出美若仙

首先强调综合效益，不应有驾凌于综合效益之上的任何单项效益。借综合效益全面地为人民大众服务，满足公众在物质和精神两方面对风景园林日益提高的社会要求。其公益性表现在提高人民的健康水平和平均寿命，为人民长远的、根本的利益服务。而中国的特色表现在以诗情画意创造空间。我们的宇宙观是"天人合一"，视宇宙为两元即自然和人。人是自然的成员，尊重自然，保护自然，服从自然，在这前提下主张"人杰地灵"和"景物因人成胜概"。这宇宙观见诸于文学是"物我交融"，学习方法是"读万卷书，走万里路"，主要创作方法是"比兴"。见诸于绘画是"贵在似与不似之间"，学习方法是"搜尽奇峰打草稿"，主要创作方法是"外师造化，内得心源"。这就注定了受文学绘画千丝万缕影响的中国风景园林追求的境界是"虽由人作，宛自天开"。学习方法是"左图右画开卷有益，模山范水出户方精"。也是"读万卷书走万里路"。文学是文化艺术之根本，诗又是文学之本。"诗言志"，即人的志向、思想、感情、认识都是通过诗来表达，这是本书着眼所在。着手则老老实实去查询历史发展的本来面目，展现出一条文化发展的脉络。中国的文字发展没有断，因而文化亦未断，但于中取什么是与风景园林相关的就不是一件易事，从中再摘文选那就更难了。所以作者是闯难关出来的。文选皆与风景园林创作相关，按历史顺序写，人、书、境、景皆可自立，而总体勾绘出中国园林文化的脉络。

在总脉络中有三个节点是重要的，第一是肇发，灵台、灵沼是肇发的内容与形式。观察天象和自然、祭天祀地、射猎游憩。从造型上是为具有高下互借的山水雏形。第二是高潮，陈寅恪先生说"中国古代文化造极于赵宋"。但陶渊明开创了田园诗和五言诗，后来成为山水诗，宗炳开创了山水画，而艮岳是典型的文人写意自然山水园。第三是明清的集大成时期，现代应强调钱学森先生提出的"山水城市"，这是城市发展的终极目标。

风景园林学涉及人与自然的综合、文理的综合、生物学与建筑学的综合、工程技术与美学的综合。专著少而与之相关的书籍却浩如烟海。单科的综合性是中华民族文化艺术的固有特色，甚至有时候很难划定哪些书与中国风景园林相涉。譬如书法、篆刻都是平面构成，而平面构成又是三维空间构成的基础，我认为是密切相关的，都是"因白守黑"。因而内容庞杂，何止万千，以万卷书概括更相宜。这类书如对有国学基础之士有些是必读的，像我这样年过八旬之人尚未全面系统地学国学，只是遇到问题才去查找文献。这是一个漫长的积累过程，比较学以致用。而我勤于学而疏于读书卡片的整理，难于再次查询。我想张国强君也是类似的学习过程，但他既勤于学习而又精于学习的管理，这对后学者有莫大的好处。文摘是摘与风景园林相关的，这样就省去大量的图书馆找卡片、借书、阅览的时间。基于本书提供的途径再作全面深入的学习也就有了方便之门了。这是本书的重大贡献和特色。

世界上只有尽可能追求的美好而没有绝对的完美。无论从书目或是文摘都有大量发展的空间，而且在传承中难免有所缺憾甚至错误，诚望广大读者不吝指教为感，愿此作在这基础上继续发展，传承光大。

孟兆桢

癸巳春

前　言

风景园林是为满足人们的生理健康、心理达畅、人天和美等三类需求而成长的公共事业和综合性学科。

远在农耕和聚落形成的古代，便产生了天地祖神河岳祭祀、五山十山好山、名山大川等事物；随着农业和都邑形成，又产生了圃、囿、台、沼、苑、园和邑郊游乐地；伴随秦汉中央一统国家确立，山水名胜、宫苑园林、城宅路堤植树等三系已现雏形；随后，又经魏晋人文风尚与快速发展，隋唐宋的造极与全面发展，元明清的多元与深化发展等历程；发展到当代的系统集成，风景园林则是兼融着风景、园林、绿地等三系特征的公共事业。

在风景园林研究中，风景的宏观优势与长效特征十分突出，园林的核心价值与大众魅力深入人心，绿地的中观难题与功效特色随科技而变化，还有近年时尚的视觉景观正在强调个性。所以，风景园林是一个"人天和美"的境界与综合性很强的应用学科。它的健康发展，将涉及天、地、生等自然科学的基础，文、史、哲等人文精神的导向，理、工、农等工程技术的措施，需要统筹科学精神、人文关爱、技术方法有机融合，构成异宜的新优成果。因而，要学习、鉴赏、研究、创造风景园林，常会借鉴中华文明的经典文献，倘佯在人类智慧海洋中，探寻原生文明基因和内生动力优势，启迪自觉、自信、自立的发展精神。

风景园林师的实践之路，常从应用技术开始，边实践边积累，渐入专业理论。随着机遇增多，统筹范围扩展，将会升华出基础理论。因而，走读天下的调研，查阅案卷的思辨，优选要素的统筹，则是常见的作业与功力。

本书的主要目的，实为上述需求贡献一本概要而又相对充足的文献资料，既能传承知识，又便于寻访搜检，还益于弘扬人类文明，为风景园林事业、学科、人才发展助力。本书的主要内容，多是数十年来随工作进程而搜访的相关资料。进入新世纪，又以"自主时间"较系统地扩展阅读、补充、查对原著，力争强化其涵盖面。2009 年以后正式动手编辑，虽有多位友人的鼓励与帮助，但因时日零碎，迟至现在才算完稿。

本书所提供的文献资料，依时代先后排列，并按风景园林发展的阶段特征，共分为夏商周、秦汉、魏晋、隋唐宋、元明清、现代等六章。本书共选 141 位均已过世先贤的著作，并各排为一节，合计 141 节。对入选著作则多节录其直接相关的文字，少数篇章录其全文。凡入选的文字，均按内容分类抄录，每类冠以有编号的小标题，全书共有 725 个条码。其中，凡采用原著篇名作条文标题的，均在正文标题上加"*"号，此部分若不录其全文则注明"节录"。文中用方括号 [ ] 标注的字，为不同版本的用字。对所选作家或著作均作了相关内容的简要介绍，其中资料多参考原著、传记、相关专著和《中国大百科全书》（1986版）。

本书各章首页文图，主要参考：《中国历史地图集》（谭其骧，1982年版）；《中国历史气候变化》（施雅风，1996年版）；《中国人口通史》（路遇、滕译之，2000年版）；《中国文化概论》（张岱年，2004年版）。

在中华复兴的激情时代，努力于本职的现实工作尚显力不从心，若要扩展阅读，就只能靠"自主时间"，加之本人的学力有限，面对浩如烟海的中华典籍，本书的局限性仍较明显，对其不足、不妥和错误之处，期待于同道同志的继续努力。

在本书编辑中，承蒙端木山、邓武功、吕明伟、张媛、白杨、栾晓松各位同仁的大力协助与鼓励，特表衷心感谢。

张国强
2012年金秋于北京长河书斋

目　录

第一章 夏、商、周

（公元前 22~ 前 11 世纪）

原始社会后期，由尧和舜相继为首领的部落联盟，转变为一姓世袭的君主制王朝——夏（公元前 21~ 前 16 世纪），夏族首领禹都阳城，相处帝丘，夏都又有安邑等地。商汤灭夏，建商王朝（公元前 16~ 前 11 世纪），屡迁后定居殷。因有 1898 年以后在殷墟发现了大量的甲骨刻辞、带铭文的青铜器、作坊、陵墓遗址，中国史从此进入信史时代。周武王灭商建周（公元前 11 世纪~ 前 256 年），设丰镐为"宗周"，洛邑为"成周"，形成东西两个政治中心。平王时（公元前 770 年）东迁洛邑进入东周时期，其又分为春秋、战国前后二期。

夏商周为奴隶社会末期。气候经历了温暖期（公元前 3500~ 前 1000 年）、寒冷期（公元前 1000~ 前 850 年）、温暖期（公元前 8~ 前 5 世纪）三期变化。经济由农耕进入农业，属土地国有的自然经济阶段。居住由聚落形成都邑。文化从神本走向人本，出现了春秋战国的空前繁荣，诸子百家开创了中华文化的"元典性"著作。

风景园林由五帝以前的萌芽状态，进入到肇始时期。产生了天地祖神河岳祭祀、名山大川等事物，出现了囿圃、台沼、苑园和邑郊游乐地，还有路堤疆域和周礼提出的多种植树模式。

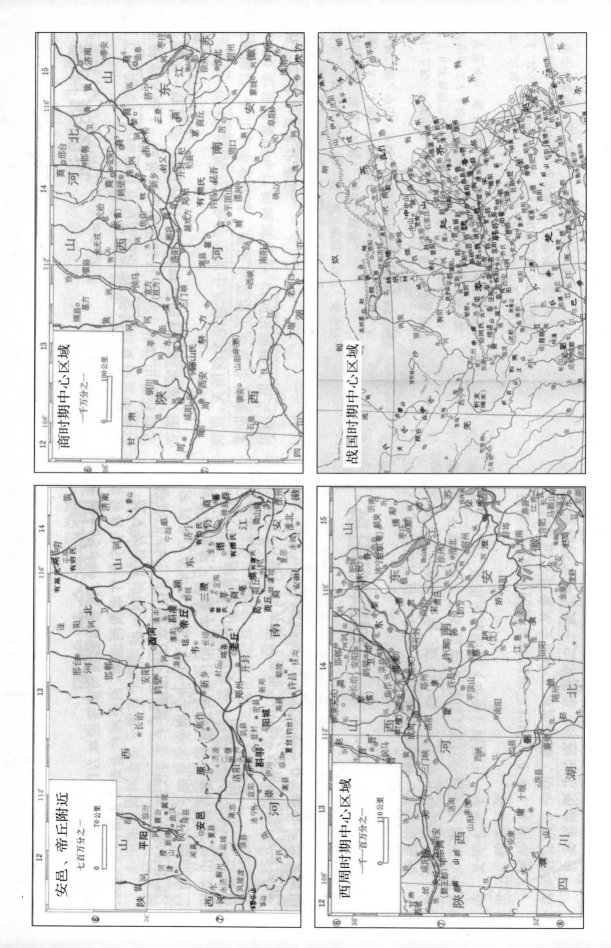

一、《诗经》（公元前 11~ 前 6 世纪）

中国最早的诗歌总集。它收集了从西周初年（公元前 11 世纪）到春秋中叶（公元前 6 世纪）500 年间的诗歌 305［313］篇。在先秦称为《诗》或《诗三百》，到汉代，被朝廷正式奉为经典之一，才出现《诗经》的名称。

据秦汉记载，《诗经》作品主要有两个来源，一是专职官员四出采访、收集民歌，二是周朝士大夫有"献诗"的制度。《诗经》中的诗当初都是配乐的歌词，保留着古代诗歌、音乐、舞蹈三者结合的形式，只是经过春秋战国大变动，乐谱和舞姿失传，只剩下歌词，成为现在所见的诗集。

《诗经》中的"风"是各诸侯国的土风歌谣，大多是民歌，最富于思想和艺术价值，共 160［161］篇，本书选集的"定之方中"、"淇奥"、"考槃"、"将仲子"、"溱洧"、"七月"六篇即属。"雅"是西周王畿地区的正声雅乐，共 106［112］篇，本书选集的"吉日"、"斯干"、"绵"、"灵台"、"卷阿"即是。"颂"是宗庙祭祀的歌舞歌辞，共 40 篇，本书选集的"殷武"、"时迈"即是。

《诗经》因其内容丰富，有较高的思想和艺术成就，以及深刻地描写与反映现实的精神，在中国和世界文明史上占有重要地位。这里所选的 13 篇诗作同风景、园林、绿化、游憩、建设、发展、有着密切关系。

本书引文据《诗经译注》，周振甫译注，中华书局，2002 年版。

1. 定之方中 *（节录）

【原文】	【译文】
定之方中，①	营室星儿正当中，
作于楚宫。②	十月造筑楚丘宫。
揆之以日，③	按照太阳定方向，
作于楚室。④	后造居室兴冲冲。
树之榛栗，	种的榛树兼有栗，
椅桐梓漆，⑤	还种椅桐和梓漆，
爰伐琴瑟。	于是好伐作琴瑟。
升彼虚矣，⑥	登那漕邑已成墟，
以望楚矣。	望见楚丘可定居。
望楚与堂，⑦	再望楚丘与堂邑，
景山与京。⑧	大山高丘相和集。
降观于桑。	下来观察那种桑。
卜云其吉，	占卜都说这里吉，

终然允臧。⑨	终于是善好居地。

······

【注释】

①定：星名，叫营室。此星认为在夏历十月可以营造宫室。②楚宫：楚丘的宫。③揆(kuí)：度量太阳的出来和没落来定方向。④楚室：整齐的房室，楚指整齐。⑤榛、栗、椅、桐、梓、漆：皆树名。⑥虚：指漕邑为墟，即荒废了。⑦楚与堂：楚丘与堂邑。⑧景山与京：大山与高丘。⑨臧(zāng)：善，好。

2. 淇奥 *

【原文】	【译文】
瞻彼淇奥，①	看那淇水湾曲处，
绿竹猗猗。②	绿竹美盛有秩序。
有匪君子，③	有文雅的君子人，
如切如磋，④	如切如磋治骨器，
如琢如磨。⑤	如雕玉石美如许。
瑟兮僴兮，⑥	庄严啊宽大啊，
赫兮咺兮。⑦	喧赫啊威仪啊。
有匪君子，	这个文雅的君子，
终不可谖兮。⑧	终于教人不可忘掉他。
瞻彼淇奥，	看那淇水湾曲处，
绿竹青青。	绿竹青青有秩序。
有匪君子，	有文雅的君子人，
充耳琇莹，⑨	耳瑱美玉光莹莹，
会弁如星。⑩	帽缝宝玉有如星。
瑟兮僴兮，	庄严啊宽大啊，
赫兮咺兮。	喧赫啊威仪啊。
有匪君子，	有文雅的君子人，
终不可谖兮。	终于不可以忘掉他。
瞻彼淇奥，	看那淇水湾曲处，
绿竹如箦。⑪	绿竹郁积有秩序。
有匪君子，	有文雅的君子人，
如金如锡，	像金像锡般贵重，
如圭如璧。	像圭像璧美如许。
宽兮绰兮。⑫	宽广啊阔绰啊，
猗重较兮。⑬	像依靠车子重较啊。
善戏谑兮，⑭	善于对人们作戏谑，
不为虐兮。	不去对人们作暴虐。

【注释】

①奥：湾曲处。②猗猗：长而美。③匪：通斐，文采。④切磋：治骨曰切，治象牙曰磋。⑤琢磨：治玉曰琢，治石曰磨。⑥瑟：庄严貌。僩(xiàn)：宽大貌。⑦赫：威严貌。咺(xuān)：威仪。⑧谖(xuān)：忘。⑨琇：宝石。莹：光彩。⑩会弁(biàn)：鹿皮帽接合处。如星：会合处缀上宝石如星。⑪箦(zé)：积，郁积。⑫绰：旷达。⑬猗：通倚。重较：相重复的车厢横木。⑭戏谑：开玩笑。

3. 考槃*

【原文】	【译文】
考槃在涧，①	快乐成就在涧中，
硕人之宽。②	高大人儿心宽松。
独寐寤言，③	独睡独醒独自语，
永矢弗谖。	永远发誓不忘记。
考槃在阿，④	快乐成就在山阿，
硕人之迣。⑤	高大人儿快活多。
独寐寤歌，	独睡独醒独唱歌，
永矢弗过。	永远发誓不错过。
考槃在陆，	快乐成就在平陆，
硕人之轴。⑥	高大人儿心快乐。
独寐寤宿，	独睡独醒独自卧，
永矢弗告。	永远发誓弗告诉。

【注释】

①考：成就。槃(pán)：快乐。②宽：放松。③寐：睡。寤：睡醒。④阿：山的曲隅。⑤迣(guō)：快活。⑥轴：宽舒。

4. 将仲子*

【原文】	【译文】
将仲子兮，①	请仲子啊，
无逾我里，②	不要跨进我间里，
无折我树杞。③	不要攀折我家的杞。
岂敢爱之，	难道我敢爱惜它，
畏我父母。	怕我爹娘要说话。
仲可怀也，	仲子是可以怀念，
父母之言，	爹娘的说话，
亦可畏也。	也是可以害怕。
将仲子兮，	请仲子啊，
无逾我墙，	不要跨过我家的墙，
无折我树桑。	不要攀折我家的桑。

岂敢爱之，	难道我敢爱惜它，
畏我诸兄。	怕我的众兄长说话。
仲可怀也，	仲子可以怀念，
诸兄之言，	众位兄长的说话，
亦可畏也。	也是可以害怕。
将仲子兮，	请仲子啊，
无踰我园，	不要跨进我家的园。
无折我树檀。④	不要攀折我家种的檀。
岂敢爱之，	难道我敢爱惜它，
畏人之多言。	怕旁人多说话。
仲可怀也，	仲子可以怀念，
人之多言，	旁人的多说话，
亦可畏也。	也可以害怕。

【注释】

①将：请。②踰；跨过。里：闾里。③杞（qǐ）：杞柳，落叶乔木，像柳树，木质坚实。④树杞、树桑、树檀：即杞树、桑树、檀树，倒文来押韵。

5. 溱洧 *

【原文】	**【译文】**
溱与洧，	溱水和洧水，
方涣涣兮。①	方才满满啊。
士与女，	小伙子和姑娘，
方秉蕑兮。②	方才拿了兰草啊。
女曰："观乎？"	姑娘说："去看看吧？"
士曰："既且，且往观乎？"	小伙子说："已经看过，姑且去看看吧？"
洧之外，	洧水的外面，
洵訏且乐。③	确实地大而且快乐。
维士与女，	只有男人和女人，
伊其相谑，	他们互相戏谑，
赠之以勺药。④	赠送的用勺药。
溱与洧，	溱水和洧水，
浏其清矣。⑤	多么清啊。
士与女，	小伙子和姑娘，
殷其盈矣。⑥	多得满满啊。
女曰："观乎？"	姑娘说："去看看吧？"
士曰："既且，且往观乎？"	小伙子说："已经看过，姑且去看看吧？"
洧之外，	洧水的外面，

洵讦且乐。	确实地大而且快乐。
维士与女,	只有男人和女人,
伊其将谑,	他们将要戏谑,
赠之以勺药。	赠送的用勺药。

【注释】
①涣涣：水盛貌。②秉：拿着。蕑(jiān)：兰草，与兰花有别。③讦(xū)：大。④勺药：香草名，靡芜类，一名耳离，非今之芍药花。⑤浏(liú)：水清貌。⑥殷：众多。

编注： 郑国风俗，在三月上巳时辰，溱洧两河上，男女在岸边欢乐聚会，拂除不祥，节日气氛浓厚。

6. 七月 *（节录）

【原文】	【译文】
……	
七月流火，①	七月里火星流向下，
九月授衣。	九月里官家发寒衣。
春日载阳，②	春天太阳好，
有鸣仓庚。	黄莺声声啼。
女执懿筐，③	姑娘拿深筐，
遵彼微行，④	照着小路走，
爰求柔桑。	去求柔嫩的桑。
春日迟迟，⑤	春天日子长，
采蘩祁祁。⑥	采摘白蒿忙。
女心伤悲，	姑娘的心里伤悲，
殆及公子同归。⑦	怕和公子同回归。
七月流火，	七月里火星流向下，
八月萑苇。⑧	八月里芦苇长成罢。
蚕月条桑，⑨	蚕月里剪下枝条桑，
取彼斧斨，⑩	拿着那斧子，
以伐远扬，⑪	斫掉枝条的远扬。
猗彼女桑。⑫	用绳子拉住柔桑。
七月鸣鵙，⑬	七月里听伯劳鸟叫，
八月载绩。	八月里纺织麻布料。
载玄载黄，	染上色黑和色黄，
为公子裳。	为公子做衣裳。
四月秀葽，⑭	四月里远志结子，
五月鸣蜩。⑮	五月里蝉嘈不止。
八月其获，	八月里早稻收获，
十月陨箨。	十月里叶子掉落。

一之日于貉，	十一月上山打貉，
取彼狐狸，	取那狐狸皮剥掉，
为公子裘。	做公子的皮袄。
二之日其同，⑯	十二月集会共同，
载缵武功。⑰	继续讲打猎的武功。
言私其豵，⑱	说私自占有小猪，
献豜于公。⑲	把三岁大猪献给公。
五月斯螽动股，⑳	五月里斯螽振动双股，
六月莎鸡振羽。㉑	六月里织布娘振动双翅声。
七月在野，	七月里在野地，
八月在宇，	八月里在屋子，
九月在户，	九月里在门内，
十月蟋蟀入我床下。	十月里蟋蟀入我床底。
穹窒熏鼠，㉒	塞住漏洞熏老鼠，
塞向墐户，㉓	泥垄上北窗塗住门户。
嗟我妇子，	叹说我的妻子和孩子，
曰为改岁，㉔	说是旧事快过去了，
入此室处。	进入这间屋里住。
六月食郁及薁，㉕	六月吃李和葡萄，
七月亨葵及菽。㉖	七月煮豆和葵苗。
八月剥枣，㉗	八月打枣，
十月获稻。	十月收稻。
为此春酒，㉘	做这个春酒。
以介眉寿。㉙	来祝贺长寿。
七月食瓜，	七月吃瓜，
八月断壶。㉚	八月割断葫芦，
九月叔苴，㉛	九月拣起麻子啰，
采荼薪樗，㉜	采苦菜打些柴，
食我农夫。	养活我们农夫。
九月筑场圃，	九月修筑打谷场，
十月纳禾稼。	十月把禾稼收藏。
黍稷重穋，㉝	早熟晚熟的黍子高粱，
禾麻菽麦。	禾麻豆麦一起藏。
我稼既同，	我们的庄稼既完工，
上人执公宫。㉞	还进到公爷的宫。

昼尔于茅，	白天去割茅草，
宵尔索绹。㉟	夜里把绳打好。
亟其乘屋，㊱	快些去修屋，
其始播百谷。	到春天忙于种百谷。

二之日凿冰冲冲，	十二月凿冰声冲冲忙，
三之日纳于凌阴。㊲	正月里把冰往冰室藏。
四之日其蚤，㊳	二月里取冰祭祀早，
献羔祭韭。	献上韭菜和羔羊。
九月肃霜，㊴	九月里降下霜，
十月涤场。㊵	十月里清扫打谷场。
朋酒斯飨，㊶	两壶酒可以上飨，
曰杀羔羊。	再杀了羔羊，
跻彼公堂，	登那公爷堂，
称彼兕觥，㊷	举起那兕角觥，
万寿无疆！	说万寿无疆！

【注释】

①七月流火：一年从秋季七月开始，火星自西而下，谓之流火。九月授衣：九月里分发寒衣。②阳：和暖。③懿筐：深筐。④微行：小路。⑤迟迟：指春日长。⑥蘩：白蒿。⑦殆：怕。同归：指去作妾婢。⑧萑(huán)苇：即芦苇。⑨条桑：剪桑枝。⑩戕(qiāng)：方孔的斧。⑪远扬：指又长又高的桑技。⑫猗彼女桑：用绳拉着采桑。⑬鵙(jú)：伯劳鸟。⑭秀葽(yāo)：不开花而结实的远志。⑮蜩(tiáo)：蝉。⑯同：会合。⑰缵：继续。武功：武事，指打猎⑱豵(zōng)：小野猪。⑲豜(jiān)：大野猪。⑳斯螽：一种鸣虫，以股鸣。㉑莎鸡：纺织娘，一种虫。㉒穹(qióng)：尽。窒(zhì)：堵塞。㉓向：北窗。墐：用泥涂抹。㉔曰：语助词。改岁：除夕。㉕郁：郁李。薁(yù)：蘡薁。落叶藤本植物。㉖葵：一种蔬菜名。㉗剥：打。㉘春酒：冬酿春熟的酒。㉙介：乞求。眉寿：人老眉长，表寿长。㉚壶：通瓠。㉛叔：拾取。苴(jū)：麻子。㉜荼：苦菜。樗(chū)：臭椿。㉝重穋(lù)：后熟曰重，先熟曰穋。㉞上：同尚。功事。㉟绹(táo)：绳。㊱亟：急。㊲凌阴：冰室。㊳蚤：同早。㊴肃霜：下霜。㊵涤场：清除场上杂物。㊶朋酒：两壶酒。㊷称：举起。

7. 吉日 *

【原文】	【译文】
吉日维戊，①	吉祥的日子是初五。
既伯既祷。②	既祭马祖神还祷告。
田车既好，	打猎车子既备好，
四牡孔阜。	四匹雄马很强壮。
升彼大阜，	登上大坡真是好，
从其群丑。③	追赶群兽不算少。
吉日庚午，④	吉祥日子是初七，
既差我马。⑤	既选我马在猎中。
兽之所同，	野兽隐蔽是相同，

麀鹿麌麌。⑥	母鹿成群好相从。
漆沮之从，⑦	漆沮流域可追从，
天子之所。	天子打猎处所同。
瞻彼中原，⑧	看望那个平原中，
其祁孔有。⑨	很有大兽各种同。
儦儦俟俟，⑩	有的奔跑有的走，
或群或友。⑪	或三或两是相从。
悉率左右，	尽率左右来打猎，
以燕天子。	以请天子欢宴中。
既张我弓，	既拉开我的弓，
既挟我矢。	既挟起我利箭。
发彼小豝，⑫	射中那小野猪，
殪此大兕。⑬	射死这大野牛。
以御宾客，	用来款待我宾客，
且以酌醴。⑭	并且用来佐甜酒。

【注释】

①戊：指初五日，为刚日，即十日中一、三、五、七、九为单日，即甲、丙、戊、庚、壬，余为柔日。②既伯既祷：伯，马祖神。祷：向神祷告。③从：追逐。群丑：成群野兽。④庚午：指初七日。⑤差：选择。⑥麀(yōu)鹿：母鹿。麌麌(yǔ yǔ)：麀群聚貌。⑦漆沮：漆水沮水流域。⑧中原：原中。⑨祁(qí)：指大兽。⑩儦儦(biāo biāo)：奔路貌。俟俟(sì sì)：行走貌。⑪群：兽三为群。友：兽二为友。⑫豝(bā)：野猪。⑬殪(yī)：射死。兕(sì)：野牛。⑭醴(lǐ)：甜酒。

8. 斯干 *（节录）

【原文】	**【译文】**
秩秩斯干，①	流动的溪涧，
幽幽南山。②	幽深的终南山。
如竹苞矣，③	像竹子的丛生了，
如松茂矣。	像松树的茂盛了。
兄及弟矣，	兄和弟，
式相好矣，	互相友好了，
无相犹矣。④	没有相指责了。
似续妣祖，⑤	继承先妣和先祖，
筑室百堵，	建筑宫室墙百堵，
西南其户。	门户朝着西南向，
爰居爰处，	于是用这里作居处，
爰笑爰语。	于是笑于是语。

约之阁阁，⑥	约束墙板声阁阁，
椓之橐橐，⑦	敲打泥土声托托。
风雨攸除，	风雨免除不为虐，
鸟鼠攸去，	鸟鼠赶去不作恶，
君子攸芋。⑧	君子以此住新作。

如跂斯翼，⑨	像企望那样站稳，
如矢斯棘，⑩	像发箭那样笔直，
如鸟斯革，⑪	像鸟飞那样变革，
如翚斯飞，⑫	像野鸡毛那样飞，
君子攸跻。⑬	君子人登堂进入。

殖殖其庭，⑭	平正的前庭，
有觉其楹，⑮	有高大柱子直陈，
哙哙其正，⑯	白天显得明亮，
哕哕其冥，⑰	夜里显得光明，
君子攸宁。	君子住了安宁。
……	

【注释】

①秩秩：流行貌。干：溪涧。②幽幽：深远貌。南山：终南山，在陕西西安市南。③苞：本。④犹：通尤，过失。⑤似续：通嗣续，继承。⑥约：束。阁阁：犹历历，言束板之绳历历可数。⑦椓（zhuó）：夯打。橐橐（tuó tuó），用杵击土声。⑧攸：语助。芋：通宇，居。⑨跂（qí）：企，颠起脚后跟站着。翼：如鸟张翼。⑩棘（jí）：急也，矢行缓则枉，急则直，急有直义。⑪革：变也，鸟飞则变静止状态。⑫翚（huī）：野鸡毛羽五彩称翚。⑬跻（jī）：登，升上。⑭殖殖：平正。⑮觉：高大。楹：通楹，柱子。⑯哙哙（kuài kuài）：宽明貌。正：昼也。⑰哕哕（huì huì）：光明貌。冥：夜。

9. 绵 *（节录）

【原文】	【译文】
……	
周原膴膴，①	岐周原野是肥美，
堇荼如饴。②	苦菜也是像糖类。
爰始爰谋，③	于是始谋又再谋，
爰契我龟。④	于是龟卜定祥瑞。
曰止曰时，⑤	停在这里作居处，
筑室于兹。	筑室在此真是美。

迺慰迺止，⑥	于是慰劳定居正，
迺左迺右，	分出左右定彼此，
迺疆迺理，	划定疆界便治理，
迺宣迺亩。⑦	说明田亩好整治。

自西徂东，⑧　　　从西到东有田地，
周爰执事。　　　周遍事情有管理。

乃召司空，　　　是召司空来管地，
乃召司徒，⑨　　　是召司徒来管人，
俾立室家。　　　使立室家是他们。
其绳则直，　　　他的绳子直又正，
缩版以载。⑩　　　用绳捆版得上升，
作庙翼翼。　　　筑庙墙子严又整。

捄之陾陾，⑪　　　用筐运土人纷纷，
度之薨薨，⑫　　　填土版内人群群，
筑之登登，⑬　　　筑土为墙声登登，
削屡冯冯。⑭　　　削平墙土声平平。
百堵皆兴，⑮　　　百堵高墙都起来，
鼛鼓弗胜。⑯　　　大鼓声音不能胜。

迺立皋门，　　　于是建立起郭门，
皋门有伉。⑰　　　郭门建立高相应。
迺立应门，　　　于是建立起正门，
应门将将。⑱　　　正门建立真严整。
迺立冢土，⑲　　　于是建立大社坛，
戎丑攸行。⑳　　　西戎丑类怎么行。

肆不殄厥愠，㉑　　　遂不灭掉他怨愤，
亦不陨厥问。㉒　　　也不废掉他聘问。
柞棫拔矣，　　　柞树棫树都拔了，
行道兑矣，㉓　　　道路通畅了，
混夷駾矣，㉔　　　混夷逃遁了，
维其喙矣。㉕　　　只是喘息困顿了。
……

【注释】

①膴膴 (wǔ wǔ)：美好。②堇 (jǐn)：堇葵。荼 (tú)：苦菜。饴 (yí)：用淀粉制成的糖。③始：始谋。④契龟：求龟壳裂纹，古人用龟壳卜吉凶，用火烧龟壳求裂纹。⑤时：居住。⑥迺慰迺止：迺，同乃。慰，慰劳。止：定居。⑦左右：分左分右。疆理：分疆界和治理。宣亩：宣告和治田亩。⑧自西徂东：从西往东，指分阡陌道路。⑨司空：管土地的官。司徒：管徒役的官。⑩缩版：用绳捆木板，为两层，中实土为墙。载：指版上去。⑪捄 (jiū)：用器盛土。陾陾 (réng réng)：众多。⑫度：通（土度），填土。薨薨 (hōng hōng)：指人众多。⑬登登：指用力声。⑭削屡 (lóu)：削去墙上隆高的泥土。冯冯 (píng píng)：削土声。⑮堵 (dǔ)：墙，五版为堵。兴：起。⑯鼛 (gāo)：大鼓。⑰皋门：王的郭门。伉 (kàng)：高貌。⑱应门：王宫的正门。将将：严正。⑲冢土：大社神坛。有大事，必先祭大社神。⑳戎丑：戎狄丑类。㉑肆：遂。

珍 (tiǎn)：断绝。恤 (yù)：怨愤。㉒陨：废弃。问：聘问。㉓兑：通行。㉔混夷：西戎名。驼 (tuì)：逃窜。㉕喙 (huì)：困。

10. 灵台 *

【原文】	【译文】
经始灵台，①	开始设计造灵台，
经之营之，②	设计它规划它，
庶民攻之，③	人民建筑它，
不日成之。	不到几天造成它。
经始勿亟，④	开始设计不急，
庶民子来。	人民像儿子般来完成它。
王在灵囿，	文王在灵囿，
麀鹿攸伏；⑤	母鹿很贴伏；
麀鹿濯濯，⑥	母鹿优游，
白鸟翯翯。⑦	白鸟肥泽自降落。
王在灵沼，	文王在灵沼，
於牣鱼跃。⑧	赞美满池鱼在跳。
虡业维枞，⑨	木柱横板上崇牙耸，
贲鼓维镛。⑩	挂上大鼓与大钟。
於论鼓钟，⑪	赞美敲击鼓钟，
於乐辟雍。⑫	赞美快乐在辟雍。
於论鼓钟，	赞美敲击鼓钟，
於乐辟雍。	赞美快乐在辟雍。
鼍鼓逢逢，⑬	鼍鼓声音蓬蓬，
矇瞍奏公。⑭	音乐师奏乐立功。

【注释】
①灵台：台名，在陕西西安市西北。下章灵囿、灵沼同。②经营：规划。③攻：制作。④亟：同急。⑤攸 (yōu)：雌鹿。⑥濯濯 (zhuó zhuó)：娱游。⑦翯翯 (hè)：肥泽。⑧牣 (rèn)：满。⑨虡业维枞：挂钟磬的直柱横梁上的木板，上刻着牙形。虡 (jù)：直柱。业：木板。枞 (cōng)：牙形。⑩贲鼓：大鼓。镛：大钟。⑪论：通抡，敲击。⑫辟 (bì) 雍：古代大学，大射行礼处，在水环绕处。⑬鼍 (tuó) 鼓：鳄鱼皮的鼓。⑭矇瞍 (méng sǒu)：瞎子，古以瞎子作音乐师。公：通功。

11. 卷阿 * (节录)

【原文】	【译文】
有卷者阿，①	有卷曲的大土山，
飘风自南。	疾风从南方吹来。

岂弟君子，	快乐平易的君子，
来游来歌，	游玩来又唱歌来，
以矢其音。②	陈述他的德音来。

伴奂尔游矣，③	优游闲暇你游了，
优游尔休矣。	逍遥自得你休息了。
岂弟君子，	快乐平易的君子。
俾尔弥尔性，④	使你终养你性命，
似先公酋矣。⑤	继承先公大业久了。
……	

【注释】

①卷 (quán)：曲。阿：大土山。②矢：陈述。③伴奂：优游闲暇。④俾尔弥尔性：使你终其寿命。弥，终。性，寿命。⑤似先公酋：继承祖宗功业长久。"似"，通"嗣"。酋：久。

12. 殷武 *（节录）

【原文】	**【译文】**
……	
商邑翼翼，①	商朝都邑整饬，
四方之极。	是四方侯国的表率。
赫赫厥声，	威赫的声望，
濯濯厥灵，②	光明得它可迎神，
寿考且宁，	神赐他长寿而且安宁，
以保我后生。	来保护我的后生。
陟彼景山，③	登上那景山，
松柏丸丸。④	松柏挺拔正直。
是断是迁，	是砍断还是运出，
方斫是虔，⑤	是用刀削还是用刀琢。
松桷有梴，⑥	松树椽子太长大，
旅楹有闲，⑦	众柱太大实难成，
寝成孔安。⑧	正殿落成很平安。

【注释】

①翼翼：整饬。②濯濯：指光明。③景山：在商故都西亳 (bó 博)：今河南偃师县。④丸丸：光直。⑤斫 (zhuó)：砍，虔：削。⑥松桷：松树作椽子。梴 (chāo)：长貌。⑦旅楹：众柱。有闲：很大。⑧寝：正殿。

13. 时迈 *（节录）

【原文】	**【译文】**
时迈其邦，①	按时巡视诸侯国，
昊天其子之。	上天对周像爱子啊。

实右序有周，②　　诚心保佑帮周朝，
薄言震之，③　　武王威力震天下，
莫不震叠。④　　没有一国不害怕。
怀柔百神，　　　再怀安百神，
及河乔岳。⑤　　连及河神岳神。
……

【注释】

①迈：行，指巡视。②右序：保佑帮助。③薄：语助词。④震叠：震动惧怕。⑤乔岳：高山。

二、《周易》（战国至秦汉）

《周易》也叫《易经》，古代占卜书，中华经典之一。《周易》主要分为《经》、《传》两部分。《经》可能萌芽于殷周之际，《传》为战国或秦汉之际的儒家作品。《经》、《传》均非出自一人一时，而是经过长期不断加工而成的。

《周易》有深刻的理论思维和朴素的辩证法思想，以后的唯物与唯心主义思想家，都从其中吸取思想营养。它不仅直接影响着哲学与科学思想的发展，也深刻地影响着审美和艺术精神的发展。

《周易》把"天地盈虚，与时消息"看成自然界和人类生活的普遍法则，世界在不断变化中有其永恒规律。

《周易》认为天地万物存在着对立与统一的关系。或相吸引，如"天地感而万物生化"；或相排斥，如"水火相息，二女同居，其志不相得，曰革"；而对立的事物又具有统一性，即"万物睽而其事类"。

《周易》提出"刚柔相推而生变化"，"生生之谓易"，把乾坤、刚柔、天地、寒暑、男女、爱恶、大小、动静、吉凶、得失、益损等对立面和相互作用，以及相取、相荡、相攻、相摧、相感等，看成万物变化的法则和万物生化的泉源。

《周易》以对立面的相互转化说明事物变化过程，以"穷则变，变则通，通则久"说明万物变化才有前途。

《周易》提出"财成天地之道，辅相天地之宜"的命题。"先天而天弗违，后天而奉天时"，即在自然变化尚未显露之前先加以引导，在自然变化既发生之后又注意适应，这个财成辅相论促使天人协调起来，肯定了人的主观能动性并按客观规律办事。

《周易》中"仰则观象于天，俯则观法于地"的观点，表现出对天地万物的尊重与敬畏，对大自然的理解和顺应，也为后世很多艺术家所吸取，并按不同的方向加以发挥和改造：有的主张以造化为师，要求深入观察自然；有的则夸大艺术的作用，将它导向神秘化。

《周易》中有关意、言、象三者关系的论述，直接或间接地影响着魏晋以后对于形象思维的研究。

　　《周易》中有关天文、三才的论述，被后来一些哲学家、艺术家发挥，成为天文、地文、人文之说，涉及文艺起源、文艺功能和文人地位等重要问题。

　　有专家认为：掌握易理的要点有二，一是"一阴一阳之谓道"，把握阴阳相互作用，二是"原始返终"，物极必反，循环发展；学习易经要把握十六字诀："观物取象，以象寓义，象数思维，周期重演。"

　　本书引文据《十三经注疏》标点本《周易正义》，《周易译注》周振甫译注．中华书局，1991 年版。

1. 说卦 *（节录）

　　昔者圣人之作《易》也，幽赞于神明而生蓍，参天两地而倚数，观变于阴阳而立卦，发挥于刚柔而生爻，和顺于道德而理于义，穷理尽性，以至于命。

　　昔者圣人之作《易》也，将以顺性命之理。是以立天之道曰阴与阳，立地之道曰柔与刚，立人之道曰仁与义。兼三才而两之，故《易》六画［爻］而成卦。分阴分阳，迭用柔刚，故《易》六位而成章。

　　天地定位，山泽通气，雷风相薄，水火不相射，八卦相错。数往者顺，知来者逆，是故《易》逆数也。

　　神也者，妙万物而为言者也。动万物者莫疾乎雷，挠万物者莫疾乎风，躁万物者莫熯（hàn）乎火，说万物者莫说乎泽，润万物者莫润乎水，终万物、始万物者莫盛乎艮。故水火相逮，雷风不相悖，山泽通气，然后能变化，既成万物也。

2. 上经 *（节录）

　　天行健，君子以自强不息。（《乾·象》）

　　先天[1]而天弗违，后天[2]而奉天时。（《乾·文言》）

　　地势坤，君子以厚德载物。（《坤·象》）

　　财成[3]天地之道，辅相[4]天地之宜。（《泰·象》）

　　观乎天文以察时变，关乎人文以化成天下。（《贲·象》）

　　日月丽[5]乎天，百谷草木丽乎土。重明[6]以丽乎正，乃化成天下。（《离·彖》）

【注释】

①先天：指引导自然。②后天：指适应自然。③财成：裁成，制定。④辅相：辅佐。⑤丽：附着。⑥重明：双重光明。

3. 下经 *（节录）

　　天地感而万物生化，圣人感人心而天下和平。（《咸·象》）

　　天地不交而万物不兴。（《归妹》）

　　天地之道恒久而不已也。……观其所恒，而天地万物之情可见矣。（《恒·彖》）

　　万物睽而其事类也[1]，睽之时用大矣哉！……君子以同而异。（《睽卦》）

　　水火相息，二女同居，其志不相得，曰革。……天地革而四时成，汤武革命，顺乎天而应乎人。《革》之时大矣哉！（《革·彖》）

时止则止，时行则行，动静不失其时，其道光明。(《艮·象》)

日中则昃，月盈则食，天地盈虚，与时消息②，而况于人乎，况于鬼神乎？

(《丰·象》)

【注释】

①万物睽而其事类也：万物乖异、排斥、对立，而其生存发展的事是相类的。②昃：日偏斜。食：月亏缺。消息：消长。

4. 系辞上 *（节录）

天尊地卑，乾坤定矣。卑高以陈，贵贱位矣。动静有常，刚柔断矣。方以类聚，物以群分，吉凶生矣。在天成象，在地成形，变化见矣……乾以易知，坤以简能，易则易知，简则易从。易知则有亲，易从则有功。有亲则可久，有功则可大。可久则贤人之德，可大则贤人之业。易简而天下之理得矣。天下之理得，而成位乎其中矣。

《易》与天地准，故能弥纶天地之道。仰以观于天文，俯以察于地理，是故知幽明之故。原始反终，故知死生之说。……与天地相似，故不违。知周乎万物，而道济天下，故不过。旁行而不流，乐天知命，故不忧。安土敦乎仁，故能爱。

一阴一阳之谓道，继之者善也，成之者性也。仁者见之谓之仁，知者见之谓之知，百姓日用而不知，故君子之道鲜矣。

《易》有圣人之道四焉，以言者尚其辞，以动者尚其变，以制器者尚其象，以卜筮者尚其占。……参伍以变，错综其数。通其变，遂成天下之文；极其数，遂定天下之象。非天下之至变，其孰能与于此？

子曰："夫《易》，何为者也？夫《易》，开物成务，冒天下之道，如斯而已者也"。……是故阖户谓之坤，辟户谓之乾。一阖一辟谓之变，往来不穷谓之通。见乃谓之象，形乃谓之器，制而用之谓之法，利用出入，民咸用之谓之神。

子曰："书不尽言，言不尽意"。然则，圣人之意，其不可见乎？子曰："圣人立象以尽意，设卦以尽情伪，系辞焉以尽其言。变而通之以尽利，鼓之舞之以尽神"。……是故形而上者谓之道，形而下者谓之器，化而裁之谓之变，推而行之谓之通，举而错之天下之民谓之事业。

5. 系辞下 *（节录）

八卦成列，象在其中矣。因而重之，爻在其中矣。刚柔相推，变在其中焉。系辞焉而命之，功在其中矣。吉凶悔吝者，生乎动者也。刚柔者，立本者也。变通者，趣时者也。吉凶者，贞胜者也。天地之道，贞观者也。日月之道，贞明者也。天下之功，贞夫一者也。

古者包牺氏之王天下也，仰则观象于天，俯则观法于地，观鸟兽之文与地之宜，近取诸身，远取诸物，于是始作八卦，以通神明之德，以类万物之情。作结绳而为网罟，以佃以渔，盖取诸《离》。

包牺氏没，神农氏作，斲木为耜，揉木为耒，耒耨之利，以教天下，盖取诸《益》。

日中为市，致天下之民，聚天下之货，交易而退，各得其所，盖取诸《噬嗑》。

　　神农氏没，黄帝、尧、舜氏作，通其变，使民不倦，神而化之，使民宜之。《易》，穷则变，变则通，通则久。是以自天佑之，吉无不利。黄帝、尧、舜垂衣裳而天下治，盖取诸《乾》《坤》。

　　刳木为舟，剡木为楫，舟楫之利，以济不通，致远以利天下，盖取诸《涣》。

　　服牛乘马，引重致远，以利天下，盖取诸《随》。

　　重门击柝，以待暴客，盖取诸《豫》。

　　断木为杵，掘地为臼，杵臼之利，万民以济，盖取诸《小过》。

　　弦木为弧，剡木为矢，弧矢之利，以威天下，盖取诸《睽》。

　　上古穴居而野处，后世圣人易之以宫室，上栋下宇，以待风雨，盖取诸《大壮》。

　　古之葬者，厚衣之以薪，葬之中野，不封不树，丧期无数。后世圣人易之以棺椁，盖取诸《大过》。

　　上古结绳而治，后世圣人易之以书契，百官以治，万民以察，盖取诸《夬》。

　　夫《易》彰往而察来，而微显阐幽，开而当名，辨物正言，断辞则备矣。其称名也小，其取类也大。其旨远，其辞文，其言曲而中，其事肆而隐。因贰以济民行，以明失得之报。

　　《易》之为书也，广大悉备。有天道焉，有人道焉，有地道焉。兼三才而两之，故六。六者非它也，三材之道也。

　　道有变动，故曰爻。爻有等，故曰物。物相杂，故曰文。文不当，故吉凶生焉。

　　凡《易》之情，近而不相得则凶，或害之，悔且吝。将叛者其辞惭，中心疑者其辞枝，吉人之辞寡，躁人之辞多，诬善之人其辞游，失其守者其辞屈。

三、《尚书》（虞、夏、商、周）

　　《尚书》，上古历史文献集，编定于战国时期，书中所录为虞、夏、商、周各代的典（史实）、谟（谋略）、训（导君）、诰（文告）、誓（誓词）、命（命令）等文献。在历史上很有影响。其中，如"诗言志，歌永言"的主张，反映了人们对诗与歌的不同特点有了进一步的认识。又如"不役耳目"的主张和"玩物丧志"的告诫，也反映了古代帝王在处理物质生活和精神生活的关系上的某种见解。此外，《尚书》还保存了原始艺术和舜"望于山川"，禹"奠高山大川"等史料，本书将取《史记》文字再次辑录之。

　　本书引文据《四部备要》本《尚书》，《十三经注疏》标点本《尚书正文》（北京大学出版社，1991 年版）

1. 舜"望于山川"

　　舜……正月上日，受终于文祖。在璇玑玉衡，以齐七政。肆 遂 类于上帝，禋于六宗，望于山川，遍于群神。名山大川、五岳四渎，皆一时望祭之。辑五瑞，既月，乃日觐四岳群牧，班瑞于群后。岁二月，东巡守，至于岱宗，柴，望秩于山川，……五月南巡守，至于南岳，如岱礼。八月西巡守，至于西岳，如初。十有一日朔巡守，至于北岳，如西礼。……五载一巡守，群后四朝。(《舜典》)

2. 诗言志，歌永言

帝曰："夔，命汝典乐，教胄子。直而温，宽而栗，刚而无虐，简而无傲。诗言志，歌永言，声依永，律和声。八音克谐，无相夺伦，神人以和。"夔曰："於！予击石拊石，百兽率舞。"(《虞书·舜典》)

3. 禹"奠高山大川"

禹别九州，随山濬川，任土作贡。任其土地所有，定其贡赋之差……禹敷土，随山刊木，奠高山大川。奠，定。高山，五岳。大川，四渎。定其差秩，祀礼所视。(《夏书·禹贡》)

4. 所过名山大川

武王伐殷，往伐归兽，识其政事，作《武成》。……惟九年，大统未集。予小子其承厥志，厎①商之罪，告于皇天后土，所过名山大川，曰：惟有道曾孙周王发，将有大正于商。(《武成》)

【注释】
①厎：古本作"致"。

5. 玩物丧志

不役耳目，百度惟贞，不以声色自役，则百度正。玩人丧德，玩物丧志。志以道宁，言以道接。不作无益害有益，功乃成；不贵异物贱用物，民乃足。犬马非其土性不畜，珍禽奇兽不育于国。不宝远物，则远人格；所宝惟贤，则迩人安。(《周书·旅獒》)

四、《左传》（公元前 722~ 前 454 年）

《左传》亦名《左氏春秋》或《春秋左传》。为中国最早的编年史和杰出的叙事文学著作，对后世的文史都有重要影响。传为春秋时鲁国史官左丘明所撰。有研究表明，是战国初年一位佚名史学家的著作。《左传》所记载的历史年代大致和《春秋》相当，起自鲁隐公元年（公元前 722 年），终于鲁悼公十四年（公元前 454 年）。它比较系统地记述了春秋时代各国的政治、经济、军事和文化等方面的事件，同时也保存了有关审美、艺术的重要资料。因有明确的爱憎选择，有详尽的叙事结构和语言，也为后世留下了大量名言成语。如："从善如流"，"宾至如归"，"居安思危"，"困兽犹斗"，"风马牛不相及"，"人各有能有不能"，"松柏之下，其草不殖"，"皮之不存，毛将安傅"。

书中记叙的晏婴的"相成"、"相济"之说，是以往音乐创作欣赏经验的总结，体现了朴素的对立统一观点。

子产、医和等人有关"五行"与五味、五色、五声关系的论述，反映了前期阴阳五行哲学思想对审美、艺术发展的重大影响。

从季札对各种乐所作的精细的评价中，可以看出当时审美的一些基本要求和特点。

本书引文据《春秋左传集解》（上海人民出版社）.《十三经注疏》标点本（北京大学出版社，1991版）

1. 和与同异

齐侯至自田，晏子侍于遄台。子犹驰而造造焉。公曰："惟据与我和夫。"晏子对曰："据亦同也，焉得为和？"公曰："和与同异乎？"对曰："异。和如羹焉。水火醯醢盐梅以烹鱼肉，燀之以薪。宰夫和之，齐之以味，济其不及，以泄其过。君子食之，以平其心。君臣亦然。君所谓可而有否焉，臣献其否以成其可。君所谓否而有可焉，臣献其可，以去其否。是以政平而不干，民无争心。故《诗》曰：'亦有和羹，既戒既平。鬷嘏无言，时靡有争。'先王之济五味，和五声也，以平其心，成其政也。声亦如味，一气，二体，三类，四物，五声，六律，七音，八风，九歌，以相成也。清浊，小大，短长，疾徐，哀乐，刚柔，迟速，高下，出入，周疏，以相济也。君子听之，以平其心。心平德和。故《诗》曰：'德音不瑕。'今据不然。君所谓可，据亦曰可。君所谓否，据亦曰否。若以水济水，谁能食之？若琴瑟之专一，谁能听之？同之不可也如是。"（《昭公二十年》）

2. 子产论礼

子大叔见赵简子，简子问揖让周旋之礼焉。对曰："是仪也，非礼也。"简子曰："敢问何谓礼？"对曰："吉也闻诸先大夫子产曰：'夫礼，天之经也，地之义也，民之行也。天地之经，而民实则之。则天之明，因地之性，生其六气，用其五行。气为五味，发为五色，章为五声。淫则昏乱，民失其性。是故为礼以奉之。为六畜、五牲、三牺，以奉五味；为九文、六采、五章，以奉五色；为九歌、八风、七音、六律，以奉五声；为君臣、上下，以则地义；为夫妇、外内，以经二物；为父子、兄弟、姑姊、甥舅、昏媾、姻亚，以象天明；为政事、庸力、行务，以从四时；为刑罚、威狱，使民畏忌，以类其震曜杀戮；为温慈、惠和，以效天之生殖长育。民有好、恶、喜、怒、哀、乐，生于六气。是故审则宜类，以制六志。哀有哭泣，乐有歌舞，喜有施舍，怒有战斗。喜生于好，怒生于恶。是故审行信令，祸福赏罚，以制死生。生，好物也；死，恶物也。好物，乐也；恶物，哀也。哀乐不失，乃能协于天地之性，是以长久。"简子曰："甚哉，礼之大也。"对曰："礼，上下之纪，天地之经纬也，民之所以生也，是以先王尚之。故人之能自曲直以赴礼者，谓之成人。大，不亦宜乎？"简子曰："鞅也请终身守此言也。"（《昭公二十五年》）

3. 先王之乐所以节百事

晋侯求医于秦。秦伯使医和视之，……（医和）对曰："节之。先王之乐，所以节百事也。故有五节，迟速本末以相及，中声以降，五降之后，不容弹矣。于是有烦手淫声，慆堙心耳，乃忘平和，君子弗听也。物亦如之，至于烦，乃舍也已。无以生疾。君子之近琴瑟，以仪节也，非以慆心也。天有六气，降生五味，发为五色，征为五声，淫生六疾。六气曰阴、阳、风、雨、晦、明也。……"（《昭公元年》）

4. 季札观乐

吴公子札来聘，……。请观于周乐。使工为之歌《周南》、《召南》，曰："美哉，始基之矣，犹未也，然勤而不怨矣"。为之歌《邶》、《墉》、《卫》，曰："美哉，渊乎，忧而不困者也。吾闻卫康叔、武公之德如是，是其《卫风》乎？"为之歌《王》，曰："美哉！思而不惧，其周之东乎？"为之歌《郑》，曰："美哉！其细已甚，民弗堪也，是其先亡乎？"

为之歌《齐》，曰："美哉！泱泱乎，大风也哉！表东海者，其大公乎？国未可量也。"为之歌《豳》，曰："美哉，荡乎！乐而不淫，其周公之东乎？"为之歌《秦》，曰："此之谓夏声。夫能夏则大，大之至也，其周之旧乎"

为之歌《魏》，曰："美哉，沨沨乎！大而婉，险而易行，以德辅此则明主也。"为之歌《唐》，曰："思深哉，其有陶唐氏之遗民乎？不然，何忧之远也。非令德之后，谁能若是？"为之歌《陈》，曰："国无主，其德久乎？"自《郐》以下无讥焉。

为之歌《小雅》，曰："美哉！思而不贰，怨而不言，其周德之衰乎？犹有先王之遗民焉。"为之歌《大雅》，曰：广哉，熙熙乎！曲而有直体，其文王之德乎？"为之歌《颂》，曰："至矣哉，直而不倨，曲而不屈，迩而不偪，远而不携，迁而不淫，复而不厌，哀而不愁，乐而不荒，用而不匮，广而不宣，施而不费，取而不贪，处而不底，行而不流，五声和，八风平，节有度，守有序，盛德之所同也。……"（《襄公二十九年》）

5. 季梁论民本

季梁止之曰："天方授楚。楚之赢，其诱我也。君何急焉？臣闻小之能敌大也，小道大淫。所谓道，忠于民而信于神也。上思利民，忠也；祝史正辞，信也。今民馁而君逞欲，祝史矫举以祭，臣不知其可也。"公曰："吾牲牷肥腯，粢盛半备，何则不信？"对曰："夫民，神之主也，是以圣王先成于民而后致力于神。……"（《桓公六年》）

五、《国语》（周末至春秋）

《国语》旧传为春秋时期左丘明所编纂，现一般认为是先秦史家据春秋各国史料汇编而成，共21卷。《国语》记叙了西周末年至春秋时期的事迹和言论。作者的主张并不明显，重在记实，其思想随所记之人、所记之言而异。其中也有审美、艺术的重要资料。

诸如：伍举同楚王关于什么是美，伶州鸠、单穆公同周王关于什么是乐的争辩，是见于记载最早的有关美和美感的辩论。伍举提出了什么是美，把美与善、美与功利等同起来；伶州鸠、单穆公阐述了"乐从和"的思想。史伯在阐述"和实生物"中所提出的"声一无听，物一无文"的观点，在早期审美发展上具有突出的地位。远在公元前800年左右，人们就用朴素的对立统一观总结审美经验，确是十分宝贵的。

"单子知陈必亡"篇是见于记载最早的"观国之光知其盛衰"的记实，可见2800多年以前的中国社会已经十分重视道路植树。排列表识的路树，郊野边地的食宿设施和圃囿林池，均是用以防御灾害的。

本书引文据《国语》（上海古籍出版社）。

1. 伍举论美

灵王为章华之台，与伍举升焉，曰："台美夫！"对曰："臣闻国君服宠以为美，安民以为乐，听德以为聪，致远以为明。不闻其以土木之崇高、彤镂为美，而以金石匏竹之昌大、嚣庶为乐；不闻其以观大、视侈、淫色以为明，而以察清浊为聪。……。

"夫美也者，上下、内外、小大、远近皆无害焉，故曰美。若于目观则美，缩于财用则匮，是聚民利以自封而瘠民也，胡美之为？夫君国者，将民之与处；民实瘠矣，君安得肥？且夫私欲弘侈，则德义鲜少；德义不行，则迩者骚离而远者距违。天子之贵也，唯其以公侯为官正，而以伯子男为师旅。其有美名也，唯其施令德于远近，而小大安之也。若敛民利以成其私欲，使民蒿焉忘其安乐，而有远心，共为恶也甚矣，安用目观？

"故先王之为台榭也，榭不过讲军实，台不过望氛祥。故榭度于大卒之居，台度于临观之高。其所不夺穑地，其为不匮财用，其事不烦官业，其日不废时务。瘠硗之地，于是乎为之；城守之木，于是乎用之；官僚之暇，于是乎临之；四时之隙，于是乎成之。故《周诗》曰：'经始灵台，经之营之。庶民攻之，不日成之。经始勿亟，庶民子来。王在灵囿，麀鹿攸伏。'夫为台榭，将以教民利也，不知其以匮之也。若君谓此台美而为之正，楚其殆矣！"（《楚语上》）

2. 政象乐，乐从和

二十三年，王将铸无射，而为之大林。单穆公曰："不可。作重币以绝民资，又铸大钟以鲜其继。若积聚既丧，又鲜其继，生何以殖？且夫钟不过以动声，若无射有林，耳弗及也。夫钟声以为耳也，耳所不及，非钟声也。犹目所不见，不可以为目也。夫目之察度也，不过步武尺寸之间；其察色也，不过墨丈寻常之间。耳之察和也，在清浊之间；其察清浊也，不过一人之所胜。是故先王之制钟也，大不出钧，重不过石。律度量衡于是乎生，小大器用于是乎出，故圣人慎之。今王作钟也，听之弗及，比之不度，钟声不可以知和，制度不可以出节，无益于乐，而鲜民财，将焉用之！

"夫乐不过以听耳，而美不过以观目。若听乐而震，观美而眩，患莫甚焉。夫耳目，心之枢机也，故必听和而视正。听和则聪，视正则明。聪则言听，明则德昭。听言昭德，则能思虑纯固。以言德于民，民歆而德之，则归心焉。上得民心，以殖义方，是以作无不济，求无不获，然则能乐。夫耳内和声，而口出美言，以为宪令，而布诸民，正之以度量，民以心力，从之不倦。成事不贰，乐之至也。口内味而耳内声，声味生气。气在口为言，在目为明。言以信名，明以时动。名以成政，动以殖生。政成生殖，乐之至也。若视听不和，而有震眩，则味入不精，不精则气佚，气佚则不和。于是乎有狂悖之言，有眩惑之明，有转易之名，有过慝之度。出令不信，刑政放纷，动不顺时，民无据依，不知所力，各有离心。上失其民，作则不济，求则不获，其何以能乐？三年之中，而有离民之器二焉，国其危哉！"

王弗听，问之伶州鸠。对曰："臣之守官弗及也。臣闻之，琴瑟尚宫，钟尚羽，石尚角，匏竹利制，大不逾宫，细不过羽。夫宫，音之主也。第以及羽，圣人保乐而爱财，财以备器，乐以殖财。故乐器重者从细，轻者从大。是以金尚羽，石尚角，瓦丝尚宫，匏竹尚议，革木一声。

"夫政象乐，乐从和，和从平。声以和乐，律以平声。金石以动之，丝竹以行之，诗以道之，歌以咏之，匏以宣之，瓦以赞之，革木以节之。物得其常曰乐极，极之所集曰声，声应相保曰和，细大不逾曰平。如是，而铸之金，磨之石，系之丝木，越之匏竹，节之鼓而行之，以遂八风。于是乎气无滞阴，亦无散阳，阴阳序次，风雨时至，嘉生繁祉，人民和利，物备而乐成，上下不罢，故曰乐正。今细过其主妨于正，用物过度妨于财，正害财匮妨于乐。细抑大陵，不容于耳，非和也。听声越远，非平也。妨正匮财，声不和平，非宗官之所司也。

"夫有和平之声，则有蕃殖之财。于是乎道之以中德，咏之以中音，德音不愆，以合神人，神是以宁，民是以听。若夫匮财用，罢民力，以逞淫心，听之不和，比之不度，无益于教，而离民怒神，非臣之所闻也。"

王不听，卒铸大钟。(《周语下》)

3. 声一无听，物一无文

桓公为司徒，……（问于史伯）曰："周其弊乎？"

对曰："殆于必弊者也。《泰誓》曰：'民之所欲，天必从之。'今王弃高明昭显，而好谗慝暗昧；恶角犀丰盈，而近顽童穷固。去和而取同。夫和实生物，同则不继。以他平他谓之和，故能丰长而物归之。若以同裨同，尽乃弃矣。故先王以土与金木水火杂，以成百物。是以和五味以调口，刚四支以卫体，和六律以聪耳，正七体以役心，平八索以成人，建九纪以立纯德，合十数以训百体。出千品，具万方，计亿事，材兆物，收经入，行姟极。故王者居九畡之田，收经入以食兆民，周训而能用之，和乐如一。夫如是，和之至也。于是乎先王聘后于异姓，求财于有方，择臣取谏工而讲以多物，务和同也。声一无听，物一无文，味一无果，物一不讲。王将弃是类也而与剸同。天夺之明，欲无弊，得乎？……"(《郑语》)

4. 单子知陈必亡 *《国语中》(节录)

定王使单襄公聘于宋，遂假道于陈，以聘于楚。

火朝觌矣，道茀不可行也，侯不在疆，司空不视涂，泽不陂，川不梁。野有庾积，场功未毕，道无列树，垦田若艺。膳宰不致饩，司里不授馆，国无寄寓，县无旅舍，民将筑台于夏氏。及陈，陈灵公与孔宁、仪行父南冠以如夏氏，留宾弗见。

单子归，告王曰："陈侯不有大咎，国必亡。"王曰："何故？"对曰："夫辰角见而雨毕，天根见而水涸，本见而草木节解，驷见而陨霜，火见而清风戒寒。故先王之教曰：'雨毕而除道，水涸而成梁，草木节解而备藏，陨霜而冬裘具，清风至而修城郭宫室。'故《夏令》曰：'九月除道，十月成梁。'其时儆曰：'收而场功，待而畚挶，营室之中，土功其始。火之初见，期于司里。'

"此先王之所以不用财贿，而广施德于天下者也。今陈国，火朝觌矣，而道路若塞，野场若弃，泽不陂障，川无舟梁，是废先王之教也。

"周制有之曰：'列树以表道，立鄙食以守路。国有郊牧，疆有寓望，薮有圃草，囿有林池，所以御灾也。其馀无非谷土，民无悬耜，野无奥草，不夺农时，不蔑民功。有优无匮，有逸无罢，国有班事，县有序民。'今陈国道路不可知，田在草间，功成而不收，民罢于逸乐，是弃先王之法制也。……。"（《国语中》）

六、管子（公元前 716~ 前 645 年）

《管子》是春秋时代齐国政治家管仲（公元前 716~ 前 645 年）及管仲学派的著述总集。司马迁在《史记·管晏列传》中载："管仲既任政相齐，以区区之齐在海滨，通货积财，富国强兵，与俗同好恶。"诸葛亮也自比管、乐，必深知管子。

《管子》内容博大，涉及政治、军事、经济、科技和人文精神诸领域。其中《水地》篇提出了"水者，何也？万物之本原也，诸生之宗室也"，并从各方面详述了这一原理，成为世上早而精到的命意；《度地》篇提出了"五害"、"五水"，水利"涵塞移控"和"堤防植树备决"的道理；《地员》篇论述了"草土之道，各有谷造"，提出了地水、土壤与植物的关系，实为"生态地植物学论文"；在天人关系中，既有"顺天"、"逆天"《形势》说，也有"与天壤争"《轻重乙》观，更有"人与天调，然后天地之美生"《五行》的精髓；《立政》篇的"夫财之所出，以时禁发焉"的原则影响深远，此后的"以时顺修"（公元前 298 年，荀子）、"以时植树"（公元前 139 年，淮南子）、"以时兴灭"（谢惠连·雪赋）等说法延续不断。显然，"以时间决定禁止与发展"的思想，要比当下张扬的"以空间用地决定禁止或开发"的思路更具生命活力。在《版法》篇中提出"兼爱无遗，谓君。"即居君之位，当兼爱。这是世上最早的"兼爱"思想。

本书引文据《管子校注》中华书局 2004 第一版。

1. 国有四维

国有四维。一维绝则倾，二维绝则危，三维绝则覆，四维绝则灭。倾可正也，危可安也，覆可起也，灭不可处长错也。何谓四维？一曰礼、二曰义、三曰廉、四曰耻。礼不逾节，义不自进，自进，谓不由荐举。廉不蔽恶，隐蔽其恶，非贞廉也。耻不从枉。（《牧民》）

2. 顺天与逆天

天不变其常，地不易其则，春秋冬夏不更其节，古今一也。

疑今者察之古，不知来者视之往。万事之生也，异趣而同归，古今一也。

万物之于人也，无私近也，无私远也，巧者有余，而拙者不足。其功顺天者天助之，其功逆天者天违之；天之所助，虽小必大；天之所违，虽成必败。顺天者有其功，逆天者怀其凶，不可复振也。(《形势》)

3. 树木树人

一年之计，莫如树谷，十年之计，莫如树木；终身之计，莫如树人。一树一获者，谷也。一树十获者，木也。一树百获者，人也。(《权修》)

4. 以时禁发

修火宪，敬山泽林薮积草。夫财之所出，以时禁发焉。(《立政》)

山林梁泽以时禁发，而不正也。(《戒第》)

5. 凡立国都

凡立国都，非于大山之下，必于广川之上，高毋近旱而水用足，下毋近水而沟防省。因天材，就地利，故城郭不必中规矩，道路不必中准绳。(《乘马》)

圣人之处国者，必於不倾之地，而择地形之肥饶者，乡山左右，经水若泽，内为落渠之写，因大川而注焉。乃以其天材、地之所生皆利，养其人，以育六畜。……此谓因天之固，归地之利，内为之城，城外为之郭，郭外为之土阆，地高则沟之，下则堤之，命之曰金城。(《度地》)

6. 地之级数

地之不可食者，山之无木者，百而当一。涧泽，百而当一。地之无草木者，百而当一。樊棘杂处，民不得入焉，百而当一。薮，镰缰得入焉，九而当一。蔓山，其木可以为材，可以为轴，斤斧得入焉，九而当一。泛山，其木可以为棺，可以为车，斤斧得入焉，十而当一。流水，网罟得入焉，五而当一。林，其木可以为棺，可以为车，斤斧得入焉，五而当一。泽，网罟得入焉，五而当一。(《乘马》)

7. 审三度、权举措

所谓三度者何？曰：上度之天祥，下度之地宜，中度之人顺，此所谓三度。故曰：天时不祥，则有水旱；地道不宜，则有饥馑；人道不顺，则有祸乱；此三者之来也，政召之。曰：审时以举事，以事动民，以民动国，以国动天下，天下动然后功名可成也。故民必知权然后举错得。举措得则民和辑，民和辑则功名立矣。故曰：权不可不度也。
(《五辅》)

8. 聪明以知则博

中正者，治之本也。耳司听，听必顺闻，闻审谓之聪。目司视，视必顺见，见察谓之明。心司虑，虑必顺言，言得谓之知。聪明以知则博，博而不惛，所以易政也。(《宙合》)

9. 天时地利人事

岁有春秋冬夏，月有上下中旬，日有朝暮，夜有昏晨，半星辰序各有其司，故曰天不一时。山陵岑岩，渊泉阂流，泉逾瀷而不尽，薄承瀷不满。高下肥硗，物有所宜，故曰：地不一利。乡有俗，国有法，食饮不同味，衣服异采，世用器械，规矩绳准，称量数度，品有所成，故曰：人不一事。此各事之仪，其详不可尽也。(《宙合》)

10. 观田野、山泽、国邑

行其田野，视其耕芸，计其农事，而饥饱之国可以知也。

行其山泽，观其桑麻，计其六畜之产，而贫富之国可知也。

入国邑，视宫室，观车马衣服，而侈俭之国可知也。(《八观》)

11. 有时、有度、有正

山林虽广，草木虽美，禁发必有时。国虽充盈，金玉虽多，宫室必有度。江海虽广，池泽虽博，鱼鳖虽多，罔罟必有正。……台榭相望者，其上下相怨也。(《八观》)

12. 民本地德

管子对曰："士农工商，四民者，国之石民也" 四者为国之本，犹柱石。(《小匡》)

"敢问何谓其本？" 管子对曰："齐国百姓，公之本也。"(《霸形》)

理国之道，地德为首。君臣之礼，父子之亲，夏育万人，官府之藏，强兵保国，城郭之险，外应四极，具取之地。(《问第》)

13. 知地图

凡兵主者，必先审知地图。镮辕之险，滥车之水，名山、通谷、经川、陵陆、丘阜之所在，苴草、林木、蒲苇之所茂，道里之远近，城郭之大小，名邑、废邑、困殖之地，必尽知之。(《地图》)

14. 水地

夫民之所生，衣与食也。食之所生，水与地 (《禁藏》)

地者，万物之本原，诸生之根菀也。美恶贤不肖愚俊之所生也。水者，地之血气，如筋脉之通流者也。故曰：水，具材也。……集于天地，而藏于万物，产于金石，集于诸生，故曰水神。集于草木，根得其度，华得其数，实得其量。鸟兽得之，形体肥大，羽毛丰茂，文理明著。万物莫不尽其几，反其常者，水之内度适也。

水者何也？万物之本原也，诸生之宗室也，美恶贤不肖愚俊之所产也。(《水地》)

15. 四时

不知四时，乃失国之基。……然则春夏秋冬将何行？

是故春三月，……

无杀麛夭，毋蹇华绝芊。五政苟时，春雨乃来。苟乃二字相呼应。

是故夏三月，……

令禁罝设禽兽，毋杀飞鸟。五政苟时，夏雨乃至也。

是故秋三月，……

修墙垣，周门闾。五政苟时，五谷皆入。

是故冬三月，……

禁迁徙，止流民，圉分异。五政苟时，冬事不过，所求必得，所恶必伏。(《四时》)

16. 人与天调，天地之美生

昔黄帝以其缓急作五声，以政五锺。令其五锺：一曰青锺，大音。二曰赤锺，重心。三曰黄锺，洒光。四曰景锺，昧其明。五曰黑锺，隐其常。五声既调，然后作立五行，以正天时，五官以正人位。人与天调，然后天地之美生。(《五行》)

17. 古今时俗

不慕古，不留今，与时变，与俗化。夫君人之道，莫贵于胜。(《治国》)

18. 修心正形，性将大定

凡心之刑（法），自充自盈，自生自成。其所以失之，必以忧乐喜怒欲利。能去忧乐喜怒欲利，心乃反济。彼心之情，利安以宁。勿烦勿乱，和乃自成。

凡道无所，善心安爱，心静气理，道乃可止。……所以修心而正形也。

能正能静，然后能定。定心在中，耳目聪明，四枝坚固，可以为精舍。

凡人之生也，必以平正，所以失之，必以喜怒忧患。是故止怒莫若诗，去忧莫若乐，节乐莫若礼，守礼莫若敬，守敬莫若静。内静外敬，能反其性，性将大定。(《内业》)

19. 六务四禁

故明主有六务四禁。六务者何也？一曰节用，二曰贤佐，三曰法度，四曰必诛，五曰天时，六曰地宜。四禁者何也？春无杀伐，无割大陵，倮大衍，伐大木，斩大山，行大火，诛大臣，收谷赋。夏无遏水，达名川，塞大谷，动土功，射鸟兽。秋毋赦过释罪缓刑。冬无赋爵赏禄，伤伐五藏。故春政不禁，则百长不生。夏政不禁，则五谷不成。秋政不禁，则奸邪不胜。冬政不禁，则地气不藏。四者俱犯，则阴阳不和，风雨不时，大水漂州流邑，大风漂屋折树，火暴焚，地燋草，天冬雷，地冬霆。(《七臣七主》)

20. 难易，天地人

夫先易者后难，先难而后易，万物尽然。

顺天之时，约地之宜，忠人之和。(《禁藏》)

21. 各行所欲、安危异

夫众人者，多营于物，而苦其力，劳其心，故困而不赡。大者以失其国，小者以危其身。凡人之情，得所欲则乐，逢所恶则忧，此贵贱之所同有也。近之不能勿欲，远之不能勿忘，人情皆然，而好恶不同。各行所欲，而安危异焉，然后贤不肖之形见也。(《禁藏》)

22. 凡人之情

夫凡人之情，见利莫能勿就，见害莫能勿避。其商人通贾，倍道兼行，夜以继日，千里而不远者，利在前也。渔人之入海，海深万仞，就彼逆流，乘危百里，宿夜不出者，利在水也。故利之所在，虽千仞之山，无所不上，深源[渊]之下，无所不入焉。故善者，势利之在，而民自美安，不推而往，不引而来，不烦不扰，而民自富。(《禁藏》)

23. 五害五水

故善为国者，必先除其五害，人乃终身无患害而孝慈焉。桓公曰："愿闻五害之说。"管仲对曰："水一害也，旱一害也，风雾雹霜一害也，厉①一害也，虫一害也，此谓五害。五害之属，水最为大。五害已除，人乃可治。"桓公曰："愿闻水害。"管仲对曰："水有大小，又有远近。水之出于山而流入于海者，命曰经水②。水别于他水，入于大水及海者，命曰枝水。山之沟，一有水，一毋水者，命曰谷水。水之出于他水沟，流于大水及海者，命曰川水。出地而不流者，命曰渊水。此五水者，因其利而往之可也③，因而扼④之可也。而不久常，有危殆矣。"谓卒有暴溢，或能漂没居人，故危殆也。

桓公曰："水可扼而使东西南北及高乎？"管仲对曰："可。夫水之性，以高走下则疾，至于漂石。而下向高，即留而不行，故高其上领瓴之，尺有十分之三，里满四十九者，水可走也。乃迁其道而远之，以势行之。水之性，行至曲必留退，满则后推前。地下则平，行地高则控，杜⑤曲则捣毁，杜曲激则跃，跃则倚⑥，倚则环，环则中，中则涵，涵则塞，塞则移，移则控，空则水妄行，水妄行则伤人，伤人则困，困则轻法，轻法则难治，难治则不孝，不孝则不臣矣。"(《度地》)

【注释】

①厉：疾，病。②经水：众水之经。③因其利而往之可也：因地势可引灌溉。④扼：阻塞。⑤杜：犹冲。⑥倚：排。

24. 堤防植树

令甲士作堤大水之旁，大其下，小其上，随水而行。地有不生草者，必为之囊①。大者为之堤，小者为之防，夹水四道，禾稼不伤。岁埤增之，树以荆棘，以固其地，杂之以柏杨，以备决水。民得其饶，是谓流膏。(《度地》)

【注释】

①囊：今人多用草袋或麻袋。

25. 草土之道

凡草土之道，各有谷造。或高或下，各有草土。叶下于鬰，鬰下于莧，莧下于蒲，蒲下于苇，苇下于蘸，蘸下于蒌，蒌下于荓，荓下于萧，萧下于薜，薜下于萑，萑下于茅。凡彼草物，有十二衰，各有所归。(《地员》)

夏纬瑛云：十二种植物，依其生地而言，各有等次。深水植物为荷，其次为菱，再次为莞。又再次为蒲，已是浅水植物。次于蒲者为苇，水陆两栖。次于苇者为蘸，已生陆上。依次而蒌，而萧，而荓①，而薜，而萑②，而茅，生地逐次干旱。凡此所言，可视为植物生态学。图示如下：

【注释】

①荓：扫帚菜。②萑：益母草。

茅　萑　薜　萧　荓　蒌　蘸　苇　蒲　莞　鬰　叶

26. 术数理义有道

造父，善驭马者也，善视其马，节其饮食，度量马力，审其足走，故能取远道而马不罢。

奚仲之为车器也，方圆曲直，皆中规矩钩绳。故机旋相得，用之牢利，成器坚固。明主犹奚仲也，言辞动作，皆中术数，故众理相当，上下相亲。

圣人之求事也，先论其理义，计其可否。故义则求之，不义则止。可则求之，不可则止。故其所得事者，常为身宝。

海不辞水，故能成其大。山不辞土石，故能成其高。明主不厌人，故能成其众。士不厌学，故能成其圣。

以规矩为方圆则成，以尺寸量长短则得，以法数治民则安。

道者，扶持众物，使得生育而各终其性命者也。……故有道则民归之。

道者，所以变化身而之正理者也。故道在身，则言自顺，行自正，事君自忠，事父自孝，遇人自理。故曰：道之所设，身之化也。(《形势解》)

27. 国轨租税

管子曰："请立赀于民，……宫室械器，非山无所仰，然后君立三等之租于山，曰：握以下者为柴楂①，把以上者为室奉，三围以上为棺椁之奉。柴楂之租若干，室奉之租若干，棺椁之租若干。"管子曰："盐铁抚轨，谷一廪十，君常操九，民衣食而继，下安无怨咎。去其田赋，以租其山。巨家重葬其亲者，服重租。小家菲葬其亲者，服小租。

巨家美修其宫室者,服重租。小家为室庐者,服小租。上立轨于国,民之贫富如加之以绳,谓之国轨。(《山国轨》)

【注释】

①一握则四寸,"柴楂"有租,则为小用物,非烧柴之用。

28. 奖励科技

桓公问于管子曰:"请问教数。"管子对曰:"民之能明于农事者,置之黄金一斤,直食八石。民之能蓄育六畜者,置之黄金一斤,直食八石。民之能树艺者,置之黄金一斤,直食八石。民之能树瓜瓠荤菜百果使蕃袞[袞]者①,置之黄金一斤,直食八石。民之能已民疾病者,置之黄金一斤,直食八石。民之知时,曰岁且阨,曰某谷不登,曰某谷丰者,置之黄金一斤,直食八石。民之通于蚕桑,使蚕不疾病者,皆置之黄金一斤,直食八石。……"(《山权数》)

【注释】

①《玉篇》、《广韵》"袞"字与"裕"同,"蕃裕"犹蕃衍。

29. 谨守山林

"……故为人君而不能谨守其山林菹泽草莱,不可以立为天下王。"桓公曰:"此若言何谓也?"管子对曰:"山林菹泽草莱者,薪蒸之所出,牺牲之所起也。故使民求之,使民籍之,因以给之。"(《轻重甲》)

30. 与天壤争

"……草木以时生,器以时靡敝,沸水之盐以日消,终则有始,与天壤争,是谓立壤列也。"(《轻重乙》)

31. 务在四时,守在仓廪

管子曰:"今为国有地牧民者,务在四时,守在仓廪。国多财则远者来,地辟举则民留处,仓廪实则知礼节,衣食足则知荣辱。今君躬犁垦田,耕发草土,得其谷矣。民人之食,人有若干步亩之数,然而有饿馁于衢间者,何也?谷有所藏也。今君铸钱立币,民通移,人有百十之数,然而民有卖子者,何也?财有所并也。故为人君不能散积聚,调高下,分并财,君虽强本趣耕,发草立币而无止,民犹若不足也。"(《轻重甲》)

32. 四者从道而生

管子曰:道之在天者,日也。其在人者,心也。故曰:有气则生,无气则死,有名则治,无名则乱,治者以其名。枢言曰:"爱之,利之,益之,安之。"四者道之出,帝王者用之而天下治矣。(《枢言》)

33. 以人为本,人道、天道、地道

夫霸王之所始也,以人为本。本理则国固,本乱则国危。故上明则下敬,政平则人安。

立政出令用人道①，施爵禄用地道②，举大事用天道③。(《霸言》)

【注释】

①立政出令用人道：政令须合人心。②施爵禄用地道：地道平而无私。③举大事用天道：心应天时，可举大事。

七、老子（公元前571~?）

老子，中国先秦时代的哲学家，道家学派的创始人，《老子》一书相传为老聃所著。老聃姓李，名耳，字伯阳，楚国苦县人，生于春秋末期，约公元前571年，比孔子约大20岁。

老子认为天地万事万物均有对立统一与相互转化的辩证关系。例如，属于自然现象的有：大小、多少、高矮、远近、重轻、厚薄、白黑、寒热、瞰昧、朴器、歙张、光尘、壮老、雌雄、母子、实华、正反、同异等对立范畴；属于社会现象的有：美丑、善恶、真伪、强弱、利害、福祸、生死、荣辱、愚智、吉凶、兴废、进退、主客、是非、巧拙、辩讷、公私、难易、怨德、贵贱、贫富、治乱等对立范畴。这些运动形式广泛涉及自然、人文甚至技术等方面，正是老子思想产生的社会基础与现实。

老子思想体系的核心是"道"，他说"道生一，一生二，二生三，三生万物。"尽管当前学术界对"道"的理解有三类歧见，但老子在宇宙上摆脱天神主宰，首提"道"的哲学概念，以"道"为天地万物存在的本原，对后世思想家有过深刻影响。韩非认为"道"是万事万物的总法则，道教宣扬"自然长生之道"，魏源说《老子》是"救世书也"，严复强调"《老子》者，民主之治之所用也。"两千多年来的解说和注评，使它对哲学、人生、社会及天人关系均有重大的正面影响。

当代作家王蒙在《老子的帮助》中认为：老子带来了哲学思辨、逆向思维、"无为"的命题与法宝，带来了逻辑思维与形象思维的结合，玄妙抽象与生活经验的结合，带来了处世奇术、做人奇境，以退为进，以柔克刚，以无胜有，以亏胜盈，宠辱无惊、百挠不折。也带来了汉字表述、修辞、论辨、取喻的为文方法。这是汉字的经典，古文的天才名篇。

当代一些外国科学家，把老、庄的道比之为能量场。万物都可以分解为分子，再分解为原子，乃至电子、质子、中子，现代又发现可分解为量子。量子产生于能量场，能量场具有波粒二象性，能量场处在能量最低态时是真空，相当于"无"。处在激发态则产生粒子，这是物质，相当于"有"。能量有正负则为二，正负作用产生中性则为三，三者错综结合则成万物。

本书引文据《老子校释》(朱谦之撰，中华书局，1984年版)、《老子校读》(张松如，吉林人民出版社，1981年版)、《老子的帮助》(王蒙，华夏出版社，2009年版)。

1. 众妙之门

道，可道，非常［恒］道；名，可名，非常［恒］名。

无名，天地［之］始；有名，万物［之］母。

故恒无欲，以观其妙；恒有欲，以观其徼。

此两者，同出而异名，同谓之玄。

玄之又玄，众妙之门。(《第一章》)

2. 知美即恶

天下皆知美之为美，斯恶已；皆知善之为善，斯不善已。

故有无相生，难易相成，长短相形，高下相倾，声音相和，前后相随，恒也。

是以圣人处无为之事，行不言之教。

万物作而不辞，生而不有，为而弗恃，功成而弗居。

夫惟不居，是以不去。(《第二章》)

3. 天地之间，不如守中

天地不仁，以万物为刍狗。

圣人不仁，以百姓为刍狗。

天地之间，其犹橐龠乎？

虚而不屈，动而俞出。

多言数穷，不如守中。(《第五章》)

4. 上善若水

上善若水。水善利万物，而不争，

处众人之所恶，故几于道。

居善地，心善渊，与善仁，言善信，政善治，事善能，动善时。

夫唯不争，故无尤。(《第八章》)

5. 有之为利，无之为用

三十辐共一毂，当其无，有车之用。

埏埴以为器，当其无，有器之用。

凿户牖以为室，当其无，有室之用也。

故有之以为利，无之以为用。(《第十一章》)

6. 五色目盲

五色令人目盲；五音令人耳聋；五味令人口爽；

驰骋田猎，令人心发狂；

难得之货，令人行妨。

是以圣人之治也，为腹不为目。故去彼取此。(《第十二章》)

7. 道之为物，唯恍唯忽

孔得之容，唯道是从。

道之为物，唯恍唯忽。忽恍中有象，恍忽中有物。

窈冥中有精，其精甚真，其中有信。

自古及今，其名不去，以阅众甫。

吾何以知众甫之然［状］哉！以此。(《第二十一章》)

8. 道法自然

有物混成，先天地生。寂兮寥兮，独立而不改，周行而不殆，可以为天下［地］母。

吾不知其名，强字之曰道。强为之名曰大。大曰逝，逝曰远，远曰反。

故道大、天大、地大、人亦大。域中有四大，而人居其一焉。

人法地，地法天，天法道，道法自然。(《第二十五章》)

9. 自胜者强

知人者智，自知者明。

胜人者有力，自胜者强。

知足者富。强行［者］有志。

不失其所者久。死而不亡者寿。(《第三十三章》)

10. 一生二、三

道生一，一生二，二生三，三生万物。

万物负阴而抱阳，冲气以为和。

人之所恶，唯孤、寡、不谷，而王公以为称。

故物或损之而益，或益之而损。……(《第四十二章》)

11. 无为而无不为

为学者日益，为道者日损，

损之又损，以至于无为。

无为则［而］无不为。……(《第四十八章》)

12. 以百姓之心为心

圣人常无心，以百姓之心为心。善者，吾善之；不善者，吾亦善之；得［德］善。

信者，吾信之；不信者，吾亦信之；得［德］信。……(《第四十九章》)

13. 治大国若烹小鲜

治大国，若烹小鲜。

以道莅天下，其鬼不神；非其鬼不神，其神不伤人；非其神不伤人，圣人亦不伤人。夫两不相伤，故德交归焉。（《第六十章》）

14. 图难于其易

……

图难于其易，为大于其细。

天下难事，必作于易；天下大事，必作于细。

是以圣人终不为大，故能成其大。

夫轻诺必寡信，多易必多难。是以圣人犹难之，故终无难。（《第六十三章》）

15. 千里之行，始于足下

……

为之于其未有，治之于其未乱。

合抱之木，生于毫末；九层之台，起于累土；

千里之行，始于足下。……

民之从事，常于几成而败之。慎终如始，则无败事。……（《第六十四章》）

16. 信言不美

信言不美，美言不信。善者不辩，辩者不善。知者不博，博者不知。

圣人不积，既以为人，己愈有，既以与人，己愈多。

天之道，利而不害。圣人之道，为而不争。（《第八十一章》）

八、孔子（公元前551~前479年）

孔子名丘，字仲尼，鲁国陬邑（今山东曲阜）人。中国古代教育家、思想家，儒家学派创始人。《论语》一书记载了他的主要言论。

孔子首创"智水仁山"论，源于对天地山川的体验，自感"我无能"若水的智慧。

孔子十分重视文艺的社会作用，主张通过礼乐文饰来促进社会和谐发展。他提出兴、观、群、怨等概念，对诗的特点和功能作了概括。在文艺批评和欣赏中，他明确地把美和善区别开来，提出了"乐而不淫""哀而不伤"的中和准则。主张"尽美"又"尽善"的理想，在文与质的关系上，他批评了偏重一方的片面性，要求做到文质的统一。

孔子对于学识，强调后天的学习，"多用"、"多见"，学与思并举，学以致用；"学而时习之"，"学而不厌，诲人不倦"；"有教无类"。

关于逻辑，则主张"名正""言顺"，名实一致，强调推理的作用，"告诸往而知来者"，"温故而知新"，"闻一以知十"。

孔子认为对劳动者实行宽惠就是德政，主张"节用而爱人，便民以时"，"因民所利而利之"，不均是"有国有家者"的大患。

孔子开创了语录式的散文体裁，能承载厚重责任，端庄思维，他的思想成为千古正统，他的文风成为永久楷模。

本书引文据《十三经注疏》标点本《论语注疏》（北京大学出版社，1991 版）。

1. 智水仁山

子曰："知者乐水，仁者乐山。知者动，仁者静。知者乐，仁者寿。"（《雍也》）

子曰："知之者不如好之者，好之者不如乐之者。"（《雍也》）

子曰："君子道者三，我无能焉；仁者不忧，知者不惑，勇者不惧。"（《宪问》）

孔子曰："益者三乐，损者三乐。乐节礼乐，乐道人之善，乐多贤友，益矣。乐骄乐，乐佚游，乐宴乐，损矣。"（《季氏》）

子曰："吾未见好德如好色者也。"（《子罕》）

子曰：《关雎》乐而不淫，哀而不伤。"（《八佾》）

2. 尽善尽美

子曰："里仁为美；择不处仁，焉得知。"（《里仁》）

子曰："如有周公之才之美，使骄且吝，其余不足观也已。"（《泰伯》）

……子曰："尊五美，屏四恶，斯可以从政矣。"子张曰："何谓五美？"子曰："君子惠而不费，劳而不怨，欲而不贪，泰而不骄，威而不猛。"子张曰："何谓惠而不费？"子曰："因民之所利而利之，斯不亦惠而不费乎？择可劳而劳之，又谁怨？欲仁而得仁，又焉贪？君子无众寡，无小大，无敢慢，斯不亦泰而不骄乎？君子正其衣冠，尊其瞻视，俨然人望而畏之，斯不亦威而不猛乎？"……（《尧曰》）

子谓卫公子荆："善居室。始有，曰：'苟合矣'。少有，曰：'苟完矣。'富有，曰：'苟美矣。'"（《子路》）

子谓《韶》："尽美矣，又尽善也。"谓《武》："尽美矣，未尽善也。"《八佾》

子曰："大哉，尧之为君也。巍巍乎！唯天为大，唯尧则之。荡荡乎！民无能名焉。巍巍乎！其有成功也。焕乎！共有文章。"（《泰伯》）

3. 诗文礼乐

子曰："兴于《诗》，立于礼，成于乐。"（《泰伯》）

子曰："先进于礼乐，野人也；后进于礼乐，君子也。如用之，则吾从先进。"（《先进》）

子曰："《诗》三百，一言以蔽之，曰：'思无邪。'"（《为政》）

子曰："小子何莫学夫《诗》？《诗》，可以兴，可以观，可以群，可以怨；迩之事父，远之事君；多识于鸟兽草木之名。"（《阳货》）

子夏问曰："'巧笑倩兮，美目盼兮，素以为绚兮。'何谓也？"子曰："绘事后素。"曰："礼后乎？"子曰："起予者，商也，始可与言《诗》已矣！"（《八佾》）

子曰："质胜文则野，文胜质则史。文质彬彬，然后君子。"

子曰："君子博学于文，约之以礼，亦可以弗畔矣夫！"（《雍也》）

子贡问曰："孔文子何以谓之'文'也？"子曰："敏而好学，不耻下问，是以谓之'文'也。"（《公冶长》）

子曰："志于道，据于德，依于仁，游于艺。"（《述而》）

子路问成人。子曰："若臧武仲之知，公绰之不欲，卞庄子之勇，冉求之艺，文之以礼乐，亦可以为成人矣。"曰："今之成人者何必然？见利思义，见危授命，久要不忘平生之言，亦可以为成人矣。"

子曰："有德者必有言，有言者不必有德。"……（《宪问》）

4. 学识逻辑

子曰："学而时习之不亦说乎！"（《学而》）

子曰："温故而知新，可以为师矣。"（《为政》）

子曰："学而不思则罔，思而不学则殆。"（《为政》）

子以四教："文、行、忠、信。"（《述而》）

子曰："三人行必有我师，择善而从之，其不善者而改之。"（《述而》）

子曰："默而识之，学而不厌，诲人不倦，何有于我哉。"（《述而》）

子曰："君子和而不同，小人同而不和。"（《子路》）

子曰："岁寒，然后知松柏之后凋。"（《子罕》）

哀公问社于宰我。宰我对曰："夏后氏以松，殷人以柏，周人以栗，曰：使民战栗。"子闻之，曰："成事不说，遂事不谏，既往不咎。"（《八佾》）

子贡曰：《诗》云：'如切如磋！如琢如磨。'其斯之谓与？"子曰："赐也，始可与言《诗》已矣，告诸往而知来者。"（《学而》）

子谓子贡："女与回也孰愈？"对曰："赐也何敢望回？回也闻一以知十，赐也闻一以知二。"子曰："弗如也！吾与女弗如也。"（《公冶长》）

子曰："……名不正则言不顺，言不顺则事不成，事不成则礼乐不兴，礼乐不兴则刑罚不中，刑罚不中则民无所措手足。故君子名之必可言也，言之必可行也。君子于其言，无所苟而已矣。"（《子路》）

5. 节用爱人

子曰："道千乘之国，敬事而信，节用而爱人，使民以时。"（《学而》）

孔子曰："丘也闻有国有家者，不患寡而患不均，不患贫而患不安。……"（《季氏》）

子贡问曰："有一言而可以终身行之者乎？"子曰："其恕乎！己所不欲，勿施于人。"《卫灵公》

子曰："弟子入则孝，出则弟，谨而信，泛爱众，而亲仁。行有馀力，则以学文。"《学而》

子曰："……夫仁者，己欲立而立人，己欲达而达人"《雍也》

子曰："志士仁人，无求生而害仁，有杀身以成仁"《卫灵公》

九、墨子（公元前 468~ 前 376 年）

墨子名翟，鲁国人。春秋战国之际思想家、政治家，墨家学派创始人。出身于手工业者，做过宋国大夫。《墨子》一书记载了墨子的主要思想活动。其中部分是战国后期墨家后学的著作，对墨子思想有一定发展。墨学是先秦诸子学中唯一反映下层民众的生活和愿望的学说，与孔子思想对立，形成两大学派。

墨子是世上最早倡导"兼爱"并详释其原理，"知兼而食之，必兼而爱之"。主张"节用"，"凡足以奉给民用，则止"。墨学又是最重实践的学说，"天下从事者，不可以无法仪"，有关力学、光学、几何学的论述，均有科技史的意义。

墨子承认美和艺术引起人的美感，但认为它们"不中万民之利"，美和艺术愈发展，其危害也愈严重，因而对美和艺术持否定态度，在理论上有片面性。《非乐》《辞过》篇，比较集中地反映了他的美学思想特点。

本书引文据《墨子閒诂》中华书局，2001 年版。

1. 法仪 *（节录）

子墨子曰：天下从事者不可以无法仪，无法仪而其事能成者，无有也。虽至士之为将相者皆有法，虽至百工从事者亦皆有法。百工为方以矩，为圆以规，直以绳，正以县。考工记云"圜者中规，方者中矩，立者中县，衡者中水"。无巧工不巧工，皆以此五者为法。以考工记校之，疑上文或当有'平以水'三字，盖本有五者。巧者能中之，中，得也。不巧者虽不能中，放依以从事，放与仿同。犹逾已。"犹胜于已。"故百工从事，皆有法所度。今大者治天下，其次治大国，而无法所度，此不若百工辩也。（《法仪》）

2. 辞过 *（节录）

子墨子曰：古之民上古之民。未知为宫室时，礼运云："昔者先王未有宫室，冬则居营窟，夏则居橧巢。"就陵阜而居，穴而处，下润湿伤民，故圣人作为宫室。为宫室之法，曰："室高足以辟润湿，谓堂基之高。辟，避字假音。旁足以圉风寒，玉篇云：'圉，禁也。'上足以待雪霜雨露，节用篇'待'作'圉'，圉即御字。宫墙之高足以别男女之礼。"谨此则止，凡费财劳力，不加利者，不为也。役，毕云："当云'以其常役'，上脱三字。"修其城郭，则民劳而不伤；以其常正，苏云："正同征。"收其租税，则民费而不病。道藏本"则民"作"民则"。民所苦者非此也，苦于厚作敛于百姓。节用上篇："其籍敛厚。"是故圣王作为宫室，便于生，太平御览引作"以便生"。不以为观乐也；作为衣服带履，便于身，不以为辟怪也。故节于身，诲于民，是以天下之民可得而治，长短经作"故天下之人"。财用可得而足。当今之主，其为宫室则与此异矣。必厚作敛于百姓，暴夺民衣食之财，以为宫室台榭曲直之望、青黄刻镂之饰。为宫室若此，故左右皆法象之。长短经"法"下有"而"字。是以其财不足以待凶饥，振孤寡，故国贫而民难治也。<small>长短经"治"作"理"。</small>君实欲天下之治而恶其乱也，<small>实，治要作"诚"。</small>当为宫室不可不节。（《辞过》）

3. 法天兼爱

然则奚以为治法而可？故曰莫若法天。天之行广而无私，其施厚而不德，其明久而不衰，故圣王法之。既以天下为法，动作有为必度于天，天之所欲则为之，天所不欲则止。然而天何欲何恶者也？天必欲人之相爱相利，而不欲人之相恶相贼也。奚以知天之欲人之相爱相利，而不欲人之相恶相贼也？以其兼而爱之、兼而利之也。奚以知天兼而爱之、兼而利之也？以其兼而有之、兼而食之也。今天下无大小国，皆天下之邑也。人无幼长贵贱，皆天之臣也。（《法仪》）

若使天下兼相爱，爱人若爱其身。……若使天下兼相爱，国与国不相攻，家与家不相乱，盗贼无有，君臣父子皆能孝慈，若此则天下治。故圣人以治天下为事者，恶得不禁恶而劝爱？故天下兼相爱则治，交相恶则乱。（《兼爱》）

凡天下祸篡怨恨，其所以起者，以不相爱生也，是以仁者非之。既以非之，何以易之？子墨子言曰：以兼相爱、交相利之法易之。（《兼爱》）

自古及今，无有远灵孤夷之国，皆犓豢其牛羊犬彘，絜为粢盛酒醴，以敬祭祀上帝山川鬼神，以此知兼而食之也。苟兼而食焉，必兼而爱之。譬之若楚越之君，今是楚王食于楚之四境之内，故爱楚之人；越王食于越，故爱越之人。今天兼天下而食焉，我以此知其兼爱天下之人也。

顺天意者，兼相爱，交相利，必得赏。反天意者，别相恶，交相贼，必得罚。（《天志》）

4. 节用*（节录）

是故古者圣王制为节用之法，曰："凡天下群百工，轮、车、鞼、匏、'匏'当为'鞄'，<small>说文云：'柔革工也，读若朴'。考工记"设色之工画缋"，"鞼"即"缋"之借字，亦通。</small>陶、冶、梓、匠，使各从事其所能。"曰："凡足以奉给民用，则止。"诸加费不加于民利者，圣王弗为。<small>李斯曰：凡古圣王，饮食有节，车器有数，宫室有度，出令造事加费而无益于民利者，禁' 即用此义。</small>（《节用》）

5. 非乐*（节录）

子墨子言曰：仁之事者，必务求兴天下之利，除天下之害。将以为法乎天下，利人乎即为，不利人乎即止。且夫仁者之为天下度也，非为其目之所美，耳之所乐，口之所甘，身体之所安，以此亏夺民衣食之财，仁者弗为也。是故子墨子之所以非乐者，非以大钟、鸣鼓、琴瑟、竽笙之声，以为不乐也，非以刻镂华文章之色，以为不美也，非以刍豢煎炙之味，以为不甘也，非以高台、厚榭、邃野之居，以为不安也。虽身知其安也，口知其甘也，目知其美也，耳知其乐也，然上考之，不中圣王之事，下度之，不中万民之利。是故子墨子曰：为乐非也！……（《非乐上》）

6. 食必常饱然后求美

墨子曰："诚然，则恶在事夫奢也。长无用，好末淫，非圣人之所急也，故食必常饱，

然后求美；衣必常暖，然后求丽；居必常安，然后求乐。为可长，行可久，先质而后文。此圣人之务。"（《附录·墨子佚文》）

十、孟子（公元前390~前305年）

孟子名轲，邹（今山东邹城市）人。中国战国时期的思想家、政治家。其观点保存于《孟子》一书中，是儒家经典之一。

孟子认为，人生下来就有审美的欲求和能力，明确提出了美感的共同性，并提出"充实之谓美，充实而有光辉之谓大"的审美范畴。他分析了"文王之囿方七十里，与民同乐，民以为小……"的道理。孟子提出了"以意逆志"，知人论世等观点。

孟子的文辞大气磅礴，有一种顶天立地的生命格调，他的"养吾浩然之气"的思想，对后来的文艺创作和文艺欣赏，产生了很深的影响。

孟子认为天与人二者是相通的，人心具备天的本质属性，极力追求尽心、知性、知天的精神境界，首提"顺天者存"的命题。孟子的"当今世界，舍我其谁"的责任感；"富贵不能淫，贫贱不能移，威武不能屈"的自觉性；还有"与人为善"、"舍己为人"、"专心致志"、"明察秋毫"、"缘木求鱼"、"揠苗助长"等，都成为了很有生命力的成语。

本书引文据《孟子译注》杨伯峻，中华书局2005版。

1. 充实之谓美

浩生不害问曰："乐正子何人也？"孟子曰："善人也，信人也。""何谓善？何谓信？"曰："可欲之谓善，有诸己之谓信，充实之谓美，充实而有光辉之谓大，大而化之之谓圣，圣而不可知之之谓神。乐正子，二之中、四之下也。"（《尽心章句下》）

2. 目之于色有同美

故凡同类者，举相似也，何独至于人而疑之？……。故曰，口之于味也，有同耆焉；耳之于声也，有同听焉；目之于色也，有同美焉。至于心，独无所同然乎？心之所同然者何也？谓理也，义也。圣人先得我心之所同然耳。故理义之悦我心，犹刍豢之悦我口。（《告子章句上》）

3. 与民同乐故能乐

庄暴见孟子，曰："暴见于王，王语暴以好乐，暴未有以对也。"曰："好乐何如？"

孟子曰："王之好乐甚，则齐国其庶几乎！"

他日，见于王，曰："王尝语庄子以好乐，有诸？"

王变乎色，曰："寡人非能好先王之乐也，直好世俗之乐耳。"

曰："王之好乐甚，则齐其庶几乎！今之乐，由古之乐也。"

曰：“可得闻与？”

曰：“独乐乐，与人乐乐，孰乐？”

曰：“不若与人。”

曰：“与少乐乐，与众乐乐，孰乐？”

曰：“不若与众。”

“臣请为王言乐。今王鼓乐于此，百姓闻王钟鼓之声，管籥（yuè）之音，举疾首蹙頞而相告曰：‘吾王之好鼓乐，夫何使我至于此极也？父子不相见，兄弟妻子离散。’今王田猎于此，百姓闻王车马之音，见羽旄之美，举疾首蹙頞而相告曰：‘吾王之好田猎，夫何使我至于此极也？父子不相见，兄弟妻子离散。’此无他，不与民同乐也！

“今王鼓乐于此，百姓闻王钟鼓之声，管籥（yuè）之音，举欣欣然有喜而相告曰：‘吾王庶几无疾病与，何以能鼓乐也？’今王田猎于此，百姓闻王车马之音，见羽旄之美，举欣欣然有喜色而相告曰：‘吾王庶几无疾病与，何以能田猎也？’此无他，与民同乐也，今王与百姓同乐，则王矣。”

齐宣王见孟子于雪宫。王曰：“贤者亦有此乐乎？”

孟子对曰：“有。人不得，则非其上矣。不得而非其上者，非也；为民上而不与民同乐者，亦非也。乐民之乐者，民亦乐其乐；忧民之忧者，民亦忧其忧。乐以天下，忧以天下，然而不王者，未之有也。……”（《梁惠王章句下》）

孟子见梁惠王。王立于沼上，顾鸿雁麋鹿，曰：“贤者亦乐此乎？”

孟子对曰：“贤者而后乐此，不贤者虽有此，不乐也。《诗》云：‘经始灵台，经之营之，庶民攻之，不日成之。经始勿亟，庶民子来，王在灵囿，麀鹿攸伏，麀鹿濯濯，白鸟鹤鹤。王在灵沼，于牣鱼跃。’文王以民力为台为沼，而民欢乐之，谓其台曰‘灵台’，谓其沼曰‘灵沼’，乐其有麋鹿鱼鳖。古之人与民偕乐，故能乐也，《汤誓》曰：‘时日害丧，予及汝偕亡。’民欲与之偕亡，虽有台池鸟兽，岂能独乐哉？”（《梁惠王章句上》）

4. 文王之囿与民同之，民以为小

齐宣王问曰：“文王之囿方七十里，有诸？”

孟子对曰：“于传有之。”

曰：“若是其大乎？”

曰：“民犹以为小也。”

曰：“寡人之囿方四十里，民犹以为大，何也？”

曰：“文王之囿方七十里，刍荛者往焉，雉兔者往焉，与民同之。民以为小，不亦宜乎？臣始至于境，问国之大禁，然后敢入。臣闻郊关之内有囿方四十里，杀其麋鹿者如杀人之罪，则是方四十里为阱于国中。民以为大，不亦宜乎？”（《梁惠王章句下》）

5. 顺天者存，逆天者亡

孟子曰：“天下有道，小德役大德，小贤役大贤；天下无道，小役大，弱役强。斯二者，天也。顺天者存，逆天者亡。”（《离娄章句上》）

6. 仁言不如仁声之入人深

孟子曰:"仁言不如仁声 指音乐 之入人深也,善政不如善教之得民也。善政,民畏之;善教,民爱之。善政得民财,善教得民心。"(《尽心章句上》)

7. 浩然之气

(孟子)曰:"……夫志,气之帅也;气,体之充也。夫志至焉,气次焉。故曰:'持其志,无暴乱其气。'"

"公孙丑曰'志至焉,气次焉',又曰'持其志,无暴其气'者,何也?"

(孟子)曰:"志壹则动气,气壹则动志也。今夫蹶者趋者,是气也,而反动其心。"

"敢问夫子恶乎长?"

(孟子)曰:"我知言,我善养吾浩然①之气。"

"敢问何谓浩然之气?"

(孟子)曰:"难言也!其为气也,至大至刚,以直养而无害,则塞于天地之间。其为气也,配义与道;无是,馁也。是集义所生者,非义袭而取之也。行有不慊于心,则馁矣。……"(《公孙丑章句上》)

【注释】

①朱熹集诠云:盛大流行貌。

8. 论观水之术

徐子曰:"仲尼亟称于水,曰'水哉,水哉!'何取于水也?"

孟子曰:"原泉混混,不舍昼夜,盈科而后进,放乎四海。有本者如是,是之取尔。苟为无本,七八月之间雨集,沟浍皆盈;其涸也,可立而待也。故声闻过情,君子耻之。"

(《离娄章句下》)

孟子曰:"孔子登东山而小鲁,登泰山而小天下,故观于海者难为水,游于圣人之门者难为言。观水有术,必观其澜。日月有明,容光必照焉。流水之为物也,不盈科不行;君子之志于道也,不成章不达。"(《尽心章句上》)

十一、庄子 (公元前 369~ 前 286 年)

庄子是中国战国时期的哲学家。名周,宋国蒙(今河南商丘)人。《庄子》一书是庄周及其后学的著作集,为道家经典之一。它上承《老子》,下启《淮南子》,体现了在野派的政治态度,他从社会底层审视万物,用极富想象的神话、寓言故事和充满哲思的艺术形象,传承和发展了老子与道家思想,并形成了独特的思想体系及其学风、文风。王蒙称其为"世界上独一无二的奇书。"

在先秦哲学"天人"辩中,庄子说:"人与天一也"。庄子强调自然的一切都是美好的,人为总是不好的。"牛马四足,是谓天;落(通络,笼住)马首,穿牛鼻,是谓人。

故曰：无以人灭天。"(《秋水》) 只有遵循自然规律而活动才会感到自由，获得自由的"至人"，可以超脱于是非、名利、生死之外，进入"天地与我并生，万物与我为一"(《齐物论》)的神秘境界。

庄子提倡超功利的人生态度和审美态度，"澹然无极而众美从之"，"道"是一切美的根源。同时，他又通过寓言和比喻，强调熟练技巧与实践的密切关系，表明艺术创作活动是一种充满情感和忘怀一切的自由活动。

庄子在讲求自然无为的同时，还揭露人们追求世俗美所产生的"丧生"，"害生"等后果，使人成了万物的奴隶，人为物而牺牲了自我。

庄子对后世的政治、哲学、文学艺术、自然科学和人天关系的影响深远而复杂，将会有无尽的研讨。

本书引文据《庄子浅注》曹础基著，中华书局 2000 年 2 版。《庄子的享受》王蒙著，安徽教育出版社，2004 版。

1. 大树无用、树之于野

惠子谓庄子曰："吾有大树，人谓之樗（chū 椿树）。其大本拥肿而不中绳墨，其小枝卷曲而不中规矩，立之涂，匠者不顾。今子之言，大而无用，众所同去也。"

庄子曰："……今子有大树，患其无用，何不树之于无何有之乡，广莫之野，彷徨乎无为其侧，逍遥乎寝卧其下。不夭斤斧，物无害者，无所可用，安所困苦哉！"(《逍遥游》)

2. 美与大

昔者舜问于尧曰："天王之用心何如？"尧曰："吾不敖无告，不废穷民，苦死者，嘉孺子而哀妇人，此吾所以用心已。"舜曰："美则美矣，而未大也！"尧曰："然则何如？"，舜曰："天德而出宁，日月照而四时行，若昼夜之有经，云行而雨施矣。"尧曰："胶胶扰扰乎！子，天之合也；我，人之合也。"夫天地者，古之所大也，而黄帝、尧、舜之所共美也。故古之王天下者，奚为哉？天地而已矣。(《天道》)

秋水时至，百川灌河，泾流之大，两涘渚崖之间，不辩牛马。于是焉河伯欣然自喜，以天下之美为尽在己。顺流而东行，至于北海，东面而视，不见水端，于是焉河伯始旋其面目，望洋向若而叹："野语有之曰，'闻道百，以为莫己若者'，我之谓也。且夫我尝闻少仲尼之闻而轻伯夷之义者，始吾弗信；今我睹子之难穷也，吾非至于子之门则殆矣，吾长见笑于大方之家。"北海若曰："井蛙不可以语于海者，拘于虚也；夏虫不可以语于冰者，笃于时也；曲士不以语于道者，束于教也。今尔出于崖涘，观于大海，乃知尔丑。尔将可与语大理矣。"(《秋水》)

天地有大美而不言，四时有明法而不议，万物有成理而不说。圣人者，原天地之美而达万物之理，是故至人无为，大圣不作；观于天地之谓也。(《知北游》)

3. 人之所美与鸟兽不同

民食刍豢，麋鹿食荐，蝍蛆甘带，鸱鸦耆鼠，四者孰知正味？猨猵狙以为雌，麋与

鹿交，鳅与鱼游。毛嫱、丽姬，人之所美也；鱼见之深入，鸟见之高飞，麋鹿见之决骤。四者孰知天下之正色哉？（《齐物》）

《咸池》、《九韶》之乐，张之洞庭之野，鸟闻之而飞，兽闻之而走，鱼闻之而下入，人卒闻之，相与还而观之。鱼处水而生，人处水而死，彼必相与异，其好恶故异也。（《至乐》）

4. 天籁、地籁、人籁

南郭子綦隐机而坐，仰天而嘘，苔（tà）焉似丧其耦。颜成子游立侍乎前，曰："何居乎？形固可使如槁木，而心固可使如死灰乎？今之隐机者，非昔之隐机者也。"子綦曰："偃，不亦善乎，而问之也。今者吾丧我，汝知之乎？女闻人籁而未闻地籁，女闻地籁而未闻天籁夫？"

子游曰："敢问其方。"子綦曰："夫大块噫气，其名为风。是唯无作，作则万窍怒呺。而独不闻之翏翏乎？山林之畏佳，大木百围之窍穴，似鼻、似口、似耳、似枅、似圈、似臼，似洼者，似污者；激者、謞者、叱者、吸者、叫者、譹者、宎者、咬者；前者唱于而随者唱喁。泠风则小和，飘风则大和，厉风济则众窍为虚；而独不见之调调，之刁刁乎？"

子游曰："地籁则众窍是已，人籁则比竹是已，敢问天籁。"子綦曰："夫吹万不同，而使其自己也。咸其自取，怒者其谁耶！"（《齐物》）

5. 天乐、人乐、至乐

天道运而无所积，故万物成；帝道运而无所积，故天下归；圣道运而无所积，故海内服。明于天，通于圣，六通四辟于帝王之德者，其自为也，昧然无不静者矣。圣人之静也，非曰静也善，故静也。万物无足以挠心者，故静也。水静则明烛须眉，平中准，大匠取法焉。水静犹明，而况精神！圣人之心静乎！天地之鉴也，万物之镜也。夫虚静恬淡寂漠无为者，天地之平而道德之至。故帝王圣人休焉。休则虚，虚则实，实则伦矣。虚则静，静则动，动则得矣。静则无为，无为也，则任事者责矣。无为则俞俞。俞俞者，忧患不能处，年寿长矣。夫虚静恬淡寂漠无为者，万物之本也。明此以南乡，尧之为君也；明此以北面，舜之为臣也。以此处上，帝王天子之德也；以此处下，玄圣素王之道也。以此退居而闲游江海，山林之士服；以此进为而抚世，则功大名显而天下一也。静而圣，动而王，无为也而尊，朴素而天下莫能与之争美。夫明白于天地之德者，此之谓大本大宗，与天和者也。所以均调天下，与人和者也。与人和者，谓之人乐；与天和者，谓之天乐。

庄子曰："吾师乎！吾师乎！齑（jī）万物而不为戾；泽及万世而不为仁；长于上古而不为寿；覆载天地、刻雕众形而不为巧，此之谓天乐。故曰：'知天乐者，其生也天行，其死也物化。静而与阴同德，动而与阳同波。'故知天乐者，无天怨，无人非，无物累，无鬼责。故曰：'其动也天，其静也地，一心定而王天下；其鬼不祟，其魂不疲，一心定而万物服。'言以虚静推于天地，通于万物，此之谓天乐。天乐者，圣人之心，以畜天下也。"（《天道》）

天下有至乐无有哉？有可以活身者无有哉？今奚为奚据？奚避奚处？奚就奚去？奚乐奚恶？

夫天下之所尊者，富贵寿善也；所乐者，身安厚味美服好色音声也；所下者，贫贱夭恶也；所苦者，身不得安逸，口不得厚味，形不得美服，目不得好色，耳不得音声；若不得者，则大忧以惧。其为形也亦愚哉！

夫富者，苦身疾作，多积财而不得尽用，其为形也亦外矣。夫贵者，夜以继日，思虑善否，其为形也亦疏矣。人之生也，与忧俱生，寿者惛惛，久忧不死，何苦也！其为形也亦远矣。烈士为天下见善矣，未足以活身。吾未知善之诚善邪，诚不善邪？若以为善矣，未足活身；以为不善矣，足以活人。故曰："忠谏不听，蹲循勿争。"故夫子胥争之，以残其形；不争，名亦不成。诚有善无有哉？

今俗之所为与其所乐，吾又未知乐之果乐邪？果不乐邪？吾观夫俗之所乐，举群趣者，誙誙然如将不得已，而皆曰乐者，吾未之乐也，亦未之不乐也。果有乐无有哉？吾以无为诚乐矣，又俗之所大苦也。故曰："至乐无乐，至誉无誉。"（《至乐》）

6. "真"能动人

孔子愀然曰："请问何谓真？"客曰："真者，精诚之至也。不精不诚，不能动人。故强哭者，虽悲不哀；强怒者，虽严不威；强亲者，虽笑不和。真悲无声而哀，真怒未发而威，真亲未笑而和。真在内者，神动于外，是所以贵真也。其用于人理也，事亲则慈孝，事君则忠贞，饮酒则欢乐，处丧则悲哀。忠贞以功为主，饮酒以乐为主，处丧以哀为主，事亲以适为主，功成之美，无一其迹矣。事亲以适，不论所以矣；饮酒以乐，不选其具矣；处丧以哀，无问其礼矣。礼者，世俗之所为也；真者，所以受于天也，自然不可易也。故圣人法天贵真，不拘于俗。愚者反此。不能法天而恤于人，不知贵真，禄禄而受变于俗，故不足。惜哉，子之早湛于人伪而晚闻大道也！"（《渔父》）

7. 道枢、环中、无穷

物无非彼，无物非是。自彼则不见，自是则知之。故曰：彼出于是，是亦因彼。①

彼是方生之说也。虽然，方生方死，方死方生；方可方不可，方不可方可；因是因非，因非因是。

是以圣人不由，而照之于天，亦因是也。是亦彼也，彼亦是也。彼亦一是非，此亦一是非，果且有彼是乎哉？果且无彼是乎哉？彼是莫得其偶，谓之道枢。②

枢始得其环中，以应无穷。是亦一无穷，非亦一无穷也。故曰：莫若以明。③（《齐物》）

【注释】

①世界万物非此即彼，彼此的立场决定认识，彼此的分野互为条件、前提和对立面。②高明人不走彼此对立路，宁问道于苍天，以大自然为参照系。彼此各有是非观。果真有相互对立吗？若超越彼此，那就进到大道的枢组。③请勿认同极端，最好选择道枢或环中（圆心）作立足点，就可以应对无穷的是与非，追求不败之地。

8. 万物与我为一

天地与我并生，而万物与我为一。既已为一矣，且得有言乎？既已谓之一矣，且得无言乎？一与言为二，二与一为三。自此以往，巧历不能得，而况其凡乎！故自无适有，以至于三，而况自有适有乎！无适焉，因是已！（《齐物》）

9. 论庄周文辞风格

寂漠无形，变化无常，死与生与，天地并与，神明往与！芒乎何之，忽乎何适，万物毕罗，莫足以归。古之道术有在于是者，庄周闻其风而悦之。以谬悠之说，荒唐之言，无端崖之辞，时恣纵而不傥，不以觭见之也。以天下为沈［沉］浊，不可与庄语。以卮（zhī）言为曼衍，以重言为真，以寓言为广①。独与天地精神往来，而不敖倪于万物，不谴是非，以与世俗处。其书虽瓌［瑰］玮，而连犿（fān）无伤也。其辞虽参差而諔（chù）诡可观。彼其充实，不可以已。上与造物者游，而下与外死生，无终始者为友。其于本也，弘大而辟，深闳而肆，其于宗也，可谓稠适而上遂矣。虽然，其应于化而解于物也，其理不竭，其来不蜕，芒乎昧乎，未之尽者。（《天下》）

【注释】
①寓言：假托别人而说的话，扩思路、示事理。重言：庄重的真心话。卮言：穿插于前两言之中的支离言。三言结合成文体。

十二、《楚辞》

《楚辞》渊源于江淮流域楚地的歌谣，西汉末成帝河平三年（公元前 26 年）刘向整理屈原、宋玉诸作品始编定《楚辞》16 卷，流传至今的只有王逸的 17 卷本《楚辞章句》。楚辞的特征，"盖屈宋诸骚，皆书楚语，作楚声，纪楚地，名楚物"，特别是其中的屈原作品，"以其深邃的思想、浓郁的情感、丰富的想象、瑰丽的文辞，体现了内容与形式的完美统一"，对后世影响深远。

屈原（约公元前 339~ 前 278 年）是为进步而战的爱国诗人，他在诗中满怀热情地关注"民"的疾苦，"长太息以掩涕兮，哀民生之多艰"（《离骚》）；他基于理想和信心，有气魄把自我刻画成"与天地兮同寿，与日月兮同光"的艺术形象；他用华实并茂的语言词藻构筑篇章的框架，为后世留下了五彩缤纷的艺术宝库和名句："善不由外来兮，名不可以虚作，孰无施而有报兮，孰不实而有获"（《抽思》），"山中人兮芳杜若，饮白泉兮荫松柏"（《九歌·山鬼》），"朝饮木兰之坠露兮，夕餐秋菊之落英"（《离骚》），"青云衣兮白霓裳，举长矢兮射天狼"（《九歌·东君》）。

《离骚》是屈原的代表作，是自叙生平的长篇抒情诗，《史记》称其为"忧愁幽思而作"，这里所摘选的六段，可以概略地表现其思想发展过程；《卜居》是以屈原生平为题材而创作的，郭沫若认为"可能是深知屈原生活和思想的楚人作品"见《屈原赋今译》；《宋玉对楚王问》也不像作者自述，而像后人据资料整理而成。

本书引文据《屈原集校注》（金开诚、董洪利、高路明著，中华书局，1996 年版）、《古文观止》（吴楚材、吴调侯编选，葛兆志、戴燕注解，中华书局），《楚辞选》（马茂元选注，人民文学出版社，1998 年版）。

1. 离骚[*]（节录）

（1）我既有内美，又重修才能

皇览揆①余于初度兮，肇锡余以嘉名②；名余曰正则兮，字余曰灵均③。纷④吾既有此内美兮，又重之以修能。扈江离与辟芷兮，纫秋兰以为佩。……

【注释】

①观察、衡量。②始赐美名。③屈原名平，字原（灵均）。④纷：美盛貌。

（2）培植人才、期待收获

余既滋①兰之九畹兮，又树蕙之百亩；畦留夷与揭车兮，杂杜衡与芳芷。冀②枝叶之峻茂兮，愿竢③时乎吾将刈④。虽萎绝其亦何伤兮，哀群芳之芜秽⑤！

【注释】

①滋：培植。树：种。以多块多种香草象征贤才。②冀：希望。③竢：同俟，等待。④刈：收获。⑤芜秽：变质。

（3）悔相道不察，返退修吾初

悔相道之不察，延伫①乎吾将反。回朕车以复路兮，及②行迷之未远。步余马于兰皋③兮，驰椒丘④且焉止息。进不入以离尤兮，退将复修吾初服⑤。……民生各有所乐兮，余独好修以为常。

【注释】

①延伫：迟疑。②及：趁。③兰皋：有兰草的水边高地。④椒丘：花椒丛生的小丘。⑤初服：未仕时的服饰与志趣。

（4）幻境艰远，吾将上下求索

朝发轫①于苍梧兮，夕余至于县圃②。欲少留此灵琐兮③，日忽忽其将暮。吾令羲和弭节兮④，望崦嵫⑤而勿迫。路曼曼其修远兮，吾将上下而求索⑥。

【注释】

①发轫：启动车辆。②县圃：悬圃、玄圃，神话中仙山灵境。③灵琐：神灵境界中的门。④羲和：太阳神。弭节：停车不进。⑤崦嵫：太阳归宿的神山。⑥日暮光暗路遥远，吾方上下求索贤者，令日神驻车勿近崦嵫山。

（5）受灵氛劝告再展幻想，不同心吾将自动远走

灵氛既告余以吉占兮，历①吉日乎吾将行。折琼枝以为羞兮，精琼靡以为粻②。为余驾飞龙兮，杂瑶象以为车。何离心之可同兮，吾将远逝以自疏③。……

【注释】

①历：遴、选。②折玉树枝叶做菜肴，精凿玉屑为干粮。③同：指形迹。自疏：自动远走。

（6）吾将从彭咸之所居

乱①曰："已矣哉②！国无人莫我知③兮，又何怀乎故都？既莫足与为美政兮，吾将从彭咸④之所居。"

【注释】

①乱：理也。②感叹词。③莫我知：不知我。④彭咸：生平无考。诸说显示，屈原在沉湘前20多年明志，为"美政"理想能以身殉国。

2. 卜居 *

屈原既放①，三年不得复见。竭知尽忠，而蔽障于谗，心烦虑乱，不知所从。乃往见太卜郑詹尹曰②："余有所疑，愿因先生决之。"詹尹乃端策拂龟曰③："君将何以教之？"

屈原曰："吾宁悃悃款款④，朴以忠乎，将送往劳来，斯无穷乎？宁诛锄草茆以力耕乎⑤，将游大人以成名乎？宁正言不讳以危身乎，将从俗富贵以偷生乎？宁超然高举以保真乎，将呢訾栗斯⑥，喔咿嚅唲⑦以事妇人乎⑧？宁廉洁正直以自清乎，将突梯滑稽⑨、如脂如韦⑩，以絜楹乎⑪？宁昂昂若千里之驹乎，将泛泛若水中之凫乎⑫，与波上下，偷以全吾躯乎？宁与骐骥亢轭乎⑬？将随驽马之迹乎？宁与黄鹄比翼乎，将与鸡鹜争食乎⑭？此孰吉孰凶，何去何从？世溷浊而不清：蝉翼为重，千钧为轻；黄钟毁弃，瓦釜雷鸣；谗人高张，贤士无名。吁嗟默默兮，谁知吾之廉贞？"

詹尹乃释策而谢曰："夫尺有所短，寸有所长，物有所不足，智有所不明；数有所不逮⑮，神有所不通。用君之心，行君之意，龟策诚不能知此事！"

【注释】

①屈原：名平，字原，战国时楚国人。楚怀王时曾任左徒、三闾大夫，后被流放，在汨罗江投水而死。②太卜：卜筮官之长者。③策、龟：占卜用具。策，是蓍草。龟，是龟壳。④悃（kǔn）悃款款：诚实忠信的样子。⑤茆（máo）：通"茅"。⑥呢訾（zú）栗（zǐ）：阿谀奉承的样子。栗斯：小心求媚的样子。⑦喔咿嚅唲（ér）：强颜欢笑的样子。⑧妇人：指楚怀王的宠姬郑袖。⑨突梯：滑溜的样子。滑（gǔ）稽：圆滑的样子。⑩韦：熟皮。⑪絜（xié）：度量。楹：柱子。⑫凫（fú）：野鸭子。⑬骐骥：两种良马的名字。亢：通"抗"。轭：是车辕前面架马的横木。⑭鹜（wù）：鸭。⑮数：指占卜。

3. 宋玉对楚王问 *

楚襄王问于宋玉①曰："先生其有遗行②与？何士民众庶不誉之甚也？"

宋玉对曰："唯，然。有之。愿大王宽其罪，使得毕其辞。

"客有歌于郢中者，其始曰《下里》、《巴人》③，国中属而和者数千人④。其为《阳阿》、《薤露》，国中属而和者数百人。其为《阳春》《白雪》，国中属而和者不过数十人。引商刻羽，杂以流徵⑤，国中属而和者不过数人而已。是其曲弥高，其和弥寡。

"故鸟有凤而鱼有鲲。凤凰上击九千里，绝云霓，负苍天，足乱浮云，翱翔乎杳冥之上。夫藩篱之鷃⑥，岂能与之料天地之高哉！鲲鱼朝发昆仑之墟，暴鬐于碣石⑦，暮宿于孟诸⑧。夫尺泽之鲵⑨，岂能与之量江海之大哉？

"故非独鸟有凤而鱼有鲲也，士亦有之！夫圣人瑰意琦行，超然独处，世俗之民，又安知臣之所为哉？"

【注释】

①宋玉：相传是屈原的学生，在楚怀王、楚襄王时代都做过文学侍从。②遗行：有失检点的品行。③《下里》、《巴人》：是楚国的俗乐，下文所说《阳阿》、《薤露》，则是比较高雅的乐曲，《阳春》、《白雪》是雅乐。④属（zhǔ）：跟随。⑤引商刻羽，杂以流徵（zhǐ）：这句话可以直译为"引用商声，刻画羽声，不时夹以徵声"，以复杂的音级变化，来表示音乐技巧的高超。宫、商、角、徵、羽是中国古代的五个音级。⑥鷃：一种小鸟。⑦鬐（qí）：通"鳍"。碣石：山名，在今河北昌黎。⑧孟诸：即孟诸泽，原在今河南商丘东北，早已干涸。⑨鲵：一种小鱼。

十三、荀子（约公元前 313~ 前 238 年）

荀子，中国先秦时代思想家和哲学家，名况，字卿，赵国人。

《荀子》一书是其晚年为总结百家争鸣和自己学术思想而写，战国末期的哲学著作和散文集。

对天、地、人的认识诸家有异，荀子弃其所"蔽"，扬其所"见"，提出"明于天人之分"的辩证思维，指出"天有其时，地有其财，人有其治"，把道家的"自然"、"无为"改造为"不与天争职"，强调"天行有常"的客观规律，同时又强调"制天命而用之"，"应天时而使之"的主观作用，把"天职"与"人治"，自然无为与人道有为作整体对象考察，提出天时、地利、人和，缺一不可的综合思维。

在社会起源和生态伦理方面，荀子从人的自然欲望和生存需求上寻找道德的根源，在天地万物中，"人有气、有生、有知、亦且有义，故最为天下贵"。"人能群（社会组织）"，可以"分"（维持秩序），"能行义"（有道德），"分则和，和则一"，进而"兼利天下"，"群道当，则万物皆得其宜"。

荀子主张"节流""开源"，保育"山林""川渊"，使百姓有"余食"、"余用"、"余材"等永续利用的思想；提倡"移风易俗，……美善相乐"的理论；提出"不全不粹之不足以为美"的唯物审美观；他的文章有长于说理的辩驳，比喻证比喻的生动文风。他的思想对韩非、柳宗元、刘禹锡乃至近代的严复、章太炎均有影响。

本书引文据《荀子集解》（[清] 王先谦撰，沈啸寰、王星贤点校，中华书局，1988年版）。

1. 人为天下贵，能群、分、义

水火有气而无生，草木有生而无知，禽兽有知而无义，人有气、有生、有知，亦且有义，故最为天下贵也。力不若牛，走不若马，而牛马为用，何也？曰：人能群，彼不能群也。人何以能群？曰：分。分何以能行？曰：义。故义以分则和，和则一，一则多力，多力则强，强则胜物，故宫室可得而居也。故序四时，裁万物，兼利天下，无它故焉，得之分义也。故人生不能无群，群而无分则争，争则乱，乱则离，离则弱，弱则不能胜物，故宫室不可得而居也，不可少顷舍礼义之谓也。能以事亲谓之孝，能以事兄谓之弟，能以事上谓之顺，能以使下谓之君。君者，善群也。群道当则万物皆得其宜，六畜皆得其长，群生皆得其命。（《王制》）

2. 管分之枢要

而人君者，所以管分之枢要也。故美之者，是美天下之本也；安之者，是安天下之本也；贵之者，是贵天下之本也。古者先王分割而等异之也，故使或美或恶，或厚或薄，或佚或乐，或劬或劳，非特以为淫泰夸丽之声，将以明仁之文，通仁之顺也。

故为之雕琢、刻镂、黼黻、文章，使足以辨贵贱而已，不求其观；为之钟鼓、管磬、琴瑟、竽笙，使足以辨吉凶，合欢定和而已，不求其馀；为之宫室台榭，使足以避燥湿，养德辨轻重而已，不求其外。诗曰："雕琢其章，金玉其相。亹亹我王，纲纪四方。"此之谓也。（《富国》）

3. 谨其时禁

圣王之制也，草木荣华滋硕之时则斧斤不入山林，不夭其生，不绝其长也；元龟、鱼鳖、鳅鳣孕别之时，罔罟毒药不入泽，不夭其生，不绝其长也；春耕、夏耘、秋收、冬藏四者不失时，故五谷不绝而百姓有余食也；污池、渊沼、川泽谨其时禁，故鱼鳖优多而百姓有余用也；斩伐养长不失其时，故山林不童而百姓有余材也。（《王制》）

4. 节用裕民，节流开源

足国之道，节用裕民而善臧其余。节用以礼，裕民以政。彼裕民，故多余。裕民则民富，民富则田肥以易，田肥以易则出实百倍。上以法取焉，而下以礼节用之，余若丘山，不时焚烧，无所臧之。夫君子奚患乎无余？故知节用裕民，则必有仁义圣良之名，而且有富厚丘山之积矣。（《富国》）

故明主必谨养其和，节其流，开其源，而时斟酌焉，潢然使天下必有余而上不忧不足。如是则上下俱富，交无所藏之，是知国计之极也。（《富国》）

5. 天时、地利、人和

知夫为人主上者不美不饰之不足以一民也，不富不厚之不足以管下也，不威不强之不足以禁暴胜悍也。故必将撞大钟、击鸣鼓、吹笙竽、弹琴瑟以塞其耳，必将雕琢、刻镂、黼黻、文章以塞其目，必将刍豢稻粱、五味芬芳以塞其口，然后众人徒、备官职、渐庆赏、严刑罚以戒其心。使天下生民之属皆知己之所愿欲之举在是于也，故其赏行；皆知己之所畏恐之举在是于也，故其罚威。赏行罚威，则贤者可得而进也，不肖者可得而退也，能不能可得而官也。若是，则万物得宜，事变得应，上得天时，下得地利，中得人和，则财货浑浑如泉源，汸汸如河海，暴暴如丘山，不时焚烧，无所臧之，夫天下何患乎不足也？（《富国》）

6. 明天人之分

天行有常，不为尧存，不为桀亡。应之以治则吉，应之以乱则凶。强本而节用，则天不能贫，养备而动时，则天不能病；修道而不二，则天不能祸。

受时与治世同，而殃祸与治世异，不可以怨天，其道然也。故明于天人之分，则可谓至人矣。不为而成，不求而得，夫是之谓天职。如是者，虽深，其人不加虑焉；虽大，不加能焉；虽精，不加察焉；夫是之谓不与天争职。天有其时，地有其财，人有其治，夫是之谓能参。舍其所以参而愿其所参，则惑矣。列星随旋，日月递照，四时代御，阴阳大化，风雨博施，万物各得其和以生，各得其养以成，不见其事而见其功，夫是之谓神。

（《天论》）

7. 制天命而用之

大天而思之，孰与物畜而制之？从天而颂之，孰与制天命而用之？望时而待之，孰与应时而使之？因物而多之，孰与骋能而化之？思物而物之，孰与理物而勿失之也？愿与物之所以生，孰与有物之所以成？故错人而思天，则失万物之情。（《天论》）

8. 制名以指实

故知者为之分别，制名以指实，上以明贵贱，下以辨同异。贵贱明，同异别，如是则志无不喻之患，事无困废之祸，此所为有名也。然则何缘而以同异？曰：缘天［五］官。凡同类、同情者，其天官之意物也同，故比方之疑似而通，是所以共其约名以相期也。形体、色、理以目异，声音清浊、调竽奇声以耳异，甘、苦、咸、淡、辛、酸、奇味以口异，香、臭、芬、郁、腥、臊、漏、庮、奇臭以鼻异，疾、养、沧、热、滑、铍、轻、重以形体异，说、故、喜、怒、哀、乐、爱、恶、欲以心异。心有征知。征知则缘耳而知声可也，缘目而知形可也，然而征知必将待天［五］官之当簿（bù）其类然后可也。（《正名》）

9. 正名实善，约定俗成

故万物虽众，有时而欲偏举之，故谓之物。物也者，大共名也。推而共之，共则有共，至于无共然后止。有时而欲别举之，故谓之鸟兽。鸟兽也者，大别名也。推而别之，别则有别，至于无别然后止。名无固宜，约之以命，约定俗成谓之宜，异于约则谓之不宜。名无固实，约之以命实，约定俗成谓之实名。名有固善，径易而不拂，谓之善名。（《正名》）

10. 移风易俗，美善相乐

君子以钟鼓道志，以琴瑟乐心，动以干戚，饰以羽旄，从以磬管。故其清明象天，其广大象地，其俯仰周旋有似于四时。故乐行而志清，礼修而行成，耳目聪明，血气和平，移风易俗，天下皆宁，美善相乐。故曰：乐者，乐也。君子乐得其道，小人乐得其欲。以道制欲，则乐而不乱；以欲忘道，则惑而不乐。（《乐论》）

11. 众异不得相蔽而乱其理

凡人之患，蔽于一曲①而暗于大理。……

欲为蔽，恶为蔽，始为蔽，终为蔽，远为蔽，近为蔽，博为蔽，浅为蔽，古为蔽，今为蔽。凡万物异则莫不相为蔽，此心术之公患也。……

墨子蔽于用而不知文，宋子蔽于欲而不知德，慎子蔽于法而不知贤，……

庄子蔽于天而不知人。故由用谓之道，尽利矣②；由俗［欲］谓之道，尽嗛矣；由法谓之道，尽数矣③；由执谓之道，尽便矣；由辞谓之道，尽论矣；由天谓之道，尽因矣④；此数具者，皆道之一隅也。夫道者，体常而尽变⑤，一隅不足以举之。……

圣人知心术之患，见蔽塞之祸，故无欲无恶，无始无终，无近无远，无博无浅，无古无今，兼陈万物而中县衡焉。是故众异不得相蔽以乱其伦也。（《解蔽》）

【注释】

①一曲：一端之曲说。②曲：从。若由于用，天下之道无仁义，皆尽求利。③由法而不由贤，则天下之道尽于术数。④任其自然无治化。⑤天地常存，能尽万物之变化。

12. 不全不粹之不足以为美

百发失一，不足谓善射；千里蹞①步不至，不足谓善御；伦类不通，仁义不一，不足谓善学。学也者，固学一之也。一出焉，一入焉，涂巷之人也；其善者少，不善者多，桀、纣、盗跖也；全之尽之，然后学者也②。君子知夫不全不粹之不足以为美也，故诵数以贯之，思索以通之，为其人以处之，除其害者以持养之，使目非是③无欲见也，使耳非是无欲闻也，使口非是无欲言也，使心非是无欲虑也。及至其致好之也，目好之五色，耳好之五声，口好之五味，心利之有天下。是故权利不能倾也，群众不能移也，天下不能荡也。生乎由是，死乎由是，夫是之谓德操。德操然后能定，能定然后能应。能定能应，夫是之谓成人。天见其明，地见其光，君子贵其全也。（《劝学》）

【注释】

①蹞同跬，即半步。②学然后全尽。③是：谓学，谓正道。

13. 论观水

孔子观于东流之水。子贡问于孔子曰："君子之所以见大水必观焉者，是何？"孔子曰："夫水，大偏与诸生而无为也，似德。其流也埤下，裾拘必循其理，似义。其洸洸乎不淈（gǔ）尽，似道。若有决行之，其应佚若声响，其赴百仞之谷不惧，似勇。主量必平，似法。盈不求概，似正。淖约微达，似察。以出以入，以就鲜絜，似善化。其万折也必东，似志。是故君子见大水必观焉。"（《宥坐》）

14. 耳目之辨，生而有之；声色之好，人所同欲

凡人有所一同：饥而欲食，寒而欲暖，劳而欲息，好利而恶害是人之所生而有也，是无待而然者也，是禹、桀之所同也。目辨白黑美恶，耳辨音声清浊，口辨酸咸甘苦，鼻辨芬芳腥臊，骨体肤理辨寒暑疾养，是又人之所（常）生而有也，是无待而然者也，是禹、桀之所同也。可以为尧、禹，可以为桀、跖，可以为工匠，可以为农贾，在（势）注错习俗之所积耳，是又人之所生而有也，是无待而然者也，是禹、桀之所同也。（《荣辱》）

夫贵为天子，富有天下，名为圣王，兼制人，人莫得而制也，是人情之所同欲也，而王者兼而有是者也。重色而衣之，重味而食之，重财物而制之，合天下而君之；饮食甚厚，声乐甚大，台谢甚高，园囿甚广，臣使诸侯，一天下，是又人情之所同欲也，而天子之礼制如是者也。制度以陈，政令以挟；官人失要则死，公侯失礼则幽，四方之国有侈离之德则必灭；名声若日月，功绩如天地，天下之人应之如景响，是又人情之所同欲也，而王者兼而有是者也。故人之情，口好味而臭味莫美焉；耳好声而声乐莫大焉；目好色而文章致繁妇女莫众焉；形体好佚而安重闲静莫愉焉；心好利而穀禄莫厚焉。合天下之所同愿兼而有之，睪牢天下而制之若制子孙，人苟不狂惑戆陋者，其谁能睹是而不乐也哉！（《王霸》）

15. 重己轻物，方能养乐

有尝试深观其隐而难其察者。志轻理而不重物者，无之有也；外重物而不内忧者，无之有也。行离理而不外危者，无之有也；外危而不内恐者，无之有也。心忧恐，则口衔刍豢而不知其味，耳听鼓而不知其声，目视黼黻而不知其状，轻暖平簟而体不知其安。故向（通享、响、飨。）万物之美而不能嗛也，假而得问而嗛之，则不能离也。故向万物之美而盛忧，兼万物之利而盛害。如此者，其求物也，养生也？粥寿也？故欲养其欲而纵其情，欲养其性而危其形，欲养其乐而攻其心，欲养其名而乱其行。如此者，虽封侯称君，其与夫盗无以异；乘轩戴絻，其与无足无以异。夫是之谓以己为物役矣。

心平愉，则色不及佣而可以养目，声不及佣而可以养耳，蔬食菜羹而可以养口，粗布之衣、粗紃之履而可以养体，屋室、庐庾、葭稾蓐、尚机筵而可以养形。故无万物之美而可以养乐，无势列之位而可以养名。如是而加天下焉，其为天下多，共和乐少矣。夫是之谓重己役物。（《正名》）

16. 宽容、兼术

君子之度己则以绳，接人则用抴。度己以绳，故足以为天下法则矣。接人用抴，故能宽容，因求[众]以成天下之大事矣。故君子贤而能容罢弱不任事者，知而能容愚，博而能容浅，粹而能容杂，夫是之谓兼术兼容之法。（《非相》）

十四、周礼（周初，战国，西汉）

《周礼》是一部记载周代官制，并汇编战国时代的政治、经济、学术思想的书。全书共有天官、地官、春官、夏官、秋官、冬官等六篇。

本书作者不详，成书时代有周初、战国、西汉三说。西汉时，河间献王见《周礼》缺冬官篇，就以春秋末年的齐国官书《考工记》补入，称《冬官·考工记》。

书中"大司徒"等官职掌管国土与自然资源，"囿人"掌管囿游禁兽，"载师"据土地定贡赋：城中宅地无税，但庐舍之外不树桑麻之毛者，罚以25家之税。这些制度对风景园林的发展有着保障作用。

在《考工记》中，详述手工业生产制度："画缋之事"反映"五行"对装饰艺术的影响；"梓人为笋虡"反映古代工匠们的丰富艺术想象；"匠人"建国、营国、为沟洫，反映营建都邑城郭和田间沟渠的轨制。

本书引文据《十三经注疏》标点本（北大出版社，1999年版）。

1. 大宰

大宰之职，掌建邦之六典，以佐王治邦国：一曰治典，以经邦国，以治官府，以纪万民；二曰教典，以安邦国，以教官府，以扰万民^①；三曰礼典，以和邦国，以统百官，以谐万民；四曰政典，以平邦国，以正百官，以均万民；五曰刑典，以诘邦国，以刑百官，以纠万民；六曰事典，以富邦国，以任百官，以生万民……。

以九职任万民：一曰三农，生九谷；二曰园圃，毓草木^②；三曰虞衡，作山泽之才；……

【注释】

①扰犹驯也。②"二曰园圃，毓草木"，此圃，即《载师》所云"场圃任园地"，谓在田畔树菜蔬果蓏（luǒ），故云毓草木。

2. 大司徒

大司徒之职，掌建邦之土地之图与其人民之数，以佐王安扰（驯）邦国。

以天下土地之图，周知九州之地域广轮之数，辨其山林、川泽、丘陵、坟衍、原隰（xí）之名物。

而辨其邦国都鄙之数，制其畿疆而沟封之^①，设其社稷之壝而树之田主，各以其野之所宜木，遂以名其社与其野。

以土会之法辨五地之物生：一曰山林，其动物宜毛物，其植物宜皂物，其民毛而方。二曰川泽，其动物宜鳞物，其植物宜膏物，其民黑而津。三曰丘陵，其动物宜羽物，其植物宜覈（hé）物，其民专而长。四曰坟衍，其动物宜介物，其植物宜荚物，其民皙而瘠。五曰原隰，其动物宜臝（裸）物，其植物宜丛物，其民丰肉而庳。

【注释】

①"而沟封之"，谓于疆界之上设沟，沟上为封树以为阻固。

3. 载师

载师，掌任土^①之法，以物^②地事、授地职，而待其政令。……以场圃任园地^③，……凡任地，国宅无征^④。

凡宅不毛者，有里布^⑤；凡田不耕者，出屋粟；凡民无职事者，出夫家之征。

【注释】

①任土，任其力势所能生育，且以制定贡献。②物，物色，以知其所宜之事，而授其农牧衡虞，并使职之。③《诗》"九月筑场圃"，"折柳樊圃"，故云樊圃谓之园。④国宅，城中宅。无征，无税。⑤以草木为地毛。民有五亩之宅，庐舍之外不树桑麻之毛，罚以二十五家之税。

4. 遗人

遗人，掌邦之委积，以待施惠^①。……

凡国野之道，十里有庐，庐有饮食；三十里有宿，宿有路室，路室有委；五十里有市，市有候馆，候馆有积^②。

【注释】

①此官主施惠，故掌邦之廪仓，皆以余财供之，少曰委，多曰积。②所陈委积，分布于道路，近处需少，故有饮食与委；远处需多，故有积。

5. 山虞

山虞，掌山林之政令，物为之厉而为之守禁。……凡窃木者，有刑罚。

6. 林衡

林衡，掌巡林麓之禁令而平其守。以时计林麓而赏罚之。

7. 川衡

川衡，掌巡川泽之禁令，而平其守，以时舍其守，犯禁者执而诛罚之。

8. 泽虞

泽虞，掌国泽之政令，为之厉禁。使其地之人守其财物，以时入之于玉府，颁其余于万民。

9. 迹人

迹人，掌邦田之地政，为之厉禁而守之。凡田猎者受令焉。

10. 囿人

囿人，掌囿游之兽禁，囿游，囿之离宫小苑观处也。禁者，其蕃卫也。牧百兽。

11. 场人

场人，掌国之场圃，而树之果蓏、珍异之物，以时敛而藏之。

12. 掌固

掌固，掌修城郭、沟池、树渠①之固，颁其士庶子及其众庶之守。……

凡国都之竟有沟树之固，言王国及三等都邑所在境界之上，亦为沟树以为阻固。郊亦如之。

若有山川，则因之。

【注释】

①环城及郭皆有沟池，树谓积棘之属有刺者。云"树渠"者，非只沟池有树，兼其余渠上亦有树。

13. 司险

司险，掌九州之图，以周知其山林川泽之阻，而达其道路。设国之五沟五涂，而树之林，树之林，作藩落也。以为阻固，皆有守禁，而达其道路。

14. 山师

山师，掌山林之名，辨其物与其利害，而颁之于邦国，使致其珍异之物。

15. 川师

川师，掌川泽之名，辨其物与其利害，而颁之于邦国，使致其珍异之物。

16. 国有六职

国有六职，百工与居一焉[1]。或坐而论道，或作而行之，或审曲面埶(xīn)，以饬五材，以辨民器，或通四方之珍异以资之，或饬力以长地财，或治丝麻以成之。

坐而论道，谓之王公。作而行之，谓之士大夫。审曲面埶，以饬五材，以辨民器，谓之百工。通四方之珍异以资之，谓之商旅。饬力以长地财，谓之农夫。治丝麻以成之，谓之妇功。粤无镈(bó)，燕无函，秦无庐，胡无弓、车。

粤之无镈也，非无镈也，夫人而能为镈也；燕之无函也，非无函也，夫人而能为函也；秦之无庐也，非无庐也，夫人而能为庐也；胡之无弓车也，非无弓车也，夫人而能为弓车也。

【注释】

①国家之事有六种职掌，即王公、士大夫、百工、商旅、农夫、妇功，百工居其一分［行］。

17. 知者创物

知者创物。巧者述之，守之世，谓之工。百工之事，皆圣人之作也。烁金以为刃，凝土以为器，作车以行陆，作舟以行水，此皆圣人之所作也。

天有时，地有气，材有美，工有巧，合此四者，然后可以为良。材美工巧，然而不良，则不时、不得地气也。橘逾淮而北为枳，鹡鸰(yù)不逾济，貉逾汶则死，此地气然也。郑之刀，宋之斤，鲁之削，吴粤之剑，迁乎其地，而弗能为良，地气然也。燕之角，荆之幹，妢胡之笴(gǎn)，吴粤之金、锡，此材之美者也。

天有时以生，有时以杀，草木有时以生，有时以死，石有时以泐(lè)，水有时以凝，有时以泽，此天时也。

18. 画缋之事

画缋(huì)之事，杂五色，东方谓之青，南方谓之赤，西方谓之白，北方谓之黑，天谓之玄，地谓之黄。青与白相次也，赤与黑相次也，玄与黄相次也。土以黄，其象方，天时变，火以圜，山以章，水以龙，鸟兽蛇，杂四时五色之位以章之，谓之巧。凡画缋之事，后素功。

19. 梓人

梓人，为筍虡(jù)。天下之大兽五：脂者，膏者，蠃者，羽者，鳞者。宗庙之事，脂者、膏者以为牲；蠃者、羽者、鳞者以为筍虡；

外骨、内骨、卻(què)行、仄行、连行、纡行，以脰鸣者，以注鸣者，以旁鸣者，以翼鸣者，以股鸣者。以脰鸣者，谓之小虫之属，以为雕琢。

厚唇弇(yǎn)口，出目短耳，大胸耀后，大体短脰(dòu)，若是者谓之蠃属。恒有力而不能走，其声大而宏。有力而不能走，则于任重宜；大声而宏，则于钟宜。若是者以为钟虡，是故击其所县，而由其虡鸣。

锐喙决吻，数目顅（qiān）脰，小体骞腹，若是者谓之羽属，恒无力而轻，其声清阳而远闻。无力而轻，则于任轻宜；其声清阳而远闻，于磬宜。若是者以为磬虡，故击其所县，而由其虡鸣。

小首而长，抟身而鸿，若是者谓之鳞属，以为笱。

凡攫閷（shà）援簭（shì）之类，必深其爪，出其目，作其鳞之而。

深其爪，出其目，作其鳞之而，则于视必拨尔而怒。苟拨尔而怒，则于任重宜。且其匪色，必似鸣矣。

爪不深，目不出，鳞之而不作，则必颓尔如委矣。苟颓尔如委，则加任焉，则必如将废措，其匪色必似不鸣矣。

20. 匠人

匠人建国[①]，水地以县[②]，置槷（niè）以县，视以景[③]。为规，识日出之景与日入之景。昼参诸日中之景，夜考之极星，以正朝夕。

匠人营国，方九里，旁三门。国中九经九纬，经涂九轨。左祖右社，面朝后市，市朝一夫[④]。夏后氏世室，堂修二七，广四修一。五室，三四步，四三尺，九阶，四旁两夹，窗，白盛，门堂，三之二，室，三之一。殷人重屋，堂修七寻[⑤]，堂崇三尺，四阿，重屋。周人明堂，度九尺之筵[⑥]，东西九筵，南北七筵，堂崇一筵，五室，凡室二筵。室中度以几，堂上度以筵，宫中度以寻，野度以步，涂度以轨。庙门容大扃[⑦]七个，闱门容小扃叁个，路门不容乘车之五个，应门二彻叁个。内有九室，九嫔居之。外有九室，九卿朝焉。九分其国以为九分，九卿治之。王宫门阿之制五雉[⑧]，宫隅之制七雉，城隅之制九雉。经涂九轨，环涂七轨，野涂五轨。门阿之制以为都城之制。宫隅之制以为诸侯之城制。环涂以为诸侯经涂，野涂以为都经涂。

匠人为沟洫，耜（sì）广五寸，二耜为耦。一耦之伐，广尺，深尺，谓之畎。田首倍之，广二尺，深二尺，谓之遂。九夫为井，井间广四尺，深四尺，谓之沟。方十里为成，成间广八尺，深八尺，谓之洫。方百里为同，同间广二寻，深二仞，谓之浍。专达于川，各载其名。凡天下之地势，两山之间必有川焉，大川之上必有涂焉。凡沟逆地防[⑨]，谓之不行。水属不理孙[⑩]，谓之不行。梢沟三十里而广倍。凡行奠[⑪]水，磬折以叁伍。欲为渊，则句于矩。凡沟必因水势，防必因地势。善沟者水漱之，善防者水淫之。凡为防，广与崇方，其閷叁分去一。

大防外閷。凡沟防，必一日先深之以为式。里为式，然后可以傅众力。凡任，索约大汲其版，谓之无任。葺屋叁分，瓦屋四分。囷、窌（jiào）、仓、城，逆墙六分。堂涂十有二分。窦其崇三尺。墙厚三尺，崇三之。

【注释】

①都城。②悬。③景，影。④夫，百亩。⑤寻，八尺为寻。⑥筵，竹席。⑦扃(giōng)，大门闩。⑧门阿，屋脊高度。雉，一雉为一丈。⑨地防，地脉。⑩孙，顺。⑪奠，仃。

十五、韩非子（约公元前 280~ 前 233 年）

战国末期的思想家，曾和李斯同学于荀子。其观点保存于《韩非子》一书中，它是法家学说的重要著作。

韩非认为，办事必须遵循客观规律，"随自然，则臧获有余"；同时也强调发挥人的主观能动作用，"自直之箭、自圆之木，百世无有一，然而世皆乘车射禽者何也？隐栝之道用也。"隐栝，为矫正木弯的器具。

他首倡矛盾之说，以楚人出售盾和矛的故事为例，说明"不可陷之楯，与不可陷之矛，不可同世而立。"在社会中"无难之法，无害之功，天下无有也。"应分清主次、权衡利弊，然后取舍，即"出其小害，计其大利"，"权其害而功多则为之"。然而，他也有把矛盾对立绝对化的局限性，否认万物之间在一定条件下的同一性，主张治国"不务德而务法"，否定道德及其社会作用。

《韩非子》对寓言故事的记录丰富，运用自如，有的成为常用的成语典故。如"守株待兔"（《五蠹》），"远水不救近火"（《说林上》），"安危在是非，不在强弱"（《安危》），"右手画圆，左手画方，不能两成"（《功名》）。

本书引文据《韩非子集解》（王先慎撰，钟哲点校，中华书局，1998 年版）。

1. 画犬马最难，画鬼魅最易

客有为齐王画者，齐王问曰："画孰最难者？"曰："犬马最难。""孰最易者？"曰："鬼魅最易。"夫犬马，人所知也，旦暮罄于前，不可类之，故难。鬼魅，无形者，不罄于前，故易之也。（《外储说左上》）

2. 客有为周君画荚者

客有为周君画荚者，三年而成。君观之，与髹（xiū）荚者同状。周君大怒。画荚者曰："筑十版之墙，凿八尺之牖，而以日始出时加之其上而观。"[1]周君为之，望见其状尽成龙蛇禽兽车马，万物之状备具。周君大悦。此荚之功非不微难也，然其用与素髹荚同。

（《外储说左上》）

【注释】

[1]先慎曰：加荚于墙牖之上以观其画，此即光学之权舆。

3. 上古、中古、近古、当今

上古之世，人民少而禽兽众，人民不胜禽兽虫蛇；有圣人作，构木为巢，以避群害，而民悦之，使王天下，号之曰有巢氏。民食果蓏蚌蛤，腥臊恶臭而伤害腹胃，民多疾病；有圣人作，钻燧取火，以化腥臊，而民说之，使王天下，号之曰燧人氏。中古之世，天下大水，而鲧、禹决渎。近古之世，桀、纣暴乱，而汤、武征伐。今有构木钻燧于夏后氏之世者，必为鲧、禹笑矣；有决渎于殷、周之世者，必为汤、武笑矣。然则今有美尧、舜、汤、武、禹之道于当今之世者，必为新圣笑矣。是以圣人不期修古，在扶世急也。不法常可，论世之事，因为之备。《五蠹第四十九》

4. 世异则事异，事异则备变

古者文王处丰、镐之间，地方百里，行仁义而怀西戎，遂王天下。徐偃王处汉东，地方五百里，行仁义割地而朝者三十有六国，荆文王恐其害己也，举兵伐徐，遂灭之。故文王行仁义而王天下，偃王行仁义而丧其国，是仁义用于古而不用于今也。故曰："世异则事异。"当舜之时，有苗不服，禹将伐之，舜曰："不可。上德不厚而行武，非道也。"乃修教三年，执干戚舞，有苗乃服。共工之战，铁铦短者及乎敌，铠甲不坚者伤乎体，是干戚用于古不用于今也。故曰："事异则备变。"上古竞于道德，中世逐于智谋，当今争于气力。(《五蠹第四十九》)

十六、《吕氏春秋》（战国末）

《吕氏春秋》为中国战国末期秦国吕不韦召集幕客所编。由于当时统一趋势加强，为顺应各家思想走向融合，该书有计划按纲目条理系统写成。又因其杂取各家的特点，汉以后被归为"杂家"，《史记》称其"为备天地万物古今之事"，冯友兰称其"实乃史家之宝库"。书中保存了不少有价值的先哲遗说。

例如在认识论上，强调认识其理必须破除主观成见，对已知或不疑的事物，也要"察之以法，揆之以量，验之以数"。在政治上主张以德治为主，兼用法治，既取儒家仁政学说和教育、音乐等理论，又取法家"因时变法"赏罚必信的思想，斥其"严罚厚赏"的"衰世之政"。

在审美中，主张"物以养性，非以性养"，"利于性则取之，害于性则舍之。"其中的《古乐》篇，对艺术的起源作了几种不同的解释。《适音》篇则对审美主客体的关系进行了比较细致的分析。在《侈乐》等有关篇章中，对统治者过度追求声色享乐提出了批评，主张急治国、缓治乐。在《重己》篇，提出"为苑囿园池，足以观望劳形而已"，"为宫室台榭，足以辟燥而已"……"非好俭而恶费也，节乎性也"。

还有"知美之恶，知恶之美，然后能知美恶矣"，"欲知人者必先自知"，"欲胜人者，必先自胜"，"流水不腐，户枢不蝼［蠹］"，"治天下必先公"等诸多名句。

本书引文据《吕氏春秋集释》中华书局，2009 版。

1. 物以养性，非以性养

物也者，所以养性也，非所以性养也。今世之人惑者，多以性养物，则不知轻重也。不知轻重，则重者为轻，轻者为重矣。若此，则每动无不败。以此为君悖，以此为臣乱，以此为子狂。三者国有一焉，无幸必亡。

今有声于此，耳听之必慊己，[已] 听之则使人聋，必弗听；有色于此，目视之必慊己，[已] 视之则使人盲，必弗视；有味于此，口食之必慊己，[已] 食之则使人瘖，必弗食。是故圣人之于声、色、滋味也，利于性则取之，害于性则舍之，此全性之道也。

世之贵富者，其于声、色、滋味也，多惑者，日夜求，幸而得之则遁焉。遁焉，性恶得不伤？万人操弓，共射其一招，招无不中。万物章章，以害一生，生无不伤；以便一生，生无不长。故圣人之制万物也，以全其天也。天全，则神和矣，目明矣，耳聪矣，鼻臭矣，口敏矣，三百六十节皆通利矣。若此人者，不言而信，不谋而当，不虑而得；精通乎天地，神覆乎宇宙。其于物无不受也，无不裹也，若天地然。上为天子而不骄，下为匹夫而不惽，此之谓全德之人。

贵富而不知道，适足以为患，不如贫贱。贫贱之致物也难，虽欲过之，奚由？出则以车，入则以辇，务以自佚，命之曰招蹷之机；肥肉厚酒，务以自强，命之曰烂肠之食；靡曼皓齿，郑、卫之音，务以自乐，命之曰伐性之斧。三患者，贵富之所致也。故古之人有不肯贵富者矣，由重生故也。（《孟春纪·本生》）

2. 苑囿园池与养性

室大则多阴，台高则多阳，多阴则蹷，蹷，逆寒疾也。多阳则痿，痿，躄不能行也。此阴阳不适之患也，患，害也。是故先王不处大室，不为高台。味不众珍，为伤胃也。衣不燀热，燀读曰亶。亶，厚也。燀热则理塞，理塞，脉理闭结也。理塞则气不达，达，通也。味众珍则胃充，充，满也。胃充则中大鞔，鞔读曰懑。中大鞔而气不达，以此长生可得乎？昔先圣王之为苑囿园池也，足以观望劳形而已矣。可以游观娱志，故曰‘足以’劳形而已。古人以劳形为养生。其为宫室台榭也，足以辟燥湿而已矣。其为舆马衣裘也，足以逸身暖骸而已矣。其为饮食酏醴也，足以适味充虚而已矣。其为声色音乐也，足以安性自娱而已矣。五者，圣王之所以养性也，非好俭而恶费也，节乎性也。节犹和也。和适其情性而已，不过制也。（《孟春纪·重己》）

3. 适音*（节录）——审美主客体

四曰：耳之情欲声，心不乐，五音在前弗听。目之情欲色，心弗乐，五色在前弗视。鼻之情欲芬香，心弗乐，芬香在前弗嗅。口之情欲滋味，心弗乐，五味在前弗食。欲之者，耳、目、鼻、口也。乐之弗乐者，心也。心必和平然后乐。心必乐，然后耳、目、鼻、口有以欲之。故乐之务在于和心，和心在于行适。

夫乐有适，心亦有适。人之情，欲寿而恶夭，欲安而恶危，欲荣而恶辱，欲逸而恶劳。四欲得，四恶除，则心适矣。四欲之得也，在于胜理。胜理以治身则生全，以生全则寿长矣；胜理以治国则法立，法立则天下服矣。故适心之务，在于胜理。

夫音亦有适：太巨则志荡，以荡听巨，则耳不容，不容则横塞，横塞则振；太小则志嫌，以嫌听小，则耳不充，不充则不詹，不詹则窕；太清则志危，以危听清，则耳溪极，溪极则不鉴，不鉴则竭；太浊则志下，以下听浊，则耳不收，不收则不搏，不搏则怒。故太巨、太小、太清、太浊，皆非适也。

何谓适？衷，音之适也。何谓衷？大不出钧，重不过石，小、大、轻、重之衷也。黄钟之宫，音之本也，清浊之衷也。衷也者适也，以适听适则和矣。《仲夏纪·适音》

4. 古乐*——艺术起源

五曰：乐所由来者尚也，必不可废。有节、有侈，有正、有淫矣。贤者以昌，不肖者以亡。

昔古朱襄氏之治天下也，多风而阳气畜积，万物散解，果实不成。故士达作为五弦瑟，以来阴气，以定群生。

昔葛天氏之乐，三人操牛尾，投足以歌八阕：一曰《载民》，二曰《玄鸟》，三曰《遂草木》，四曰《奋五谷》，五曰《敬天常》，六曰《建帝功》，七曰《依地德》，八曰《总禽兽之极》。

昔陶唐氏之始，阴多滞伏而湛积，水道壅塞，不行其原，民气郁阏而滞着，筋骨瑟缩不达，故作为舞以宣导之。

昔黄帝令伶伦作为律。伶伦自大夏之西，乃之阮隃之阴，取竹于嶰溪之谷，以生空窍厚钧者，断两节间、其长三寸九分，而吹之，以为黄钟之宫，吹曰舍少。次制十二筒，以之阮隃之下，听凤凰之鸣，以别十二律。其雄鸣为六，雌鸣亦六，以比黄钟之宫适合。黄钟之宫，皆可以生之，故曰黄钟之宫，律吕之本。黄帝又命伶伦与荣将，铸十二钟，以和五音，以施《英韶》；以仲春之月，乙卯之日，日在奎，始奏之，命之曰《咸池》。

帝颛顼生自若水，实处空桑，乃登为帝。惟天之合，正风乃行，其音若熙熙凄凄锵锵。帝颛顼好其音，乃令飞龙作，效八风之音，命之曰《承云》，以祭上帝。乃令鱓先为乐倡。鱓乃偃寝，以其尾鼓其腹，其音英英。

帝喾命咸黑作为声歌，《九招》、《六列》、《六英》。有倕作为鼙、鼓、钟、磬，吹苓、管、埙、篪、鼗、椎、锺。帝喾乃令人抃（两手相击曰抃），或鼓鼙，击钟磬，吹苓，展管篪；因令凤鸟天翟舞之。帝喾大喜，乃以康帝德。

帝尧立，乃命质为乐。质乃效山林溪谷之音以歌，乃以麋辂置缶而鼓之，乃拊石击石，以象上帝玉磬之音，以致舞百兽；瞽叟乃拌五弦之瑟，作以为十五弦之瑟。命之曰《大章》，以祭上帝。

舜立，命延乃拌瞽叟之所为瑟，益之八弦，以为二十三弦之瑟。帝舜乃令质修《九招》、《六列》、《六英》，以明帝德。

禹立，勤劳天下，日夜不懈，通大川，决壅塞，凿龙门，降通潦水以导河，疏三江五湖，注之东海，以利黔首。于是命皋陶作为《夏龠》九成，以昭其功。

殷汤即位，夏为无道，暴虐万民，侵削诸侯，不用轨度，天下患之，汤于是率六州以讨桀罪。功名大成，黔首安宁，汤乃命伊尹作为《大护》，歌《晨露》，修《九招》、《六列》以见其善。

周文王处岐，诸侯去殷三淫而翼文王。散宜生曰"殷可伐也"，文王弗许，周公旦乃作诗曰："文王在上，于昭于天。周虽旧邦，其命维新。"以绳文王之德。

武王即位，以六师伐殷，六师未至，以锐兵克之于牧野。归乃荐浮馘于京太室，乃命周公为作《大武》。

成王立，殷民反，王命周公践伐之。商人服象（兽名），为虐于东夷，周公遂以师逐之，至于江南；乃为《三象》，以嘉其德。

故乐之所由来者尚矣，非独为一世之所造也！（《仲夏纪·古乐》）

5. 论知美恶

鲁有恶者，其父出而见商咄，反而告其邻曰："商咄不若吾子矣！"且其子至恶也，商咄至美也。彼以至美不如至恶，尤乎爱也！故知美之恶，知恶之美，然后能知美恶矣。
（《有始览·去尤》）

十七、《礼记》（战国至秦汉间）

战国至秦汉间的礼学文献选编，儒家经典之一。相传为西汉戴圣所编，东汉马融又增补"月令""乐记"等形成 49 篇的今本《礼记》。

《礼记》的内容主要是记载和论述先秦的礼制、礼意，涉及秦汉以前的社会组织、生活习俗、道德规范、文物制度。其中与风景园林相关的有：王制中的田猎制度及其不杀幼兽、不取鸟蛋、不捕孕兽、不杀小兽、不捣鸟巢；月令中一年十二个月特点与行为；礼运中的"大同"与"小康"；学记中的"教学相长"；乐记中的音乐和文艺、审美和艺术等专论；经解中对《诗》《书》《乐》《易》《礼》《春秋》等六经的教化作用分析；大学中的教人之法和修学次序；中庸中的循天性行事和"致中和"的境界。

另外还有大量名句，例如："不食嗟来之食"，"差若毫厘，缪以千里"、"好学近乎知"、"无征不信"、"量入以为出"、"苛政猛于虎"、"知耻近乎勇"。

本书引文据《十三经注疏》标点本（北京大学出版社，1999 版）;《礼记》远方出版社，2007 版。

1. 王制 *（节录）

天子、诸侯无事，则岁三田。一为乾豆，二为宾客，三为充君之庖。无事而不田曰不敬，田不以礼曰暴天物。天子不合围，诸侯不掩群。天子杀则下大绥，诸侯杀则下小绥，大夫杀则止佐车，佐车止则百姓田猎。獭祭鱼，然后虞人入泽梁。豺祭兽，然后田猎。鸠化为鹰，然后设罻罗。草木零落，然后入山林。昆虫未蛰，不以火田。不麛，不卵，不杀胎，不妖夭，不覆巢。

凡居民材，必因天地寒暖燥湿。广谷大川异制，民生其间者异俗：刚柔、轻重、迟速异齐，五味异和，器械异制，衣服异宜。修其教，不易其俗；齐其政，不易其宜。中国、戎夷五方之民，皆有性也，不可推移。

2. 月令 *（节录）

一

是月也，天气下降，地气上腾，天地和同，草木萌动。王命布农事，命田舍东郊，皆修封疆，审端经术。善相丘陵、阪险、原隰，土地所宜，五谷所殖，以教导民。必躬亲之。田事既饬，先定准直，农乃不惑。

二

是月也，日夜分。雷乃发声，始电，蛰虫咸动，启户始出。……日夜分，则同度量，钓衡石，角斗甬，正权概。

三

是月也，命司空曰："时雨将降，下水上腾，循行国邑，周视原野，修利堤防，道达沟渎，开通道路，毋有障塞。田猎罝罘[①]，罗网毕翳[②]，餧兽之药[③]，毋出九门。"

【注释】

①罝罘（jiefu）：捕食的网。②翳（yi）：通"弋"。③餧喂：同"喂"，喂养。

四

是月也，天子始绨，命野虞出行田原，为天子劳农劝民，毋或失时。命司徒循行县鄙，命农勉作，毋休于都。

五

是月也，日长至，阴阳争，死生分。君子斋戒，处必掩身，毋躁；止声色，毋或进；薄滋味，毋致和；节耆欲，定心气。百官静事毋刑，以定晏阴之所成。鹿角解，蝉始鸣，半夏生，木堇荣。

六

是月也，土润溽暑，大雨将行。烧薙行水，利以杀草，如以热汤。可以粪田畴，可以美土疆。

七

是月也，以立秋。先立秋三日，大史谒之天子曰："某日立秋，盛德在金。"天子乃齐。立秋之日，天子亲帅三公九卿诸侯大夫，以迎秋于西郊。还返，赏军帅武人于朝。天子乃命将帅选士厉兵，简练杰俊，专任有功，以征不义，诘诛暴慢，以明好恶，顺彼远方。

八

肓风至，鸿雁来，玄鸟归，群鸟养羞。是月也，日夜分，雷始收声，蛰虫坏［坏］户[①]，杀气浸盛，阳气日衰，水始涸。

【注释】

①坏（péi）：用泥土涂塞墙壁缝隙。

九

是月也，申严号令，命百官贵贱无不务内，以会天地之藏，无有宣出。乃命冢宰[①]："农事备收，举五谷之要，藏帝籍之收于神仓，祗[②]敬必饬。"

【注释】

①冢宰：官名。②祗：恭敬谨慎。

十

是月也，天子始裘。命有司曰："天气上腾，地气下降，天地不通，闭塞而成冬。"命百官谨盖藏，命司徒循行积聚，无有不敛。

十一

冰益壮，地始坼，鹖旦不鸣[①]，虎始交。

芸始生，荔挺出，蚯蚓结，麋角解，水泉动。

【注释】

①鹖旦：山鸟。

十二

令告民出五种，命司农计耦耕事①，修耒耜②，具田器。

【注释】

①耒：农具，象木叉。②耜：类似锹的农具。

3. 天下为公、大同与小康

……孔子曰：大道之行也，与三代之英，丘未逮也，而有志焉。大道之行也，天下为公，选贤与能，讲信修睦。故人不独亲其亲，不独子其子，使老有所终，壮有所用，幼有所长，矜寡孤独废疾者，皆有所养。男有分，女有归。货，恶其弃于地也，不必藏于己；力，恶其不出于身也，不必为己。是故谋闭而不兴，盗窃乱贼而不作，故户外而不闭，是谓大同。

"今大道既隐，天下为家。各亲其亲，各子其子，货力为己。大人世及以为礼，城郭沟池以为固，礼义以为纪，以正君臣，以笃父子，以睦兄弟，以和夫妇，以设制度，以立田里，以贤勇知，以功为己。故谋用是作，而兵由此起。"禹、汤、文、武、成王、周公由此其选也。此六君子者，未有不谨于礼者也，以著其义，以考其信，著有过，刑仁讲让，示民有常。如有不由此者，在执者去，众以为殃。是谓小康。"（《礼运》）

4. 学记*（节录）

玉不琢，不成器；人不学，不知道。是故古之王者，建国君民，教学为先。《兑命》曰："念终始典于学。"其此之谓乎！

虽有佳肴，弗食不知其旨也；虽有至道，弗学不知其善也。是故学然后知不足，教然后知困。知不足，然后能自反也；知困，然后能自强也。故曰教学相长也。

学者有四失，教者必知之。人之学也，或失则多，或失则寡，或失则易，或失则止。此四者，心之莫同也。知其心，然而能救其失也。教也者，长善而救其失者也。

善歌者，使人继其声。善教者，使人继其志。其言也约而达，微而臧，罕譬而喻，可谓继志矣。

善问者，如攻坚木，先其易者，后其节目，及其久也，相说以解；不善问者反此。善待问者如撞钟，扣之以小者则小鸣，扣之以大者则大鸣，待其从容，然后尽其声；不善答问者反此。此皆进学之道也。

5. 乐记*（节录）

凡音之起，由人心生也。人心之动，物使之然也。感于物而动，故形于声。声相应，故生变。变成方，谓之音。此音而乐之，及干戚羽旄①，谓之乐。

乐者，音之所由生也，其本在人心之感于物也。是故其哀心感者，其声噍以杀②；其乐心感者，其声啴以缓③；其喜心感者，其声发以散；其怒心感者，其声粗以厉；其敬心感者，其声直以廉；其爱心感者，其声和以柔。六者非性也，感于物而后动。是故先王慎所以感之者。故礼以道其志，乐以和其声，政以一其行，刑以防其奸。礼、乐、刑、政，其极一也，所以同民心而出治道也。

凡音者，生人心者也。情动于中，故形于声。声成文，谓之音。是故治世之音安，以乐，其政和。乱世之音怨，以怒，其政乖。亡国之音哀，以思，其民困。声音之道与政通矣。……

人生而静，天之性也；感于物而动，性之欲也。物至知知，然后好恶形焉。……

乐者为同，礼者为异。同则相亲，异则相敬。乐胜则流，礼胜则离。合情饰貌者，礼乐之事也。……

乐由中出，礼自外作。乐由中出，故静；礼自外作，故文。……

大乐与天地同和，大礼与天地同节。和，故百物不失，节，故祀天祭地。……

乐者，天地之和也；礼者，天地之序也。和，故百物皆化；序，故群物皆别。……

天高地下，万物散殊，而礼制行矣；流而不息，合同而化，而乐兴焉。……

诗，言其志也；歌，咏其声也；舞，动其容也；三者本于心，然后乐器从之。是故情深而文明，气盛而化神。和顺积中而英华发外，唯乐不可以为伪。

夫乐者，乐也，人情之所不能免也。乐必发诸声音，形于动静，人之道也。声音动静，性术之变，尽于此矣。故人不耐无乐，乐不耐无形。形而不为道，不耐无乱。……

【注释】
①干：盾牌；戚：斧头，武舞的道具。羽：野鸡毛；旄：牛尾，文舞的道具。
②噍：急促。杀：衰微。③啴：宽缓。

6. 经解 *（节录）

孔子曰：入其国，其教可知也。其为人也，温柔敦厚，《诗》教也；疏通知远，《书》教也；广博易良，《乐》教也；洁静精微，《易》教也；恭俭庄敬，《礼》教也；属辞比事，《春秋》教也。故《诗》之失，愚；《书》之失，诬；《乐》之失，奢；《易》之失，贼；《礼》之失，烦；《春秋》之失，乱。其为人也温柔敦厚而不愚，则深于《诗》者也。疏通知远而不诬，则深于《书》者也。广博易良而不奢，则深于《乐》者也。洁静精微而不贼，则深于《易》者也。恭俭庄敬而不烦，则深于《礼》者也。属辞比事而不乱.则深于《春秋》者也。

7. 大学 *（节录）

大学之道，在明明德，在亲民，在止于至善。知止而后有定，定而后能静。静而后能安，安而后能虑，虑而后能得。物有本末，事有终始，知所先后，则近道矣。

古之欲明明德于天下者，先治其国；欲治其国者，先齐其家；欲齐其家者，先修其身；欲修其身者，先正其心；欲正其心者，先诚其意；欲诚其意者，先致其知，致知在格物。物格而后知至，知至而后意诚，意诚而后心正，心正而后身修，身修而后家齐.家齐而后国治，国治而后天下平。自天子以至于庶人，壹是皆以修身为本。其本乱而末治者，否矣。其所厚者薄，而其所薄者厚，未之有也。（《经一章》）

汤之《盘铭》："苟日新，又日新。"《康诰》曰："作新民。"《诗》曰："周虽旧邦，其命维新。"是故君子无所不用其极。（《盘铭章》）

8. 中庸 *（节录）

天命之谓性，率性之谓道，修道之谓教。道也者，小可须臾离也，可离非道也？是故君子戒慎乎其所不睹，恐惧乎其所不闻，莫见乎隐，莫显乎微，故君子慎其独也。喜怒哀乐之发谓之中，发而皆中节谓之和。中也者，天下之大本也；和也者，天下之达道也。致中和，天下位焉，万物育焉。（《天命章》）

仲尼曰："君子中庸，小人反中庸。君子之中庸也，君子而时中。小人之中庸也，小人而无忌惮也。"（《时中章》）

十八、《列子》（战国）

托名列御寇所著的论集。御寇，战国时郑人，《庄子》中有关于他的传说。他的学说近于庄周。

《列子》中多记民间故事、寓言和神话传说。如愚公移山、杞人忧天等，形象鲜明，含义深刻，有较高的思想价值。留下许多名言："天生万物，唯人为贵"，"天地无全功，圣人无全能，万物无全用"（《天瑞》）。"得时者昌，失时者亡"，"天下理无常是，事无常非，""人不尊己，则危辱及之矣"（《说符》）。

本书引据《列子集释》（杨伯峻撰，中华书局，1979 年版）。

1. 愚公移山

太形王屋二山，方七百里，高万仞；本在冀州之南，河阳之北。北山愚公者，年且九十，面山而居。惩山北之塞，出入之迂也。聚室而谋，曰："吾与汝毕力平险，指通豫南，达于汉阴，可乎？"杂然相许。其妻献疑曰："以君之力，曾不能损魁父之丘。如太形王屋何？且焉置土石？"杂曰："投诸渤海之尾，隐土之北。"遂率子孙荷担者三夫，叩石垦壤，箕畚运于渤海之尾。邻人京城氏之孀妻，有遗男，始龀，跳往助之。寒暑易节，始一反焉。河曲智叟笑而止之，曰："甚矣汝之不惠！以残年余力，曾不能毁山之一毛；其如土石何？"北山愚公长息曰："汝心之固，固不可彻；曾不若孀妻弱子。虽我之死，有子存焉。子又生孙，子子孙孙，无穷匮也，而山不加增，何苦而不平？"河曲智叟亡以应。操蛇之神闻之，惧其不已也，告之于帝。帝感其诚，命夸蛾氏二子负二山，一厝朔东，一厝雍南，自此冀之南，汉之阴无陇断焉。（《汤问篇》）

2. 孔子见两小儿辩斗

孔子东游，见两小儿辩斗。问其故。一儿曰："我以日始出时去人近，而日中时远也。

一儿［曰我］以日初远，而日中时近也。"一儿曰："日初出大如车盖；及日中，则如盘盂；此不为远者小而近者大乎？"一儿曰："日初时沧沧凉凉；及其日中如探汤；此不为近者热而远者凉乎？"孔子不能决也。两小儿笑曰："孰为汝多知乎？"（《汤问篇》）

十九、《山海经》

《山海经》自古堪称奇书，是以"山"与"海"为纲领，广泛辑录我国古代的山水、史地、物产、神话、传闻等丰富资料，是研究古社会的重要文献。该书非一时一人之作，有战国以前、战国中后期和秦汉成书三说。

自然崇拜、图腾崇拜、创世神话孕育着审美意识和艺术创造的萌芽。高大寒远的昆仑（今海拔6973米），自然成为神话和艺术遐想的泉源。其中的台、都、圃、苑、囿、峙、山水、岩穴、生众、神圣诸字词，均显现着风景园林的萌芽与生发的动因。为此，选录了有关昆仑神话的数段文字备阅。

本书引文据《山海经校注》（袁珂校注，上海古籍出版社，1980年版）。

1. 山海经叙录 *（节录）

《山海经》者，出于唐虞之际。昔洪水洋溢，漫衍中国，民人失据，崎岖于丘陵，巢于树木。鲧（gǔn）既无功，而帝尧使禹继之。禹乘四载，随山刊木，定高山大川。益 珂案：益字何焯校盖 与伯翳主驱禽兽，命山川，类草木，别水土。四岳佐之，以周四方，逮人迹之所希至，及舟车之所罕到。内别五方之山，外分八方之海，纪其珍宝奇物，异方之所生，水土草木禽兽昆虫麟凤之所止，祯祥之所隐，及四海之外，绝域之国，殊类之人。禹别九州，任土作贡；而益等类物善恶，著《山海经》。

2. 昆仑神话

西南四百里，曰昆仑之丘，是实惟帝之下都，神陆吾司之。其神状虎身而九尾，人面而虎爪；是神也，司天之九部及帝之囿时①。有兽焉，其状如羊而四角，名曰土蝼，是食人。有鸟焉，其状如蜂，大如鸳鸯，名曰钦原，蠚②鸟兽则死，蠚木则枯。有鸟焉，其名曰鹑鸟，是司帝之百服。有木焉，其状如棠，黄华赤实，其味如李而无核，名曰沙棠，可以御水，食之使人不溺。有草焉，名曰薲（pín）草，其状如葵，其味如葱，食之已劳。河水出焉，而南流注于无达。赤水出焉，而东南流注于泛天之水。洋水出焉，而西南流注于丑涂之水。黑水出焉，而四海流注于大杅。是多怪鸟兽。

【注释】
①郭璞云："主九域之部界，天地范围之时节也。"②蠚（chuò 或 hē），意蜇也。

3. 盘古开辟神

钟山之神，名曰烛阴，视为昼，暝为夜，吹为冬，呼为夏，不饮，不食，不息，息为风，身长千里。

《古小说钩沉》辑《玄中记》云："北方有钟山焉，山上有石首如人首，左目为日，右目为月，开左目为昼，开右目为夜，开口为春夏，闭口为秋冬。"此"人面蛇身"之钟山山神虽已化为"石首"，然其神力固犹昨也。说者谓此神当即是原始的开辟神，征于任昉《述异记》："先儒说：盘古氏泣为江河，气为风，声为雷，目瞳为电。古说：'盘古氏喜为晴，怒为阴。'"《广博物志》卷九引《五运历年记》（三国吴徐整著）："盘古之君，龙首蛇身，嘘为风雨，吹为雷电，开目为昼，闭目为夜。"信然。盘古盖后来传说之开辟神也。

4. 昆仑之虚

海内昆仑之虚，在西北，帝之下都。昆仑之虚，方八百里，高万仞。上有木禾，长五寻，大五围，面有九井，以玉为槛。面有九门，门有开明兽守之，百神之所在。在八隅之岩，赤水之际，非仁羿莫能上冈之岩。

5. 昆仑

帝尧台、帝喾（kù）台、帝丹朱台、帝舜台，各二台，台四方，在昆仑东北。

珂案：此"昆仑东北"帝尧、帝喾、帝丹朱、帝舜之台，实海外北经（亦见大荒北经）所记"昆仑之北""众帝之台"，乃禹杀相柳（大荒北经作相繇）所筑台以厌妖邪者也，尧、喾、丹朱、舜等即所谓"众帝"，注中引"一本云"是也。

6. 附禺之山

东北海之外，大荒之中，河水之间，附禺之山，帝颛顼与九嫔葬焉。爰有鸱久、文贝、离俞、鸾鸟、皇鸟、大物、小物。有青鸟、琅鸟、玄鸟、黄鸟、虎、豹、熊、罴、黄蛇、视肉、璇、瑰、瑶、碧，皆出卫于山。丘方圆三百里，丘南帝俊竹林在焉，大可为舟。竹南有赤泽水，名曰封渊。有三桑无枝。丘西有沉渊，颛顼（Xū）所浴。

第二章　秦、汉

（公元前 221~ 公元 220 年）

　　战国后期，秦国逐步吞并六国完成统一（公元前 221 年），建立起中国史上第一个一统皇朝——秦朝，历时 15 年秦亡。经楚汉之战，汉王刘邦即位，再建一统皇期——汉。其中公元前206~ 公元 9 年是前汉朝，因建都长安，通称西汉；公元 25~220年是后汉朝，因建都洛阳，通称东汉。

　　秦汉为封建社会早期。气候经历了寒冷（战国~西汉）、温暖（公元前 2 世纪~公元 2 世纪）二期变化。经济是农工商外贸并举的私有经济运作特征。人口有记载的是 5950 万（公元 2 年）、3410万（公元 15 年）。城市形成。秦汉帝国规模宏大，文化精神宏阔，"书同文"、"车同轨"、"度同制"，"以法为教"、"行同伦"，废除壁垒、"地同域"，形成统一文明的多民族国家，并从东、南、西三个方向与外界交流。与其并立的世界性大国唯有罗马。

　　在社会、经济、文化、气候等各种动因推动中，风景园林的各个领域均呈现出茁壮成长的态势，全国的山水胜地、宫苑园林、城宅路堤植树等三系特征已现雏形，显现出风景园林发展的元典性例证。

秦汉

西汉时期全图

比例尺　二千二百万分之一

200　0　200　400　600　800公里

一、秦刻石（秦始皇二十八年至三十七年，即公元前 219~ 前 210 年）

秦始皇统一六国后巡行各地时，臣下为歌颂其功德，镌刻颂诗文字于山石之上，这些立碑刻石和碑志文作品，是最古的碑文，不仅对后世的碑志文有一定影响，也成为各个风景名胜区的重要史迹景源。

据《史记·秦始皇本纪》载，有泽山、泰山、琅琊台、之罘、东观、碣石、会稽等七处刻石。原石大都湮没不存，琅琊台刻石现存北京中国历史博物馆，文辞已残，仅存二世诏书一段；泰山刻石仅存数字；会稽刻石至少在南朝时尚存，《南史》中有记载。这七篇刻石文，有六篇见于《史记·秦始皇本纪》，泽山刻石文《史记》未载，但有五代时南唐徐铉的摹本传世，《古文苑》载有此文。其余刻石文大多亦有摹拓本传世。

秦刻石虽多溢美之词，但也可以看到秦王朝统一中国之后，整个社会发生的巨大变化及其历史作用。例如：秦始皇二十八年（前 219 年）的泰山刻石文辞中有"治道运行，诸产得宜，皆有法式"；琅琊台刻石文辞中有"端平法度，万物之纪。……上农除末，黔首是富。……器械一量，同书文字"；秦始皇二十九年登之罘刻石文辞有"普施明法，经纬天下，永为仪则。"秦始皇三十二年刻碣石门（盟），其文辞有"堕坏城郭，决通川防，夷去险阻。"秦始皇三十七年（公元前 210 年）上会稽，祭大禹，立石刻，其文辞有"秦圣临国，始定刑名，显陈旧章。初平法式，审别职任，以立恒常。"这些叙述，可以与史籍相印证，反映了统一封建帝国的新气象。

1. 琅邪台刻石

秦代琅邪台刻石（拓片）中国历史博物珍藏（中国大百科全书文学、文物卷均有）。

二、《淮南子》（公元前 179~ 前 122 年）

《淮南子》又名《淮南鸿烈》，为汉高祖之孙淮南王刘安（公元前 179~ 前 122 年）集门客所编。书中以道家的自然天道观为中心，也综合有儒、法、阴阳等各家思想，体现了熔铸百家的态度。

在自然之道方面，提出"漠然无为而无不为"，"无为"不是无所作为，而是"循理而举事，因资而立功"，"因其自然而推之"，符合客观规律的要求。

在历史观方面，论述了自然和社会发展中的常与权、本与末、利与害、取与予、祸与福、为与败、备与致、刚与柔、奇与正等相反相成的关系，含有辩证法的思想。

关于美与丑，《淮南子》认为美具有一定特性，不因人的主观好恶而改变的客观性，但因所处的条件不同，也会发生不同的变化。美的相对性与多样性，客观世界的无限性，都能引起人们的美感。它还探讨了事物的内质和外饰的关系，并认为本质上美的东西可以表现为多种多样的形态。

关于美感，《淮南子》认为尽管美在表现形态上具有多样性，但引起的美感却可以是相同的。它还认为人们主观情感上的差异以及欣赏水平的高低不同都会影响对美丑的感受。

《淮南子》从有生于无，实出于虚的宇宙生成论出发，认为"五声生于无声、五色生于无色"，最高的美和美感就是无。因此，人们应该"慷慨遗物"，"听于无声"，"视于无形"。

《淮南子》非常重视主体的情感、气魄、想象、天赋诸因素在创作中的作用。它从"神制形从"出发，认为精神是形体的主宰。认为不应只追求外形和细部的真实，重要的在于把决定外形的内在精神和形象的整体很好地表现出来。它还提出"游乎心手众虚之间"、"放意相物，写神愈舞"等说法，接触到了绘画和艺术创作中形象思维的重要特点。

《淮南子》的体系比较庞杂，并未形成一个严密完整的一家之说，其中心是发挥老子的思想，对后来魏晋时期的思想发展，有着较为深刻的影响。

《淮南子》中还保留了大量的古代神话传说，为研究原始艺术和风景园林发展，提供了重要资料。

本书引文据《新编诸子集成》的《淮南鸿烈集解》，中华书局，1989 年版。

1. 共工

昔者共工与颛顼争为帝，怒而触不周之山，天柱折，地维绝。天倾西北，故日月星辰移焉；地不满东南，故水潦尘埃归焉。（《天文训》）

2. 黄帝治天下

昔者，黄帝治天下，而力牧、太山稽辅之，以治日月之行律，治阴阳之气，节四时之度，正律历之数，别男女，异雌雄，明上下，等贵贱，使强不掩弱，众不暴寡，人民保命而不夭，岁时孰而不凶，百官正而无私，上下调而无尤，法令明而不闇，辅佐公而不阿，田者不侵畔，渔者不争隈，道不拾遗，市不豫贾，城郭不关，邑无盗贼，鄙旅之人相让以财，狗彘吐菽粟于路而无忿争之心，于是日月精明，星辰不失其形行，风雨时节，五谷登孰，虎狼不妄噬，鸷鸟不妄搏，凤凰翔于庭，麒麟游于郊，青龙进驾，飞黄伏皂，诸北、儋耳之国莫不献其贡职。然犹未及虙戏氏之道也。（《览冥训》）

3. 女娲补天

往古之时，四极废，九州裂，天不兼覆，地不周载，火爁炎而不灭，水浩洋而不息，猛兽食颛民，鸷鸟攫老弱。于是女娲炼五色石以补苍天，断鳌足以立四极，杀黑龙以济冀州，积芦灰以止淫水。苍天补，四极正，淫水涸，冀州平，狡虫死，颛民生。（《览冥训》）

4. 姮娥奔月

譬若羿请不死之药于西王母，姮娥窃以奔月，怅然有丧，无以续之。何则？不知不死之药所由生也。是故乞火不若取燧，寄汲不若凿井。（《览冥训》）

5. 后羿射日

逮至尧之时，十日并出，焦禾稼，杀草木，而民无所食。猰貐、凿齿、九婴、大风、封豨、修蛇皆为民害。尧乃使羿诛凿齿于畴华之野，杀九婴于凶水之上，缴大风于青丘之泽，上射十日而下杀猰貐，断修蛇于洞庭，擒封豨于桑林。万民皆喜，置尧以为天子。于是天下广陕（xiá）险易远近始有道里。（《本经训》）

6. 夏禹治水

舜之时，共工振滔洪水，以薄空桑。龙门未开，吕梁未发，江、淮通流，四海溟涬。民皆上丘陵，赴树木。舜乃使禹疏三江五湖，辟伊阙，导瀍、涧，平通沟陆，流注东海。鸿水漏，九州乾，万民皆宁其性。是以称尧、舜以为圣。（《本经训》）

7. 武王伐纣

晚世之时，帝有桀、纣，为璇室、瑶台、象廊、玉床，纣为肉圃、酒池，燎焚天下之财，罢苦万民之力，刳谏者，剔孕妇，攘天下，虐百姓。于是汤乃以革车三百乘伐桀于南巢，放之夏台，武王甲卒三千破纣牧野，杀之于宣室，天下宁定，百姓和集，是以称汤、武之贤。（《本经训》）

8. 以时种树，各因其宜

食者，民之本也。民者，国之本也。国者，君之本也。是故人君者，上因天时，下尽地财，中用人力，是以群生遂长，五谷蕃植。教民养育六畜，以时种树，务修田畴滋植桑麻，肥硗高下，各因其宜。丘陵阪险不生五谷者，以树竹木，春伐枯槁，夏取果蓏，秋畜疏食，冬伐薪蒸，以为民资。是故生无乏用，死无转尸。故先王之法，畋不掩群，不取麑夭，不涸泽而渔，不焚林而猎。豺未祭兽，置罦（fú）不得布于野；獭未祭鱼，网罟不得入于水；鹰隼未挚，罗网不得张于溪谷；草木未落，斤斧不得入山林；昆虫未蛰，不得以火烧田。孕育不得杀，毂卵不得探，鱼不长尺不得取，彘不期年不得食。是故草木之发若蒸气，禽兽之归若流泉，飞鸟之归若烟云，有所以致之也。（《主术训》）

9. 知万物知人道

偏知万物而不知人道，不可谓智。偏爱群生而不爱人类，不可谓仁。仁者，爱其类也；智者，不可惑也。仁者，虽在断割之中，其所不忍之色可见也。智者，虽烦难之事，其不闇之效可见也。内恕反情，心之所欲，其不加诸人，由近知远，由己知人，此仁智之所合而行也。（《主术训》）

10. 论美丑

求美则不得美，不求美则美矣；求丑则不得丑，求不丑则有丑矣；不求美又不求丑，则无美无丑矣，是谓玄（天）同。

琬琰之玉，在洿泥之中，虽廉者弗释。弊箅甀瓾，在茵茵之上，虽贪者不搏。美之所在，虽污辱，世不能贱。恶之所在，虽高隆，世不能贵。（《说山训》）

今夫毛嫱、西施，天下之美人。若使之衔腐鼠，蒙猬皮，衣豹裘，带死蛇，则布衣韦带之人过者，莫不左右睥睨而掩鼻。尝试使之施芳泽，正娥眉，设笄珥，衣阿锡，曳齐纨，粉白黛黑，佩玉环，揄步，杂芝若，笼蒙目视，冶由笑，目流眺，口曾挠，奇牙出，靥𬮿摇，则虽王公大人有严志颉颃之行者，无不惮悇痒心而悦其色矣。

且夫身正性善，发愤而成仁，帽凭而为义，性命可说，不待学问而合于道者，尧、舜、文王也。沈醴耽荒，不可教以道，不可喻以德，严父弗能正，贤师不能化者，丹朱、商均也。曼颊皓齿，形夸骨佳，不待脂粉芳泽而性可说者，西施、阳文也。嗆䁤哆嗎，蓬蕠戚施，虽粉白黛黑，弗能为美者，嫫母、仳催也。夫上不及尧舜，下不及商均，美不及西施，恶不若嫫母；此教训之所谕也，而芳泽之所施。（《修务训》）

清醠之美，始于耒耜，黼黻之美，在于杼轴。布之新，不如纻。纻之弊，不如布。或善为新，或恶为故。靥𬮿在颊则好，在额（额头）则丑。绣以为裳则宜，以为冠则讥。（《说林训》）

11. 论无形与无声

夫无形者，物之大祖（本）也；无音者，声之大宗（本）也。……所谓无形者，一之谓也。所谓一者，无匹合于天下者也。卓然独立，块然独处，上通九天，下贯九野。员不中规，方不中矩。大浑而为一叶，累而无根。怀囊天地，为道关门。穆忞隐闵，纯德独存，布施而不既，用之而不勤。是故视之不见其形，听之不闻其声，循之不得其身，无形而有形生焉，无声而五音鸣焉，无味而五味形焉，无色而五色成焉。是故有生于无，实出于虚，天下为之圈，则名实同居。音之数不过五，而五音之变，不可胜听也；味之和不过五，而五味之化，不可胜尝也；色之数不过五，而五色之变，不可胜观也。故音者，宫立而五音形矣；味者，甘立而五味亭矣；色者，白立而五色成矣；道者，一立而万物生矣。（《原道训》）

视于无形，则得其所见矣。听于无声，则得其所闻矣。至味不慊，至言不文，至乐不笑，至音不叫，大匠不斫，大豆［刌］不具［大庖不豆］，大勇不斗。……听有音之音者聋，听无音之音者聪，不聋不聪，与神明通。（《说林训》）

故萧条者，形之君；而寂寞者，音之主也。（《齐俗训》）

今夫《雅》、《颂》之声，皆发于词，本于情。故君臣以睦，父子以亲。故《韶》、《夏》之乐也，声浸乎金石，润乎草木。今取怨思之声，施之于弦管，闻其音者，不淫则悲，淫则乱男女之辨，悲则感怨思之气，岂所谓乐哉。赵王迁流于房陵，思故乡，作为《山水》之呕，闻者莫不殒涕。荆轲西刺秦王，高渐离、宋意为击筑而歌于易水之上，闻者莫不瞋目裂眦，发植穿冠。因以此声为乐而入宗庙，岂古之所谓乐哉。故弁冕辂舆，可服而不可好也；太羹之和，可食而不可嗜也；朱弦漏越，一唱而三叹，可听而不可快也。故无声者，正其可听者也；其无味者，正其足味者也。呋声清于耳，兼味快于口，非其贵也。故事不本于道德者，不可以为仪；言不合乎先王者，不可以为道；音不调乎《雅》、《颂》者，不可以为乐。（《泰族训》）

物之用者，必待不用者。故使之见者，乃不见者也；使鼓鸣者，乃不鸣者也。（《说山训》）

12. 人得其得之谓乐，以内乐外之谓乐

所谓乐者，岂必处京台、章华，游云梦、沙丘，耳听《九韶》、《六莹》，口味煎熬芬芳。驰骋夷道，钓射鸧鹅之谓乐乎？吾所谓乐者，人得其得者也。夫得其得者，不以奢为乐，不以廉为悲，与阴俱闭，与阳俱开。故子夏心战而臞，得道而肥。圣人不以身役物，不以欲滑和，是故其为欢不忻忻，其为悲不惙惙。万方百变，消摇而无所定，吾独慷慨遗物，而与道同出。是故有以自得之也。乔木之下，空穴之中，足以适情，无以自得也。虽以天下为家，万民为臣妾，不足以养生也。能至于无乐者，则无不乐；无不乐则至极乐矣！夫建钟鼓，列管弦，席旃茵，傅旄象，耳听朝歌，北鄙靡靡之乐，齐靡曼之色，陈酒行觞，夜以继日，强弩弋高鸟，走犬逐狡兔，此其为乐也。炎炎赫赫，怵然若有所诱慕，解车休马，罢酒彻乐，而心忽然若有所丧，怅然若有所亡也。是何则？不以内乐外，而以外乐内。乐作而喜，曲终而悲。悲喜转而相生，精神乱营，不得须臾平。察其所以，不得其形，而日以伤生，失其得者也。是故内不得于中，禀授于外而以自饰也，不浸于肌肤，不浃于骨髓，不留于心志，不滞于五藏。故从外入者，无主于中，不止。从中出者，无应于外，不行。（《原道训》）

13. 昆仑山（现海拔 6973 米）

昆仑山（虚）有增（层）城九重，其高万一千里……。上有木禾，其修五寻；珠树、玉树、旋树、不死树在其西；沙棠、琅玕在其东；绛树在其南；碧树、瑶树在其北。……倾宫、旋室、悬圃、凉风、樊桐在昆仑阊阖之中，是其疏圃。疏圃之池，浸之潢水，潢水三周复其原（本），是谓丹水，饮之不死。

昆仑之丘，或上倍之，是谓凉风之山，登之不死；或上倍之，是谓悬圃，登之乃灵，能使风雨。或上倍之，乃维上天，登之乃神，是谓太帝之居。（《地形训》）

三、董仲舒（公元前 179~ 前 104 年）

董仲舒，中国西汉哲学家。董仲舒继承了殷周以来的天道观和阴阳、五行学说，吸取法家、道家思想，建立了一套新的思想体系，并建议"罢黜百家，独尊儒术"，为汉武帝所采纳。著有《春秋繁露》。

董仲舒的"天"的学说，主要指神灵之天，他说"天地之气，合而为一，分为阴阳，判为四时，列为五行"；他的"天人感应说"带有浓厚的神秘色彩，认为"天人同类"、"天人相副"；他的"人性论"认为人是宇宙的缩影，"天地之精所以生物者，莫贵于人。"人是宇宙的中心，人的性情禀受于天。他也有许多名言，例如：

"矫枉者不过其正，弗能直"（《玉杯》）

"人有喜怒哀乐，犹天之有春夏秋冬"（《如天之为》）

"无伐名木，无斩山林"（《求雨》）

"大富则骄，大贪则忧"（《废制》）

本书引文据凌曙《春秋繁露注》。转自《中国美学史资料选》，中华书局，1980 版。

1. 山水之观

山则㞺岹嵓崔，摧崿崒巍，久不崩陁，似夫仁人志士。孔子曰：山川神祇立，宝藏殖，器用资，曲直合，大者可以为宫室台榭，小者可以为舟舆桴楫。大者无不中，小者无不入，持斧则斫，折镰则艾，生人立，禽兽伏，死人入，多其功而不言，是以君子取譬也。且积土成山，无损也，成其高，无害也，成其大，无亏也。小其上，泰其下，久长安，后世无有去就，俨然独处，惟山之意。《诗》云：节彼南山，惟石岩岩，赫赫师尹，民具尔瞻。此之谓也。

水则源泉混混沄沄，昼夜不竭，既似力者；盈科后行，既似持平者；循微赴下，不遗小问，既似察者；循溪谷不迷，或奏万里而必至，既似知者；郡防山而能清净，既似知命者；不清而入，洁清而出，既似善化者；赴千仞之壑，入而不疑，既似勇者；物皆因于火，而水独胜之，既似武者；咸得之而生，失之而死，既似有德者。孔子在川上曰："逝者如斯夫，不舍昼夜。"此之谓也。（《山川颂》）

四、司马相如（公元前 179~ 前 118 年）

司马相如（公元前 179~ 前 118 年）字长卿。西汉辞赋家。《子虚赋》、《上林赋》是他的代表作，后来的描写帝都、宫苑、田猎、巡游的大赋，无不受其影响。他对作赋提出了“合綦组以成文，列锦绣而为质”和“苞括宇宙，总览人物”的主张。刘勰在《文心雕龙》中称“相如含笔而腐毫”，鲁迅说他“不师故辙，自摅妙才，广博闳丽，卓越汉代”。正由于他重视资料的广博、辞采的富丽，留下了“几百日而后成”散体大赋，成为后世了解楚国云梦泽和汉代上林苑的宝贵典籍和一代鸿文。

司马相如曾受汉武帝之命“通西南夷”，招抚少数民族，便以“兼容并包”、“遐尔一体”为指导思想，并称这是汉武帝“崇论闳议，创业垂统，为万世规”的事业之一。（《汉书·司马相如传》）

《子虚赋》、《上林赋》是赋史上的名篇，赞颂与讽喻并存，有大量的景物描绘，格局阔大，气象壮丽，文字夸张绮丽，在同一个园囿中，南半部的冬季能看到绿波荡漾，北半部的夏季却天寒地冻，离奇的夸张与遐想，有着化平淡为神奇的魅力。而在《上书谏猎》中，却写得质朴简练，委婉恳切，恰到好处。

本书引文据《史记》中华书局 1959 版。

1. 云梦泽

……

云梦者，方九百里，其中有山焉。其山则盘纡岪郁，隆崇嵂崒；岑岩参差，日月蔽亏；交错纠纷，上干青云；罢池陂陁，下属江河。其土则丹青赭垩，雌黄白坿，锡碧金银，众色炫耀，照烂龙鳞。其石则赤玉玫瑰，琳珉琨珸，瑊玏玄厉，瑌石武夫。其东则有蕙圃衡兰，芷若射干，穹穷昌蒲，江离麋芜，诸蔗猼且。其南则有平原广泽，登降陁靡，案衍坛曼，缘以大江，限以巫山。其高燥则生葴菥苞荔，薛莎青薠。其卑湿则生藏莨蒹葭，东蔷雕胡，莲藕菰芦，菴蔄轩芋，众物居之，不可胜图。其西则有涌泉清池，激水推移；外发芙蓉菱华，内隐鉅石白沙。其中则有神龟蛟鼍，瑇瑁鳖鼋。其北则有阴林巨树，楩柟豫章，桂椒木兰，蘖离朱杨，樝梸梬栗，橘柚芬芳。其上则有赤猨蠷蝚，鹓鶵孔鸾，腾远射干。其下则有白虎玄豹，蟃蜒貙豻，兕象野犀，穷奇獌狿。……（《史记》卷 117）

2. 上林赋（节录）

……

“左苍梧，右西极，丹水更其南，紫渊径其北；终始霸浐，出入泾渭；酆鄗潦潏，纡馀委蛇，经营乎其内。荡荡兮八川分流，相背而异态。东西南北，驰骛往来，出乎椒丘之阙，行乎洲淤之浦，径乎桂林之中，过乎泱莽之野。汩乎浑流，顺阿（大陵、曲陵。）而下，赴隘陕［隘陿］之口。触穹石，激堆埼，沸乎暴怒，汹涌滂濞，滭浡滵汩，湢测泌瀄，横流逆折，转腾潎洌，澎濞沆瀣，穹隆云挠，蜿灗胶戾，踰波趋浥，莅莅下濑，批壧冲壅，犇扬滞沛，临坻注壑，瀺灂霣坠，湛湛隐隐，砰磅訇礚，潏潏淈淈，湁潗鼎沸，驰波跳沫，汩急漂疾，悠远长怀，寂漻无声，肆乎永归。然后灏溔潢漾，安翔徐徊，翯乎滈滈，东注大湖，衍溢陂池。于是乎蛟龙赤螭，䱭鰽蜥离，鰅鳙鰬魠，禺禺魼鳎，揵鳍擢尾，振鳞奋翼，潜处于深岩;鱼鳖欢声，万物众伙，明月珠子，玓瓅江靡，蜀石黄碝，水玉磊砢，磷磷烂烂，采色澔旰，丛积乎其中。鸿鹔鹔鸨，駕鵝鸀鳿，鵁鶄鹮目，烦鹜鹔鸘，鹢鹕鹭鸬，群浮乎其上。泛淫泛滥，随风澹淡，与波摇荡，掩薄草渚，唼喋菁藻，咀嚼菱藕。

"于是乎崇山巃嵸，崔巍嵯峨，深林钜木，崭岩嵾嵯，九嵏巀嶭，南山峨峨，岩陁甗锜，摧崣崛崎，振溪通谷，蹇产沟渎，谽呀豁閜，阜陵别岛，崴磈嵔瘣，丘虚崛巋，隐辚郁㠝，登降施靡，陂池貏豸，沇溶淫鬻，散涣夷陆，亭皋千里，靡不被筑。掩以绿蕙，被以江离，糅以蘪芜，杂以流夷。专结缕，攒戾莎，揭车衡兰，槀本射干，茈姜蘘荷，葴橙若荪，鲜枝黄砾，蒋芧青薠，布濩闳泽，延曼太原，丽靡广衍，应风披靡，吐芳扬烈，郁郁斐斐，众香发越，肸蚃布写，晻薆芯勃。

"于是乎周览泛观，嗔盼轧沕，芒芒恍忽，视之无端，察之无崖。日出东沼，入于西陂。其南则隆冬生长，踊水跃波；兽则㺎旄獏犛，沈牛麈麋，赤首圜题，穷奇象犀。其北则盛夏含冻裂地，涉冰揭河；兽则麒麟角觡，騊駼橐驼，蛩蛩驒騱，駃騠驴骡。

"于是乎离宫别馆，弥山跨谷，高廊四注，重坐曲阁，华榱璧当，辇道纚属，步櫩周流，长途中宿。夷嵏筑堂，累台增成，岩突洞房，俛杳眇而无见，仰攀橑而扪天，奔星更于闺闼，宛虹拖于楯轩。……

"于是乎卢橘夏孰，黄甘橙楱，枇杷橪柿，樗柰厚朴，梬枣杨梅，樱桃蒲陶，隐夫郁棣，榙樏荔枝，罗乎后宫，列乎北园。貤丘陵，下平原，扬翠叶，杌紫茎，发红华，秀朱荣，煌煌扈扈，照曜钜野。沙棠栎槠，华泛檗栌，留落胥馀，仁频并闾，欀檀木兰，豫章女贞，长千仞，大连抱，夸条直畅，实叶葰茂，攒立丛倚，连卷累佹，崔错癹骫，坑衡閜砢，垂条扶于，落英幡纚，纷容萧蓡，旖旎从风，浏莅芔吸，盖象金石之声，管籥之音。柴池茈虒，旋环后宫，杂遝累辑，被山缘谷，循阪下隰，视之无端，究之无穷。

"于是玄猨素雌，蜼玃飞鸓，蛭蜩蠼猱，蟃胡榖蜼，栖息乎其间；长啸哀鸣，翩幡互经，夭蟜枝格，偃蹇杪颠。于是乎隃绝梁，腾殊榛，捷垂条，踔稀閒，牢落陆离，烂曼远迁。

"若此辈者，数千百处。嬉游往来，宫宿馆舍，庖厨不徙，后宫不移，百官备具。"……

（《史记》*卷117）

3. 司马相如上书谏猎

相如从上至长杨猎①。是时天子方好自击熊豕，驰逐野兽②。相如因上疏谏曰：

"臣闻物有同类而殊能者，故力称乌获，捷言庆忌，勇期贲、育③。臣之愚，窃以为人诚有之，兽亦宜然。今陛下好陵阻险，射猛兽，卒然遇逸材之兽，骇不存之地，犯属车之清尘④，舆不及还辕，人不暇施巧，虽有乌获、逢蒙之技不能用⑤，枯木朽枝尽为难矣。是胡、越起于毂下⑥，而羌夷接轸也⑦，岂不殆哉！虽万全而无患，然本非天子之所宜近也。

"且夫清道而后行，中路而驰，犹时有衔橛之变⑧。况乎涉丰草，骋丘墟，前有利兽之乐，而内无存变之意，其为害也不亦难矣！夫轻万乘之重⑨，不以为安，乐出万有一危之途以为娱，臣窃为陛下不取。

"盖明者远见于未萌，而知者避危于无形，祸固多藏于隐微，而发于人之所忽者也。故鄙谚曰：'家累千金，坐不垂堂⑩。'此言虽小，可以喻大。臣愿陛下留意幸察。"（《古文观止》）

【注释】

①长杨：宫殿名，故址在今陕西。②壄：同"野"。③贲、育：指勇士孟贲和夏育。④属车之清尘：是对皇帝委婉的称呼，表示敬意。属车，随从之车。⑤逢蒙：善于射箭的人。⑥胡、越：泛指北方和南方的少数民族。羌、夷：则指西方和东方的少数民族。毂（gǔ）下：皇帝的车驾之下。⑦轸（zhěn）：车厢底框。⑧衔橜之变：指马络头、车钩心一类的断裂。衔，勒马铁具，放在马嘴里。橜，用来固定车厢底与车轴间的木橛。⑨万乘之重：指负担有掌管天下的重任。⑩垂堂：堂屋的房檐底下。这句话的意思是，家有积财的人，不会坐在房檐底下，因为房上的瓦掉下来容易伤着人。

五、《史记》——司马迁

司马迁（约公元前145~？）字子长。西汉史学家和文学家，不朽巨著《史记》的作者。司马迁继承了先秦唯物主义的思想传统，在《史记》中，他论证历史事件的因果关系和历史人物成败原因时，尽可能找出社会根源而避免用"天道"来说明人事。他的名言有："究天人之际，通古今之变，成一家之言。""人固有一死，或重于泰山，或轻于鸿毛"。在《史记》中，他从容真切地表述了历史进程，又生动刻画了上百个鲜明的人物形象，对中国史学和文学发展产生了极其深远的影响。

司马迁认为，历史上的优秀作品，大都是作者遭遇到重大不幸，"意有所郁结"，而"发愤之所为作"。据此，他对于屈原及其作品给了很高的评价。他的这种观点，比较孔孟主张文学作品必须"温柔敦厚"、"怨而不怒"的思想，显然是很大的突破。后来韩愈提出"不平则鸣"，就是这种观点的进一步发展。

本书引文据《史记》（中华书局，1959年版）。

1. 轩辕黄帝：修德振兵

轩辕之时，神农氏世衰……轩辕乃修德振兵，治五气，艺五种①，抚万民，度四方，教熊罴貔貅䝙虎，②以与炎帝战于阪泉之野。三战，然后得其志。……而诸侯咸尊轩辕为天子，代神农氏，是为黄帝。天下有不顺者，黄帝从而征之，……

东至于海，登丸山，及岱宗，西至于空桐，登鸡头。南至于江，登熊、湘。北逐荤粥，合符釜山，而邑于涿鹿之阿。……万国和，而鬼神山川封禅与为多焉。③……时播百谷草木，④淳化鸟兽虫蛾。旁罗日月星辰水波土石金玉，劳勤心力耳目，节用水火材物，⑤有土德之瑞，故号黄帝。（《史记》卷1）

【注释】

①艺：种，树。五种即五谷。②自然科学以气象考古为证，此六者猛兽，可以教战。周礼有服不氏，掌教扰猛兽。即古服牛乘马，亦其类。……文化人案：言教士卒习战，以猛兽之名名之，用以威敌。③自古以来帝皇之中，推许黄帝以为多。④言顺四时之所宜而布种百谷草木。⑤言黄帝教民，江湖陂泽山林原隰皆收采禁捕以时，用之有节，令得其利。

2. 舜：舜耕历山

于是**帝尧**老，命**舜**摄行天子之政，以观天命。**舜**乃在璇玑玉衡，以齐七政。遂类于上帝，禋于六宗，望于山川，^①辩于群神。^②揖五瑞，择吉月日，见四岳诸牧，班瑞^③岁二月，东巡狩，至于**岱宗**，柴，望秩于山川。^④……五月，南巡狩；八月，西巡狩；十一月，北巡狩：皆如初。归，至于祖祢庙，用特牛礼。五岁一巡狩，群后四朝。^⑤

舜耕**历山**，**历山**之人皆让畔；渔**雷泽**，**雷泽**上人皆让居；陶**河滨**，河滨器皆不苦窳。一年而所居成聚，^⑥二年成邑，三年成都。^⑦（《史记》卷1）

【注释】

①望者，遥望而祭山川。山川，即五岳、四渎。②辩音班，群神若丘陵坟衍。辩音遍，祭群神。③宋末，会稽修禹庙，于庙庭山土中得五等圭璧百余枚，形与周礼同，皆短小。此即禹会诸侯于会稽，执以礼山神而埋之。其璧今犹有在也。④以秩望祭东方诸侯境内之名山大川也。言秩者，五岳视三公，四渎视诸侯。⑤巡狩之年，诸侯见于方岳之下。其间四年，四方诸侯分来朝于京师也。⑥聚，谓村落也。⑦周礼郊野法云"九夫为井，四井为邑，四邑为丘，四丘为甸，四甸为县，四县为都"。

3. 禹：大禹治水

禹者，黄帝之玄孙……**禹**乃遂与**益**、**后稷**奉帝命，命诸侯百姓兴人徒以傅土，行山表木，定高山大川。^①**禹**伤先人父**鲧**功之不成受诛，乃劳身焦思，居外十三年，过家门不敢入。薄衣食，致孝于鬼神。卑宫室，致费于沟淢。陆行乘车，水行乘船，泥行乘橇，山行乘檋。左准绳，右规矩，载四时，以开九州，通九道，陂九泽，度九山。令**益**予众庶稻，可种卑湿。命**后稷**予众庶难得之食。食少，调有余相给，以均诸侯。**禹**乃行相地宜所有以贡，及山川之便利。……

于是九州攸同，四奥既居，九山栞旅，九川涤原，九泽既陂，四海会同。六府甚修，众土交正，致慎财赋，咸则三壤成赋。中国赐土姓："祗台德先，不距朕行。"^②（《史记》卷2）

【注释】

①高山大川，五岳、四渎之属。②中即九州，天子建其国，诸侯祚之土，赐之姓，命之氏，敬天子之德既先，又不距违天子政教所行。

4. 汤：网开三面

汤曰："予有言：人视水见形，视民知治不。"……

汤出，见野张网四面，祝曰："自天下四方皆入吾网。"汤曰："嘻，尽之矣！"乃去其三面，祝曰："欲左，左。欲右，右。不用命，乃入吾网。"诸侯闻之，曰："汤德至矣，及禽兽。"（《史记》卷3）

5. 纣：益广沙丘苑台

帝纣资辨捷疾，闻见甚敏；材力过人，手格猛兽；知足以距谏，言足以饰非；矜人臣以能，高天下以声，以为皆出己之下。好酒淫乐，嬖于妇人。爱**妲己**，**妲己**之言是从。于是使**师涓**作新淫声，北里之舞，靡靡之乐。厚赋税以实鹿台^①之钱，而盈巨桥之粟。

益收狗马奇物，充仞宫室。益广沙丘苑台，② 多取野兽蜚鸟置其中。慢于鬼神。大聚乐戏于沙丘，以酒为池，县肉为林，使男女保，相逐其间，为长夜之饮。（《史记》卷3）

【注释】

①鹿台，其大三里，高千尺。鹿台，今在朝歌城中。鹿台在卫州卫县西南三十二里。②自盘庚徙殷至纣之灭二百五十三年，更不徙都，纣时稍大其邑，南距朝歌，北据邯郸及沙丘，皆为离宫别馆。

6. 秦始皇本纪 *（节录）

（1）泰山立石

二十八年，始皇东行郡县，上邹峄山。立石，与鲁诸儒生议，刻石颂秦德，议封禅望祭山川之事。乃遂上泰山，立石，封，祠祀。下，风雨暴至，休于树下，因封其树为五大夫。禅梁父。

南登琅邪，大乐之，留三月。乃徙黔首三万户琅邪台下，复十二岁。作琅邪台，立石刻，颂秦德，明得意。

既已，齐人徐市等上书，言海中有三神山，名曰蓬莱、方丈、瀛洲，僊人居之。请得斋戒，与童男女求之。于是遣徐市发童男女数千人，入海求僊人。（《史记》卷6）

（2）阿房宫

三十五年，除道，道九原抵云阳，堑山堙谷，直通之。于是始皇以为咸阳人多，先王之宫廷小，吾闻周文王都丰，武王都镐，丰镐之间，帝王之都也。乃营作朝宫渭南上林苑中。先作前殿阿房，东西五百步，南北五十丈，上可以坐万人，下可以建五丈旗。周驰为阁道，自殿下直抵南山。表南山之颠以为阙。为复道，自阿房渡渭，属之咸阳，以象天极阁道绝汉抵营室也。阿房宫未成；成，欲更择令名名之。作宫阿房，故天下谓之阿房宫。隐宫徒刑者七十余万人，乃分作阿房宫，或作丽山。发北山石椁，乃写蜀、荆地材皆至。关中计宫三百，关外四百余。于是立石东海上朐界中，以为秦东门。因徙三万家丽邑，五万家云阳，皆复不事十岁。（《史记》卷6）

（3）巡行东南

三十七年十月癸丑，始皇出游。左丞相斯从，右丞相去疾守。少子胡亥爱慕请从，上许之。十一月，行至云梦，望祀虞舜于九疑山。浮江下，观籍柯，渡海渚。过丹阳，至钱唐。临浙江，水波恶，乃西百二十里从狭中渡。上会稽，祭大禹，望于南海，而立石刻颂秦德。

还过吴，从江乘渡。并海上，北至琅邪。

至平原津而病。七月丙寅，始皇崩于沙丘平台。（《史记》卷6）

（4）郦山秦皇陵

九月，葬始皇郦山。始皇初即位，穿治郦山，及并天下，天下徒送诣七十余万人，穿三泉，下铜①而致椁，宫观百官奇器珍怪徙臧满之。②令匠作机弩矢，有所穿近者辄射之。以水银为百川江河大海，机相灌输，上具天文，下具地理。以人鱼膏为烛，度不灭者久之。二世曰："先帝后宫非有子者，出焉不宜。"皆令从死，死者甚众。葬既已下，或言工匠为机，臧皆知之，臧重即泄。大事毕，已臧，闭中羡，③下外羡门，尽闭工匠臧者，无复出者。树草木以象山。④（《史记》卷6）

【注释】

①一作锢，铸塞。三重之泉，言至水也。②言冢内作宫观及百官位次，奇器珍怪徙满冢中。③谓冢中神道。④坟高五十余丈，周回五里余。关中记云："始皇陵在骊山。泉本北流，障使东西流。有土无石，取大石于渭（山）［南］诸山。"

7. 封禅书

（1）封禅[1]

自古受命帝王，曷尝不封禅？

《传》曰："三年不为礼，礼必废；三年不为乐，乐必坏。"每世之隆，则封禅答焉，及衰而息。（《史记》卷 28）

【注释】

①此泰山上筑土为坛以祭天，报天之功，故曰封。此泰山下小山上除地，报地之功，故曰禅。

（2）尚书曰

《尚书》曰，舜在璇玑玉衡，以齐七政。遂类于上帝，禋于六宗，望山川，遍群神。辑五瑞，择吉月日，见四岳诸牧，还［班］瑞。岁二月，东巡狩，至于岱宗。岱宗，泰山也。柴，望秩于山川。遂觐东后。东后者，诸侯也。合时月正日，同律度量衡，修五礼，五玉三帛二生一死贽。五月，巡狩至南岳。南岳，衡山也。八月，巡狩至西岳。西岳，华山也。十一月，巡狩至北岳。北岳，恒山也。皆如岱宗之礼。中岳，嵩高也。五载一巡狩。（《史记》卷 28）

（3）周官曰

《周官》曰，冬日至，祀天于南郊，迎长日之至；夏日至，祭地祇。皆用乐舞，而神乃可得而礼也。天子祭天下名山大川，五岳视三公，四渎视诸侯，诸侯祭其疆内名山大川。四渎者，江、河、淮、济也。天子曰明堂、辟雍，诸侯曰泮宫。[1]（《史记》卷 28）

【注释】

①天子水外四周圜绕，如辟雍，以节观者。诸侯水不圜绕，至半，为泮宫。

（4）秦缪公

秦缪公即位九年，齐桓公既霸，会诸侯于葵丘，而欲封禅。管仲曰："古者封泰山禅梁父[1]者七十二家，而夷吾所记者十有二焉。昔无怀氏封泰山，禅云云[2]；虙羲封泰山，禅云云；神农封泰山，禅云云；炎帝封泰山，禅云云；黄帝封泰山，禅亭亭[3]；颛顼封泰山，禅云云；帝俈封泰山，禅云云；尧封泰山，禅云云；舜封泰山，禅云云；禹封泰山，禅会稽[4]；汤封泰山，禅云云；周成王封泰山，禅社首[5]：皆受命然后得封禅。"桓公曰："寡人北伐山戎，过孤竹；西伐大夏，涉流沙，束马悬车，上卑耳之山；南伐至召陵，登熊耳山以望江汉。兵车之会三，而乘车之会六，九合诸侯，一匡天下，诸侯莫违我。昔三代受命，亦何以异乎？"于是管仲睹桓公不可穷以辞，因设之以事，曰："古之封禅，鄗上之黍，北里之禾，所以为盛；江淮之间，一茅三脊，所以为藉也。东海致比目之鱼，西海致比翼之鸟，然后物有不召而自至者十有五焉。今凤凰麒麟不来，嘉谷不生，而蓬蒿藜莠茂，鸱枭数至，而欲封禅，毋乃不可乎？"于是桓公乃止。（《史记》卷 28）

【注释】
①梁父山在兖州泗水县北；②云云山在兖州博城县西南；③亭亭山在兖州博城县西南；④会稽山在越州会稽县东南；⑤社首山在博县钜平南。

（5）秦始皇上泰山

即帝位三年，东巡郡县，祠驺峄山，颂秦功业。于是征从齐鲁之儒生博士七十人，至乎泰山下。诸儒生或议曰："古者封禅为蒲车，恶伤山之土石草木；埽地而祭，席用葅秸，言其易遵也。"始皇闻此议各乖异，难施用，由此绌儒生。而遂除车道，上自泰山阳至巅，立石颂秦始皇帝德，明其得封也。从阴道下，禅于梁父。其礼颇采太祝之祀雍上帝所用，而封藏皆秘之，世不得而记也。

始皇之上泰山，中阪遇暴风雨，休于大树下。诸儒生既绌，不得与用于封事之礼，闻始皇遇风雨，则讥之。

于是始皇遂东游海上，行礼祠名山大川及八神，求僊人羡门之属。八神将自古而有之，或曰太公以来作之。齐所以为齐，以天齐也。其祀绝莫知起时。八神：一曰天主，祠天齐。天齐渊水，居临菑南郊山下者。二曰地主，祠泰山梁父。盖天好阴，祠之必于高山之下，小山之上，命曰"畤"；地贵阳，祭之必于泽中圜丘云。三曰兵主，祠蚩尤。蚩尤在东平陆监乡，齐之西境也。四曰阴主，祠三山。五曰阳主，祠之罘。六曰月主，祠之莱山。皆在齐北，并勃海。七曰日主，祠成山。成山斗入海，最居齐东北隅，以迎日出云。八曰四时主，祠琅邪。琅邪在齐东方，盖岁之所始。皆各用一牢具祠，而巫祝所损益，珪币杂异焉。（《史记》卷28）

（6）三神山

自威、宣、燕昭使人入海求蓬莱、方丈、瀛洲。此三神山者，其傅在勃海中，去人不远；患且至，则船风引而去。盖尝有至者，诸僊人及不死之药皆在焉。其物禽兽尽白，而黄金银为宫阙。未至，望之如云；及到，三神山反居水下。临之，风辄引去，终莫能至云。世主莫不甘心焉。及至秦始皇并天下，至海上，则方士言之不可胜数。始皇自以为至海上而恐不及矣，使人乃斋（jī）童男女入海求之。船交海中，皆以风为解，曰未能至，望见之焉。其明年，始皇复游海上，至琅邪，过恒山，从上党归。后三年，游碣石，考入海方士，从上郡归。后五年，始皇南至湘山，遂登会稽，并海上，冀遇海中三神山之奇药。不得，还至沙丘崩。（《史记》卷28）

8. 始皇议大苑囿

始皇尝议欲大苑囿，东至函谷关，西至雍、陈仓。①优旃曰："善。多纵禽兽于其中，寇从东方来，令麋鹿触之足矣。"始皇以故辍止。（《史记》卷126）

【注释】
①岐州雍县及陈仓县。

9. 农虞工商

夫山西饶材、竹、谷、纑、旄、玉石；山东多鱼、盐、漆、丝、声色；江南出柟、梓、姜、桂、金、锡、连、丹沙、犀、瑇瑁、珠玑、齿革；龙门、碣石北多马、牛、羊、旃裘、筋角；铜、铁则千里往往山出棊置：此其大较也。皆中国人民所喜好，谣俗被服饮食奉生送死之具也。故待农而食之，虞而出之，工而成之，商而通之。此宁有政教发征期会哉？人各任其能，竭其力，以得所欲。故物贱之征贵，贵之征贱，各劝其业，乐其事，若水之趋下，日夜无休时，不召而自来，不求而民出之。岂非道之所符，而自然之验邪？

《周书》曰："农不出则乏其食，工不出则乏其事，商不出则三宝绝，虞不出则财匮少。"财匮少而山泽不辟矣。此四者，民所衣食之原也。（《史记》卷129）

10. 太史公论六家（迁父司马谈，汉武帝时任太史令）

《易大传》："天下一致而百虑，同归而殊涂。"夫阴阳、儒、墨、名、法、道德，此务为治者也，直所从言之异路，有省不省耳。尝窃观阴阳之术，大祥^①而众忌讳，使人拘而多所畏；^②然其序四时之大顺，不可失也。儒者博而寡要，劳而少功，是以其事难尽从；然其序君臣父子之礼，列夫妇长幼之别，不可易也。墨者俭而难遵，是以其事不可遍循；^③然其强本节用，不可废也。法家严而少恩；然其正君臣上下之分，不可改矣。名家使人俭而善失真；然其正名实，不可不察也。道家使人精神专一，动合无形，赡〔澹〕足万物。其为术也，因阴阳之大顺，采儒墨之善，撮名法之要，与时迁移，应物变化，立俗施事，无所不宜，指约而易操，事少而功多。儒者则不然。以为人主天下之仪表也，主倡而臣和，主先而臣随。如此则主劳而臣逸。至于大道之要，去健羡，^④绌聪明，^⑤释此而任术。夫神大用则竭，形大劳则敝。形神骚动，欲与天地长久，非所闻也。

【注释】
①祥，善，吉凶之先见。②拘束于日时，令人有所忌畏也。③注：遍循，言难尽用。④知雄守雌，是去健。不见可欲，使心不乱，是去美。⑤不尚贤，绝圣弃智。

（1）夫阴阳四时、八位、十二度、二十四节各有教令，顺之者昌，逆之者不死则亡，未必然也，故曰"使人拘而多畏"。夫春生夏长，秋收冬藏，此天道之大经也，弗顺则无以为天下纲纪，故曰"四时之大顺，不可失也"。

（2）夫儒者以六艺为法。六艺经传以千万数，累世不能通其学，当年不能究其礼，故曰"博而寡要，劳而少功"。若夫列君臣父子之礼，序夫妇长幼之别，虽百家弗能易也。

（3）墨者亦尚尧舜道，言其德行曰："堂高三尺，土阶三等，茅茨不翦，采椽不刮。食土簋，啜土刑，粝粱之食，藜霍之羹。夏日葛衣，冬日鹿裘。"其送死，桐棺三寸，举音不尽其哀。教丧礼，必以此为万民之率。使天下法若此，则尊卑无别也。夫世异时移，事业不必同，故曰"俭而难遵"。要曰强本节用，则人给家足之道也。此墨子之所长，虽百家弗能废也。

（4）法家不别亲疏，不殊贵贱，一断于法，则亲亲尊尊之恩绝矣。可以行一时之计，而不可长用也，故曰"严而少恩"。若尊主卑臣，明分职不得相踰越，虽百家弗能改也。

（5）名家苛察缴绕，使人不得反其意，专决于名而失人情，故曰"使人俭而善失真"。若夫控名责实，参伍不失，此不可不察也。

（6）道家无为，又曰无不为，^①其实易行，^②其辞难知。^③其术以虚无为本，以因循为用。^④无成埶，无常形，故能究万物之情。不为物先，不为物后，故能为万物主。有法无法，因时为业；有度无度，因物与合。故曰"圣人不朽，时变是守。虚者道之常也，因者君之纲"也。群臣并至,使各自明也。其实中其声者谓之端,实不中其声者谓之窾。窾言不听,奸乃不生,贤不肖自分,白黑乃形。在所欲用耳,何事不成。乃合大道,混混冥冥。光耀天下,复反无名。凡人所生者神也,所讬者形也。神大用则竭,形大劳则敝,形神离则死。死者不可复生,离者不可复反,故圣人重之。由是观之,神者生之本也,形者生之具也。不先定其神[形],而曰"我有以治天下",何由哉? (《史记》卷130)

【注释】
①注:无为者,守清净。无不为者,生育万物。②各守其分,故易行。③幽深微妙,故难知。④任自然。

11. 太史公自序*

太史公曰:"先人有言①:'自周公卒五百岁而生孔子。孔子卒后至于今五百岁,有能绍明世②,正《易传》③,继《春秋》,本《诗》、《书》、《礼》、《乐》之际。'意在斯乎!意在斯乎!小子何敢让焉。"

上大夫壶遂曰④:"昔孔子何为而作《春秋》哉?"太史公曰:"余闻董生曰⑤:'周道衰废,孔子为鲁司寇⑥,诸侯害之,大夫壅之⑦。孔子知言之不用、道之不行也,是非二百四十二年之中,以为天下仪表,贬天子,退诸侯,讨大夫,以达王事而已矣。'子曰⑧:'我欲载之空言⑨,不如见之于行事之深切著明也。'夫《春秋》,上明三王之道⑩,下辨人事之纪⑪,别嫌疑,明是非,定犹豫,善善恶恶,贤贤贱不肖,存亡国,继绝世,补敝起废,王道之大者也。《易》著天地、阴阳、四时、五行,故长于变。《礼》经纪人伦,故长于行。《书》记先王之事,故长于政。《诗》记山川、溪谷、禽兽、草木、牝牡、雌雄,故长于风⑫。《乐》乐所以立,故长于和。《春秋》辨是非,故长于治人。是故《礼》以节人,《乐》以发和,《书》以道事,《诗》以达意,《易》以道化,《春秋》以道义。

"拨乱世反之正,莫近于《春秋》。《春秋》文成数万,其指数千。万物之散聚皆在《春秋》。《春秋》之中,弑君三十六,亡国五十二,诸侯奔走不得保其社稷者不可胜数。察其所以,皆失其本已。故《易》曰⑬:'失之毫厘,差以千里。'故曰⑭:'臣弑君,子弑父,非一旦一夕之故也,其渐久矣。'故有国者不可以不知《春秋》,前有谗而弗见,后有贼而不知。为人臣者不可以不知《春秋》,守经事而不知其宜,遭变事而不知其权。为人君父而不通于《春秋》之义者,必蒙首恶之名。为人臣子而不通于《春秋》之义者,必陷篡弑之诛、死罪之名。其实皆以为善,为之不知其义,被之空言而不敢辞。夫不通礼义之旨,至于君不君,臣不臣,父不父,子不子。夫君不君则犯,臣不臣则诛,父不父则无道,子不子则不孝。此四行者,天下之大过也。以天下之大过予之,则受而弗敢辞。故《春秋》者,礼义之大宗也。夫礼禁未然之前,法施已然之后,法之所为用者易见,而礼之所为禁者难知。"

壶遂曰:"孔子之时,上无明君,下不得任用,故作《春秋》,垂空文以断礼义,当一王之法。今夫子上遇明天子⑮,下得守职,万事既具,成各序其宜,夫子所论,欲以何明?"

太史公曰:"唯唯,否否,不然。余闻之先人曰:'伏羲至纯厚,作《易》《八卦》;尧、舜之盛,《尚书》载之,礼乐作焉。汤、武之隆⑯,诗人歌之。《春秋》采善贬恶,推三代之德,褒周室,非独刺讥而已也。'汉兴以来,至明天子,获符瑞⑰,建封禅⑱,改正朔⑲,易服色,受命于穆清⑳,泽流罔极,海外殊俗,重译款塞㉑,请来献见者,不可胜道。臣下百官力诵圣德，犹不能宣尽其意。且士贤能而不用，有国者之耻，主上明圣而德不布闻，有司之过也。且余尝掌其官，废明圣盛德不载，灭功臣、世家、贤大夫之业不述，堕先人所言，罪莫大焉。余所谓述故事，整齐其世传，非所谓作也，而君比之于《春秋》，谬矣。"

【注释】

①先人：指司马迁的父亲司马谈。②绍：继承。③正《易传》：订正对《易经》的解释。④上大夫：周王室及诸侯国的官阶分为卿、大夫、士三等，每等又各分为上、中、下三级。上大夫即大夫中的第一级。⑤董生：即董仲舒。⑥司寇：掌管刑狱司法的官员。⑦壅：阻塞。⑧子曰：孔子这句话见于《春秋纬》。⑨空言：褒贬议论之言。⑩三王：夏禹、商汤、周文王。⑪人事之纪：人世间的伦理纲常。⑫风：表现风俗。⑬《易》曰：引文见《易纬·通卦验》·今本《易经》无。⑭故曰：引文见《易·坤卦·文言》。⑮明天子：指汉武帝。⑯武：周武王。⑰符瑞：吉祥的征兆。⑱封禅(shàn)：帝王祭祀天地的大典。封，在泰山上筑台祭天。禅，在泰山旁的梁甫山祭地。⑲正朔：指历法。正，岁首；朔·初一。⑳穆清：指天命。穆，美。清，清和。㉑重(chóng)译：一重重地辗转翻译。款塞：叩塞门。

于是论次其文。七年而<u>太史公遭李陵之祸</u>①，幽于缧绁。乃喟然而叹曰："是余之罪也夫！是余之罪也夫！身毁不用矣。"退而深惟曰②："夫《诗》、《书》隐约者，欲遂其志之思也。昔<u>西伯拘羑里</u>，演《周易》，<u>孔子厄陈、蔡</u>，作《春秋》。<u>屈原放逐</u>，著《离骚》。<u>左丘失明</u>，厥有《国语》。<u>孙子膑脚</u>③，而论兵法。<u>不韦迁蜀</u>，世传《吕览》④。<u>韩非囚秦</u>，《说难》、《孤愤》⑤。《诗》三百篇，大抵贤圣发愤之所为作也。此人皆意有所郁结，不得通其道也，故述往事，思来者。"于是卒述<u>陶唐</u>以来⑥，至于<u>麟止</u>⑦，自黄帝始。（《史记》卷130，注解引自《古文观止》）

【注释】

①李陵：李广之孙。武帝时率兵与匈奴作战，败而投降，司马迁为之辩护，得罪受宫刑。②惟：思。③膑：一种酷刑，挖掉膝盖骨。④不韦：秦始皇的相国吕不韦。《吕览》：又称《吕氏春秋》，吕不韦为相时让门客纂辑而成。⑤《说难》、《孤愤》：见于《韩非子》。实为韩非到秦国之前撰写的。⑥陶唐：陶唐氏，即尧。尧曾被封陶，后迁唐。⑦麟：指汉武帝在雍打猎，获白麟一事，事在元狩元年（公元前122年）。

12. 报任少卿书 *

<u>太史公牛马走司马迁</u>再拜言①，<u>少卿足下</u>②：曩者辱赐书，教以慎于接物，推贤进士为务。意气勤勤恳恳，若望仆不相师③，而用流俗人之言。仆非敢如此也。仆虽罢驽④，亦尝侧闻长者之遗风矣。顾自以为身残处秽，动而见尤⑤，欲益反损，是以独抑郁而谁与语。谚曰："谁为为之？孰令听之？"盖钟子期死，<u>伯牙终身不复鼓琴</u>。何则？士为知己者用，女为说己者容。若仆大质已亏缺矣⑥，虽才怀随、和，行若由、夷，终不可以为荣，适足以见笑而自点耳。书辞宜答，会东从上来⑦，又迫贱事，相见日浅，卒卒无须臾之间，得竭志意。今少卿抱不测之罪，涉旬月，迫季冬，仆又薄从上雍⑧，恐卒然不可为讳。是仆终已不得舒愤懑以晓左右，则长逝者魂魄私恨无穷。请略陈固陋。阙然久不报，幸勿为过。

仆闻之：修身者，智之符也，爱施者，仁之端也，取予者，义之表也，耻辱者，勇之决也，立名者，行之极也。士有此五者，然后可以托于世，而列于君子之林矣。故祸莫憯于欲利⑨，悲莫痛于伤心，行莫丑于辱先，诟莫大于宫刑。刑余之人，无所比数，非一世也，所从来远矣。昔<u>卫灵公与雍渠同载</u>⑩，<u>孔子适陈</u>，<u>商鞅因景监见</u>⑪，<u>赵良寒心</u>，

同子参乘⑫，袁丝变色⑬，自古而耻之。夫以中材之人，事有关于宦竖，莫不伤气，而况于慷慨之士乎！如今朝廷虽乏人，奈何令刀锯之余，荐天下之豪俊哉！

仆赖先人绪业，得待罪辇毂下⑭，二十余年矣。所以自惟，上之，不能纳忠效信，有奇策材力之誉，自结明主。次之，又不能拾遗补阙，招贤进能，显岩穴之士；外之，不能备行伍，攻城野战，有斩将搴旗之功。下之，不能积日累劳，取尊官厚禄，以为宗族交游光宠。四者无一遂，苟合取容，无所短长之效，可见于此矣。

【注释】

①牛马走：像牛马一样奔走的仆人，这是司马迁自谦的说法。②少卿：任安，字少卿。③望：抱怨。④罢驽：疲弱无能的马。罢，通"疲"。驽，劣马。⑤尤：指责。⑥大质：身体。⑦东从上来：指太始四年司马迁随汉武帝东巡泰山，返回长安一事。⑧薄从上雍：随汉武帝去雍祭祀的日子越来越近。薄，迫近。雍，地在今陕西凤翔南。⑨憯(cǎn)：通"惨"。⑩卫灵公：卫灵公与夫人同车出游，令太监雍渠坐在一旁，又让孔子坐到车上，孔子以为耻辱。⑪商鞅：因为商鞅是靠太监景监的介绍而见的秦孝公，贤士赵良见此，感到寒心。⑫同子：即汉文帝时的宦官赵谈。因与父亲司马谈同名，这里避父讳而称"同子"。参(cān)乘：陪坐在车子右面的人。⑬袁丝：袁盎，字丝，汉文帝时大臣。⑭辇毂：皇帝车驾。

向者，仆亦尝厕下大夫之列，陪奉外廷末议，不以此时引纲维，尽思虑，今已亏形为扫除之隶，在阘茸之中①，乃欲仰首伸眉，论列是非，不亦轻朝廷、羞当世之士邪！嗟乎！嗟乎！如仆尚何言哉！尚何言哉！

且事本末未易明也。仆少负不羁之才，长无乡曲之誉，主上幸以先人之故，使得奏薄伎，出入周卫之中②。仆以为戴盆何以望天，故绝宾客之知，亡室家之业，日夜思竭其不肖之才力，务一心营职，以求亲媚于主上。而事乃有大谬不然者。

夫仆与李陵俱居门下③，素非能相善也，趋舍异路，未尝衔杯酒、接殷勤之余欢。然仆观其为人，自守奇士，事亲孝，与士信，临财廉，取与义，分别有让，恭俭下人，常思奋不顾身以殉国家之急。其素所蓄积也，仆以为有国士之风。夫人臣出万死不顾一生之计，赴公家之难，斯已奇矣。今举事一不当，而全躯保妻子之臣，随而媒蘖其短④，仆诚私心痛之。且李陵提步卒不满五千，深践戎马之地，足历王庭⑤，垂饵虎口，横挑强胡，仰亿万之师，与单于连战十有余日，所杀过半当，虏救死扶伤不给。旃裘之君长咸震怖⑥，乃悉征其左右贤王，举引弓之人，一国共攻而围之。转斗千里，矢尽道穷，救兵不至，士卒死伤如积。然陵一呼劳军，士无不起，躬自流涕，沫血饮泣，更张空拳⑦，冒白刃，北向争死敌者。陵未没时，使有来报，汉公卿王侯，皆奉觞上寿。后数日，陵败书闻，主上为之食不甘味，听朝不怡。大臣忧惧，不知所出。仆窃不自料其卑贱，见主上惨怆怛悼，诚欲效其款款之愚。以为李陵素与士大夫绝甘分少，能得人之死力，虽古之名将，不能过也。身虽陷败，彼观其意，且欲得其当而报于汉。事已无可奈何，其所摧败，功亦足以暴于天下矣。仆怀欲陈之，而未有路，适会召问，即以此指推言陵之功⑧，欲以广主上之意，塞睚眦之辞。未能尽明，明主不晓，以为仆沮贰师⑨，而为李陵游说，遂下于理⑩。拳拳之忠，终不能自列，因为诬上，卒从吏议。家贫，货赂不足以自赎，交游莫救（视），左右亲近，不为一言。身非木石，独与法吏为伍，深幽囹圄之中，谁可告诉者！此真少卿所亲见，仆行事岂不然乎？李陵既生降，隤其家声，而仆又佴之蚕室⑪，重为天下观笑。悲夫！悲夫！事未易一二为俗人言也。

仆之先，非有剖符、丹书之功⑫，文、史、星、历⑬，近乎卜、祝之间⑭。固主上所戏弄，倡优所畜，流俗之所轻也。假令仆伏法受诛，若九牛亡一毛，与蝼蚁何以异？而世俗又不能与死节者，特以为智穷罪极，不能自免，卒就死耳。何也？素所自树立使然也。人固有一死，或重于泰山，或轻于鸿毛，用之所趣异也⑮。太上不辱先，其次不辱身，其次不辱理色，其次不辱辞令，其次诎体受辱⑯，其次易服受辱，其次关木索、被箠楚受辱，其次剔毛发、婴金铁受辱⑰，其次毁肌肤、断肢体受辱，最下腐刑极矣！

传曰⑱："刑不上大夫。"此言士节不可不勉励也。猛虎在深山，百兽震恐，及在槛阱之中，摇尾而求食，积威约之渐也。故士有画地为牢，势不可入，削木为吏，议不可对，定计于鲜也⑲。

【注释】

①阘 (tù) 茸：卑贱。②周卫：指防守严密的宫廷。③李陵：汉将李广之孙，汉武帝时率兵与匈奴作战，矢尽援绝而降。④媒蘖 (niè)：酒曲，这里是酝酿的意思。⑤王庭：指匈奴首领单于的王廷。⑥旃裘：匈奴人所用毛毡和皮裘，代指匈奴人。旃，通"毡"。⑦彀 (quān)：弓弩。⑧指：意思。⑨沮：诽谤。贰师：指贰师将军李广利，汉武帝宠妃李夫人之兄。李陵被围，李广利未能及时救援，司马迁替李陵辩护，因此被认为是在诋毁李广利。⑩理：即大理寺，掌刑法。⑪佴 (èr)：居。蚕室：受过宫刑之人所住的密不透风的屋子。⑫剖符、丹书：汉初规定，凡受封剖符丹书的有功之臣，子孙有罪可获赦免。剖符，是一剖为二的符，君臣各执其半，以为凭信。丹书，是用朱砂写在铁券上的誓词。⑬文、史、星、历：指文献、历史、天文、历法。⑭卜：掌占卜的官。祝：掌祭礼的官。⑮趣：通"趋"。⑯诎体：身体被捆绑。诎，通"屈"。⑰剔毛发、婴金铁：指受髡刑和钳刑。剔，通"剃"。婴，缠绕，即将铁颈戴在脖子上。⑱传曰：引文见《礼记·曲礼上》。⑲定计于鲜：意思是在受辱之前自杀的计划非常明确。

今交手足，受木索，暴肌肤，受榜箠，幽于圜墙之中，当此之时，见狱吏则头抢地，视徒隶则心（正）惕息。何者？积威约之势也。及以至是，言不辱者，所谓强颜耳，曷足贵乎！且西伯，伯也，拘于羑里；李斯，相也，具于五刑；淮阴①，王也，受械于陈；彭越、张敖②，南面称孤，系狱抵罪；绛侯诛诸吕③，权倾五伯，囚于请室；魏其④，大将也，衣赭衣，关三木；季布为朱家钳奴⑤；灌夫受辱于居室⑥。此人皆身至王侯将相，声闻邻国，及罪至罔加，不能引决自裁，在尘埃之中。古今一体，安在其不辱也？由此言之，勇怯，势也；强弱，形也。审矣，何足怪乎？夫人不能早自裁绳墨之外，以稍陵迟，至于鞭箠之间，乃欲引节，斯不亦远乎！古人所以重施刑于大夫者，殆为此也。

夫人情莫不贪生恶死，念父母，顾妻子，至激于义理者不然，乃有所不得已也。今仆不幸早失父母，无兄弟之亲，独身孤立，少卿视仆于妻子何如哉？且勇者不必死节，怯夫慕义，何处不勉焉！仆虽怯懦欲苟活，亦颇识去就之分矣，何至自沉溺缧绁之辱哉！且夫臧获婢妾，犹能引决⑦，况仆之不得已乎！所以隐忍苟活，幽于粪土之中而不辞者，恨私心有所不尽，鄙陋没世，而文采不表于后世也。

古者富贵而名磨灭，不可胜记，唯倜傥非常之人称焉。盖文王拘而演《周易》；仲尼厄而作《春秋》；屈原放逐，乃赋《离骚》；左丘失明，厥有《国语》。孙子膑脚，《兵法》修列；不韦迁蜀，世传《吕览》；韩非囚秦，《说难》、《孤愤》；《诗》三百篇，大底贤圣发愤之所为作也。此人皆意有所郁结，不得通其道，故述往事，思来者。乃如左丘无目，孙子断足，终不可用，退而论书策以舒其愤，思垂空文以自见。

仆窃不逊，近自托于无能之辞，网罗天下放失旧闻，略考其行事，综其终始，稽其成败兴坏之纪，上计轩辕，下至于兹，为十表、本纪十二、书八章、世家三十、列传七十，凡百三十篇。亦欲以究天地之际，通古今之变，成一家之言。草创未就，会遭此祸，惜其不成，是以就极刑而无愠色。仆诚已着此书，藏之（诸）名山，传之其人，通邑大都，则仆偿前辱之责，虽万被戮，岂有悔哉！然此可为智者道，难为俗人言也。

且负下未易居，下流多谤议。仆以口语遇遭此祸，重为乡党所戮笑，以（污）辱先人，亦何面目复上父母之丘墓乎？虽累百世，垢弥甚耳！是以肠一日而九回，居则忽忽若有所亡，出则不知其所往。每念斯耻，汗未尝不发背沾衣也！身直为闺阁之臣，宁得自引深藏岩穴邪？故且从俗浮沉，与时俯仰，以通其狂惑，今少卿乃教以推贤进士，无乃与仆私心刺谬乎⑧？今虽欲自雕琢，曼辞以自饰，无益，于俗不信，适足取辱耳。要之，死日然后是非乃定。书不能悉意，略陈固陋。谨再拜。（《文选》卷41，注解引自《古文观止》）

【注释】

①淮阴：即汉初大将淮阴侯韩信。刘邦曾因怀疑楚于韩信谋反而将他在陈地抓起来，赦免后降为淮阴侯。②彭越、张敖：两人在汉初都是王，彭越受封为梁王，张敖为赵王，所以都面南背北而称孤，后来也都因谋反之罪而入狱。③绛侯：即周勃。这里说他灭掉刘邦妻子吕后的亲族，权势超过春秋五霸，却因谋反罪而被囚禁在专门关押有罪官吏的请室。④魏其：汉景帝时大将军魏其侯窦婴，这里说他曾穿着囚犯的赭色衣服，戴着头枷、手铐和脚镣。⑤季布：是项羽的大将。项羽失败后，刘邦欲以重金收买，他便自受钳刑，卖身于鲁国大侠的朱家为奴。⑥灌夫：汉景帝时为郎中将、武帝时为太仆，因得罪丞相田蚡而被囚。⑦臧获：某些地方对奴婢的称呼。⑧刺（là）谬：相悖。

六、枚乘（？～前140年）《七发》

枚乘字叔。西汉辞赋家。今传赋三篇。其中《七发》是说七件事以启发太子改变生活方式，颇有心理治疗的意味，这里录今病无药、周游览观、田猎壮观、观涛解惑、要言妙道等五段；《梁王菟园赋》疑为伪作，描述了梁王刘武所治的好园囿菟园状况；《柳赋》可见于《西京杂记》。

本书引文据《文选》·卷34（［梁］萧统编，李善注，上海古籍出版社，1986年版）

1. 纵欲恣安，今病无药

客曰："今太子之病，可无药石针刺灸疗而已，可以要言妙道说而去也。不欲闻之乎？"太子曰："仆愿闻之。"

客曰："今夫贵人之子，必宫居而闺处，内有保母，外有傅父，欲交无所。古者男子外有傅父，内有慈母。饮食则温淳甘膬，腥酿肥厚。温淳，谓凡味之厚也。说文曰：膬，腝易破也。腥，肥肉也。衣裳则杂遝（tà）曼暖，燂烁热署。曼，轻细也。燂，火热也。烁亦热也。虽有金石之坚，犹将销铄而挺解也。挺，犹动也。铄，销也。况其在筋骨之间乎哉？故曰：纵耳目之欲，恣支体之安者，伤血脉之和。且夫出舆（车）入辇，命曰蹷痿之机；出则以车，入则以辇。蹷机，门内之位也。游翔至于蹷机，故曰务以侠也。洞房清宫，命曰寒热之媒；室大多阴，台高多阳。多阴则蹷，多阳则痿。此阴阳不适之患也。皓齿娥眉，命曰伐性之斧；靡曼皓齿、郑、卫之音，务之自乐，命曰伐性之斧。甘脆肥脓，命曰腐肠之药。

2. 周游览观

客曰："既登景夷之台，南望荆山，北望汝海，左江右湖，其乐无有。景夷，台名也。荆山在荆州。汝称海，大言之也。于是使博辩之士，原本山川，极命草木，命，名也。比物属事，离辞连类。属辞比事，多言繁称，连类比物也。浮游览观，乃下置酒于虞怀之宫。虞怀，宫名也。连廊四注，四阿若今四注也。台城层构，纷纭玄绿。辇道邪交，黄池纡曲。黄当为湟。湟，城池也。潨章白鹭，孔鸟鶤鹄，潨章，鸟名，未详。鹓鶵鸤鸠，翠鬣紫缨，螭龙德牧，邕邕群鸣。"邕邕，鸣声和也。阳鱼腾跃，奋翼振鳞。故鸟鱼皆卵生，鱼游于水，鸟飞于云。淑漻蓁蓼，蔓草芳苓。言水清静之处，生菁、蓼二草也。漻与寂，音义同也。女桑河柳，素叶紫茎，女桑，夷桑也。柽，河柳。苗松豫章，条上造天。豫章，木名也。造，至也。梧桐并闾，极望成林。并闾，椶也。众芳芬郁，乱于五风。五风，异色也。从容猗靡，消息阳阴。林木茂盛，随风披靡，故或阳或阴也。消息，或为须臾也。列坐纵酒，荡乐娱心。景春佐酒，杜连理音。上召千弟佐酒。滋味杂陈，肴糅错该。该，备也。练色娱目，流声悦耳。练，择也。流，择也。于是乃发激楚之结风，扬郑卫之皓乐。激，冲激，急风也。结风，回风，亦急风也。楚地风气既漂疾，然歌乐者犹复依激结之急风为节，其乐促迅哀切也。郑、卫，新声所出国也。

3. 田猎壮观

客曰："将为太子驯骐骥之马，驾飞轮之舆，乘牡骏之乘。太子乘骏马豪车。有夏服之劲箭，左乌号之雕弓。游涉乎云林，周驰乎兰泽，弭节乎江浔。云林，云梦之林。浔，水涯也。掩青苹，游清风。陶阳气，荡春心。陶，畅也。阳气，春也。荡春心，荡，涤也。逐狡兽，集轻禽。言射而矢集于轻禽也。于是极犬马之才，困野兽之足，穷相御之智巧。恐虎豹，慴（zhé）惊鸟。逐马鸣镳，鱼跨麋角。逐马，驰逐之马。鸣镳，銮鸣于镳也。鱼跨，跨度鱼也。麋角，执麋之角也。履游麢兔，蹈践麏鹿。汗流沫坠，冤伏陵窘，陵，犹促也。窘，迫也。无创而后死者，固足充后乘矣。此校猎之至壮也。太子能强起游乎？以五校兵出猎。

4. 观涛解惑

客曰："将以八月之望，十五日，日月相望。与诸侯远方交游兄弟，并往观涛乎广陵之曲江。至则未见涛之形也。徒观水力之所到，则邮然足以骇矣。邮然，惊恐貌。观其所驾轶者，所擢拔者，所扬汩者，所温汾者，所涤汔者，驾，陵也。擢，抽也。汩，乱也。温汾，转之貌也。虽有心略辞给，固未能缕形其所由然也。略，智也。缕，辞缕也。悦兮忽兮，聊兮慄兮，混汩汩兮，恍兮忽兮，其中有物。聊、慄，恐惧之貌。忽兮慌兮，俶兮傥兮，浩瀇瀁兮，慌旷旷兮。秉意乎南山，通望乎东海。秉，执也。虹洞兮苍天，极虑乎崖涘（sì）。虹洞，相连貌也。流揽无穷，归神日母。言周流观览而穷，然后归神至日所出也。汩乘流而下降兮，或不知其所止。汩，疾貌也。或纷纭其流折兮，忽缪往而不来。言众浪纷纭，其流曲折，或错缪俱往，而不回流。临朱汜而远逝兮，中虚烦而益怠。朱汜，盖地名，未详。莫离散而发曙兮，内存心而自持。莫离散，谓精神不离散也。发曙，发夕至曙也。于是澡概胸中，洒练五藏，溉，涤也。概与溉同。练，犹汰也。澹澉手足，颒濯发齿。澹澉，犹洗涤也。颒，洗面也。揄弃恬怠，输写淟浊，输，脱也。淟，垢浊也。分决狐疑，发皇耳目。心犹豫以狐疑。发明耳目也。当是之时，虽有淹病滞疾，犹将伸伛起躄，发瞽披聋而观望之也。伛，曲也，况直眇小烦懑、醒醲病酒之徒哉！故曰发蒙解惑，不足以言也。"发蒙解惑，未足以论也。太子曰："善，然而涛何气哉？"

客曰："不记也。然闻于师曰，似神而非者三：疾雷闻百里；言声似疾雷，而闻百里，一也。江水逆流，海水上潮；言能令二水逆流上潮，二也。山出内云，日夜不止。山内云而日夜不止，三也。衍溢漂疾，波涌而涛起。衍，散也。漂，浮也。其始起也，洪淋淋焉，若白鹭之下翔。淋，山下水也。其少进也，浩浩澄澄，如素车白马帷盖之张。浩浩，深广之貌也。澄澄，高白之貌也。帷或为帏，音韦，帏，帐也。其波涌而云乱，扰扰焉如三军之腾装。奔扬踊而相击，云兴声之需需。云乱也。装，束也。其旁作而奔起也，飘飘焉如轻车之勒兵。六驾蛟龙，附从太白。以蛟龙若马而驾之，其数六也。纯驰浩蜺，前后骆驿。贾逵国语注曰：纯，专也。浩蜺，即素蜺也。波涛之势，若素蜺而驰，言其长也。颙颙卬卬，椐椐强强，莘莘将将。颙颙卬卬，波高貌也。椐椐强强，相随之貌。莘莘，多貌也。将将，高貌也。壁垒重坚，沓杂似军行。沓，合也。旬陷匈礚，轧盘涌裔，原不可当。轧块，无垠貌也。盘，为谓盘礴广大貌。涌裔，行貌也。观其两傍，则滂渤怫郁，暗漠感突，上击下律。有似勇壮之卒，突怒而无畏。蹈壁冲津，穷曲随隈，踰岸出追。隈，水曲也。追亦堆，今为追。遇者死，当者坏，初发乎或围之津涯，荄轸谷分。或围，盖地名也。言涯如转，而谷似裂也。回翔青篾，衔枚檀桓。青篾、檀桓，盖并地名也。回翔，水复流也。衔枚，水无声也。弭节伍子之山，通厉骨母之场。凌赤岸，篲（huì）夫桑，横奔似雷行。赤岸，盖地名也。而此文势似在远方，非广陵也。篲，扫竹也。诚奋厥武，如振如怒。沌沌浑浑，状如奔马。沌沌浑浑，波相随之貌也。混混庉庉，声如雷鼓。混混沌沌，波浪之声也。发怒庢沓，清升踰跚，言初发怒，碍止而涌沸。少选之顷，清者上升，递相踰跚也。侯波奋振，合战于藉藉之口：陵阳侯之也汜溢谷分。鸟不及飞，鱼不及回，兽不及走。飞鸟未及起，走兽未及发。纷纷翼翼，波涌云乱。荡取南山，背击北岸。覆亏丘陵，平夷西畔。言水之势既荡南山，又击北岸。兵陵为之颠覆，然后夷平西畔。险险戏戏，崩坏陂池，决胜乃罢。合战决胜，而后乃罢。漰汩濞湙，披扬流洒。漰，泌漰，波相楔也。汩，蜜汩，水流疾也。濞湙，流貌也。横暴之极，鱼鳖失势，颠倒偃侧，沈沈湲湲，蒲伏连延。沈沈湲湲，鱼鳖颠倒之貌也。蒲伏，即匍匐也。连延，相续貌。神物怪疑，不可胜言。直使人踣焉，洄闇凄怆焉。踣，覆也。洄与回同也。此天下怪异诡观也，太子能强起观之乎？太子曰："仆病，未能也。"

5. 要言妙道

客曰："将为太子奏方术之士有资略者，方，道也。资，材量也。若庄周、魏牟、杨朱、墨翟、便蜎、詹何之伦。子牟，魏公子也。詹子，古得道者也。使之论天下之释微，理万物之是非。是是非非，谓之智也。孔老览观，孟子持筹而筹之，万不失一。此亦天下要言妙道也，太子岂欲闻之乎？"于是太子据几而起曰："涣乎，若一听圣人辩士之言。"涊然汗出，霍然病已。涣乎，忽然开朗。涊，汗出貌也。（《文选》卷34》）

6. 菟园观览相物

修竹檀栾，夹池水旋。菟园并驰道，临广衍。长冗坂故，径于昆仑。狠观相物，苂焉子有。似乎西山，西山陪陪（gài），卹焉嵬嵬。巷路娈秅（wěi yí），崟岩宠炊巍嶷崃焉。

暴熛激，扬尘埃，蛇龙奏，林薄竹。游风踊焉，秋风扬焉，满庶庶焉，纷纷纭纭。腾踊云乱，枝叶翚散，摩来幡幡焉。

溪谷沙石，涸波沸日，湲浸疾乐。流连焉鳞鳞，阴发绪菲菲。阊阊欢扰，昆鸡蜓蛙，仓庚密切。别鸟相离，哀鸣其中。若乃附巢塞鸷（两种鸟名）之傅于列树也，栅栅若飞雪之重弗丽也。西望西山，山鹊野鸠，白鹭鹘桐。鹍鹗鹔雕，翡翠鸲鹆，守狗戴胜。巢枝穴藏，被塘临谷。声音相闻，喙尾离属。翱翔群熙，交颈接翼。阉而未至，徐飞翋蹋（tà）。往来霞水，离散而没合；疾疾纷纷，若尘埃之间白云也。……

摘自枚乘："梁王菟园赋"（《古文苑》）。

7. 枚乘为柳赋

忘忧之馆，垂条之木，枝透迟而含紫，叶萋萋而吐绿。出入风云，去来羽族①。

既上下而好音，亦黄衣②而绛足。蜩螗③厉响，蜘蛛吐丝。阶草漠漠，白日迟迟。于嗟细柳，流乱轻丝。……（《西京杂记卷四·忘忧馆七赋》）

【注释】

①羽族：指鸟类。②黄衣：指黄鹂。③蜩螗：即蝉。

七、《说苑》——刘向（约公元前79~前8年）

刘向字子政，本名更生。西汉经学家、文学家。曾校阅群书，著成《别录》。《说苑》是刘向据皇家所藏和民间流行册书加以选编的对话体杂著类编，博采兼收，近乎"兼儒、墨，合名、法"的杂家，其中关于自然美的记述，进一步发挥了孔子"仁者乐山，智者乐水"的思想。

本书引文据《说苑校证》卷17《杂言》（刘向撰，向宗鲁校证，中华书局，1987年版）

1. 智者乐水，仁者乐山

子贡问曰："君子见大水必观焉，何也？"孔子曰："夫水者，君子比德焉：遍予而无私，似德；所及者生，似仁；其流卑下句倨，皆循其理，似义；浅者流行，深者不测，似智；其赴百仞之谷不疑，似勇；绰弱而微达，似察；受恶不让，似贞；包蒙不清以入，鲜洁以出，似善化；主量必平，似正；盈不求概，似度；其万折必东，似意，是以君子见大水观焉尔也。"

"夫智者何以乐水也？"曰："泉源溃溃，不释昼夜，其似力者；循理而行，不遗小间，其似持平者；动而之下，其似有礼者；赴千仞之壑而不疑，其似勇者；障防而清，其似知命者；不清以入，鲜洁而出，其似善化者；众人取乎品类，以正万物，得之则生，失之则死，其似有德者；淑淑渊渊，深不可测，其似圣者；通润天地之间，国家以成：是知之所以乐水也。《诗》云：'思乐泮水，薄采其茆，鲁侯戾止，在泮饮酒。'乐水之谓也。"

"夫仁者何以乐山也？"曰："夫山笼以崔嵬，万民之所观仰，草木生焉，众物立焉，飞禽萃焉，走兽休焉，宝藏殖焉，奇夫息焉，育群物而不倦焉，四方并取而不限焉，出云风，通气于天地之间，国家以成。是仁者之所以乐山也。《诗》曰：'太山岩岩，鲁侯是瞻。'乐山之谓矣。"（《杂言》）

八、班彪（3~54年）

班彪（3~54年）字叔皮。《汉书》作者班固的父亲。东汉文、史学家。家世儒学，性好庄、老，博学多才、专心史籍，他"继采前史遗事，傍贯异闻"作后传数十篇，此即后来班固撰写《汉书》的基础。此外，"所著赋、论、书、记、奏事合九篇。"今存《北征赋》《览海赋》《冀州赋》《游居赋》等，《文选》《艺文类聚》有收录。其中，"瞻淇澳之园林"（《游居赋》）是当前所见最早的"园林"一词。在此，"瞻"有瞻仰、看、观、望等义，"淇"通"琪"，"澳"通"奥"，"淇澳"可以理解为美好、弯曲、奥深，这类含义的"园林"，已具有完备的游赏与审美对象等特征。这同汉代的宫苑园圃、皇家园林、私家园林、庄园宅园并存，以及寺庙园林开始出现的局面相一致。

另外，在《诗经·卫风·淇奥》篇中有"瞻彼淇奥，绿竹猗猗"等诗句，由此可以看出，班彪的"瞻淇澳之园林、美绿竹之猗猗"与其有着前后关系。因中国典籍浩若烟海，仅据此赋，尚不能说这就是"园林"一词的最早出处，然而可以说，"园林"一词最迟出现在公元1世纪的前半叶。

本书引文据《艺文类聚》（上海古籍出版社，1982年版）、《文选》（[梁]萧统编，李善注，上海古籍出版社，1986年版）。

1. 瞻淇澳之园林

夫何事於冀州，聊讬公以游居……谋人神以动作，享鸟鱼之瑞命，瞻淇澳之园林，美绿竹之猗猗，望常山之峩峩，登北岳而高游，……徧五岳与四渎，观沧海以周流。……

（《艺文类聚》卷二十八·后汉班彪游居赋）

九、王充（27~约97年）

王充字仲任。东汉思想家。曾师事班彪。他家贫，勤学绝记，过目成诵，遂博通众流百家之言。曾著《讥俗》《政务》《养性》，现仅存《论衡》85篇。

他批判汉代流行的"天人感应"。认为世界是由物质性的"气"所组成，"夫天者，体也，与地同"，"天地，含气之自然，""天地合气，万物自生"，即自然而然地生长。他说："人之所以生者，精气也"，"能为精气者，血脉者"。"人死血脉竭，竭而精气灭，灭而形体朽，朽而成灰土，何用为鬼？"即否定鬼神。他以"气一元论"对天人关系、形神关系作了新的回答。

王充强调"真"是"美"的基础，只有真才能动人，不真实的作品只有"虚美"而没有"真美"；认为"美"和"善"是密切联系的，"真善不空"，不善的作品也就不美。因而，他主张文章内容必须真实，必须有补于世用，强调内容与形式必须统一。然而，也表现出忽视艺术性的弱点，把艺术创作所必须的夸张和虚构也否定了。

王充注重独创精神，反对模拟因袭。他认为有才能的"鸿儒"特点是"能精思著文，连续篇章"，衡量作品的优劣，应以"真伪"、"善恶"为标准。在《案书篇》中说："才有深浅，无有古今；文有真伪，无有故新。"不以古今新旧定高下优劣。

本书引文据《论衡集解》。中华书局，2010 年。

1. 疾虚妄，立真伪

《诗》三百，一言以蔽之，曰："思无邪。"《论衡》篇以十数，亦一言也，曰："疾虚妄。"

是故《论衡》之造也，起众书并失实，虚妄之言胜真美也。故虚妄之语不黜，则华文不见息；华文流放，则实事不见用。故《论衡》者，所以诠轻重之言，立真伪之平，非苟调文饰辞，为奇伟之观也。……世俗之性，好奇怪之语，说虚妄之文。何则？实事不能快意，而华虚惊耳动心也。是故才能之士，好谈论者，增益实事，为美盛之语。用笔墨者，造生空文，为虚妄之传，听者以为真然，说而不舍；览者以为实事，传而不绝。不绝则文载竹帛之上，不舍则误入贤者之耳。……明辨然否，疾心伤之，安能不论。(《对作篇》)

2. 外内表里，自相副称

文由胸中而出，心以文为表。

有根株于下，有荣叶于上；有实核于内，有皮壳于外。文墨辞说，士之荣叶，皮壳也。实诚在胸臆，文墨著竹帛，外内表里，自相副称，意奋而笔纵，故文见而实露也。(《超奇篇》)

3. 为世用者，百篇无害

盖寡言无多，而华文无寡。为世用者，百篇无害，不为用者，一章无补。《自纪篇》

4. 文人之笔，劝善惩恶也

天文人文，岂徒调墨弄笔，为美丽之观哉？载人之行，传人之名也。善人愿载，思勉为善；邪人恶载，力自禁载。然则文人之笔，劝善惩恶也。(《佚文篇》)

十、班固（32~92 年）

　　班固字孟坚，东汉辞赋家、史学家。他用 20 多年的努力，于汉章帝建初四年（82 年），基本完成《汉书》的写作。他是东汉前期最著名的辞赋家，著有《两都赋》《幽通赋》等。

　　班固在《两都赋》之一的《西都赋》中，对长安的地理环境、古都建设、风景园林、狩猎场景介绍较详，如果说司马相如的《上林赋》发挥了想象与浪漫特点，本文则更接近于现实主义要求，文中有许多既形象又具体的叙述，可以补充史书中的欠缺，具有史料价值，后世著作多有引用。

　　本书引文据《文选》，上海古籍出版社，1986 年版。

1. 西都赋 *（节录）

　　……若乃观其四郊，浮游近县，则南望杜、霸，北眺五陵。

　　封畿之内，厥土千里。逴跞诸夏，兼其所有。雄邑与宗周通封畿，为千里。又曰：秦地沃野千里，人以富饶。逴跞，犹超绝也。逴，音卓。跞，吕角切。其阳则崇山隐天，幽林穹谷。陆海珍藏，蓝田美玉。崇山提龍崔巍。苍山隐天。穹谷，深谷也。东方朔曰：汉兴，去三河之地，止灞、浐以西，都泾、渭之南，北谓天下陆海之地。玉英出蓝田。商洛缘其隈，鄠杜滨其足。源泉灌注，陂池交属。隈，水曲也，於回切。滨，涯也。又曰：泽鄣曰陂，停水曰池。竹林果园，芳草甘木。郊野之富，号为近蜀。言秦境富饶，与蜀相类，故号近蜀焉。秦地南有巴、蜀、广、汉山林竹木蔬食果实之饶。邑外曰郊，郊外曰野。其阴则冠以九嵕，陪以甘泉，乃有灵宫起乎其中。秦汉之所极观，渊云之所颂叹，於是乎存焉。谷口县九嵕山在西。北有甘泉谷口。下有郑白之沃，衣食之源。提封五万，疆场绮分。沟塍刻镂，原隰龙鳞。决渠降雨，荷插成云。五谷垂颖，桑麻铺棻。史记曰：韩闻秦之好兴事，欲罢，无令东伐。乃使水工郑国间说秦，令凿泾水，自中山西抵瓠口为渠，并北山东注洛，溉舄卤之地四万余顷。收皆亩税一锺。命曰郑国渠。又曰：赵中大夫白公，复奏穿渠引泾水，首起谷口，尾入栎阳，注渭，溉田四千余顷，因曰白渠。人得其饶，歌之曰：田於何所？池阳谷口。郑国在前，白渠起后。举插为云，决渠为雨。泾水一石，其泥数斗。且溉且粪，长我禾黍。衣食京师，亿万之口。天子畿方千里，提封百万井。提，撮凡也。言大举顷亩也。积土为封限也。疆场有瓜。十夫有沟。塍，稻田之畦也，音绳。高平曰原，下湿曰隰。以五谷养病。实颖实栗。禾穗谓之颖。铺，布也，纷，盛貌也。棻与纷，古字通。东郊则有通沟大漕，溃渭洞河。泛舟山东，控引淮湖，与海通波。言通沟大漕，既达河渭，又可以泛舟山东，控引淮、湖之流，而与海通其波澜。汉书武纪曰：穿漕渠道渭。溃、旁决也，胡对切。洞，疾流也。国语曰：秦泛舟于河，归粟于晋。史记曰：荥阳下引河东南为鸿沟，以与淮、泗会也。西郊则有上囿禁苑，林麓薮泽，陂池连乎蜀汉。缭以周墙，四百余里。离宫别馆，三十六所。神池灵沼，往往而在。林属于山为麓。泽无水曰薮。缭，犹绕也。三辅故事曰：上林连绵，四百余里。缭，力鸟切。离、别，非一所也。上林赋曰：离宫别馆，弥山跨谷。三秦记曰：昆明池中有神池，通白鹿原。毛诗曰：王在灵沼。其中乃有九真之麟，大宛之马。黄支之犀，条支之鸟。逾昆仑，越巨海。殊方异类，至于三万里。九真献奇兽，驹形，麟色，牛角。贰师将军广利斩大宛王首，获汗血马。又曰：黄支自三万里贡生犀。又曰：

条枝国临西海，有大鸟，卵如瓮。山海经曰：帝之下都，昆仑之墟，高万仞。河图括地象曰：昆仑在西北，其高万一千里。子虚赋曰：东注巨海也。

"尔乃盛娱游之壮观，奋泰武乎上囿。因兹以威戎夸狄，耀威灵而讲武事。礼记曰：西方曰戎，北方曰狄。又曰：孟冬之月，天子乃命将帅讲武习射御。命荆州使起鸟，诏梁野而驱兽。毛群内阗，飞羽上覆。接翼侧足，集禁林而屯聚。南方多兽，故命使之。翱翔群熙，交颈接翼。水衡虞人，修其营表。种别群分，部曲有署。罘网连纮，笼山络野。列卒周匝，星罗云布。兽罟曰罘。纮，罘之网也。络，绕也，奂若天星之罗。云布风动。于是乘銮舆，备法驾，帅群臣。披飞廉，入苑门。天子至尊，不敢渫渎言之，故讬于乘舆也。长安作飞廉馆。遂绕酆鄗，历上兰。六师发逐，百兽骇殚。震震爚爚，雷奔电激。草木涂地，山渊反覆。蹂躏其十二三，乃拗怒而少息。武王在酆、鄗。鄗，镐，在上林苑中。镐与鄗同，上林有上兰观。司马掌邦政，统六师。百兽率舞。震震爚爚，光明貌也。字指：倏爚，电光也。一败涂地。反覆，犹倾动也。蹂，践也。躏，轹也。躏与躏同。拗，犹抑也。尔乃期门佽飞，列刃钻鍭，要跌追踪。鸟惊触丝，兽骇值锋。机不虚掎，弦不再控。矢不单杀，中必叠双。佽飞，掌弋射。佽，音次。攒，聚也。钻与攒同。金镞箭羽，谓之鍭。跌，奔也。机，弩牙也。掎，偏引也。匈奴名引弓曰控。颷颷纷纷，矰缴相缠。风毛雨血，洒野蔽天。颷颷纷纷，众多之貌也。

集乎豫章之宇，临乎昆明之池。左牵牛而右织女，似云汉之无涯。茂树荫蔚，芳草被堤。兰茝发色，晔晔猗猗。若摛锦布绣，烛燿乎其陂。上林有豫章观。昆明池。昆明池有二石人，牵牛、织女象。俾彼云汉。蔚，草木盛貌。堤，塘也。芹茝，蕗芜，香草也。茝，齿改切。晔，草木白华貌。猗猗，美貌。摛，舒也。若挥锦布绣。鸟则玄鹤白鹭，黄鹄鸹鸧。鸨鸹鸨鸹，凫鹥鸿雁。朝发河海，夕宿江汉。沈浮往来，云集雾散。鹭，白鹭也。鹄，黄鹄也。鸹，头鸡。似凫。鸧，鸟绞切。鸧，呼交切。鸨，水鸟也。鸹，麋鸹也。鸹，音括。即鸽鸹也。鸨，似雁，无后指。鸨，音保。鹥，水鸟也，五激切。舒凫，鹥。凫，水鸟。鹥，凫属也。大曰鸿，小曰雁。（《文选》卷第一，赋甲）

十一、张衡（78~139年）

张衡字平子，东汉科学家，思想家，南阳人。他"通五经"、"贯六艺"。精通天文、历算，肯定了宇宙的物质性与无限性，指出月光是日光的反照，正确解释了月食的原因，把古代自然科学水平推向了高峰，创造了世上最早的水力转动的"浑天仪"，制造了测定地震的候风地动仪。

他有感于"天下承平日久，自王侯以下莫不逾侈"（《后汉书·张衡传》）而作散体大赋，其中以《西京赋》、《东京赋》最著名。他告诫当政者切莫"好剿民以媮乐，忘民怨之为仇"，警告他们要知道"水所以载舟，亦可以覆舟"的道理（《东京赋》）。在二京赋中，他也描述了一些前人未曾记载过的新事物，例如《西京赋》中写平乐广场观"角抵之妙戏"，即是广场表演和杂技艺术的史料。

本书引文据《文选》（［梁］萧统编，李善注，上海古籍出版社，1986年版）。

1. 平乐广场，角抵①妙戏

大驾幸乎平乐，张甲乙而袭翠被。攒珍宝之玩好，纷瑰丽以参（zhà）䍦（mí）。临迥望之广场，程角抵之妙戏。乌获扛鼎，都卢寻橦。冲狭燕濯，胸突铦锋。跳丸剑之挥霍，走索上而相逢。……女娥坐而长歌，声清畅而蜲蛇。洪崖②立而指麾，被毛羽之襳襹。度曲未终，云起雪飞，初若飘飘，后遂霏霏。复陆重阁，转石成雷，③霹雳激而增响，磅礚像乎天威。……吞刀吐火，云雾杳冥。（《西京赋》）

【注释】

①抵，竞赛。角力技艺射御。②伎人。③在复道阁上转石，以象雷声。

2. 东京赋*（东汉洛阳）（节录）

……

昔先王之经邑也，掩观九隩，靡地不营。土圭测景，不缩不盈。总风雨之所交，然后以建王城。审曲面势，溯洛背河，左伊右瀍，西阻九阿，东门于旋。盟津达其后，太谷通其前。回行道乎伊阙，邪径捷乎轘辕。大室作镇，揭以熊耳。底柱辍流，镡以大岯。温液汤泉，黑丹石缁。玉醴涌泉，洞出鬼区。设璧门之凤阙，上觚棱而栖金爵。内阜川禽，外丰葭菼。王鲔岫居，能鳖三趾。宓妃攸馆，神用挺纪。龙图授羲，龟书界姒。召伯相宅，卜惟洛食。周公初基，其绳则直。苌弘魏舒，是廓是极。经途九轨，城隅九雉。度堂以筵，度室以几。京邑翼翼，四方所视。汉初弗之宅，故宗绪中圮。

巨猾闲舋，窃弄神器，历载三六，偷安天位。于是蒸民，罔敢或贰。其取威也重矣！

我世祖忿之，乃龙飞白水，凤翔参墟。授钺四七，共工是除。欃枪旬始，群凶靡余。区宇乂宁，思和求中。睿哲玄览，都兹洛宫。曰止曰时，昭明有融。既光厥武，仁洽道丰。登岱勒封，与黄比崇。

逮至显宗，六合殷昌。乃新崇德，遂作德阳。启南端之特闱，立应门之将将。昭仁惠于崇贤，抗义声于金商。飞云龙于春路，屯神虎于秋方。建象魏之两观，旌《六典》之旧章。其内则含德、章台、天禄、宣明、温饬、迎春、寿安、永宁。飞阁神行，莫我能形。濯龙芳林，九谷八溪。芙蓉覆水，秋兰被涯。渚戏跃鱼，渊游龟蠵。永安离宫，修竹冬青。阴池幽流，玄泉洌清。鹳鹢秋栖，鹘鹃春鸣。鸧鸹丽黄，关关嘤嘤。于南则前殿灵台，和欢安福。谯门曲榭，邪阻城洫。奇树珍果，钩盾所职。西登少华，亭候修敕。九龙之内，实曰嘉德。西南其户，匪雕匪刻。我后好约，乃宴斯息。于东则洪池清藥，渌水澹澹。内阜川禽，外丰葭菼。献鳖蜃与龟鱼，供蜗蜡与菱芡。其西则有平乐都场，示远之观。龙雀蟠蜿，天马半汉。瑰异谲诡，灿烂炳焕。奢未及侈，俭而不陋。规遵王度，动中得趣。

于是观礼，礼举仪具。经始勿亟，成之不日。犹谓为之者劳，居之者逸。慕唐虞之茅茨，思夏后之卑室，乃营三宫，布教颁常。复庙重屋，八达九房。规天矩地，授时顺乡。造舟清池，惟水泱泱。左制辟雍，右立灵台。因进距衰，表贤简能。冯相观祲，祈禳禳灾。……

今公子苟好剿民以媮乐，忘民怨之为仇也；好殚物以穷宠，忽下叛而生忧也。夫水所以载舟，亦所以覆舟。坚冰作于履霜，寻木起于蘖栽。昧旦丕显，后世犹怠。（《文选》卷三·1986版）

第三章　魏晋、南北朝

（公元 220~581 年）

公元 220 年曹操死，子丕代汉称魏帝，都洛阳。221 年刘备称汉帝，222 年吴王孙权建年号（229 年称帝）进入国史上三国时代。

司马炎于泰始元年（265 年）篡魏称帝是为西晋，仍都洛阳。317 年镇守江东的司马睿即晋位于建康，次年称帝，以建康在洛阳之东，史称东晋。其后进入南北分裂的混乱局面。

魏晋南北朝是封建社会早、中过渡期。气候处在寒冷期。经济进入土地私有化和个体生产形态的演进，庄园经济相对发展。人口有记载是 1610 万（280 年）。文化中经儒独尊崩解，代之是儒、玄、道、佛二学二教的激荡，进入意识形态争鸣转折期。文化的多元走向、因多向度的发展与深化而放出异彩。

风景园林进入人文新风和快速发展期。不仅风景游览欣赏、山水科技与艺术、山川景胜和宗教圣地快速发展，同时，皇家、私家、寺观等各类园林蓬勃发展，还出现了写实的自然山水园和实用的庄园别业山墅。

魏晋南北朝

西晋时期全图

大康二年（281 年）

比例尺　二千一百万分之一

200　0　200　400　600　800公里

图　例　Legend

◎ 洛阳	都城	Capital city
◉ 幽州	州级驻所	Seat of Zhou-level administration area
◎ 广平郡	郡级驻所	Seat of Jun-level administration area
・ 營丘	其他居民点	Other inhabited locality
	政权或部族界	Boundary of a regime or a tribe
	州级政区界	Boundary of Zhou-level administration area
----- 未定	今国界	Contemporary international boundary
● 北京	今首都	Contemporary national capital
◎ 上海	今省级驻所・自治区 人民政府驻地	Seat of contemporary province-level administration area
⊙ 丹东	今省人民政府驻地	Seat of a contemporary city
○ 淮阴	今其他居民点	Other contemporary inhabited locality

一、曹操（155~220 年）

　　曹操，字孟德。汉魏间政治家、军事家、诗人。对文学、书法、音乐都有深湛修养，今存诗歌不足 20 篇，有人民文学出版社 1958 年《魏武帝魏文帝诗注》。他的诗风具有慷慨悲壮的特色，其中《观沧海》是古代早期山水诗名篇，他以宽阔的胸怀、丰富的想象，表现登山望海的主题，描绘出深秋大海的磅礴雄放景象；他在《龟虽寿》中，以生动的比喻表达对人生及事业的进取精神："老骥伏枥，志在千里，烈士暮年，壮心不已"；在《短歌行》中，他以"山不厌高，水不厌深，周公吐哺，天下归心"来抒发求贤若渴，冀成大业的心情。还有"青青子衿，悠悠我心"；"月明星稀，乌鹊南飞"；"对酒当歌，人生几何"等诗句的干净、朴素、凝练特色，早已成为千年通用的熟语。

　　本书引文据上海古籍社，《古代山水诗一百首》1980 版；《汉魏六朝诗一百首》1981 版。

1. 观沧海 *

东临碣石，　　以观沧海。

水何澹澹，　　山岛竦峙。

树木丛生，　　百草丰茂。

秋风萧瑟，　　洪波涌起。

日月之行，　　若出其中；

星汉灿烂①，　　若出其里。

幸甚至哉，　　歌以咏志。

【注释】

①星汉：银河。

2. 龟虽寿 *

神龟虽寿，　　犹有竟时。

腾蛇乘雾，　　终为土灰。

老骥伏枥①，　　志在千里。

烈士暮年，　　壮心不已。

盈缩之期，　　不但在天②。

养怡之福，　　可得永年。

幸甚至哉，　　歌以咏志。

【注释】

①骥：千里好马。枥：马槽。②寿命长短，并不全由"天定"。

二、羊祜（221~278 年）

羊祜，字叔子。西晋文学家。

羊祜"博学能属文"。《晋书·羊祜传》记载，"祜乐山水，每风景，必造岘山，（必往小而险的山岭。）置酒言诗，终日不倦"。

三、石崇（249~300 年）

石崇，字季伦。晋武帝（公元 265~290 年）时升荆州刺史，劫掠客商，遂致巨富，置金谷园。晚年居洛阳城郊金谷涧畔的河阳别业，即金谷园。郦道元《水经注》称其为"石崇之故居"。从石崇的《思归引序》、《金谷诗序》和潘岳的诗咏金谷园景可以看出，这种庄园的田畎、畜牧、林果、水碓、鱼池、河道游船、谷涧山水林木、层楼高阁奇物的规模和风貌相当可观，这里还是一处京郊风景游览地。

本书引文据《文选》上海古籍社，1986 年。

1. 金谷诗序 *

余以元康六年，从太仆卿出为使，持节监青徐诸军事、征房将军。有别庐在河南县界金谷涧中，去城十里。或高或下，有清泉茂林、众果、竹柏、药草之属。金田十顷，羊二百口，鸡猪鹅鸭之类，莫不毕备。又有水碓、鱼池、土窟，其为娱目欢心之物备矣。时征西大将军祭酒王诩当还长安，余与众贤共送往涧中。昼夜游宴，屡迁其坐；或登高临下，或列坐水滨。时琴瑟笙筑，合载车中，道路并作。及往，令与鼓吹递奏。遂各赋诗，以叙中怀；或不能者，罚酒三斗。感性命之不永，惧凋落之无期，故具列时人官号、姓名、年纪，又写诗著后。后之好事者，其览之哉！（《古今图书集成》382 卷）

2. 思归引序 *

余少有大志，夸迈流俗。弱冠登朝，历位二十五年，五十以事去官。晚节更乐放逸，笃好林薮，遂肥遁于河阳别业。其制宅也，却阻长堤，前临清渠。百木几于万株，流水周于舍下。有观阁池沼，多养鱼鸟。家素习技，颇有秦赵之声。出则以游目弋钓为事，入则有琴书之娱。又好服食咽气，志在不朽，傲然有凌云之操。欸复见牵，羁婆娑于九列。困于人间烦黩，常思归而永叹。寻览乐篇，有《思归引》，傥古人之情，有同于今，故制此曲。此曲有弦无歌，今为作歌辞，以述余怀。恨时无知音者，令造新声而播于丝竹也。（《文选》卷 45》）

3. 金谷集作诗*（节录）

王生和鼎实，石子镇海沂。石崇金谷诗序曰：余以元康六年，从太仆卿出为使，持节监青、徐诸军事，有别庐在河南县界金谷涧。时征西大将军祭酒王诩当还长安，余与众贤共送涧中，赋诗以叙中怀。亲友各言迈，中心怅有违。还车言迈，行道迟迟，中心有违。何以叙离思？朝发晋京阳，夕次金谷湄，回溪萦曲阻，峻阪路威夷。威夷，险也。绿池汎淡淡，青柳何依依。依依，盛貌。滥泉龙鳞澜，激波连珠挥。滥泉，涌出也。前庭树沙棠，后园植乌椑。上林有乌椑沙棠树。灵囿繁若榴，茂林列芳梨。石榴，若榴也。上林有芳梨。饮至临华沼，迁坐登隆坻。坻，水中之高地。……

（《文选》卷20·潘岳）

四、左思（约250~约305年）

左思字太冲，西晋文学家。构思十年，写成《三都赋》；还有《咏史》诗同是其代表作。

左思批评过去赋中虚夸的倾向，指出"侈言无验，虽丽非经"，要求美物赞事必须依于本实。把深刻的现实内容以巧妙的艺术形式表现出来，是其诗的基本特点。例如："郁郁涧底松，离离山上苗。以彼径寸茎，荫此百尺条"；"振衣千仞岗，濯足万里流"；"长啸激清风，志若无东吴"；"非必丝与竹，山水有清音"；"驰骛翔园林，界下皆生栽；谈话风雨中，倏忽数百适。"

本书引文据中国古典文学丛书《文选》（上海古籍出版社，1986年版）。

1. 美物者，贵依其本

盖诗有六义焉，其二曰赋。杨雄曰："诗人之赋丽以则。"班固曰："赋者，古诗之流也。"先王采焉，以观土风。见"绿竹猗猗"，则知卫地淇澳之产；见"在其版屋"，则知秦野西戎之宅。故能居然而辨八方。然相如赋《上林》，而引"卢橘夏熟"；杨雄赋《甘泉》，而陈"玉树青葱；"班固赋《西都》，而叹以"出比目"；张衡赋《西京》，而述以"游海若。"（凡此四者，皆非西京之所有也）假称珍怪，以为润色。若斯之类，匪啻于兹。考之果木，则生非其壤；校之神物，则出非其所。于辞则易为藻饰，于义则虚而无征。且夫玉卮无当，虽宝非用；侈言无验，虽丽非经。而论者莫不诋讦其研精，作者大氐举为宪章，积习生常，有自来矣。

余既思摹《二京》而赋《三都》，其山川城邑，则稽之地图；其鸟兽草木，则验之方志；风谣歌舞，各附其俗；魁梧长者，莫非其旧。何则？发言为诗者，咏其所志也；升高能赋者，颂其所见也；美物者，贵依其本；赞事者，宜本其实。匪本匪实，览者奚信？且夫任土作贡，《虞书》所著；辩物居方，《周易》所慎。聊举其一隅，摄其体统，归诸诂训焉。（《文选》卷四《三都赋序》）

五、郭璞（276~324 年）

郭璞字景纯，晋代学者。在古文学和训诂学方面造诣颇深。曾注《山海经》《周易》、《尔雅》、《方言》、《楚辞》等书。

在《山海经叙》中，郭璞认为《山海经》中的神话故事都具有真实性和合理性。他的理由是：宇宙寥廓，群生纷纭，阴阳煦蒸，万殊区分，因此什么样的灵怪都可能产生。人们所以对这些神话故事产生惊奇和怀疑，只是由于他们平日的闻见太有限的缘故。这是从哲学上论证浪漫主义的合理性，在文学史和艺术史上都有一定的影响。

本书引文据《山海经校注》（上海古籍出版社，1980 年版）。

1. 山海经叙 *

世之览《山海经》者，皆以其闳诞迂夸，多奇怪俶傥之言，莫不疑焉。

尝试论之曰：庄生有云"人之所知，莫若其所不知"，吾于《山海经》见之矣。

夫以宇宙之寥廓，群生之纷纭，阴阳之煦蒸，万殊之区分；精气浑淆，自相溃薄；游魂灵怪，触像而构，流形于山川，丽状于木石者，恶可胜言乎？

然则，总其所以乖，鼓之于一响；成其所以变，混之于一象。世之所谓异，未知其所以异；世之所谓不异，未知其所以不异。何者？物不自异，待我而后异；异果在我，非物异也。故胡人见布而疑黂，越人见罽而骇毳。夫玩所习见，而奇所希闻，此人情之常蔽也。

今略举可以明之者。阳火出于冰水，阴鼠生于炎山，而俗之论者，莫之或怪。及谈《山海经》所载，而咸怪之。是不怪所可怪，而怪所不可怪也。不怪所可怪，则几于无怪矣。怪所不可怪，则未始有可怪也。

夫能然所不可，不可所不可然，则理无不然矣。

案《汲郡竹书》及《穆天子传》：穆王西征，见西王母。执璧帛之好，献锦组之属。穆王享王母于瑶池之上，赋诗往来，辞义可观。遂袭昆仑之丘，游轩辕之宫，眺钟山之岭，玩帝者之宝，勒石王母之山，纪迹玄圃之上；乃取其嘉木艳草，奇鸟怪兽，玉石珍瑰之器，金膏烛银之宝，归而殖养之于中国。穆王驾八骏之乘，右服盗骊，左骖骅耳，造父为御，奔戎为右，万里长骛，以周历四荒，名山大川，靡不登济。东升大人之堂，西燕王母之庐，南轹鼋鼍之梁，北蹑积羽之衢，穷欢极娱，然后旋归。

案《史记》说穆王得盗骊、骅耳、骐骥之骥，使造父御之，以西巡狩，见西王母，乐而忘归。亦与《竹书》同。《左传》曰："穆王欲肆其心，使天下皆有车辙马迹焉。"《竹书》所载，则是其事也。

而谯周之徒，足为通识瑰儒，而雅不平此，验之《史考》，以着其妄。司马迁叙《大宛传》亦云："自张骞使大夏之后，穷河源，恶睹所谓昆仑者乎？至《禹本纪》、《山海经》所有怪物，余不敢言也。"不亦悲乎，若《竹书》不潜出于千载，以作征于今日者，则《山海》之言，其几乎废矣。

若乃东方生晓毕方之名，<u>刘子政</u>辨<u>盗械之尸</u>，<u>王颀</u>访两面之客，海民获长臂之衣，精验潜效，绝代悬符，于戏！群惑者其可以少寤乎！

是故圣皇原化以极变，象物以应怪，鉴无滞赜，曲尽幽情，神焉廋哉！神焉廋哉！

盖此书跨世七代，历载三千，虽暂显于汉，而寻亦寝废。其山川名号，所在多有舛谬，与今不同。师训莫传，遂将湮泯。道之所存，俗之所丧，悲夫！余有惧焉，故为之创传，疏其壅阏，辟其弗芜，领其玄致，标其洞涉。庶几令逸文不坠于世，奇言不绝于今；<u>夏后</u>之迹，靡刊于将来，八荒之事，有闻于后裔，不亦可乎！

夫翦荟之翔，匠以论垂天之凌；蹄涔之游，无以知绛虬之腾；钧天之庭，岂伶人之所蹑；无航之津，岂苍兕之所涉：非天下之至通，难与言《山海》之义矣。

呜呼，达观博物之客，其鉴之哉！

六、葛洪 (283~364 年)

葛洪字稚川，号抱朴子，晋代哲学家、医学家。著有《抱朴子》《神仙传》《金匮药方》、《碑颂诗赋》等书。又曾托名刘向撰《西京杂记》。他首次提出"玄道"的道教思想体系；首记许多炼丹法和实录；他论物类变化，重视人造，"云雨霜雪，皆天地之气也，而以药作之，与其者异也"等类科学思想。

葛洪认为美、丽出于后天人为。美与丑不是绝对的，美的东西不是一切皆美，丑的东西也不是一切皆丑。一件东西中，如果美多于丑，这件东西就是美的。反之，这件东西就是丑的。本质上美的东西在现象上可以表现为多种多样的形态。这些观点显然具有辩证的因素。

葛洪认为，人们对美丑的认识，只有通过美丑的比较才能获得。他还认为，尽管美丑有一定质的规定性，但因古今、习俗、才情、地位、认识、偏好等不同，也会产生不同的审美评价。而"爱同憎异，"和"贵远贱近"则是影响正确赏评的重要因素。

本书引文据《诸子集成》本《抱朴子》。

1. 非染弗丽，非和弗美

虽云色白，匪染弗丽：虽云味甘，匪和弗美。故瑶华不琢，则耀夜之景不发；丹青不治，则纯钩之劲不就。火则不钻不生，不扇不炽；水则不决不流，不积不深。故质虽在我，而成之由彼也。（《勖学》）

2. 西施有所恶而不能减其美，美多也

抱朴子曰：能言莫不褒尧，而尧政不必皆得也；举世莫不贬桀，而桀事不必尽失也。故一条之枯，不损繁林之蓊蔼：荞麦冬生，无解毕发之肃杀；西施有所恶而不能减其美者，

美多也；嫫母有所善而不能救其丑者，丑笃也。（《博喻》）

3. 美玉出乎丑璞

抱朴子曰：锐锋产乎钝石，明火炽乎暗木，贵珠出乎贱蚌，美玉出乎丑璞。（《博喻》）

4. 五声诡韵，而快耳不异

抱朴子曰：妍姿媚貌，形色不齐，而悦情可均；丝竹金石，五声诡韵，而快耳不异。（《博喻》）

5. 见美然后悟丑

抱朴子曰：不睹琼琨之熠烁，则不觉瓦砾之可贱；不觌虎豹之或蔚，则不知犬羊之质漫；聆《白雪》之九成，然后悟《巴人》之极鄙。（《广譬》）

6. 论好恶之不同

抱朴子曰：妍媸有定矣，而憎爱异情，故两目不相为视焉；《雅》《郑》有素矣，而好恶不同，故两耳不相为听焉；真伪有质矣，而趋舍舛忤，故两心不相为谋焉。以丑为美者有矣，以浊为清者有矣，以失为得者有矣。此三者，乖殊炳然，可知如此其易也，而彼此终不可得而一焉。（《塞难》）

抱朴子曰：华章藻蔚，非蒙瞍所玩；英逸之才，非浅短所识。夫瞻视不能接物，则衮龙与素褐同价矣；聪鉴不足相涉，则俊民与庸夫一概矣。眼不见则美不入神焉，莫之与则伤之者至焉。且夫爱憎好恶，古今不均；时移俗易，物同价异。譬之夏后之璜，曩直连城；鬻之于今，贱于铜铁。故昔以隐居求志为高士，今以山林之儒为不肖。故圣世人之良干，乃暗俗之罪人也；往者之介洁，乃末叶之赢劣也。（《擢才》）

七、《西京杂记》

历史文集。作者不详。《四库全书总目》始列入小说家杂事之属，兼题刘歆、葛洪姓名。近世考证者大多认为是葛洪依托之作。《西京杂记》中汇辑了西汉长安的故事、传说和遗闻轶事，涉及天地、生物、苑囿、宫室、文史、民俗，常被后人广泛引用为典故。鲁迅称"若论文学，则此在古小说中固亦意绪秀异，文笔可观"。…….

本书引文据《西京杂记》（葛洪撰，周天游校注，中华书局，1985 年版；三秦出版社，2006 年版）。

1. 萧相国营未央宫 *

汉高帝七年，萧相国营未央宫，因龙首山制前殿，建北阙，未央宫周回二十二里九十五步五尺，街道周回七十里。台殿四十三：其三十二在外，其十一在后宫。池十三，山六，池一、山一亦在后宫。门闼凡九十五。

2. 武帝作昆明池 *

武帝作昆明池，欲伐昆吾夷，教习水战。因而于上游戏养鱼，鱼给诸陵庙祭祀，余付长安市卖之。池周回四十里。

3. 乐游苑 *

乐游苑自生玫瑰树，树下多苜蓿。苜蓿一名怀风，时人或谓之光风。风在其间，常萧萧然，日照其花有光彩，故名苜蓿为怀风。茂陵人谓之连枝草。

【注释】

乐游苑，汉代著名皇家园园林之一。地处乐游原，苑始建于汉宣帝神爵三年（前59年）春，李白曾写有《忆秦娥》："乐游原上清秋节，咸阳古道音尘绝。音尘绝，西风残照，汉家陵阙。"

4. 上林名果异树 *

初修上林苑，群臣远方，各献名果异树，亦有制为美名，以标奇丽。梨十：紫梨、青梨、实大。芳梨、实小。大谷梨、细叶梨、缥叶梨、金叶梨、出琅琊王野家，太守王唐所献。瀚海梨、出瀚海北，耐寒不枯。东王梨、出海中。紫条梨。枣七：弱枝枣、玉门枣、棠枣、青华枣、樗枣、赤心枣、西王枣。出昆仑山。栗四：侯栗、榛栗、瑰栗、峄阳栗、峄阳都尉曹龙所献，大如拳。桃十：秦桃、榹桃、细核桃、金城桃、绮叶桃、紫文桃、霜桃、霜下可食。胡桃、出西域。樱桃、含桃。李十五：紫李、绿李、朱李、黄李、青绮李、青房李、同心李、车下李、含枝李、金枝李、颜渊李、出鲁。羌李、燕李、蛮李、侯李。奈三：白奈、紫奈、花紫色。绿奈、花绿色。查三：蛮查、羌查、猴查。椑三：青椑、赤叶椑、乌椑。棠四：赤棠、白棠、青棠、沙棠。梅七：朱梅、紫叶梅、紫花梅、同心梅、丽枝梅、燕梅、猴梅。杏二：文杏、材有文采。蓬莱杏、东郭都尉于吉所献，一株花杂五色，六出，云是仙人所食。桐三：椅桐、梧桐、荆桐。林檎十株，枇杷十株，橙十株，安石榴十株，楟十株，白银树十株，黄银树十株，槐六百四十株，千年长生树十株，万年长生树十株，扶老木十株，守宫槐十株，金明树二十株，摇风树十株，鸣风树十株，琉璃树七株，池离树十株，离娄树十株，栭四株，枞七株，白俞、栒杜、栒桂、蜀漆树十株，栝十株，楔四株，枫四株。

余就上林令虞渊得朝臣所上草木名二千余种。邻人石琼就余求借，一皆遗弃。今以所记忆，列于篇右。

5. 梁孝王好营宫室苑囿 *

梁孝王好营宫室苑囿之乐，作曜华之宫，筑兔园①。园中有百灵山，山有肤寸石、落猿岩、栖龙岫。又有雁池，池间有鹤洲凫渚。其诸宫观相连，延亘数十里②，奇果异树、瑰禽怪兽毕备。王日与宫人宾客弋钓其中。

【注释】

①兔园，即《史记·梁孝王世家》所言之"东苑"。《正义》引《括地志》曰：梁孝王竹园也。古文苑卷三载枚乘梁孝王兔园赋，极言该园之盛。②数十里，《史记·梁孝王世家·索隐》引作"七十余里"。

6. 袁广汉园林之侈*

茂陵富人袁广汉，藏镪巨万，家僮八九百人。于北邙山下筑园，东西四里，南北五里，激流水注其内。构石为山，高十余丈，连延数里。养白鹦鹉、紫鸳鸯、牦牛、青兕，奇兽怪禽，委积其间。积沙为洲屿，激水为波潮，其中致江鸥海鹤，孕雏产鷇，延漫林池。奇树异草，靡不具植。屋皆徘徊连属，重阁修廊，行之，移晷不能遍也。广汉后有罪诛，没入为官园，鸟兽草木，皆移植上林苑中。

7. 哀帝为董贤起大第*

哀帝为董贤起大第于北阙下，重五殿，洞六门，柱壁皆画云气华蘤，山灵水怪，或衣以绨锦，或饰以金玉。南门三重，署曰南中门、南上门、南更门。东西各三门，随方面题署，亦如之。楼阁台榭，转相连注，山池玩好，穷尽雕丽。

8. 梁孝王忘忧馆时豪七赋*

梁孝王游于忘忧之馆，集诸游士，各使为赋。

（1）柳赋

枚乘为《柳赋》，其辞曰："忘忧之馆，垂条之木，枝逶迟而含紫，叶萋萋而吐绿。出入风云，去来羽族。既上下而好音，亦黄衣而绛足。蜩螗厉响，蜘蛛吐丝。阶草漠漠，白日迟迟。于嗟细柳，流乱轻丝。君王渊穆其度，御群英而玩之。小臣瞽聩，与此陈词。于嗟乐兮！于是罇盈缥玉之酒，爵献金浆之醪。梁人作蔗蔗酒，名金浆。庶羞千族，盈满六庖。弱丝清管，与风霜而共雕。鎗锽啾唧，萧条寂寥。儁乂英旄，列襟联袍。小臣莫效于鸿毛，空衔鲜而嗽醪。虽复河清海竭，终无增景于边撩。"

（2）鹤赋

路乔如为《鹤赋》，其辞曰："白鸟朱冠，鼓翼池干。举修距而跃跃，奋皓翅之媻媻。宛修颈而顾步，啄沙碛而相欢。岂忘赤霄之上，忽池籞而盘桓。饮清流而不举，食稻粱而未安。故知野禽野性，未脱笼樊。赖吾王之广爱，虽禽鸟兮抱恩。方腾骧而鸣舞，凭朱槛而为欢。"

（3）文鹿赋

公孙诡为《文鹿赋》，其词曰："麀鹿濯濯，来我槐庭。食我槐叶，怀我德声。质如缃缛，文如素綦。呦呦相召，《小雅》之诗。叹丘山之比岁，逢梁王于一时。"

（4）酒赋

邹阳为《酒赋》，其词曰："清者为酒，浊者为醴；清者圣明，浊者顽駿。皆曲泮丘之麦，酿野田之米。仓风莫预，方金未启。嗟同物而异味，叹殊才而共侍。流光醳醳，甘滋泥泥。醪酿既成，绿瓷既启。且筐且漉，载篘载齐。庶民以为欢，君子以为礼。其品类，则沙洛渌鄙，程乡若下，高公之清。关中白薄，清渚萦停。凝醳醇酎，千日一醒。哲王临国，绰矣多暇。召皤皤之臣，聚肃肃之宾。安广坐，列雕屏，绡绮为席，犀璩为镇。曳长裾，飞广袖，奋长缨。英伟之士，莞尔而既之。君王凭玉几，倚玉屏。举手一劳，四座之士，皆若哺粱肉焉。乃纵酒作倡，倾盈覆觞。右曰宫申，旁亦征扬。乐只之深，不吴不狂。

于是锡名饵，祛夕醉，遣朝醒。吾君寿亿万岁，常与日月争光。"

（5）月赋

公孙乘为《月赋》，其词曰："月出皦兮，君子之光。鶤鸡舞于兰渚，蟋蟀鸣于西堂。君有礼乐，我有衣裳。猗嗟明月，当心而出。隐员岩而似钩，蔽修堞而分镜。既少进以增辉，遂临庭而高映。炎日匪明，皓璧非净。躔度运行，阴阳以正。文林辩囿，小臣不佞。"

（6）屏风赋

羊胜为《屏风赋》，其辞曰："屏风鞈匝，蔽我君王。重葩累绣，沓璧连璋。饰以文锦，映以流黄。画以古列，颙颙昂昂。藩后宜之，寿考无疆。"

（7）几赋

韩安国作《几赋》，不成，邹阳代作，其辞曰："高树凌云，蟠纡（纤）烦冤，旁生附枝。王尔公输之徒，荷斧斤，援葛虆，攀乔枝。上不测之绝顶，伐之以归。眇者督直，聋者磨砻。齐贡金斧，楚入名工，乃成斯几。离奇仿佛，似龙盘马回，风去鸾归。君王凭之，圣德日跻。"

邹阳、安国罚酒三升，赐枚乘、路乔如绢，人五匹。

9. 董仲舒答鲍敞问京师雨雹 *（节录）

元光元年七月，京师雨雹。鲍敞问董仲舒曰："雹何物也？何气而生之？"仲舒曰："阴气胁阳气。天地之气，阴阳相半，和气周回，朝夕不息。阳德用事，则和气皆阳，建巳之月是也。故谓之正阳之月。阴德用事，则和气皆阴，建亥之月是也。故谓之正阴之月。十月阴虽用事，而阴不孤立，此月纯阴，疑于无阳，故谓之阳月，诗人所谓'日月阳止'者也。四月阳虽用事，而阳不独存，此月纯阳，疑于无阴，故亦谓之阴月。自十月已后，阳气始生于地下，渐冉流散，故言息也，阴气转收，故言消也。日夜滋生，遂至四月，纯阳用事。自四月已后，阴气始生于天上，渐冉流散，故言息也，阳气转收，故言消也。日夜滋生，遂至十月，纯阴用事。二月、八月，阴阳正等，无多少也。以此推移，无有差慝。运动抑扬，更相动薄，则熏蒿歊蒸，而风雨云雾雷电雪雹生焉。气上薄为雨，下薄为雾，风其噫也，云其气也，雷其相击之声也，电其相击之光也。二气之初蒸也，若有若无，若实若虚，若方若圆。攒聚相合，其体稍重，故雨乘虚而坠。风多则合速，故雨大而疏。风少则合迟，故雨细而密。其寒月则雨凝于上，体尚轻微，而因风相袭，故成雪焉。寒有高下，上暖下寒，则上合为大雨，下凝为冰霰雪是也。雹，霰之流也，阴气暴上，雨则凝结成雹焉。太平之世，则风不鸣条，开甲散萌而已；雨不破块，润叶津茎而已；雷不惊人，号令启发而已；电不眩目，宣示光耀而已；雾不寒望，浸淫被泊而已；雪不封条，凌殄毒害而已。云则五色而为庆，三色而成裔；露则结味而成甘，结润而成膏。此圣人之在上，则阴阳和，风雨时也。政多纰缪，则阴阳不调。风发屋，雨溢河，雪至牛目，电杀驴马，此皆阴阳相荡，而为祲沴之妖也。"……

八、王羲之（321~379年，一作303~361年）

王羲之字逸少，东晋书法家、文学家。人称"王右军。有"书圣"之称。《题笔阵图后》传为王羲之所作，有疑议，因内容本身有参考价值，故选录。其《题笔阵图后》明确提出了"意在笔前"的理论，并强调心意在书法艺术的各种因素中起主导作用。这是对《笔阵图》的进一步发挥。

他的《兰亭集序》是一篇脍炙人口的佳作。晋穆帝永和九年（353年）三月初三日，他邀友在兰亭聚会，他们列坐于曲水边，行修禊之礼，饮酒赋诗咏怀，王羲之为诗集作序，记述当时燕集的盛况，并即事抒情，表现出对宇宙、万物和人生的无限感概。

本书引文据明朱衣等校刻本《王氏书画苑·法书要录》。

1. 意在笔前，然后作字

夫纸者，阵也；笔者，刀稍也；墨者，鍪甲也；水砚者，城池也；心意者，将军也；本领者，副将也；结构者，谋略也；扬笔者，吉凶也；出入者，号令也；屈折者，杀戮也。夫欲书者先干研墨，凝神静思，预想字形大小，偃仰平直，振动令筋脉相连，意在笔前，然后作字。若平直相似，状如算子，上下方整，前后齐平，此不是书，但得其点画尔。（《王右军题卫夫人笔阵图后》）

2. 须得书意于转深点画之间

须得书意，转深点画之间皆有意。自有言所不尽得其妙者，事事皆然。（《晋王右军自论书》）

3. 兰亭集序*（节录）

永和九年，岁在癸丑。暮春之初，会于会稽山阴之兰亭①，修禊事也②。群贤毕至，少长咸集。此地有崇山峻岭，茂林修竹；又有清流激湍，映带左右，引以为流觞曲水，列坐其次。虽无丝竹管弦之盛，一觞一咏，亦足以畅叙幽情。是日也，天朗气清，惠风和畅。仰观宇宙之大，俯察品类之盛，所以游目骋怀，足以极视听之娱，信可乐也。……

（《古文观止》）

【注释】

①兰亭：在今绍兴西南。②禊（xì）：古人于三月巳日在水边熏香沐浴以祛除不祥的一种仪式。曹魏以后，这一天定为三月初三日。

九、顾恺之（约 346~ 约 407 年）

顾恺之字长康，小名虎头，东晋画家。工诗赋、书画。传世论画著作有《论画》《魏晋胜流画赞》《画云台山记》三篇。

"以形写神"，"迁想妙得"，是顾恺之绘画思想的中心内容。它要求抓住人物形象的典型特征，表现人物的内在精神。所谓"四体妍蚩本无关于妙处，传神写照正在阿堵之中"，就是"以形写神"的一例。"以形写神"，还要求把具有一定性格的人物放到相适应的环境中体现。为了把握对象的典型特征和内在精神，顾恺之认为画家必须充分发挥自己的艺术想象，这就是所谓"迁想妙得"。这些看法，反映了在长期绘画实践，特别是魏晋以来人物画巨大发展的基础上，人们对绘画创作中形象思维特点认识的深入；同时也与汉以来对于形神关系的哲学探讨，以及人物品藻的风气有一定的关系。

本书引文据《历代名画记》（〔唐〕张彦远，上海人民美术出版社，1964 年版）及《诸子集成》本《世说新语》。

1. 论画

顾长康画裴叔则，颊上益三毛。人问其故。顾曰：裴楷俊朗有识具，正此是其识具。看画者寻之，定觉益三毛如有神明，殊胜未安时。

顾长康好写起人形，欲图殷荆州。殷曰：我形恶，不烦耳。顾曰：明府正为眼尔！但明点童子，飞白拂其上，使如轻云之蔽日。

顾长康画谢幼舆在岩石里。人问其所以。顾曰：谢云，一丘一壑，自谓过之。此子宜置丘壑中。

顾长康画人，或数年不点目精。人问其故。顾曰：四体妍蚩，本无关于妙处，传神写照，正在阿堵之中。

顾长康道：画"手挥五弦"易，"目送归鸿"难。（《世说新语·巧艺》）

2. 以形写神

人有长短，今既定远近以瞩其对，则不可改易阔促，错置高下也。凡生人亡有手揖眼视而前亡所对者，以形写神而空其实对，荃生之用乖，传神之趋失矣。空其实对则大失，对而不正则小失，不可不察也。一象之明昧，不若悟对之通神也。（《历代名画记》卷五）

3. 魏晋胜流画赞*（节录）

凡画，人最难，次山水，次狗马；台榭一定器耳，难成而易好，不待迁想妙得也。此以巧历不能差其品也。

《小烈女》：面如恨，刻削为容仪，不尽生气。又插置大夫支体，不以自然。然服章与众物既甚奇，作女子尤丽衣髻，俯仰中，一点一画皆相与成其艳姿，且尊卑贵贱之形，觉然易了，难可远过之也。

《周本纪》：重迭弥纶有骨法，然人形不如《小烈女》也。

《伏羲》、《神农》：虽不似今世人，有奇骨而兼美好。神属冥芒，居然有得一之想。

《汉本纪》：季王首也。有天骨而少细美。至于龙颜一像，超豁高雄，览之若面也。

《孙武》：大荀首也，骨趣甚奇。二婕以怜美之体，有惊剧之则，若以临见妙裁，寻其置陈布势，是达画之变也。

《醉客》：作人形骨成而制衣服慢之，亦以助醉神耳。多有骨俱，然蔺生变趣，佳作者矣。

《列土》：有骨俱，然蔺生恨急烈，不似英贤之慨，以求古人，未之见也。于秦王之对荆卿及复大闲，凡此类，虽美而不尽善也。

《北风诗》：亦卫手。巧密于精思名作，然未离南中，南中像兴，即形布施之象，转不可同年而语矣。美丽之形，尺寸之制，阴阳之数，纤妙之迹，世所并贵。神仪在心而手称其目者，玄赏则不待喻。不然真绝夫人心之达，不可或以众论。执偏见以拟通者，亦必贵观于明识。夫学详此，思过半矣。

《嵇轻车诗》：作啸人似人啸，然容悴不似中散。处置意事既佳，又林木雍容调畅，亦有天趣。（《历代名画记》卷五）

十、陶渊明（365~427年）

陶渊明字元亮。一说名潜，字渊明。世号靖节先生。他曾做过几任小官，在41岁（公元406年）时归隐田园，躬耕终老。

他有少年时代的"猛志逸四海"，中年时代的"有志不获聘"，到老年的"猛志固常在"，一股济世的热情流贯一生。他的生活作风平易近人，而思想品格耿介超拔。他在宦游行旅中想念着家园："久游恋所生，如何淹在兹？静念园林好，人间良可辞。""读书敦夙好，园林无世情。如何舍此去，遥遥在西荆？"归田后20多年进入诗作高峰期，是古代享有盛名的田园诗人，被誉为"隐逸诗人之宗"。

他善用的白描手法写真淳宁静的田园风光，诗风平淡自然而韵味深长。他在《归园田居》、《桃花源诗并记》中所描写的乡村风光与田园乐趣，赏爱自然和悠然自得的心境，揭示着平凡生活中的美感和诗意，以及在此基础上的社会理想，均成为流传千古的文明典范和精神家园，有其完整的审美系统。这种"桃源"意境和天地，也成为风景园林和许多艺术创作所追寻的精神境界，成为"引人入胜"的布局章法。

本书引文据《古代山水诗选》和《古文观止》（中华书局）

1. 归园田居 *

少无适俗韵，性本爱丘山。

误落尘网中，一去三十年。

羁鸟恋旧林，池鱼思故渊。

开荒南野际，守拙归园田。

方宅十余亩，草屋八九间。

榆柳荫后檐，桃李罗堂前。

暧暧远人村，依依墟里烟。

狗吠深巷中，鸡鸣桑树颠。

户庭无尘杂，虚室有余闲。

久在樊笼里，复得返自然。

2. 饮酒 *

结庐在人境，而无车马喧。

问君何能尔，心远地自偏。

采菊东篱下，悠然见南山。

山气日夕佳，飞鸟相与还。

此中有真意，欲辨已忘言。

3. 桃花源记 * (节录)

晋太元中，武陵人捕鱼为业。缘溪行，忘路之远近。忽逢桃花林，夹岸数百步，中无杂树，芳草鲜美，落英缤纷。渔人甚异之，复前行，欲穷其林。

林尽水源，便得一山。山有小口，仿佛若有光。便舍船从口入。初极狭，才通人。复行数十步，豁然开朗。土地平旷，屋舍俨然，有良田、美池、桑竹之属，阡陌交通，鸡犬相闻。其中往来种作，男女衣著，悉如外人。黄发垂髫，并怡然自乐。见渔人，乃大惊，问所从来，具答之。便要还家，设酒杀鸡作食。村中闻有此人，咸来问讯。自云先世避秦时乱，率妻子邑人，来此绝境，不复出焉，遂与外人间隔。问今是何世，乃不知有汉，无论魏、晋。此人一一为具言所闻，皆叹惋。余人各复延至其家，皆出酒食。停数日，辞去。此中人语云："不足为外人道也。"……

十一、宗炳 (375~443 年)

宗炳字少文，南朝宋画家。著有《画山水序》一篇，与王微所作《叙画》同为我国早期的山水画论。

宗炳把儒家"仁者乐山"的思想与道家"游心物外"的观点融合为一体，用它作为欣赏自然和山水画创作的指导思想，将画家的思想境界提到了哲学的高度。

宗炳认为，画家只有"身所盘桓，目所绸缪"，才能"应目会心"、"以形写形"、"以色貌色"，做到真实巧妙地反映出事物的类型特点。同时，他又认为，画家必须"闲居理气"，才能神畅无阻，达到"万趣融其神思"。这些"畅神"之说，反映了当时山水画家在山水画创作过程中对心物关系认识的深入。

宗炳提出的"竖划三寸当千仞之高，横墨数尺体百里之迥"的"小中见大"观，是后来画论家所谓"咫尺有万里之势"的先声。

本书引文据《中国画论类编》（俞剑华编著，中国古典艺术出版社，1957 年版）。

1. 论画山水

圣人含道暎物，贤者澄怀味像。至于山水质有而趣灵，是以轩辕、尧、孔、广成、大隗、许由、孤竹之流，必有崆峒、具茨、藐姑、箕首、大蒙之游焉。又称仁智之乐焉。夫圣人以神法道，而贤者通，山水以形媚道，而仁者乐，不亦几乎？余眷恋庐、衡，契阔荆、巫，不知老之将至。愧不能凝气怡身，伤跕石门之流，于是画象布色，构兹云岭。夫理绝于中古之上者，可意求于千载之下；旨微于言象之外者，可心取于书策之内。况乎身所盘桓，目所绸缪，以形写形，以色貌色也。且夫昆仑山之大，瞳子之小，迫目以寸，则其形莫睹，迥以数里，则可围于寸眸。诚由去之稍阔，则其见弥小。今张绢素以远暎，则昆、阆之形，可围于方寸之内。竖划三寸，当千仞之高；横墨数尺，体百里之迥。是以观画图者，徒患类之不巧，不以制小而一图矣。夫以应目会心为理者。类之成巧，则目亦同应，心亦俱会。应会感神，神超理得，虽复虚求幽岩，何以加焉？又神本亡端，栖形感类，理入影迹，诚能妙写，亦诚尽矣。于是闲居理气，拂觞鸣琴，披图幽对，坐究四荒，不违天励之丛，独应无人之野。峰岫峣嶷，云林森眇，圣贤暎于绝代，万趣融其神思，余复何为哉？畅神而已。神之所畅，孰有先焉！（《画山水序》）

十二、谢灵运（385~433 年）《山居赋》*（节录）

谢灵运袭封康乐公，世称"谢康乐。"曾任永嘉太守（公元 422 年），在郡不理政务，纵情山水，"遍历诸县，动逾旬朔"（《宋书·谢灵运传》）。他酷爱山水，因做官不得志，就寻幽探奇，恣意遨游。为登山，曾特制木屐，人称"谢公屐"。他每游山水必写诗，是古代第一个大量创作山水诗并有艺术成就的作家。

谢诗词藻华丽，刻划细致，重视对山水形象的准确捕捉，呈现出多方面的艺术技巧。例如他的名句"白云抱幽石，绿篠媚清涟"（《过始宁墅》）既以拟人手法赋予自然以生命，有用深浅、明暗对比显现自然的多彩。"鸟鸣识夜栖，木落知风发"（《石门岩上宿》），以有声烘托无声，由动而见静，细致地写出了深山夜色。"池塘生春草，园柳变鸣禽"（《登池上楼》），写出春回大地，生机盎然的景色，历来传为名句。

谢家在会稽始宁县有故宅及别墅，谢灵运写了一篇《山居赋》，详细介绍了此墅的开拓、经营情况，勾画出山水、林禽、田园、宅居和庄园经济的图像，是当时山水诗文的代表作之一。因其反映着士人对山水风景的领悟，自给生活的经营，隐逸情趣的追求，以及别业、山墅、庄园与自然因素的融合，这种山水文学风尚也成为私园营造、风景园林发展与转折的潮流。本书较详细地分段节录了该文。

本书引文据（《全宋文》卷31谢灵运《山居赋》）（中华书局）。

1. 叙山野草木水石谷稼之事

古巢居穴处曰岩栖，栋宇居山曰山居，在林野曰丘园，在郊郭曰城傍，四者不同，可以理推。言心也，黄屋实不殊于汾阳[①]；即事也，山居良有异乎市廛。抱疾就闲，顺从性情，敢率所乐，而以作赋。扬子云[②]云："诗人之赋丽以则。"文体宜兼，以成其美。今所赋既非京都宫观游猎声色之盛，而叙山野草木水石谷稼之事。……

【注释】
①黄屋：帝王的宫室。汾阳：隐士的居所。②西汉·杨雄，字子云。

2. 始宁别业及其远山近水

仰前哲之遗训，俯性情之所便：奉微躯以宴息，保自事以乘闲。愧班生之夙悟，惭尚子之晚研。年与疾而偕来，志乘拙而俱旋。谢平生于知游，栖清旷于山川。

其居也，左湖右江，往渚还汀。面山背阜，东阻西倾。抱含吸吐，款跨纡萦。绵联邪亘，侧直齐平。

近东则上田、下湖，西溪、南谷，石塚、石滂，闵硐、黄竹。决飞泉于百仞，森高薄于千麓。写长源于远江，派深悫于近渎。

近南则会以双流，萦以三洲。表里回游，离合山川。崿（è）崩飞于东峭，盘傍薄于西阡。拂青林而激波，挥白沙而生涟。

近西则杨、宾接峰，唐皇连纵。室、壁带溪，曾、孤临江。竹缘浦以被绿，石照涧而映红。月隐山而成阴，木鸣柯以起风。

近北则二巫结湖，两剬通沼。横、石判尽，休、周分表。引修堤之逶迤，吐泉流之浩溔。山帆下而回泽，濑石上而开道。

远东则天台、桐梧，方石、太平，二韭、四明，五奥、三菁。表神异于纬牒，验感应于庆灵。凌石桥之莓苔，越楢溪之纡萦。

远南则松箴、栖鸡、唐嵫、漫石。崒（zú）、嵊对岭，崖、孟分隔。人极浦而遭回，迷不知其所适。上嵌崎而蒙笼，下深沉而浇激。

远西则（下阙四十四字）

远北则长江永归，巨海延纳。昆涨缅旷，岛屿绸沓。山纵横以布护，水回沉而萦洄。信荒极之绵眇，究风波之睽合。

3. 谢家临江旧宅园

徒观其南术之□□□□□□□□□□岸测深，相渚知浅。洪涛满则曾石没，清澜减则沉沙显。及风兴涛作，水势奔壮。于岁春秋，在月朔望。汤汤惊波，滔滔骇浪。电激雷崩，飞流洒漾。凌绝壁而起岑，横中流而连薄。始迅转而腾天，终倒底而见墼。此楚贰心醉于吴客，河灵怀惭于海若。

尔其旧居，曩宅今园，枌槿尚援，基井具存。曲术周乎前后，直陌蟊其东西。岂伊临溪而傍沼，乃抱皋而带山。考封域之灵异，实兹境之最然。葺骈梁于岩麓，栖孤栋于江源。敞南户以对远岭，辟东窗以瞩近田。田连冈而盈畴，岭枕水而通阡。

4. 田地庄稼经济自给

阡陌纵横，塍埒交经。导渠引流，脉散沟并。蔚蔚丰秫，苾苾香秔。送夏早秀，迎秋晚成。兼有陵陆，麻麦粟菽。候时觇节，递艺递熟。供粒食与浆饮，谢工商与衡牧。生何待于多资，理取足于满腹。

5. 潭涧洲渚取欢娱

自园之田，自田之湖。泛滥川上，缅邈水区。浚潭涧而窈窕，除菰洲之纤余。毖温泉于春流，驰寒波而秋徂。风生浪于兰渚，日倒景于椒涂。飞渐榭于中沚，取水月之欢娱。旦延阴而物清，夕栖芬而气敷。顾情交之永绝，觊云客之暂如。

6. 水草荷花，感物致赋

水草则萍藻蕰葵，藿蒲芹荪，兼菰苹蘩，葹荇菱莲。虽备物之偕美，独扶渠之华鲜。播绿叶之郁茂，含红敷之缤翻。怨清香之难留，矜盛容之易阑。

必充给而后寠，岂蕙草之空残。卷《叩弦》之逸曲，感《江南》之哀叹。秦筝倡而溯游往，《唐上》奏而旧爱还。

7. 草药良医，增灵斥疵

《本草》所载，山泽不一。雷、桐是别，和、缓是悉。参核六根，五华九实。二冬并称而殊性。三建异形而同出。水香送秋而擢茜，林兰近雪而扬猗。卷柏万代而不殒，茯苓千岁而方知。映红葩于绿蒂，茂素蕤于紫枝。既住年而增灵，亦驱妖而斥疵。

8. 竹景之美，胜于上林与淇澳

其竹则二箭殊叶，四苦齐味。水石别谷，巨细各汇。既修竦而便娟，亦萧森而蓊蔚。露夕沾而凄阴，风朝振而清气。捎玄云以拂杪，临碧潭而挺翠。蔑上林与淇澳，验东南之所遗。企山阳之游践，迟鸾鷟之栖托。忆昆园之悲调，慨伶伦之哀龠。卫女行而思归咏，楚客放而防露作。

9. 树木花果叶皮材质，各随所如

其木则松柏檀栎，□□桐榆。屦柘穀栩，楸梓柽樗。刚柔性异，贞脆质殊。卑高沃靖，各随所如。干合抱以隐岑，杪千仞而排虚。凌冈上而乔竦，荫涧下而扶疏。沿长谷以倾柯，攒积石以插衢。华映水而增光，气结风而回敷。当严劲而葱倩，承和煦而芬腴。送坠叶于秋晏，迟含萼于春初。

10. 游鱼飞禽走兽，备列山川

植物既载，动类亦繁。飞泳骋透，胡可根源。观貌相音，备列山川。寒燠顺节，随宜匪敦。

鱼则鲕鳢鲋鳄，鳟鲩鲢鳊，鲂鲉纱鳜，鳞鲤鲻鳢。辑采杂色，锦烂云鲜。唼藻戏浪，泛荇流渊。或鼓鳃而湍跃，或掉尾而波旋。鲈鲏乘时以入浦，鳠鳃沿濑以出泉。

鸟则鹍鸿鸦鹄，鹜鹭鸧鹕。鸡鹊绣质，鹍鹳绶章。晨凫朝集，时鷮山梁。海鸟违风，朔禽避凉。黄生归北，霜降客南。接响云汉，侣宿江潭。聆清哇以下听，载王子而上参。薄回涉以弁翰，映明礜而自耽。

山上则猨猱貍獾，犴獌猰猫，山下则熊罴豹虎，麙鹿麢麖。掷飞枝于穷崖，踔空绝于深硎。蹲谷底而长啸，攀木杪而哀鸣。

11. 悟万物好生之理

缙纶不投，罝罗不披。礌弋靡用，蹄筌谁施。鉴虎狼之有仁，伤遂欲之无崖。顾弱龄而涉道，悟好生之咸宜。率所由以及物，谅不远之在斯。抚鸥鲦而悦豫，杜机心于林池。

12. 名景难觅意恒存，理不绝可温故知新

敬承圣诰，恭窥前经。山野昭旷，聚落膻腥。故大慈之弘誓，拯群物之沦倾。岂寓地而空言，必有贷以善成。钦鹿野之华苑，羡灵鹫之名山。企坚固之贞林，希庵罗之芳园。虽缛容之缅邈，谓哀音之恒存。建招提于幽峰，冀振锡之息肩。庶镫王之赠席，想香积之惠餐。事在微而思通，理匪绝而可温。

13. 当初持杖选址，营建台堂室房

爰初经略，杖策孤征。入涧水涉，登岭山行。陵顶不息，穷泉不停。栉风沐雨，犯露乘星。研其浅思，罄其短规。非龟非筮，择良选奇。剪榛开径，寻石觅崖。四山周回，双流逶迤。面南岭，建经台；倚北阜，筑讲堂。傍危峰，立禅室；临浚流，列僧房。对百年之高木，纳万代之芬芳。抱终古之泉源，美膏液之清长。谢丽塔于郊郭，殊世间于城傍。欣见素以抱朴，果甘露于道场。

……

14. 山作水役，采拾收割诸事

山作水役，不以一牧。资待各徒，随节竞逐。陟岭刊木，除榛伐竹。抽笋自篁，擿箬于谷。杨胜所挂，秋冬蓄获。野有蔓草，猎涉蔓莫。亦酝山清，介尔景福。苦以术成，甘以擂熟。慕椹高林，剥茇岩椒。掘茜阳崖，擿撷阴摽。昼见搴茅，宵见索绹。芰菰蒹蒲，以荐以荩。既坻既埏，品收不一。其灰其炭，咸各有律。六月采蜜，八月朴栗。备物为繁，略载靡悉。

15. 南北两居随时取适，别有山水旷矣悠然

若乃南北两居，水通陆阻。观风瞻云，方知厥所。南山则夹渠二田，周岭三苑。九泉别涧，五谷异巘。群峰参差出其间，连岫复陆成其坂。众流溉灌以环近，诸堤拥抑以接远。远堤兼陌，近流开溓。凌阜泛波，水往步还。还回往匝，枉渚员峦。呈美表趣，胡可胜单。抗北顶以葺馆，瞰南峰以启轩。罗曾崖于户里，列镜澜于窗前。因丹霞以赪楣，附碧云以翠椽。视奔星之俯驰，顾□□之未牵。鹓鸿翻翥而莫及，何但燕雀之翩翾。沈泉傍出，潈渽于东檐；桀壁对跱，碪砮于西溜。修竹葳蕤以翳荟，灌木森沉以蒙茂。萝曼延以攀援，花芬薰而媚秀。日月投光于柯间，风露披清于崖岫。夏凉寒燠，随时取适。阶基回互，橑桷乘隔。此焉卜寝，玩水弄石。迩即回眺，终岁罔戁。伤美物之遂化，怨浮龄之如借。眇遁逸于人群，长寄心于云霓。

因以小湖，邻于其限。众流所凑，万泉所回。沈滥异形，首毖终肥。别有山水，路邈缅归。

求归其路，乃界北山。栈道倾亏，蹬阁连卷。复有水径，缭绕回圆。涨涨平湖，泓泓澄渊。孤岸竦秀，长洲芊绵。既瞻既眺，旷矣悠然。及其二川合流，异源同口。赴隘人险，俱会山首。濑排沙以积丘，峰倚渚以起阜。石倾澜而捎岩，木映波而结薮。径南漏以横前，转北崖而掩后。隐丛灌故悉晨暮，托星宿以知左右。

16. 山川涧石洞穴，皆咸善而俱悦

山川涧石，州岸草木。既标异于前章，亦列同于后牍。山匪砠而是岵，川有清而无浊。石傍林而插岩，泉协涧而下谷。渊转渚而散芳，岸靡沙而映竹。草迎冬而结萉，树凌霜而振绿。向阳则在寒而纳煦，面阴则当暑而含雪。连冈则积岭以隐嶙，举峰则群竦以巉嶭。浮泉飞流以写空，沉波潜溢于洞穴。凡此皆异所而咸善，殊节而俱悦。

17. 既耕亦桑，研书赏理

春秋有待，朝夕须资。既耕以饭，亦桑贸衣。艺菜当肴，采药救颓。自外何事，顺性靡违。法音晨听，放生夕归。研书赏理，敷文奏怀。凡厥意谓，扬较以挥。且列于言，诚特此推。

18. 二园三苑，畦町所艺，果蔬备列

北山二园，南山三苑。百果备列，乍近乍远。罗行布株，迎早候晚。猗蔚溪涧，森疏崖巘。杏坛、柰园，橘林、栗圃。桃李多品，梨枣殊所。枇杷林檎，带谷映渚。椹梅流芬于回峦，禅柿被实于长浦。

畦町所艺，含蕊藉芳，蓼蕺葰荈，荠菲苏姜。绿葵眷节以怀露，白薤感时而负霜。寒葱摽倩以陵阴，春藿吐苕以近阳。

19. 采摘摭拔益寿药物

弱质难恒，颓龄易丧。抚鬓生悲，视颜自伤。承清府之有术，冀在衰之可壮。寻名

山之奇药,越灵波而憩辕。采石上之地黄,摘竹下之天门。撼曾岭之细辛,拔幽涧之溪荪。访钟乳于洞穴,讯丹阳于红泉。

20. 远僧近众聚萃,传古今之不灭

安居二时,冬夏三月。远僧有来,近众无阙。法鼓朗响,颂偈清发。散华霏蕤,流香飞越。析旷劫之微言,说像法之遗旨。乘此心之一豪,济彼生之万理。启善趣于南倡,归清畅于北机。非独惬于予情,谅金感于君子。山中兮清寂,群纷兮自绝。周听兮匪多,得理兮俱悦。寒风兮搔屑,面阳兮常热。炎光兮隆炽,对阴兮霜雪。偈曾台兮陟云根,坐涧下兮越风穴。在兹城而谐赏,传古今之不灭。

十三、谢惠连（407~433 年）

谢惠连,南朝宋文学家。谢灵运族弟,他的作品《雪赋》被时人称赞。篇中他沿用了汉赋中假设主客的形式,通过虚构的席间主唱和问答,描写了从酝酿降雪到雪霁天晴的奇丽景象,最后带出枚乘的"乱曰"（即赋的末章）,突出了"因时兴灭"的思想。

本书引文据《文选》卷 13（上海古籍出版社,1986 年版）。

1. 雪赋*（节录）

……

盈尺则呈瑞于丰年,袤丈则表沴于阴德。气相伤谓之沴,沴犹临莅不和意也。雪之时义远矣哉!请言其始。

若乃玄律穷,严气升。季冬之月,天地始肃。肃,严急之气也。焦溪涸,汤谷凝。水经注曰:焦泉发于天门之左,南流成溪,谓之焦溪。荆州记曰:南阳郡城北有紫山,东有一水,冬夏常温,因名汤谷也。火井灭,温泉冰。沸潭无涌,炎风不兴。曲阿季子庙前,井及潭常沸,故名井曰沸井,潭曰沸潭。北户墐扉,裸壤垂缯。墐,涂也。于是河海生云,朔漠飞沙。连氛累霭,掩日韬霞。霰淅沥而先集,雪纷糅而遂多。集洪霰之淅沥,雪纷糅其增加。糅,杂也。

其为状也,散漫交错,氛氲萧索。氛氲,盛貌。蔼蔼浮浮,瀌瀌弈弈。雨雪浮浮。雨雪瀌瀌。蔼蔼弈弈,盛貌。联翩飞洒,徘徊委积。始缘甍而冒栋,终开帘而入隙。甍,屋栋也。冒,覆也。隙,壁际孔,初便娟于墀庑,末萦盈于帷席。便娟、萦盈,雪回委之貌。庑,堂下周屋:大屋曰庑。既因方而为圭,亦遇圆而成璧。眄隙则万顷同缟,瞻山则千岩俱白。于是台如重璧,逵似连璐。璐,美玉也,音路。庭列瑶阶,林挺琼树。瑶阶,玉阶也,挺,拔也。皓鹤夺鲜,白鹇失素。白鹇,鸟名也。纨袖惭冶,玉颜掩嫭。纨,素也。冶,妖也。美者颜如玉。美人皓齿。嫭与嫮同,好貌。

若迺积素未亏,白日朝鲜,烂兮若烛龙,衔耀照昆山。王逸曰:言天西北有幽冥无日之国,有龙衔烛而照之。尔其流滴垂冰,缘溜承隅。溜,屋宇也。粲兮若冯夷,剖蚌列明珠。夫道,

冯夷得之以游大川。冯夷，华阴人，以八月上庚日度河溺死，天帝署为河伯。蚌，蜃也。记剖蚌求珠。至夫缤纷繁骛之貌，皓旰暾絜之仪。回散萦积之势，飞聚凝曜之奇。固展转而无穷，嗟难得而备知。……

乱曰：白羽虽白，质以轻兮。白玉虽白，空守贞兮。刘熙曰：孟子以为白羽之白性轻，白雪之性消，白玉之性坚，虽俱白，其性不同。未若兹雪，因时兴灭。言随时行藏也。玄阴凝不昧其洁，太阳曜不固其节。节岂我名，洁岂我贞。凭云升降，从风飘零。值物赋象，任地班形。任，犹因也。素因遇立，污随染成。污，犹相染污也。纵心皓然，何虑何营？孟子曰：我善养吾浩然之气。敢问何谓浩然之气？曰：难言也，其为气也，至大至刚，以直养而无害，则塞于天地之间。

十四、木华（生平不详）

木华（生平不详），西晋辞赋家。字玄虚。今仅存《海赋》一篇，被梁代萧统《文选》选录其中。在《海赋》中，他以丰富的想象，运用夸张和比喻，具体而形象地描写大海的"为大"、"为广"、"为怪"的基本特征。在描写大海被强风吹拂下的情态："状如天轮，胶戾而激转；又似地轴，挺拔而争迴。岑岭飞腾而反覆，五岳鼓舞而相磓。"形态逼真而富想象力，在西晋辞赋中极负盛名。

本书引文据《文选》卷12（上海古籍出版社，1986年版）。

1. 海赋 *（节录）

……于廓灵海，长为委输。于，叹辞也。廓，大也。委流所聚。

其为广也，也为怪也，宜其为大也。尔其为状也，则乃浟（由）湙（亦）潋滟，浮天无岸。浟湙，流行之貌。潋滟，相连之貌。天下之多者水焉，浮天载地。沖（冲）瀜沆瀁，渺（眇）弥淡（炭）漫。沖瀜沆瀁，深广之貌。渺弥淡漫，旷远之貌。波如连山，乍合乍散。嘘噏百川，洗涤淮汉。嘘噏，犹吐纳也。襄陵广舄，瀢瀢潫漭浩汗。怀山襄陵。斥为舄，古今字也。瀢瀢，广深之貌。若乃大明摅辔于金枢之穴，言月将夕也。大明，月也。摅，犹揽也。金枢之穴，指西方明月沉落的地方。翔阳逸骇于扶桑之津。言日初出也。翔阳，日也。逸骇，言出疾也。骇，起也。磬沙礜石，荡飏岛滨。言此二时风尤疾也。礜，石声也。大风飘石。飏，风疾貌。于是鼓怒，溢浪扬浮。言风既疾，而波鼓怒也。更相触搏，飞沫起涛。涛，大波也。状如天轮，胶戾而激转；天地如车轮，终则复始。轮，转也。又似地轴，挺拔而争回。挺，出也。岑岭飞腾而反覆，五岳鼓舞而相槌。岑岭、五岳，言波涛之形，递相触激，故或反复，故或相槌也。山小而高曰岑。槌，犹激也。渭濆沦而滀漯，郁沏迭而隆颓。渭，乱貌。濆沦，相纠貌。滀漯，攒聚貌。郁，盛貌。沏迭，疾貌。隆颓，不平貌。盘涽激而成窟，涓㴸滦而为魁。盘涽，旋绕也。涓㴸，峻波也。滦与杰同，特立也。川阜曰魁。闪泊柏而迤飏，磊匑匑而相豗。闪，疾貌。泊柏，小波也。迤飏，邪起也。磊，大貌。匑匑，重叠也。相豗，相击也。惊浪雷奔，骇水迸集。波涌而涛起，横奔似雷。迸，散也。开合解会，瀼瀼湿湿。瀼瀼湿湿，开合之貌。葩华踧沑，溟汀濮渚。葩华，分散也。踧沑，蹴聚也。溟汀，沸貌。濮渚，沸声。

若乃霾曀潜销，莫振莫竦。风而雨土为霾，阴而风为曀。潜，藏也。轻尘不飞，纤萝不动。犹尚呀呷，余波独涌。言风虽静而余波犹壮。呀呷，波相吞吐之貌。澎濞潮礚，碨磊山垒。澎濞，水声。澎濞，慷慨。潮礚，高峻貌。碨磊，不平貌。

十五、《世说新语》——刘义庆

《世说新语》由南朝宋刘义庆（403~444 年）编撰。主要记载东汉到晋宋年间一些名士的言行与轶事，言简意赅地勾划出当时的社会风貌和生动画面，保存有当时的口语和前已散佚的志人小说，也有以具体的自然形象征喻人品、道德，还有自然美的欣赏和艺术理论的好材料。其中，周顗（公元 269~322 年）的"风景不殊"和羊祜（221~278 年）的"每风景必造岘山"（《晋书·羊祜传》）同被当代认定为"风景"一词的源头。

本书引文据《世说新语校笺》（中华书局，1984 年版）

1. 风景不殊

过江诸人，每至美日，辄相邀新亭，藉卉饮宴。丹阳记曰："京师三亭，吴旧立，先基崩沦。隆安中，丹阳尹司马恢之徙创今地。"周侯顗（yǐ）也。中坐而叹曰："风景不殊，正自有山河之异！"皆相视流泪。洛都游宴，多在河溪，而新亭也临江渚，不觉百端交集。（《言语第二 31》）

2. 山水与名园欣赏（上）

（1）简文入华林园[①]，顾谓左右曰："会心处不必在远，翳然林水，便自有濠、濮间想也，濠、濮，二水名也。庄子曰："庄子与惠子游濠梁水上。庄子曰：'儵鱼出游从容，是鱼乐也。'惠子曰：'子非鱼，安知鱼之乐邪？'庄子曰：'子非我，安知我之不知鱼之乐也？'"觉鸟兽禽鱼自来亲人。"（《言语第二》61）

【注释】

①华林园——六朝时华林园凡有三处。金陵新志云："在台城内，本吴旧宫苑也，晋南渡后，仿洛阳园名而葺之。"此建业之华林园也。

（2）顾长康从会稽还，人问山川之美，顾云："千岩竞秀，万壑争流，草木朦胧其上，若云兴霞蔚。"顾恺之字长康，晋陵人。（《言语第二》88）

（3）王子敬云："从山阴道上行，山川自相映发，使人应接不暇。若秋冬之际，尤难为怀。"会稽郡记曰："会稽境特多名山水。峰崿隆峻，吐纳云雾。松栝（guā）枫柏，擢干竦条。潭壑镜彻，清流泻注。王子敬见之，曰：'山水之美，使人应接不暇。'"（《言语第二》91）

（4）王安期为东海郡。小吏盗池中鱼，网纪推之[①]。王曰："文王之囿，与众共之。池鱼复何足惜！"（《政事第三》9）

【注释】

①通鉴九三晋纪注："网纪，综理府事者也。"推，推究，查究。

（5）桓谭新论："孔子东游，见两小儿辩，问其远近，日中时远，一儿以日初出近，日中远者，日初出，大如车盖，日中裁如盘，盖此远小而近大也。言近者，日初出沧沧凉凉，及中，如探汤，此近热远凉乎？"（《凤惠第十二》3）

（6）康僧渊在豫章，去郭数十里立精舍，旁连岭，带长川，芳林列于轩庭，清流激于堂宇。乃闲居研讲，希心理味。庾公诸人多往看之，观其运用吐纳，风流转佳，加已处之怡然，亦有以自得，声名乃兴。后不堪，遂出。（《栖逸第十八》11）

（7）陵云台楼观精巧，先称平众木轻重，然后造构，乃无锱铢相负揭。台虽高峻，常随风摇动，而终无倾倒之理。魏明帝登台，惧其势危，别以大材扶持之，楼即颓坏。论者谓轻重力偏故也。洛阳宫殿簿曰："陵云台上壁，方十三丈，高九尺；楼方四丈，高五尺；栋去地十三丈五尺七寸五分也。"（《巧艺第二十一》2）

（8）陈留阮籍、谯国嵇康、河内山涛三人年皆相比，康年少亚之。预此契者，沛国刘伶、陈留阮咸、河内向秀、琅琊王戎。七人常集于竹林之下，肆意酣畅，故世谓"竹林七贤"。晋阳秋曰："于时风誉扇于海内，至于今咏之。"（《任诞第二十三》1）

（9）王子猷尝暂寄人空宅住，便令种竹。或问："暂住何烦而？"王啸咏良久，直指竹曰："何可一日无此君！"中兴书曰："徽之卓荦不羁，欲为傲达，放肆声色颇过度，时人钦其才，秽其行也。"（《任诞第二十三》46）

（10）王子敬自会稽经吴，闻顾辟疆顾氏谱曰："辟疆，吴郡人，历郡功曹、平北参军。"有名园，先不识主人，径往其家。值顾方集宾友酣燕，而王游历既毕，指麾好恶，旁若无人。顾勃然不堪曰："傲主人，非礼也；以贵骄人，非道也。失此二者，不足齿之伧耳。"便驱其左右出门。王独在舆上，回转顾望，左右移时不至，然后令送著门外，怡然不屑。（《简傲第二十四》17》）

3.山水与名园欣赏（下）

（1）王司州至吴兴印渚中看。叹曰："非唯使人情开涤，亦觉日月清朗。"（《言语第二》81）

（2）司马太傅斋中夜坐。于时天月，明净，都无纤翳。太傅叹以为佳。谢景重在坐，答曰："意谓乃不如微云点缀。"太傅因戏谢曰："卿居心不净，乃复强欲滓秽太清邪？"（《言语第二》98）

（3）卫洗马初欲渡江，形神惨顇。语左右云："见此芒芒，不觉百端交集。苟未免有情，亦复谁能遣此。"（《言语第二》32）

（4）袁彦伯为谢安南司马。都下诸人，送至濑乡。将别，既自凄惘。叹曰："江山辽落，居然有万里之势。"（《言语第二》83）

（5）孙绰赋遂初，筑室畎川，自言见止足之分。斋前种一株松，恒自手壅治之。高世远时亦邻居，语孙曰："松树子非不楚楚可怜，但永无栋梁用耳。"孙曰："枫柳虽合抱，亦何所施？"（《言语第二》84）

（6）郭景纯（璞）诗云："林无静树，川无停流。"阮孚云："泓峥萧瑟，实不可言。每读此文，辄觉神超形越。"（《文学第四》76）

（7）王武子、孙子荆各言其土地人物之美。王云："其地坦而平，其水淡而

清，其人廉且贞。"孙云："其山崔巍以嵯峨，其水泙渫而扬波，其人磊砢而英多。"(《言语第二》24)

十六、陶弘景（456~536年）

陶弘景字通明，自号华阳陶隐居。时人称他为"山中宰相"。

南朝齐梁时道教思想家、医学家、文学家。精通天文历法、山川地理、医术本草、琴棋书法乃至阴阳五行。好道术，又爱山水，在山川景物描绘上有成就，今传《陶隐居集》，收入《汉魏六朝百三家集》。

1. 答谢中书书

山川之美，古来共谈。高峰入云，清流见底。两岸石壁，五色交辉。青林翠竹，四时具备。晓雾将歇，猿鸟乱鸣；夕日欲颓，沉鳞竞跃。实是欲界①之仙都。自康乐②以来，未复有能与其奇者。

【注释】
①欲界：人世间。②康乐：指诗人谢灵运。与：赞许

2.《诏问山中何所有赋诗以答》

山中何所有？ 岭上多白云。只可自怡悦①，不堪②持赠君

【注释】
①怡悦：欣赏。②不堪：不能，不值得。

十七、刘勰（约465~532年）

刘勰字彦和，南朝梁著名文论家。所著《文心雕龙》是我国古代文学理论和文学批评的巨著。

刘勰接受了道家的思想影响，同时也吸取了儒家思想。他认为包括文艺在内的"文"是"道"的体现，所谓"道"就是"自然之道"，在天、地、人"三才"中，人是万物的精英，只有"圣人"才能发现道，并通过"文"把它体现出来。原道、征圣、宗经诸篇，这是《文心雕龙》的基本出发点。

他在《神思》中指出，创作过程是"物"（客观现实）和"神"（主观精神）接触，"神"有了"思"（精神有了活动），产生了"意"（内容），然后由"意"所决定的"言"（语言）表达出来。为了解决创作过程所发生的诸矛盾，作者在平时应从事如下修养："积

学以储宝，酌理以富才，研阅以穷照，驯致以绎辞"；在进入创作构思时，首先让心境平静下来，"是以陶钧（运用）文思，贵在虚静。"要"清和其心，调畅其气，烦而即舍，勿使壅滞"。这样才能清晰地反映客观现实，使作者的思维能力充分发挥作用，正如"水停以鉴，火静而朗"。

他在《知音》中指出，文学评论是种复杂而艰巨的事，应取"与人为善"，不要"吹毛取瑕"，评者首先"博观"，才能"无私于轻重，不偏于爱憎"。再从"位体"（内容的确定）、"置辞"（文字的安排）、"通变"（继承与创新）、"奇正"（方法的平与奇）、"事义"（喻理典故的引用）、"宫商"（音调与韵律）等六方面评析优劣。

他在《物色》中说："若乃山林皋壤，实文思之奥府。"自然万物既能启发文思，还有制约作者感情的作用。"物色相召，人谁获安？……情以物迁，辞以情发。"他在《明诗》中说："人禀七情，应物斯感，感物吟志，莫非自然。"

他认为内容和形式不可偏废，而应相互依存；同时又强调二者并非等量齐观，而是内容有主导作用。在《体性》中说："夫情动而言形，理发而文见……"。在《情采》中说："情者文之经，辞者理之纬，经正而后纬成，理定而后辞畅，此立文之本源也。"

对于艺术形象与风格、内容与形式、继承与革新、欣赏与批评、文艺与政治等一系列的基本问题，刘勰都有比较深刻的论述，对后来的文化艺术评论有着相当大的影响。

本书引文据范文澜《文心雕龙注》。赵仲邑《文心雕龙译注》，漓江出版社，1982 年版。

1. 原道 *

文之为德也大矣，与天地并生者何哉？夫玄黄色杂，方圆体分，日月叠璧，以垂丽天之象；山川焕绮，以铺理地之形；此盖道之文也。仰观吐曜，俯察含章，高卑定位，故两仪既生矣。惟人参之，性灵所钟，是谓三才；为五行之秀，实天地之心。心生而言立，言立而文明，自然之道也。傍及万品，动植皆文；龙凤以藻绘呈瑞，虎豹以炳蔚凝姿；云霞雕色，有逾画工之妙；草木贲华，无待锦匠之奇；夫岂外饰，盖自然耳。至于林籁结响，调如竽瑟；泉石激韵，和若球锽；故形立则章成矣，声发则文生矣。夫以无识之物，郁然有彩，有心之器，其无文欤！

人文之元，肇自太极，幽赞神明，《易》象惟先。庖牺画其始，仲尼翼其终。而乾坤两位，独制《文言》。言之文也，天地之心哉！若乃《河图》孕乎八卦，《洛书》韫乎九畴，玉版金镂之实，丹文绿牒之华，谁其尸之，亦神理而已。自鸟迹代绳，文字始炳，炎皞遗事，纪在《三坟》，而年世渺邈，声采靡追。唐虞文章，则焕乎始盛。元首载歌，既发吟咏之志；《益稷》陈谟，亦垂敷奏之风。夏后氏兴，业峻鸿绩，九序惟歌，勋德弥缛。逮及商周，文胜其质，《雅》、《颂》所被，英华日新。文王患忧，繇辞炳曜，符采复隐，精义坚深。重以公旦多材，振其徽烈，剬诗缉颂，斧藻群言。至夫子继圣，独秀前哲，熔钧《六经》，必金声而玉振；雕琢情性，组织辞令，木铎起而千里应，席珍流而万世响，写天地之辉光，晓生民之耳目矣。

爰自风姓，暨于孔氏，玄圣创典，素王述训，莫不原道心以敷章，研神理而设教，取象乎《河》《洛》，问数乎蓍龟，观天文以极变，察人文以成化；然后能经纬区宇，弥纶彝宪，发辉事业，彪炳辞义。故知道沿圣以垂文，圣因文而明道，旁通而无滞，日用而不匮。《易》曰：鼓天下之动者存乎辞。辞之所以能鼓天下者，乃道之文也。

赞曰：道心惟微，神理设教。光采玄圣，炳耀仁孝。龙图献体，龟书呈貌。天文斯观，民胥以效。

2. 宗经 *（节录）

若禀经以制式，酌雅以富言，是仰山而铸铜，煮海而为盐也。故文能宗经，体有六义：一则情深而不诡，二则风清而不杂，三则事信而不诞，四则义直而不回，五则体约而不芜，六则文丽而不淫，扬子（雄）比雕玉以作器，谓五经之含文也。夫文以行立，行以文传，四教所先，符采相济，励德树声，莫不师圣，而建言修辞，鲜克宗经。是以楚艳汉侈，流弊不还，正末归本，不其懿欤！

3. 神思 *（节录）

古人云：形在江海之上，心存魏阙之下。神思之谓也。文之思也，其神远矣。故寂然凝虑，思接千载；悄焉动容，视通万里；吟咏之间，吐纳珠玉之声；眉睫之前，卷舒风云之色；其思理之致乎！故思理为妙，神与物游。神居胸臆，而志气统其关键；物沿耳目，而辞令管其枢机。枢机方通，则物无隐貌；关键将塞，则神有遁心。是以陶钧文思，贵在虚静，疏瀹五藏，澡雪精神。积学以储宝，酌理以富才，研阅以穷照，驯致以怿辞，然后使玄解之宰，寻声律而定墨；独照之匠，窥意象而运斤：此盖驭文之首术，谋篇之大端。

夫神思方运，万涂竞萌，规矩虚位，刻镂无形。登山则情满于山，观海则意溢于海，我才之多少，将与风云而并驱矣。方其搦翰，气倍辞前，暨乎篇成，半折心始。何则？意翻空而易奇，言征实而难巧也。是以意授于思，言授于意；密则无际，疏则千里；或理在方寸而求之域表，或义在咫尺而思隔山河。是以秉心养术，无务苦虑；含章司契，不必劳情也。……

赞曰：神用象通，情变所孕。物心貌求，心以理应。刻镂声律，萌芽比兴。结虑司契，垂帷制胜。

4. 体性 *（节录）

夫情动而言形，理发而文见，盖沿隐以至显，因内而符外者也。然才有庸俊，气有刚柔，学有浅深，习有雅郑，并情性所铄，陶染所凝，是以笔区云谲，文苑波诡者矣。故辞理庸俊，莫能翻其才；风趣刚柔，宁或改其气；事义浅深，未闻乖其学；体式雅郑，鲜有反其习：各师成心，其异如面。

若总其归途，则数穷八体：一曰典雅，二曰远奥，三曰精约，四曰显附，五曰繁缛，六曰壮丽，七曰新奇，八曰轻靡。典雅者，熔式经诰，方轨儒门者也；远奥者，馥采典文，经理玄宗者也；精约者，核字省句，剖析毫厘者也；显附者，辞直义畅，切理厌心者也；繁缛者，博喻酿采，炜烨枝派者也；壮丽者，高论宏裁，卓烁异采者也；新奇者，摈古竞今，危侧趣诡者也；轻靡者，浮文弱植，缥缈附俗者也。故雅与奇反，奥与显殊，繁与约舛，壮与轻乖，文辞根叶，苑囿其中矣。……

5. 风骨 *

《诗》总六义，风冠其首，斯乃化感之本源，志气之符契也。是以怊怅述情，必始乎风；沈吟铺辞，莫先于骨。故辞之待骨，如体之树骸；情之含风，犹形之包气。结言端直，则文骨成焉；意气骏爽，则文风清焉。

若丰藻克赡，风骨不飞，则振采失鲜，负声无力。是以缀虑裁篇，务盈守气，刚健既实，辉光乃新。其为文用，譬征鸟之使翼也。

故练于骨者，析辞必精；深乎风者，述情必显。捶字坚而难移，结响凝而不滞，此风骨之力也。若瘠义肥辞，繁杂失统，则无骨之征也。思不环周，索莫乏气，则无风之验也。

昔潘勖锡魏，思摹经典，群才韬笔，乃其骨髓峻也；相如赋仙，气号凌云，蔚为辞宗，乃其风力遒也。能鉴斯要，可以定文；兹术或违，无务繁采。

故魏文称文以气为主，气之清浊有体，不可力强而致；故其论孔融，则云体气高妙；论徐干，则云时有齐气；论刘桢，则云有逸气。公干亦云，孔氏卓卓，信含异气，笔墨之性，殆不可胜，并重气之旨也。

夫翚翟备色，而翾翥百步，肌丰而力沈也。鹰隼乏采，而翰飞戾天，骨劲而气猛也；文章才力，有似于此。若风骨乏采，则鸷集翰林，采乏风骨，则雉窜文囿。唯藻耀而高翔，固文笔之鸣凤也。

若夫熔铸经典之范，翔集子史之术，洞晓情变，曲昭文体，然后能孚甲新意，雕画奇辞。昭体，故意新而不乱，晓变，故辞奇而不黩。若骨采未圆，风辞未练，而跨略旧规，驰骛新作，虽获巧意，危败亦多，岂空结奇字，纰缪而成经矣？《周书》云，辞尚体要，弗惟好异。盖防文滥也。

然文术多门，各适所好，明者弗授，学者弗师。于是习华随侈，流遁忘反。若能确乎正式，使文明以健，则风清骨峻，篇体光华。能研诸虑，何远之有哉！

赞曰：情与气偕，辞共体并。文明以健，珪璋乃骋。蔚彼风力，严此骨鲠。才锋峻立，符采克炳。

6. 通变 *

夫设文之体有常，变文之数无方，何以明其然耶？凡诗赋书记，名理相因，此有常之体也；文辞气力，通变则久，此无方之数也。名理有常，体必资于故实；通变无方，数必酌于新声；故能骋无穷之路，饮不竭之源。然绠短者衔渴，足疲者辍途，非文理之数尽，乃通变之术疏耳。故论文之方，譬诸草木，根干丽土而同性，臭味晞阳而异品矣。

是以九代咏歌，志合文则。黄歌《断竹》，质之至也；唐歌《在昔》，则广于黄世；虞歌《卿云》，则文于唐时；夏歌《雕墙》，缛于虞代；商周篇什，丽于夏年。至于序志述时，其揆一也。暨楚之骚文，矩式周人；汉之赋颂，影写楚世；魏之篇制，顾慕汉风；晋之辞章，瞻望魏采。摧而论之，则黄唐淳而质，虞夏质而辨，商周丽而雅，楚汉侈而艳，魏晋浅而绮，宋初讹而新。从质及讹，弥近弥澹。何则？竞今疏古，风味气衰也。

今才颖之士，刻意学文，多略汉篇，师范宋集，虽古今备阅，然近附而远疏矣。夫青生于蓝，绛生于蒨，虽逾本色，不能复化。桓君山云：予见新进丽文，美而无采；及见刘扬言辞，常辄有得；此其验也。故练青濯绛，必归蓝蒨；矫讹翻浅，还宗经诰。斯斟酌乎质文之间，而隐括乎雅俗之际，可与言通变矣。

夫夸张声貌，则汉初已极，自兹厥后，循环相因，虽轩翥出辙，而终入笼内。枚乘《七发》云：通望兮东海，虹洞兮苍天。相如《上林》云：视之无端，察之无涯，日出东沼，月入西陂。马融《广成》云：天地虹洞，固无端涯，大明出东，入乎西陂。扬雄《校猎》云：出入日月，天与地沓。张衡《西京》云：日月于是乎出入，象扶桑于蒙汜。此并广寓极状，而五家如一。诸如此类，莫不相循，参伍因革，通变之数也。

是以规略文统，宜宏大体。先博览以精阅，总纲纪而摄契；然后拓衢路，置关键，长辔远驭，从容按节，凭情以会通，负气以适变，采如宛虹之奋䰉，光若长离之振翼，乃颖脱之文矣。若乃龌龊于偏解，矜激乎一致，此庭间之回骤，岂万里之逸步哉！

赞曰：文律运周，日新其业。变则可久，通则不乏。趋时必果，乘机无怯。望今制奇，参古定法。

7. 情采 *

圣贤书辞，总称文章，非采而何？夫水性虚而沦漪结，木体实而花萼振，文附质也。虎豹无文，则鞟同犬羊；犀兕有皮，而色资丹漆，质待文也。若乃综述性灵，敷写器象，镂心鸟迹之中，织辞鱼网之上，其为彪炳，缛采名矣。

故立文之道，其理有三：一曰形文，五色是也；二曰声文，五音是也；三曰情文，五性是也。五色杂而成黼黻，五音比而成韶夏，五性发而为辞章，神理之数也。

《孝经》垂典，丧言不文；故知君子常言，未尝质也。老子疾伪，故称"美言不信"，而五千精妙，则非弃美矣。庄周云：辩雕万物，谓藻饰也。韩非云：艳乎辩说，谓绮丽也。绮丽以艳说，藻饰以辩雕，文辞之变，于斯极矣。

研味《李》、《老》，则知文质附乎性情；详览《庄》、《韩》，则见华实过乎淫侈。若择源于泾渭之流，按辔于邪正之路，亦可以驭文采矣。夫铅黛所以饰容，而盼倩生于淑姿；文采所以饰言，而辩丽本于情性。故情者文之经，辞者理之纬；经正而后纬成，理定而后辞畅，此立文之本源也。

昔诗人什篇，为情而造文；辞人赋颂，为文而造情。何以明其然？盖风雅之兴，志思蓄愤，而吟咏情性，以讽其上，此为情而造文也；诸子之徒，心非郁陶，苟驰夸饰，鬻声钓世，此为文而造情也。故为情者要约而写真，为文者淫丽而烦滥。而后之作者，采滥忽真，远弃风雅，近师辞赋，故体情之制日疏，逐文之篇愈盛。故有志深轩冕，而泛咏皋壤。心缠几务，而虚述人外。真宰弗存，翩其反矣。夫桃李不言而成蹊，有实存也；男子树兰而不芳，无其情也。夫以草木之微，依情待实；况乎文章，述志为本。言与志反，文岂足征？

是以联辞结采，将欲明理，采滥辞诡，则心理愈翳。固知翠纶桂饵，反所以失鱼。言隐荣华，殆谓此也。是以衣锦褧衣，恶文太章；贲象穷白，贵乎反本。夫能设模以位理，拟地以置心，心定而后结音，理正而后摛藻，使文不灭质，博不溺心，正采耀乎朱蓝，间色屏于红紫，乃可谓雕琢其章，彬彬君子矣。

赞曰：言以文远，诚哉斯验。心术既形，英华乃赡。吴锦好渝，舜英徒艳。繁采寡情，味之必厌。

8. 时序 *（节录）

时运交移，质文代变，古今情理，如可言乎？

昔在陶唐，德盛化钧，野老吐"何力"之谈，郊童含"不识"之歌。有虞继作，政阜民暇，"熏风"咏于元后，"烂云"歌于列臣。尽其美者何？乃心乐而声泰也。至大禹敷土，"九序"咏功，成汤圣敬，"猗欤"作颂。逮姬文之德盛，《周南》勤而不怨；大王之化淳，《邠风》乐而不淫。幽厉昏而《板》《荡》怒，平王微而《黍离》哀。故知歌谣文理，与世推移，风动于上，而波震于下者也。……

自献帝播迁，文学蓬转，建安之末，区宇方辑。魏武以相王之尊，雅爱诗章；文帝以副君之重，妙善辞赋；陈思以公子之豪，下笔琳琅；并体貌英逸，故俊才云蒸。仲宣委质于汉南，孔璋归命于河北，伟长从宦于青土，公干徇质于海隅；德琏综其斐然之思；元瑜展其翩翩之乐。文蔚、休伯之俦，于叔、德祖之侣，傲雅觞豆之前，雍容衽席之上，洒笔以成酣歌，和墨以藉谈笑。观其时文，雅好慷慨，良由世积乱离，风衰俗怨，并志深而笔长，故梗概而多气也。……

自中朝贵玄，江左称盛，因谈余气，流成文体。是以世极迍邅，而辞意夷泰，诗必柱下之旨归，赋乃漆园之义疏。故知文变染乎世情，兴废系乎时序，原始以要终，虽百世可知也。

9. 物色 *

春秋代序，阴阳惨舒，物色之动，心亦摇焉。盖阳气萌而玄驹步，阴律凝而丹鸟羞，微虫犹或入感，四时之动物深矣。若夫珪璋挺其惠心，英华秀其清气，物色相召，人谁获安？是以献岁发春，悦豫之情畅；滔滔孟夏，郁陶之心凝。天高气清，阴沉之志远；霰雪无垠，矜肃之虑深。岁有其物，物有其容；情以物迁，辞以情发。一叶且或迎意，虫声有足引心。况清风与明月同夜，白日与春林共朝哉！

是以诗人感物，联类不穷。流连万象之际，沉吟视听之区。写气图貌，既随物以宛转；属采附声，亦与心而徘徊。故灼灼状桃花之鲜，依依尽杨柳之貌，杲杲为出日之容，瀌瀌拟雨雪之状，喈喈逐黄鸟之声，喓喓学草虫之韵。皎日嘒星，一言穷理；参差沃若，两字连形。并以少总多，情貌无遗矣。虽复思经千载，将何易夺？及《离骚》代兴，触类而长，物貌难尽，故重沓舒状，于是嵯峨之类聚，葳蕤之群积矣。及长卿之徒，诡势瑰声，模山范水，字必鱼贯，所谓诗人丽则而约言，辞人丽淫而繁句也。

至如《雅》咏棠华，或黄或白；《骚》述秋兰，绿叶紫茎。凡摛表五色，贵在时见，若青黄屡出，则繁而不珍。

自近代以来，文贵形似，窥情风景之上，钻貌草木之中。吟咏所发，志惟深远，体物为妙，功在密附。故巧言切状，如印之印泥，不加雕削，而曲写毫芥。故能瞻言而见貌，即字而知时也。

然物有恒姿，而思无定检，或率尔造极，或精思愈疏。且《诗》、《骚》所标，并据要害，故后进锐笔，怯于争锋。莫不因方以借巧，即势以会奇，善于适要，则虽旧弥新矣。是以四序纷回，而入兴贵闲；物色虽繁，而析辞尚简；使味飘飘而轻举，情晔晔而更新。古来辞人，异代接武，莫不参伍以相变，因革以为功，物色尽而情有余者，晓会通也。若乃山林皋壤，实文思之奥府，略语则阙，详说则繁。然则屈平所以能洞监《风》、《骚》之情者，抑亦江山之助乎？

赞曰：山沓水匝，树杂云合。目既往还，心亦吐纳。春日迟迟，秋风飒飒，情往似赠，兴来如答。

10. 知音 * （节录）

夫篇章杂沓，质文交加，知多偏好，人莫圆该。慷慨者逆声而击节，酝藉者见密而高蹈；浮慧者观绮而跃心，爱奇者闻诡而惊听。会己则嗟讽，异我则沮弃，各执一偶之解，欲拟万端之变，所谓东向而望，不见西墙也。

凡操千曲而后晓声，观千剑而后识器。故圆照之象，务先博观。阅乔岳以形培塿，酌沧波以喻畎浍。无私于轻重，不偏于憎爱，然后能平理若衡，照辞如镜矣。

是以将阅文情，先标六观：一观位体，二观置辞，三观通变，四观奇正，五观事义，六观宫商。斯术既行，则优劣见矣。

夫缀文者情动而辞发，观文者披文以入情，沿波讨源，虽幽必显。世远莫见其面，觇文辄见其心。岂成篇之足深，患识照之自浅耳。夫志在山水，琴表其情，况形之笔端，理将焉匿？故心之照理，譬目之照形，目了则形无不分，心敏则理无不达。然而俗监之迷者，深废浅售，此庄周所以笑《折扬》，宋玉所以伤《白雪》也！

昔屈平有言，文质疏内，众不知余之异采，见异唯知音耳。扬雄自称心好沉博绝丽之文，其事浮浅，亦可知矣。夫唯深识鉴奥，必欢然内怿，譬春台之熙众人，乐饵之止过客，盖闻兰为国香，服媚弥芬；书亦国华，玩泽方美；知音君子，其垂意焉。……

十八、钟嵘（约468~约518年）

钟嵘字仲伟，南朝梁文学理论批评家。所著《诗品》为我国最早的诗话。钟嵘认为诗人的生活遭遇和亲身经历对于诗歌创作有决定性的影响，并提出了"古今胜语，多非补假，皆由直寻"这个重要论断。他还主张诗歌要有"滋味"，反对"理过其辞，淡乎寡味"，反对拘于声律，"务为精密，……伤其真美"。诗歌应"口吻调利"、自然和谐。诗歌创作应"指事造形，穷情写物"，"自然英旨，罕值其人"。好诗应"文已尽而意有余"。钟嵘的这些主张，比其前人都有进步意义，对后代也有重大影响。

钟嵘对《毛诗序》提出的兴、比、赋，作了进一步的发挥，促进了诗歌创作中形象思维研究的深入。

钟嵘将"九品论人，七略裁士"的方法用于论诗。他把诗分为上中下三品，每一品又分三等，开创了以品论诗的先例，对后代诗歌以及书画的欣赏和批评有很深的影响。

本书引文据《诗品注》，人民文学出版社。

1. 诗的本源与作用

气之动物，物之感人，故摇荡性情，形诸舞咏。照烛三才，辉丽万有；灵祇待之以致飨，幽微藉之以昭告；动天地，感鬼神，莫近于诗。

若乃春风春鸟，秋月秋蝉，夏云暑雨，冬月祁寒，斯四候之感诸诗者也。嘉会寄诗以亲，离群托诗以怨。至于楚臣去境，汉妾辞宫；或骨横朔野，魂逐飞蓬；或负戈外戍，杀气雄边；塞客衣单，孀闺泪尽；或士有解佩出朝，一去忘返；女有扬蛾入宠，再盼倾国；凡斯种种，感荡心灵，非陈诗何以展其义？非长歌何以骋其情？故曰："诗可以群，可以怨。"使穷贱易安，幽居靡闷，莫尚于诗矣。(《诗品序》)

2. 古今胜语皆由直寻

夫属词比事，乃为通谈。若乃经国文符，应资博古，撰德驳奏，宜穷往烈。至乎吟咏情性，亦何贵于用事？"思君如流水"，既是即目；"高台多悲风"，亦惟所见；"清晨登陇首"，羌无故实；"明月照积雪"，讵出经、史？观古今胜语，多非补假，皆由直寻。颜延、谢庄，尤为繁密，于时化之。故大明、泰始中，文章殆同书抄。近任昉、王元长等，词不贵奇，竞须新事，尔来作者，寖以成俗。遂乃句无虚语，语无虚字，拘挛补衲，蠹文已甚。但自然英旨，罕值其人。词既失高，则宜加事义，虽谢天才，且表学问，亦一理乎，(《诗品序》)

十九、郦道元《水经注》（469~527 年）

《水经注》是郦道元在公元 6 世纪初为《水经》所作的注文，其全文超过原作的 20 多倍扩充成书。它以河川为纲，"因水证地"，集中国 6 世纪以前地理著作之大成，是自然、人文、经济等方面的重要文献。书中描绘了中国大地山川风光，所记山水景物和园苑数以千计，像《河水注》中孟门的鼓若山腾、《江水注》中巫峡连山夏水、华山的峭直、庐山的多姿，大明湖上目对鱼鸟、水木明瑟，都能抓住其特点，写景状物，还能传达出作者与游人的不同心情。后人都曾效法，以致形成"水经注体"。

本文引文据《水经注校》（王国维校，上海人民出版社，1984 版）、《水经注校证》（中华书局，陈桥驿校证，2007 年版）。

1. 水经注叙 *（节录）

《易》称天以一生水，故气微于北方，而为物之先也。《玄中记》曰：天下之多者水也，浮天载地，高下无（所）不至，万物无（所）不润。及其气流届石，精薄肤寸，不崇朝而泽合灵寓（宇）者，神莫与并矣。是以达者不能测其渊冲而尽其鸿深也。昔《大禹记》著山海，周而不备，《地理志》其所录，简而不周，《尚书》《本纪》与《职方》俱略，都赋所述，裁不宣意，《水经》虽粗缀津绪，又阙旁通，所谓各言其志，而罕能备其宣导者矣。今寻图访赜（zé）者，极聆州域之说，涉土游方者，寡能达其津照，纵仿佛前闻，不能不犹深汀（屏）营也。……窃以多暇空倾岁月，辄述《水经》布广前闻。《大传》曰：大川相闻，小川相属，东归于海，脉其枝流之吐纳，诊其沿路之所躔，访渎搜渠，缉而缀之。

2. 昆仑

昆仑墟在西北，三成为昆仑丘。《昆仑说》曰：昆仑之山三级，下曰樊桐，一名板松〔桐〕；二曰玄〔元〕圃，一名阆风；上曰层〔增〕城，一名天庭，是谓太帝之居。【《广雅》云：昆仑虚有三山，阆风、板桐、玄圃。《淮南子》云：县圃、凉风、樊桐，在昆仑阊阖之中，山上有层城九重。《楚辞》云：昆仑县圃其尻（jū）安在，增城九重其高几里。稽康《游仙》诗云：结友家板桐，但未闻板松耳，疑或字伪】。去嵩高五万里，地之中也。（《卷一》）

3. 孟门

《淮南子》曰：龙门未辟，吕梁未凿，河出孟门之上，大溢逆流，无有丘陵，高阜灭之，名曰洪水。大禹疏通，谓之孟门。故《穆天子传》曰：北登，孟门九河之蹬。孟门，即龙门之上口也，实为河之巨阸，兼孟津之名矣。此石经始禹凿，河中漱广，夹岸崇深，倾崖返捍，巨石临危，若坠复倚。古之人有言，水非石凿，而能入石，信哉。其中水流交冲，素气云浮，往来遥观者，常若雾露沾人，窥深悸魂。其水尚崩浪万寻，县流千丈，浑洪赑怒，鼓若山腾，濬波颓叠，迄于下口。方知《慎子》下龙门流浮竹，非驷马之追也。【慎子云：河下龙门，其流駃，竹箭驷马追之不及】（《卷四》）

4. 三峡

其间首尾一百六十里，谓之巫峡，盖因山为名也。自三峡七百里中，两岸连山，略无阙处，重岩叠嶂，隐天蔽日，自非停午夜分，不见曦月。至于夏水，襄陵沿泝阻绝，〔或〕王命急宣，有时朝发白帝，暮到江陵，其间千二百里，虽乘奔御风，不以疾也。春冬之时，则素湍绿潭，回清倒影，绝巘多生怪柏，悬泉瀑布，飞漱其间，清荣峻茂，良多趣味。每至晴初霜旦，林寒涧肃，常有高猿长啸，属引凄异，空谷传响，哀转久绝。故渔者歌曰：巴东三峡巫峡长，猿鸣三声泪沾裳。（《卷三四》）

5. 华山

汉高帝八年更名华阴，王莽之华疆〔坛〕也。县有华山。《山海经》曰：其高五千仞，削成而四方，远而望之，又若华状，西南有小华山也。韩子曰：秦昭王令工施钩梯，上华山，以松柏之心为博箭，长八尺，棋〔棊〕长八寸，而勒之曰：昭王常〔尝〕与天神博于是。（《卷十九》）

6. 庐山

《寻阳记》曰：庐山上有三石梁，长数十丈，广不盈尺，杳然无底。……

其山川明净，风泽清旷，气爽节和，土沃民逸。嘉遁之士，继响窟岩，龙潜凤采之贤，往者忘归矣。秦始皇、汉武帝及太史公司马迁，咸升其岩，望九江而眺钟、彭焉。庐山之北，有石门水，水出岭端，有双石高竦，其状若门，因有石门之目焉。水导双石之中，悬流飞瀑，近三百许步，下散漫千数步，上望之连天，若曳飞练于霄中矣。（《卷三九》）

7. 大明湖

济水又东北，泺水出〔入〕焉。泺水出历县故城西南，泉源上奋，水涌若轮，《春秋》桓公十八年，公会齐侯于泺是也，俗谓之为娥姜—作城英水也，以泉源有舜妃娥英庙故也。城南对山，山上有舜祠，山下有大穴，谓之舜井，抑亦茅山禹井之比矣。《书》舜耕历山，亦云在此，所未详也。其水北为大明湖，西即大明寺，寺东北两面侧湖，此水便成净池也。池上有客亭，左右楸桐，负日俯仰，目对鱼鸟极，极下脱一字，或是极望。水木明瑟，可谓濠梁之性，物我无违矣。（《卷八》）

8. 邺城三台

城之西北有三台，皆因城之为基，当作城为之基魏然崇举，其高若山，建安十五年，魏武所起，平坦略尽，《春秋古地》云：葵丘地名，今邺西三台是也。谓台已平，或更有见，意所未详。其中曰铜雀台，高十丈，有屋百余间，台成，命诸子登之，并使为赋，陈思王下笔成章，美捷当时，亦魏武望奉常王叔治之处也。昔严才与其属攻掖门，修闻变，车马未至，便将官属步至宫门，太祖在铜雀台望见之曰：彼来者，必王叔治也。相国钟繇曰：旧京城有变，九卿各居其府，卿何来也？修曰：食其禄焉避其难，居府虽旧，非赴难之义。时人以为美谈矣。石虎更增二丈，立一屋，连栋接檐，弥覆其土〔上〕，盘迴隔之，名曰命子窟，又于屋上起五层楼，高十五丈，去地二十七丈，又作铜雀于楼颠，舒翼若飞。南则金雀〔虎〕台，高八丈，有屋一百九间。北曰冰井台，亦高八丈，有屋一百四十间，上有冰室，室有数井，井深十五丈，藏冰及石墨焉。石墨可书，又燃之难尽，亦谓之石炭。又有粟窖及盐窖监疑作盐以备不虞。今窖上犹有石铭存焉。左思《魏都赋》曰：三台列峙而峥嵘者也。（《卷十》）

9. 平城苑囿楼塔

羊水又东注于如浑水，又南至灵泉池，枝津东南注池，池东西一百步，南北二百步，池渚旧名白杨泉，泉上出白杨树，因以名焉，其犹长杨、五柞之流称矣。南面旧京，北背方岭，左右山原，亭观绣峙，方湖反京，若三山之倒水下，如浑水又南迳北宫下，旧宫人作薄所在，如浑水又南分二水，一水西出南屈，入北苑中，历诸池沼，又南迳虎圈东，魏太平真君五年，成之以牢虎也。季秋之月，圣上观宋本作亲御圈上，敕虎士效力于其下，事同奔戎，生制猛兽，韦按《穆天子传》云：有虎在乎葭中，七萃之士高奔戎，请生捕虎，必全之。即《诗》所谓"袒裼暴虎，献于公所"也。故魏有《捍虎图》也。又迳平城西郭内，<u>魏太常</u>七年所成也，城周西郭外，有郊天坛，坛之东侧，有《郊天碑》，<u>建兴</u>四年立，……

其水夹御路，南流迳<u>蓬台</u>西，<u>魏神瑞</u>三年，又毁建<u>白楼</u>，楼甚高竦，加观榭于其上，表里饰以石粉，皜曜建素，赭白绮分，<small>宋本作粉</small>故世谓之<u>白楼</u>也。后置大鼓于其上，晨昏伐以千椎，为城里诸门启闭之候，谓之戒晨鼓也。又南迳<u>皇舅寺</u>西，是太师昌黎王<u>冯晋国</u>所造，有五层浮图，其神图像，皆合青石为之，加以金银火齐，众綵之上，炜炜有精光，又南迳（水）<u>永宁</u>七级浮图西，其制甚妙，工在寡双，又南，远出郊郭，弱柳荫街，丝杨被浦，公私引裂，用周园挽，<small>谢云：宋本作围绕长塘曲池，所在布濩，故</small>不可得而论也。<small>（《卷十三》）</small>

10. 平城明堂机轮

其水自<u>北苑</u>南出，历京城内河干两湄，<u>太和</u>十年，累石结岸，夹塘之上，杂树交荫，郭南结两石桥，横水为梁，又南迳藉田及药圃西，明堂东，明堂上圆下方，四周十二户九堂，而不为重隅也。室外柱内绮井之下，施机轮，饰缥碧，仰象天状，画北通之宿鸟，盖天也。<small>此处错简已正，尚有讹误，当云画北辰，列宿象，盖天也。</small>每月随斗所建之辰，转应天道，此之异古也，加灵台于其上，下则引水为辟雍，水侧结石为塘，事准古制，是<u>太和</u>中之所经建也。<small>（《卷十三》）</small>

11. 洛阳园圃山池

又东历<u>大夏门</u>下，故<u>夏门</u>也。陆机《与弟书》云：门有三层，高百尺，<u>魏明帝</u>造，门内东侧际城，有魏文帝所起景阳山，余基尚存。孙盛《魏春秋》曰：黄［景］初元年，文［明］帝愈崇宫殿，雕饰观［阁，取白石英及紫石］英及五色大石，于<u>太行谷城</u>［之山，起景阳山于芳林］园，树松竹草木，捕禽兽以［充其中，于是百役繁兴，帝躬］自掘土，率群臣三公［已下，莫不展力。山之东，旧］有<u>九江</u>，陆机《洛阳记》曰：［九江直作员水，水中作］员坛三破之，夹水得相迳通，［东京赋曰濯龙、芳林，］九谷八溪，芙蓉覆水，秋兰被崖，［今也，山则块阜独立，江谢云：详上文当作九江或作溪谷］无复仿佛矣。［《东京赋》注引《洛阳图经》云：濯龙池名芳林，苑名，九谷八溪养鱼池也。］<u>渠</u>［谷］水又东，枝［分南入华林］园，历疏圃南，圃中有古玉井，井悉以珉玉为之，以锚石为口，工（玉）作精密，犹不变古，璨焉如新。又瑶华宫南，历<u>景阳山</u>北，山在都亭，堂上结方湖，湖中起御坐石也。御坐前建蓬莱山，曲池接筵，飞沼拂席，南面射侯夹席，武峙背山，堂上则石路崎岖，岩嶂峻崄，云台风观，缨峦带阜，游观者升降耶阁，<small>孙云：耶阁疑作阿阁。</small>出入虹陛，望之状凫没<small>古本作鸟没，谢兆申云：一作鸟没，吴本改作凫没鸾举矣。</small>其中引水，飞皋倾澜，瀑布或枉渚，声流潺潺不断，竹柏荫于层石，绣薄业于泉侧，微风暂拂，则芳溢于六空，入为神居矣。其水东生<small>当作注</small><u>天渊池</u>，池中有<u>魏文帝九花丛</u>［台］，<small>九花丛当作九华殿，《洛阳宫殿簿》有明光殿、式乾殿、九华殿、蔬圃殿，而《魏志》云：青龙三年还洛阳宫，复崇华殿，改名九龙殿。</small>殿基悉是<u>洛</u>中故碑累之。今造钓台于其上，池南置<u>魏文帝茅茨堂</u>，前有《茅茨碑》，是<u>黄初</u>中所立也。<small>（《卷十六》）</small>

二十、杨衒之《洛阳伽蓝记》

东魏杨衒之（生卒年不详）撰《洛阳伽蓝记》，实为记述洛阳寺庙及其园林之作。北魏建都洛阳40年（公元495~534年），寺庙、宫殿、园林、名胜繁盛，本书有条理、有系统、正确地记载了诸多胜迹，其历史、文学价值深受社会重视。当时的造园之风日盛，"帝族王侯，外戚公主，擅山海之富，居川林之饶，争修园宅，互相夸竞。……高台芳树，家家而筑，花林曲池，园园而有"。

本文引自《洛阳伽蓝记校注》（上海古籍出版社，1958年版）。

1. 洛阳伽蓝记序 *（节录）

至晋永嘉唯有寺四十二所。逮皇魏受图，光宅嵩洛，笃信弥繁，法教逾盛。王侯贵臣，弃象马如脱屣，庶士豪家，舍资财若遗迹。于是昭提栉比，宝塔骈罗，争写天上之姿，竞模山中之影。金刹与灵台比高，广殿共阿房等壮。岂直木衣绨绣，土被朱紫而已哉！暨永熙多难，皇舆迁邺，诸寺僧尼，亦与时徙。至武定五年，岁在丁卯，余因行役，重览洛阳。城郭崩毁，宫室倾覆，寺观灰烬，庙塔丘墟，墙被蒿艾，巷罗荆棘。野兽穴于荒阶，山鸟巢于庭树。游儿牧竖，踯躅于九逵；农夫耕老，艺黍于双阙。麦秀之感，非独殷墟，黍离之悲，信哉周室。京城表里（内外）凡有一千余寺，今日寮廓，锺声罕闻。恐后世无传，故撰斯记。然寺数最多，不可遍写，今之所录，上（止）大伽蓝。其中小者，取其详世谛事（详异事，谛俗事），因而出之。先以城内为始，次及城外，表列门名，以远近为五篇。余才非著述，多有遗漏。后之君子，详其阙焉。

2. 瑶光寺　西林园

千秋门内道北有西林园，园中有凌云台，即是魏文帝所筑者。台上有八角井，高祖于井北造凉风观，登之远望，目极洛川；台下有碧海曲池；台东有宣慈观，去地十丈。观东有灵芝钓台，累木为之，出于海中，去地二十丈。风生户牖，云起梁栋，丹楹刻桷，图写列仙。刻石为鲸鱼，背负钓台，既如从地踊出，又似空中飞下。钓台南有宣光殿，北有嘉福殿，西有九龙殿，殿前九龙吐水成一海。凡四殿，皆有飞阁向灵芝（台）往来。三伏之月，皇帝在灵芝台以避暑。（《卷一·城内》）

3. 华林园

泉西有华林园，高祖以泉在园东，因名（为）苍龙海。华林园中有大海，即汉（魏）天渊池，池中犹有文帝九华台。高祖于台上造清凉殿。世宗在海内作蓬莱山，山上有仙人馆。上（山）有钓台殿，并作虹蜺阁，乘虚来往。至于三月禊日，季秋巳辰，皇帝驾龙舟鹢首，游于其上。海西有藏冰室，六月出冰以给百官。海西南有景山（阳）殿。山东有羲和岭，岭上有温风室；山西有姮娥峰，峰上有露寒馆，并飞阁相通，凌山跨谷。山北有玄武池，山南有清暑殿。殿东有临涧亭，殿西有临危台。

景阳山南有百果园，果列作林，林各有一堂。有仙人枣，长五寸，把之两头俱出，核细如针。霜降乃熟，食之甚美。俗传云出昆仑山，一曰西王母枣。又有僵人桃，其色赤，表里照彻，得霜即熟。亦出昆仑山，一曰王母桃也。

奈（果）林西有都堂，有流觞池，堂东有扶桑海。凡此诸海，皆有石窦流于地下，西通谷水，东连阳渠，亦与翟泉相连。若旱魃为害，谷水注之不竭；离毕滂润，阳谷（渠）泄之不盈。至于鳞甲异品，羽毛殊类，濯波浮浪，如似自然也。（《卷一·城内》）

4. 张伦宅

敬义里南有昭德里。里内有尚书仆射游肇、御史尉李彪、兵部尚书崔林（休）、幽州刺史常景、司农张伦等五宅。彪景出自儒生，居室俭素。惟伦最为豪侈，斋宇光丽，服翫精奇，车马出入，逾于邦君。园林山池之美，诸王莫及。伦造景阳山，有若自然。其中重岩复岭，嶔崟相属；深蹊洞壑，逦递连接。高林巨树，足使日月蔽亏；悬葛垂萝，能令风烟出入。崎岖石路，似壅而通；峥嵘涧道，盘纡复直。是以山情野兴之士，游以忘归。

天水人姜质，志性收疎诞，麻衣葛巾，有逸民之操，见偏爱之，如不能已，遂造亭山赋行传于世。其辞曰："今偏重者爱昔先民之重由朴由纯。然则纯朴之体，与造化而梁津。濠上之客，柱下之吏，悟无为以明心，托自然以图志，辄以山水为富，不以章甫为贵。任性浮沈，若淡兮无味。今司农张氏，实钟（踵）其人。巨量接（焕）于物表，夭矫洞达其真。青松未胜其洁，白玉不比其珍。心托空而扸（栖）有，情入古以如新。既不专流荡，又不偏华上，卜居动静之间，不以山水为忘。庭起半丘半壑，听以目达心想。进不入声（为身）荣，退不为隐放。尔乃决石通泉，拔岭岩（檐）前。斜与危云等曲，危与曲栋相连。下天津之高雾，纳沧海之远烟。纤列之状一如（如一）古，崩剥之势似千年。若乃绝岭悬坡，蹭蹬蹉跎。〈泉〉水纡徐如浪峭，山〈石〉高下复危多。五寻百拔，十步千过，则知巫山弗及，〈未审〉蓬莱如何。其中烟花露草，或倾或倒。霜干风枝，半耸半垂。玉叶金茎，散满阶墀。燃目之绮，裂鼻之馨，既共阳春等茂，复与白雪齐清。或言神明之骨，阴阳之精，天地未觉生此，异人焉识其中（名）。羽徒纷泊，色杂苍黄。绿头紫颊，好翠连芳。白（鹤）生于异县，丹足出自他乡。皆远来以臻此，藉水木以翱翔。不忆春于沙漠，遂忘秋于高阳。非斯人之感至，伺候鸟之迷方。岂下俗之所务，入神怪之异〈趣〉。能造者其必诗，敢往者无不赋。或就饶风之地，或入多云之处。气（菊）岭与梅岑，随春（秋）之所悟。远为神仙所赏，近为朝士所知。求解脱于服佩，预参次于山垂。子英游鱼于玉质，王乔系鹄于松枝。方丈不足以妙咏歌此处态多奇。嗣宗闻之动魄，叔夜听此惊魂。恨不能钻地出一醉此山门。别有王孙公子，逊遁容仪；思山念水，命驾相随。逢岑爱曲，值石陵欹。（庭）为仁智之田，故能种此石山。森罗兮草木，长育兮风烟。孤松既能却老，半石亦可留年。若不坐卧兮于其侧，春夏兮共游陟。白骨兮徒自朽，方寸心兮何所忆？"（《卷二·城东》）

5. 景明寺

景明寺，宣武皇帝所立。景明年中立，因以为名。在宣阳门外一里御道东。其寺东西南北，方五百步。前望嵩山、少室，却负帝城，青林垂影，绿水为文。形胜之地，爽垲独美。山悬堂观，〈光〉盛一千余间。〈复殿重房〉，交疏对溜，青台紫阁，浮道相通，虽外有四时，而内无寒暑。房檐之外，皆是山池，竹松兰芷，垂列阶墀，含风团露，流香吐馥。至正光年中，太后始造七层浮图一所，去地百仞。是以邢子才碑文云："俯闻激电，旁属奔星"是也。庄饰华丽，侔于永宁。金盘宝铎，焕烂霞表。

寺有三池，萑蒲菱藕，水物生焉。或黄甲紫鳞，出没于繁藻，〈或〉青凫白雁，浮沉于绿水。磨砠春簸皆用水功……（《卷三·城南》）

二一、谢赫

谢赫（生卒年不详）南齐画家、画论家。精于鉴赏，深研画学，著有《古画品录》，是中国美术史上重要的绘画理论著作。书成于梁武帝中大通四年至太清三年（532~549年）间。序论中提出绘画具有"明劝戒，著升沉，千载寂寥，披图可鉴"的社会功能。

谢赫在《古画品录》序中提出的"六法"是我国古代绘画实践的系统总结。"六法"中涉及的各种概念，在汉、魏、晋以来的诗文、书画论著中，已陆续出现。到了南齐，由于绘画实践的进一步发展以及文艺思想的活跃，"六法"这样一种系统化形态的绘画理论终于形成。

"六法"是一个互相联系的整体。"气韵生动"是对作品总的要求，是绘画中的最高境界。它要求以生动的形象充分表现人物的内在精神。"六法"的其他几个方面则是达到"气韵生动"的必要条件。

"六法"的先后次序是为评画而提出的，若论学习和创作，则要把顺序颠倒过来。

"六法"对以后绘画的发展影响很大。

本书引文据《中国画论类编》中国古典艺术出版社。

1. 论图绘六法

夫画品者，盖众画之优劣也。图绘者，莫不明劝戒，著升沉，千载寂寥，披图可鉴。虽画有六法，罕能尽该，而自古及今，各善一节。六法者何？一气韵生动是也，二骨法用笔是也，三应物象形是也，四随类赋彩是也，五经营位置是也，六传移模写是也。唯陆探微、卫协备该之矣。然迹有巧拙，艺无古今，谨依远近，随其品第，裁成序引。故此所述，不广其源，但传出自神仙，莫之闻见也。（《古画品录》）

2. 画品

陆探微

穷理尽性，事绝言象。包前孕后，古今独立。非复激扬所能称赞，但价重之极乎上上品之外，无他寄言，故屈标第一等。

卫协

占画之略，至协始精。六法之中，迨为兼善。虽不说备形妙，颇得壮气。凌跨群雄，旷代绝笔。

张墨苟勖

风范气候[韻]，极妙参神，但取精灵，遗其骨法。若拘以体物，则未精粹；若取之象外，方厌膏腴，可谓微妙也。

陆绥

体韵遒举，风彩飘然。一点一拂，动笔皆奇。

顾恺之

格体精微，笔无妄下；但迹不逮意，声过其实。

张则

意思横逸，动笔新奇。师心独见，鄙于综采。变巧不竭，若环之无端。景多触目。

刘顼

用意绵密，画体纤细，而笔迹困弱，形制单省。其于所长，妇人为最。但纤细过度，翻更失真，然观察详审，甚得姿态。

晋明帝

虽略于形色，颇得神气。笔迹超越，亦有奇观。

（《古画品录》）

二二、《文选》——萧统（501~531年）

中国现存最早的诗文总集。南朝梁萧统（昭明太子）主持下集体编选。

萧统（501~531年）字施德。天监元年（502年）立为皇太子，未及即位即卒，是一个渊博的学者。

《文选》30卷，它选录了先秦至梁八九百年间，130多个作者（唯不录生者），700余篇各种体裁的文学作品，大致划分为赋、诗、杂文三大类。它有意识地把文学作品和学术著作区别开来，入选作品必须情义与辞采内外并茂，偏于一方面的概不收录。一般不收经、史、子等学术著作。其中保存有大量的古都建设、风景园林、畋猎游记、自然和人文社会资料。例如，仅赋中就有：班固的《两都赋》、张衡的《两京赋》、左思的《三都赋》、司马相如的《上林赋》，还有游览、宫殿、江海、物色、鸟兽、归田、闲居等内容。

本书引文据《文选》，上海古籍出版社，1986年版。

1. 文选序[*]（节录）

《易》曰："观乎天文，以察时变；观乎人文，以化成天下。"文之时义远矣哉！……增冰为积水所成，积水曾微增冰之凛。何哉？蓋踵其事而增华，变其本而加厉；物既有之，文亦宜然。随时变改，难以详悉。……

老庄之作，管孟之流，盖以立意为宗，不以能文为本，今之所撰，又以略诸。……至于记事之史，系年之书，……若其赞论文综辑辞采，序述之错比文华，事出于沈思，义归于翰藻，故与夫篇什，杂而集之。……

凡次文之体，各以汇聚。诗赋体既不一，又以类分；类分之中，各以时代相次。

（《文选序》）

二三、庾信（513~581年）

庾信字子山，南北朝文学家。南阳新野人。曾仕梁、西魏、北周。是一位多产作家。他的抒情小赋《春赋》、《小园赋》、《枯树赋》都是传诵名作。

《春赋》写宜春苑（又名曲江池）的宫苑春色和三月上巳节的欢乐。《小园赋》偏重写景，其中"一寸二寸之鱼，三竿两竿之竹"诸句平易如口语，在其辞赋中别具一格；当然也有晚年羁留北周、思念故国的愁肠。《枯树赋》写树则穷形极物，又以树木自比，用"若乃山河阻绝，飘零离别，拔本垂泪，伤根沥血"等拟人化的描写，引出自己身世飘零的感慨。庾信还有历史影响的名句，如《三月三日华林园马射赋》中的"落花与芝盖同飞，杨柳共春旗一色"二句，是唐王勃《滕王阁序》中的名句"落霞与孤鹜齐飞，秋水与长天一色"之所本。

本书引文据《汉魏六朝赋精华》（长春出版社，2008年版）。

1. 春赋[*]（节录）

宜春苑中春已归^①，披香殿里作春衣^②。新年鸟声千种啭，二月杨花满路飞。河阳一县并是花^③，金谷从来满园树^④。一丛香草足碍人，数尺游丝即横路^⑤。开上林而竞入^⑥，拥河桥而争渡^⑦。出丽华之金屋^⑧，下飞燕之兰宫^⑨。钗朵多而讶重^⑩，髻鬟高而畏风^⑪。眉将柳而争绿^⑫，面共桃而竞红。影来池里，花落衫中。苔始绿而藏鱼，麦才青而覆雉^⑬。吹箫弄玉之台^⑭，鸣佩凌波之水^⑮。移戚里而家富^⑯，入新丰而酒美^⑰。石榴聊泛，蒲桃酸醋^⑱。芙蓉玉碗，莲子金杯。新芽竹笋，细核杨梅。绿珠捧琴至^⑲，文君送酒来^⑳。

玉管初调^㉑，鸣弦暂抚，《阳春》、《渌水》之曲^㉒，对凤回鸾之舞^㉓。更炙笙簧^㉔，还移筝柱^㉕。月入歌扇，花承节鼓^㉖。协律都尉^㉗，射雉中郎^㉘，停车小苑，连骑长杨^㉙。金鞍始被，柘弓新张^㉚。拂尘看马埒^㉛，分朋入射堂^㉜。马是天池之龙种^㉝，带乃荆山之玉梁^㉞。艳锦安天鹿^㉟，新绫织凤凰。

三月曲水向河津^㊱，日晚河边多解神^㊲。树下流杯客，沙头渡水人。镂薄窄衫袖，穿珠贴领巾。百丈山头日欲斜，三晡未醉莫还家^㊳。池中水影悬胜境，屋里衣香不如花。

【注释】

①宜春苑：又名曲江池，汉武帝时营造，旧址在今西安市东南。②披香殿：汉宫殿名。③河阳：旧县名，故城在今河南孟县西北。④金谷：指晋石崇的别墅金谷园，其地在今河南洛阳。⑤游丝：飘浮的珠丝。⑥上林：即上林苑。⑦河桥：晋时在杜预指挥下造的一座桥。⑧丽华：指东汉光武帝的后妃阴丽华。金屋：极言房屋的华丽。⑨飞燕：即汉成帝后赵飞燕。兰宫：赵飞燕所居住的一宫殿。⑩钗朵：花朵形金钗。⑪髻鬟(jī huán)：发髻。⑫将：同。争绿：古代妇女以黛画眉，眉呈微绿色。⑬雉：一种鸟，又称野鸡。⑭弄玉：据说为秦穆公之女。弄玉的丈夫萧史善吹箫，能作凤鸣之声。穆公为其筑凤凰台，萧史吹箫引凤来，后弄玉随凤而去。⑮凌波：在水上行走。比喻步履轻盈。⑯戚里：外戚所居之地。⑰新丰：旧县名，治所在今陕西临潼北。⑱石榴：指石榴酒，蒲桃：即葡萄，亦指酒。醅醋(pīpēi)：未滤过的酒。⑲绿珠：西晋石崇的歌伎，美丽娇好，并擅长吹笛。⑳文君：即司马相如之妻卓文君。与相如私奔后，曾在临邛当垆卖酒。㉑玉管：玉制的管乐器。㉒《阳春》、《渌水》：古代有名且高雅的乐曲。㉓对凤回鸾：形容舞姿的轻柔婉美。㉔炙：薰陶。笙：乐器名。簧：为笙中的发音金属片。㉕筝：一种弦乐器。柱：筝上的枕弦之木。㉖节鼓：古乐器。中开圆孔，置鼓其中，击之为乐曲伴奏。㉗协律都尉：掌音乐之官。㉘射雉中郎：潘岳有《射雉赋》又曾兼虎贲中郎将之职。㉙长杨：指汉代的长杨榭，是当时的秋冬校猎的地方。㉚柘(zhè)：树名。此树之枝可制弓。㉛马埒(liè)：跑马射箭的驰道两侧的矮墙。㉜分朋：犹分批。㉝龙种：极言马种之好。㉞荆山：在今湖北省境内。玉梁：为带名。㉟天鹿：象征着祥瑞的一种鹿。㊱三月：即三月三日上巳日。㊲解神：祈神还愿。㊳三晡(bū)：傍晚时分。

2. **小园赋** [*]（节录）

……余有数亩弊庐，寂寞人外，聊以拟伏腊，聊以避风霜。虽复<u>晏婴近市</u>，不求朝夕之利；<u>潘岳面城</u>，且适闲居之乐。……

尔乃窟室徘徊，聊同凿坯。桐间露落，柳下风来。琴号珠柱，书名《玉杯》。有棠梨而无馆，足酸枣而非台。犹得敧侧八九丈，纵横数十步，榆柳两三行，梨桃百余树。拔蒙密兮见窗，行敧斜兮得路。蝉有翳兮不惊，雉无罗兮何惧！草树混淆，枝格相交。山为篑覆，地有堂坳。藏狸并窟，乳鹊重巢。连珠细菌，长柄寒匏，可以疗饥，可以栖迟。敧区兮狭室，穿漏兮茅茨。檐直倚而妨帽，户平行而碍眉。坐帐无鹤，支床有龟。鸟多闲暇，花随四时。心则历陵枯木，发则睢阳乱丝。非夏日而可畏，异秋天而可悲。

一寸二寸之鱼，三竿两竿之竹。云气荫于丛著，金精养于秋菊。枣酸梨酢，桃榹李薁（yù）。落叶半床，狂花满屋。名为野人之家，是谓愚公之谷。

……

3. **枯树赋** [*]（节录）

殷仲文风流儒雅^①，海内知名。世异时移，出为东阳太守^②。常忽忽不乐^③，顾庭槐而叹曰："此树婆娑，生意尽矣^④。"至如白鹿贞松^⑤，青牛文梓^⑥，根柢盘魄^⑦，山崖表里^⑧。桂何事而销亡^⑨，桐何为而半死^⑩？昔之三河徙植^⑪，九畹移根^⑫。开花建始之殿^⑬，落实睢阳之园^⑭。声含嶰谷^⑮，曲抱《云门》^⑯。将雏集凤^⑰，比翼巢鸳^⑱，临风亭而唳鹤^⑲，对月峡而吟猿^⑳。

乃有拳曲拥肿^㉑，盘坳反覆^㉒，熊彪顾盼^㉓，鱼龙起伏。节竖山连^㉔，文横水蹙^㉕，匠石惊视^㉖，公输眩目^㉗。雕镂始就，剞劂仍加^㉘，平鳞铲甲，落角摧牙^㉙。重重碎锦，片

片真花，纷披草树，散乱烟霞。若夫松子、古度、平仲、君迁㉚，森梢百顷㉛。槎枿千年㉜。秦则大夫受职㉝，汉则将军坐焉㉞。莫不苔埋菌压，鸟剥虫穿。或低垂于霜露，或撼顿于风烟㉟。东海有白木之庙㊱，西河有枯桑之社㊲，北陆以杨叶为关㊳，南陵以梅根作冶㊴。小山则丛桂留人㊵，扶风则长松系马㊶。岂独城临细柳之上㊷，塞落桃林之下㊸。

若乃山河阻绝．飘零离别。拔本垂泪㊹，伤根沥血㊺。火入空心㊻，膏流断节㊼。横洞口而敧卧㊽，顿山腰而半折㊾。文斜者百围冰碎㊿，理正者千寻瓦裂(51)。载瘿衔瘤(52)，藏穿抱穴(53)。

……

【注释】

①殷仲文：少有才辩，为新安太守。②东阳：郡名，所在今浙江金华一带。③忽忽：失意貌。④婆娑：在此指枝分散剥落貌。生意：生机。⑤白鹿贞松：白鹿塞多古松，有白鹿栖息其下，故得名。⑥青牛文梓：雍州南山有梓树，伐卞畸，有一青牛出。详见《玄中记》。⑦柢(dǐ)：根。盘魄：形容盘错纠曲得很厉害。⑧表里：内外。⑨桂：桂树。销亡：枯死。⑩桐：梧桐树。半死：凋残。⑪三河：汉时称河东、河内、河南三郡为三河。⑫九畹(wǎn)：古时十二亩为一畹。⑬建始：殿名。为曹操所建，在洛阳。⑭睢(suī)阳：古县名，故城在今河南省商丘一带。梁孝王曾于睢阳建苑，方三百里，中有雁池、修竹园等。⑮嶰谷：《汉书·律历志》载：昆仑山北有嶰谷，黄帝曾在此取竹制乐器。⑯《云门》：据说为黄帝时的乐曲。⑰雏：指雏凤。集凤：凤凰来集，⑱巢鸳：鸳鸯巢于其上。⑲风亭：指陆机、陆云故乡的华亭。陆机被杀前，曾对其弟叹息说："华亭鹤唳，有复可闻乎。"⑳月峡：指明月峡，在今四川省境内。此峡水急流险。㉑拥肿：树木瘿节多而不平。㉒盘坳：盘结扭曲的样子。㉓彪：小虎。㉔节：柱上的斗栱，雕成山形，故又称山节。㉕文：彩绘。躛：紧凑。㉖匠石：石为人名。匠，工匠。㉗公输：即公输班，为春秋时期鲁国的工匠。㉘剞劂(jī jué)：刻刀。㉙"平鳞"二句：意思是在树木上雕出鱼龙甲兽之状。㉚松子：在此指松树、梓树。古度：树名。平仲、君迁：二树木名。㉛森梢：挺拔的样子。㉜槎枿．(chá niè)：树木砍后再生。斜砍曰槎，复生曰枿。㉝大夫受职：《史记·秦本纪》载：秦始皇东封泰山，遇雨，避于松下，遂封此树为五大夫。㉞将军坐焉：《后汉记》载：冯异为人谦退．不与诸将争功，独坐树下，军中称之为"大树将军"。㉟撼顿：被风刮倒在地。㊱东海：东部近海地区。白木之庙：俗传密县东三里有天仙宫，是黄帝葬三女处，其地植有白皮松。㊲西河：黄河上游地区。枯桑之社：干宝《搜神记》载：张助在田中见一李核，捡起后种于桑树丛中，后桑中生李树，传言树有神．远近来祭祀。㊳北陆：北方。杨叶为关：以杨叶为关名。㊴南陵：泛指南方。梅根作冶：冶炼的地方以梅根为名。㊵小山：指汉淮南王门客淮南小山。著有《招隐士》。其中有云："丛桂生兮山之幽"，"攀援桂枝兮聊淹留"。㊶扶风：汉有扶风郡。晋刘琨《扶风歌》："系马长松下，发鞍高丘头。"㊷细柳：即细柳营，西汉文帝时，周亚夫曾屯兵于此，以拒匈奴。㊸桃林：指桃林之塞。春秋时晋文公派鲁嘉率兵在此驻守。㊹拔本：将树连根拔起。㊺沥血：流血。㊻空心：指枯空的树干。㊼膏：树脂。㊽敧(qī)：倾斜。㊾顿：倒下。㊿文：指文理。(51)正：直。寻：古代八尺为一寻。(52)瘿(yǐng)瘤：指树干上的疤结。(53)藏穿：为虫所穿。抱穴：为鸟所穴。

第四章　隋、唐、宋

（公元 581~1279 年）

公元 581 年杨坚建立隋朝，结束西晋末年以来的分裂局面复归一统，618 年隋亡。唐高祖李渊渐次削平隋末的割据群雄，至太宗贞观二年（628）完成统一。总章元年（668），唐版图臻于极盛。907 年唐亡，960 年赵匡胤建立宋朝，982 年完成统一。

隋、唐、宋是封建社会上升和全盛期。隋统一、唐强盛、宋成熟。城镇体系形成，长安、开封、杭州、泉州、广州等均是闻名世界的大城市。人口记载有 1630 万（1006 年）~7390 万（1190 年）。气候经历了温暖（6~8 世纪）、寒冷（8~9 世纪）、温暖（10~13 世纪）三期。经济由农业的多种经营、手工业的商品性生产、商品货币繁荣等构成，呈现整体上升趋向。隋唐隆盛的文化气派和艺术成就，两宋的理学精神、市民文化、科技教育，均显示着华夏文化的造极时代。

风景园林进入全面发展时期。不仅数量、类型、分布范围大增，发展动因多样并强劲持久，而且内容丰富，成为保育自然、寄情山水、创造和美的胜地。出现了表现山水真情和诗画境界的写意山水园林。

辽 北宋时期全图

辽

北宋

东京辽阳府

上京

中京

西京

南京

女真

北宋

辽

蒙古

西京路

北京路

上京道

西夏

鞑靼

回鹘

吐蕃诸部

大理

图例　Legend

东京 ● 都城　Capital city
涿州 ● 路、道级治所　Seat of Lu- or Dao-level administration area
苏州 ◎ 府、州级治所　Seat of Fu- or Zhou-level administration area
鲜八里　其他居民点　Other inhabited locality
政权部族界　Boundary of a regime or a tribe
路、道级或道界　Boundary of Lu- or Dao-level administration area

北京 ★ 今国都　Contemporary national capital
半棒 ● 今首都　Contemporary national capital
伊宁 ○ 今省级市、省、自治区人民政府驻地　Seat of contemporary province-level administration area
漠河 ● 今其他居民点　Other contemporary inhabited locality

今国界　Contemporary international boundary
今省界　Contemporary province-level administration area
今省级市　Seat of a contemporary city

比例尺　二千二百万分之一

200　0　200　400　600　800公里

辽天庆元年、北宋政和元年（1111年）

一、《艺文类聚》——欧阳询（559~641 年）

欧阳询，字信本。攻书法，学二王（羲之，献之）自成面目，人称"欧体"，对后世影响很大。唐武德五年至七年（622~624 年），欧阳询受诏命，领"十数人同修"《艺文类聚》，三年而成。

《艺文类聚》是古代百科性质资料图书，保存了唐以前的文献资料。所引用古籍有 1431 种，其中 90% 以上引文为今所不存之书。内中所援引者，也为唐以前的古本，由此可以理解本书的价值。《艺文类聚》有 100 卷，分 46 部，列子目 727，全书约百万余字。其中的天、地、山、水、木、果、叶、草、鸟、兽、鳞介、岁时、居处、产业等 14 部，与风景园林的关系十分密切。这里仅摘录"人部"的行旅、游览二个子目的部分文字。

本书引文据《艺文类聚》（欧阳询撰，汪绍楹校，上海古籍出版社，1982 年新版）。

1. 行旅 *（节录）

《尔雅》曰：征、迈、行也。《易》曰：天行健。又曰：牝马地类，行地无疆。又曰：利有攸往。《毛诗》曰：周大夫行役，过故宗庙宫室，尽为禾黍，彷徨而不忍去。又曰：行迈靡靡，中心摇摇。又曰：周公东征，三年而归。又曰：我徂东山，慆慆不归，我来自东，零雨其蒙。又曰：我行其野，芃芃其麦。又曰：惠而好我，携手同行。又曰：行道迟迟，中心有违。《尚书》曰：岁二月，东巡狩，至于岱宗；五月，南巡狩，至于南岳；八月，西巡狩，至于西岳；十有一月，北巡狩，至于北岳。《左氏传》曰，不有居者，谁守社稷，不有行者，许扞牧圉。又曰：先王卜征五年，岁袭其祥，祥习乃行。又曰：行李之往来，共其资粮扉屦，其可也。又曰：凡公行，告于宗庙，反行饮至，舍爵策勋焉，礼也。又曰：君行师从，卿行旅从。又曰：昔周穆王欲肆其心，周行天下，将皆必有车辙马迹焉。《礼记》曰：行则有随，立则有序，行而无随，则乱于行。《庄子》曰：黄帝将见大隗于具茨之山，方明为驭，昌寓参乘，于襄城之野，七圣皆迷，适遇牧马童子，问涂焉。又曰：黄帝游乎赤水之池，登于昆仑之丘。又曰：适百里者宿粮，适千里者，三月聚粮。《家语》曰：齐人归女乐，鲁君观之，三日不朝，孔子遂行。《穆天子传》曰：天子北征，绝漳水，西征，宾于王母，天子觞西王母瑶池之上。《史记》曰：禹乘四载，随山刊木，山行乘檋，[○史记夏本纪作撵（niǎn）。]泥行乘橇，陆行乘车，水行乘舟。又曰：老子居周，久之，见周之衰，乃遂去关，关令尹喜曰：子将隐矣，喜与老子俱之流沙之西。又曰：秦始皇至云梦，望祀虞舜于九疑，浮江，下观丹阳，至钱唐，临浙江，上会稽，祭大禹，望于南海，傍海，北至琅邪，《汉书》曰：武帝行幸雍，遂北出萧关，历独鹿鸣泽，自代而还。又曰：行幸至甘泉宫，宾礼外国客。又，行幸东海，获赤雁。又，武帝南巡，至盛唐，祀虞帝于九疑，祭天柱山，自寻阳浮江，斩蛟江中，遂北至琅邪，傍海而还，所过名山大川。又曰：张骞为郎，募使月支，匈奴留之十馀年，骞持汉节不失，西走大宛，抵康居，传至大月支王，从月支，至大夏，穷河源，广地万里，九译致殊俗，威德遍于四海。……

2. 游览 * （节录）

　　《家语》曰：孔子北游，登农山，子路子贡颜回侍，孔子四望，喟然叹曰：二三子各言尔志。《穆天子传》曰：天子遂袭昆仑之丘，游轩辕之宫，眺望锺山之岭，玩帝者之宝。勒石王母之山，纪迹玄圃之上，乃取其嘉木艳草，奇鸟怪兽，玉石珍瑰之器，重膏银烛之宝。

　　又曰：天子北升于舂山之上，以望四野，舂山是惟天下之高山也，天子五日观于舂山之上。《史记》曰：始皇三十七年，上会稽山，望于南海，立石刻，颂秦德，还过吴，从江乘渡，傍海上，北至琅邪。又曰：太史公登会稽山，探禹穴，登姑苏，望五湖。《庄子》曰：庄子与惠子游濠梁之上，《庄子》曰：鲦鱼出游从容，是鱼乐也，惠子曰：子非鱼，焉知鱼之乐也，《庄子》曰：子非我，焉知吾不知鱼之乐也。《楚辞》曰：览冀州兮有馀，横四海兮焉发。又曰：登昆仑兮四望，心飞扬兮浩荡，日将暮兮怅忘归，遗极浦兮悟怀。《韩诗外传》曰：齐景公游于牛山，而北望齐曰：美哉国乎，郁郁蓁蓁。《淮南子》曰：所谓乐者，游云梦，陟高丘，耳听九韶六茎，口味煎熬芬芳，驰骋夷道，钓射鹔鹴，之谓乐乎。《战国策》曰：昔楚王登强台而望崇山，左江右湖，以临方湟，（○冯校本作淮。）其乐忘死。《说苑》曰：齐景公游海上，乐之，六月不归。又曰：楚昭王欲之荆台游，司马子綦进谏曰：荆台之游，左洞庭之波，右彭蠡之水，南望猎山，下临方淮，其乐使人遗老而忘死。《新序》曰：晋平公游西河，中流而叹曰：嗟乎，安得贤士，与共此乐乎。《列女传》曰：楚昭王燕游，蔡姬在左，越姬参乘，王亲乘驷以逐，登附庄之台，以望云梦之囿，乃顾谓二女曰：乐乎，吾原与子生若此。《世说》曰：过江诸人，每暇日，辄相要出新亭，藉卉饮宴，周侯中坐而叹曰：风景不殊，举目有江河之异。……

二、王勃（649~676 年）

　　唐代诗人。字子安。王勃的文学主张崇尚实用，他创作"壮而不虚，刚而能润，雕而不碎，按而弥坚"的诗文，对转变时风起了很大作用。他在《杜少府之任蜀川》中，以"海内存知己，天涯若比邻"写离别之情，意境开阔，一扫惜别伤离的低沉气息，为送别诗的名作。他的《滕王阁序》在唐代已脍炙人口，被认为"当垂不朽"的"天才"之作（《唐摭言》）。其名句如"落霞与孤鹜齐飞，秋水共长天一色，"更为历来论者所激赏。

　　本书引文据《古文观止》。

1. 滕王阁序 * （节录）

　　时维九月，序属三秋。潦水尽而寒潭清，烟光凝而暮山紫。俨骖騑于上路，访风景于崇阿；临帝子之长洲，得仙人之旧馆。层峦耸翠，上出重霄；飞阁流丹，下临无地。

鹤汀凫渚，穷岛屿之萦回，桂殿兰宫，列冈峦之体势。披绣闼，俯雕甍，山原旷其盈视，川泽盯其骇瞩。闾阎扑地，钟鸣鼎食之家，舸舰迷津，青雀黄龙之轴。虹销雨霁，彩彻云衢。落霞与孤鹜齐飞，秋水共长天一色。渔舟唱晚，响穷彭蠡之滨，雁阵惊寒，声断衡阳之浦。

遥吟俯畅，逸兴遄飞。爽籁发而清风生，纤歌凝而白云遏。睢园绿竹，气凌彭泽之樽，邺水朱华，光照临川之笔。四美具，二难并；穷睇眄于中天，极娱游于暇日。天高地迥，觉宇宙之无穷，兴尽悲来，识盈虚之有数。望长安于日下，指吴会于云间。地势极而南溟深，天柱高而北辰远。关山难越，谁悲失路之人？萍水相逢，尽是他乡之客。怀帝阍而不见，奉宣室以何年？ ……

三、王维（701~761 年，一作 698~759 年）

王维字摩诘，唐代诗人、画家、音乐家。有《王右丞集》。

王维青年时曾居住山林，中年一度家居终南山，后又得蓝田辋川别业，遂与好友裴迪优游其中，赋诗相酬为乐。他的艺术修养，对自然的爱好和长期山林生活经历，使他对自然美具有敏锐而细致的感受，他笔下的景物特富神韵，意境悠远。他的诗取景状物，极有画意，尤善表现自然光色和音响变化。例如："声喧乱石中，色静深松里"（《青溪》），"泉声咽危石，日色冷青松"（《过香积寺》），"闲花满岩谷，瀑水映杉松"（《韦侍郎山居》），"渡头余落日，墟里上孤烟"（《辋川闲居赠裴秀才迪》），"漠漠水田飞白鹭，阴阴夏木啭黄鹂"（《积雨辋川庄作》），"山中一夜雨，树杪百重泉"（《送梓州李使君》），"日落江湖白，潮来天地青"（《送邢桂州》），"大漠孤烟直，长河落日圆"（《使至塞上》）。

王维的创作特色是有大量的描绘山水田园等自然风景的诗篇，既有雄伟的山景、浩瀚的江流、雨后的秋山、幽邃的深山溪涧景象，也有田园风景、日常风光和隐居幽胜的组诗；在描绘山水田园自然美景的同时，流露出闲逸恬淡的情趣和境界。苏轼曾说："味摩诘之诗，诗中有画；观摩诘之画，画中有诗。"（《东坡题跋·书摩诘蓝田烟雨图》）。王维描绘自然风景的成就，使山水田园诗达到了一个高峰，在中国诗歌史上占有重要的位置。

《山水诀》《山水论》传为王维所作，不可靠，因有一定价值，选录供参考。在《山水论》中，对各种自然景物不同季节变化的关系，作了细致的说明。这反映随着山水画的发展，人们对自然景物的审美认识也在逐步深入。

本书引文据中国古典艺术出版社《中国画论类编》。

1. 凡画山水，意在笔先

凡画山水，意在笔先。丈山尺树，寸马分人。远人无目，远树无枝。远山无石，隐隐如眉；远水无波，高与云齐。此是诀也。山腰云塞，石壁泉塞，楼台树塞，道路人塞。石看三面，路看两头，树看顶领，水看风脚。此是法也。（《山水论》）

2. 先看气象，后辨清浊

观者先看气象，后辨清浊。定宾主之朝揖，列群峰之威仪。（《山水论》）

3. 春夏秋冬四景之画题

春景则雾锁烟笼，长烟引素，水如蓝染，山色渐青。夏景则古木蔽天，绿水无波，穿云瀑布，近水幽亭。秋景则天如水色，簇簇幽，雁鸿秋水，芦岛沙汀。冬景则借地为雪，樵者负薪，渔舟倚岸，水浅沙平。凡画山水，须按四时。或曰烟笼雾锁，或曰楚岫云归，或曰秋天晓霁，或曰古冢断碑，或曰洞庭春色，或曰路荒人迷，如此之类，谓之画题。（《山水论》）

4. 见山之秀丽，显树之精神

山头不得一样，树头不得一般。山藉树而为衣，树藉山而为骨。树不可繁，要见山之秀丽；山不可乱，须显树之精神。能如此者，可谓名手之画山水也。（《山水论》）

四、李白（701~762 年）

李白字太白，号青莲居士，唐代豪爽飘逸的大诗人。与杜甫齐名。有《李太白集》。

李白自称"一生好入名山游"（《庐山遥寄卢侍御虚舟》），写下了描绘风景的名篇。他歌颂高山大川，在他笔下，咆哮万里的黄河，白浪如山的长江，"百步九折萦岩峦"的蜀道，"回崖沓嶂凌苍苍"的庐山无不形象雄伟。他的"蜀道之难，难于上青天"（《蜀道难》），"君不见黄河之水天上来，奔流到海不复回"（《将进酒》），"飞流直下三千尺，疑是银河落九天"（《望庐山瀑布》）等都是千古名句。

李白反对"雕虫丧天真"之风，他的诗歌特色是"清水出芙蓉，天然去雕饰"，明朗自然。他提出的诗贵"清真"、"自然"的主张，在诗歌发展史上有不小的影响。他的散文写得很流畅潇洒。

本书引文据《四部丛刊》本《分类补注李太白诗·古风》。

1. 诗贵清真

大雅久不作，吾衰竟谁陈？王风委蔓草，战国多荆榛。龙虎相啖食，兵戈逮狂秦。正声何微茫，哀怨起骚人。扬马激颓波，开流荡无垠。废兴虽万变，宪章亦已沦。自从建安来，绮丽不足珍。圣代复元古，垂衣贵清真。群才属休明，乘运共跃鳞，文质相炳焕，众星罗秋旻。我志在删述，垂辉映千春。希圣如有立，绝笔于获麟。

丑女来效颦，还家惊四邻。寿陵失本步，笑杀邯郸人。一曲斐然子，雕虫丧天真。棘刺造沐猴，三年费精神。功成无所用，楚楚且华身。大雅思文王，颂声久崩沦。安得郢中质，一挥成风斤。

2. 春夜宴桃李园序 *

夫天地者，万物之逆旅，光阴者，百代之过客。而浮生若梦，为欢几何？古人秉烛夜游①，良有以也。况阳春召我以烟景，大块假我以文章②。会桃李之芳园，序天伦之乐事。群季俊秀，皆为惠连③，吾人咏歌，独惭康乐④。幽赏未已，高谈转清。开琼筵以坐花，飞羽觞而醉月。不有佳作，何伸雅怀？如诗不成，罚依金谷酒数。⑤

注释

①秉烛夜游：《古诗十九首》有"昼短苦夜长，何不秉烛游"之句。②大块：天地，指大自然。③惠连：谢惠连，与族兄谢灵运并称"大小谢"。④康乐：谢灵运，袭封康乐侯。⑤金谷：西晋石崇在金谷园宴请宾客，坐中不能赋诗的，罚酒三杯。

五、颜真卿（709~785 年）

颜真卿字清臣，唐代书法家。其书法集诸体之美而有创新，字体厚重雄强，大气磅礴，称为颜体。与柳公权并称"颜柳"。《唐书》称其"善正、草书，笔力遒婉，世宝传元"。遗著有《颜鲁公集》。

颜真卿的《述张长史笔法十二意》，侧重论述用笔技巧，同时也涉及书法艺术的意境和风格问题。如"点画皆有筋骨，字体自然雄媚"，"趣长笔短，虽点画不足，常使意气有余"，以及"意外生体，令有异势"等说法，对后人都有影响。

本书引文据明朱衣等校刻本《王氏书画苑·书法钩玄》。

1. 述张长史笔法十二意 *（节录）

金吾长史张公旭谓仆曰："笔法玄微，难妄传授，非志士高人，讵可言其要妙。夫平谓横，子知之乎？"仆曰："尝闻长史每令为一平画，皆须纵横有象，非此之谓乎？"长史曰："然。直谓纵，子知之乎？"曰："岂非直者必纵之，不令邪曲乎？"曰："然。均谓间，子知之乎？"："尝蒙示以间不容光，其此之谓乎？"曰"然。密谓际，子知之乎？"曰："岂非筑□锋下笔，皆令完成，不令疏乎？"曰："然。锋谓末，子知之乎？"曰："岂非末已成画，使锋健乎？"曰："然。力谓骨，子知之乎？"曰："岂非趯笔则点画皆有筋骨，字体自然雄媚乎？"曰："然。轻谓曲折，子知之乎？"曰："岂非钩笔、转角、折锋轻过，亦谓转角为暗过之谓乎？"曰："然。诀谓牵掣，子知之乎？"曰："岂非牵掣为撇，锐意挫锋，使不怯滞，令险峻而成乎？"曰："然。益谓不足，子知之乎？"曰："岂非结构点画有失趣者，则以别点画旁救之乎？"曰："然。损谓有余，子知之乎？"曰："岂谓趣长笔短，虽点画不足，常使意气有余乎？"曰："然。巧谓布置，子知之乎？"曰："岂非欲书予想字形，布置令其平稳，或意外生体，令有异势乎？"曰："然。谓大小，子知之乎？"曰："岂非大字促令小，小字展令大，兼令茂密乎？"曰："然。子言颇皆

近之矣。"……曰："幸蒙长史传授用笔之法，敢问攻书之妙，何以得齐古人？"曰："妙
在执笔，令其圆畅，勿使拘挛。其次识法，其次布置，不慢不越，巧使合宜。其次纸笔
精佳。其次变通适怀，纵舍掣夺，咸有规矩。五者既备，然后能齐古人。"曰："敢问神
用执笔之理，可得闻乎？"曰："予传授笔法，得之老舅陆彦远，曰：'吾昔日学书虽功
深，奈何迹不至殊妙，后闻褚河南云用笔当如印印泥。思所不悟。后于江岛，偶见沙平
地净，令人意悦欲书，乃以锋利画而书之，其劲险之状，明利媚好。自兹乃悟如锥画沙，
使其藏锋，画乃沉着。当其用笔，常使透过纸背，此功成之极也。'真草用笔，悉如画沙，
点画净媚，则其道至矣。如此则其迹可久，自然得齐古人。"

六、杜甫（712~770年）

    杜甫字子美，唐代大诗人。与李白齐名。著诗甚多，有《杜工部集》。

    杜诗的显著特点是社会现实与个人生活的密切结合，"安得广厦千万间，大庇天下
寒士俱欢颜"的名句流传古今。冯至认为："杜甫以饥寒之身永怀济世之志，处穷困之
境而无厌世思想；在诗歌艺术方面，集古典之大成，并加以创新和发展，给后代以广泛
的影响。"

    杜甫在歌咏自然的诗中，有情有景并与时事交融。对花草树木、鸟兽虫鱼的动态观
察细腻，具有深刻的体会。他"幽居近物情"（《屏迹》），喜看"细雨鱼儿出，微风燕子斜"（《水
槛遣心》），感到"花柳更无私"（《后游》）。他赞赏"五岭皆炎热，宜人独桂林"（《寄杨五桂州谭》）

    在《戏为六绝句》中，杜甫对当时好古遗近、务华去实的倾向进行了批评，同时在
评价文学作品、继承文学遗产等方面提出了比较全面和合理的主张。

    本书引文据《四部丛刊》本《分门集注杜工部诗》卷十六。

1. 戏为六绝句 *

    庾信文章老更成，凌云健笔意纵横。今人嗤点流传赋，不觉前贤畏后生。

    王、杨、卢、骆当时体，轻薄为文哂未休，尔曹身与名俱灭，不废江河万古流。

    纵使卢、王操翰墨，劣于汉、魏近风骚；龙文虎脊皆君驭，历块过都见尔曹。

    才力应难跨数公，凡今谁是出群雄？或看翡翠兰苕上，未掣鲸鱼碧海中。

    不薄今人爱古人，清词丽句必为邻。窃攀屈、宋宜方驾，恐与齐、梁作后尘。

    未及前贤更勿疑，递相祖述复先谁？别裁伪体亲风雅，转益多师是汝师。

2. 寄题江外草堂 *

    我生性放诞，雅欲逃自然。

    嗜酒爱风竹，卜居必林泉。

    遭乱到蜀江，卧疴遣所便。

诛茅初一亩，广地方连延。

经营上元始，断手宝应年。

敢谋土木丽，自觉面势坚。

亭台随高下，敞豁当清川。

惟有会心侣，数能同钓船。

干戈未偃息，安得酣歌眠。

蛟龙无定窟，黄鹄摩苍天。

古来贤达士，宁受外物牵。

顾惟鲁钝姿，岂识悔吝先？

偶携老妻去，惨澹凌风烟。

事迹无固必，幽贞贵双全。

尚念四小松，蔓草易拘缠。

霜骨不堪长，永为邻里怜。

七、张怀瓘（生卒年不详）

张怀瓘唐代书法家、书论家。活动于开元年间（713~741 年）。著有《书断》、《评书药石论》、《书诂》、《画断》，已佚。唐代的书法艺术和理论都有很大发展，出现了书论史上具有重要地位的书论家。张怀瓘就是其中有代表性的人物之一。

张怀瓘明确地强调书法是一门艺术，并论述了书法艺术的特点。他指出，书法不仅可以记载古今的人事道理，有实用的价值，而且能够"含情万里，标拔志气，黼藻精灵"，有抒发情感、美育心灵的功用。

他描绘了书法家从"因象以瞳眬"到"冲漠以立形"，再到形彰而投笔的创作过程，并且谈到了构思中种种不同的特点，表现了他对形象思维的深刻认识。

他批评过去书品的缺点，提出了"风神骨气者居上，妍美功用者居下"，的标准，把书法艺术分为神、妙、能三品。这种品评的区别，反映了书法艺术中审美鉴赏的深入。

本书引文据明朱衣等校刻本《王氏书画苑》、清康熙静永堂刻本《佩文斋书画谱》及上海人民美术出版社《历代名画记》。

1. 书的起源与作用

论曰：文字者，总而为言，若分而为义，则文者祖父，字者子孙。察其物形，得其文理，故谓之曰文；母子相生，孳乳寖多，因名之为字。题于竹帛，则目之曰书。文也者，其道焕焉。日月星辰，天之文也；五岳四渎，地之文也；城阙朝仪，人之文也。字之与书，理亦归一。因文为用，相须而成。名言诸无，宰制群有，何幽不贯，何远不经，可谓事简而应博，范围宇宙，分别川原高下之可居，土壤沃瘠之可殖，是以大荒籍矣。纪纲人伦，显明君父尊严而爱敬尽礼，长幼班列而上下有序，是以大道行焉。阐典坟之大猷，成国家之盛业者，莫近乎书。其后能者加之以玄妙，故有翰墨之道光焉。(《法书要录》卷四《唐张怀瓘文字论》)

昔庖羲氏画卦以立象，轩辕氏造字以设教，至于尧舜之世，则焕乎有文章，其后盛于商周，备夫秦汉，固夫所由远矣。文章之为，必假乎书；书之为征，期合乎道。故能发挥文者，莫近乎书。若乃思贤哲于千载，览陈迹于缣简，谋猷在觌，作事粲然，言察深衷，使百代无隐，斯可尚也；及夫身处一方，含情万里，标拔志气，黼藻精灵，披封睹迹，欣如会面，又可乐也。(《法书要录》卷七《张怀瓘书断上》)

八、张璪（生卒年不详）

张璪字文通，唐代画家。善画松石山水。著有《绘境》，已失传。

《历代名画记》中记载了张璪论画的一句名言："外师造化，中得心源"。这是对绘画创作中主客体关系的一个精炼而深刻的概括，反映了唐代绘画的进步倾向。

本书引文据上海人民美术出版社《历代名画记》卷十。

1. 外师造化，中得心源

初，毕庶子宏擅名于代，一见惊叹之，异其唯用秃毫，或以手摸绢素，因问璪所受。璪曰："外师造化，中得心源。"毕宏于是搁笔。

九、皎然（生卒年不详）

皎然僧人。字清昼，俗姓谢。南朝谢灵运十世孙。唐代诗人，活动于大历、贞元年间。有《杼山集》、《诗式》、《诗评》，以及《儒释交游传》、《内典类聚》、《号呶子》等。

皎然的"四不"、"二要"、"二废"、"四离"、"六迷"、"七至"等论，通过对一系列互相矛盾的审美概念的分析、区别和规定，提出了对诗歌创作的各种审美要求。皎然的这种分析方法，在魏晋以来的书、画品评中已经常常被采用，对于后来的诗论、词论都有影响。

皎然对于"比兴"的解释也有他的独到之处，常为后来学者所引用。

本书引文据何文焕辑《历代诗话·诗式》。

1. 论比兴

取象曰比，取义曰兴，义即象下之意。凡禽鱼草木人物名数万象之中，义类同者，尽入比兴，《关雎》即其义也。

2. 诗有四不 *

气高而不怒，怒则失于风流。
力劲而不露，露则伤于斤斧。
情多而不暗，暗则蹶于拙钝。
才赡而不疏，疏则损于筋脉。

3. 诗有二要 *

要力全而不苦涩。
要气足而不怒张。

4. 诗有二废 *

虽欲废巧尚直，而思致不得置。
虽欲废词尚意，而典丽不得遗。

5. 诗有四离 *

虽期道情而离深僻。
虽用经史而离书生。
虽尚高逸而离迂远。
虽欲飞动而离轻浮。

6. 诗有六迷 *

以虚诞而为高古。
以缓漫而为冲澹。
以错用意而为独善。
以诡怪而为新奇。
以烂熟而为稳约。
以气少力弱而为容易。

7. 诗有七至 *

至险而不僻。
至奇而不差。
至丽而自然。
至苦而无迹。

至近而意远。

至放而不迁。

至难而状易。

十、韩愈（768~824年）

韩愈字退之，唐代文学家、哲学家。先世曾居昌黎，故也称韩昌黎。有《韩昌黎集》。

韩愈在哲学上持天命论，但又很重视人的作用，把顺天安命的法天思想与居仁由义的济天思想结合起来。他第一次明确提出了性情三品说，他的关于性、情既区别又联系的观点，具有反对佛教灭情复性说的积极意义。他的教育思想具有较多的唯物论和辩证法因素，他说："师者，所以传道、受［授］业、解惑也。人非生而知之者，孰能无惑"。主张"业精于勤"、"行成于思"、"弟子不必不如师，师不必贤于弟子，闻道有先后，术业有专攻，如是而已。"

他的文学主张是文道合一（道是目的和内容，文是手段和形式）、继承基础上创新、内容来自现实生活。提出"大凡物不得其平则鸣"的论断，认为这是自然界、人类社会和文学创作所共有的现象，是物与物、物与我之间矛盾激化的表现。这种观点，与"怨而不怒"、"温柔敦厚"的观点不同，对以后文学的发展，起了积极的推动作用。

韩愈善于提炼前人语言或口语，形成传世名句，如"同工异曲"、"俱收并蓄"（《进学解》）、"不塞不流，不止不行"（《原道》）、"蚍蜉撼大树，可笑不自量"（《调张籍》）、"大匠无弃材，寻尺各有施"（《送张道士序》）。

韩愈写景咏物诗如：《山石》、《杏花》、《南溪始泛》、《送桂州严大夫》等，其中"江作青罗带，山如碧玉簪"成功地再现了桂林山水之美，成为脍炙人口的名句。

本书引文据《韩昌黎文集校注》（古典文学出版社）。

1. 文为世所珍爱者必非常物

百物朝夕所见者，人皆不注视也；及睹其异者，则共观而言之。夫文岂异于是乎？汉朝人莫不能为文，独司马相如、太史公、刘向、扬雄为之最。然则用功深者，其收名也远。若皆与世沉浮，不自树立，虽不为当时所怪，亦必无后世之传也。足下家中百物，皆赖而用也；然其所珍爱者，必非常物。夫君子之于文，岂异于是乎？今后进之为文，能深探而力取之，以古圣贤人为法者，虽未必皆是，要若有司马相如、太史公、刘向、扬雄之徒出，必自于此，不自循常之徒也。若圣人之道，不用文则已，用则必尚其能者。能者非他，能自树立不因循者是也。有文字来，谁不为文，然其存于今者，必其能者也。顾常以此为说耳。（卷三《答刘正夫书》）

2. 文与道

愈之志在古道，又甚好其言辞。（卷三《答陈生长书》）

愈之为古文，岂独取其句读不类于今者邪？ 思古人而不得见，学古道则欲兼通其辞；通其辞者，本志乎古道者也。（卷五《题哀辞后》）

读书以为学，缵言以为文，非以夸多而斗靡也。盖学所以为，文所以为理耳。苟行事得其宜，出言适其要，虽不晤面，吾将信其富于文学也。（卷四《送陈秀才彤序》）

子之言以愈所为不违孔子，不以琢雕为工，将相从于此，愈敢爱其道而以辞让为事乎？愈之所志于古者，不惟其辞之好，好其道焉尔。读吾子之辞而得其所用心，将复有深于是者，与吾子乐之，况其外之文乎？ （卷三《答李秀才书》）

3. 不平则鸣

大凡物不得其平则鸣。草木之无声，风挠之鸣。水之无声，风荡鸣，其跃也或激之，其趋也或梗之，其沸也或炙之。金石之无声，击之鸣。人之于言也亦然，有不得已者而后言。其歌也有思，其哭也有怀，凡出乎口而为声者，其皆有弗平者乎！

乐也者，郁于中而泄于外者也，择其善鸣者而假之鸣。金、石、丝、竹、匏、土、革、木八者，物之善鸣者也。维天之于时也亦然，择善鸣者而假之鸣。是故以鸟鸣春，以雷鸣夏，以虫鸣秋，以风鸣冬。四时之相推夺，其必有不得其平者乎！

其于人也亦然。人声之精者为言，文辞之于言，又其精也，尤择其善鸣者而假之鸣。其在唐虞，咎陶、禹，其善鸣者也，而假以鸣。夔弗能以文辞鸣，又自假于《韶》以鸣。夏之时，五子以其歌鸣。伊尹鸣殷，周公鸣周。凡载于《诗》、《书》六艺，皆鸣之善者也。周之衰，孔子之徒鸣之，其声大而远。传曰"天将以夫子为木铎"，其弗信矣乎！其末也，庄周以其荒唐之辞鸣。楚，大国也，其亡也，以屈原鸣。臧孙辰、孟轲、荀卿，以道鸣者也。杨朱、墨翟、管夷吾、晏婴、老聃、申不害、韩非、慎到、田骈、邹衍、尸佼、孙武、张仪、苏秦之属，皆以其术鸣。秦之兴，，李斯鸣之。汉之时，司马迁、相如、扬雄，最其善鸣者也。其下魏、晋氏，鸣者不及于古，然亦未尝绝也。就其善者，其声清以浮，其节数以急，其辞淫以哀，其志弛以肆，其为言也乱杂而无章。将天丑其德，莫之顾邪？何为乎不鸣其善鸣者也！

唐之有天下，陈子昂、苏源明、元结、李白、杜甫、李观，皆以其所能鸣。其存而在下者，孟郊东野始以其诗鸣。其高出魏、晋，不懈而及于古，其他浸淫乎汉氏矣。从吾游者，李翱、张籍，其尤也。三子者之鸣信善矣，抑不知天将和其声，而使鸣国家之盛邪，抑将穷饿其身，思愁其心肠，而使自鸣其不幸邪？三子者之命，则悬乎天矣。其在上也奚以喜，其在下也奚以悲。东野之役于江南也，有若不释然者，故吾道其命于天者以解之。（卷四《送孟东野序》）

十一、白居易（772~846 年）

白居易字乐天，晚年号香山居士，唐代诗人，风景园林家。著有《白氏长庆集》。

白居易从哲学的高度，对诗歌的起源和功用进行了探讨。他认为有一种粹灵之气居于天地人之中，而人所含最多；人之中，文人又最多。这种气"凝为性，发为志，散为文"。古代圣人认识到气、情、文之间的这种必然联系，因而加"六义"于言，附五音于声，使人的自然情声得到提高与美化，创造了诗歌艺术。另一方面，白居易认为"群分而气同，形异而情一"，由于人们所禀气情是同一的，因而根于气情的诗歌就会引起情交而感的作用。白居易提出以六义为本，强调"歌诗合为事而作"，主张"以真为师"等，反映了现实主义文艺发展的要求，有助于推动诗歌、绘画创作的健康发展。

他的思想是综合儒、道、佛三家，中年以后则从"达则兼济天下"转向"穷则独善其身"，但他没有辞官归隐，而是选择了"吏隐"，在庐山盖起了草堂，写"草堂记"。长庆二年（公元 822 年）出任杭州刺史，曾修筑湖堤，蓄水灌田，并疏浚城中六井，以利饮用。829年定居洛阳，曾出资募人凿开龙门八节石滩，以利行船，并居于香山，自号"香山居士"，写"修香山寺记"。

白居易留下了 3000 篇诗作，还有一套诗歌理论。例如：他把诗歌比作果树，提出"根情、苗言、华声、实义"（《与元九书》）的名论。其中，情是内容，言与声是表现形式，义是社会效果。其创作活动是"大凡人之感于事，则必动于情，然后兴于嗟叹，发于吟咏，而形于歌诗矣"（《策林》六十九）。

他在闲适诗中有描写自然景物、田园风光及其游记的佳作，在杂律诗中有抒情写景小诗，在议论文中有写景状物、旨趣优美的杂记小品。例如，《草堂记》堪称风景园林的选址造景、审美评价、游息论作名篇，其中"仰观山，俯听泉，傍睨竹树云石"，"物诱气随，外适内和"，"体宁心恬"成为理论名句；在《池上篇》中有"十亩之宅，五亩之园；有水一池，有竹千竿。勿谓土狭，勿谓地偏。足以容膝，足以息肩。有堂有亭，有桥有船；有书有酒，有歌有弦。……优哉游哉，吾将终老乎其间。"在《白蘋洲五亭记》中有："大凡地有胜境，得人而后发；人有心匠，得物而后开，境心相遇，固有时耶？"在《养竹记》中，谈到"竹性"与"树德"。在《太湖石记》中，有"三山五岳，百洞千壑，视缕簇缩，尽在其中。""石有大小，其数四等"。在《冷泉亭记》中，有"东南山水""斯所以最余杭而甲灵隐"的论证。在其诗作中，频繁出现新构亭台、新凿水池、新置草堂、新开一池、重修水亭院、小宅、竹窗、桃花、池上作等类事例或词组。这都说明白居易还是一位风景园林理论家和实践家。

本书引文据《白香山集》（文学古籍刊行社），《白居易集》（中华书局）。

1. 论诗

夫文尚矣。三才各有文：天之文，三光首之；地之文，五材首之；人之文，六经首之。

就六经言，《诗》又首之。何者？圣人感人心而天下和平。感人心者，莫先乎情，莫始乎言，莫切乎声，莫深乎义。诗者：根情、苗言、华声、实义。上自贤圣，下至愚俊，微及豚鱼，幽及鬼神，群分而气同，形异而情一，未有声入而不应，情交而不感者。圣人知其然，因其言，经之以六义；缘其声，纬之以五音。音有韵，义有类。韵协则言顺，言顺则声易入。类举则情见，情见则感易交。于是乎孕大含深，贯微洞密，上下通而一气泰，忧乐合而百志熙。五帝三皇所以直道而行，垂拱而理者，揭此以为大柄，决此以为大窦也。故闻"元首明，股肱良"之歌，则知虞道昌矣；闻五子洛汭之歌，则知夏政荒矣。言者无罪，闻者足诫，言者闻者莫不两尽其心焉。

洎周衰秦兴，采诗官废，上不以诗补察时政，下不以歌泄导人情，乃至于谄成之风动，救失之道缺，于时六义始刓矣。

国风变为骚辞，五言始于苏、李。苏、李，骚人，皆不遇者，各系其志，发而为文，故"河梁"之句，止于伤别；"泽畔"之吟，归于怨思；仿徨抑郁，不暇及他耳。然去诗未远，梗概尚存。故兴离别，则引"双凫""一雁"为喻，讽君子小人，则引"香草""恶鸟"为比。虽义类不具，犹得风人之什二三焉。于时六义始缺矣。

晋、宋已还，得者盖寡。以康乐之奥博，多溺于山水；以渊明之高古，偏放于田园；江、鲍之流，又狭于此。如梁鸿《五噫》之例者，百无一二焉。于时六义寝微矣，陵夷矣。

至于梁、陈间，率不过嘲风雪、弄花草而已。噫，风雪花草之物，三百篇中岂舍之乎？顾所用何如耳。设如"北风其凉"，假风以刺威虐也；"雨雪霏霏"，因雪以愍征役也；"棠棣之华"，感华以讽兄弟也；"采采芣苢"，美草以乐有子也。皆兴发于此，而义归于彼。反者，可乎哉？然则"余霞散成绮，澄江净如练"，"离花先委露，别叶乍辞风"之什，丽则丽矣，吾不知其所讽焉。故仆所谓嘲风雪、弄花草而已。于时六义尽去矣。

唐兴二百年，其间诗人不可胜数，所可举者，陈子昂有《感遇诗》二十首，鲍鲂有《感兴诗》十五首。又诗之豪者，世称李杜。李之作，才矣，奇矣，人不逮矣，索其风雅比兴，十无一焉。杜诗最多，可传者千余首。至于贯穿今古，觇缕格律，尽工尽善，又过于李。然撮其《新安吏》、《石壕吏》、《潼关吏》、《塞芦子》、《留花门》之章，"朱门酒肉臭，路有冻死骨"之句，亦不过三四十首。杜尚如此，况不逮杜者乎！（卷二十八《与元九书》）

问：圣人之致理也，在乎酌人言，察人情，而后行为政、顺为教者也。然则一人之耳，安得遍闻天下之言乎？一人之心，安得尽知天下之情乎？今欲立采诗之官，开讽刺之道，察其得失之政，通其上下之情。子大夫以为如何？

臣闻：圣王酌人之言，补己之过，所以立理本，导化源也，将在乎选观风之使，建采诗之官，俾乎歌咏之声，讽刺之兴，日采于下，岁献于上者也。所谓言之者无罪，闻之者足以自诫。大凡人之感于事，则必动于情，然后兴于嗟叹，发于吟咏，而形于歌诗矣。故闻《蓼萧》之诗，则知泽及四海也；闻《华黍》之咏，则知时和岁丰也；闻《北风》之言，则知威虐及人也；闻《硕鼠》之刺，则知重敛于下也；闻"广袖高髻"之谣，则知风俗之奢荡也；闻"谁其获者妇与姑之"之言，则知征役之废业也。故国风之盛衰，由斯而见也；王政之得失，由斯而闻也；人情之哀乐，由斯而知也。然后君臣亲览而斟酌焉：政之废者修之，阙者补之；人之忧者乐之，劳者逸之。所谓善防川者，决之使导；

善理人者，宣之使言。故政有毫发之善，下必知也；教有锱铢之失，上必闻也。则上之诚明何忧乎不下达？下之利病何患乎不上知？上下交和，内外胥悦。若此而不臻至理，不致升平，自开辟以来，未之闻也。老子曰："不出户，知天下。"斯之谓欤！ （卷四十八《策林六十九》）

……文章合为时而著，歌诗合为事而作。 （卷二十八《与元九书》）

序曰：凡九千二百五十二言，断为五十篇。篇无定句，句无定字，系于意，不系于文。首句标其目，卒章显其志。《诗》三百之义也。其辞质而径，欲见之者易谕也；其言直而切，欲闻之者深诫也；其事核而实，使采之者传信也；其体顺而肆，可以播于乐章歌曲也。总而言之，为君为臣为民为物为事而作，不为文而作也。 （卷三《新乐府序》）

2. 论画

植物之中竹难写，古今虽画无似者。萧郎下笔独逼真，丹青以来唯一人。人画竹身肥拥肿，萧画茎瘦节节竦。人画竹梢死赢垂，萧画枝活叶叶动。不根而生从意生，不笋而成由笔成。野塘水边碕岸侧，森森两丛十五茎。婵娟不失筠粉态，萧飒尽得风烟情。举头忽看不似画，低耳静听疑有声。西丛七茎劲而健，省向天竺寺前石上见。东丛八茎疏且寒，忆曾湘妃庙里雨中看。幽姿远思少人别，与君相顾空长叹。萧郎萧郎老可惜，手战眼昏头雪色。自言便是绝笔时，从今此竹尤难得。 （卷十二《画竹歌》）

张氏子得天之和，心之术，积为行，发为艺；艺尤者其画欤？画无常工，以似为工。学无常师，以真为师。故其措一意，状一物，往往运思，中与神会，仿佛焉若驱和役灵于其间者。 （卷二十六《记画》）

3. 草堂记 *

匡庐奇秀，甲天下山。山北峰曰香炉，峰北寺曰遗爱寺。介峰、寺间，其境胜绝，又甲庐山。元和十一年秋，太原人白乐天见而爱之，若远行客过故乡，恋恋不能去。因面峰腋寺，作为草堂。

明年春，草堂成。三间两柱，二室四牖，广袤丰杀，一称心力。洞北户，来阴风，防徂暑也；敞南甍，纳阳日，虞祁寒也。木斫而已，不加丹；墙圬而已，不加白。砌阶用石，幂窗用纸，竹帘纻帏，率称是焉。堂中设木榻四，素屏二，漆琴一张，儒、道、佛书各三两卷。

乐天既来为主，仰观山，俯听泉，旁睨竹树云石，自辰及酉，应接不暇。俄而物诱气随，外适内和。一宿体宁，再宿心恬，三宿后，颓然嗒然，不知其然而然。

自问其故，答曰：是居也，前有平地，轮广十丈；中有平台，半平地；台南有方池，倍平台。环池多山竹野卉，池中生白莲、白鱼。又南抵石涧，夹涧有古松、老杉，大达十人围，高不知几百尺。修柯戛云，低枝拂潭，如幢竖，如盖张，如龙蛇走。松下多灌丛，萝茑叶蔓，骈织承翳，日月光不到地，盛夏风气如八、九月时。下铺白石，为出入道。堂北五步，据层崖积石，嵌空垤块；杂木异草，盖覆其上。绿阴蒙蒙，朱实离离，不识其名，四时一色。又有飞泉植茗，就以烹燀。好事者见，可以销永日。堂东有瀑布，水悬三尺，泻阶隅，落石渠，昏晓如练色，夜中如环佩琴筑声。堂西倚北崖右趾，以剖竹架空，引崖上泉，脉分线悬，自檐注砌，累累如贯珠，霏微如雨露，滴沥飘洒，随风远去。其四傍，耳目、杖屦可及者：春有锦绣谷花，夏有石门涧云，秋有虎溪月，冬有炉峰雪。阴晴显晦，昏旦含吐，千变万状，不可殚纪。覼缕而言，故云甲庐山者。

噫！凡人丰一屋，华一簣，而起居其间，尚不免有骄稳之态。今我为是物主，物至致知，各以类至，又安得不外适内和、体宁心恬哉？昔永、远、宗、雷辈十八人，同入此山，老死不返。去我千载，我知其心以是哉！

矧予自思：从幼迨老，若白屋，若朱门，凡所止，虽一日二日，辄覆簣土为台，聚拳石为山，环斗水为池，其喜山水，病癖如此。一旦塞剥，来佐江郡。郡守以优容而抚我，庐山以灵胜待我，是天与我时，地与我所，卒获所好，又何以求焉？尚以冗员所羁，余累未尽，或往或来，未遑宁处。待予异时，弟妹婚嫁毕，司马岁秩满，出处行止，得以自遂，则必左手引妻子，右手抱琴书，终老于斯，以成就我平生之志。清泉白石，实闻此言！

时三月二十七日，始居新堂。四月九日，与河南元集虚、范阳张允中、南阳张深之、东西二林长老凑、朗、满、晦、坚等凡二十有二人，具斋施茶果以落之。因为《草堂记》。

（《白居易集》卷四十三）

4. 池上篇*

都城风土水木之胜在东南偏，东南之胜在履道里，里之胜在西北隅。西闬北垣第一第，即白氏叟乐天退老之地。地方十七亩，屋室三之一，水五之一，竹九之一，而岛树桥道间之。初，乐天既为主，喜且曰："虽有台，无粟不能守也。"乃作池东粟廪。又曰："虽有子弟，无书不能训也。"乃作池北书库。又曰："虽有宾朋，无琴酒不能娱也。"乃作池西琴亭，加石樽焉。乐天罢杭州刺史时，得天竺石一、华亭鹤二以归；始作西平桥，开环池路。罢苏州刺史时，得太湖石、白莲、折腰菱，青板舫以归；又作中高桥，通三岛径。罢刑部侍郎时，有粟千斛、书一车，泊臧获之习筦、磬、弦歌者指百以归。先是颍川陈孝山与酿法，酒味甚佳；博陵崔晦叔与琴，韵甚清；蜀客姜发授《秋思》，声甚淡；弘农杨贞一与青石三，方长平滑，可以坐卧。大和三年夏，乐天始得请为太子宾客，分秩于洛下，息躬于池上。凡三任所得，四人所与，泊吾不才身，今率为池中物矣。

每至池风春，池月秋，水香莲开之旦，露清鹤唳之夕，拂杨石，举陈酒，援崔琴，弹姜《秋思》，颓然自适，不知其他。酒酣琴罢，又命乐童登中岛亭，合奏《霓裳散序》，声随风飘，或凝或散，悠扬于竹烟波月之际者久之。曲未竟，而乐天陶然已醉，睡于石上矣。睡起偶咏，非诗非赋。阿龟握笔，因题石间。视其粗成韵章，命为《池上篇》云尔。

十亩之宅，五亩之园：有水一池，有竹千竿。勿谓土狭，勿谓地偏。足以容膝，足以息肩。有堂有亭，有桥有船；有书有酒，有歌有弦。有叟在中，白须飘然，识分知足，外无求焉。如鸟择木，姑务巢安，如蛙居坎，不知海宽。灵鹤怪石，紫菱白莲，皆吾所好，尽在我前。时引一杯，或吟一篇。妻孥熙熙，鸡犬闲闲。优哉游哉，吾将终老乎其间。（《白居易集》卷六十九）

5. 白蘋洲五亭记 *

湖州城东南二百步，抵霅（zhà）溪。溪连汀洲，洲一名白蘋。梁吴兴守柳恽于此赋诗云："汀洲采白蘋"，因以为名也。

前不知几十万年，后又数百载，有名无亭，鞠为荒泽。至大历十一年，颜鲁公真卿为刺史，始剪榛导流，作八角亭，以游息焉。旋属灾潦荐至，沼堙台圮。后又数十载，萎芜隙地。至开成三年，弘农杨君为刺史，乃疏四渠，浚二池，树三园，构五亭。卉木荷竹，舟桥廊室，洎游宴息宿之具，靡不备焉。

观其架大溪，跨长汀者，谓之白蘋亭；介二园，阅百卉者，谓之集芳亭；面广池，目列岫者，谓之山光亭；玩晨曦者，谓之朝霞亭；狎清涟者，谓之碧波亭。五亭间开，万象迭入，向背俯仰，胜无遁形。每至汀风春，溪月秋，花繁鸟啼之旦，莲开水香之夕，宾友集，歌吹作，舟棹徐动，觞咏半酣，飘然怳然。游者相顾，咸曰："此不知方外也？人间也？又不知蓬瀛昆阆复何如哉？"

时予守官在洛引，杨君缄书赍图，请予为记。予按图握笔，心存目想，觑缕梗概，十不得其二三。大凡地有胜境，得人而后发；人有心匠，得物而后开，境心相遇，固有时耶？盖是境也，实柳守滥觞之，颜公椎轮之，杨君缋素之。三贤始终，能事毕矣。杨君前牧舒，舒人治；今牧湖，湖人康。康之由，革弊兴利，若改茶法、变税书之类是也。利兴，故府有羡财；政成，故居多暇日。是以余力济高情，成胜概。三者旋相为用，岂偶然哉！昔谢、柳为郡，乐山水，多高情，不闻善政；龚、黄为郡，忧黎庶，有善政，不闻胜概。兼而有者，其吾友杨君乎！君名汉公，字用义。恐年祀久远，来者不知，故名而字之。时开成四年十月十五日，记。（《白居易集》卷七十一）

6. 冷泉亭记 *

东南山水，余杭郡为最。就郡言，灵隐寺为尤。由寺观，冷泉亭为甲。

亭在山下，水中央，寺西南隅。高不倍寻，广不累丈，而撮奇得要，地搜胜概，物无遁形。春之日，吾爱其草薰薰，木欣欣，可以导和纳粹，畅人血气。夏之夜，吾爱其泉淳淳，风泠泠，可以蠲烦析酲，起人心情。山树为盖，岩石为屏，云从栋生，水与阶平。坐而玩之者，可濯足于床下；卧而狎之者，可垂钓于枕上。矧又潺湲洁澈，粹冷柔滑。若俗士，若道人，眼耳之尘，心舌之垢，不待盥涤，见辄除去。潜利阴益，可胜言哉！斯所以最余杭而甲灵隐也。

杭自郡城抵四封，丛山复湖，易为形胜。先是，领郡者，有相里君造虚白亭，有韩仆射皋作候仙亭，有裴庶子棠棣作观风亭，有卢给事元辅作见山亭，及右司郎中河南元藇最后作此亭。于是五亭相望，如指之列，可谓佳境殚矣，能事毕矣。后来者，虽有敏心巧目，无所加焉。故吾继之，述而不作。长庆三年，八月十三日记。（《白居易集》卷四十三）

7. 养竹记 *（节录）

竹似贤，何哉？竹本固，固以树德；君子见其本，则思善建不拔者。竹性直，直以立身;君子见其性,则思中立不倚者。竹心空,空以体道;君子见其心,则思应用虚受者。竹节贞,贞以立志;君子见其节,则思砥砺名行,夷险一致者。夫如是,故君子人多树之为庭实焉。……

嗟乎!竹,植物也,于人何有哉?以其有似于贤,而人爱惜之,封植之,况其真贤者乎?然则竹之于草木,犹贤之于众庶。呜呼!竹不能自异,唯人异之;贤不能自异,惟用贤者异之。故作《养竹记》,书于亭之壁,以贻其后之居斯者,亦欲以闻于今之用贤者云。(《白居易集》卷四十三)

8. 太湖石记

古之达人,皆有所嗜。玄晏先生嗜书,嵇中散嗜琴,靖节先生嗜酒。今丞相奇章公嗜石。石无文无声,无臭无味,与三物不同,而公嗜之何也?众皆怪之。走独知之。昔故友李生名约有云:"苟适吾志,其用则多。"诚哉是言!适意而已。公之所嗜,可知之矣。公以司徒保厘河洛,治家无珍产,奉身无长物。惟东城置一第,南郭营一墅。精葺宫宇,慎择宾客,性不苟合,居常寡徒。游息之时,与石为伍。石有族,聚太湖为甲,罗浮天竺之徒次焉。今公之所嗜者甲也。先是,公之僚吏,多镇守江湖,知公之心,惟石是好,乃钩深致远,献瑰纳奇,四、五年间,累累而至。公于此物,独不廉让。东第南墅,列而置之。

富哉石乎!厥状非一,有盘拗秀出如灵丘鲜云者,有端俨挺立如真官神人者,有缜润削成如珪瓒者,有廉棱锐刿如剑戟者。又有如虬如凤,若踯若动,将翔将踊,如鬼如兽,若行若骤,将攫将斗者。风烈雨晦之夕,洞穴开呀,若饮云歠雷,嶷嶷然有可望而畏之者。烟霁景丽之旦,岩崿霏霭,若拂岚扑黛,霭霭然有可狎而玩之者。昏旦之交,名状不可。撮要而言,则三山五岳,百洞千壑,覙缕簇缩,尽在其中。百仞一拳,千里一瞬,坐而得之。此其所以为公适意之用也。

常与公迫视熟察,相顾而言,岂造物者有意于其间乎?将胚浑凝结,偶然而成功乎?然而自一成不变以来,不知几千万年,或委海隅,或沦湖底,高者仅数仞,重者殆千钧,一旦不鞭而来,无胫而至,争奇骋怪,为公眼中之物。公又待之如宾友,视之如贤哲,重之如宝玉,爱之如儿孙。不知精意有所召耶?将尤物有所归耶?孰为而来耶?必有以也。

石有大小,其数四等,以甲乙丙丁品之。每品有上中下,各刻于石阴,曰:牛氏石甲之上,丙之中,乙之下。噫!是石也,千百载后,散在天壤之内,转徙隐见,谁复知之?欲使将来与我同好者,睹斯石,览斯文,知公嗜石之自。会昌三年五月丁丑,记。(《白居易集·外集》卷下)

9. 沃洲山禅院记 *

沃洲山在剡县南三十里,禅院在沃洲山之阳,天姥岑之阴。南对天台,而华顶、赤城列焉;北对四明,而金庭、石鼓介焉。西北有支遁岭,而养马坡、放鹤峰次焉;东南有石桥溪,溪出天台石桥,因名焉。其余卑岩小泉,如子孙之从父祖者,不可胜数。东南山水,越为首,剡为面,沃洲天姥为眉目。夫有非常之境,然后有非常之人栖焉。晋宋以来，因山洞开，厥初有罗汉僧西天竺人白道猷居焉，次有高僧竺法潜、支道林居焉，次又有乾、兴、渊、支、遁、开、威、蕴、崇、实、光、识、斐、藏、济、度、逞、印凡十八僧居焉。高士名人有戴逵、王洽、刘恢、许玄度、殷融、郗超、孙绰、桓彦表、王敬仁、何次道、王文度、谢长霞、袁彦伯、王蒙、卫玠、谢万石、蔡叔子、王羲之凡十八人，或游焉，或止焉。故道猷诗云："连峰数千里，修林带平津。茅茨隐不见，鸡鸣知有人。"谢灵运诗云："暝投剡中宿，明登天姥岑。高高入云霓，还期安可寻？"盖人与山，相得于一时也。自齐至唐，兹山浸荒，灵境寂寥，罕有人游。故词人朱放诗云："月在沃洲山上，人归剡县江边。"刘长卿诗云："何人住沃洲？"此皆爱而不到者也。太和二年春，有头陀僧白寂然，来游兹山，见道猷支竺遗迹，泉石尽在，依依然如归故乡，恋不能去。时浙东廉使元相国闻之，始为卜筑。次廉使陆中丞知之，助其缮完。三年而禅院成，五年而佛事立。正殿若干间，斋堂若干间，僧舍若干间。夏腊之僧，岁不下八九十，安居游观之外，日与寂然讨论心要，振起禅风，白黑之徒，附而化者甚众。嗟乎！支竺殁而佛声寝，灵山废而法不作，后数百岁而寂然继之，岂非时有待而化有缘耶？六年夏，寂然遣门徒僧常赟，自剡抵洛，持书与图，诣从叔乐天，乞为禅院记云。

　　昔道猷肇开兹山，后寂然嗣兴兹山，今日乐天又垂文兹山，异乎哉！沃洲山与白氏，其世有缘乎？（《白居易集》卷六十八）

10. 修香山寺记 *

　　洛都四郊，山水之胜，龙门首焉。龙门十寺，观游之胜，香山首焉。香山之坏久矣，楼亭骞崩，佛僧暴露，士君子惜之，予亦惜之；佛弟子耻之，予亦耻之。顷予为庶子、宾客，分司东都，时性好闲游，灵迹胜概，靡不周览。每至兹寺，慨然有葺完之愿焉。迨今七八年，幸为山水主，是偿初心、复始愿之秋也。似有缘会，果成就之。噫！予早与故元相国微之，定交于生死之间，冥心于因果之际。去年秋，微之将薨，以墓志文见托。既而元氏之老，状其臧获与马绫帛洎银鞍玉带之物，价当六七十万，为谢文之贽，来致于予。予念平生分，文不当辞，贽不当纳。自秦抵洛，往返再三，讫不得已，回施兹寺。因请悲智僧清闲主张之，命谨干将士复掌治之。始自寺前亭一所，登寺桥一所，连桥廊七间，次至石楼一所，连廊六间，次东佛龛大屋十一间，次南宾院堂一所，大小屋共七间。凡支坏补缺，垒陂覆漏，圬墁之功必精，赭垩之饰必良，虽一日必葺，越三月而就。譬如长者坏宅，郁为导师化城。于是龛像无燥湿陊泐之危，寺僧有经行宴坐之安，游者得息肩，观者得寓目。关塞之气色，龙潭之景象，香山之泉石，石楼之风月，与往来者耳目一时而新。士君子、佛弟子豁然如释憾刷耻之为。清闲上人与予及微之，皆凤旧也，交情愿力，尽得知之。感往念来，欢且赞曰：凡此利益，皆名功德；而是功德，应归微之，必有以灭宿殃，荐冥福也。予应曰：呜呼！乘此功德，安知他劫，不与微之结后缘于兹土乎？因此行愿，安知他生不与微之复同游于兹寺乎？言及于斯，涟而涕下！唐太和六年，八月一日，河南尹、太原白居易记。（《白居易集》卷六十八）

十二、李勃（772~831年）

李勃字浚之。早年隐居庐山，唐宪宗时被荐为官。宝历元年（825年）出任桂州刺史兼御史中丞，集军政权于一身。在他任职桂林四年中，"一之年治乡野之病，二之载搜郛郭之遗"（李涉《南溪元岩铭》序中语），主持过南溪山、隐山两处景点的开辟与建设。吴武陵在《新开隐山记》中叙述："伐棘导泉，目山曰'隐山'，泉曰'蒙泉'，溪曰'蒙溪'，潭曰'金龟'，洞曰'北牖'，'曰'朝阳'，曰'南华'，曰'夕阳'，曰'云户'，曰'白蝙蝠'。……或取其方，或因其端，几焯于图牒也。……度财育工，为亭于山顶……又作亭于北牖之北。夹溪潭之间，轩然鹏飞，矫若虹据。左右翼为厨、为廊、为歌台、为舞榭，环植竹树，夐脱嚣滓。"……

本书引文据《名人笔下的桂林》（新华出版社，2001年版）。

1.《留别隐山》①

如云不厌苍梧远，似雁逢春又北归。惟有隐山溪上月，年年相望两依依。

【注释】

①原刻于隐山北牖洞口。作者任期满离桂前所作。

2.《南溪诗》序

桂水过漓山，右汇阳江，又里余，得南溪口。溪左屏列崖嵥，斗丽争高；其孕翠曳烟，逦迤如画。右连幽野，园田鸡犬，疑非人间。溯流数百步，至元岩。岩下有污壤沮洳，因导为新泉。山有二洞九室。西南曰白龙洞，横透巽维，蜕骨如玉；西北曰元岩洞，曲通坎隅，晴眺漓水；元岩之上曰丹室，白龙之右曰少室。巽维北，梯嶮至仙窟。仙窟北，又有六室参差呀豁，延景宿云。其洞室并乳溜凝化，诡势奇状。仰而察之，如伞如奉，如栾栌支撑，如莲蔓藻井。左睥右瞰，似帘似帷，似松偃竹裛，似海荡云惊。其玉池元井、岚窗飚户，回还交错，迷不可纪。从少室、梁溪向郭，四里而近，去松衢二百步而遥。余获之，自贺若获荆璆与蛇珠焉，亦疑夫大舜游此而忘归矣。遂命发潜敞深，隥危宅胜，既翼之以亭榭，又韵之以松竹。似讌（yàn）方丈，如升瑶台，丽如也，畅如也。以溪在郡南，因目为南溪。兼赋诗十韵以志之。宝历二年（826年）三月七日叙。

十三、刘禹锡（772~842年）

刘禹锡，字孟得，洛阳人。唐代思想家、哲学家、文学家。

他的论说文范围包括哲学、政治、医学、书法等方面。其中，针对"天人关系"的哲学命题，他在其代表作《天论》中提出了"天人交相胜"的著名观点。他认为"天"是"有形之大者"，"人"是"动物之尤者"，两者都是"入形器者"，即有形体的事物。"天之能，人固不能"；"人之能，天亦有所不能。"即天与人各有所能和所不能。"天"的规律"在生植"，"在强弱"；"人"的规律"在法制"，"在是非"。有时有事天胜人，有时有事人胜天。他还提出"天非务胜乎人"，而"人诚务胜乎天"，因为"天无私，故人可务乎胜也"。即"天"因其特点而无意识的"胜人"，而"人"却是有意识的"胜天"，能自觉地改变无意识的自然界。在这里，刘禹锡继承和发展了荀况的"制天命而用之"及柳宗元的天人"各行不相预"的思想，他既否定"天人感应"的目的论，又强调人的自觉能动性。

《陋室铭》是刘禹锡的散文名作，其中有知识界精神自觉的千古名言，这篇百字短文轻快隽永，琅琅上口，音韵铿锵，显得轻灵跳动，妙趣横生。

刘禹锡存诗 800 余首，他既认真吸取民歌的营养，又继承着诗歌的"美刺"、"影刺"、"怨刺"的特点。例如："杨柳青青江水平"（《竹枝词二首》之一）；"日照澄洲江雾开"（《浪淘沙·词九首》之六）；"沉舟侧畔千帆过，病树前头万木春"（《酬乐天扬州初逢席上见赠》）；"兴废由人事，山川空地形"（《金陵怀古》）；"遥望洞庭山翠小，白银盘里一青螺"（《望洞庭》）；"唯有牡丹真国色，花开时节动京城"（《赏牡丹》）；他还强调诗的精练含蓄，"片言可以明百意"、"境生于象外"（《董氏武陵集记》）

本书引文转自《柳宗元集》（中国书店，易新鼎点校，2000 年版）《中国大百科全书》1986 版。

1. 天论上 *

世之言天者二道焉。拘于昭昭者，则曰："天与人实影响：祸必以罪降，福必以善徕，穷厄而呼必可闻，隐痛而祈必可答，如有物的然以宰者。"故阴骘之说［胜］（腾）焉。泥于冥冥者，则曰："天与人实刺异：霆震于畜木，未尝在罪；春滋乎堇荼，未尝择善；跖、蹻焉而遂，孔、颜焉而厄，是茫乎无有宰者。"故自然之说胜焉。余友河东解人柳子厚作《天说》，以折韩退之之言，文信美矣，盖有激而云，非所以尽天人之际。故余作《天论》，以极其辩云。

大凡入形器者，皆有能有不能。天，有形之大者也；人，动物之尤者也。天之能，人固不能也；人之能，天亦有所不能也。故余曰：天与人交相胜耳。其说曰：天之道在生植，其用在强弱；人之道在法制，其用在是非。阳而阜生，阴而肃杀；水火伤物，木坚金利；壮而武健，老而耗眊，气雄相君，力雄相长：天之能也。阳而艺树，阴而揪敛；防害用濡，禁焚用光；斩材燠坚，液矿硎硇；义制强讦，礼分长幼；右贤尚功，建极闲邪：人之能也。

人能胜乎天者，法也。法大行，则是为公是，非为公非，天下之人蹈道必赏，违之必罚。当其赏，虽三旌之贵，万锺之禄，处之咸曰宜。何也？为善而然也。当其罚，虽族属之夷，刀锯之惨，处之咸曰宜。何也？为恶而然也。故其人曰："天何预乃事耶？唯告虔报本，肆类授时之礼，曰天而已矣。福兮可以善取，祸兮可以恶召，奚预乎天邪？"法小弛则是非驳，赏不必尽善，罚不必尽恶。或贤而尊显，时以不肖参焉；或过而僇辱，时以不辜参焉。故其人曰："彼宜然而信然，理也；彼不当然而固然，岂理邪？天也。福或可以诈取，而祸或可以苟免。"人道驳，故天命之说亦驳焉。法大弛，则是非易位，赏恒在佞，而罚恒在直，义不足以制其强，刑不足以胜其非，人之能胜天之具尽丧矣。夫实已丧而名徒存，彼昧者方挈挈然提无实之名，欲抗乎言天者，斯数穷矣。

故曰：天之所能者，生万物也；人之所能者，治万物也。法大行，则其人曰："天何预人邪，我蹈道而已。"法大弛，则其人曰："道竟何为邪？任人而已。"法小弛，则天人之论驳焉。今以一己之穷通，而欲质天之有无，惑矣！

余曰：天恒执其所能以临乎下，非有预乎治乱云尔；人恒执其所能以仰乎天，非有预乎寒暑云尔；生乎治者人道明，咸知其所自，故德与怨不归乎天；生乎乱者人道昧，不可知，故由人者举归乎天，非天预乎人尔。

2. 天论中 *

或曰："子之言天与人交相胜，其理微，庸使户晓，盍取诸譬焉。"刘子曰："若知旅乎？夫旅者，群适乎莽苍，求休乎茂木，饮乎水泉，必强有力者先焉，否则虽圣且贤莫能竞也。斯非天胜乎？群次乎邑郛，求荫于华榱，饱于饩牢，必圣且贤者先焉，否则强有力莫能竞也。斯非人胜乎？苟道乎虞、芮，虽莽苍犹郛邑然，苟由乎匡、宋，虽郛邑犹莽苍然。是一日之途，天与人交相胜矣。吾固曰：是非存焉，虽在野，人理胜也；是非亡焉，虽在邦，天理胜也。然则天非务胜乎人者也。何哉？人不幸则归乎天也，人诚务胜乎天者也。何哉？天无私，故人可务乎胜也。吾于一日之途而明乎天人，取诸近也已。"

或者曰："若是，则天之不相预乎人也信矣，古之人曷引天为？"答曰："若知操舟乎？夫舟行乎潍、淄、伊、洛者，疾徐存乎人，次舍存乎人。风之怒号，不能鼓为涛也；流之溯洄，不能峭为魁也。适有迅而安，亦人也；适有覆而胶，亦人也。舟中之人未尝有言天者，何哉？理明故也。彼行乎江、河、淮、海者，疾徐不可得而知也，次舍不可得而必也。鸣条之风，可以沃日；车盖之云，可以见怪。恬然济，亦天也；黯然沉，亦天也。阽危而仅存，亦天也。舟中之人未尝有言人者，何哉？理昧故也。"

问者曰："吾见其骈焉而济者，风水等耳。而有沉有不沉，非天曷司欤？"答曰："水与舟，二物也。夫物之合并，必有数存乎其间焉。数存，然后势形乎其间焉。一以沉，一以济，适当其数乘其势耳。彼势之附乎物而生，犹影响也。本乎徐者其势缓，故人得以晓也；本乎疾者其势遽，故难得以晓也。彼江、海之覆，犹伊、淄之覆也。势有疾徐，故有不晓耳。"

问者曰："子之言数存而势生，非天也，天果狭于势邪？"答曰："天形恒圆而色恒青，周回可以度得，昼夜可以表候，非数之存乎？恒高而不卑，恒动而不已，非势之乘乎？今夫苍苍然者，一受其形于高大，而不能自还于卑小；一乘其势于动用，而不能自休于俄顷，又恶能逃乎数而越乎势耶？吾固曰：万物之所以为无穷者，交相胜而已矣，还相用而已矣。天与人，万物之尤者耳。"

问者曰："天果以有形而不能逃乎数，彼无形者，子安所寓其数邪？"答曰："若所谓无形者，非空乎？空者，形之希微者也。为体也不妨乎物，而为用也恒资乎有，必依于物而后形焉。今为室庐，而高厚之形藏乎内也；为器用，而规矩之形起乎内也。音之作也有大小，而响不能逾；表之立也有曲直，而影不能逾。非空之数欤？夫目之视，非能有光也，必因乎日月火炎而后光存焉。所谓晦而幽者，目有所不能烛耳。彼狸、狌、犬、鼠之目，庸谓晦为幽邪？吾固曰：以目而视，得形之粗者也；以智而视，得形之微者也。乌有天地之内有无形者耶？古所谓无形，盖无常形耳，必因物而后见耳。乌能逃乎数耶？"

3. 天论下 *

或曰："古之言天之历象，有宣夜、浑天、《周髀》之书；言天之高远卓诡，有邹子。今子之言，有自乎？"

答曰："吾非斯人之徒也。大凡入乎数者，由小而推大必合，由人而推天亦合。以理揆之，万物一贯也。一今夫人之有颜、目、耳、鼻、齿、毛、颐、口，百骸之粹美者也。然而其本在夫肾、肠、心、腹；天之有三光悬寓，万象之神明者也。然而其本在乎〔夫〕山川五行。浊为清母，重为轻始。两位既仪，还相为庸。嘘为雨露，噫为雷风。乘气而生，群分汇从。植类曰生，按《尚书》传云：海隅苍生，谓草木也。动类曰虫。倮虫之长，为智最大，能执人理，与天交胜，用天之利，立人之纪。纪纲或坏，复归其始。尧、舜之书，首曰'稽古'，不曰稽天；幽、厉之诗，首曰'上帝'，不言大事。在舜之廷，元凯举焉，曰'舜用之"，不曰天授；在殷高宗，袭乱而兴，心知说贤，乃曰'帝赉'。尧民知余，难以神诬；商俗以讹，引天而驱。由是而言，天预人乎？"（引自《柳宗元集》卷十六）

4. 陋室铭 *

山不在高，有仙则名，水不在深，有龙则灵。斯是陋室，惟吾德馨。苔痕上阶绿，草色入帘青。谈笑有鸿儒，往来无白丁。可以调素琴，阅金经。无丝竹之乱耳，无案牍之劳形。南阳诸葛庐，西蜀子云亭。孔子云："何陋之有？"

（《古文观止》卷七（中国书店，1981 年版）

十四、柳宗元（773~819 年）

柳宗元字子厚，唐代哲学家、文学家、风景园林家。曾任永州司马，后迁柳州，世称柳柳州。著有《柳河东集》。

天人关系是唐代哲学之争的主要问题，他继承宇宙的本元是"元气"说，天地既分之后，元气居天地中间。"彼上而玄者，世谓之天；下而黄者，世谓之地；浑然而中处者，世谓之元气；寒而暑者，世谓之阴阳。"他在荀子"天人之分"的基础上，强调天人"各行不相预"，"功者自功，祸者自祸"，要变祸为福，是"在我人力"。历史的发展，决定的因素是"生人之意"，即意愿和需求。制度的产生，"非圣人意也，势也"，即社会趋势。他认为佛教"不与孔子异道"，主张"统合儒释"。

柳宗元关于文艺中"奇味"的论述，表明他在要求"文者以明道"的同时，并不忽略文艺的美感作用。他认为人的生活有多方面需要，因此文艺的体裁、趣味和风格应该多样化。柳宗元的这一思想，对于后世有积极的影响。

柳宗元留下 600 多篇诗文，大致有论说、寓言、传记、游记、骚赋五类。其中，山水游记最为脍炙人口，著名的《永州八记》展现了湘桂之交的山水胜景，把身世际遇、思想感情、观察体验和营造实践都融合于自然风景的描绘中。有的借景抒愤或描写幽静心境，有的直接刻画山水景色的"纷红骇绿"、"萦青缭白"，有的写"丘石之状"、绘"溪水之形"或"鱼皆空游无所依"，精巧地再现自然之美。他认为"美不自美，因人而彰。"

柳宗元还是风景园林理论家和实践家。在唐代风景园林全面发展的背景和趋势中，他深刻观察客观景物，把风景 分为旷与奥两大类，认为风景园林的社会作用是"君子必有游息之物……然后理达而事成。"其建设原则是"逸其人，因其地，全其天。"他记述的设计施工或营建实例有八九篇，涉及轩堂亭室、洲岛丘沟、泉溪潭池和林竹花木等要素；他为梓人匠师杨潜和种树人郭橐驼写传；他的"古今诗"中，含有大量种植园林植物的主题或词组，如名园、楚树、疏篁、种柳、移桂、栽竹、榕叶、橘柚、芍药、红蕉、早梅、蓼花等，还有芙蓉水、薜荔墙、榆柳疏、梨枣熟、种木槲花、植海石榴、种白蘘荷、移木芙蓉、种仙灵毗等；他在《行路难》中感慨"君不见南山栋梁益稀少，爱材养育谁复论！"他的《渔翁》以奇趣为宗，"渔翁夜傍西岩宿，晓汲清湘燃楚竹。烟销日出不见人，欸乃一声山水绿。"他在《江雪》中寄托情怀，"千山鸟飞绝，万径人踪灭。孤舟蓑笠翁，独钓寒江雪。"

本书引文据《柳宗元集》（中华书局和中国书店）。

1. 文以明道

始吾幼且少，为文章，以辞为工。及长，乃知文者以明道，是固不苟为炳炳烺烺［烨烨］，务采色、夸声音而以为能也。凡吾所陈，皆自谓近道，而不知道之果近乎，远乎？吾子好道而可吾文，或者其于道不远矣。故吾每为文章，未尝敢以轻心掉之，惧其剽而不留也；未尝敢以怠心易之，惧其弛而不严也；未尝敢以昏气出之，惧其昧没而杂也；未尝敢以矜气作之，惧其偃蹇而骄也。抑之欲其奥，扬之欲其明，疏之欲其通，廉之欲其节，激而发之欲其清，固而存之欲其重。此吾所以羽翼夫道也。本之《书》以求其质，本之《诗》以求其恒，本之《礼》以求其宜，本之《春秋》以求其断，本之《易》以求其动。此吾所以取道之原也。参之谷梁氏以厉其气，参之《孟》《荀》以畅其支，参之《庄》、《老》以肆其端，参之《国语》以博其趣，参之《离骚》以致其幽，参之太史公以著其洁。此吾所以旁推交通而以为之文也。（卷三十四《答韦中立论师道书》）

然圣人之言，期以明道，学者务求诸道而遗其辞。辞之传于世者，必由于书。道假辞而明，辞假书而传，要之，之（适）道而已耳。道之及，及乎物而已耳，斯取道之内者也。今世因贵辞而矜书，粉泽以为工，遒密以为能，不亦外乎？吾子之所言道，匪辞而书，其所望于仆，亦匪辞而书，是不亦去及物之道愈以远乎？（卷三十四《报崔黯秀才论为文书》）

2. 论奇味

自吾居夷[1]，不与中州人通书。有来南者，时言韩愈为《毛颖传》，不能举其辞，而独大笑以为怪，而吾久不克见。杨子诲之来，始持其书。索而读之，若捕龙蛇，搏虎豹，急与之角而力不敢暇。信韩子之怪于文也。世之模拟窜窃，取青媲白[2]，肥皮厚肉，柔筋脆骨，而以为辞者之读之也，其大笑固宜。

且世人笑之也不以其俳乎？而俳又非圣人之所弃者。《诗》曰："善戏谑兮，不为虐兮。"太史公书有《滑稽列传》，皆取乎有益于世者也。故学者终日讨说答问，呻吟习复，应对进退，掬溜播洒，则罢惫而废乱，故有"息焉游焉"之说。"不学操缦，不能安弦"；有所拘者，有所纵也。大羹玄酒，体节之荐，味之至者。而又设以奇异小虫、水草、楂梨、橘柚，苦咸酸辛，虽蜇吻裂鼻，缩舌涩齿，而咸有笃好之者。文王之菖蒲菹［菹］，屈到之芰，曾晳之羊枣，然后尽天下之味以足于口。独文异乎？韩子之为也，亦将弛焉而不为虐欤！息焉游焉而有所纵欤！尽六艺之奇味以足其口欤！而不若是，则韩子之辞若瓮大川焉，其必决而放诸陆[3]，不可以不陈也。

且凡古今是非六艺百家，大细穿穴用而不遗者，毛颖之功也。韩子穷古书，好斯文，嘉颖之能尽其意。故奋而为之传，以发其郁积，而学者得以励，其有益于世欤！是其言也，固与异世者语，而贪常嗜琐者，犹咕咕然动其喙，彼亦甚劳矣乎！　　（卷二十一《读韩愈所著毛颖传后题》）

【注释】

①指为永州司马，②配白，③州瓮而溃，伤人必多。

3. 种树郭橐驼传 *（背肉似橐，橐音托故以名之。）

郭橐驼，不知始何名。病瘘，伛疾也，一作"偻"。隆然伏行，有类橐驼者，故乡人号之"驼"。驼闻之曰："甚善，名我固当。"因舍其名，亦自谓橐驼云。其乡曰丰乐乡，在长安西。驼业种树，凡长安豪富人"豪"下一有"家"字。为观游及卖果家，皆争迎取养。视驼所种树，或移徙（xǐ），无不活，且硕茂蚤实以蕃。他植者虽窥伺效慕，莫能如也。

有问之，对曰："橐驼非能使木寿且孳也，能顺木之天，以致其性焉尔。凡植木之性，其本欲舒，其培欲平，其土欲故，其筑欲密。既然已，勿动勿虑，去不复顾。去，一作"亦"；其莳也若子，莳，音侍，种也。其置也若弃，则其天者全而其性得矣。故吾不害其长而已，非有能硕茂之也；不抑耗其实而已，非有能蚤而蕃之也。他植者则不然，根拳而土易，其培之也，若不过焉则不及。一有"焉"字。苟有能反是者，则又爱之太殷，忧之太勤，旦视而暮抚，已去而复顾。甚者爪其肤以验其生枯，摇其本以观其疏密，而木之性日以离矣。虽曰爱之，其实害之；虽曰忧之，其实仇之，故不我若也。吾又何能为哉！"

问者曰："以子之道，移之官理可乎？"驼曰："我知种树而已，理非吾业也。然吾居乡，见长人者好烦其令，若甚怜焉，而卒以祸。且暮吏来而呼曰：'官命促尔耕，勖尔植，督尔获。蚤缫而绪，蚤织而缕，字而幼孩，遂而鸡豚。'鸣鼓而聚之，击木而召之。吾小人辍飧饔以劳吏者，"辍"，一作"具"且不得暇，又何以蕃吾生而安吾性耶？故病且怠。若是，则与吾业者其亦有类乎？"

问者嘻曰：不亦善夫！吾问养树，得养人（民）术。"传其事以为官戒。（卷十七）

4. 梓人传 *（杨潜，梓人，而得传于柳。）

裴封叔之第，在光德里。有梓人款其门，愿佣隙宇而处焉。所职寻引、规矩、绳墨，（寻引，所以度长短也。）家不居砻斫之器。砻，音聋。斫，音卓。问其能，曰："吾善度材，视栋宇之制，高深、圆方、短长之宜，吾指使而群工役焉。舍我，众莫能就一宇，故食于官府，吾受禄三倍；作于私家，吾收其直太半焉。"他日，入其室，其床阙足而不能理，曰："将求他工。"余甚笑之，谓其无能而贪禄嗜货者。

其后京兆尹将饰官署，余往过焉。委群材，会众工。或执斧斤，或执刀锯，皆环立向之。梓人左持引、右执杖而中处焉。量栋宇之任，视木之能，举挥其杖曰："斧彼！"执斧者奔而右；顾而指曰："锯彼"！执锯者趋而左。俄而斤者斫，刀者削，皆视其色，俟其言，莫敢自断者。其不胜任者，怒而退之，亦莫敢愠焉。画宫于堵，盈尺而曲尽其制，计其毫厘而构大厦，无进退焉。既成，书于上栋，曰"某年某月某日某建"，则其姓字也。凡执用之工不在列。余圆视大骇，然后知其术之工大矣。

继而叹曰：彼将舍其手艺，专其心智，而能知体要者欤？吾闻劳心者役人，劳力者役于人，彼其劳心者欤？能者用而智者谋，彼其智者欤？是足为佐天子、相天下法矣！物莫近乎此也。彼为天下者本于人。其执役者，为徒隶，为乡师、里胥；徒隶，给徭役者。乡师，一乡之长。里胥，一里之长。其上为下士；又其上为中士、为上士；又其上为大夫、为卿、为公。离而为六职，判而为百役。外薄四海，有方伯、连率。《记·王制》：千里之外设方伯。又曰：十国以为连，连有帅。"帅"，与"率"同。郡有守，邑有宰，皆有佐政。其下有胥吏，又其下皆有啬夫、版尹，汉制：乡小者，置啬夫一人。版尹，掌户版者。以就役焉，犹众工之各有执伎以食力也。彼佐天子相天下者，举而加焉，指而使焉，条其纲纪而盈缩焉，齐其法制而整顿焉，犹梓人之有规矩、绳墨以定制也。择天下之士，使称其职；居天下之人，使安其业。视都知野，视野知国，视国知天下，其远迩细大，可手据其图而究焉，犹梓人画宫于堵而绩于成也。能者进而由之，使无所德；不能者退而休之，亦莫敢愠。不炫能，不矜名，不亲小劳，不侵众官，日与天下之英材讨论其大经，犹梓人之善运众工而不伐艺也。夫然后相道得而万国理矣。相道既得，万国既理，天下举首而望曰："吾相之功也。"后之人循迹而慕曰："彼相之才也。"士或谈殷、周之理者，曰伊、傅、周、召，其百执事之勤劳而不得纪焉，犹梓人自名其功而执用者不列也。大哉相乎！通是道者，所谓相而已矣。其不知体要者反此：以恪勤为公，以簿书为尊，炫能矜名，亲小劳，侵众官，窃取六职百役之事，听听于府廷，听，笑也。而遗其大者远者焉，所谓不通是道者也。犹梓人而不知绳墨之曲直、规矩之方圆、寻引之短长，姑夺众工之斧斤刀锯以佐其艺，又不能备其工，以至败绩用而无所成也。不亦谬欤？

或曰："彼主为室者，傥或发其私智，牵制梓人之虑，夺其世守而道谋是用，《诗·小旻》：如彼筑室于道谋。虽不能成功，岂其罪耶？亦在任之而已。"余曰：不然。夫绳墨诚陈，规矩诚设，高者不可抑而下也，狭者不可张而广也。由我则固，不由我则圮。圮也。彼将乐去固而就圮也，则卷其术，默其智，悠尔而去，不屈吾道，是诚良梓人耳。其或嗜其货利，忍而不能舍也，丧其制量，屈而不能守也，栋挠屋坏，则曰"非我罪也"，可乎哉，可乎哉?

　　余谓梓人之道类于相,故书而藏之。梓人,盖古之审曲面势者,《周礼·考工记》之文。今谓之"都料匠"云。余所遇者,杨氏,潜其名。

5. 桂州裴中丞作訾家洲亭记（公刺柳时为桂州裴中丞行立作。訾,姓也,音紫）

　　大凡以观游名于代者,不过视于一方,其或傍达左右,则以为特异。至若不骛远,不陵危,环山洞江,四出如一,夸奇竞秀,咸不相让,遍行天下者,唯是得之。桂州多灵山,发地峭坚（竖）,林立四野。署之左曰漓水,署,州署也。水之中曰訾氏之洲。凡峤南之山川,峤,越人谓山锐而高曰峤。达于海上,于是毕出,而古今莫能知。元和十二年,御史中丞裴公来莅兹邦,裴行立,元和十二年徙为桂州刺史、桂管观察使。都督二十七州诸军州事。盗遁奸革,德惠敷施,期年政成,而富且庶。当天子平淮夷,定河朔,告于诸侯,公既施庆于下,乃合僚吏,登兹以嬉。观望悠长,悼前之遗。于是厚货居氓,移于闲壤,伐恶木,刜奥草,刜,斫也。前指后画,心舒目行。忽然若飘浮上腾,以临云气,《庄子》:乘云气,御飞龙。万山面内,重江束隘,联岚含辉,旋视具宜"具"一作"其"。常所未睹,倏然互见,"互"与"互"同。以为飞舞奔走,与游者偕来。乃经工庀材,考极相方。《周礼》:夜考诸极星。南为燕亭,延宇垂阿,步檐更衣,周若一舍。北有崇轩,以临千里。左浮飞阁,右列闲馆。比舟为梁,比,联也。与波升降。苞漓山,涵龙宫,"涵"一作"含"。昔之所大,蓄在亭内。日出扶桑,扶桑,东夷地名。云飞苍梧,在今梧州。海霞岛雾,来助游物。其隙则抗月槛于回溪,出风榭于篁中。昼极其美,又益以夜。列星下布,颢气回合,颢,音浩,白也。邃然万变,若与安期、羡门安期、羡门,古仙人也。接于物外。则凡名观游于天下者,有不屈伏退让以推高是亭者乎?

　　既成以燕,欢极而贺。咸曰:昔之遗胜概者,必于深山穷谷,人罕能至,而好事者后得以为已功;未有直治城,挟阛阓,音环溃,市墙曰阛,市门曰阓。车舆步骑,朝过夕视,讫千百年,莫或异顾,一旦得之,遂出于他邦,虽博物辩口,莫能举其上者。然则人之心目,其果有辽绝特殊而不可至者耶?盖非桂山之灵,不足以瑰观;瑰,一作环。非是洲之旷,不足以极视;非公之鉴,不能以独得。噫!造物者之设是久矣,而尽之于今,余其可以无藉乎!"藉",或作"籍"。籍,谓记也。(《卷二七》)

6. 邕州柳中丞作马退山茅亭记

　　冬十月,作新亭于马退山之阳。因高丘之阻以面势,面势,谓方面形势。无樽栌节棁之华。樽,柱也。栌,柱上踬也。节者,栭。棁者,梁上楹,不斫椽,不翦茨,不列墙,以白云为藩篱,碧山为屏风,昭其俭也。

　　是山崒然起于莽苍之中,莽苍,草野之色。驰奔云矗,亘数十百里,尾蟠荒陬,首注大溪,诸山来朝,势若星拱,苍翠诡状,绮绣绣错。盖天钟秀于是,不限于遐裔也。然以壤接荒服,俗参夷徼,音叫,境也。周王之马迹不至,谓周穆王驾骏之乘,肆意远游,而不至此也。谢公之屐齿不及,《南史》:谢灵运登蹑,常着木屐,上山则去其前齿,下山则去其后齿。岩径萧条,登探者以为叹。

　　岁在辛卯,(元和六年。)我仲兄以方牧之命,试于是邦。夫其德及故信乎,信乎故人和，人和故政多暇。由是尝徘徊此山，以寄胜概。乃墼乃涂，作我攸宇，于是不崇朝而木工告成。每风止雨收，烟霞澄鲜，辄角巾鹿裘，率昆弟友生冠者五六人，步山椒（极）而登焉。<small>椒，山颠也。</small>于是手挥丝桐，目送还云，西山爽气，在我襟袖，八极万类，揽不盈掌。

夫美不自美，因人而彰。兰亭也，不遭右军，则清湍修竹，芜没于空山矣。<small>王羲之尝与同志宴集于会稽山阴之兰亭，自为序，有云：此地有崇山峻岭，茂林修竹，又有清流激湍，映带左右，引以为流觞曲水。</small>是亭也，僻介闽岭，佳境罕到，不书所作，使盛迹郁埋，<small>（一作湮。）</small>是贻林涧之愧。故志之。

7. 永州韦使君新堂记 *<small>（一无"韦使君"三字）</small>

将为穿谷嶔岩渊池于郊邑之中，<small>（将，为起句）</small>则必辇山石，沟涧壑，凌绝险阻，疲极人力，乃可以有为也。然而求天作地生之状，咸无得焉。逸其人，因其地，全其天，昔之所难，今于是乎在。

永州实惟九疑之麓，<small>九疑，山名</small>其始度土者，环山为城。有石焉，翳于奥草；<small>"于"，一作"乎"。</small>有泉焉，伏于土涂。蛇虺之所蟠，狸鼠之所游，茂树恶木，嘉葩毒卉，乱杂而争植，号为秽墟。韦公之来既逾月，理甚无事，望其地，且异之。始命芟其芜，行其涂，积之丘如，蠲之浏如。<small>（浏，水清貌。）</small>既焚既酾，奇势迭出，清浊辨质，美恶异位。视其植，则清秀敷舒；视其蓄，则溶漾纡馀。怪石森然，周于四隅，或列或跪，或立或仆，窍穴逶邃，堆阜突怒。乃作栋宇，以为观游。凡其物类，无不合形辅势，效伎于堂庑之下。外之连山高原，林麓之崖，间厕隐显。逦延野绿，远混天碧，咸会于谯门之外［内］。<small>谯门，谓门上为高楼以望也。楼亦名谯，故谓美丽之楼为丽谯。</small>

已乃延客入观，继以宴娱。或赞且贺，曰："见公之作，知公之志。公之因土而得胜，岂不欲因俗以成化？公之择恶而取美，岂不欲除残而佑仁？公之蠲浊而流清，岂不欲废贪而立廉？公之居高以望远，岂不欲家抚而户晓？夫然，则是堂也，岂独草木土石水泉之适欤？山原林麓之观欤？将使继公之理者，视其细，知其大也。"宗元请志诸石，措诸屋漏，<small>西南隅谓之奥，西北隅谓之屋漏。一作"措诸壁遍"。</small>以为二千石楷法。<small>（卷二七）</small>

8. 零陵三亭记 *

邑之有观游，或者以为非政，是大不然。夫气烦则虑乱，视壅则志滞。君子必有游息之物，高明之具，使之清宁平夷，恒若有馀，然后理达而事成。

零陵县东有山麓，泉出石中，沮洳污涂，<small>《诗》彼汾沮洳。沮洳，陷湿地也。</small>群畜食焉，墙藩以蔽之，为县者积数十人，莫知发视。河东薛存义，以吏能闻荆、楚间，潭部举之，<small>潭部，谓湖南观察使。</small>假湘源令。<small>湘源县，属永州。</small>会零陵政厖赋扰，民讼于牧，推能济弊，来莅兹邑。遁逃复还，愁痛笑歌，逋租匿役，期月办理。宿蠹藏奸，披露首服。民既卒税，相与欢归道途，迎贺里闾。门不施胥吏之席，耳不闻鼛鼓之召。<small>鼛，音皋，大鼓也。</small>鸡豚糗醨，<small>糗，熬米麦也。醨，漉酒也。</small>得及宗族。州牧尚焉，旁邑仿焉。然而未尝以剧自挠，山水鸟鱼之乐，澹然自若也。乃发墙藩，驱群畜，决疏沮洳，搜剔山麓，万石如林，积坳为池。爰有嘉木美卉，垂水丛峰，珑玲萧条，清风自生，翠烟自留，不植而遂。鱼乐广闲，鸟慕静深，别孕巢穴，沉浮啸萃，不畜而富。伐木坠江，流于邑门。陶土以埴，亦在署侧。人无劳力，工得以利。"工"，一作"土"。乃作三亭，陟降晦明，高者冠山巅，下者俯清池。更衣膳饔，列置备具，宾以燕好，旅以馆舍。高明游息之道，具于是邑，由薛为首。

在昔裨谌谋野而获，《左传》襄［公］三十一年：裨谌能谋，谋于野则获，谋于邑则否。堪，郑大夫也。郑国将有诸侯之事，则必使乘车以适野，谋作盟会之辞。宓子弹琴而理。宓不齐，字子贱. 为单父宰。鸣琴不下堂，而单父治。巫马期为单父，戴星而入，以身亲之，单父亦治。子贱曰："彼任力，我任人。任力者劳. 任人者逸。"乱虑滞志，无所容入。则夫观游者，果为政之具欤？薛之志，其果出于是欤？及其弊也，则以玩替政，以荒去理。使继是者咸有薛之志，则邑民之福，其可既乎？余爱其始，而欲久其道，乃撰其事以书于石。薛拜手曰："吾志也。"遂刻之。

9. 永州龙兴寺东丘记 *

游之适，大率有二：旷如也，奥如也，如斯而已。其地之凌阻峭，出幽郁，廖廓悠长，则于旷宜；抵匠垤，垤，蚁封也。伏灌莽，《诗》：集于灌木。灌木丛生。莽，宿草也。迫遽回合，则于奥宜。因其旷，虽增以崇台延阁，回环日星，临瞰风雨，不可病其敞也；因其奥，虽增以茂树藂石，藂，与"丛"同，聚也。穹若洞谷，翳若林麓，不可病其邃也。

今所谓东丘者，奥之宜者也。其始龚之外弃地，余得而合焉，"合"，一作"发"。以属于堂之北陲。属，连也。北陲，谓北边也。凡坳洼坻岸之状，洼，清水也。坻. 小渚。无废其故。屏以密竹，联以曲梁。桂桧松杉楩枏之植，楩，音骈，木似豫章。几三百本，嘉卉美石，又经纬之。俯入绿缛，幽荫荟蔚。荟，音桧。步武错迕，不知所出。温风不烁，清气自至。水亭憇室，"水"，一作"小"曲有奥趣，然而至焉者，往往以邃为病。

噫！龙兴，永之佳寺也。登高殿可以望南极，辟大门可以瞰湘流，若是其旷也。而于是小丘，又将披而攘之。则吾所谓游有二者，无乃阙焉而丧其地之宜乎？丘之幽幽，可以处休。丘之窅窅，可以观妙。潦暑遁去，兹丘之下。大和不迁，兹丘之巅。奥乎兹丘，孰从我游？余无召公之德，惧斯伐之及也，故书以祈后之君子。（《卷二八》）

10. 永州法华寺新作西亭记 *

法华寺居永州，地最高。有僧曰觉照，照居寺西庑下。庑之外有大竹数万，又其外山形下绝。然而薪蒸筱簜，粗曰薪，细曰蒸。《书》：筱簜既敷；筱，小竹。簜，大竹。蒙杂拥蔽，吾意伐而除之，必将有见焉。照谓余曰："是其下有陂池芙蕖，申以湘水之流，众山之会，果去是，其见远矣。"遂命仆人持刀斧，群而翦焉。丛莽下颓，万类皆出，旷焉茫焉，天为之益高，地为之加辟，丘陵山谷之峻，江湖池泽之大，咸若有而增广者。夫其地之奇，必以遗乎后，不可旷也。余时谪为州司马，官外乎常员，永贞元年十一月，贬永州司马员外置同正员。一无"乎"字。而心得无事。乃取官之禄秩，以为其亭，其高且广，盖方丈者二焉。或异照之居于斯，而不蚤为是也。余谓昔之上人者，不起宴坐，足以观于空色之实，而游乎物之终始。其照也逾寂，其觉也逾有。然则向之碍之者为果碍耶？今之辟之者为果辟耶？彼所谓觉而照者，吾讵知其不由是道也？岂若吾族之挈挈于通塞有无之方"塞"下一有"乎"字。以自狭耶？或曰：然则宜书之。乃书于石。

11. 永州龙兴寺西轩记 *（记作于到永之初元和改元时）

永贞年，永贞元年。余名在党人，不容于尚书省。公时为尚书礼部员外郎。出为邵州，九月，贬邵州刺史。道贬永州司马。至则无以为居，居龙兴寺西序之下。余知释氏之道且久，固所愿也。然余所庇之屋甚隐蔽，其户北向，居昧昧也。寺之居，于是州为高。西序之西，属当大江之流；江之外，山谷林麓甚众。于是凿西墉以为户，户之外为轩，以临群木之杪，无不瞩焉。一本无下有"所"字。不徙席，不运几，而得大观。夫室，向者之室也；席与几，向者之处也。向也昧而今也显，岂异物耶？因悟夫佛之道，可以转惑见为真智，即群迷为正觉，舍大暗为光明。夫性岂群物耶？孰能为余凿大昏之墉，辟灵照之户，广应物之轩者，吾将与为徒。遂书为二：其一志诸户外，其一以贻巽上人焉。

12. 始得西山宴游记 *

自余为僇人，僇，音戮。居是州，恒惴栗。其隙也，则施施而行，漫漫而游。日与其徒，上高山，入深林，穷回溪，幽泉怪石，无远不到。到则披草而坐，倾壶而醉。醉则更相枕以卧，卧而梦。一无"卧而梦"三字。意有所极，梦亦同趣。觉而起，起而归。以为凡是州之山水有异态者，"态"，一作"胜"皆我有也，而未始知西山之怪特。

今年九月二十八日，因坐法华西亭，法华，寺名。望西山，始指异之。"指"一作"抵"。遂命仆人过湘江，缘染溪，"染"一作"冉"。斫榛莽，焚茅筏。穷山之高而止。攀援而登，箕踞而遨。则凡数州之土壤，皆在衽席之下。其高下之势，岈然洼然，岈峈，山深之状。洼，水也，汪也。若垤若穴，尺寸千里，攒蹙累积，莫得遁隐。萦青缭白，外与天际，"外"，一作"水"。四望如一。然后知是山之特立，不与培塿为类，《方言》：冢，或谓之培。关而东，小冢谓之塿。悠悠乎与颢气俱，而莫得其涯；洋洋乎与造物者游，而不知其所穷。引觞满酌，颓然就醉，不知日之入。苍然暮色，自远而至，至无所见，而犹不欲归。心凝形释，与万化冥合。"冥"，一作"俱"，又作"与物不异"。然后知吾向之未始游，游于是乎始，故为之文以志。是岁，元和四年也。(《卷二九》)

13. 钴鉧潭记 *

钴鉧潭在西山西，其始盖冉水自南奔注，抵山石，屈折东流，其颠委势峻，荡击益暴，啮其涯，故旁广而中深，毕至石乃止，流沫成轮，沫，水沫也。然后徐行，其清而平者且十亩馀，有树环焉，有泉悬焉。

其上有居者，以予之亟游也，一旦款门来告曰：款，叩也。"不胜官租私券之委积，既芟山而更居，愿以潭上田贸财以缓祸。"贸，交易也。予乐而如其言。则崇其台，延其槛，行其泉于高者而坠之潭，一无"者"字，一无"而"字。有声潀（cóng）然。潀，在公切，水会也。尤与中秋观月为宜，于以见天之高，气之迥。孰使予乐居夷而忘故土者，非兹潭也欤？

(《卷二九》)

14. 钴鉧潭西小丘记 *

得西山后八日，寻山口西北道二百步，又得钴鉧潭。潭西二十五步，当湍而浚者 "而"，一作"之"。为鱼梁。梁之上有丘焉，生竹树。其石之突怒偃蹇，负土而出，争为奇状者，"状"，一作"壮"。殆不可数。其嵚然相累而下者，嵚岑，山险貌。嵚，音钦。若牛马之饮于溪；其冲然角列而上者，若熊罴之登于山。丘之小不能一亩，可以笼而有之。问其主，曰："唐氏之弃地，货而不售。"问其价，曰："止四百。"余怜而售之。李深源、元克己时同游，皆大喜，出自意外。即更取器用，铲刈秽草。伐去恶木，烈火而焚之。嘉木立，美竹露，奇石显。由其中以望，则山之高，云之浮，溪之流，鸟兽之遨游，一本，兽下有"鱼鳖"字。举熙熙然回巧献技，以效兹丘之下。枕席而卧，则清泠之状与目谋，瀯瀯之声与耳谋，悠然而虚者与神谋，一作"悠悠然而虚者神谋"。渊然而静者与心谋。不匝旬而得异地者二，虽古好事之士，或未能至焉。

噫！以兹丘之胜，致之沣、镐、鄠、杜，则贵游之士一无"之士"二字。争买者，日增千金而愈不可得。今弃是州也，农夫渔父过而陋之，贾四百，连岁不能售。而我与深源、克己独喜得之，是其果有遭乎！"是"，一作"晨"。书于石，所以贺兹丘之遭也。(《卷二九》)

15. 至小丘西小石潭记 *

从小丘西行百二十步，隔篁竹，篁，竹田也，一曰竹石。闻水声，"闻"，一作"间"，绝句。如鸣珮环，心乐之。伐竹取道，下见小潭，水尤清冽。全石以为底，近岸卷石底以出，为坻为屿，坻、屿，皆小洲也。为嵁为岩。青树翠蔓，蒙络摇缀，参差披拂。潭中鱼可百许头，皆若空游无所依。一云"披拂潭中，俯礼游鱼，类若乘空"。日光下澈，影布石上，怡然不动；俶尔远逝，往来翕忽，似与游者相乐。

潭西南而望，斗折蛇行，明灭可见。其岸势犬牙差互，不可知其源。坐潭上，四面竹树环合，寂寥无人，凄神寒骨，悄怆幽邃。以其境过清，不可久居，乃记之而去。

同游者吴武陵、龚古，"龚"，一作"袭"。余弟宗玄；隶而从者，崔氏二小生：曰恕己，曰奉一。(《卷二九》)

16. 石渠记 *

自渴西南行，不能百步，得石渠，民桥其上。有泉幽幽然，其鸣乍大乍细。渠之广，或咫尺，或倍尺，其长可十许步。其流抵大石，伏出其下。逾石而往，有石泓，菖蒲被之，青鲜环周。鲜，苔藓也。又折西行，旁陷岩石下，北堕小潭。潭幅员减百尺，清深多儵鱼。《尔雅》：儵，黑鰦。郭注：即白儵。儵，音条，又北曲行纡余，睨若无穷，然卒入于渴。其侧皆诡石怪木，奇卉美箭，可列坐而庥焉。风摇其巅，韵动崖谷。视之既静，其听始远。予从州牧得之，揽去翳朽，决疏土石，既崇而焚，既酾而盈。惜其未始有传焉者，故累记其所属，遗之其人，书之其阳，俾后好事者求之得以易。元和七年正月八日，蠲渠至大石。十月十九目，逾石得石泓小潭。渠之美于是始穷也。(《卷二九》)

17. 石涧记 *

石渠之事既穷，上由桥西北，下土山之阴，民又桥焉。其水之大，倍石渠三之一。亘石为底，他本或无"一"字，或无"亘"字。达于两涯。若床若堂，若陈筵席，若限阃奥。

水平布其上，流若织文，响若操琴。揭跣而往，揭，褰衣也。折竹扫陈叶，排腐木，可罗胡床十八九居之。交络之流，触激之音，皆在床下；翠羽之木，龙鳞之石，均荫其上。古之人其有乐乎此耶？后之来者，有能追予之践履耶？得意之日，一无"意"字。与石渠同。

由渴而来者，渴，袁家渴先石渠，后石涧；由百家濑上而来者，先石涧，后石渠。涧之可穷者，皆出石城村东南，其间可乐者数焉。其上深山幽林，逾峭险，道狭不可穷也。

（《卷二九》）

18. 小石城山记 *

自西山道口径北，逾黄茅岭而下，有二道：其一西出，寻之无所得；其一少北而东，不过四十丈，土断而川分，有积石横当其垠。其上为睥睨梁㰍之形，睥睨，城上矮墙。其旁出堡坞，有若门焉。窥之正黑，投以小石，洞然有水声，其响之激越，良久乃已。环之可上，望其远，无土壤而生嘉树美箭，益奇而坚，其疏数偃仰，类智者所施设也。

噫！吾疑造物者之有无久矣。及是，愈以为诚有。又怪其不为之中州，而列是夷狄，更千百年不得一售其伎，是固劳而无用。神者傥不宜如是，则其果无乎？或曰："以慰夫贤而辱于此者。"或曰："其气之灵不为伟人，而独为是物，故楚之南少人而多石。"是二者，余未信之。（《卷二九》）

19. 柳州东亭记 *

出州南谯门，谯，城上楼也。左行二十六步，有弃地在道南。南值江，西际垂杨垂杨，地名也。传置，传置，谓驿也，东曰东馆。其内草木猥奥，有崖谷，倾亚缺圮。"亚"一作"凸"。豕得以为圂，蛇得以为薮，人莫能居。至是，始命披制蠲疏，制，音弗。疏，音跣。树以竹箭松柽桂桧柏杉。易为堂亭，峭为杠梁。杠梁，皆桥也。杠，音江，林间横木。上下徊翔，前出两翼。凭空拒江，"凭"，一作"冯"。江化为湖。众山横环，嶙阔潆湾。当邑居之剧，而忘乎人间，斯亦奇矣。乃取馆之北宇，右辟之以为夕室；取传置之东宇，左辟之以为朝室；又北辟之为阴室，作屋于北牖下以为阳室；作斯亭于中以为中室。朝室以夕居之，夕室以朝居之，中室日中而居之，阴室以违温风焉，阳室以违凄风焉。若无寒暑也，则朝夕复其号。既成，作石于中室，书以告后之人，庶勿环。元和十二年九月某日，柳宗元记。

（《卷二九》）

20. 愚溪诗序 *

灌水之阳罗含《湘中记》：有灌水，有蒸水，皆注湘。有溪焉，东流入于潇水。或曰：冉氏尝居也，故姓是溪为冉溪。或曰：可以染也，名之以其能，故谓之染溪。余以愚触罪，谪潇水上，爱〔爱〕是溪，入二三里，得其尤绝者家焉。古有愚公谷，《说苑》：齐桓公出猎，入山谷中，见一老公，问曰：是为何谷？"对曰："为愚公之谷。"桓公曰：何故？"对曰："以臣名之。"今予家是溪，而名莫能定，土〔士〕之居者犹龂龂然。龂，争貌。不可以不更也，故更之为愚溪。愚溪之上，买小丘为愚丘。自愚丘东北行六十步，得泉焉，又买居之为愚泉。愚泉凡六穴，皆出山下平地，盖上出也。合流屈曲而南，为愚沟。遂负土累石，塞其隘为愚池。愚池之东为愚堂。其南为愚亭。池之中为愚岛。嘉木异石错置，皆山水之奇者，以余故，咸以愚辱焉。

夫水，智者乐也。今是溪独见辱于愚，何哉？盖其流甚下，不可以溉灌；又峻急，多坻石，坻，音迟，小渚。大舟不可入也；幽邃浅狭，蛟龙不屑，不能兴云雨。无以利世，而适类于余，然则虽辱而愚之，可也。宁武子"邦无道则愚"，智而为愚者也；颜子"终日不违如愚"，睿而为愚者也，二事并见《论语》。皆不得为真愚。今余遭有道，而违于理，悖于事，故凡为愚者莫我若也。夫然则天下莫能争是溪，余专得而名焉。溪虽莫利于世，而善鉴万类，清莹秀澈，锵鸣金石，能使愚者喜笑眷慕，乐而不能去也。余虽不合于俗，亦颇以文墨自慰，漱涤万物，牢笼百态，而无所避之。以愚辞歌愚溪，则茫然而不违，昏然而同归，超鸿蒙、混希夷，寂寥而莫我知也。于是作《八愚诗》，纪于溪石上。（《卷二四》）

十五、李德裕（787~849 年）

李德裕字文饶。赵郡（今河北赵县）人。唐代文学家、政治家。唐武宗时官至宰相，位高权重。"因感学《诗》者多识草木之名，"乃自制《平泉山居草木记》。平泉庄是李家别墅，在洛阳城外三十里，"周围十里，构台榭百余所"，李德裕有另文《平泉山居戒子孙记》叙述。

本书引文据《李文饶别集》卷九。

1. 平泉山居草木记*

余尝览想石泉公家藏藏书目，有《园庭草木疏》，则知先哲所尚，必有意焉。余二十年间，三守吴门，一莅淮服。嘉树芳草，性之所耽，或致自同人，或得于樵客，始则盈尺，今已丰寻。因感学《诗》者多识草木之名，为《骚》者必尽荪荃之美，乃记所出山泽，庶资博闻。

木之奇者，有天台之金松、琪树，稽山之海棠、榧、桧，剡溪之红桂、厚朴，海峤之香柽、木兰，天目之青神、风集，钟山之月桂、青飕、杨梅，曲房之山桂、温树，金陵之珠柏、栾荆、杜鹃，茅山之山桃、侧柏、南烛，宜春之柳柏、红豆、山樱，蓝田之栗、梨、龙柏。

其水物之美者：荷有蘋洲之重台莲，芙蓉湖之白莲，茅山东溪之芳荪。复有日观、震泽、巫岭、罗浮、桂水、严湍、庐阜、漏泽之石在焉。其伊、洛名园所有，今并不载。岂若潘赋《闲居》，称郁棣之藻丽；陶归衡宇，喜松菊之犹存。爱列嘉名，书之于石。

己未岁，又得番禺之山茶，宛陵之紫丁香。会稽之百叶木芙蓉、百叶蔷薇，永嘉之紫桂、簇蝶，天台之海石楠，桂林之俱那卫，台岭、八公之怪石，巫山、严湍、琅邪台之水石，布于清渠之侧；仙人迹、鹿迹之石，列于佛榻之前。是岁又得钟陵之同心木芙蓉，剡中之真红桂，稽山之四时杜鹃、相思、紫苑、贞桐、山茗、重台、蔷薇、黄槿，东阳之牡桂、紫石楠，<u>九华山药树</u>：天蓼、青栎、黄心（木先）、朱杉、龙骨。庚申岁复得<u>宜春</u>之笔树、楠、稚子、金荆、红笔、蜜蒙、勾栗木。其草药又得山姜、碧百合。

十六、杜牧（803~852 年）

杜牧字牧之，京兆万年（今西安）人。晚年居长安城南樊川别墅，后世因称"杜樊川"。他生活在内忧外患日益加深的晚唐时期，青年时就关心国事，抱有挽救危亡，恢复繁荣昌盛的理想，23 岁时写成《阿房宫赋》，以秦朝滥用民力、奢逸亡国为戒，给本朝统治者敲了警钟。

他主张："凡为文以意为主，以气为辅，以辞采章句为之兵卫"（《答庄充书》）。他把散文的笔法、句式引进赋里，写出像《阿房宫赋》融叙事、抒情、议论为一炉的新体"散赋"，对后来赋体的发展有重要影响。

杜牧的抒情写景小诗如"远上寒山石径斜，白云生处有人家。停车坐爱枫林晚，霜叶红于二月花。"（《山行》）"千里莺啼绿映红，水村山郭酒旗风。南朝四百八十寺，多少楼台烟雨中。"（《江南春》）都能用质朴的口语、简洁的白描，传达出悠远不尽的诗情画意，历来传诵人口。

本书引文据《古文观止》。

1. 阿房宫赋*（节录）

六王毕①，四海一，蜀山兀②，阿房出，覆压三百余里，隔离天日。骊山北构而西折，直走咸阳。二川溶溶③，流入宫墙。五步一楼，十步一阁，廊腰缦回，檐牙高啄，各抱地势，钩心斗角。盘盘焉，囷囷焉④，蜂房水涡⑤，矗不知其几千万落。长桥卧波，未云何龙？复道行空，不霁何虹？高低冥迷，不知西东。歌台暖响，春光融融，舞殿冷袖，风雨凄凄。一日之内，一宫之间，而气候不齐。……

【注释】

①指被秦灭亡的齐、楚、燕、韩、赵、魏六国君王。②蜀中之山秃，树被砍光。③二川指渭水、樊水。④曲折回旋状。⑤远望天井多如蜂房。水涡指水流瓦沟。

十七、张彦远（815~875 年）

张彦远字爱宾，唐代画论家。所作《历代名画记》十卷，成书唐末大中元年（847 年），是中国美术史上的一部重要画论画史著作。另有《法书要录》《闲居受用》《彩笺诗集》，后两书已佚。

张彦远继承发挥了《易·系辞》、《说文解字序》中的有关论点，认为书以传意，画以见形，绘画具有和六经相同的巨大功用，是"成教化，助人伦，穷神变，测幽微，与六籍同功，四时并运。"进而"见善足以戒恶，见恶足以思贤。畄乎形容，式昭盛德之事；具有成败，以传既往之踪。"这反映了唐代绘画的巨大发展和画家地位的提高。

张彦远用形似与神似的结合来解释谢赫提出的气韵生动，这有助于纠正一些人对于气韵生动的片面理解。

张彦远在论顾、陆、张、吴用笔中，提出了"意存笔先，画尽意在"，"守其神，专其一"，以及"意不在于画故得于画"，"笔不周而意周"等论点，接触到画家创作的某些特殊规律，对绘画的发展有一定影响。

本书引文据《历代名画记》（上海人民美术出版社）。

1. 叙画之源流 *

夫画者：成教化，助人伦，穷神变，测幽微，与六籍同功，四时并运，发于天然，非由述作。

古先圣王，受命应箓，则有龟字效灵，龙图呈宝。自巢燧以来，皆有此瑞。迹暎乎瑶牒，事传乎金册。庖牺氏发于荣河中，典籍图画萌矣。轩辕氏得于温、洛中，史皇、仓颉状焉。奎有芒角，下主辞章；颉有四目，仰观垂象。因俪鸟龟之迹，遂定书字之形。造化不藏其秘，故天雨粟；灵怪不能遁其形，故鬼夜哭。是时也，书画同体而未分，象制肇创而犹略。无以传其意，故有书；无以见其形，故有画。天地圣人之意也。

按字学之部，其体有六：一古文，二奇字，三篆书，四佐书，五缪篆，六鸟书。在幡信上书端象鸟头者，则画之流也。颜光禄云："图载之意有三：一曰图理，卦象是也；二曰图识，字学是也；三曰图形，绘画是也。"又周官教国子以六书，其三曰象形，则画之意也。是故知书画异名而同体也。

泊乎有虞作绘，绘画明焉。既就彰施，仍深比象，于是礼乐大阐，教化由兴，故能揖让而天下洽，焕乎而词章备。《广雅》云："画，类也。"《尔雅》云："画，形也。"《说文》云："画，畛也。象田畛畔所以画也。"《释名》云："画，挂也。以彩色挂物象也。"故鼎钟刻则识魑魅而知神奸，旂章明则昭轨度而备国制。清庙肃而罇彝陈，广轮度而疆理辨。以忠以孝，尽在于云台。有烈有勋，皆登于麟阁。见善足以戒恶，见恶足以思贤。留乎形容，式昭盛德之事，具其成败，以传既往之踪。记传所以叙其事，不能载其容，赋颂有以咏其美，不能备其象，图画之制所以兼之也。故陆士衡云："丹青之兴，比《雅颂》之述作，美大业之馨香。宣物莫大于言，存形莫善于画。"此之谓也。善哉曹植有言曰："观画者，见三皇五帝，莫不仰戴；见三季异主，莫不悲惋；见篡臣贼嗣，莫不切齿；见高节妙士，莫不忘食；见忠臣死难，莫不抗节；见放臣逐子，莫不叹息；见淫夫妒妇，莫不侧目；见令妃顺后，莫不嘉贵。是知存乎鉴戒者，图画也。"昔夏之衰也，桀为暴乱，太史终抱画以奔商。殷之亡也，纣为淫虐，内史挚载图而归周。燕丹请献，秦皇不疑；萧何先收，沛公乃王。图画者，有国之鸿宝，理乱之纪纲。是以汉明宫殿，赞兹粉绘之功；蜀郡学堂，义存劝戒之道。马后女子，尚愿戴君于唐尧；石勒羯胡，犹观自古之忠孝。岂同博奕用心？自是名教乐事。

余尝恨王充之不知言，云："人观图画上所画古人也。视画古人如视死人，见其面而不若观其言行。古贤之道，竹帛之所载灿然矣，岂徒墙壁之画哉！"，余以此等之论，与夫大笑其道，诟病其儒，以食与耳，对牛鼓簧，又何异哉！

2. 论画六法 *

昔谢赫云："画有六法：一曰气韵生动，二曰骨法用笔，三曰应物象形，四曰随类赋彩，五曰经营位置，六曰传模移写。自古画人，罕能兼之。"

彦远试论之曰：古之画或能移其形似而尚其骨气，以形似之外求其画，此难可与俗人道也。今之画纵得形似而气韵不生，以气韵求其画，则形似在其间矣。

上古之画，迹简意澹而雅正，顾 陆之流是也；中古之画，细密精致而臻丽，展 郑之流是也；近代之画，焕烂而求备；今人之画，错乱而无旨，众工之迹是也。

夫象物必在于形似，形似须全其骨气，骨气形似皆本于立意而归乎用笔，故工画者多善书。

然则古之嫔，擘纤而胸束，古之马，喙尖而腹细，古之台阁竦峙，古之服饰容曳，故古画非独变态有奇意也，抑亦物象殊也。

至于台阁、树石、车舆、器物，无生动之可拟，无气韵之可侔，直要位置向背而已。顾恺之曰："画：人最难，次山水，次狗马，其台阁一定器耳，差易为也。"斯言得之。

至于鬼神人物，有生动之可状，须神韵而后全。若气韵不周，空陈形似，笔力未遒，空善赋彩，谓非妙也。故韩子曰："狗马难，鬼神易。狗马乃凡俗所见，鬼神乃谲怪之状。"斯言得之。

至于经营位置，则画之总要。自顾陆以降，画迹鲜存，难悉详之。唯观吴道玄之迹，可谓六法俱全，万象必尽，神人假手，穷极造化也。所以气韵雄状，几不容于缣素；笔迹磊落，遂恣意于墙壁。其细画又甚稠密。此神异也。

至于传模移写，乃画家末事。然今之画人，粗善写貌，得其形似，则无其气韵，具其彩色，则失其笔法，岂曰画也！

呜呼！今之人，斯艺不至也。宋朝顾骏之常结构高楼以为画所，每登楼去梯，家人罕见。若时景融朗，然后含毫；天地阴惨，则不操笔。今之画人，笔墨混于尘埃，丹青和其泥滓，徒污绢素，岂曰绘画？自古善画者，莫匪衣冠贵胄、逸士高人，振妙一时，传芳千祀，非闾阎鄙贱之所能为也。

3. 论画［体］

夫阴阳陶蒸，万象错布。玄化亡言，神工独运。草木敷荣，不待丹碌之采；云雪飘扬，不待铅粉而白。山不待空青而翠，凤不待五色而绰。是故运墨而五色具，谓之得意。意在五色，则物象乖矣。夫画物特忌形貌彩章，历历具足，甚谨甚细，而外露巧密。所以不患不了，而患于了。既知其了，亦何必了，此非不了也。若不识其了，是真不了也。

夫失于自然而后神，失于神而后妙，失于妙而后精，精之为病也，而成谨细。自然者为上品之上，神者为上品之中，妙者为上品之下，精者为中品之上，谨而细者为中品之中。余今立此五等，以包六法，以贯众妙。其间诠量可有数百等，孰能周尽？非夫神迈识高，情超心慧者，岂可议乎知画？

十八、司空图（837~908 年）

　　司空图字表圣，唐末诗人、诗论家。自号知非子、耐辱居士。有《司空表圣文集》十卷，《诗集》三卷。

　　唐诗在其发展过程中，出现了两种不同的倾向。一种是"惟歌生民病"的倾向，即现实主义的倾向，以杜甫、自居易为代表。一种则是超然物外的倾向，以王维、孟浩然为代表。司空图的长期隐居生活，使他的作品和文艺思想都属于后一种倾向并有所发展。

　　司空图的《诗品二十四则》是一篇最早系统地论述诗歌的意境和风格的专著，它不仅分类确切多样，而且对比较抽象的诗艺特征运用大量形象化比喻，作了生动细致的描绘。反映出唐诗创作繁荣、百花齐放的经验。其总的倾向是提倡一种脱离现实生活的空灵意境。也就是他在《与李生论诗书》中所说的"咸酸之外"的"味外之旨"和"近而不浮，远而不尽"的"韵外之致"。他曾自引其得意诗句，有得于早春、夏景、山中、江南、塞下、郊园、道宫、佛寺、惬适等。讲究"象外之象，景外之景"（《与极浦书》）。这种美学思想，对以后诗歌的发展影响很大。宋代严羽的妙悟说，清代王士祯的神韵说，就是司空图这种美学思想的继承和发展。

　　本书引文据《四部丛刊》本《司空表圣文集》及《津逮秘书，诗品二十四则》。

1. 诗品二十四则 *

雄 浑

大用外腓，真体内充，返虚入浑，积健为雄。具备万物，横绝太空，荒荒油云，寥寥长风。超以象外，得其环中，持之匪强，来之无穷。

冲 淡

素处以默，妙机其微，饮之太和，独鹤与飞。犹之惠风，苒苒在衣，阅音修篁，美日载归。遇之匪深，即之愈稀，脱有形似，握手已违。

纤 秾

采采流水，蓬蓬远春，窈窕深谷，时见美人。碧桃满树，风日水滨，柳阴路曲，流莺比邻。乘之愈往，识之愈真，如将不尽，与古为新。

沉 着

绿杉野屋，落日气清，脱巾独步，时闻鸟声。鸿雁不来，之子远行，所思不远，若为平生。海风碧云，夜渚月明，如有佳语，大河前横。

高 古

畸人乘真，手把芙蓉，泛彼浩劫，窅然空踪。月出东斗，好风相从，太华夜碧，人闻清钟。虚伫神素，脱然畦封，黄唐在独，落落玄宗。

典 雅

玉壶买春，赏雨茅屋，坐中佳士，左右修竹。白云初晴，幽鸟相逐，眠琴绿阴，上有飞瀑。落花无言，人淡如菊，书之岁华，其曰可读。

洗 炼

犹矿出金，如铅出银，超心炼冶，绝爱淄磷。空潭泻春，古镜照神，体素储洁，乘月返真。载瞻星辰，载歌幽人，流水今日，明月前身。

劲 健

行神如空，行气如虹，巫峡千寻，走云连风。饮真茹强，蓄素守中，喻彼行健，是谓存雄。天地与立，神化攸同，期之以实，御之以终。

绮 丽

神存富贵，始轻黄金，浓尽必枯，浅者屡深。露余山青，红杏在林，月明华屋，画桥碧阴。金罇酒满，伴客弹琴，取之自足，良殚美襟。

自 然

俯拾即是，不取诸邻，俱道适往，着手成春。如逢花开，如瞻岁新，真予不夺，强得易贫。幽人空山，过水采苹，薄言情晤，悠悠天钧。

含 蓄

不着一字，尽得风流，语不涉难，已不堪忧。是有真宰，与之沉浮，如渌满酒，花时返秋。悠悠空尘，忽忽海沤，浅深聚散，万取一收。

豪 放

观花匪禁，吞吐大荒，由道返气，处得以狂。天风浪浪，海山苍苍，真力弥满，万象在旁。前招三辰，后引凤凰，晓策六鳌，濯足扶桑。

精 神

欲返不尽，相期与来，明漪绝底，奇花初胎。青春鹦鹉，杨柳池台，碧山人来，清酒满杯。生气远出，不著死灰，妙造自然，伊谁与裁？

缜 密

是有真迹，如不可知，意象欲生，造化已奇。水流花开，清露未晞，要路愈远，幽行为迟。语不欲犯，思不欲痴，犹春于绿，明月雪时

疏 野

惟性所宅，真取弗羁，拾物自富，与率为期。筑屋松下，脱帽看诗，但知旦暮，不辨何时。倘然适意，岂必有为，若其天放，如是得之。

清 奇

娟娟群松，下有漪流，晴雪满汀，隔溪渔舟。可人如玉，步屧寻幽，载行载止，空碧悠悠。神出古异，淡不可收，如月之曙，如气之秋。

委 曲

登彼太行，翠绕羊肠，杳霭流玉，悠悠花香。力之于时，声之于羌，似往已回，如幽匪藏。水理漩洑，鹏风翱翔，道不自器，与之圆方。

实 境

取语甚直，计思匪深，忽逢幽人，如见道心。晴碉之曲，碧松之阴，一客荷樵，一

客听琴。情性所至，妙不自寻，遇之自天，泠然希音。

悲　慨

大风卷水，林木为摧，意苦若死，招憩不来。百岁如流，富贵冷灰，大道日往，若为雄才。壮士拂剑，浩然弥哀，萧萧落叶，漏雨苍苔。

形　容

绝伫灵素，少回清真，如觅水影，如写阳春。风云变态，花草精神，海之波澜，山之嶙峋。俱似大道，妙契同尘，离形得似，庶几斯人。

超　诣

匪神之灵，匪机之微，如将白云，清风与归。远引若至，临之已非，少有道契，终与俗违。乱山高木，碧苔芳辉，诵之思之，其声愈稀。

飘　逸

落落欲往，矫矫不群，猴山之鹤，华顶之云。高人画中，令色絪缊，御风蓬叶，泛彼无垠。如不可执，如将有闻，识者已领，期之愈分。

旷　达

生者百岁，相去几何，欢乐苦短，忧愁实多。何如尊酒，日往烟萝，花覆茅檐，疏雨相过。倒酒既尽，杖藜行过，孰不有古，南山峨峨。

流　动

若纳水鞾，如转丸珠，夫岂可道，假体遗愚。荒荒坤轴，悠悠天枢，载要其端，载同其符。超超神明，返返冥无，来往千载，是之谓乎！

十九、荆浩（生卒年不详）

荆浩（生卒年不详）字浩然，河南沁水（今河南济源）人。五代后梁山水画家、画论家。隐居太行山的洪谷，自号洪谷子。常携笔墨写生于山中，善画云中山顶，创制水晕墨章的表现技法，山水画的全景构图和皴法技巧，实始于浩，使山水画为之一变，成为北方山水画的开创者。精画理，著有《笔法记》一卷。

荆浩在《笔法记》中提出了一些高度概括的美学范畴，对于艺术的本质和艺术创造的规律性作了深入的探讨。

对于绘画的本质，荆浩下了一个定义："画者画也，度物象而取真"。这个定义，指出绘画是一种创造，是通过对外界物象的观察研究而表现其内在的本质。

同这个定义相联系，荆浩提出了"绘画之要"，围绕着艺术形象，从几个重要方面对艺术创造的规律性进行了探讨。"六要"中的"气"，即所谓"心随笔运，取象不惑"，是讲画家用艺术形象反映外界自然景物时所达到的自由性和确定性。这是创作中的一种最高境界。"六要"中的"思"，即所谓"删拨大要，凝想形物"，是讲画家的艺术想象活动。这种艺术想象活动，一方面离不开具体的形象，一方面又有集中和概括。艺术形象就是这种想象活动的产物。荆浩的这些论述，表现了他对于形象思维的深刻认识，在中国美学上是一个重大贡献。

本书引文据中国古典艺术出版社《中国画论类编·笔法记》。

1. 画有六要

夫画有六要：一曰气，二曰韵，三曰思，四曰景，五曰笔，六曰墨。

气者，心随笔运，取象不惑。韵者，隐迹立形，备仪不俗。思者，删拨大要，凝想形物。景者，制度时因，搜妙创真。笔者，虽依法则，运转变通，不质不形，如飞如动。墨者，高低晕淡，品物浅深，文采自然，似非因笔。

2. 论神、妙、奇、巧

神，妙，奇，巧。神者，亡有所为，任运成象。妙者，思经天地，万类性情，文理合仪，品物流笔。奇者，荡迹不测，与真景或乖异，致其理偏，得此者亦为有笔无思。巧者，雕缀小媚，假合大经，强写文章，增邀气象。此谓实不足而华有余。

3. 笔有四势

凡笔有四势：谓筋、肉、骨、气。笔绝而不断谓之筋，起伏成实谓之肉，生死刚正谓之骨，迹画不败谓之气。故知墨大质者失其体，色微者败正气，筋死者无肉，迹断者无筋，苟媚者无骨。

4. 论有形之病与无形之病

夫病有二：一曰无形，一曰有形。有形病者，花木不时，屋小人大，或树高于山，桥不登于岸，可度形之类也。是如此之病，不可改图。无形之病，气韵俱泯，物象全乖，笔墨虽行，类同死物，以斯格拙，不可删修。

5. 论华实

画者，画也，度物象而取其真。物之华，取其华，物之实，取其实，不可执华为实。若不知术，苟似可也，图真不可及也。

6. 论似真

似者得其形遗其气，真者气质俱盛。凡气传于华，遗于象，象之死也。

二十、范仲淹（989~1052年）

范仲淹，北宋政治家、军事家、文学家。字希文。谥号范文正公。

庆历五年（1045 年）冬，范仲淹出知邓州（今河南邓县）。次年，他应朋友滕子京的请求，写出了著名的《岳阳楼记》。文中以六十余字略述重修岳阳楼的经过之后，便大量描写它的地理形胜、壮丽风景和迁客骚人登临时的不同感受，进而转入探求古代仁人的襟怀，抒写出"先天下之忧而忧，后天下之乐而乐"的宏大理想和抱负，并以此鞭策自己、勉励友人。文中将叙事、写景、抒情和议论熔于一炉，成为脍炙人口、传诵不绝的天下美文和政论名句。

本书引文据《古文观止》中华书局。

1. 岳阳楼记 *（节录）

……

予观夫巴陵胜状，在洞庭一湖。衔远山，吞长江，浩浩汤汤，横无际涯；朝晖夕阴，气象万千。此则岳阳楼之大观也，前人之述备矣。然则北通巫峡，南极潇湘，迁客骚人，多会于此，览物之情，得无异乎？

若夫霪雨霏霏，连月不开，阴风怒号，浊浪排空；日星隐曜，山岳潜形；商旅不行，樯倾楫摧；薄暮冥冥，虎啸猿啼。登斯楼也，则有去国怀乡，忧谗畏讥，满目萧然，感极而悲者矣。

至若春和景明，波澜不惊，上下天光，一碧万顷，沙鸥翔集，锦鳞游泳，岸芷汀兰，郁郁青青。而或长烟一空，皓月千里，浮光耀金，静影沉璧，渔歌互答，此乐何极！登斯楼也，则有心旷神怡，宠辱皆忘，把酒临风，其喜洋洋者矣。

嗟夫！予尝求古仁人之心，或异二者之为，何哉？不以物喜，不以己悲。居庙堂之高，则忧其民；处江湖之远，则忧其君。是进亦忧，退亦忧。然则何时而乐耶？其必曰"先天下之忧而忧，后天下之乐而乐"欤！噫！微斯人，吾谁与归？

二一、欧阳修（1007~1072 年）

欧阳修字永叔，号醉翁，晚号六一居士，北宋中期政治家，著有《欧阳文忠公文集》等。

欧阳修是北宋诗文革新的领袖，文学成就以散文最高，影响最大，是"唐宋八大家之一"，一生写散文 500 余篇，各体兼备，大都内容充实，气势旺盛，具有平易自然、流畅婉转的艺术风格。叙事既得委婉之妙，又简括有法；议论纡徐有致，却富有内在的逻辑力量。章法结构既能曲折变化而又十分严密。《醉翁亭记》、《丰乐亭记》、《朋党论》都是历代传诵的佳作。

欧阳修的赋也很有特色。著名的《秋声赋》运用各种比喻，把无形的秋声描摹得非常生动形象，使人仿佛可闻。

本书引文据《四部丛刊》本《欧阳文忠公文集》。《古文观止》。

1. 山林者之乐与富贵者之乐

夫举天下之至美与其乐，有不得而兼焉者多矣。故穷山水登临之美者，必之乎宽闲之野，寂寞之乡而后得焉；览人物之盛丽，夸都邑之雄富者，必据乎四达之冲，舟车之会而后足焉。盖彼放心于物外，而此娱意于繁华，二者各有适焉。然其为乐，不得而兼也。（卷四十《有美堂记》）

夫穷天下之物，无不得其欲者，富贵者之乐也。至于荫长松，藉丰草，听山溜之潺湲，饮石泉之滴沥，此山林者之乐也。而山林之士视天下之乐，不一动其心；或有欲于心，顾力不可得而止者，乃能退而获乐于斯。彼富贵者之能致物矣，而其不可兼者，惟山林之乐尔。惟富贵者而不得兼，然后贫贱之士有以自足而高世，其不能两得，亦其理与势之然欤！（卷四十《浮槎山水记》）

足下知道之明者，固能达于进退穷通之理，能达于此而无累于心，然后山林泉石可以乐。必与贤者共，然后登临之际有以乐也。（卷六十九《答李大临学士书》）

2. 文章与造化争巧可也

余尝爱唐人诗云"鸡声茅店月，人迹板桥霜"，则天寒岁暮，风凄木落，羁旅之愁，如身履之。至其曰"野塘春水慢，花坞夕阳迟"，则风酣日煦，万物骀荡，天人之意，相与融怡，读之便觉欣然感发。谓此四句可以坐变寒暑。诗之为巧，犹画工小笔尔，以此知文章与造化争巧可也。（卷一百三十《温庭筠严维诗》）

3. 君子与小人

……大凡君子与君子，以同道为朋；小人与小人，以同利为朋。此自然之理也。

然臣谓小人无朋，惟君子则有之。其故何哉？小人所好者，利禄也；所贪者，货财也。当其同利之时，暂相党引以为朋者，伪也。及其见利而争先，或利尽而交疏，则反相贼害，虽其兄弟亲戚，不能相保。故臣谓小人无朋，其暂为朋者，伪也。君子则不然，所守者道义，所行者忠信，所惜者名节。以之修身，则同道而相益；以之事国，则同心而共济。终始如一，此君子之朋也。故为人君者，但当退小人之伪朋，用君子之真朋，则天下治矣。……（《朋党论》）

4. 醉翁亭记 *

环滁皆山也。其西南诸峰，林壑尤美。望之蔚然而深秀者，琅琊也。山行六七里，渐闻水声潺潺，而泻出于两峰之间者，酿泉也。峰回路转，有亭翼然临于泉上者，醉翁亭也。作亭者谁？山之僧智仙也。名之者谁？太守自谓也。太守与客来饮于此，饮少辄醉，而年又最高，故自号曰醉翁也。醉翁之意不在酒，在乎山水之间也。山水之乐，得之心而寓之酒也。

若夫日出而林霏开，云归而岩穴暝，晦明变化者，山间之朝暮也。野芳发而幽香，佳木秀而繁阴，风霜高洁，水落而石出者，山间之四时也。朝而往，暮而归，四时之景不同，而乐亦无穷也。

至于负者歌于涂，行者休于树，前者呼，后者应，伛偻提携，往来而不绝者，滁人游也。临溪而渔，溪深而鱼肥，酿泉为酒，泉香而酒洌，山肴野蔌，杂然而前陈者，太守宴也。宴酣之乐，非丝非竹，射者中，弈者胜，觥筹交错，起坐而喧哗者，众宾欢也。苍颜白发，颓乎其中者，太守醉也。

已而夕阳在山，人影散乱，太守归而宾客从也。树林阴翳，鸣声上下，游人去而禽鸟乐也。然而禽鸟知山林之乐，而不知人之乐；人知从太守游而乐，而不知太守之乐其乐也。醉能同其乐，醒能述以文者，太守也。太守谓谁？庐陵欧阳修也。

5. 秋声赋*（节录）

欧阳子方夜读书，闻有声自西南来者，悚然而听之，曰："异哉！"初淅沥以潇飒，忽奔腾而砰湃，如波涛夜惊，风雨骤至。其触于物也，鏦鏦铮铮，金铁皆鸣，又如赴敌之兵，衔枚疾走，不闻号令，但闻人马之行声。予谓童子："此何声也？汝出视之。"童予曰："星月皎洁，明河在天，四无人声，声在树间。"

予曰："噫嘻，悲哉！此秋声也。胡为乎来哉！盖夫秋之为状也，其色惨淡，烟霏云敛，其容清明，天高日晶，其气栗冽，砭人肌骨，其意萧条，山川寂寥。故其为声也，凄凄切切，呼号奋发。丰草绿缛而争茂，佳木葱茏而可悦，草拂之而色变，木遭之而叶脱，其所以摧败零落者，乃一气之余烈。

6. 洛阳牡丹记*——花品序第一

牡丹出丹州、延州，东出青州，南亦出越州，而出洛阳者，今为天下第一。洛阳所谓丹州花、延州红、青州红者，皆彼土之尤杰者。然来洛阳，才得备众花之一种，列第不出三已下，不能独立与洛花敌。而越之花以远罕识不见齿，然虽越人亦不敢自誉以与洛阳争高下。是洛阳者果天下之第一也。洛阳亦有黄芍药、绯桃、瑞莲、千叶李、红郁李之类，皆不减它出者，而洛阳人不甚惜，谓之果子花，曰某花某花。至牡丹则不名，直曰花，其意谓天下真花独牡丹，其名之著，不假曰牡丹而可知也，其爱重之如此。说者多言洛阳于三河间古善地，昔周公以尺寸考日出没，测知寒暑风雨乖与顺于此，此盖天地之中，草木之华得中气之和者多，故独与它方异。予甚以为不然。夫洛阳于周所有之土，四方入贡道里均，乃九州之中；在天地昆仑旁薄之间，未必中也。又况天地之和气，宜遍被四方上下，不宜限其中以自私。夫中与和者，有常之气，其推于物也，亦宜为有常之形。物之常者，不甚美亦不甚恶。及元气之病也，美恶隔并而不相和人，故物有极美与极恶者，皆得于气之偏也。花之钟其美，与夫瘿木痈肿之钟其恶，丑好虽异，而得分气之偏病则均。洛阳城围数十里，而诸县之花莫及城中者，出其境则不可植焉，岂又偏气之美者，独聚此数十里之地乎？此又天地之大，不可考也已。凡物不常有而为害乎人者曰灾，不常有而徒可怪骇不为害者曰妖。语曰："天反时为灾，地反物为妖。"此亦草木之妖，而万物之一怪也。然比夫瘿木痈肿者，窃独钟其美而见幸于人焉。

余在洛阳四见春：天圣九年三月始至洛，其至也晚，见其晚者。明年，会与友人梅圣俞游嵩山少室、缑氏岭、石唐山、紫云洞，既还，不及见。又明年，有悼亡之戚，不暇见。又明年，以留守推官，岁满解去，只见其早者，是未尝见其极盛时。然目之所瞩，已不胜其丽焉。余居府中时，尝谒钱思公于双桂楼下。见一小屏立坐后，细书字满其上。思公指之曰："欲作《花品》，此是牡丹，名凡九十余种。"余时不暇读之，然余所经见而今人多称者，才三十许种，不知思何从而得之多也。计其余，虽有名而不着，未必佳也。故今所录，但取其特著者而次第之。

姚黄　魏花　细叶寿安　鞓红<small>亦曰青州红</small>　牛家黄　潜溪绯　左花　献来红　叶底紫　鹤翎红　添色红　倒晕檀心　朱砂红　九蕊真珠　延州红　多叶紫　粗叶寿安　丹州红　莲花萼　一百五　鹿胎花　甘草黄　一捻红　玉板白

7. 洛阳牡丹 *——风俗记第三

洛阳之俗，大抵好花，春时城中无贵贱皆插花，虽负担者亦然。花开时，士庶竞为游邀，往往于古寺废宅有池台处为市，并张幄帟，笙歌之声相闻。最盛于月陂堤、张家园、棠棣坊、长寿寺东街与郭令宅，至花落乃罢。

洛阳至东京六驿，旧不进花，自今徐州李相迪为留守时始进御。岁遣衙校一员，乘驿马一日一夕至京师。所进不过姚黄、魏花三数朵，以菜叶实竹笼子藉覆之，使马上不动摇，以蜡封花蒂，乃数日不落。

大抵洛人家家有花而少大树者，盖其不接则不佳。春初时，洛人于寿安山中斫小栽子卖城中，谓之山篦子，人家治地为畦塍，种之，至秋乃接。接花工尤著者，谓之门园子，豪家无不邀之。姚黄一接头，直钱五千，秋时立契买之，至春见花，乃归其直。洛人甚惜此花，不欲传，有权贵求其接头者，或以汤中蘸杀与之。魏花初出时，接头亦直钱五千，今尚直一千。

接时须用社后重阳前，过此不堪矣。花之本去地五七寸许，截之乃接，以泥封裹，用软土拥之，以蒻叶作庵子罩之，不令见风日，唯南向留一小户以达气，至春乃去其覆。此接花之法也<small>用瓦亦可</small>。种花必择善地，尽去旧土，以细土用白蔹末一斤和之。盖牡丹根甜，多引虫食，白蔹能杀虫。此种花之法也。浇花亦自有时，或用日未出，或日西时。九月旬日一浇，十月、十一月三日二日一浇，正月隔日一浇，二月一日一浇。此浇花之法也。一本发数朵者，择其小者去之，只留一二朵，谓之打剥，惧分其脉也。花才落，便剪其枝，勿令结子，惧其易老也。春初，既去蒻庵，便以棘数枝置花丛上，棘气暖，可以辟霜，不损花芽，他大树亦然。此养花之法也。花开渐小于旧者，盖有蠹虫损之，必寻其穴，以硫黄簪之。其旁又有小穴如针孔，乃虫所藏处，花工谓之气窗，以大针点硫黄末针之，虫乃死，虫死花复盛。此医花之法也。乌贼鱼骨以针花树，入其肤，花辄死。此花之忌也。

二二、苏洵（1009~1066 年）

苏洵字明允，号老泉，人称老苏，与其子苏轼、苏辙合称"三苏"，均被列入"唐宋八大家"。

他说作文是"言当世之要"。他的散文论点鲜明,具有雄辩的说服力,曾巩评论其文"指事析理,引物托喻","烦能不乱,肆能不流。"他在《木假山记》中,借物抒怀,赞美一种巍然自立,刚直不阿的精神。他的著作有《嘉佑集》15卷,其中名言如:"知无不言,言无不尽"《远虑》;"利之所在,天下趋之"《上皇帝书》;"月晕而风,础润而雨"《辨奸论》;"除患于未萌,然后能转而为福"《审敌》;"古者以仁义行法律,后世以法律行仁义"《议法》等。

本书引文据《嘉佑集》卷十五。

1. 木假山记

木之生,或蘖而殇,或拱而夭。幸而至于任为栋梁;则伐;不幸而为风之所拔,水之所漂,或破折,或腐;幸而得不破折,不腐,则为人之所材,而有斧斤之患。其最幸者,漂沉汩没于湍沙之间,不知其几百年,而其激射啮食之余,或仿佛于山者,则为好事者取去,强之以为山,然后可以脱泥沙而远斧斤。而荒江之濆,如此者几何!不为好事者所见,而为樵夫野人所薪者,何可胜数!则其最幸者之中,又有不幸者焉!

予家有三峰,予每思之,则疑其有数(气数)存乎其间。且其蘖而不殇,拱而不夭,任为栋梁而不伐,风拔水漂而不破折,不腐;不破折,不腐,而不为人所材,以及于斧斤;出于湍沙之间,而不为樵夫野人之所薪,而后得至乎此,则其理似不偶然也。

然予之爱之,则非徒爱其似山,而又有所感焉;非徒爱之,而又有所敬焉。予见中峰魁岸踞肆,意气端重,若有以服其旁之二峰。二峰者庄栗刻峭,凛乎不可犯,虽其势服于中峰,而岌然无阿附意。吁!其可敬也夫!其可以有所感也夫!

二三、《资治通鉴》——司马光(1019~1086年)

司马光字居实,自称迂叟。司马光和他的助手根据大量史料,花了十九年时间,把从战国到五代(公元前403年~公元959年)的历史,编写成年经事纬的巨著,按年序记载了共1362年的历史事实,是中国历史上第一部编年通史著作。宋神宗以鉴于往事,有资于治道,赐名《资治通鉴》。

《通鉴》体例严谨,结构完整,取材广泛,史料取舍慎重,考证详密,文字质朴简洁,叙事清晰流畅,一向为史学和文学界推崇,是中国文化遗产里的重要典籍。其中名言如"以古为镜,可以见兴替,以人为镜,可以知得失"(P.6184);"兼听则明,偏信则暗"(P.6047);"有因则成,无因则败"(P.3305)。

对"城郭中宅不树艺者"的赋税规定说明,当代的"四旁和庭院绿化"在古代已成制度。

"独乐园"为影响很大的名园,建于熙宁六年(1073年),是司马光退居洛阳,主编《通鉴》的场所,在园记中,他详记了独乐园的园景及其读书、著书、园居活动。

本书引文据《资治通鉴》中华书局，1956 版。

1. 城郭中宅不树艺者

王莽。始建国二年（公元 10 年）。

又以《周官》税民，凡田不耕为不殖，出三夫之税；城郭中宅不树艺者①为不毛，出三夫之布②；民浮游无事，出夫布③一疋；其不能出布者，宂作④，县官衣食之。（《资治通鉴》卷 37. P.1182）

【注释】

①树艺谓种树果木菜蔬；②布：赋税、钱币。夫：百亩为一夫。③夫布：一夫之税。④散作，干杂活。

2. 独乐园记

孟子曰："独乐乐，不如与人乐乐；与少乐乐，不如与众乐乐"，此王公大人之乐，非贫贱者所及也。孔子曰："饭蔬食饮水，曲肱而枕之，乐在其中矣"；颜子"一箪食，一瓢饮，不改其乐"；此圣贤之乐，非愚者所及也。若夫鹪鹩巢林，不过一枝；偃鼠饮河，不过满腹，各尽其分而安之，此乃迂叟之所乐也。

熙宁四年，迂叟始家洛，六年买田二十亩于尊贤坊北关，以为园。其中为堂，聚书出五千卷，命之曰"读书堂"。堂南有屋一区，引水北流，贯宇下。中央为沼，方深各三尺，疏水为五派，注沼中，若虎爪。自沼北伏流出北阶，悬注庭中，若象鼻。自是分而为二渠，绕庭四隅，会于西北而出，命之曰"弄水轩"。堂北为沼，中央有岛，岛上植竹，圆若玉玦（jué），围三丈，揽结其杪，如渔人之庐，命之曰"钓鱼庵"。沼北横屋六楹，厚其墉茨，以御烈日。开户东出，南北列轩牖，以延凉飔，前后多植美竹，为清暑之所，命之曰"种竹斋"。沼东治地为百有二十畦，杂莳草药，辨其名物而揭之。畦北植竹，方若棋局，径一丈，屈其杪，交相掩以为屋，植竹于其前，夹道如步廊，皆以蔓药覆之，四周植木药为藩援，命之曰"采药圃"。圃南为六栏，芍药、牡丹、杂花，各居其二，每种止植二本，识其名状而已，不求多也。栏北为亭，命之曰"浇花亭"。洛城距山不远，而林薄茂密，常若不得见，乃于园中筑台，构屋其上，以望万安、轩辕，至于太室，命之曰"见山台"。

迂叟平日多处堂中读书，上师圣人，下友群贤，窥仁义之原，探礼乐之绪，自未始有形之前，暨四达无穷之外，事物之理，举集目前。所病者，学之未至，夫又何求于人，何待于外哉！志倦体疲，则投竿取鱼，执衽采药，决渠灌花，操斧剖竹，濯热盥手，临高纵目，逍遥相羊（徜徉），唯意所适。明月时至，清风自来，行无所牵，止无所柅，耳目肺肠，悉为己有，踽踽焉、洋洋焉，不知天壤之间复有何乐可以代此也。因合而命之曰"独乐园"。或咎迂叟曰："吾闻君子之乐，必与人共之。今吾子独取足于己，不以及人，其可乎？"迂叟谢曰："叟愚，何得比君子？自乐恐不足，安能及人？况叟之所乐者，薄陋鄙野，皆世之所弃也，虽推以与人，人且不取，岂得强之乎？必也有人肯同此乐，则再拜而献之矣，安敢专之哉！"（《司马文正公集》）

二四、张载（1020~1077年）

北宋哲学家。字子厚。因在凤翔郿县横渠镇讲学，时人称横渠先生。

他在历史上第一个提出了系统的"气一元论"理论体系，他论证了物质与运动的内在联系、世界的统一性在于物质性。他说："凡可状，皆有也；凡有，皆象也；凡象、皆气也。"他认为整个世界都由气构成，一切具体的事物，都是由太虚之气凝聚而成的不同形态，气聚则有形可见，气散则无形不可见。肯定了物质的第一性和精神的第二性。

他认为人对事物的知识，是主体与客体相互作用的结果，"人谓己有知，由耳目有受也。人之有受，由内外之合也。"他肯定外物是感觉的源泉，"有物则有感。"

他肯定人与自然统一于物质的气，强调"合内外，平物我，自见道之大端。"明确提出"天人合一"的命题。

他提出"充内形外之谓美"，简练地表述出美是在内容与形式统一基础上的生动形象。本书引文据《张载集》（中华书局，1978年第1版）。

1. 世界都由气构成（——自然观）

太和所谓道，中涵浮沈、升降、动静、相感之性，是生絪缊、相荡、胜负、屈伸之始。

太虚无形，气之本体，其聚其散，变化之客形尔；至静无感，性之渊源，有识有知，物交之客感尔。客感客形与无感无形，唯尽性者一之。

太虚不能无气，气不能不聚而为万物，万物不能不散而为太虚。（太和篇第一）

凡可状，皆有也；凡有，皆象也；凡象，皆气也。（乾称篇第十七）

2. 知识从耳目感受来（——认识论）

人谓己有知，由耳目有受也，人之有受，由内外之合也。（大心篇第七）

感亦须待有物，有物则有感，无物则何所感？

理不在人皆在物，人但物中之一物耳，如此观之方均。

人本无心，因物为心，……今盈天地之间者皆物也，如只据己闻见，所接几何，安能尽天下之物？（张子语录）

3. 天人合一

合内外，平物我，自见道之大端。

儒者则因明至诚，因诚致明，故天人合一，致学而可以成圣，得天而未始遗人，易所谓不遗、不流、不过者也。（正蒙）

4. 充内形外之谓美

中正然后贯天下之道，此君子之所以大居正也。

可欲之谓善，志仁则无恶也。诚善于心之谓信，充内形外之谓美，塞乎天地之谓大，大能成性之谓圣。（中正篇第八）

5. 为万世开太平

为天地立志〔心〕，为生民立道〔命〕，为去〔往〕圣继绝学，为万世开太平。

万物皆有理，若不知穷理，如梦过一生。

学者观书，每见每知新意则学进矣。（语录中）

二五、王安石（1021~1086 年）

王安石，北宋政治家、哲学家、文学家、字介甫，也称临川先生。

他认为"天之为物也，可谓无作好，无作恶，无偏无党，无反无侧"。他反对"天人感应"说，认为人的认识与活动要"观于天地、山川、草木、虫鱼、鸟兽"的"外求"活动中才能"有得"。他通过解释《洪范》，提出水、火、木、金、土五行是构成万物的五种物质元素。他从"天道尚变"，人应"顺天而效之"的观点，引申出"天下事物之变，相代乎吾之前"，"必度其变"，对法度政令也应"时有损益"的思想，表现出鲜明的"经世致用"的哲学性质。

他的散文以学术性论说文居多，也不乏脍炙人口的游记和小品文，其重在理论说服力，少描摹物象和从感情上打动读者，因此说理透彻、结构严谨、简洁凝炼，有很强的概括力与逻辑性，富于一针见血的锐利和开门见山的明快，表现出"务为有补于世"的实用观，同时还有好发议论，善于联想的特点。

他寄情山水，写了大量山水田园诗。曾在南京东部半山（又名白塘）营建园宅，称半山园。后舍宅为寺，称半山寺（即报宁禅寺）。

本书引文据《临川先生文集》、《中国大百科全书》1986 版。

1. 世上奇伟之观，常在险远之地

于是予有叹焉。古人之观于天地、山川、草木、虫鱼、鸟兽，往往有得，以其求思之深而无不在也。夫夷以近，则游者众，险以远，则至者少。而世之奇伟瑰怪、非常之观，常在于险远，而人之所罕至焉，故非有志者不能至也。有志矣，不随以止也，然力不足者，亦不能至也。有志与力，而又不随以怠，至于幽暗昏惑而无物以相之，亦不能至也。然力足以至焉，于人为可讥，而在己为有悔。尽吾志也而不能至者，可以无悔矣，其孰能讥之乎？此予之所得也！（《游褒禅山记》）

2. 半山春晚即事 *

春风取花去，酬我以清荫。翳翳陂路静，交交园屋深。

床敷每小息，杖履或幽寻。惟有北山鸟，经过遗好音。

3. 泊船瓜洲 *

京口瓜洲一水间，钟山只隔数重山。
春风又绿江南岸，明月何时照我还？

二六、郭熙（1023~约1085年）

　　郭熙（1023~约1085年）字淳夫，河南温县人，宋神宗熙宁年间（1068—1077年）为图［御］画院艺学，后任翰林待诏直长。工画山水，学李成，后人把他与李成并称李郭，为山水画的主要流派之一。其绘画实践的心得，由其子郭思纂述为《林泉高致》，是中国古典画论的重要著作之一。

　　郭熙对山水画的社会意义作了论述。他认为山水画的产生是为了解决士大夫的某种心理矛盾，即"君亲之心两隆"与"林泉之志，烟霞之侣，梦寐在焉"的矛盾，供贵族文人在做官之余消遣之用。"岂不快人意，实获我心哉？"郭熙的这种看法具有很大代表性，反映了宋代山水画发展的实际情况。

　　郭熙强调山水画家对自然山川进行直接观察，"身即山川而取之"。他认为不仅每一山川都有自己的风格，而且因为时间、条件和观察角度的不同，同一山川也会"每看每异"，因此，画家对于山川的观察一定要细致、全面、深入，才能表现出每一山川的特殊意态。

　　郭熙对画家进行创作活动的主观条件作了分析，提出了四条要求，即：所养欲扩充，所览欲淳熟，所经欲众多，所取欲精粹。这四条要求接触到艺术创造活动的一些规律性的问题，包含了合理的内容。

　　郭熙还对山水画的布置发表了很多意见。如"山有三远"。从如何有利于创造生动的艺术意境这个角度来谈的，也就揭示了布置与意境之间的内在联系。这是对谢赫六法以来的绘画美学思想的一个发展。

　　郭熙《林泉高致》的出现，标志着山水画的理论已经到了成熟的阶段。

　　本书引文为山川训 *（节录）。据人民美术出版社《画论丛刊，林泉高致集》。文物出版社《历代论画名著汇编》。

1. 爱山水者，旨在快人意获我心

　　君子之所以爱夫山水者，其旨安在？丘园养素，所常处也；泉石啸傲，所常乐也；渔樵隐逸，所常适也；猿鹤飞鸣，所常亲也；尘嚣缰锁，此人情所常厌也；烟霞仙圣，此人情所常愿而不得见也。直以太平盛日，君亲之心两隆，苟洁一身，出处节义斯系，岂仁人高蹈远引，为离世绝俗之行，而必与箕、颖埒素，黄、绮同芳哉？《白驹》之诗，

《紫芝》之咏，皆不得已而长往者也。然则林泉之志，烟霞之侣，梦寐在焉，耳目断绝。今得妙手，郁然出之，不下堂筵，坐穷泉壑：猿声鸟啼，依约在耳：山光水色，滉漾夺目。此岂不快人意，实获我心哉？此世之所以贵夫画山水之本意也。不此之主而轻心临之，岂不芜杂神观，混浊清风也哉！

2. 画者、鉴者，万事有诀

画山水有体，铺舒为宏图而无余，消缩为小景而不少。看山水亦有体，以林泉之心临之则价高，以骄侈之目临之则价低。

山水大物也，人之看者，须远而观之，方见得一障山川之形势气象。若士女人物，小小之笔，即掌中几上，一展便见，一览便尽。此看画之法也。

世之笃论，谓山水有可行者，有可望者，有可游者，有可居者。画凡至此，皆入妙品。但可行可望，不如可居可游之为得。何者？观今山川，地占数百里，可游可居之处十无三四，而必取可居可游之品。君子之所以渴慕林泉者，正谓此佳处故也。故画者当以此意造，而鉴者又当以此意穷之。此之谓不失其本意。

……

柳子厚善论为文，余以为不止于文，万事有诀，尽当如是，况于画乎？何以言之？凡一景之画，不以大小多少，必须注精以一之，不精则神不专；必神与俱成之，神不与俱成，则精不明；必严重以肃之，不严则思不深；必恪勤以周之，不恪则景不完。故积惰气而强之者，其迹软懦而不决，此不注精之病也。积昏气而汨之者，其状黯猥而不爽，此神不与俱成之弊也。以轻心挑之者，其形脱略而不圆，此不严重之弊也。以慢心忽之者，其体疏率而不齐，此不恪勤之弊也。故不决则失分解法，不爽则失潇洒法，不圆则失体裁法，不齐则失紧慢法。此最作者之大病也，然可与明者道。

3. 山水意态，每看每异

学画花者，以一株花置深坑中，临其上而瞰之，则花之四面得矣。学画竹者，取一枝竹，因月夜照其影子素壁之上，则竹之真形出矣。学画山水者，何以异此？盖身即山川而取之，则山水之意度见矣。

真山水之川谷，远望之以取其势，近看之以取其质。真山水之云气，四时不同：春融怡，夏蓊郁，秋疏薄，冬黯淡。尽见其大象而不为斩刻之形，则云气之态度活矣。真山水之烟岚，四时不同：春山淡冶而如笑，夏山苍翠而如滴，秋山明净而如妆，冬山惨淡而如睡。画见其大意，而不为刻画之迹，则烟岚之景象正矣。真山水之风雨，远望可得，而近者玩习，不能究错纵起止之势。真山水之阴晴，远望可尽，而近者拘狭，不能得明晦隐见之迹。

山之人物以标道路，山之楼观以标胜概，山之林木映蔽以分远近，山之溪谷断续以分浅深。水之津渡桥梁以足人事，水之渔艇钓竿以足人意。大山堂堂，为众山之主，所以分布以次冈阜林壑，为远近大小之宗主也。其象若大君赫然当阳，而百辟奔走朝会，无偃塞背却之势也。长松亭亭，为众木之表，所以分布以次藤萝草木，为振挈依附之师帅也。其势若君子轩然得时，而众小人为之役使，无凭陵愁挫之态也。

山，近看如此，远数里看又如此，远十数里看又如此，每远每异，所谓山形步步移也。山，正面如此，侧面又如此，背面又如此，每看每异，所谓山形面面看也。如此，是一山而兼数十百山之形状，可得不悉乎？山，春夏看如此，秋冬看又如此。所谓四时之景不同也。山，朝看如此，暮看又如此，阴晴看又如此，所谓朝暮之变态不同也。如此，是一山而兼数十百山之意态，可得不究乎？

春山烟云连绵人欣欣，夏山嘉木繁阴人坦坦，秋山明净摇落人肃肃，冬山昏霾翳塞人寂寂。看此画令人生此意，如真在此山中，此画之景外意也。见青烟白道而思行，见平川落照而思望，见幽人山客而思居，见岩扃泉石而思游。看此画令人起此心，如将真即其处，此画之意外妙也。

东南之山多奇秀，天地非为东南私也。东南之地极下，水潦之所归，以漱濯开露之所出，故其地薄，其水浅，其山多奇峰峭壁，而斗出霄汉之外，瀑布千丈，飞落于云霞之表。如华山垂溜，非不千丈也，如华山者鲜尔。纵有浑厚者，亦多出地上，而非出地中也。

西北之山多浑厚，天地非为西北偏也。西北之地极高，水源之所出，以冈陇臃肿之所埋，故其地厚，其水深，其山多堆阜盘礴，而连延不断于千里之外，介丘有顶，而逦迤拔萃于四遷之野。如嵩山，少室非不峭拔也，如嵩、少类者鲜尔。纵有峭拔者，亦多出地中，而非地上也。

嵩山多好溪，华山多好峰，衡山多好别岫，常山多好列岫，泰山特好主峰，天台、武夷、庐霍、雁荡、岷峨、巫峡、天坛、王屋、林虑、武当皆天下名山巨镇，天地宝藏所出，仙圣密宅所隐，奇崛神秀，莫可穷其要妙。

4. 欲夺造化，需饱游饫看，执笔有四所

欲夺其造化，则莫神于好，莫精于勤，莫大于饱游饫看。历历罗列于胸中，而目不见绢素，手不知笔墨，磊磊落落，杳杳漠漠，莫非吾画。此怀素夜闻嘉陵江水声而草圣益佳，张颠见公孙大娘舞剑器而笔势益俊者也。

今执笔者，所养之不扩充，所览之不淳熟，所经之不众多，所取之不精粹，而得纸拂壁，水墨遽下，不知何以掇景于烟霞之表，发兴于溪山之颠哉？后生妄语，其病可数。

何谓所养欲扩充？近者画手，有《仁者乐山图》，作一叟支颐于峰畔；《智者乐水图》，作一叟侧耳于岩前。此不扩充之病也。盖仁者乐山，宜如白乐天《草堂图》，山居之意裕足也。智者乐水，宜如王摩诘《辋川图》，水巾之乐饶给也。仁智所乐，岂只一夫之形状可见之哉？

何谓所览欲淳熟？近世画工，画山则峰不过三五峰，画水则波不过三五波，此不淳熟之病也。盖画山：高者、下者、大者、小者，盎晬向背，颠顶朝揖，其体浑然相应，则山之美意足矣。画水：齐者、汩者、卷而飞激者、引而舒长者，其状宛然自足，则水之态富瞻也。

何谓所经之不众多？近世画手，生吴、越者写东南之耸瘦，居咸、秦者貌关、陇之壮阔，学范宽者乏营丘之秀媚，师王维者缺关仝之风骨。凡此之类，咎在于所经之不众多也。

何谓所取之不精粹？千里之山，不能尽奇；万里之水，岂能尽秀？太行枕华夏，而

面目者林虑；泰山占齐鲁，而胜绝者龙岩。一概画之，版图何异？凡此之类，咎在于所取之不精粹也。

故专于坡陀失之粗，专于幽闲失之薄，专于人物失之俗，专于楼观失之冗，专于石则骨露，专于土则肉多。笔迹不混成谓之疏，疏则无真意；墨色不滋润谓之枯，枯则无生意。水不潺湲则谓之死水，云不自在则谓之冻云，山无明晦则谓之无日影，山无隐见则谓之无烟霭。今山：日到处明，日不到处晦，山因日影之常形也。明晦不分焉，故曰无日影。今山：烟霭到处隐，烟霭不到处见，山因烟霭之常态也。隐见不分焉，故曰无烟霭。

5. 山水之布置，山有三远

山，大物也。其形欲耸拔，欲偃蹇，欲轩豁，欲箕踞，欲盘礴，欲浑厚，欲雄豪，欲精神，欲严重，欲顾盼，欲朝揖，欲上有盖，欲下有乘，欲前有据，欲后有倚，欲上瞰而若临观，欲下游而若指麾。此山之大体也。

水，活物也。其形欲深静，欲柔滑，欲汪洋，欲回环，欲肥腻，欲喷薄，欲激射，欲多泉，欲远流，欲瀑布插天，欲溅扑入地，欲渔钓怡怡，欲草木欣欣，欲挟烟云而秀媚，欲照溪谷而光辉。此水之活体也。

山以水为血脉，以草木为毛发，以烟云为神彩。故山得水而活，得草木而华，得烟云而秀媚。水以山为面，以亭榭为眉目，以渔钓为精神，故水得山而媚，得亭榭而明快，得渔钓而旷落。此山水之布置也。

……

石者，天地之骨也，骨贵坚深而不浅露。水者，天地之血也，血贵周流而不凝滞。

山无烟云，如春无花草。山无云则不秀，无水则不媚，无道路则不活，无林木则不生，无深远则浅，无平远则近，无高远则下。

……

山有三远：自山下而仰山巅谓之高远，自山前而窥山后谓之深远，自近山而望远山谓之平远。高远之色清明，深远之色重晦，平远之色有明有暗。高远之势突兀，深远之意重叠，平远之意冲融而缥缥缈缈。……此三远也。

……

山欲高，尽出之则不高，烟霞锁其腰则高矣。水欲远，尽出之则不远，掩映断其派则远矣。盖山尽出，不惟无秀拔之高，兼何异画碓嘴？水尽出，不惟无盘折之远，何异画蚯蚓？

正面溪山林木，盘折委曲，铺设其景而来，不厌其详，所以足人目之近寻也。旁边平远，峤岭重叠，钩连缥缈而去，不厌其远，所以极人目之旷望也。远山无皴，远水无波，远人无目，非无也，如无耳。

二七、陆游

陆游（1125~1210 年）字务观，号放翁。南宋诗人。宋代山阴人（今绍兴）人。

他是一位创作丰富的作家，现存诗词九千多首。陆诗的重要特色并能传诵千古的是忧国爱民、誓死抗战的名篇；同时也有吟咏自然风景的山水诗篇，有将诗情与哲理交融的名言。如："山重水复疑无路，柳暗花明又一村"（《游山西村》）；又如："花经风雨人方惜，士在江湖道益尊"（《春晓》）；"杨柳不遮春色新，一枝红杏出墙来"（《马上作》）；"杨柳春风绿万条，凭鞍一望已魂消"（《柳》）；"村村皆画本，处处有诗材"（《舟中作》）；"汝果欲学诗，工夫在诗外"（《示子》）。他现存词作 130 首，如"无意苦争春，一任群芳妒。零落成泥碾作尘，只有香如故。"《卜算子》，他的散文甚丰，也表现了对文学的见解："盖人之情，悲愤积于中而无言，始发为诗，不然无诗矣。"（《澹斋居士诗序》）。

本书引文据《陆游集》。

1. 阅古泉记 *（节录）

太师平原王韩公府之西，缭山而上，五步一蹬，十步一壑。崖如伏鼋，径如惊蛇。大石磊磊，或如地踊以立，或如空翔而下，或翩如将奋，或森如欲搏。名葩硕果，更出互见；寿藤怪蔓，罗络蒙密。地多桂竹，秋而华敷，夏而箨解，至有应接不暇，及左顾右盼，则呀然而江横陈，豁然而湖自献。天造地设，非人力所能为者。其尤胜绝之地曰"阅古泉"，在溜玉泉之西，缭以翠麓，覆以美荫。又以其东向，故浴海之日、既望之月，泉辄先得之。袤三尺，深不知其几也。霖雨不溢，久旱不涸。其甘饴蜜，其寒冰雪，其泓止明静，可鉴毛发。虽游尘坠叶，常若有神物呵护屏除者。朝暮雨旸，无时不镜如也。泉上有小亭，亭中置瓢，可饮可濯，尤于烹茗酿酒为宜。他石泉皆莫逮……《陆游集》

2. 南园记 *（节录）

庆元三年二月丙午，慈福有旨，以别园赐今少师平原郡王韩公。其地实"武林"之东麓，而"西湖"之水汇于其下。天造地设，极湖山之美。公既受命，乃以禄赐之余，葺为"南园"，因其自然，辅以雅趣。方公之始至也，前瞻却视，左顾右盼，而规模定；因高就下，通塞去蔽，而物态别。奇葩美木，争效于前，清泉秀石，若顾若揖。于是飞观杰阁，虚堂广厦，上足以陈俎豆，下足以奏金石者，莫不毕备。升而高明显敞，如蜕尘垢；入而窈窕邃深，疑于无穷。既成，悉取先侍中、魏忠献王之诗句而名之。堂最高者曰"许闲"，上为亲御翰墨以榜其颜。其射亭曰"和容"，其台曰"寒碧"，其门曰"藏春"，其阁曰"凌风"，其积石为山，曰"西湖洞天"，其潴水艺稻，为囷为场、为牧牛羊。畜雁鹜之地，曰"归耕"之庄。其他因其实而命之名，堂之名，则曰"夹芳"，曰"豁望"，曰"鲜霞"，曰"矜春"，曰"岁寒"，曰"忘机"，曰"照香"，曰"堆锦"，曰"清芬"，曰"红香"。亭之名，则曰"远尘"，曰"幽翠"，曰"多稼"。

自绍兴以来，王侯将相之园林相望，莫能及"南园"之仿佛者，然公之意岂在登临游观之美哉！始曰"许闲"，终曰"归耕"，是公之志也。……（《四朝闻见录》卷五）

二八、《梦溪笔谈》——沈括（1031~1095 年）

沈括（1031~1095 年）字存中，宋代科学家、文学家。博学，善文词，于天文、地理、方志、考古、科技、律历、音乐、医药，卜算，无不通晓，著有《梦溪笔谈》，《长兴集》等书。

沈括是北宋的大科学家，学识极为渊博。在他的《梦溪笔谈》中，不但记载了当时社会的种种情况，反映了他对自然、人文、技术工程各门科学的精湛的研究成果，他以唯物的气一元论为哲学基础，认为天地万物都是"气"构成的，"大则候天地之变，寒暑风雨，水旱螟蝗，率皆有法。小则人之众疾，亦随气运盛衰。"他从太行山崖壁海生物化石和黄河岸竹笋化石等发现中得出，万物都在不停地运动变化中，"变则无所不至而各有所占。"同时也论述了他对艺术的见解。

在他所著《长兴集》中，有一些记游写景之作，也很有特色。例如《苍梧台记》有"东望有山蔚然，立于大海洪波之中，日月之光，蔽映下上"；又如《江州揽秀亭记》有"南山千丈瀑布，西江万顷明月"，都新颖别致。他晚年隐居润州，筑梦溪园（今镇江东），并写《梦溪自记》。

本书引文据上海书店出版《梦溪笔谈》。

1. 日月之形 *

又问予以："日月之形如丸邪，如扇也？若如丸，则其相遇岂不相碍？"余对曰："日月之形如丸。何以知之？以月盈亏可验也。月本无光，犹银丸，日耀之乃光耳。光之初生，日在其傍，故光侧而所见才如钩；日渐远则斜照，而光稍满如一弹丸。以粗粉涂其半，侧视视之则粉处如钩，对视之则正圆，此有以知其如丸也。（卷七《象数一》）

2. 淏柱 *

钱塘江，钱氏时为石堤，堤外又植大木十余行，之"淏柱"。宝元、康定间，人有献议，取淏柱可得得良材数十万，杭帅以为然。既而旧木出水皆朽败不可用，而淏柱一空，石堤为洪涛所激，岁岁摧决。盖昔人埋柱以折其怒势，不与水争力，故江涛不能为害［为患］。杜伟长为转运使，人有献说，自浙江税场以东，移退数里为月堤以遇避怒水，众水工皆以为便，独一老水工以为不然，密谕其党曰："移堤则岁无水患，若曹何所衣食？"众人乐其利，乃从而和之，伟长不悟其计，费以巨万而江堤之害仍岁有之。近年乃讲月堤之利，涛害稍稀，然犹不若淏柱之利，然所费至多，不复可为。（卷十一《官政一》）

3. 巧为长堤 *

苏州至昆山县凡六十里，皆浅水无陆途，民颇病，久欲为长堤，但苏州皆泽国，无处求土。嘉祐中人有献计，就水中以蘧蒢刍藁为墙，栽两行，相去三尺，去墙六丈又为一墙，亦如此，漉水中淤泥实蘧蒢中，候干则以水汰去两墙之间旧水，墙间六丈皆土，留其半以为堤脚，掘其半为渠，取土以为堤，每三四里则为一桥以通南北之水。不日堤成，至今为利。（卷十三《权智》）

4. 静中有动，动中有静 *（王荆公始为集句诗）

古人诗有"风定花犹落"之句，以谓无人能对。王荆公以对"鸟鸣山更幽"。"鸟鸣山更幽"本刘宋王籍诗。原对"蝉噪林逾静，鸟鸣山更幽"，上下句只是一意；"风定花犹落，鸟鸣山更幽"，则上句乃静中有动，下句动中有静。

荆公始为集句诗，多者至有百韵，皆集合前人之句，语意对偶往往亲切过于本诗，后人稍稍有效而为者。（卷十四《艺文一》）

5. 鹳雀楼诗 *

河中府鹳雀楼三层，前瞻中条，下瞰大河，唐人留诗者甚多，唯李益、王之涣、畅诸三篇能状其景。李益诗曰："鹳雀楼西百尺墙，汀洲云树共茫茫。汉家箫鼓随流水，魏国山河半夕阳。事去千年犹恨速［短］，愁来一日即知长。风烟并在思归处［相思处］，远目［满目］非春亦自伤。"王之涣诗曰："白日依山尽，黄河入海流。欲穷千里目，更上一层楼。"畅诸诗曰："迥临飞鸟上，高出世尘间。天势围平野，河流入断山。"（卷十五《艺文二》）

6. 识画当以神会 *（书画之妙）

书画之妙，当以神会，难以形器求也。世之观画者，多能指摘其间形象、位置、彩色瑕疵而已，至于奥理冥造者，罕见其人。如彦远《画评》言王维画物，多不问四时，如画花往往以桃、杏、芙蓉、莲花同画一景。予家所藏摩诘画《袁安卧雪图》，有雪中芭蕉。此乃得心应手，意到便成，故造理入神，迥得天意，此难可与俗人论也。谢赫云："卫协之画，虽不该备形妙，而有气韵，凌跨群雄，旷代绝笔。"又欧［阳］文忠《盘车图》诗云："古画画意不画形，梅诗咏物无隐情。忘形得意知者寡，不若见诗如见画。"此真为识画也。（卷十七《书画》）

7. 山水之法，以大观小 *（马不画细毛）

……又李成画山上亭馆及楼塔之类，皆仰画飞檐，共说以谓自下望上，如人平地望塔檐间，见其榱桷。此论非也。大都山水之法，盖以大观小，如人观假山耳。若同真山之法，以下望上，只合见一重山，岂可重重悉见，兼不应见其溪谷间事。又如屋舍，亦不应见其中庭及后巷中事。若人在东立，则山西便合是远境；人在西立，则山东却合是远境。似此如何成画？李君盖不知以大观小之法。其间折高、折远，自有妙理，岂在掀

屋角也！（卷十七《书画》）

8. 活笔*

度支员外郎宋迪工画，尤善为平远山水，其得意者有平沙雁落、远浦帆归、山市晴岚、江天暮雪、洞庭秋月、潇湘夜雨、烟寺晚钟、渔村落照，谓之"八景"，好事者多传之。往岁小窑村［镇］陈用之［用智］善画，迪见其画山水，谓用之［智］曰："汝画信工，但少天趣。"用之［智］深伏其言，曰："常患其不及古人者正在于此。"迪曰："此不难耳。汝先当求一败墙，张绢素讫，倚之败墙之上，朝夕观之。观之既久，隔素见败墙之上高平曲折皆成山水之象，心存目想，高者为山、下者为水，坎者为谷、缺者为涧，显者为近、晦者为远，神领意造，恍然见其有人禽草木飞动往来之象，了然在目，则随意命笔，默以神会，自然境皆天就，不类人为，是谓'活笔'。"用之［智］自此画格日进。（卷十七《书画》）

9. 活板印刷*

板印书籍唐人尚未盛为之，自冯瀛王始印五经，已后典籍皆为板本。庆历中，有布衣毕升又为活板。其法用胶泥刻字，薄如钱唇，每字为一印，火烧令坚。先设一铁板，其上以松脂腊和纸灰之类冒之，欲印则以一铁范置铁板上，乃密布字印，满铁范为一板，持就火炀之，药稍镕，则以一平板按其面，则字平如砥。若止印三、二本未为简易，若印数十百千本则极为神速。常作二铁板，一板印刷，一板已自布字，此印者纔毕则第二板已具，更互用之，瞬息可就。每一字皆有数印，如"之"、"也"等字每字有二十余印，以备一板内有重复者。不用则以纸贴之，每韵为一贴，木格贮之。有奇字素无备者，旋刻之，以草火烧，瞬息可成。不以木为之者，木理有疏密，沾水则高下不平，兼与药相粘，不可取，不若燔土，用讫再火令药镕，以手拂之其印自落，殊不沾污。升死，其印为余群从所得，至今宝［保］藏。（卷十八《技艺》）

10. 海市*

登州海中时有云气，如宫室、台观、城堞，人物、车马、冠盖历历可见，谓之"海市"。或曰蛟蜃之气所为，疑不然也。欧阳文忠曾出使河朔，过高唐县，驿舍中夜有鬼神自空中过，车马、人畜之声一一可辨，其说甚详，此不纪。问本处父老，云二十年前尝昼过县，亦历历见人物，土人亦谓之"海市"，与登州所见大略相类也。（卷二十一《异事异疾附》）

11. 海陆变迁*

余奉使河北，遵太行而北，山崖之间往往衔螺蚌壳及石子如鸟卵者，横亘石壁如带。此乃昔之海滨，今东距海已近千里，所谓大陆者皆浊泥所湮耳。尧殛鲧于羽山，旧说在东海中，今乃在平陆。凡大河、漳水、滹沱、涿水、桑乾之类悉是浊流，今关陕以西水行地中不减百余尺，其泥岁东流皆为大陆之土，此理必然。（卷二十四《杂志一》）

12. 雁荡山*

温州雁荡山天下奇秀，然自古图牒未尝有言者。祥符中因造玉清宫伐山取材，方有人见之，此时尚未有名。按西域书，阿罗汉诺矩罗居震旦东南大海际雁荡山芙蓉峰龙湫，唐僧贯休为《诺矩罗赞》有"雁荡经行云漠漠，龙湫宴坐雨蒙蒙"之句。此山南有芙蓉峰，峰下芙蓉驿，前瞰大海，然未知雁荡、龙湫所在，后因伐木始见此山。山顶有大池，相传以为雁荡；下有二潭水，以为龙湫；又有经行峡、宴坐峰，皆后人以贯休诗名之也。谢灵运为永嘉守，凡永嘉山水游历殆遍，独不言此山，盖当时未有雁荡之名。余观雁荡诸峰皆峭拔崄怪，上耸千尺，穹崖巨谷不类他，山皆包在诸谷中，自岭外望之都无所见，至谷中则森然干霄。原其理，当是为谷中大水冲激，沙土尽去，唯巨石岿然挺立耳，如大小龙湫、水帘、初月谷之类，皆是水凿之穴，自下望之则高岩峭壁，从上观之适与地平，以至诸峰之顶亦低于山顶之地面，世间沟壑中水凿之处皆有植土龛岩，亦此类耳。今成皋、陕西大涧中立土动及百尺，迥然耸立，亦雁荡具体而微者，但此土彼石耳。既非挺出地上，则为深谷林莽所蔽，故古人未见、灵运所不至，理不足怪也。（卷二十四《杂志一》）

13. 指南针 *

方家以磁石磨针锋则能指南，然常微偏东，不全南也。水浮多荡摇。指爪及碗唇上皆可为之，运转尤速，但坚滑易坠，不若缕悬为最善。其法取新纩中独茧缕，以芥子许蜡缀于针腰，无风处悬之则针常指南。其中有磨而指北者，余家指南、北者皆有之。磁石之指南犹柏之指西，莫可原其理。（卷二十四《杂志一》）

14. 北岳恒山 *

北岳恒山，今谓之大茂山者是也，半属契丹，以大茂山分脊为界。岳祠旧在山下，石晋之后稍迁近里，今其地谓之"神棚"。今祠乃在曲阳，祠北有望岳亭，新晴气清则望见大茂。祠中多唐人故碑，殿前一亭中有李克用题名云："太原河东节度使李克用亲领步骑五十万，问罪幽陵，回师自飞狐路即归雁门。"今飞狐路在大茂之西，白银冶寨北出倒马关度房界，却自石门子、冷水铺入瓶形、梅回两寨之间至代州。今此路已不通，唯北寨西出承天阁路可至河东，然路极峭狭。太平兴国中，车驾自太原移幸恒山乃由土门路，至今有行宫在。（卷二十四《杂志一》）

15. 验量地势 *

国朝汴渠，发京畿辅郡三十余县夫岁一浚。祥符中，阁（gé）门祗候使臣谢德权领治京畿沟洫，权借浚汴夫，自而后三岁一浚，始令京畿邑官皆兼沟洫河道，以为常职。久之，治沟洫之工渐弛，邑官徒带空名而汴渠至有二十年不浚，岁岁堙淀。异时京师沟渠之水皆入汴，旧尚书省都堂壁记云"疏治八渠，南入汴水"是也。自汴流堙淀，京城东水门下至雍丘、襄邑，河底皆高出堤外平地一丈二尺余，自汴堤下瞰，民居如在深谷。熙宁中，议改疏洛水入汴。余尝因出使按行汴渠，自京师上善门量至泗州淮岸凡八百四十里一百三十步。地势，京师之地比泗州凡高十九丈四尺八寸六分，就京城东数里渠心穿井至三丈，方见旧底。验量地势，用水平、望尺、幹尺量之亦不能无小差。汴渠堤外皆是出土故沟，余因决沟水令相通，时为一堰节其水，候水平其上，

渐浅涸则又为一堰，相齿如阶陛，乃量堰之上下水面相高下之数，会之乃得地势高下之实。（卷二十五《杂志二》）

16. 木图 *

予奉使按边，始为木图写其山川道路。其初遍履山川，旋以面糊、木屑写其形势于木案上，未几寒冻，木屑不可为，又镕蜡为之，皆欲其轻，易赍①故也。至官所则以木刻上之，上召辅臣同观，乃诏边州皆为木图，藏于内府。（卷二十五《杂志二》）

【注释】

①携带，持有

17. 采药不可限以时月 *

古法采草药多用二月、八月，此殊未当，但二月草已芽、八月苗未枯，采掇者易辨识耳，在药则未为良时。大率用根者，若有宿根，须取无茎叶时采，则津泽皆归其根，欲验之，但取芦菔、地黄辈观，无苗时采则实而沈，有苗时采则虚而浮；其无宿根者，即候苗成而未有花时采，则根生已足而又未衰，如今之紫草，未花时采则根色鲜泽，花过而采则根色黯恶，此其效也。用叶者取叶初长足时，用芽者自从本说，用花者取花初敷毁时，用实者成实时采，皆不可限以时月，缘土气有早晚、天时有愆伏。如平地三月花者，深山中则四月花，白乐天《游大林寺》诗云"人间四月芳菲尽，山寺桃花始盛开"，盖常理也，此地势高下不同也；如笒竹笋有二月生者，有三四月生者，有五月方生者谓之"晚笒"，稻有七月熟者，有八九月熟者，有十月熟者谓之"晚稻"，一物同一畦之间自有早晚，此物性之不同也；岭峤微草凌冬不凋，并、汾乔木望秋先陨，诸越则桃李冬实，朔漠则桃李夏荣，此地气之不同也；一亩之稼则粪溉者先芽，一丘之禾则后种者晚实，此人力之不同也，岂可一切拘以定月哉？（卷二十六《药议》）

18. 扬州二十四桥 *

扬州在唐时最为富盛，旧城南北十五里一百一十步，东西七里三十步，可纪者有二十四桥。最西浊河茶园桥，次东大明桥（今大明寺前），入西水门有九曲桥（今建隆寺前），次东正当帅牙南门有下马桥，又东作坊桥，桥东河转向南有洗马桥，次南桥（见在今州城北门外），又南阿师桥、周家桥（今此处为城北门）、小市桥（今存）、广济桥（今存）、新桥、开明桥（今存）、顾家桥、通泗桥（今存）、太平桥（今存）、利园桥，出南水门有万岁桥（今存）、青园桥，自驿桥北河流东出有参佐桥（今开元寺前），次东水门，（今有新桥，非古迹也。）东出有山光桥（见在今山光寺前）。又自衙门下马桥直南有北三桥、中三桥、南三桥，号"九桥"，不通船，不在二十四桥之数，皆在今州城西门之外。（补笔谈卷三《异事》）

19. 梦溪自记 *

翁年三十许时，尝梦至一处，登小山，花木如覆锦，山之下有水，澄澈极目，而乔木翳其上，梦中乐之，将谋居焉。自尔岁一再或三、四梦至其处，习之如平生之游。后十余年，翁谪守宣城，有道人无外，谓京口山川之胜，邑之人有圃求售者。及翁以钱三十万得之，然未知圃之所在。又后六年，翁坐边议谪废，乃庐于浔阳之熨斗洞，为庐山之游，以终身焉。

元祐元年，道京口，登道人所置之园，恍然乃梦中所游之地。翁叹曰："吾缘在是矣"。于是弃浔阳之居，筑室于京口之陲。巨木翁然，水出峡中，淳萦杳缭，环地之一偏者，目之曰"梦溪"。溪之上耸然为丘，千木之花缘焉者，"百花堆"也。腹堆而庐其间者，翁之栖也。其西荫于花竹之间，翁之所憩"觳轩"也。轩之瞰，有阁俯于阡陌、巨木百寻哄其一上者，"花堆"之阁也。据堆之颠，集茅以舍者，"岸老"之堂也。背堂而俯于"梦溪"之颜者，"苍峡"之亭也。西"花堆"有竹万个，环以激波者，"竹坞"也。度竹而南，介途滨河、锐而垣者，"杏嘴"也。竹间之可燕者，"萧萧堂"也。荫竹之南，轩于水滢者，"深斋"也。封高而缔，可以眺者，"远亭"也。

居在城邑而荒芜，古木与鹿豕杂处，客有至者，皆频额而去，而翁独乐焉。渔于泉，舫于渊，俯仰于茂木美荫之间。所慕于古人者：陶潜、白居易，李约，谓之"三悦"；与之酬酢于心目之所寓者：琴、棋、禅、墨、丹、茶、吟、谈、酒，谓之"九客"。居四年而翁病，涉岁而益羸（léi），滨槁木矣，岂翁将蜕于此乎？

二九、苏轼（1037~1101 年）

苏轼字子瞻，号东坡居士，宋代文学家、书画家。风景园林家。他工诗善词，书法丰腴跌宕，与蔡襄，黄庭坚、米芾并称"宋四家"。有《东坡七集》。存世书法有《赤壁赋》、《黄州寒食诗帖》等。

苏轼把儒、佛、老三家哲学结合起来，早年就"奋厉有当世志"，向往"天下治平"，主张"节用以廉取"，提出"欲速则不达"，"轻发则多败"，"因法便民"。他重视文学的社会功能，主张"务令文字华实相副，期于适用"，反对"贵华而贱实"，强调要有充实的生活感受，以期"充满勃郁而现于外"，文应"如行云流水，初无定质"，"文理自然，姿态横生。"

在涉及审美主客体的物意关系上，苏轼主张"游于物之外"而不能"游于物之内"。他认为游于物之内就会把物看得过重，为情欲所役，求乐反而生悲，求福反而招祸。只有物之来欣然接之，物之去亦不复念，做到"可以寓意于物而不可以留意于物"，才能不论物之美丑、贵贱、大小、珍常，都有可观，而有可观也就有可乐。苏轼认为通过长期的艺术实践，就能熟练地掌握艺术创作的规律性，做到"了然于手"、"莫之求而自然"，使作品浑然天成而变态横生。

苏诗丰富多彩，有关心生产和人民生活的苦乐不均，在《许州西湖》中感慨"但恐城市欢，不知田野怆"；也创作了大量写景诗，善于观察和捕捉各地景物的不同特点，悟出新意妙理，如《题西林壁》中"横看成岭侧成峰……"，《有美堂暴雨》中"游人脚底一声雷……",《惠崇春江晚景》中"春江水暖鸭先知",《登州海市》中"东方云海空复空,群仙出没空明中"。

苏词突破"香软"樊篱,使词作仿佛"挟海上风涛之气","有情风万里卷潮来",势如"突兀雪山",具有鲜明的理想、浮想联翩,如"明月几时有","凭高眺远","翻然归去","大江东去"。

苏文中叙事纪游的散文有广为传诵的名作,其中记楼台亭榭的散文,如《喜雨亭记》,《超然台记》,记游写景的如《石钟山记》,前后《赤壁赋》。他还擅长书画,自称"吾虽不善书,晓书莫如我"。他在论画时主张"神似"、"传神",提出"诗中有画"、"画中有诗",在画史中很有影响。

苏轼还是一位风景园林家。任杭州太守时,费工 20 万,疏浚西湖、修长堤、筑六桥、植花木、形成"横绝天汉"的湖上通道名景,留存至今;在《喜雨亭记》中,记他在扶风时,于堂北凿池造亭、引水种树,以为休息优游之所;在《凌虚台记》中,记太守在终南山下择址挖池筑台,以求"凌虚"之意;在《超然台记》中,有整治园囿、修理旧台,赋名超然;在《放鹤亭记》中,于岗岭四合缺口处筑亭,有山人放二鹤翔飞东西;在《三槐堂铭》中,有"松柏生于山林……阅千岁而不改者";在《灵璧张氏园亭记》中,有"其深可以隐,其富可以养,果蔬可以饱邻里,鱼鳖笋茹可以馈四方宾客。"

本书引文据《苏东坡集》(商务印书馆,1958 年重印本)、乾隆又赏斋刊本《东坡题跋》。

1. 寓意于物则乐,留意于物则病

君子可以寓意于物,而不可以留意于物。寓意于物,虽微物足以为乐,虽尤物不足以为病;留意于物,虽微物足以为病,虽尤物不足以为乐。老子曰:"五色令人目盲,五音令人耳聋,五味令人口爽,驰骋田猎令人心发狂。"然圣人未尝废此四者,亦聊以寓意焉耳。刘备之雄才也,而好结髦;嵇康之达也,而好锻炼;阮孚之放也,而好蜡屐。此岂有声色臭味也哉?而乐之终身不厌。凡物之可喜,足以悦人而不足以移人者,莫若书与画。然至其留意而不释,则其祸有不可胜言者。锺繇至以此呕血发冢,宋孝武、王僧虔至以此相忌,桓玄之走舸,王涯之复壁,皆以儿戏害其国、凶其身,此留意之祸也。始吾少时,尝好此二者,家之所有,惟恐其失之;人之所有,惟恐其不吾予也。既而自笑曰:"吾薄富贵而厚于书,轻死生而重画,岂不颠倒错谬,失其本心也哉!"自是不复好。见可喜者,虽时复蓄之,然为人取去,亦不复惜也。譬之烟云之过眼,百鸟之感耳,岂不欣然接之?去而不复念也。于是乎二物君,常为吾乐而不能为吾病。(《苏东坡集》前集卷三十二《宝绘堂记》)

2. 物之无常形者必有常理,画者须得其理

余尝论画,以为人禽、宫室、器用皆有常形,至于山石、竹木、水波、烟云,虽无常形而有常理。常形之失,人皆知之;常理之不当,虽晓画者有不知。故凡可以欺世而取名者,必托于无常形者也。虽然,常形之失,止于所失而不能病其全,若常理之不当,则举废之矣。以其形之无常,是以其理不可不谨也。世之工人或能曲尽其形,而至于其理,非高人逸才不能辨。与可之于竹石枯木,真可谓其理者矣。如是而生,如是而死,如是

而挛拳瘠蹙，如是而条达遂茂。根茎节叶，牙角脉缕，千变万化，未始相袭，而各当共处，合于天造，厌于人意。盖达士之所寓也欤！（《苏东坡集》前集卷三十一《净因院画记》）

3. 诗中有画，画中有诗

味摩诘之诗，诗中有画；观摩诘之画，画中有诗。诗曰："蓝溪白石出，玉川红叶稀，山路元无雨，空翠湿人衣。"此摩诘之诗。或曰："非也，好事者以补摩诘之遗。"（《东坡题跋》下卷《书摩诘蓝田烟雨图》）

4. 神与万物交，智与百工通

或曰：龙眠居士作《山庄图》，使后来入山者，信足而行，自得道路，如见所梦，如悟前世，见山中泉石草木，不问而知其名，遇山中渔樵隐逸，不名而识其人。此岂强记不忘者乎？曰：非也。画日者常疑饼，非忘日也；醉中不以鼻饮，梦中不以趾捉，天机之所合，不强而自记也。居士之在山也，不留于一物，故其神与万物交，其智与百工通。虽然，有道有艺。有道而不艺，则物虽形于心，不形于手。吾尝见居士作华严相，皆以意造而与佛合。佛，菩萨言之，居士画之，若出一人，况自画其所见者乎？（《苏东坡集》前集卷二十三《书李伯时山庄图后》）

5. 论大小字之难处

凡世之所贵，必贵其难。真书难于飘扬，草书难于严重，大字难于结密而无间，小字难于宽绰而有余。（《东坡题跋》下卷《跋晋卿所藏莲华经》）

6. 书必有神、气、骨、肉、血

书必有神、气、骨，肉，血，五者阙一，不为成书也。（《东坡题跋》上卷《论书》）

7. 超然台记*（节录）

凡物皆有可观。苟有可观，皆有可乐，非必怪奇伟丽者也。餔糟啜醨，皆可以醉，果蔬草木，皆可以饱。推此类也，吾安往而不乐？

夫所为求福而辞祸者，以福可喜而祸可悲也。人之所欲无穷，而物之可以足吾欲者有尽，美恶之辨战于中（内心），而去取之择交乎前，则可乐者常少，而可悲者常多，是谓求祸而辞福。夫求祸而辞福，岂人之情也哉？物有以盖之矣。彼游于物之内，而不游于物之外。物非有大小也，自其内而观之，未有不高且大者也。彼挟其高大以临我，则我常眩乱反复，如隙中之观斗，又乌知胜负之所在？是以美恶横生而忧乐出焉，可不大哀乎！

……（《苏东坡集》前集卷三十二）

8. 石钟山记*

《水经》云："彭蠡之口有石钟山焉。"郦元①以为下临深潭，微风鼓浪，水石相搏，声如洪钟。是说也，人常疑之。

今以钟磬置水中，虽大风浪不能鸣也，而况石乎！至唐李渤②始访其遗踪，得双石于潭上，扣而聆之，南声函胡，北音清越，袍止响腾，余韵徐歇。自以为得之矣。然是说也，余尤疑之。石之铿然有声者，所在皆是也，而此独以钟名，何哉？

元丰七年六月丁丑③，余自齐安舟行适临汝，而长子迈将赴饶之德兴尉，送之至湖口，因得观所谓石钟者。寺僧使小童持斧，于乱石间择其一二扣之，硿硿然，余固笑而不信也。至其夜月明，独与迈乘小舟至绝壁下。大石侧立千尺，如猛兽奇鬼，森然欲搏人，而山上栖鹘，闻人声亦惊起，磔磔云霄间。又有若老人咳且笑于山谷中者，或曰"此鹳鹤也。"余方心动欲还，而大声发于水上，噌吰如钟鼓不绝。舟人大恐。徐而察之，则山下皆石穴罅④，不知其浅深，微波入焉，涵澹澎湃而为此也。舟回至两山间，将入港口，有大石当中流，可坐百人，空中而多窍，与风水相吞吐，有窾⑤坎镗鞳之声，与向之噌吰者相应，如乐作焉。因笑谓迈曰："汝识之乎？噌吰者，周景王之无射也，窾坎镗鞳者，魏庄子之歌钟也。古之人不余欺也！"

事不目见耳闻而臆断其有无，可乎？郦元之所见闻殆与余同，而言之不详，士大夫终不肯以小舟夜泊绝壁之下，故莫能知，而渔工水师虽知而不能言，此世所以不传也。而陋者乃以斧斤考击而求之，自以为得其实。余是以记之，盖叹郦元之简，而笑李渤之陋。

（《古文观止》）

【注释】

①即郦道元　②李渤曾作《辨石钟山记》　③即 1084 年　④石穴裂缝　⑤中空。镗鞳噌吰均象声词。

9. 前赤壁赋

壬戌之秋①，七月既望，苏子与客泛舟，游于赤壁之下。清风徐来，水波不兴。举酒属客，诵明月之诗，歌窈窕之章。少焉，月出于东山之上，徘徊于斗牛②之间。白露横江，水光接天。纵一苇之所如，凌万顷之茫然。浩浩乎如冯虚御风，而不知其所止；飘飘乎如遗世独立，羽化而登仙。

于是饮酒乐甚，扣舷而歌之。歌曰："桂棹兮兰桨，击空明兮溯流光；渺渺兮予怀，望美人兮天一方。"客有吹洞箫者，倚歌而和之。其声呜呜然，如怨如慕，如泣如诉；余音袅袅，不绝如缕。舞幽壑之潜蛟，泣孤舟之嫠妇。

苏子愀然，正襟危坐，而问客曰："何为其然也？"客曰"'月明星稀，乌鹊南飞'，此非曹孟德之诗乎？西望夏口，东望武昌，山川相缪，郁乎苍苍，此非孟德之困于周郎者乎？方其破荆州，下江陵，顺流而东也，舳舻千里，旌旗蔽空，酾酒临江，横槊赋诗，固一世之雄也，而今安在哉！况吾与子渔樵于江渚之上，侣鱼虾而友麋鹿，驾一叶之扁舟，举匏樽以相属。寄蜉蝣于天地，渺沧海之一粟。哀吾生之须臾，羡长江之无穷。挟飞仙以遨游，抱明月而长终。知不可乎骤得，托遗响于悲风。"

苏子曰："客亦知夫水与月乎？逝者如斯，而未尝往也；盈虚者如彼，而卒莫消长也。盖将自其变者而观之，则天地曾不能以一瞬；自其不变者而观之，则物与我皆无尽也。而又何羡乎？且夫天地之间，物各有主，苟非吾之所有，虽一毫而莫取。惟江上之清风，与山间之明月，耳得之而为声，目遇之而成色；取之无禁，用之不竭。是造物者之无尽藏也，而吾与子之所共适。"

客喜而笑，洗盏更酌。肴核既尽，杯盘狼藉。相与枕藉乎舟中，不知东方之既白。(《古文观止》)

【注释】

①即 1082 年 7 月 16 日 ②星宿名，斗宿和牛宿

10. 后赤壁赋

是岁十月之望①，步自雪堂，将归于临皋。二客从予过黄泥之坂。霜露既降，木叶尽脱。人影在地，仰见明月。顾而乐之，行歌相答。已而叹曰："有客无酒，有酒无肴，月白风清，如此良夜何？"客曰："今者薄暮，举网得鱼，巨口细鳞，状似松江之鲈。顾安所得酒乎？"归而谋诸妇。妇曰："我有斗酒，藏之久矣，以待子不时之须。"

于是携酒与鱼，复游于赤壁之下。江流有声，断岸千尺，山高月小，水落石出。曾日月之几何，而江山不可复识矣！

予乃摄衣而上，履巉岩，披蒙茸，踞虎豹，登虬龙，攀栖鹘之危巢，俯冯夷之幽宫。盖二客不能从焉。划然长啸，草木震动，山鸣谷应，风起水涌。予亦悄然而悲，肃然而恐，凛乎其不可留也。反而登舟，放乎中流，听其所止而休焉。时夜将半，四顾寂寥。适有孤鹤，横江东来，翅如车轮，玄裳缟衣，戛然长鸣，掠予舟而西也。

须臾客去，予亦就睡。梦一道士，羽衣翩仙，过临皋之下，揖予而言曰："赤壁之游乐乎？"问其姓名，俯而不答。呜呼噫嘻，我知之矣！"畴昔之夜，飞鸣而过我者，非子也耶？"道士顾笑，予亦惊寤。开户视之，不见其处。(《古文观止》)

【注释】

①即 1082 年 10 月 15 日

三十、苏辙（1039~1112 年）

苏辙字子由。与其父苏洵、兄苏轼合称"三苏"，均在"唐宋八大家"之列。

他的生平学问深受其父兄影响，最倾慕孟子而又遍观百家，擅长政论和史论。他在《黄州快哉亭记》中，融写景、叙事、抒情、议论于一体，于汪洋澹泊之中贯穿着不平之气，体现着作者的散文风格。他在《洛阳李氏园池诗记》中，记洛阳古都"园囿亭观之盛，实甲天下"；他在《武昌九曲亭记》中，提出"盖天下之乐无穷，而以适意为悦"；苏辙著有《栾城集》，其中相关名句如："求天下奇闻壮观，以知天地之广大"《上枢密韩太尉书》。"能究其本根而枝叶自举"《宋子仪大理寺丞》。"欲筑室者，先治其基"《新论中》。"因时立政"《乞裁损浮费札子》。"因时施宜，无害于民"《论衙前及诸役人不便札子》。

本书引文据《栾城集》、《古文观止》。

1. 求天下奇闻壮观，以知天地之广大

辙生十有九矣。其家居所与游者，不过其邻里乡党之人；所见不过数百里之间，无高山大野可登览以自广。百氏之书，虽无所不读，然皆古人之陈迹，不足以激发其志气。恐遂汨没①，故决然舍去，求天下奇闻壮观，以知天地之广大。《上枢密韩太尉书》

【注释】

①沉没、埋没

2. 盖天下之乐无穷，而以适意为悦

昔余少年，从子瞻游。有山可登，有水可浮，子瞻未始不褰裳先之。有不得至，为之怅然移日。至其翩然独往，逍遥泉石之上，撷林卉，拾涧实，酌水而饮之，见者以为仙也。盖天下之乐无穷，而以适意为悦。方其得意，万物无以易之；及其既厌，未有不洒然自笑也。譬之饮食，杂陈于前，要之一饱，而同委于臭腐。夫孰知得失之所在？惟其无愧于中，无责于外，而姑寓焉。此子瞻之所以有乐于是也。《武昌九曲亭记》

3. 洛阳古都园囿亭观之盛，实甲天下

洛阳古帝都，其人习于汉唐衣冠之遗俗，居家治园池，筑台榭，植草木，以为岁时游观之好。其山川风气，清明盛丽，居之可乐。平川广衍，东西数百里，嵩高、少室、天坛、王屋，冈峦靡迤，四顾可挹。伊洛瀍涧，流出平地，故其山林之胜，泉流之洁，虽其间阎之人与其公侯共之。一亩之宫，上瞩青山，下听流水，奇花修竹，布列左右，而其贵家巨室，园囿亭观之盛，实甲天下。若夫李侯之园，洛阳之所一二数者也。《洛阳李氏园池诗记》

4. 黄州快哉亭记*（节录）

江出西陵①，始得平地，其流奔放肆大，南合湘、沅，北合汉沔，其势益张。至于赤壁之下②，波流浸灌③，与海相若。清河张君梦得谪居齐安④，即其庐之西南为亭，以览观江流之胜，而余兄子瞻名之曰"快哉"⑤。

盖亭之所见，南北百里，东西一舍⑥，涛澜汹涌，风云开阖；昼则舟楫出没于其前，夜则鱼龙悲啸于其下。变化倏忽，动心骇目，不可久视。今乃得玩之几席之上，举目而足。西望武昌诸山⑦，冈陵起伏，草木行列，烟消日出，渔夫、樵父之舍。皆可指数，此其所以为"快哉"者也。至于长洲之滨，故城之墟，曹孟德、孙仲谋之所睥睨，周瑜、陆逊之所驰骛，其流风遗迹，亦足以称快世俗。

……《古文观止》

【注释】

①西陵：长江三峡之一。②赤壁：又名赤鼻山.在今湖北黄冈。苏辙误以为这里即是"赤壁大战"的故址，赤壁大战实际发生在湖北蒲圻。③浸灌：形容水势浩大。④清河：今属河北。齐安：即今湖北黄冈。⑤子瞻：苏轼字子瞻。⑥舍：古代三十里为一舍。⑦武昌：今湖北鄂城。

三一、李格非《洛阳名园记》

　　李格非，(生卒年不详)字文叔。他的文词名气不如女儿李清照的知名度高，但《洛阳名园记》却久传不绝。1095 年他在本书中记述了北宋时洛阳十九座园林的情况，并写了书序。他着眼于政治鉴诚，书中提出洛阳之盛衰是天下治乱的标示，园圃之兴废，是洛阳盛衰之征候。序言简洁，逻辑严整，感慨、叙事、劝诚自然融汇。

　　本书引文据《邵氏闻见录》。

1. 李格非序言*

　　李格非论曰：洛阳处天下之中，挟崤、渑之阻，当秦、陇之襟喉，而赵、魏之走集，盖四方必争之地也。天下常无事则已；有事，则洛阳先受兵。予故尝曰："洛阳之盛衰者，天下治乱之候也。"

　　方唐贞观、开元之间，公卿贵戚开馆列第于东都者，号千有余邸。及其乱离，继以五季之酷，其池塘竹树，兵车蹂践，废而为丘墟；高亭大榭，烟火焚燎，化而为灰烬。与唐共灭而俱亡者，无余家矣。予故日："园圃之兴废者，洛阳盛衰之候也。"

　　且天下之治乱，候于洛阳之盛衰而知；洛阳之盛衰，候于园圃之兴废而得；则《名园记》之作，予岂徒然哉？

　　呜呼！公卿大夫高进于朝，放乎以一己之私自为，而忘天下之治忽，欲退享此，得乎？唐之末路是也。

2. 十九座园名

　　①富郑公园　②董氏西园　③董氏东园　④环溪　⑤刘氏园　⑥丛春园　⑦天王院花园子　⑧归仁园　⑨苗帅园　⑩赵韩王园　⑪李氏仁丰园　⑫松岛　⑬东园　⑭紫金台张氏园　⑮水北、胡氏二园　⑯大字寺园　⑰独乐园　⑱湖园　⑲吕文穆园

3. 湖园*

　　洛人云，园圃之胜，不能相兼者六：务宏大者，少幽邃；人力胜者，少苍古；多水泉者，艰眺望。能兼此六者，惟"湖园"而已。予尝游之，信然。在唐为裴晋公宅园。园中有湖，湖中有洲，曰：'百花洲'。北有堂曰："四并"，其四达而旁东西之蹊者，"桂堂"也。截然出于湖之右者，"迎晖亭"也。过横池、披林莽、循曲径而后得者，"梅台"、"知止庵"也。自竹径望之超然、登之翛然者，"环翠亭"也。渺渺重邃，犹擅花卉之盛，而前据池亭之胜者，"翠樾轩"也。其大略如此。若夫百花酣而白昼暝，青苹动而林阴合，水静而跳鱼鸣，木落而群峰出，虽四时不同，而景物皆好，则又不可殚记者也。

三二、艮岳

中国北宋皇家山水园。初名万岁山，因其位于宫城东北隅，后更名艮岳，寿岳，或连称寿山艮岳。又因其园门匾额题名"华阳"，故又称"华阳宫"。

艮岳于宋徽宗政和七年（1117 年）兴工，宣和四年（1122 年）竣工，靖康元年冬（1126~1127 年）因金人攻陷汴京（今开封）而沦为废墟，是一座快速兴灭的皇家园林。

艮岳位于宋代东京汴梁的景龙门内以东，封丘门（安远门）内以西，东华门以北，景龙门江以南，周长约 6 里（一说山周 10 里），面积约 750 亩（0.5km²），最高一峰九十步（一说十余仞）。

艮岳是在"京邑坦荡平夷"之地，以山水创作为主线，把诗情画意融入园林，"神谋化力"，开启了山水园林发展的新方向，代表着宋代园林艺术新水平而载入史册。例如：筑山叠石培冈，形成宾主分明的峰峦与"冈连阜属"的环列山系；名石、奇石，巨石、排牙石、石洞石腹星罗棋布，兼有埋藏矿物（雄磺、卢甘石）防虫造雾；挖湖凿池引景龙江水入园，形成溪涧、湖沼、潭瀑水系水景；构成山环水抱、"岚露蒸蒸"、中为平坡水面的地形骨架。园内漫山遍岗的植物有 70 多种，不少是从江浙楚湘引种的名品，植物主题的景点有 20 多处；水中林间放养着大量的珍禽异兽，驯化的鸟兽可以"列队迎驾"；40 多处亭堂楼馆发挥着点景与观景作用；宋人李质、曹组在《艮岳百咏诗》中有 100 余处提名景点。

艮岳建园，由精于书画诗乐的宋徽宗（赵佶）亲自参预，有"思精志巧、多才可属"的宦官梁师成具体主持工程，先有规划设计，然后"按图度地，庀徒僝工，累土积石"。又委派朱勔主管"应奉局"及"花石纲"（即搜寻江南奇石花木和水运花石船队），出现了"巧取豪夺，殚费民力，激起民愤"的建园事端。园成后，当年赵佶亲写《艮岳记》，1127 年到过艮岳避兵的祖秀也写了《华阳宫记》，这是两篇有关艮岳的详实文献。南宋张淏把前两篇概略，另成《艮岳记》一篇。另外，《枫总小牍》、《宋史·地理志》也有片段记载。

本书引文据《中国历代名园记选注》、《中国古代建筑史》、《园综》、《中国历代园林图文选》、《中国古代园林史》，

1. 艮岳记 *（节录）

于是按图度地，庀徒僝工，累土积石……设洞庭、湖口、丝溪、仇池之深渊，与泗滨、林虑、灵璧、芙蓉之诸山，取瑰奇特异瑶琨之石；即姑苏、武林、明、越之壤，荆、楚、江、湘、南粤之野，移枇杷、橙、柚、橘、柑、椰、栝、荔枝之木，金蛾、玉羞、虎耳、凤尾、素馨、渠那、茉莉、含笑之草；不以土地之殊，风气之异，悉生成长养于雕阑曲槛。而穿石出罅，岗连阜属，东西相望，前后相续，左山而右水，后溪而傍陇，连绵而弥满，吞山怀谷。其东则高峰峙立，其下植梅万数，绿萼承跗，芬芳馥郁，结构山根，号"绿

蓂华堂"。又旁有"承岚"、"昆云"之亭。有屋外方内圆,如半月,是名"书馆"。又有"八仙馆",屋圆如规。又有"紫石"之岩,"祈真"之磴,"揽秀"之轩,"龙吟"之堂,清林秀出。其南则"寿山"嵯峨,两峰并峙,列嶂如屏。瀑布下入"雁池",池水清泄涟漪,凫雁浮泳水面,栖息石间,不可胜计。其上亭曰"噰噰",北直"绛霄楼",峰峦崛起,千叠万覆,不知其几千里,而方广无数十里。其西则参、术、杞菊、黄精、芎藭,被山弥坞,中号"药寮"。又禾、麻、菽、麦、黍、豆、杭、秫,筑室若农家,故名"西庄"。上有亭曰"巢云",高出峰岫,下视群岭,若在掌上。自南徂北,行岗脊两石间,绵亘数里,与东山相望。水出石口,喷薄飞注如兽面,名之曰"白龙渊"、"濯龙峡"、"蟠秀"、"练光"、"跨云亭"、"罗汉岩"。又西,半山间,楼曰"倚翠",青松蔽密,布于前后,号"万松岭"。上下设两关,出关下平地,有大方沼,中有两洲,东为"芦渚",亭曰"浮阳";西为"梅渚",亭曰"云浪"。沼水西流为"凤池",东出为"研池"。中分二馆,东曰"流碧",西曰"环山"。馆有阁曰"巢凤",堂曰"三秀",以奉九华玉真安妃圣像。东池后,结栋山下,曰"挥云厅"。复由磴道盘纡萦曲,扪石而上,既而山绝路隔,继之以木栈,倚石排空,周环曲折,有蜀道之难。跻攀至"介亭",此最高于诸山。前列巨石,凡三丈许,号"排衙",巧怪巉岩,藤萝蔓衍,若龙若凤,不可殚穷。"麓云"、"半山"居右,"极目"、"萧森"居左。北俯"景龙江",长波远岸,弥十余里,其上流注山间。西行潺溪,为"漱玉轩"。又行石间,为"炼丹亭"、"凝观"、"圜山亭",下视水际,见"高阳酒肆"、"清斯阁"。北岸万竹,苍翠蓊郁,仰不见天,有"胜筠庵"、"蹑云台"、"萧闲馆"、"飞岑亭",无杂花异木,四面皆竹也。又支流为"山庄",为"回溪"。自山蹊石罅,搴条下平陆,中立而四顾,则岩峡洞穴,亭阁楼观,乔木茂草,或高或下,或远或近,一出一入,一荣一凋,四面周匝,徘徊而仰顾,若在重山大壑、幽谷深岩之底,不知京邑空旷坦荡而平夷也;又不知郛郭寰会纷华而填委也。真天造地设、神谋化力,非人力所为者,此举其梗概焉。

本文选自宋代王明清《挥麈后录》,作者赵佶(1082~1133年),即宋徽宗,写于宣和四年(1122年)。

2. 华阳宫记 *

政和初,天子命作"寿山艮岳"于京城之东陬,诏阉人董其役。舟以载石,舆以辇土,驱散军万人,筑冈阜,高十余仞,增以太湖、灵璧之石,雄拔峭峙,功夺天造。石皆激怒觝觚(dí),若踆若齧,牙角口鼻,首尾爪距,千态万状,殚奇尽怪。辅以蟠木、瘿藤,杂以黄杨,对青荫其上。又随其斡旋之势,斩石开径,凭险则设磴道,飞空则架栈阁,仍于绝顶,增高树以冠之。搜远方珍材,尽天下蠹工绝伎而经始焉。山之上下,致四方珍禽奇兽,动以亿计。犹以为未也,凿地为溪涧,叠石为堤捍,任其石之怪,不加斧凿,因其余土,积而为山。山骨暴露,峰棱如削,飘然有云姿鹤态,曰"飞来峰"。高于雉堞,翻若长鲸,腰径百尺,植梅万本,曰"梅岭"。接其余冈,种丹杏、鸭脚,曰"杏岫"。又增土叠石,间留隙穴,以栽黄杨,曰"黄杨嵫"。筑修冈以植丁香,积石其间,从而设险,曰"丁嶂"。又得赪石,任其自然,增而成山,以椒兰杂植于其下,曰"椒崖"。接水之末,增土为大坡,徙东南侧柏,枝干柔密,揉之不断,华华结结，为幢盖、鸾鹤、蛟龙之状，动以万数，曰"龙柏陂"。循"寿山"而西，移竹成林，复开小径，至百数步。竹有同本而异干者，不可纪极，皆四方珍贡。又杂以对青竹，十居八九，曰"斑竹麓"。又得紫石，滑净如削，面径数仞，因而为山，贴山卓立，山阴置木柜，绝顶开深池，车驾临幸，则驱水工登其顶，开闸注水，而为瀑布，曰"紫石壁"，又名"瀑布屏"。从"艮岳"之麓，琢石为梯，石皆温润净滑，曰"朝真磴"。又于洲上植芳木，以海棠冠之，曰"海棠川"。"寿山"之西，别治园圃，曰"药寮"。其宫室台榭，卓然著闻者曰"琼津殿"、"绛霄楼"、"绿萼华堂"。筑台高千仞，周览都城，近若指顾。造"碧虚洞天"，万山环之，开三洞，为品字门，以通前后苑。建八角亭于其中央，榱椽窗楹，皆以玛瑙石间之。其地琢为龙础，导"景龙江"东出"安远门"，以备龙舟行幸东、西"撷景"二园。西则溯舟造"景龙门"，以幸曲江池亭。复自"潇湘江亭"，开闸通金波门，北幸"撷芳苑"。堤外筑垒卫之，滨水莳绛桃、海棠、芙蓉、垂杨，略无隙地。又于旧地作野店，麓治农圃。开东、西二关，夹悬岩，磴道隘迫，石多峰棱，过者胆战股栗。凡自苑中登群峰所出入者，此二关而已。又为胜游六、七，曰"濯龙涧"、"漾春陂"、"桃花闸"、"雁池"、"迷真洞"，其余胜迹，不可殚纪。工已落成，上名之曰"华阳宫"。然"华阳"大抵众山环列，于其中得平芜数十顷，以治园圃，以辟宫门于西，入径广于驰道，左右大石皆林立，仅百余株，以"神运"、"昭功"、"敷庆"、"万寿"峰而名之，独"神运峰"广百围，高六仞，锡爵"盘固侯"，居道之中，束石为小亭以庇之，高五十尺，御制记文，亲书，建三丈碑，附于石之东南陬。其余石若群臣入侍帷幄，正容凛若不可犯，或战栗若敬天威，或奋然而趋，又若偻取，布危言以示庭诤之姿，其怪状余态，娱人者多矣。上既悦之，悉与赐号，守吏以奎画列于石之阳，其他轩榭庭径，各有巨石，棋列星布，并与赐名，惟"神运峰"前群石，以金饰其字，余皆青黛而已，此所以第其甲乙者也。乃名群峰，其略曰："朝日升龙"、"望云坐龙"、"矫首玉龙"、"万寿老松"、"栖霞扪参"、"衔日吐月"、"排云冲斗"、"雷门月窟"、"蹲螭坐狮"、"堆青凝碧"、"金鳌玉龟"、"叠翠独秀"、"栖烟弹云"、"风门雷穴"、"玉秀"、"玉窦"、"锐云巢凤"、"雕琢浑成"、"登封日观"、"蓬瀛须弥"、"老人寿星"、"卿云瑞霭"、"溜玉"、"喷玉"、"蕴玉"、"琢玉"、"积玉"、"叠玉"，丛秀而在于渚者曰"翔鳞"，立于溪者曰"舞仙"；独居洲中者曰"玉麒麟"，冠于"寿山"者曰"南屏小峰"，而附于池上者曰"伏犀"、"怒猊"、"仪凤"、"乌龙"，立于沃泉者，曰"留云"、"宿露"，又为"藏烟谷"、"滴翠岩"、"搏云屏"、"积雪岭"。其间黄石仆于亭际者，曰"抱犊天门"。又有大石二枚，配"神运峰"，异其居以压众石，作亭庇之。置于"寰春堂"者，曰"玉京独秀太平岩"；置于"绿萼华堂"者，曰："卿云万态奇峰"。括天下之美，藏古今之胜，于斯尽矣。靖康元年闰十一月，大梁陷，都人相与排墙避虏于"寿山艮岳"之巅，时大雪新霁，丘壑林塘，粲若画本，凡天下之美、古今之胜在焉。祖秀周览累日，咨嗟惊叹，信天下之杰观，而天造有所未尽也。明年春，复游"华阳宫"，而民废之矣。

　　本文选自《东都事略》，作者祖秀（生卒不详），靖康中，汴京沦陷，曾避兵艮岳，著有《华阳宫纪事》。

3. 艮岳记 *

　　徽宗登极之初，皇嗣未广，有方士言："京城东北隅，地协堪舆，但形势稍下，倘少增高之，则皇嗣繁衍矣。"上遂命工培其冈阜，使稍加于旧，已而果有多男之应。自后海内乂安，朝廷无事，上颇留意苑囿。政和间，遂即其地，大兴工役，筑山号"寿山艮岳"，命宦者梁师成专董其事。时有朱勔者，取浙中珍异花木竹石以进，号曰："花石纲"，专置应奉局于平江，所费动以亿万计，调民搜岩剔薮，幽隐不置，一花一木，曾经黄封，护视稍不谨，则加之以罪。断山辇石，虽江湖不测之渊，力不可致者，百计以出之，至名曰："神运"。舟楫相继，日夜不绝，广济四指挥，尽以充挽士，犹不给。时东南监司、郡守、二广市舶，率有应奉。又有不待旨，但进物至都，计会宦者以献者。大率灵璧、太湖诸石，二浙奇竹异花，登、莱文石，湖、湘文竹，四川佳果异木之属，皆越海度江，凿城郭而至。后上亦知其扰，稍加禁戢，独许朱勔及蔡攸入贡。竭府库之积聚，萃天下之伎艺，凡六载而始成，亦呼为"万岁山"，奇花美木，珍禽异兽，莫不毕集。飞楼杰观，雄伟瑰丽，极于此矣。越十年，金人犯阙，大雪盈尺，诏令民任便斫伐为薪。是日，百姓奔往，无虑十万人。台榭宫室，悉皆拆毁，官不能禁也。予顷读国史及诸传记，得其始末如此。每恨其他不得而详，后得徽宗御制记文及蜀僧祖秀所作《华阳宫记》读之，所谓"寿山艮岳"者，森然在目也。因各撷其略，以备遗忘云。

　　本文选自《古今说海》。作者张淏（生卒不详），字清源，号云谷。著有《艮岳记》、《云谷杂记》等

4. 艮岳 *

　　万岁山艮岳。（政和七年，始于上清宝箓宫之东作万岁山。山周十余里，其最高一峰九十步，上有亭曰介，分东西二岭，直接南山。山之东有萼绿华堂，有书馆、八仙馆、紫石岩、栖真嶝、览秀轩、龙吟堂。山之南则寿山两峰并峙，有雁池、噰噰亭，北直绛霄楼。山之西有药寮，有西庄，有巢云亭，有白龙沜、濯龙峡、蟠秀、练光、跨云亭，罗汉岩。又西有万松岭，半岭有楼曰倚翠，上下设两关，关下有平地，凿大方沼，中作两洲：东为芦渚，亭曰浮阳；西为梅渚，亭曰雪浪。西流为凤池，东出为雁池，中分二馆，东曰流碧，西曰环山，有阁曰巢凤，堂曰三秀，东池后有挥雪厅。复由嶝道上至介亭，亭左复有亭曰极目，曰萧森，右复有亭曰丽云、半山。北俯景龙江，引江之上流注山间。西行为漱琼轩，又行石间为炼丹、凝观、圜山亭，下视江际，见高阳酒肆及清澌阁。北岸有胜筠庵、蹑云台、萧闲馆、飞岑亭。支流别为山庄，为回溪。又于南山之外为小山，横亘二里，曰芙蓉城，穷极巧妙。而景龙江外，则诸馆舍尤精。其北又因瑶华宫火，取其地作大池，名曰曲江，池中有堂曰蓬壶，东尽封丘门而止。其西则自天波门桥引水直西，殆半里，江乃折南，又折北。折南者过闾阖门，为复道，通茂德帝姬宅。折北者四五里，属之龙德宫。宣和四年，徽宗自为《艮岳记》，以为山在国之艮，故名艮岳；蔡条谓初名凤凰山，后神降，其诗有"艮岳排空霄"，因改名艮岳。宣和六年，诏以金芝产于艮岳之万寿峰，又改名寿岳；蔡条谓南山成，又改名寿岳。岳之正门名曰华阳，故亦号华阳宫。自政和讫靖康．积累十余年，四方花竹奇石，悉

聚于斯．楼台亭馆，虽略如前所记，而月增日益，殆不可以数计。宣和五年，朱勔于太湖取石，高广数丈，载以大舟，挽以千夫，凿河断桥，毁堰拆牐，数月乃至，赐号"昭功敷庆神运石"，是年，初得燕地故也。勔缘此授节度使。大抵群阉兴筑不肯已。徽宗晚岁，患苑囿之众，国力不能支，数有厌恶语，由是得稍止。及金人再至．围城日久，钦宗命取山禽水鸟十余万，尽投之汴河，听其所之；拆屋为薪，凿石为炮，伐竹为笓篱；又取大鹿数百千头杀之，以啖卫士云。）

本文选自《宋史》，作者脱脱（1314~1355 年），字大用，元蒙古人，曾领衔编撰《宋史》。

三三、范成大（1126~1193 年）

范成大字致能，号石湖居士。南宋杰出诗人，生平游踪很广，留心观察，勤于记录，著作很多。他的忧国恤民思想，也充分体现在诗歌创作中。他在《桂海虞衡志》（1175 年）中首提"桂山之奇，宜为天下第一"；在《志岩洞》和《太湖石志》中认识到水对石灰岩的溶蚀侵蚀作用，他指出"江滨岩洞是因波浪汹涌，日夜漱啮之"，而钟乳石是"石液融结所为也"。

主要著作有《吴船录》、《吴郡志》、《桂海虞衡志》，有大量的山川形胜、风土人情、传闻考订、异事传闻和田园诗词。1981 年上海古籍出版社出校刊本《范石湖集》上下册，1983 年中华书局出版《范成大佚著辑存》。

1. 桂林峰林和岩洞

余尝评桂山之奇，宜为天下第一。……桂之千峰，皆旁无延缘，悉自平地崛然特立，玉笋瑶簪，森列无际，其怪且多，如此，诚当为天下第一。……山皆中空，故峰下多佳岩洞，有名可纪者三十余所。……

余游洞亲访之，仰观石脉涌起处，即有乳床，白如玉雪，石液融结所为也。乳床下垂，如倒数峰小山，峰端渐锐，且长如冰柱。柱端轻薄，中空如鹅管，乳水滴沥未已，且滴且凝……"（《桂海虞衡志》）

2. 峨眉山四大奇观（佛光、神灯、日出、云海）

自娑罗坪过思佛亭、软草坪、洗脚溪，遂极峰顶光相寺，亦板屋数十间，无人居，中间有普贤小殿。以卯初登山，至此已申后。初衣暑绤，渐高渐寒，到八十四盘则骤寒。比及山顶，亟挟纩两重，又加毳衲、驼茸之裘，尽衣笥中所藏，系重巾，蹑毡靴，犹凛栗不自持，则炽炭拥炉危坐。山顶有泉，煮米不成饭，但碎如砂粒。万古冰雪之汁，不能熟物，余前知之。自山下携水一缶来，才自足也。

移顷，冒寒登天仙桥，至光明岩，炷香。小殿上木皮盖之。王瞻叔参政尝易以瓦，为雪霜所薄，一年辄碎。后复以木皮易之，翻可支二三年。人云："佛现悉以午。今已申后，不若归舍，明日复来。"逡巡，忽云出岩下傍谷中，即雷洞山也。云行勃勃如队仗，既当岩，则少驻。云头现大圆光，杂色之晕数重。倚立相对，中有水墨影若仙圣跨象者。一碗茶顷，光没，而其傍复现一光如前，有顷亦没。云中复有金光两道，横射岩腹，人亦谓之"小现"。日暮，云物皆散，四山寂然。乙夜灯出，岩下遍满，弥望以千百计。夜寒甚，不可久立。

丙申，复登岩眺望。岩后岷山万重；少北则瓦屋山，在雅州；少南则大瓦屋，近南诏，形状宛然瓦屋一间也。小瓦屋亦有光相，谓之"辟支佛现"。此诸山之后，即西域雪山，崔嵬刻削，见数十百峰。初日照之，雪色洞明，如烂银晃耀曙光中。此雪自古至今未尝消也。山绵延入天竺诸蕃，相去不知几千里，望之但如在几案间。瑰奇胜绝之观，真冠平生矣。

复诣岩殿致祷，俄氛雾四起，混然一白，僧云"银色世界也。"有顷，大雨倾注，氛雾辟易。僧云："洗岩雨也，佛将大现。"兜罗绵云复布岩下，纷郁而上，将至岩数丈，辄止，云平如玉地，时雨点有余飞。俯视岩腹，有大圆光偃卧平云之上，外晕三重，每重有青、黄、红、绿之色。光之正中，虚明凝湛，观者各自见其形现于虚明之处，毫厘无隐，一如对镜．举手动足，影皆随形，而不见傍人。僧云"摄身光也"。此光既没，前山风起云驰。风云之间，复出大圆相光，横亘数山，尽诸异色，合集成采。峰峦草木，皆鲜妍绚茜，不可正视。云雾既散，而此光独明，人谓之"清现"。凡佛光欲现，必先布云，所谓"兜罗绵世界"。光相依云而出，其不依云，则谓之"清现"，极难得。食顷，光渐移，过山而西。左顾雷洞山上，复出一光，如前而差小。须臾，亦飞行过山外，至平野间转徙，得得与岩正相值，色状俱变，遂为金桥，大略如吴江垂虹，而两圯各有紫云捧之。凡自午至未，云物净尽，谓之"收岩"，独金桥现，至酉后始没。（本文选自《吴船录》）

3. 吴郡园亭*（节录）

晋辟疆园，自西晋以来传之。池馆林泉之胜，号吴中第一。辟疆，姓顾氏。晋唐人题咏甚多。陆羽诗云："辟疆旧林园，怪石纷相向。"陆龟蒙云："吴之辟疆园，在昔胜概敌。"皮日休云："更葺园中景，应为顾辟疆。"本朝张伯玉云："于公门馆辟疆园，放荡襟怀水石间。"今莫知遗迹所在。考龟蒙之诗，则在唐为任晦园亭，今任园亦不可考矣。

唐褚家林亭，《松陵集倡和》云，在震泽之西。皮日休诗云："茂苑楼台低槛外，太湖鱼鸟彻池中。"当在松江之傍也。……

任晦园池，晦尝为泾县尉，归吴作圃，为时所称。皮日休云："有深林曲沼，危亭幽物。"陆龟蒙诗云："吴之辟疆园，在昔胜概敌。不知佳景在，尽付任君宅。"盖任晦得顾辟疆旧园以为宅也。

沧浪亭，在郡学之南。积水弥数十亩，傍有小山，高下曲折，与水相萦带。《石林诗话》以为钱氏时，广陵王元璙池馆。或云其近戚中吴军节度使孙承佑所作。既积土为山，因以潴水。庆历间，苏舜钦子美得之，傍水作亭曰"沧浪"。欧阳文忠公诗云："清风明月本无价，可惜只卖四万钱。"沧浪之名始著。子美死，屡易主，后为章申公家所有。广其故地为大阁，又为堂山上。亭北跨水，有名洞山者，章氏并得之。既除地，发其下，皆嵌空大石。人以为广陵王时所藏，益以增累其隙。两山相对，遂为一时雄观。建炎狄难，归韩蕲王家。

南园，吴越广陵王元璙之旧圃也。老木皆合抱，流水奇石，参错其间。……《续经》云："旧有三阁、八亭、二台、龟首、旋螺之类，岁久摧圮者多，相传犹有流杯、四照、百花、乐堂、惹云、风月等处。每春，纵士女游观。兵火之后，皆不复有。今园属张循王家。"

东庄与南园，皆广陵王元璙帅吴时，其子文奉为衙内指挥使时所创营之。三十年间，极园池之赏。奇卉异木及其身，现皆成合抱。又累土为山，亦成岩谷。晚年经度不已，每燕集其间，任客所适。文奉跨白骡，披鹤氅，缓步花径，或泛舟池中。容与往来，闻客笑语．就之而饮。盖好事如此。

鲈乡亭，在吴江。……屯田郎中林肇为令，乃作亭江上，以鲈乡名之。

如归亭，在吴江，张先子野撤而新之。……

七桧堂，在天庆观之东。……

小隐堂、秀野亭，在城北。……

隐圃在灵芝坊，枢密直学士蒋堂之居。……圃中有岩扃（jiōng）、水月庵、烟萝亭、风篁峰、香严峰、古井、贪山等。堂尝自赋《隐圃十二咏》。结庵池上，名水月。宅南小溪，上结宇十余柱，名溪馆。又筑南湖台于水中，皆有诗。

中隐堂，在大酒巷。都官员外郎分司南京龚宗元所居。取乐天诗："大隐住朝市，小隐入丘樊。不如作中隐，隐在留司间。"乃作中隐堂。……

乐圃，朱长文伯原所居。在雍熙寺之西，号乐圃坊。圃中有高冈清池，乔松寿桧。此地钱氏时号金谷，朱父光禄始得之，伯原营以为圃。……朱自有记。

红梅阁，在小市桥。……

三瑞堂，在阊门之西枫桥。……

五柳堂，胡稷言所据。在临顿里，陆龟蒙之旧址也。

如村，胡峄所居。峄父稷言作五柳堂，至峄又取老杜"宅舍如荒村"之句，名其居曰"如村"。

范家园，在雍熙寺后，范周无外所居。

逸野堂，在昆山，老儒王僖所居。

醉眼亭，在松江，李无晦所居。

漫庄，在毗村，处士顾禧所居。

蜗庐，在城北，中书舍人程俱致道所居。

复轩，在吴县之黄村。……其后圃，又有清旷堂，咏归、清闷、遐观三亭，以慕古尚贤，各有诗。

瘿庵，在松江之滨。邑人王份有超俗趣，营此以居。围江湖以入圃，故多柳塘花屿。景物秀野，名闻四方。一时名胜喜游之，皆为题诗圃中。有与闲、平远、种德、及山堂四堂。烟雨观、横秋阁、凌风台、郁峨城、钓雪滩、琉璃沼、瘿翁涧、竹厅、龟巢、云关、缬林、枫林等处．而浮天阁为第一，总谓之瘿庵。……

乐庵，在昆山县东六里圆明村，侍御史李衡彦平归老所居。……

范文正公义宅，在雍熙寺后。

4. 范村梅谱*（节录）

序：梅天下尤物，无问智、贤、愚、不肖，莫敢有异议。学圃之士必先种梅，且不厌多。他花有无多少，皆不系重轻。余于石湖玉雪坡既有梅数百本。比年又于舍南买王氏僦舍七十楹，尽拆除之，治为范村，以其地三分之一与梅。吴下栽梅特盛，其品不一，今始尽得之，随所得为之谱，以遗好事者。

早梅：早梅花胜直脚梅，吴中春晚，二月始烂漫，独此品于冬至前已开，故得早名。钱塘湖上亦有一种尤开早，余尝重阳日亲折之，有"横枝对菊开"之句，行都卖花者争先为奇。冬初所未开枝，置浴室中熏蒸令拆，强名早梅，终琐碎无香。余顷守桂林，立春梅已过，元夕则见青子，皆非风土之正。杜子美诗云："梅蕊腊前破，梅花年后多。"惟冬春之交，正是花时耳。

古梅：古梅会稽最多，四明吴兴亦间有之。其枝樛曲万状，苍藓鳞皴，封满花身。又有苔须垂于枝间，或长数寸，风至，绿丝飘飘可玩。初谓古木久历风日致然。详考会稽所产，虽小株亦有苔痕，盖别是一种，非必古木。余尝从会稽移植十本，一年后花虽盛发，苔皆剥落殆尽，其自湖之武康所得者，即不变移，风土不相宜。会稽隔一江，湖苏接壤，故土宜，或异同也。凡古梅多苔者，封固花叶之眼，惟罅隙间始能发花。花虽稀而气之所钟，丰腴妙绝，苔剥落者则花发仍多，与常梅同。去成都二十里，有卧梅偃蹇十余丈，相传唐物也，谓之"梅龙"。好事者载酒游之清江，酒家有大梅如数间屋，傍枝四垂，周遭可罗从数十人。任子严运使买得，作凌风阁临之，因遂进筑大圃，谓之盘园。余生平所见梅之奇古者，惟此两处为冠，随笔记之，附古梅后。

红梅：粉红色，标格犹是梅，而繁密则如杏，香亦类杏。诗人有"北人全未识，浑作杏花看"之句。与江梅同开，红白相映，园林初春绝景也。梅圣俞诗云："认桃无绿叶，辨杏有青枝。"当时以为着题。东坡诗云："诗老不知梅格在，更看绿叶与青枝。"盖谓其不韵，为红梅解嘲云。承平时，此花独盛于姑苏，晏元献公始移植西冈圃中。一日，贵游赂园吏，得一枝分接，由是都下有二本。尝与客饮花下，赋诗云："若更开迟三二月，北人应作杏花看。"客曰："公诗固佳，待北俗何浅耶？"晏笑曰："伧父安得不然！"王琪君玉时守吴郡，闻盗花种事，以诗遗公曰："馆娃宫北发精神，粉瘦琼寒露蕊新。园吏无端偷折去，凤城从此有双身。"当时罕得如此，比年展转移接，殆不可胜数矣。世传吴下红梅诗甚多，惟方子通一篇绝唱，有"紫府与丹来换骨，春风吹酒上凝脂"之句。

后序：梅以韵胜，以格高，故以横斜疏瘦与老枝怪奇者为贵。其新接稚木，一岁抽嫩枝，直上或三四尺，如酴醾蔷薇辈者，吴下谓之气条。此直宜取实规利，无所谓韵与格矣。又有一种粪壤力胜者，于条上苗短横枝，状如棘，针花密缀之，亦非高品。近世始画墨梅，江西有杨补之者，尤有名，其徒仿之者实繁。观杨氏画，大略皆气条耳，虽笔法奇峭，去梅实远。惟廉宣仲所作，差有风致，世鲜有评之者，余故附之谱后。

5. 范村菊谱*（节录）

山林好事者或以菊比君子，其说以谓岁华婉娩，草木变衰，乃独烂然秀发，傲睨风露，此幽人逸士之操，虽寂寥荒寒中，味道之腴，不改其乐者也。神农书以菊为养生上药，能轻身延年。南阳人饮其潭水，皆寿百岁。使夫人者有为于当世，医国惠民，亦犹是而已。菊于君子之道，诚有臭味哉！《月令》以动植志气候，如桃桐华直云"始华"，至菊独曰"菊有黄华"，岂以其正色独立，不伍众草，变词而言之欤？故名胜之士，未有不爱菊者。至陶渊明尤甚爱之，而菊名益重。又其花时，秋暑始退，岁事既登，天气高明，人情舒闲。骚人饮流，亦以菊为时花，移槛列斛，辇致觞咏间，谓之重九节物。此非深知菊者，要亦不可谓不爱菊也。爱者既多，种者日广。吴下老圃伺春苗尺许时，掇去其颠，数日则歧出两枝，又掇之，每掇益歧，至秋则一千所出，数千百朵，婆娑团植，如车盖熏笼矣。人力勤，土又膏沃，花亦为之屡变。顷见东阳人家菊图，多至七十种，淳熙丙午范村所植，止得三十六种，悉为谱之。明年将益访求他品为后谱云。

黄 花 *

胜金黄，一名大金黄。菊以黄为正，此品最为丰缛而如轻盈。花叶微尖，但条梗纤弱，难得团簇作大本，须留意扶植乃成。

叠金黄，一名明州黄，又名小金黄。花心极小，叠叶秾密，状如笑靥。花有富贵气，开早。

棣棠菊，一名金锤子。花纤栋酷似棣棠，色深如赤金，他花色皆不及，盖寄品也。窠株不甚高，金陵最多。

叠罗黄，状如小金黄，花叶尖瘦，如剪罗縠。三两花自作一高枝出丛上，意度潇洒。

麝香黄，花心丰腴，傍短叶密承之，格极高胜。亦有白者，大略似白佛顶，而胜之远甚。吴中比年始有。

千叶小金钱，略似明州黄，花叶中外叠叠整齐，心甚大。

太真黄，花如小金钱，加鲜明。

单花小金钱，花心尤大，开最早，重阳前已烂漫。

垂丝菊，花蕊深黄，茎极柔细，随风动摇，如垂丝海棠。

鸳鸯菊，花常相偶，叶深碧。

金铃菊，一名荔枝菊。举体千叶细瓣，簇成小球，如小荔枝，枝条长茂，可以揽结。江东人喜种之，有结为浮图楼阁高丈余者。余顷北使过栾城，其地多菊，家家以盆盎遮门，悉为鸾凤亭台之状，即此一种。

球子菊，如金铃而差小，二种相去不远，其大小名字，出于栽培肥瘠之别。

小金铃，一名夏菊花。如金铃而极小，无大本，夏中开花。

藤菊，花密，条柔以长，如藤蔓，可编作屏幛。亦名棚菊。种之坡上，则垂下袅数尺如缨络，尤宜池潭之濒。

十样菊，一本开花，形模各异，或多叶，或单叶，或大或小，或如金铃，往往有六七色以成数，通名之曰"十样"。衢、严间花黄，杭之属邑有白者。

甘菊，一名家菊，人家种以供蔬茹。凡菊叶皆深绿而厚，味极苦，或有毛；惟此叶淡绿柔莹，味微甘，咀嚼香味俱胜，撷以作羹及泛茶，极有风致。天随子所赋即此种。花差胜野菊甚，本不系花。

野菊，旅生田野及水滨，花单，叶极琐细。

白　花 *

五月菊，花心极大，每一须皆中空，攒成一匾球子，红白单叶绕承之。每枝只一花，径二寸，叶似同蒿，夏中开。近年院体画草虫，喜以此菊写生。

金杯玉盘，中心黄，四傍浅白，大叶三数层，花头径三寸，菊之大者不过此。本出江东，比年稍移栽吴下。此与五月菊二品，以其花径寸特大，故列之于前。

喜容，千叶，花初开微黄，花心极小，花中色深，外微晕淡，欣然丰艳有喜色，甚称其名，久则变白。尤耐封殖，可以引长七八尺至一丈，亦可揽结，白花中高品也。

御衣黄，千叶，花初开深鹅黄，大略似喜容，而差疏瘦，久则变白。

万铃菊，中心淡黄，锤子傍白，花叶绕之。花端极尖，香尤清烈。

莲花菊，如小白莲花，多叶而无心，花头疏，极萧散清绝。一枝只一葩，绿叶亦甚纤巧。

芙蓉菊，开就者如小木芙蓉，尤称盛者如楼子芍药，但难培植，多不能繁茂。

茉莉菊，花叶繁缛，全似茉莉，绿叶亦似之，长大而圆净。

木香菊，多叶，略似御衣黄，初开浅鹅黄，久则一白花。叶尖薄，盛开则微卷，芳气最烈。一名脑子菊。

酴醾菊，细叶稠叠，全似酴醾，比茉莉差小而黄。

艾叶菊，心小叶单，绿叶尖长似蓬艾。

白麝香，似麝香黄，花差小，亦丰腴韵胜。

银杏菊，淡白，时有微红花。叶尖绿，叶全似银杏叶。

白荔枝，与金铃同，但花白耳。

波斯菊，花头极大，一枝只一葩，喜倒垂下，久则微卷，如发之鬈。

杂　色 *

佛顶菊，亦名佛头菊。中黄心极大，四傍白花一层绕之。初秋先开白色，渐沁微红。

桃花菊，多至四五重，粉红色，浓淡在桃杏红梅之间。未霜即开，最为妍丽，中秋后便可赏。以其质如白之受采，故附白花。

胭脂菊，类桃花菊，深红浅紫，比胭脂色尤重，比年始有之。此品既出，桃花菊遂无颜色，盖奇品也，姑附白花之后。

紫菊，一名孩儿菊。花如紫茸，丛苗细碎，微有菊香。或云即泽兰也。以其与菊同时，又常及重九，故附于菊。

后　序 *

菊有黄白二种，而以黄为正。人于牡丹，独曰花而不名；好事者于菊，亦但曰黄花；皆所以珍异之故。余谱先黄而后白。陶隐居谓菊有二种，一种茎紫气香味甘，叶嫩可食，花微小者为真菊，青茎细叶作蒿艾气，味苦、花大，名苦薏，非真也。今吴下惟甘菊一种可食，花细碎，品不甚高。余味皆苦，白花尤甚，花亦大。隐居论药，既不以此为真，后复云"白菊治风眩",陈藏器之说亦然。《灵宝方》及《抱朴子》"丹法"又,悉用白菊,盖与前说相柢牾。今详此,唯甘菊一种可食,亦入药饵,余黄白二花虽不可饵,皆入药,而治头风则尚白者。此论坚定无疑,并著于后。

三四、周密（1232~1298 年）

周密字公谨,号草窗,又号萧斋、弁阳老人。著书数十种。《癸辛杂识》为寓居杭州癸辛街时,著书以寄愤,因以得名。此书分前、后、续、别四集,凡 481 条。前集中的"吴兴园圃"条记述作者"常所经游"的湖州园林 36 所,后人题名《吴兴园林记》,本书摘录其中 12 园文字、其他诸园仅录其园名。同时,还录有"假山"、"艮岳"、"游阅古泉"、"种竹法"四条目。此外,还有"插花种菊"、"盐养花"、"种葡萄法"、"博瑞香法"、"天雨尘土"、"泰山如坐"、"大打围"、"诸条"皆因篇幅所限未能录入。

周密的《武林旧事》十卷对南宋首都临安（今杭州）府作了详实记载,从该书可以了解南宋杭州的繁华景象。这里仅摘录卷三的"西湖游幸都人游赏"中的部分文字。

本书引文据《癸辛杂识》(中华书局,1988 年版)、《武林旧事》(中国商业出版社,1982 年版)。

1. 吴兴园圃 *——吴兴园林志

吴兴山水清远,升平日,士大夫多居之。其后,秀安僖王府第在焉,尤为盛观。城中二溪水横贯,此天下之所无,故好事者多园池之胜。倪文节《经鉏堂杂志》尝纪当时园圃之盛,余生晚,不及尽见。而所见者亦有出于文节之后,今摭城之内外常所经游者列于后,亦可想象昨梦也。

①南沈尚书园:沈德和尚书园,依南城,近百余亩,果树甚多,林檎尤盛。内有聚芝堂藏书室,堂前凿大池几十亩,中有小山,谓之蓬莱。池南竖太湖三大石,各高数丈,秀润奇峭,有名于时。其后贾师宪欲得之,募力夫数百人,以大木构大架,悬巨絙,縋城而出,载以连舫,涉溪绝江,致之越第,凡损数夫。其后贾败,官斥卖其家诸物,独此石卧泥沙中,适王子才好奇,请买于官,募工移植,其费不赀。未几,有指为盗卖者,省府追逮几半岁,所费十倍于石,遂复昪还之,可谓石妖矣。

②北沈尚书园:沈宾王尚书园,正依城北奉胜门外,号北村,叶水心作记。园中凿五池,三面皆水,极有野意。后又名之曰自足。有灵寿书院、怡老堂、溪山亭、对湖台,尽见太湖诸山。水心尝评天下山水之美,而吴兴特为第一,诚非过许也。

③章参政嘉林园:外祖文庄公居城南,后依南城,有地数十亩,元有潜溪阁,昔沈晦岩清臣故园也。有嘉林堂、怀苏书院,相传坡翁作守,多游于此。城之外别业可二顷,桑林、果树甚盛,濠濮横截,车马至者数返。复有城南书院,然其地本《郡志》之南园,后废,出售于民,与李宝谟者各得其半,李氏者后归牟存斋。

④牟端明园：本《郡志》南园，后归李宝谟，其后又归牟存斋。园中有硕果轩（大梨一株）、元祐学堂、芳菲二亭、万鹤亭（荼縻）、双杏亭、桴舫斋、岷峨一亩宫，宅前枕大溪，曰南漪小隐。

⑤赵府北园：旧为安僖故物，后归赵德勤 观文，其子春谷、文曜葺而居之。有东蒲书院，桃花流水、熏风池阁、东风第一梅等亭，正依临湖门之内，后依城，城上一眺，尽见具区之胜。

⑥丁氏园：丁总领园，在奉胜门内，后依城，前临溪，盖万元亨之南园，杨氏之水云乡，合二园而为一。后有假山及砌台，春时纵郡人游乐。郡守每岁劝农还，必于此舣舟宴焉。

⑦莲花庄：在月河之西，四面皆水，荷花盛开时，锦云百顷，亦城中之所无。昔为莫氏产，今为赵氏。

⑧赵氏菊坡园：新安郡王之园也，昔为赵氏莲庄，分其半为之。前面大溪，为修堤、画桥，蓉柳夹岸，数百株照影水中，如铺锦绣。其中亭宇甚多，中岛植菊至百种，为菊坡、中甫二卿自命也。相望一水，则其宅在焉。旧为曾氏极目亭，最得观览之胜，人称曰八面曾家，今名天开图画。

⑨程氏园：程文简尚书园，在城东宅之后，依东城水濠，有至游堂、鸥鹭堂、芙蓉泾。

⑩丁氏西园：丁葆光之故居，在清源门之内，前临苕水，筑山凿池，号寒岩。一时诸名士……皆有诗。临苕有茅亭，或称为丁家茅庵。

⑪倪氏园。⑫赵氏南园。⑬叶氏园。⑭李氏南园。⑮王氏园。⑯赵氏园。⑰赵氏清华园。⑱俞氏园。⑲赵氏瑶阜。⑳赵氏兰泽园。㉑赵氏绣谷园。㉒赵氏小隐园。㉓赵氏蜃洞。㉔赵氏苏湾园。㉕毕氏园。㉖倪氏玉湖园。㉗章氏水竹坞。㉘韩氏园。㉙叶氏石林。

㉚黄龙洞：与卞山 佑圣宫相邻，一穴幽深，真蜿蜒之所宅。居人于云气中，每见头角，但岁旱祷之辄应。真宗朝金字牌在焉。在唐谓之金井洞，亦名山福地之一也。

㉛玲珑山：在卞山之阴，嵌空奇峻，略如钱塘之南屏及灵隐、芝林，皆奇石也。有洞曰归云，有张谦中篆书于石上。有石梁，阔三尺许，横绕两石间，名定心石。傍有唐杜牧题名云："前湖州刺史杜牧大中五年八月八日来"。及绍兴癸卯，葛鲁卿、林彦政、刘无言、莫彦平、叶少蕴题名，章文庄公有诗云："短锸长镵出万峰，凿开混沌作玲珑。市朝可是无巉崄，更向山林巧用工。"

㉜赛玲珑。㉝刘氏园。㉞钱氏园。㉟程氏园。㊱孟氏园。

2. 假山 *

前世叠石为山，未见显著者。至宣和，艮岳始兴大役，连舻辇致，不遗余力。其大峰特秀者，不特候封，或赐金带，且各图为谱。然工人特出于吴兴，谓之山匠，或亦朱勔之遗风。盖吴兴北连洞庭，多产花石，而卞山所出，类亦奇秀，故四方之为山者，皆于此中取之。浙右假山最大者，莫如卫清叔吴中之园，一山连亘二十亩，位置四十余亭，其大可知矣。然余平生所见秀拔有趣者，皆莫如俞子清侍郎家为奇绝。盖子清胸中自有丘壑，又善画，故能出心匠之巧。峰之大小凡百余，高者至二三丈，皆不事饾饤，而犀株玉树，森列旁午，俨如群玉之圃，奇奇怪怪，不可名状。大率如昌黎《南山》诗中，特未知视牛奇章为何如耳？乃于众峰之间，萦以曲洞，甃以五色小石，旁引清流，激石高下，使之有声，淙淙然下注大石潭。上荫巨竹、寿藤，苍寒茂密，不见天日。旁植名药，奇草，薜荔、女萝、菟丝，花红叶碧。潭旁横石作杠，下为石渠，潭水溢，自此出焉。潭中多文龟、斑鱼，夜月下照，光景零乱，如穷山绝谷间也。今皆为有力者负去，荒田野草，凄然动陵谷之感焉。

3. 艮岳 *

艮岳之取石也，其大而穿透者，致远必有损折之虑。近闻汴京父老云："其法乃先以胶泥实填众窍，其外覆以麻筋、杂泥固济之，令圆混。日晒，极坚实，始用大木为车，致放舟中。直俟抵京，然后浸之水中，旋去泥土，则省人力而无他虑。"此法奇甚，前所未闻也。又云："万岁山大洞数十，其洞中皆筑以雄黄及卢甘石。雄黄则辟蛇虺，卢甘石则天阴能致云雾，翁郁如深山穷谷。后因经官拆卖，有回回者知之，因请买之，凡得雄黄数千斤，卢甘石数万斤。"

4. 游阅古泉 *

至元丁亥九月四日，余偕钱菊泉至天庆观访褚伯秀，遂同道士王盘隐游宝莲山韩平原故园。山四环皆秀石，绝类香林、冷泉等处，石多穿透崄绝，互相附丽。其石有如玉色者，闻匠者取以为环珥之类。中有石猊，杳而深，泉涓涓自内流出，疑此即所谓阅古泉也。猊傍有开成五年六月南岳道士邢令开、钱塘县令钱华题名，道士诸葛鉴元书，镌之石上。又南石壁上镌佛像及大字《心经》，甚奇古，不知何时为火所毁，佛多残缺。又一洞甚奇，山顶一大石坠下，傍一石承之，如饾饤然。又前一巨石不通路，中凿一门，门上横石梁。又有一枯池，石壁间皆细波纹，不知何年水直至此处。然则今之城市，皆当深在水底数十丈矣。深谷为陵，非寓言也。其余磴道、石池、亭馆遗迹，历历皆在，虽草木残毁殆尽，而岩石秀润可爱。大江横陈于前，时正见湖上如疋练然，其下俯视太庙及执政府在焉。山顶更觉奇峭，必有可喜可噩者，以足惫，不果往。且闻近多虎，往往白昼出没不常，连不能尽讨此山之胜，故书之以谂好事之寻游者。

5. 种竹法 *

尝闻九曲寺明阇黎者言种竹法云："每岁当于笋后，竹已成竿后即移。先一岁者为最佳，盖当年八月便可行鞭，来年便可抽笋，纵有夏日，不过早晚以水浇之，无不活者。若至立秋后移，虽无日晒之患，但当行鞭之际，或在行鞭之后，则可仅活，直至来秋方可行鞭，后年春方始抽笋。比之初夏所移，正争一年气候。"此说极为有理。

6. 西湖天下景

……西湖天下景，朝昏晴雨，四时总宜。杭州亦无时而不游，而春游特盛焉。……都人士女，两堤骈集，几于无置足地。水面画楫，栉比如鱼鳞，亦无行舟之路，歌欢萧鼓之声，振动远近，其盛可以相见。若游之次第，则先南而后北，至午则尽入西泠桥里湖，其外无一舸矣。弁阳老人有词云："看画船尽入西泠，闲却半湖春色。"盖纪实也。（《武林旧事》卷三）

三五、吴自牧（生卒年不详）《梦粱录》

吴自牧，宋末钱塘（今杭州）人，生平无考，著有《梦粱录》20卷。他“缅怀往事，殆犹梦也”，因用唐人寓言“黄粱梦”作书名。该书叙述南宋时杭州事物，其中：卷十一记述山岭岩洞、溪泉塘堰，卷十二记有湖河舟船，卷十九记有园囿，均涉及南宋临安（今杭州）的风景园林。

本书引文据《梦粱录》（中国商业出版社，1982年版）。

1. 西湖 *

杭城之西，有湖曰西湖，旧名钱塘。湖周围三十余里，自古迄今，号为绝景。

唐朝白乐天守杭时（822年），再筑堤捍湖。宋庆历间，尽辟豪民僧寺规占之地，以广湖面。元祐时（1089年），苏东坡守杭，奏陈于上，谓“西湖如人之眉目，岂宜废之？”遂拨赐度牒，易钱米，募民开湖，以复唐朝之旧。绍兴间，辇毂驻跸，衣冠纷集，民物阜蕃，尤非昔比。郡臣汤鹏举（1148年）申明西湖条画事宜于朝，增置开湖军兵，差委官吏管领任责。盖造寨屋舟只，专一撩湖，无致湮塞。修湖六井阴窦水口，增置斗门水闸，量度水势，得其通流，无垢污之患。乾道年间，周安抚淙奏乞降指挥，禁止官民不得抛弃粪土、栽植荷菱等物。秽污填塞湖港，旧召募军兵专一捞湖。近来废阙，见存者止三十余名，乞再填刺补额，仍委尉司官并本府壕塞官带主管开湖职，专一管辖军兵开捞，无致人户包占。或有违戾，许人告捉，以违制论。自后时有禁约，方得开辟。

淳祐丁未大旱，湖水尽涸，郡守赵节斋奉朝命开浚，自六井至钱塘、上船亭、西泠桥、北山第一桥、苏堤、三塔、南新路、长桥、柳洲寺前等处，凡种菱荷茭荡，一切剃去，方得湖水如旧。咸淳间，守臣潜皋墅亦申请于朝，乞行除拆湖中菱荷，毋得存留秽塞，侵占湖岸之间。有御史鲍度劾奏内臣陈敏贤、刘公正包占水池，盖造屋宇，濯秽洗马，无所不施，灌注湖水，一以酝酒，以祀天地、飨祖宗，不得蠲洁而亏歆受之福，次以一城黎元之生，俱饮污腻浊水而起疾疫之灾。奉旨降官罢职。令临安府日下拆毁屋宇，开辟水港，尽于湖中除拆荡岸，得以无秽污之患。官府除其年纳利租官钱，消灭其籍，绝其所莳，本根勿复萌孽矣。

且湖山之景，四时无穷，虽有画工，莫能摹写。如映波桥侧竹水院，涧松茂盛，密荫清漪，委可人意。西泠桥即里湖内，俱是贵官园圃，凉堂画阁，高台危榭，花木奇秀，灿然可观。有集芳御园，理宗赐与贾秋壑为第宅家庙，往来游玩舟只，不敢仰视，祸福立见矣。西泠桥外孤山路，有琳宫者二，曰四圣延祥观，曰西太乙宫。御圃在观侧，乃林和靖隐居之地，内有六一泉、金沙井、闲泉、仆夫泉、香月亭。亭侧山椒，环植梅花。亭中大书“疏影横斜水清浅，暗香浮动月黄昏”之句于照屏之上云。又有堂匾曰“挹翠”，盖挹西北诸山之胜耳。曰清新亭，面山而宅，其麓在挹翠之后。曰香莲亭，曰射圃，曰玛瑙坡，曰陈朝桧，皆列圃之左右。旧有东坡庵、四照阁、西阁、鉴堂、辟支塔，年深废久，而名不可废也。

曰苏公堤，元祐年东坡守杭，奏开浚湖水，所积葑草，筑为长堤，故命此名，以表其德云耳。自西迤北，横截湖面，绵亘数里，夹道杂植花柳，置六桥，建九亭，以为游人玩赏驻足之地。咸淳间，朝家给钱，命守臣增筑堤路，沿堤亭榭再一新，补植花木。向东坡尝赋诗云："六桥横接天汉上，北山始与南屏通。忽惊二十五万丈，老葑席卷苍烟空。"

曰南山第一桥，名映波桥，西偏建堂，匾曰"先贤"。宝历_{应为"宝庆"之误}年大资袁京尹歆请于朝，以杭居吴会，为列城冠，湖山清丽，瑞气与人杰代生，踵武相望，祠祀未建，实为阙文。以公币求售居民园屋，建堂奉忠臣孝子、善士名流、德行节义、学问功业。自陶唐至宋，本郡人物许箕公以下三十四人，及孝妇孙夫人等五氏，各立碑刻，表世旌哲而祀之。堂之外堤边，有桥名袁公桥，以表而出之。其地前抱平湖，四山环合，景象窈深，惟堂滨湖，入其门，一径萦纤，花木蔽翳，亭馆相望，来者由"振衣"，历"古香"，循"清风"，登"山亭"，憩"流芳"，而后至祠下。又徙玉晨道馆于祠之艮隅，以奉洒扫，易匾曰"旌德"，且为门便其往来。直门为堂，匾曰"仰高"。

第二桥名锁澜，桥西建堂，匾曰"湖山"。咸淳间，洪帅焘买民地创建，栋宇雄杰，面势端闳，冈峦奔趋，水光混漾，四浮图矗四围，如武士相卫，回眸顾盼，由后而望，则芙渠、菰蒲蔚然相扶，若有逊避其前之意。后二年，帅臣潜皋墅增建水阁六楹，又纵为堂四楹，以达于阁。环之栏槛，辟之户牖，盖迩延远抱，尽纳千山万景，卓然为西湖堂宇之冠，游者争趋焉。

接第三桥，名"望仙"，桥侧有堂，匾曰"三贤"，以奉白乐天、林和靖、苏东坡三先生之祠。袁大资请于朝，切惟三贤道德名节，震耀今古，而祠附于水仙庙东庑，则何以崇教化，励风俗？遂买居民废址，改造堂宇，以奉三贤，实为尊礼名胜之所。正当苏堤之中，前抱湖山，气象清旷；背负长岗，林樾深窈；南北诸峰，岚翠环合，遂与苏堤贯联也。盖堂宇参错，亭馆临堤，种植花竹，以显清概。堂匾水西、云北、月一香、水影、晴光、雨色。

曰北山第二桥，名东浦桥，湖西建一小矮桥过水，名小新堤。于淳祐年间，赵节斋尹京之时，筑此堤至曲院，接灵隐三竺梵宫。游玩往来，两岸夹植花柳，至半堤，建四面堂，益以三亭于道左，为游人憩息之所，水绿山青，最堪观玩。咸淳再行高筑堤路，凡二百五十余丈，所费俱官给其券工也。

曰北山第一桥，名涵碧桥，过桥出街，东有寺名广化，建竹阁，四面栽竹万竿，青翠森茂，阴晴朝暮，其景可爱，阁下奉乐天之祠焉。曰寿星寺，高山有堂，匾曰"江湖伟观"，盖此堂外江内湖，一览目前。淳裙赵尹京重创，广厦危栏，显敞虚旷，旁又为两亭，巍然立于山峰之顶。游人纵步往观，心目为之豁然。

曰孤山桥，名宝祐，旧呼曰断桥，桥里有梵宫，以石刻大佛，金装，名曰"大佛头"，正在秦皇缆舟石山上，游人争睹之。桥外东有森然亭，堂名放生，在石函桥西，作于真庙［宗］朝天禧年间，平章王钦若出判杭州，请于朝建也。次年守臣王随记其事。元祐东坡请浚西湖，谓每岁四月八日，邦人数万，集于湖上，所活羽毛鳞介以百万数，皆西北向稽首祝万岁。绍兴以銮舆驻跸，尤宜涵养，以示渥泽，仍以西湖为放生池，禁勿采捕，遂建堂匾德生。有亭二：一以滨湖，为祝网纵鳞之所，亭匾泳飞；一以枕山，凡名贤旧刻皆峙焉，又有奎书《戒烹宰文》刻石于堂上。

曰玉莲，又名一清，在钱塘门外菩提寺南沿城，景定间尹京马光祖建，次年魏克愚徙郡治竹山阁改建于此，但堂宇爽闿，花木森森，顾盼湖山，蔚然堪画。

曰丰豫门，外有酒楼，名丰乐，旧名耸翠楼，据西湖之会，千峰连环，一碧万顷，柳汀花坞，历历栏槛间，而游桡画舫，棹讴堤唱，往往会于楼下，为游览最。顾以官酤喧杂，楼亦临水，弗与景称。淳祐年，帅臣赵节斋再撤新创，瑰丽宏特，高接云霄，为湖山壮观，花木亭树，映带参错，气象尤奇。缙绅士人，乡饮团拜，多集于此。更有钱塘门外望湖楼，又名看经楼。大佛头石山后名十三间楼，乃东坡守杭日多游此，今为相严院矣。丰豫门外有望湖亭三处，俱废之久，名贤遗迹，不可无传，故书之使后贤不失其名耳。

曰湖边园圃，如钱塘玉壶、丰豫渔庄、清波聚景、长桥庆乐、大佛、雷峰塔下小湖斋宫、甘园、南山、南屏，皆台榭亭阁，花木奇石，影映湖山，兼之贵宅宦舍，列亭馆于水亭；梵刹琳宫，布殿阁于湖山，周围胜景，言之难尽。东坡诗云："若把西湖比西子，淡妆浓抹总相宜。"正谓是也。

近者画家称湖山四时景色最奇者有十，曰苏堤春晓，曲院风荷，平湖秋月，断桥残雪，柳浪闻莺，花港观鱼，雷峰夕照，两［双］峰插云，南屏晚钟，三潭映月。春则花柳争妍，夏则荷榴竞放，秋则桂子飘香，冬则梅花破玉，瑞雪飞瑶。四时之景不同，而赏心乐事者亦与之无穷矣。（本文选自《梦粱录》卷12）

2. 园囿 *

杭州苑囿，俯瞰西湖，高挹两峰，亭馆台榭，藏歌贮舞，四时之景不同，而乐亦无穷矣。然历年既多，间有废兴，今详述之，以为好事者之鉴。

在城万松岭内贵口，王氏富览园、三茅观东山梅亭、庆寿庵褚家塘东琼花园、清湖北慈明殿园、杨府秀芳园、张氏北园、杨府风云庆会阁。望仙桥下牛羊司侧，内侍蒋苑使住宅侧筑一囿，亭台花木，最为富盛。每岁春月，放人游玩，堂宇内顿放买卖关扑，并体内庭规式，如龙船、闹竿、花篮、花工，用七宝珠翠，奇巧装结，花朵冠梳，并皆时样。官窑碗碟，列古玩具，铺列堂右，仿如关扑，歌叫之声，清婉可听，汤茶巧细，车儿排设进呈之器，桃村杏馆酒肆，装成乡落之景。数亩之地，观者如市。

城东新门外东御园，即富景园，顷孝庙［宗］奉宪圣皇太后尝游幸。五柳园即西园、张府七位曹园。南山长桥庆乐园，旧名南园，隶赐福邸园内，有十样亭榭，工巧无二，俗云："鲁班造者。"射圃、走马廊、流杯池、山洞，堂宇宏丽，野店村庄，装点时景，观者不倦，内有关门，名凌风关，下香山巍然立于关前，非古沉即枯槎木耳。盖考之志与《闻见录》所载，误矣。净慈寺南翠芳园，旧名屏山园，内有八面亭堂，一片湖山，俱在目前。雷峰塔寺前有张府真珠园，内有高寒堂，极其华丽。塔后谢府新园，即旧甘内侍胡曲园。罗家园、白莲寺园、霍家园、方家坞刘氏园、北山集芳园。四圣延祥观御园，此湖山胜景独为冠，顷有侍臣周紫芝从驾幸后山亭曾赋诗云："附山结真祠，朱门照湖水。湖流入中池,秀色归净几。风廉逑旌旗,神卫森剑履。清芳宿华殿,瑞霞蒙王宸。仿佛还神京,想象轮奂美。祈年开新宫,祝厘奉天子。良辰复难会,岁暮得斯喜。况乃清樾中,飞楼见千里。云车倘可乘,吾事兹已矣。便当赋远游,未可回展齿。"园有凉台,巍然在于山巅,后改为西太乙宫黄庭殿,向朝臣高似孙曾赋诗曰:"水明一色抱神洲,雨历轻尘不敢浮。山北山南人唤酒,春前春后客凭楼。射熊馆暗花扶宸,下鹄池深柳拂舟。白首都人能道旧,君王曾奉上皇游。"下竺寺园,钱塘门外九曲墙下择胜园,钱塘正库侧新园,城北隐秀园,菩提寺后谢府玉壶园、四井亭园,昭庆寺后古柳林,杨府云洞园、西园,杨府具美园、饮绿亭,裴府山涛园,葛岭水仙庙,西秀野园。集芳园,为贾秋壑赐第耳。赵秀王府水月园,张府凝碧园,孤山路张内侍总宜园,西泠桥西水竹院落。

里湖内,诸内侍园囿,楼台森然,亭馆花木,艳色夺锦,白公竹阁,潇洒清爽。沿堤先贤堂、三贤堂、湖山堂,园林茂盛,妆点湖山。九里松嬉游园,涌金门外堤北一清堂园,显应观西斋堂观南聚景园,孝、光、宁三帝尝幸此,岁久芜圮,迨今仅存一堂两亭耳。堂匾曰鉴远,亭曰花光,一亭无匾,植红梅,有两桥曰柳浪,曰学士,皆粗见大概,惟夹径老松益婆娑,每盛夏秋首,芙蕖绕堤如锦,游人舣舫赏之。……张府泳泽环碧园,旧名清晖园,大小渔庄,其余贵府内官沿堤大小园囿、水阁、凉亭,不计其数。御前宫观,俱在内苑,以备车驾幸临憩足之处。内东太乙宫有内苑,后一小山,名曰武林山,即杭城之主山也。……

城南则有玉津园,在嘉会门外南四里,绍兴四年金使来贺高宗天中圣节,遂宴射其中。……(按玉津园乃东都旧名,东坡尝赋诗,有"紫坛南峙表连冈"之句,盖亦密迩园坛也。)嘉会门外有山,名包家山,内侍张侯壮观园、王保生园。山上有关,名桃花关,旧扁"蒸霞",两带皆植桃花,都人春时游者无数,为城南之胜境也。

城北城西门外赵郭园。又有钱塘门外溜水桥东西马塍诸圃,皆植怪松异桧,四时奇花,精巧窠儿,多为龙蟠凤舞飞禽走兽之状,每日市于都城,好事者多买之,以备观赏也。

(本文选自《梦粱录》卷19)

第五章　元、明、清

（公元 1271~1911 年）

　　元明清是封建社会后期。气候经历着寒冷期（14~19 世纪）。人口记载有 39.89 千万（1833 年）。城市体系走向成熟。社会内部结构发生着缓慢而重大变化，自耕农发展，屯田向私有和民田转化，地权占有形式变更；自由租佃、自由雇工出现，新的生产关系萌芽在封建制度内。明清的君主专制和文化专制空前严酷，游牧、游耕文化与定居的农业文明在冲突中融合，呈现出多元的民族文化特征，进入中国古典文化的汇总时期，对古代文献展开了空前规模的整理和考据，编纂了大型类书、大型字典、大型丛书，出现了一批科学技术巨著，如《本草纲目》、《农政全书》、《河防一览》、《天工开物》、《徐霞客游记》、《物理小识》等。

　　风景园林步入多元与深化发展阶段。全国性风景区已超百个，各省府县景胜也成系统；新开辟或建设的各级各类园林遍及城乡，一些典范实物已传至现代；城宅路堤植树也自成系统，"新栽杨柳三千里"出现在跨越陕、甘、新三省驿道上[1]；各类志书、理论、专著也大量出版，名家人才辈出。

---

[1]：参见《中国近代园林史》（朱钧珍，2012 年版）。

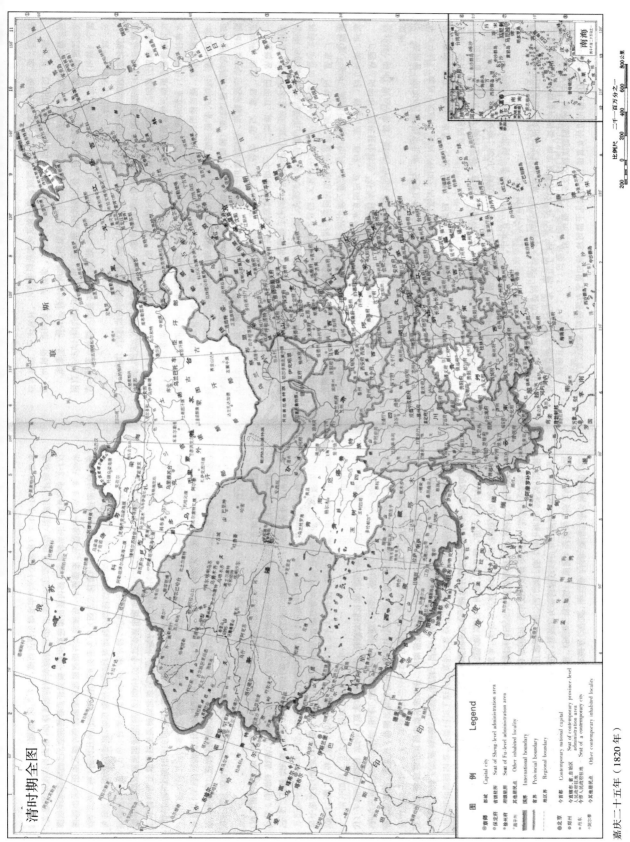

清时期全图

嘉庆二十五年（1820年）

一、宋濂（1310~1381年）

宋濂字景濂，号潜溪。

他是个认真刻苦的读书人，曾隐居山中著书十余年。洪武二年（1369年）奉命修《元史》，为总裁官。累官至翰林学士承旨知制诰，被誉为"开国文臣之首"。他的写景散文佳作不少。如《环翠亭记》写亭外竹林"积雨初霁"，"浮光闪彩，晶荧连娟，扑人衣袂，皆成碧色"，秀丽清新。

著作有《宋学士文集》，主编有《元史》210卷。

本书引文据《古文观止》（中国书店，1981年版）。

1. 西南山水、好奇者恨

西南山水，惟川蜀最奇。然去中州万里，陆有剑阁栈道之险，水有瞿唐滟滪之虞。跨马行，则竹间山高者，累旬日不见其巅际，临上而俯视，绝壑万仞，杳莫测其所穷，肝胆为之掉栗。水行，则江石悍利，波恶涡诡，舟一失势尺寸，辄糜碎土沉，下饱鱼鳖。其难至如此！故非仕有力者，不可以游；非材有文者，纵游无所得；非壮强者，多老死于其地，嗜奇之士恨焉。

……（《送天台陈庭学序》）

二、陶宗仪（1314~1405年）

陶宗仪字九成，号南村，元末明初人。

陶宗仪传世编著很多，其中《辍耕录·宫阙制度》是记载元代宫殿和园苑的重要资料。元大都是以太液池水体为中心的城市格局，其东岸为"大内"宫城和御苑，西岸有隆福宫和兴圣宫，皇城包括三大建筑群和太液池，琼华岛位居水体的中部。太液池即今日的北、中、南三海，"万寿山琼花岛"又名"万岁山琼花岛"，清朝称"白塔山"。

本文选自《辍耕录》，图引自《中国古代建筑史》。

1. 万寿山琼花岛

万寿山在大内西北太液池之阳，金人名琼花岛，中统三年修缮之。至元八年赐今名。

其山皆叠玲珑石为之，峰峦隐映，松桧隆郁，秀若天成。引金水河至其后，转机运斛（jū），汲水至山顶，出石龙口，注方池，伏流至仁智殿。后有石刻蟠龙，昂首喷水仰出，然后由东西流入于太液池。

山前有白玉石桥，长二百余尺，直仪天殿后。桥之北有玲珑石，拥木门五，门皆为石色。内有隙地，对立日月石。西有石棋枰，又有石坐床。左右皆有登山之径，萦纡万石中。洞府出入，宛转相迷。至一殿一亭，各擅一景之妙。

山之东有石桥，长七十六尺，阔四十一尺，半为石渠以载金水，而流于山后以汲于山顶也。又东，为灵圃，奇兽珍禽在焉。

广寒殿在山顶，七间。东西一百二十尺，深六十二尺，高五十尺。重阿藻井，文石甃地，四面琐窗，板密其里。遍缀金红云，而蟠龙矫蹇于丹楹之上。中有小玉殿，内设金嵌玉龙御榻，左右列从臣坐床。前架黑玉酒瓮一，玉有白章，随其形刻为鱼兽出没于波涛之状，其大可贮酒三十余石。又有玉假山一峰，玉响铁一悬。殿之后，有小石笋二，内出石龙首，以噀所引金水。西北有厕堂一间。

仁智殿在山之半，三间，高三十尺。金露亭在广寒殿东，其制圆，九柱，高二十四尺，尖顶，上置琉璃珠。亭后有铜幡竿。玉虹亭在广寒殿西，制度如金露。方壶亭在荷叶殿后，高三十尺，重屋，八面。重屋无梯，自金露亭前复道登焉，又曰线珠亭。

瀛洲亭在温石浴室后，制度同方壶。玉虹亭前仍有登重屋复道，亦曰线珠亭。荷叶殿在方壶前，仁智西北，三间，高三十尺，方顶，中置琉璃珠。

温石浴室在瀛洲前，仁智西北，三间，高二十三尺，方顶，中置涂金宝瓶。圜亭又曰胭粉亭，在荷叶稍西，盖后妃添妆之所也，八面。介福殿在仁智东差北，三间，东西四十一尺，高二十五尺。延和殿在仁智西北，制度如介福。马湩室在介福前，三间。牧人之室在延和前，三间。庖室在马湩前。东浴室更衣殿在山东平地，三间，两夹。

2. 太液池

太液池在大内西，周回若干里，植芙蓉。仪天殿在池中，圆坻上，当万寿山，十一楹，高三十五尺，围七十尺，重檐，圆盖顶，圆台址，甃以文石，藉以花茵，中设御榻，周辟琐窗。东西门各一间，西北厕堂一间。台西向列瓮砖龛，以居宿卫之士。东为木桥，长一百二十尺，阔二十二尺，通大内之夹垣。西为木吊桥，长四百七十尺，阔如东桥。中阙之，立柱，架梁于二舟，以当其空。至车驾行幸上都，留守官则移舟断桥，以禁往来。是桥通兴圣宫前之夹垣，后有白玉石桥，乃万寿山之道也。犀山台在仪天殿前水中，上植木芍药。

3. 元大都图

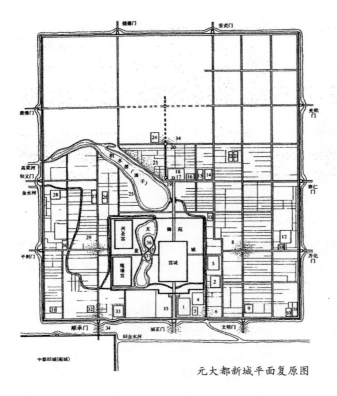

1. 中书省
2. 御史台
3. 枢密院
4. 太仓
5. 光禄寺
6. 省东市
7. 角市
8. 东市
9. 哈达王府
10. 礼部
11. 太史院
12. 太庙
13. 天师府
14. 都府（大都路总管府）
15. 警巡二院（左、右城警巡院）
16. 崇仁倒钞库
17. 中心阁
18. 大天寿万宁寺
19. 鼓楼
20. 钟楼
21. 孔庙
22. 国子监
23. 斜街市
24. 翰林院国史馆（旧中书省）
25. 万春园
26. 大崇国寺
27. 大承华普庆寺
28. 社稷坛
29. 西市（羊角市）
30. 大圣寿万安寺
31. 都城隍庙
32. 倒钞库
33. 大庆寿寺
34. 穷汉市
35. 千步廊
36. 琼华岛
37. 圆坻
38. 诸王昌童府

元大都新城平面复原图

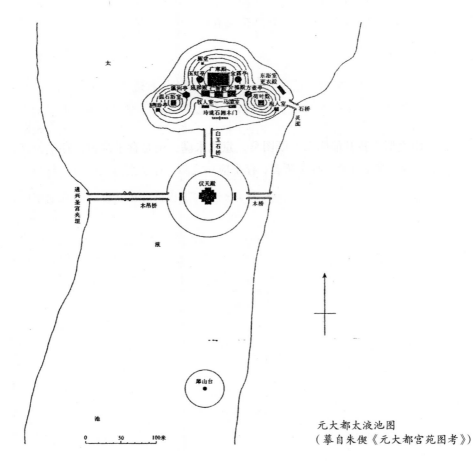

元大都太液池图
（摹自朱偰《元大都宫苑图考》）

三、王履（1332~？）

王履字安道，号畸叟。博通群籍，能诗文，工绘事，1383 年游华山，曾作《华山图》四十幅。

王履的《华山图序》是明代初期的一篇重要的美学论文。在这篇论文中，王履首先分析了"意"和"形"，即作品的思想性和艺术形象的矛盾关系。他针对宋元以来一部分画家忽视具体艺术形象的倾向，强调"意在形，舍形何所求意"。从这个思想出发，他又探讨了实地观察和提炼主题的矛盾关系，以及继承传统和突破传统的矛盾关系，强调画家要注意实地写生，善于"去故就新"，发挥独创性。最后，王履把他自己的思想精炼地概括成一个认识论的公式："吾师心，心师目，目师华山。"王履的这个公式，坚持了一条明确的唯物论认识路线，可以说是对过去"师心"、"师造化"、"师古人"的长期争论，做了一个总结。

另据《中国古代画论类编》编者俞剑华按语："惟所画'华山图'曾见真本及影印本，……所画华山无一处似实境，……虽心知其意，而无写生之技巧，亦不能为山川传神也。"

本书引文据中国古典艺术出版社《中国画论类编》。

1. 吾师心，心师目，目师华山

画虽状形，主乎意，意不足谓之非形可也。虽然，意在形，舍形何所求意？故得其形者，意溢乎形，失其形者形乎哉！画物欲似物，岂可不识其面？古之人之名世，果得于暗中摸索耶？彼务于转摹者，多以纸素之识是足，而不之外，故愈远愈伪，形尚失之，况意？苟非识华山之形，我其能图耶？既图矣，意犹未满，由是存乎静室，存乎行路，存乎床枕，存乎饮食，存乎外物，存乎听音，存乎应接之隙，存乎文章之中。一日燕居，闻鼓吹过门，怵然而作曰："得之矣夫。"遂麾旧而重图之。斯时也，但知法在华山，竟不知平日之所谓家数者何在。夫家数因人而立名，既因于人，吾独非人乎？夫宪章乎既往之迹者谓之宗，宗也者从也，其一于从而止乎？可从，从，从也；可违，违，亦从也。违果为从乎？时当违，理可违，吾斯违矣。吾虽违，理其违哉！时当从，理可从，吾斯从矣。从其在我乎？亦理是从而已焉耳。谓吾有宗欤？不拘拘于专门之固守；谓吾无宗欤？又不远于前人之轨辙。然则余也，其盖处夫宗与不宗之间乎？且夫山之为山也，不一其状：大而高焉嵩，小而高焉岑，狭而高焉峦，卑而大焉扈，锐而高焉峤，小而众焉巍，形如堂焉密，两向焉崄，陬隅高焉岊，上大下小焉蠛，边焉崖，崖之高焉岩，上秀焉峰，此皆常之常焉者也。不纯乎嵩，不纯乎岑，不纯乎峦，不纯乎扈，不纯乎峤，不纯乎岊，不纯乎密，不纯乎崄，不纯乎岊，不纯乎蠛，不纯乎崖，不纯乎岩，不纯乎峰，此皆常之变焉者也。至于非嵩、非岑、非峦、非扈、非峤、非岊、非密、非崄、非岊、非蠛、非崖、非岩、非峰，一不可以名命，此岂非变之变焉者乎？彼既出于变之变，吾可以常之常者待之哉？吾故不得不去故而就新也。虽然，是亦不过得其仿佛耳，若夫神秀之极，固非文房之具所能致也。然自是而后，步趋奔逸，渐觉己制，不屑屑瞠若乎后尘。每虚堂神定，默以对之，意之来也，自不可以言喻。余也安敢故背前人，然不能不立于前人之外。俗情喜同不喜异，藏诸家，或偶见焉，以为乖于诸体也，怪问何师？余应之曰："吾师心，心师目，目师华山。"（《华山图序》）

四、《武当山志》——任自垣

　　任自垣（？~1431年），字一愚，号蟾宇。明宣宗宣德三年（1428年）任大岳太和山提调官钦差太常寺丞，"职专提督本山宫观一切事务"。

　　武当山，古名大岳，又名是太和山，仙室山。有元初刘道明（1291年前后）编撰的《武当福地总真集》三卷；任自垣撰《敕建大岳太和山志》十五卷于宣德六年（1432年）成书，为明代第一部山志。他"遵依前代《总真集》，续入圣朝恩赐，总志成书。"武当山早有"七十二峰、三十六岩、二十四涧"之说。元至正四年（1345年）"白浪双峪黑龙洞"碑记有"山列九宫八观而五龙居先"的文字。明成祖朱棣在永乐年间共敕建净乐、遇真、玉虚、紫霄、五龙、南岩、朝天、清微、太和等九宫，元和、回龙、太玄、复真、八仙、仁威、威烈、龙泉等八观共三十三处宫观祠庙，工期历时十余年。明成化年间创建迎恩宫。

　　任《志》汇集的史料详实，不仅可以校正辞书与正史的不足，而且为中国风景区发展保留了珍贵的典型实例。本文集仅选录永乐年间武当山发展中的规划设计原则、建设施工组织、维护与运营管理的六段文字。另附"敕建宫观把总提调官员碑"，从其三层级官员可以看出当时分工的细密程度。

　　本书引文据《明代武当山志二种》杨立志点校。1999年，湖北人民出版社。

1. 审度其地，相其广狭，定其规制（1412年）

　　敕道士孙碧云：道教以虚无自然为宗，以杳冥恍惚为体，高妙超乎万品，精微入乎无伦。尔资性谆诚，精修妙道，志游寥廓，心慕清虚。操之弥坚，守之弥固，眷此炼习，实力可嘉。朕探赜希夷之踪，雅爱助人成道，今特授尔为道录司右正一。不拘以职，听从于名山大岳、洞天福地任便修行。服气餐霞，凌青霄而远览；骖鸾跨鹤，历洞府以逍遥。践履至真，永光道德。故敕。永乐十年二月初十日。

　　敕右正一虚玄子孙碧云：朕仰惟皇考太祖高皇帝、皇妣孝慈高皇后，劬劳大恩，如天如地。倦倦夙夜，欲报未能。重惟奉天靖难之初，北极真武玄帝显彰圣灵，始终佑助，感应之妙，难尽形容，怀报之心，孜孜未已。又以天下之大，生齿之繁，欲为祈福于天，使得咸臻康遂，同乐太平。朕闻武当紫霄宫、五龙宫、南岩宫道场，皆真武显圣之灵境。今欲重建，以伸报本祈福之诚。尔往审度其地，相其广狭，定其规制，悉以来闻。朕将卜日营建。其体朕至怀。故敕。永乐十年三月初六日。

2. 命官统率军夫修建宫宇（1412 年）

黄榜〔二〕：皇帝谕官员军民夫匠人等：武当天下名山，是北极真武玄天上帝修真得道显化去处。历代都有宫观，元末被乱兵焚尽。至我朝真武阐扬灵化，阴［荫］佑国家，福庇生民，十分显应。

御祭祝文：维永乐十年岁次壬辰七月甲申朔越十一日甲午，皇帝遣隆平侯张信、驸马都尉沐昕等昭告于北极玄天真武上帝曰："兹者命官统率军夫修建宫宇，报答神贶。上资荐扬皇考、皇妣，下为天下生灵祈福。谨用祭告，神其相之。尚享。"

至容易不难。特命隆平侯张信、驸马都尉沐昕等把总提调，管工官员人等，务在抚恤军民夫匠，用工之时要爱惜他的气力，体念他的勤劳。关与粮食，休着他受饥寒。有病著官医每用心调治。都不许生事扰害，违了的，都拿将来，重罪不饶。军民夫匠人等都要听约束，不许奸懒。若是肯齐心出气力呵，神明也护佑，工程也易得完成。这件事，不是国人说了才兴工，也不因人说便住了工。若自已从来无诚心呵，虽有人劝，著片瓦工也不去做；若从来有诚心要做呵，一年竖一根栋、起一条梁，逐些儿积累，也务要做了。恁官员军民人等，好生遵守著我的言语，勤谨用工，不许怠惰。早完成了，回家休息。故谕。永乐十年七月十一日。

3. 着法司拨佃户，专一耕种供赡（1416~1417 年）

——永乐十四年九月初三日，该隆平侯张信传奉圣旨："武当山各客观，别无田粮供赡。着户部差官去同所在官司，踏勘本处附近荒闲田土。着法司拨徒流犯人五百名，去那里做佃户，专一耕种供赡。若是本山宫观边厢，有百姓每的田地，就取勘见数拨与佃户每种，另寻田土拨还百姓。钦此。"

——永乐十五年五月内，奉户部湖广三千一百二十三等号勘合，将犯人王文政等通共五百五十五户，并随住人口进册，应付脚力。……每户拨与荒闲田地五十亩，岁供斋米麦七石，征送各宫观供赡，与均州不相干预。

——永乐十五年二月十九日，隆平侯张信早于奉天门奏："大岳太和山附近湖广襄阳府均州，合无将那本州岛该管军民人户与免科差，分派轮流前去玄天玉虚宫等处守护山场，洒扫宫观。"奉圣旨："是，税粮依旧著办，其余科差都免了。钦此。"

——永乐十五年三月二十一日，隆平侯张信早于奉天门钦奉圣旨："大岳太和山玄天玉虚宫那几处大宫观，不许无度牒的道士每混杂居住，只著他去其余小宫观里修行。差去采乐道士，如今在山做提点的，原领香书不要销缴。钦此。"

4. 尔即备细画图进来，其山本身分毫不要修动（1419 年）

敕隆平侯张信驸马都尉沐昕：静乐国之东有紫云亭，乃玄帝降生之福地。敕至，即于旧址仍创紫云亭。务要弘壮坚固，以称瞻仰。其太子岩及太子坡二处，各要童身真像。尔即照依长短阔狭，备细画图进来。故敕：永乐十七年四月二十九日

敕隆平侯张信驸马都尉沐昕：今大岳太和山大顶，砌造四围墙垣，其山本身分毫不

要修动。其墙务在随地势；高则不论丈尺，但人过不去即止。务要坚固壮实，万万年与天地同其久远。故敕。永乐十七年五月二十日

5. 常用心巡视，随即修理，许那好善作福的人都来修理（1424 年）

钦差礼部左侍郎胡濙，永乐二十一年八月十九日晚，沙城驻跸所口奏：敕建大岳太和山宫观大小三十三处，殿堂房宇一千八百余间，山高雾重，砖瓦木植，日久不免损坏。合无①就令附近均州守御千户所旗军，常川烧造砖瓦，采办木植，遇有损坏，随即修理。庶得永久坚完。"奉圣旨："朝廷创建这宫观，与天下苍生祈福，若有损坏时，许那各处好善肯作福的人，都来修理，不要只拘定著他一处修。钦此。

敕湖广布政司右参议诸葛平：朕创建大岳太和山宫观，上资荐扬皇考、皇妣二圣在天之灵，下为四海苍生祈迓福祉。用期绵远，以敷利泽于无穷。然工作浩繁，实皆天下军民之力，幸勤劳苦，涉历寒暑，久而后成。凡所费钱粮，难以数计。今工已告成完，特用敕尔，常川②用心巡视，遇宫观有渗漏透湿之处，随即修理；沟渠路道有瘀塞不通之处，即便整治。合用人工，就于均州千户所官军内拨用。务使宫观长年完美，沟渠路道永远通利。庶不隳废前工，以处祀事于悠久。如此则神明昭鉴，必使尔等享有无穷之福。尔若玩法偷安，不行③用心巡视，以致宫观损湿，沟渠路道淤塞不通者，则罚及尔身，将不可悔。故敕。永乐二十二年二月十九日。

【注释】
①合无：不如。②常川：经常。③不行：如不。

6. 今特命尔职专提督本山一切事物（1428 年）

敕太常寺寺丞任自垣：朕惟皇祖太宗文皇帝创建大岳太和山宫观，上以资荐祖宗在天之灵，下为四海苍生祈福于无穷，今特命尔职专提督本山宫观一切之事，率道官、道众晨夕严洁重修以祈福祉；其洒扫人户，令用心守护山林，清净观宇；原拨佃户，令依期送纳斋米，勿致缺少；修理官军，令时常点检宫观、墙垣、沟渠、路道，修其损坏，务在永远坚完，庶称朕祗奉神明之心。若有懈怠不律及不听尔提督者，轻则量情责罚，重则具实奏闻，必罪不恕。钦哉！故敕。宣德三年三月十九日

7. 敕建宫观把总提调官员碑（合计 417 名）

（1）钦差把总提调官（4 名）
隆平侯张信、驸马都尉沐昕、礼部尚书金纯、工部侍郎郭进。
（2）京官（230 名）
郎中：诸葛平、胡聪、何辛。
员外郎：郑复升、鲁谦、沈潼、孙英、顾垛、戴同吉、吴礼、祝铭、汪馗、王益。
主事：张澈、陈叔刚、宋子琢、许镇、王安、尤景隆、顾文俊、沈恭、蔡恕、周璞、俞泰、管时中、谢庄、崔艺、麻密、炼玘、尹耕、金叔荣、金忠、刘观、吴祯、庞瑜、于□。
司务：朱行、史鉴。
鸣赞：苏泽。

都事：曹升。

知事：邵正。

序班：王贯、刘迪、马升、杜容、解蒙、戴亨、杨衡、李衡、杨以诚、王思贤。

都指挥：郑铭、吴升、张祯、李玉。

指挥：仲瑄、顾福、翟成、潘成、田瑄、叶懋、张伯英。

千户：韩多、邹忠、王启、朱亮、王贤、蒋铭、夏良、刘富、黄振、周通甫、薛佑、彭成、马仕隆、许荣、何贵、刘恭、王政、李弘。

百户：杨信、龙集、杜青、蒯敬、萧旺、纪英、蔡玉、王麟、李忠、马旺、袁清、赵信、帅成、笪礼。

办事官：严信、邹奇、牛铎、薛温、周真、吕泰、任用、王亨、王达、王旭、吕彬、秦接旺、周必达、张善、李禄、爱仪、孙英、彭通春、张仕原、孟麟、樊衡、王道、何斌、陈荫、陈英、邹观、郭良、于敬、崔凤、董定、向永中、张嵩、陈瑞、张胜、姜输、魏浩、刘志诚、杜与、孟浩、赵普、徐简、陈与祖、艾复恭、张华、刘谦、刘昌、李胜、赵普平、王子丹、柳敬、许昭、艾□信、彭思信、陈如震、蔡思义、徐文政、刘文礼、杨彬、范碧、张吉、初奉张、赵荣、赵达礼、苏最、陈宗名、张毅、王光受、边文友、霍成、张驾、区文贵、于善、贵本、文震、文郁、王荣、梁雄、胡那昌、杨名、何蒿、朱子升、郭颖、张琚、鞠茂、向道宗、胡安、陆奇、郑英、刘聚、杨镛、陶辉、杨谦善、于瑛、薛孟祯、任思温、徐铉生、洪铉济、郝嫩奴、胡亨、任思政、何嫩奴、石泰、刘鼎、陈善、翁庆、张约、孙兴、鲁以文、杨刚、苏显、白镛、吴宁、雷雱、隗伯刚、白思敬、莫昭、徐兴旻、周杰、刘文得、李从、郑宗、李清、徐整、张维、陈曼、汤仲济、朱泰、王欢、陈辅、陈闰、旃三宝。

掾史：丁观、何叔恭、刘□、姜□。

（3）湖广都司布政司并各府卫所州县管工官员（183名）

都指挥：张铭。

参政：郝鹏。

知府：余士吉、邓文铿、胡器。

指挥：王斌、贲玉、龚信、应坚、黄辅、李春、路坦、朱英、孙贵、刘□、舒□、秦玉、许兴、汪礼、郑果、汪□、张□、吴□、李熏、焦□、同□、黄□、陈刚、耿□、王□、蒋铭、刘□。

府同知：殷□、王俊、韩□、陈敬。

通判：范渊、宋□。

州同知：萧云举。

州判：李湘。

千户：朱彝、张武、许□、马达、邵隆、姜纯、马安、汪瑜、张敬、李□、丁义、余□、王迪、汪敬、张彦、邓英、徐升。

镇抚：戴明、陈能、李荣、刘文、张礼、王智。

百户：邝正、施政、陈贵、杨忠、金贵、陈子云、□□、汤政、于贵、王□、罗森、张政、邵□、郭智、陆清、李谅、周朗、姜瑛、江□、高铭、王弘、吴宽。

县丞：郑□。

主簿：梁□。

阴阳典术：王敏。

医学训科：孙思中。

总旗：朱理、陈胜、凌高、杨俊、王通、吴垣、王赟、靳骚儿、郑靖、陈福与、蔡兴、蔡琇、张谦、胡慎、蒋浩、李智、汪浩、刘昭、赵威、周兴、谭政、祁旺。

书写小旗：金凤。

阴阳人：陈羽鹏。

医士：宋永年、李济川、熊得闰、张恭、王□、解□、陈隆、武仲和、汪添奇、盛俨。

木匠作头：陈秀三、徐付二、乔名二、陈四、朱三、唐友富、康文。

石匠作头：陈友孙、毛长、张琬、王歪儿、陆原吉、顾来付、祝阿英。

土工匠作头：徐奴儿、查阿三、沈阿真、朱金受。

瓦匠作头：常虎、陈普、沈宗四、金泰。

五墨匠作头：丁逊、郎仁、严保保、茅宗奴。

油漆匠作头：经大、王中益、陈阿弟、易狗仔。

画匠作头：姚善才、熊文秀、张祥旺、沈汝益、潘胜受、熊道真。

铁匠作头：隆丑驴、王阿庆、毛三兴、龙保保、余阿庇。

妆銮匠作头：邵伏名、汪奉先、张官真、沈阿多。

雕銮匠作头：万森、赵添福、杨信、熊琬。

铸匠作头：韩伏一、周回长、李二老、戴呆大。

捏塑匠作头：舒学礼、林中六、盛显一。

铜匠作头：贺添胜、管伴奇、陆阿唤。

锡匠作头：丁留住。

搭材匠作头：王礼受、刘关保、李蛮儿。

五、文徵明（1470~1559 年）

文徵明，初名壁，字徵明，号衡山。明代书画、文学家。

他诗、文、书、画皆工，善画山水，门人甚众，称"吴门派"。他的诗文多为感兴、纪游、题画和赠酬之作，相关代表作有《重修兰亭记》、《玉女潭山居记》、《王氏拙政园记》等。其中，政拙园创建于明正德（1506~1522 年）初年，嘉靖十二年（1533 年）文徵明为王献臣作《王氏拙政园记》。王献臣，字敬止，号槐雨，在苏州大弘寺废地建别墅，即拙政园。园名来自晋潘岳《闲居赋》："筑室种树，逍遥自得，……灌园鬻（yù）蔬，以供朝夕之膳，……此亦拙者之为政也。"意谓无官可做之人，种地卖菜，不失为谋生之道。《记》中讲述 31 处景物，又各作一图，并分别题咏，集成《拙政园图》、《拙政园三十咏》。历经 500 年的演变，《记》中的"拙政园"，陆地和水体与当时相去不远，人工构筑物早已改观，尚有些许古木，西面天井里盘绕的一株古老紫藤，一向传说是文徵明亲手种植，应属古物。

本文引自《中国历代园林图文选》（同济大学出版社，2005 年）。

1. 王氏拙政园记 *（节录）

槐雨先生王君敬止所居在郡城东北，界娄、齐门之间，居多隙地有积水亘其中，稍加浚治，环以林木，为重屋其阳，曰"梦隐楼"；为堂其阴，曰"若墅堂"。堂之前为"繁香坞"，其后为"倚玉轩"。轩北直"梦隐"，绝水为梁，曰"小飞虹"。踰"小飞虹"而北，循水西行，岸多木芙蓉，曰"芙蓉隈"。又西，中流为榭，曰"小沧浪亭"。亭之南，翳以修竹，径竹而西，出于水澨，有石可坐，可俯而濯，曰"志清处"。至是，水折而北，滉漾渺弥，望若湖泊，夹岸皆佳木，其西多柳，曰"柳隈"。东岸积土为台，曰"意远台"。台之下，植石为矶，可坐而渔，曰"钓䂬"。遵"钓䂬"而北口，地益迥，林木益深，水益清。驶水尽，别疏小沼，植莲其中，曰"水花池"。池上美竹千挺，可以逭凉，中为亭，曰"净深"。循"净深"而东，柑橘数十本，亭曰"待霜"。又东，出"梦隐楼"之后，长松数植，风至泠然有声，曰"听松风处"。自此绕出"梦隐"之前，古木疏篁，可以憩息，曰"怡颜处"。又前循水而东，果林弥望，曰"来禽囿"。囿尽，缚四桧为幄，曰"得真亭"。亭之后为"珍李坂"；其前为"玫瑰柴"，又前为"蔷薇径"。至是水折而南，夹岸植桃，曰"桃花沜"。沜之南，为"湘筠坞"。又南古槐一株，敷荫数弓，曰"槐幄"。其下跨水为杠，踰杠而东，篁竹阴翳，榆槐蔽亏，有亭翼然而临水上者，"槐雨亭"也。亭之后为"尔耳轩"，左为"芭蕉槛"。凡诸亭槛台榭，皆因水为面势。自"桃花沜"而南，水流渐细，至是伏流而南，踰百武，出于别圃丛竹之间，是为"竹涧"。"竹涧"之东，江梅百株，花时香雪烂然，望如瑶林玉树，曰"瑶圃"。圃中有亭，曰"嘉宝亭"，泉曰"玉泉"。凡为堂一，楼一，为亭六，轩槛、池台、坞涧之属二十有三，总三十有一，名曰"拙政园"。

……

六、王守仁（1472~1528 年）

王守仁字伯安，明代思想家。曾在故乡阳明洞中筑室，世称阳明先生。著作由门人辑成《王文成公全书》。

王守仁发挥了陆九渊的思想，认为"天下无心外之物"。从这种主观唯心论的哲学出发，王守仁认为艺术不是来自现实，而是出于"吾心之常道"。道是根本，文就包括在道里面。人们只要专于道，文词技能也就自然出来。在这些基本观点上，王守仁与其他的道学家是相同的。但王守仁并不轻视和否定诗歌音乐的作用。他认为诗歌、戏曲、音乐可以感激人们的良知，默化粗顽，潜消鄙吝，使人们性情得到调理，入于中和。他说："种树者必培其根，种德者必养其心。"

他曾在贵州建老冈书院，主讲贵阳文明书院，在赣县修建濂溪书院，修建稽山书院，其弟子创建阳明书院，兴办南宁书院，建立思田书院。

本书引文据《四部丛刊》本《王文成公全书》。

1. 天下无心外之物

先生游南镇，一友指岩中花树问曰："天下无心外之物，如此花树，在深山中自开自落，于我心亦何相关？"先生曰："你未看此花时，此花与汝心同归于寂，你来看此花时，则此花颜色一时明白起来，便知此花不在你的心外。"（卷三《语录·传习录下》）

2. 目无体，以万物之色为体

又曰："目无体，以万物之色为体；耳无体，以万物之声为体；鼻无体，以万物之臭为体；口无体，以万物之味为体；心无体，以天地万物感应之是非为体。"（卷三《语录·传习录下》）

七、王世贞（1526~1590 年）

王世贞字元美，号凤州，又号弇州山人。明代文学家。

著有《弇州山人四部稿》174 卷，《续稿》207 卷等。编有《画苑》《王氏书苑》各 10 卷。筑有弇山园，并自撰《弇山园记》，其中有："园，亩七十而赢也，土石得十之四，水三之，室庐二之，竹树一之，此吾园之概也。"还有"吾园之有"、"吾园之胜"、"居园之乐"、"居园之苦"，"吾园之始，一兰若旁耕地耳，垒石筑舍，势无所资，土必凿，凿而洼为池，山日益以崇，池日以洼且广，水之胜，遂能与山抗。"在《题弇园八记后》中言："吾兹与子孙约，能守则守之，不能守则速以售豪有力者，庶几善护持，不至损夭物性，鞠为茂草耳！"

本文引自《中国历代园林图文选》

1. 弇山园记*（节录）

自大桥稍南皆阛阓，可半里而杀，其两忽得径，曰"铁猫弄"，颇猥鄙。循而西，三百步许，弄穷，稍折而南，复西，不及弄之半，为"隆福寺"。其前有方池，延袤二十亩，左右旧圃夹之，池渺渺受烟月，令人有苕、霅间想。寺之右，即吾"弇山园"也，亦名"弇州园"。前横清溪甚狭，而夹岸皆植垂柳，荫枝樛互如一本。溪南张氏腴田数亩，至麦寒禾暖之日，黄云铺野，时时作饼饵香，令人有炊宜城饭想。园之西，为宗氏墓，古松柏十余株。其又西，则汉寿亭侯庙，碧瓦雕甍，嶙崒云表，此皆辅吾园之胜者也。

园之中，为山者三，为岭者一，为佛阁者二，为楼者五，为堂者三，为书室者四，为轩者一，为亭者十，为修廊者一，为桥之石者二、木者六，为石梁者五，为洞者、为滩若濑者各四，为流杯者二，诸岩磴涧壑，不可以指计，竹木卉草香药之类，不可以勾股计，此吾园之有也。

园，亩七十而赢，土石得十之四，水三之，室庐二之，竹树一之，此吾园之概也。

宜花：花高下点缀如错绣，游者过焉，芬色殢眼鼻而不忍去。宜月：可泛可陟，月所被，石若益而古，水若益而秀，恍然若憩广寒清虚府。宜雪：登高而望，万堞千甍，与园之峰树，高下凹凸皆瑶玉，目境为醒。宜雨：蒙蒙霏霏，浓淡深浅，各极其致，縠波自文，儵鱼飞跃。宜风：碧篁白杨，琮琤成韵，使人忘倦。宜暑：灌木崇轩，不见畏日，轻凉四袭，逗勿肯去。此吾园之胜也。

吾自纳郧节，即栖托于此。晨起，承初阳，听醒鸟。晚宿，弄夕照，听倦鸟。或蹑短屐，或呼小舠，相知过从，不迓不送。清醒时，进钓溪腴以佐之；黄粱欲熟，摘野鲜以导之。平头小奴，枕簟后随，我醉欲眠，客可且去。此吾居园之乐也。

守相达官，干旄过从，势不可却，摄衣冠而从之，呵殿之声，风景为杀。性畏烹宰，盘筵饾饤，竟夕不休。此吾居园之苦也。

……

吾园之始，一兰若旁耕地耳，垒石筑舍，势无所资，土必凿，凿而洼为地，山日益以崇，池日以洼而广，水之胜，遂能与山抗。（录自《弇州山人四部移续稿》）

2. 游金陵诸园记*（节录）

李文叔记洛阳名园十有九。洛阳虽称故都，然当五季兵燹之后，生聚未尽复，而所置官司，自留守一二要势外，往往为倦宦之所寄秩，其居第亦多寓公之所托息，顾能以其完力致之于所谓园地者，皆极瑰丽弘博之观。而至金陵，为我高皇帝定鼎之地，二圣之号令万宇者，将六十年，内外城之延袤，盖自古所创有，其所置官司皆与神京埒，吏卒亦危割其半，若江山之雄秀，与人物之妍雅，岂弱宋之故都可同日语？而独园池不尽称于通人若李文叔者，何也？岂亦累给全盛之代，士大夫重去其乡，于是金陵无寓公，且自步武而外，皆有天造之奇，宝刹琳宫，在在而足，即有余力，不必致之园池以相高胜故耶？予……召陪留枢……职务稀简，得侍群公燕游，于栖霞、献花、燕矶、灵谷之胜，得略尽之。既而获染指名园，若中山王诸邸，所见大小十余，若最大而雄爽者，有六锦衣之“东园”；清远者，有四锦衣之“西园”；次大而奇瑰者，则四锦衣之丽宅“东园”；华整者，魏公之丽宅“西园”；次小而靓美者，魏公之“南园”、与三锦衣之“北园”，度必远胜洛中。盖洛中有水、有竹、有花、有桧柏，而无石，文叔《记》中，不称有垒石为峰岭者，可推已。洛中之园，久已消灭，无可踪迹，独幸有文叔之《记》以永人目，而金陵诸园，尚未有记者，今幸而遇予，予亦幸而得一游，又安可无记也？自中山王邸之外，独“同春园”可称附庸，而武定侯之园竹，在“万竹园”上，因并所游，志之。

（1）东园

“东园”者，一曰“太傅园”，高皇帝所赐也。地近聚宝门。故魏国庄靖公备爱其少子锦衣指挥天赐，悉橐而授之。时庄靖之孙鹏举甫袭爵而弱，天赐从假兹园，盛为之料理，其壮丽遂为诸园甲。锦衣自署号曰“东园”。志不归也。竟以授其子指挥缵勋。

初入门，杂植榆、柳，余皆麦垅。芜不治。逾二百武，复入一门，转而右，华堂三楹，颇轩敞，而不甚高，榜曰"心远"。前为月台数峰，古树冠之。堂后枕小池，与"小蓬山"对，山址潋滟，没于池中，有峰峦洞壑亭榭之属，具体而微。两柏异干合杪，下可出入，曰"柏门"。竹树峭蒨，于荫宜，余无奇者已。从左方窦朱板垣而进，堂五楹，榜曰"一鉴"，前枕大池，中三楹，可布十席；余两楹以憩从者。出左楹，则丹桥迤逦，凡五、六折，上皆正平，于小饮宜。桥尽，有亭翼然，甚整洁，宛宛水中央，正与"一鉴堂"面。其背，一水之外，皆平畴老树，树尽而万雉层出。右水尽，得石砌危楼，缥缈翚飞云霄，盖缵勋所新构也。画船载酒，由左为溪，达于横塘则穷。园之衡袤几半里，时时得佳木。长辈云：武庙狩金陵，尝于此设钓，乐之，移日不返，即此亭也。或云：钓地正在"心远堂"后。"心远堂"以水啮其趾，不可坐。危楼以扃鐍，故不可登。（注：今为白鹭洲公园）

（2）西园

"西园"者，一曰"凤台园"，盖隔弄有凤凰台，故以名。亦徐锦衣天赐所葺，今以分授二子，析而为二，当别称"西园"矣。

园在郡城南，稍西，去聚宝门二里而近。余时携儿子骐、宗人少卿执礼、陆太学端卿游焉。入园，为折径以入，凡三门。始为"凤游堂"，堂差小于东之"心远堂"，广庭倍之。前为月台，有奇峰古树之属，右方桧子松，高可三丈，径十之一，相传宋仁宗手植以赐陶道士者，且四百年矣，婆娑掩映可爱。下覆二古石，曰"紫烟"，最高垂三仞，色苍白，乔太宰识为"平泉甲品"；曰"鸡冠"，宋梅挚与诸贤刻诗，当其时已贵赏之，曰"铭石"，有建康留守马光祖铭。二石痹于"紫烟"，色理亦不称。堂之背，修竹数千挺，"来鹤亭"踞之。从"凤游堂"而左，有历数屏，为夭桃、丛桂、海棠、李、杏数十百株。又左曰"拏秀阁"，特为整丽。阁前一古榆，其大合抱，不甚高，而垂枝下饮"芙蓉沼"，有潜虬渴猊之状。沼广袤十许丈，水清莹，可鉴毛发。沼之阳，垒洞庭、宣州、锦川、武康杂石为山，峰峦、洞穴、亭馆之属，小于"东园"，而高过之。其右则"小沧浪"，大可十余亩，匝以垂杨，衣以藻蘋，鯈鱼跳波，天鸡弄风，皆佳境也。南岸为台，可望远，高树罗植，畏景不来。北岸皆修竹，蜿蜒起伏。"小沧浪"垂尽，复得平坡一，四周水环之，华屋三楹。

（3）锦衣东园

尽大功坊之东……为四锦衣东园。……入门折而东南向，有堂甚丽，前为月榭。堂后一室，垂朱帘，左右小庭，耳室翼之。……折而西，得一门，则广庭廓落，前亦有月榭，以安数峰，中一峰高可比"到公石"，而……嵌空玲珑，莫可名状……乃故公郡中物也。北有危楼……凡二十余级，而登。前眺，则报恩寺塔当窗而耸……得日而金光漾目，大司寇陆公绝叫以为奇。启北有华轩三楹，北向以承诸山。蹑石级而上，登顿委伏，纡余窈窕，上若蹑空，而下若沉渊者，不知其几。亭轩以十数，皆整丽明洁，向背得所，桥梁称之。朱栏画楯，在在不乏。而所尤惊绝者，石洞凡三转，窈冥沉深，不可窥揣，虽盛昼亦张两角灯导之乃成武，鳞处煌煌，仅若明星数点。吾游真山洞多矣，亦未有大逾胜之者。水洞则清流泠泠，旁穿绕一亭，莹澈见底。朱鳞数十百头，以饼饵投之，骈聚跃唼，波光溶溶，若冶金之露铦颖。兹山周幅不过五十丈，而举足殆里许，乃知维摩丈室容千世界，不妄也。……

（4）魏公西圃

……魏国第中西圃，盖出中门之外，西穿二门，复得南向一门而入，有堂翼然，又复为堂，堂后复为门，而圃见。右折而上，逶迤曲折，叠磴危峦，古木奇卉，使人足无余力，而目恒有余观。下亦有……当赐第时，仅为织室马厩之属，日久不治，悉为瓦砾场。太保公始除去之。征石于洞庭、武康、玉山；征材于蜀；征卉木于吴会，而后有此观。至后一堂，极宏丽，前叠石为山，高可以俯群岭。顶有亭，尤丽，曰：此则今……所植梅、桃、海棠之类甚多，闻春时烂熳，若百丈官锦幄……

（5）南园

魏公"南园"者，当赐第之对街，稍西南，其纵颇薄，而衡甚长。入门，朱其栏楯，以杂卉实之。右循得二门，而堂，凡五楹，颇壮。前为坐月台，有峰石杂卉之属。复右循得一门，更数十武，而堂，凡三楹。四周皆廊，廊后一楼，更薄，而皆高靓瑰丽，朱甍画栋，绮疏雕题相接 [1]。堂之阳，为广除，前汇一池，池三方皆垒石，中蓄朱鱼百许头，有长至二尺者。拊栏而食之，悉聚，若缋锦。又若……乃从左逶迤而下，甲馆、修亭、复阁、累榭，与奇石怪树，绣错牙互。非……左折而下……新治轩，而憩焉其丽殊甚，而枕水，西、南二方. 皆有峰峦百叠，如虹攫猊饮，得新月助之，顷刻变幻，势态殊绝。

（录自《弇川山人四部稿续稿》）

3. 市居不胜嚣，壑居不胜寂，托于园可以畅目而怡性

弇山人曰："余栖止余园者数载，日涉而得其概，以为市居不胜嚣，而壑居不胜寂，则莫若托于园，可以畅目而怡性。而会同年生何观察以《游名山记》见贻，余颇爱其事，以旧所藏本若干卷投之，并为一集。辄复用何君例，纠集古今之为园者，记、志、赋、序几百首，诗古体、近体几百千首，而别墅之依于山水者亦附焉。编成，而人或笑之曰：'何君纪名山，而子纪仅名园墅，枋榆刺促，得无为九万里笑乎？'余辄应曰：'子不晓夫"逍遥游"一也。且夫世谓高岸为谷者，妄夫所云名山者，千万年而不改观者也，即何待文？一牧竖樵子引之，而能指点以追得其自。若夫园墅不转盼而能易姓，不易世而能使其遗踪逸迹泯没于荒烟夕照间，亡但绿野、平泉而已，所谓上林、甘泉、昆明、太液者，今安在也？后之君子苟有谈园墅之胜，使人目营然而若有睹，足跃然而思欲陟者，何自得之？得之辞而已。甚哉！辞之不可已也。虽然，凡辞之在山水者，多不能胜山水。而在园墅者，多不能胜辞。亡他，人巧易工，而天巧难措也。此又不可不辨也。"（《古今名园墅编序》）

八、李贽（1527~1602 年）

李贽号卓吾，明代思想家。著有《焚书》、《续焚书》、《藏书》、《续藏书》等约三十种。李贽文艺思想的核心是"童心"说，他认为天下至美的文艺作品均出自童心。"童心者，

真心也"，"心之初也"，"最初一念之本心也"。具有反封建的个性解放的意义。李贽以这种童心说为理论依据，对当时蓬勃发展的小说、戏曲的历史地位，给了充分的肯定。

他强调"自然"与"发愤"，认为"自然发于性情"，极力推崇"自然之为美"。提倡"见景生情，触目生叹"，"小中见大，大中见小"，将参天地、系人生的情怀寄寓于具体事物的描绘或咏叹，实现激昂之情与自然含蓄之美的统一。

李贽认为识、才、胆是政治家、思想家和文艺家所具备的素质，三者相互影响，而识则是第一位的，"才与胆皆因识见而后充"。

李贽的"童心"与"自然之为美"，同老、庄的"返朴归真"一脉相承，但他没有把自然之美和汪洋淡泊连在一起，而是走向任其自然的抒发激愤之情，走向不受束缚的反映广泛的、发展的现实生活，从而形成推动文艺同社会一道前进的理论。尽管对其进步性与局限性评估不一，但公认他在文艺批评史上有很重要地位。

本书引文据中华书局《焚书》。

1. 童心说 *

龙洞山农叙《西厢》，末语云："知者勿谓我粒有童心可也。"夫童心者，真心也。若以童心为不可，是以真心为不可也。夫童心者，绝假纯真，最初一念之本心也。若失却童心，便失却真心；失却真心，便失却真人。人而非真，全不复有初矣。

童子者，人之初也；童心者，心之初也。夫心之初曷可失也！然童心胡然而遽失也？盖方其始也，有闻见从耳目而入，而以为主于其内而童心失。其长也，有道理从闻见而入，而以为主于其内而童心失。其久也，道理闻见日以益多，则所知所觉日以益广，于是焉又知美名之可好也，而务欲以扬之而童心失；知不美之名之可丑也，而务欲以掩之而童心失。夫道理闻见，皆自多读书识义理而来也。古之圣人，曷尝不读书哉！然纵不读书，童心固自在也，纵多读书，亦以护此童心而使之勿失焉耳，非若学者反以多读书识义理而反障之也。夫学者既以多读书识义理障其童心矣，圣人又何用多著书立言以障学人为耶？童心既障，于是发而为言语，则言语不由衷；见而为政事，则政事无根柢；著而为文辞，则文辞不能达。非内以章美也，非笃实生辉光也，欲求一句有德之言，卒不可得。所以者何？以童心既障，而以从外入者闻见道理为之心也。

夫既以闻见道理为心矣，则所言者皆闻见道理之言，非童心自出之言也。言虽工，于我何与，岂非以假人言假言，而事假事文假文乎？盖其人既假，则无所不假矣。由是而以假言与假人言，则假人喜；以假事与假人道，则假人喜；以假文与假人谈，则假人喜。无所不假，则无所不喜。满场是假，矮人何辩也？然则虽有天下之至文，其湮灭于假人而不尽见于后世者，又岂少哉！何也？天下之至文，未有不出于童心焉者也。苟童心常存，则道理不行，闻见不立，无时不文，无人不文，无一样创制体格文字而非文者。诗何必古选，文何必先秦。降而为六朝，变而为近体，又变而为传奇，变而为院本，为杂剧，为《西厢曲》，为《水浒传》，为今之举子业，皆古今至文，不可得而时势先后论也。故吾因是而有感于童心者之自文也，更说甚么《六经》，更说甚么《语》、《孟》乎？

夫《六经》，《语》、《孟》，非其史官过为褒崇之词，则其臣子极为赞美之语。又不然，则其迂阔门徒，懵懂弟子，记忆师说，有头无尾，得后遗前，随其所见，笔之于书。后学不察，便谓出自圣人之口也，决定目之为经矣，孰知其大半非圣人之言乎？纵出自圣人，要亦有为而发，不过因病发药，随时处方，以救此一等懵懂弟子，迂阔门徒云耳。药医假病，方难定执，是岂可遽以为万世之至论乎？然则《六经》《语》《孟》，乃道学之口实，假人之渊薮也，断断乎其不可以语于童心之言明矣。呜呼！吾又安得真正大圣人童心未曾失者而与之一言文哉！（卷三《杂述》）

2. 化工与画工

《拜月》、《西厢》，化工也；《琵琶》，画工也。夫所谓画工者，以其能夺天地之化工，而其孰知天地之无工乎？今夫天之所生，地之所长，百卉具在，人见而爱之矣，至觅其工，了不可得，岂其智固不能得之欤！要知造化无工，虽有神圣，亦不能识知化工之所在，而其谁能得之？由此观之，画工虽巧，已落二义矣。文章之事，寸心千古，可悲也夫！

且吾闻之：追风逐电之足，决不在于牝牡骊黄之间；声应气求之夫，决不在于寻行数墨之士；风行水上之文，决不在于一字一句之奇。若夫结构之密，偶对之切；依于理道，合乎法度；首尾相应，虚实相生：种种禅病皆所以语文，而皆不可以语于天下之至文也。杂剧院本，游戏之上乘也，《西厢》、《拜月》，何工之有！盖工莫工于《琵琶》矣。彼高生者，固已殚其力之所能工，而极吾才于既竭。惟作者穷巧极工，不遗余力；是故语尽而意亦尽，词竭而味索然亦随以竭。吾尝揽《琵琶》而弹之矣：一弹而叹，再弹而怨，三弹而向之怨叹无复存者。此其故何耶？岂其似真非真，所以人人之心者不深不可深耶！盖虽工巧之极，其气力限量只可达于皮肤骨血之间，则其感人仅仅如是，何足怪哉！《西厢》、《拜月》，乃不如是。意者宇宙之内，本自有如此可喜之人，如化工之于物，其工巧自不可思议尔。（卷三《杂述·杂说》）

3. 世之真能文者，其初皆非有意于为文

且夫世之真能文者，比其初皆非有意于为文也。其胸中有如许无状可怪之事，其喉间有如许欲吐而不敢吐之物，其口头又时时有许多欲语而莫可所以告语之处，蓄极积久，势不能遏。一旦见景生情，触目兴叹；夺他人之酒杯，浇自己之垒块；诉心中之不平，感数奇于千载。既已喷玉唾珠，昭回云汉，为章于天矣，遂亦自负，发狂大叫，流涕恸哭，不能自止。宁使见者闻者切齿咬牙，欲杀欲割，而终不忍藏于名山，投之水火。余览斯记，想见其为人，当其时必有大不得意于君臣朋友之间者，故借夫妇离合因缘以发其端。于是焉喜佳人之难得，羡张生之奇遇，比云雨之翻覆，叹令人之如土。其尤可笑者：小小风流一事耳，至比之张旭、张颠、羲之、献之而又过之。尧夫云："唐虞揖让三杯酒，汤武征诛一局棋。"夫征诛揖让何等也，而以一杯一局觑之，至眇小矣！

呜呼！今古豪杰，大抵皆然。小中见大，大中见小，举一毛端建宝王刹，坐微尘里转大法轮。此自至理，非干戏论。倘尔不信，中庭月下，木落秋空，寂寞书斋，独自无赖，试取《琴心》一弹再鼓，其无尽藏不可思议，工巧固可思也。呜呼！若彼作者，吾安能见之欤！（卷三《杂述·杂说》）

4. 自然发于情性，则自然止乎礼义

淡则无味，直则无情。宛转有态，则容冶而不雅；沉着可思，则神伤而易弱。欲浅不得，欲深不得。拘于律则为律所制，是诗奴也，其失也卑，而五音不克谐；不受律则不成律，是诗魔也，其失也亢，而五音相夺伦。不克谐则无色，相夺伦则无声。盖声色之来，发于情性，由乎自然，是可以牵合矫强而致乎？故自然发于情性，则自然止乎礼义，非情性之外复有礼义可止也。惟矫强乃失之，故以自然之为美耳，又非于情性之外复有所谓自然而然也。故性格清彻者音调自然宣畅，性格舒徐者音调自然疏缓，旷达者自然浩荡，雄迈者自然壮烈，沉郁者自然悲酸，古怪者自然奇绝。有是格，便有是调，皆情性自然之谓也。莫不有情，莫不有性，而可以一律求之哉！然则所谓自然者，非有意为自然而遂以为自然也。若有意为自然，则与矫强何异。故自然之道，未易言也。（卷三《杂述·读律肤说》）

九、《西湖游览志》（1547年）

初刻于明代嘉靖二十六年（1547）。

明代田汝成辑著。田汝成，字叔禾，钱塘（今杭州）人，生卒不详。所作《西湖游览志》，记录杭州风景名胜，为卷二十有四。四库全书总目提要称："吴自牧作《梦粱录》，周密作《武林旧事》，于岁时风俗特详，而山川古迹又在所略。惟汝成此书，因名胜而附以事迹，鸿纤巨细，一一兼该，非惟可广见闻，并可以考文献。"本书全录了卷一西湖总叙。其它各卷是：卷二孤山三堤胜迹，卷三至卷七南山胜迹，卷八至卷十一北山胜迹，卷十二南山城内胜迹，卷十三至卷十八南山分脉城内胜迹，卷十九南山分脉城外胜迹，卷二十至卷二十一北山分脉城内胜迹，卷二十二至卷二十三北山分脉城内胜迹，卷二十四浙江胜迹。

本书引文据《西湖游览志》（浙江人民出版社，1980年版）。

1. 西湖总叙*

西湖，故明圣湖也，周绕三十里，三面环山，溪谷缕注，下有渊泉百道，潴而为湖。汉时，金牛见湖中，人言明圣之瑞，遂称明圣湖。以其介于钱唐也，又称钱唐湖。以其输委于下湖也，又称上湖。以其负郭而西也，故称西湖云。

西湖诸山之脉，皆宗天目。天目西去府治一百七十里，高三千九百丈，周广五百五十里，蜿蟺东来，凌深拔峭，舒冈布麓，若翔若舞，萃于钱唐，而嶕崒于天竺。从此而南、而东，则为龙井、为大慈、为玉岑、为积庆、为南屏、为龙、为凤、为吴，皆谓之南山。从此而北、而东，则为灵隐、为仙姑、为履泰、为宝云，为巨石，皆谓之北山。南山之脉，分为数道，贯于城中，则巡台、藩垣、帅阃、府治、运司、黉舍诸署，

清河、文锦、寿安、弼教、东园、盐桥、褚塘诸市，在宋则为大内，德寿、宗阳、佑圣诸宫，隐隐赈赈，皆王气所钟。而其外逻则自龙山，沿江而东，环沙河而包括，露骨于茅山、艮山，皆其护沙也。北山之脉分为数道，贯于城中，则皋台、分司诸署，观桥、纯礼诸市，在宋则为开元、景灵、太乙、龙翔诸宫，隐隐赈赈，皆王气所钟，而其外逻则自霍山，绕湖市半道红，冲武林门，露骨于武林山，皆其护沙也。联络周匝，钩绵秀绝，郁葱扶舆之气，盘结巩厚，浚发光华，体魄闳矣。潮击海门而上者昼夜再至。夫以山奔水导，而逆以海潮，则气脉不解，故东南雄藩，形势浩伟，生聚繁茂，未有若钱唐者也。南北诸山，峥嵘回绕，汇为西湖，泄恶停深，皎浩圆莹，若练若镜，若双龙交度，而颔下夜明之珠，抱悬不释；若莲萼层敷，树瓣庄严，而馥郁花心，含酿甘露。是以天然妙境，无事雕饰，觌之者心旷神怡，游之者毕景留恋，信蓬阆之别墅，宇内所稀觏者也。

六朝已前，史籍莫考，虽水经有明圣之号，天竺有灵运之亭，飞来有慧理之塔，孤山有天嘉之桧，然华艳之迹，题咏之篇，寥落莫睹。逮于中唐，而经理渐着，代宗时，李泌刺史杭州，悯市民苦江水之卤恶也，开六井，凿阴窦，引湖水以灌之，民赖其利。长庆初，白乐天重修六井，甃函、笕以蓄泄湖水，溉沿河之田。其自序云："每减湖水一寸，可溉田十五余顷；每一复时，可溉五十余顷。此州春多雨，夏秋多旱，若堤防如法，蓄泄及时，即濒湖千余顷无凶年矣。"又云："旧法泄水，先量湖水浅深，待溉田毕，却还原水尺寸。往往旱甚，则湖水不充，今年筑高湖堤数尺，水亦随加，脱有不足，更决临平湖，即有余矣。"俗忌云："决湖水不利钱唐。"县官多假他辞，以惑刺史，或云："鱼龙无托"，或云："茭菱失利"，且鱼龙与民命孰急？茭菱与田稼孰多？又云："放湖水则城中六井咸枯。"不知湖底高，井管低，湖中有泉百道，湖耗则泉涌，虽磬竭湖水，而泉脉常通，乃以六井为患，谬矣。第六井阴窦，往往堙塞，亦宜数察而通之，则虽大旱不乏。湖中有无税田数十顷，湖浅则田出，有田者率盗决以利其私田，故函、笕非灌田时，并须封闭，漏泄者罪坐所由，即湖水常盈，蓄泄无患矣。

吴越王时，湖葑蔓合，乃置撩兵千人，以芟草浚泉。又引湖水为涌金池，以入运河，而城郭内外，增建佛庐者以百数。盖其时偏安一隅，财力殷阜，故兴作自由。宋初，湖渐淤壅，景德四年，郡守王济增置斗门，以防溃溢，而僧、民规占者，已去其半。天禧中，王钦若奏："以西湖为放生池，祝延圣寿，禁民采捕。"自是湖葑益塞。庆历初，郡守郑戬复开浚之。嘉祐间，沈文通守郡，作南井于美俗坊，亦湖水之余派也。元祐五年，苏轼守郡，上言："杭州之有西湖，如人之有眉目也。自唐已来，代有浚治，国初废置，遂成膏腴。熙宁中，臣通判杭州，葑合才十二三，到今十六七年，又塞其半，更二十年，则无西湖矣。臣愚以为西湖有不可废者五：自故相王钦若奏以西湖为放生池，每岁四月八日，郡人数万集湖上，所活羽毛鳞介，以百万数，为陛下祈福，若任其堙塞，使蛟龙鱼鳖，同为枯辙之鲋，臣子视之，亦何心哉！此西湖不可废者一也。杭州故海地，水泉咸苦，民居零落。自李泌引湖水作六井，然后民足取汲，而生聚日繁。今湖狭水悭，六井渐坏，若二十年后，尽为葑田，则举城复食咸苦，民将耗散，此西湖不可废者二也。自居易开湖记云：'蓄泄及时，可溉田千顷。'今纵不及此数，而下湖数十里，茭菱禾麦，仰赖不资，此西湖不可废者三也。西湖深广，则运河取借于湖水，若湖水不足，则必取借于江潮。潮之所经，泥沙浑浊，一石五斗；不出三岁，（车取）调兵夫十余万开浚，而舟行市中，盖十余里，吏卒骚扰，泥水狼藉，为居民大患，此西湖不可废者四也。天下官酒之盛，未有如杭州者也，岁课二十余万缗，水泉之用，仰给于湖，若湖水不足，则当劳人远负山泉，岁不下二十万工，此西湖不可废者五也。今湖上葑田二十五万余丈，度用夫二十余万工。近者蒙恩免上供额斛五十余万石，出粜常平亦数十万石。臣谨以圣意斟酌其间，增价中米减价出卖，以济饥民，而增减折耗之余，尚得钱米一万余石、贯，以此募民开湖，可得十万工。自四月二十八日开工，盖梅雨时行，则葑根易动。父老纵观，以为陛下既捐利与民，活此一方，而又以其余，兴久废无穷之利，使数千人得食其力，以度凶年，盖有泣下者。但钱米有限，所募米广，若来者不继，则前功复堕。近蒙圣恩，特赐本州，度牒一百道，若更加百道，便可济事。臣自去年开浚茅山、盐桥两河，各十余里，以通江潮，犹虑缺乏，宜引湖水以助之，曲折阛阓之间，便民汲取，及以余力修完六井、南井，为陛下敷福州民甚溥。"朝议从之。乃取葑泥积湖中，南北径十余里，为长堤以通行者。募人种菱取息，以备修湖之费。自是西湖大展。至绍兴建都，生齿日富，湖山表里，点饰浸繁，离宫别墅，梵宇仙居，舞榭歌楼，彤碧辉列，丰媚极矣。

嗣后郡守汤鹏、安抚周淙、京尹赵与筹、潜说友递加浚理，而与筹复因湖水旱竭，乃引天目山之水，自余杭塘达溜水桥，凡历数堰，桔槔运之，仰注西湖，以灌城市。其时君相淫佚，荒恢复之谋，论者皆以西湖为尤物破国，比之西施云。元惩宋辙，废而不治，兼政无纲纪，任民规窃，尽为桑田。国初籍之，遂起额税，苏堤以西，高者为田，低者为荡，阡陌纵横，鳞次作义，曾不容刀。苏堤以东，萦流若带。宣德、正统间，治化隆洽，朝野恬熙，长民者稍稍搜剔古迹，粉绘太平，或倡浚湖之议，惮更版籍，竟致阁寝。嗣是都御史刘敷、御史吴文元等，咸有题请，而浮议蜂起，有力者百计阻之。成化十年，郡守胡浚，稍辟外湖。十七年，御史谢秉中、布政史刘璋、按察使杨继宗等，清理续占。弘治十二年，御史吴一贯修筑石闸，渐有端诸矣。

正德三年，郡守杨孟瑛，锐情恢拓，力排群议，言于御史车梁、佥事高江，上疏请之，以为西湖当开者五。其略曰："杭州地脉，发自天目；群山飞翥，驻于钱唐。江湖夹抱之间，山停水聚，元气融结，故堪舆之书有云：'势来形止，是为全气，形止气蓄，化生万物。又云：'外气横形，内气止生'。故杭州为人物之都会，财赋之奥区，而前贤建立城郭，南跨吴山，北兜武林，左带长江，右临湖曲，所以全角势而周脉络，钟灵毓秀于其中。若西湖占塞，则形胜破损，生殖不繁。杭城东北二隅，皆凿濠堑，南倚山岭，独城西一隅，濒湖为势，殆天堑也。是以涌金门不设月城，实倚外险，若西湖占塞，则塍径绵连，容奸资寇，折冲御侮之便何借焉？唐宋以来，城中之井，皆借湖水充之，今甘井甚多，固不全仰六井、南井也；然实湖水为之本源，阴相输灌，若西湖占塞，水脉不通，则一城将复卤饮矣。况前贤兴利以便民，而臣等不能纂已成之业，非为政之体也。五代以前，江潮直入运河，无复遮捍。钱氏有国，乃置龙山、浙江两闸，启闭以时，故泥水不入。宋初崩废，遂至淤壅，频年挑浚。苏轼重修堰闸，阻截江潮，不放入城，而城中诸河，专用湖水，为一郡官民之利。若西湖占塞，则运河枯涩，所谓南柴北米，官商往来，上下阻滞，而闾阎贸易，苦于担负之劳，生计亦窘矣。杭城西南，山多田少，谷米蔬蔌之需，全赖东北。其上塘濒河田地，自仁和至海宁，何止千顷，皆借湖水以救亢旱，若西湖占塞，则上塘之民，缓急无所仰赖矣。此五者，西湖有无，利害明甚，第坏旧有之业，以伤民心，怨讟将起，而臣等不敢顾忌者，以所利于民者甚大也。"部议报可，乃以是年二月兴工。先是，郡人通政何琮，常绘西湖二图，并着其说，故温甫得以其概上请。盖为佣一百五十二日，为夫六百七十万，为直银二万三千六百七两，斥毁田荡三千四百八十一亩，除豁额粮九百三十余石，以废寺及新垦田粮补之。自是西湖始复唐宋之旧，盖自乐天之后，二百岁而得子瞻；子瞻之后，四百岁而得温甫。迩来官司禁约浸弛，豪民颇有侵围为业者。夫陂堤川泽，易废难兴，与其浩费于已隳，孰若旋修于将坏？况西湖者，形胜关乎郡城，余波润于下邑，岂直为鱼鸟之薮，游览之娱，若苏子眉目之喻哉！

按郡志，西湖故与江通，据郦道元水经及骆宾王、杨巨源二诗为证。窃谓不然，水经云："浙江出三天子都，北过余杭，北入于海。"注云："浙江，一名浙江，出丹阳黟县南蛮中，东北流至钱唐县，又东经灵隐山。山下有钱唐故县，浙江径其南，县侧有明圣湖。又东，合临平湖，经槎渎，注于海。"夫水经作于汉、魏时，已有明圣湖之号，不得于唐时复云湖与江通也。水经又言："始皇将游会稽，至钱唐，临浙江，不能渡，乃道余杭之西津。"后人因此遂指大佛头为始皇缆船石，以征西湖通江之说，殊不知西津未必指西湖也。至于骆宾王灵隐寺诗有云："楼观沧海日，门对浙江潮。"杨巨源诗有云："曾过灵隐江边寺，独宿东楼看海门。"与水经所称浙江东经灵隐山相合，而西湖通江之说，泥而不解。夫巨源与乐天同时，使泥其诗以为江潮必经灵隐山以通西湖也，则明圣之号，不当豫立于汉、魏时，而乐天经理西湖时，未闻有江潮侵啮之患。况自灵隐山而南，重冈复岭，隔截江湄者，一十余里，何缘越度以入西湖哉？要之，汉、唐之交，杭州城市未广，东北两隅，皆为斥卤，江水所经。故今阛阓之中，街坊之号：犹有洋坝、前洋、后洋之称。所谓合临平湖，经槎渎，以入于海者，理或有之。若西湖，则自古不与江通也。乃今江既不径临平，绕越州而东注，而灵隐之南，吴山之北，斥卤之地，皆成民居，而古迹益不可考矣。(《西湖游览志·卷一》)

十、汤显祖（1550~1616年）

汤显祖字义仍，号海若、若士、清远道人。所作传奇和戏曲作品有《还魂记》（即《牡丹亭》）、《紫箫记》、《紫钗记》、《南柯记》、《邯郸记》五种［部］。所作诗文收入《玉茗堂诗文集》。

汤显祖美学思想的核心是"情"这个范畴。汤显祖讲的"情"，一方面同宋明理学讲的"理"相对立，另方面又同封建社会的"法"相对立，包含着个性解放、个性自由的内容。这是明代社会经济中的资本主义萌芽在意识形态领域中的反映。

汤显祖追求"有情之天下"，但是现实世界是"有法之天下"，于是"因情成梦"。"梦"就是作家的理想。再进一步，"因梦成戏"。"戏"的产生，就是为了把作家的理想形象化，"曲度尽传春梦景"，"曲中传道最多情"。汤显祖的"临川四梦"，就是他的强烈的理想主义的表现。

　　他强调文章之妙在于"自然灵气"，不在步趋形似之间；在戏曲创作上首讲"意趣神色"，不斤斤计较于按字摸声。在创作方法上，汤显祖主张文艺创作应该有热烈的感情，强烈的幻想，作家可以突破表面的真实，在艺术中虚构一个理想的世界。他反对为追求艺术形式的整齐、和谐、典雅等而牺牲内容（意趣）。相反，他认为为了表现作家的意趣可以牺牲形式的典雅完整。这些主张，显然带有浪漫主义的色彩。

　　汤显祖的创作思想，对于后代（如曹雪芹）都有很深的影响。

　　本书引文据中华书局《汤显祖集》。

1. 因情成梦，因梦成戏

　　万物当气厚材猛之时，奇迪怪窘，不获急与时会，则必溃而有所出，遁而有所之。常务以快其惛结。过当而后止，久而徐以平。其势然也。是故冲孔动楗而有厉风，破隘蹈决而有潼河。已而其音泠泠，其流纤纤。气往而旋，才距而安。亦人情之大致也。情致所极，可以事道，可以忘言。而终有所不可忘者，存乎诗歌序记词辩之间。固圣贤之所不能遗，而英雄之所不能晦也。（《玉茗堂文之三·调缘庵集序》）

　　世总为情，情生诗歌，而行于神。天下之声音笑貌大小生死，不出乎是。因以憺荡人意，欢乐舞蹈，悲壮哀感鬼神风雨鸟兽，摇动草木，洞裂金石。其诗之传者，神情合至，或一至焉；一无所至，而必曰传者，亦世所小许也。予常以此定文章之变，无解者。（《玉茗堂文之四·耳伯麻姑游诗序》）

　　世有有情之天下，有有法之天下。唐人受陈、隋风流，君臣游幸，率以才情自胜，则可以共浴华清，从阶升，娱广寒。令白也生今之世，滔荡零落，尚不能得一中县而治。彼诚遇有情之天下也。今下大致灭才情而尊吏法，故季宣低眉而在此。假生白时，其才气凌厉一世，倒骑驴，就巾拭面，岂足道哉！（《玉茗堂文之七·青莲阁记》）

　　弟之爱宜伶学二《梦》，道学也。性无菩无恶，情有之。因情成梦，因梦成戏。戏有极善极恶，总于伶无与。伶因钱学《梦》耳。弟以为似道。（《玉茗堂尺牍之四·复甘义麓》）

　　小园须着小宜伶，唱到玲珑入犯听。曲度尽传春梦景，不教人恨太惺惺。（《玉茗堂诗之十三·帅从升兄弟园上作四首》）

　　曾见春笺小韵清，曲中传道最多情。西江大有多情客，不得江东一步行。（《玉茗堂诗之十四·送商孟和梅二首》）

2. 文以意趣神色为主

　　寄吴中曲论良是。"唱曲当知，作曲不尽当知也"，此语大可轩渠。凡文以意趣神色为主。四者到时，或有丽词俊音可用。尔时能一一顾九宫四声否？如必按字摸声，既有窒滞迸拽之苦，恐不能成句矣。（《玉茗堂尺牍之四·答吕姜山》）

　　《牡丹亭》记，要依我原本，其吕家改的，切不可从。虽是增减一二以便俗唱，却与我原做的意趣大不同了。往人家搬演，俱宜守分，莫因人家爱我的戏，便过求他酒食钱物。如今世事总难认真，而况戏乎！若认真，并酒食钱物也不可久。我平生只为认真，所以做官做家，都不起耳。（《玉茗堂尺牍之六·与宜伶罗章二》）

不佞《牡丹亭》记，大受吕玉绳改窜，云便吴歌。不佞哑然笑曰，昔有人嫌摩诘之冬景芭蕉，割蕉加梅，冬则冬矣，然非王摩诘冬景也。其中骀荡淫夷，转在笔墨之外耳（《玉茗堂尺牍之四，答凌初成》）

3. 士奇则心灵，心灵则文章有生气

天下文章所以有生气者，全在奇士。士奇则心灵，心灵则能飞动，能飞动则下上天地，来去古今，可以屈伸长短生灭如意，如意则可以无所不知。……是故善画者观猛士剑舞，善书者观担夫争道，善琴者听淋雨崩山。彼其意诚欲愤积决裂，拿戾关接，尽其意势之所必极，以开发于一时。耳目不可及而怪也。（《玉茗堂文之五·序丘毛伯稿》）

十一、董其昌（1555~1636年）

董其昌字玄宰，号思白，香光居士。鉴赏家、诗文家。工书法山水画，在明末清初影响较大。著有《荣台集》、《画禅室随笔》等。

董其昌在《画禅室随笔》中，自称画家要"读万卷书，行万里路"、后人多奉为信条，主张"以天地为师"、"以造物为师"。其画学主张影响甚大，但他本人的创作实践却一味仿古，同他的这种观点相矛盾。

董其昌提出山水画的南北宗之说，对以后的绘画发展起了消极的影响。

本书引文据清康熙裕文堂版《画禅室随笔》。

1. 画当以天地造化为师

画家以古人为师，已自上乘，进此当以天地为师。每朝起看云气变幻，绝近画中山。山行时见奇树，须四面取之。树有左看不入画，而右看入画者，前后亦尔。看得熟，自然传神。传神者必以形。形与心手相凑而相忘，神之所托也。树岂有不入画者，特当收之生绡中，茂密而不繁，峭秀而不塞，既是一家眷属耳。（卷二《画诀》。此条又见莫是龙《画说》）

画家初以古人为师，后以造物为师。吾见黄子久《天池图》，皆赝本。昨年游吴中山，策筇石壁下，快心洞目，狂叫曰"黄石公"，同游者不测，余曰："今日遇吾师耳。"（卷二《评旧画·题天池石壁图》）

2. 读万卷书，行万里路

画家六法，一气韵生动。气韵不可学，此生而知之，自有天授。然亦有学得处。读万卷书，行万里路，胸中脱去尘浊，自然丘壑内营，立成鄞鄂，随手写出，皆为山水传神矣。（卷二《画诀》）

3. 诗以山川为境，山川亦以诗为境

　　大都诗以山川为境，山川亦以诗为境。名山遇赋客，何异士遇知己。一入品题，情貌都尽，后之游者，不待按诸图经，询诸樵牧，望而可举其名矣。嗟嗟："澄江净如练"，"齐鲁青未了"，寥落片言，遂关千古登临之口。岂独勿作常语哉？以其取境真也。(卷三《评诗》)

4. 画与山水

　　以蹊径之怪奇论，则画不如山水；以笔墨之精妙论，则山水决不如画。(卷四《杂言》)

5. 画之高手

　　面人物须顾盼语言，花果迎风带露，禽飞兽走，精神脱真，山水林泉，清闲幽旷，屋庐深透，桥渡往来，山脚入水澄明，水源来历分晓。有此数端，即不知名，定是高手。(卷二《画诀》)

十二、袁宏道 (1568~1610 年)

　　袁宏道字中郎，号石公，公安(今湖北公安县)人。他与兄宗道、弟中道时号"三袁"，被称"公安派"。宏道实为首领。有《袁中郎集》。

　　袁宏道主张文随时变，其目的是存真去伪，抒写性灵。"真"就是"直写性情"，要"独抒性灵，不拘格套，非从胸臆流出，不肯下笔。"所谓"性灵"，能导致"趣"和"韵"，"夫趣，得之自然者深，得之学问者浅"。他认为民间文学正是"无闻无识"的"真声"。

　　袁宏道的这种观点，同他的性灵说一样，是在文艺领域里反对摸拟复古，反对理学束缚的一种思想武器。但他提倡"性灵"，忽视社会实践和思想理论对创作的决定意义，又产生了消极后果。因而题材狭窄，思想贫弱。

　　他的游记文 90 余篇，于写景中注入主观情感，韵味深远，文笔优美。

　　本书引文据《袁中郎全集》(时代图书公司)。

1. 世人难得者唯趣，趣得之自然者深

　　世人所难得者唯趣。趣如山上之色，水中之味，花中之光，女中之态，虽善说者不能下一语，唯会心者知之。今之人慕趣之名，求趣之似，于是有辨说书画、涉猎古董以为清，寄意玄虚、脱迹尘纷以为远，又其下则有如苏州之烧香煮茶者。此等皆趣之皮毛，何关神情？夫趣得之自然者深，得之学问者浅。当其为童子也不知有趣，然无往而非趣也。面无端容，目无定睛，口喃喃而欲语，足跳跃而不定，人生之至乐，真无逾于此时者。孟子所谓不失赤子，老子所谓能婴儿，盖指此也。趣之正等正觉最

上乘也。山林之人，无拘无缚，得自在度日，故虽不求趣而趣近之。愚不肖之近趣也，以无品也。品愈卑故所求愈下，或为酒肉，或为声伎，率心而行，无所忌惮，自以为绝望于世，故举世非笑之不顾也，此又一趣也。迨夫年渐长，官渐高，品渐大，有身如桎，有心如棘，毛孔骨节，俱为闻见知识所缚，入理愈深，然其去趣愈远矣。余友陈正甫，深于趣者也，故所述《会心集》若干人，趣居其多：不然，虽介若伯夷，高若严光，不录也。噫！孰谓有品如君，官如君，年之壮如君，而能知趣如此者哉。（卷三《叙陈正甫会心集》）

2. 花之清赏

夫赏花有地有时；不得其时而漫然命客，皆为唐突。寒花宜初雪，宜雪霁，宜新月，宜暖房。温花宜晴日，宜轻寒，宜华堂暑月，宜雨后，宜快风，宜佳木荫，宜竹下，宜水阁。凉花宜爽月，宜夕阳，宜空阶，宜苔径，宜古藤巉石边。若不论风日，不择佳地，神气散缓，了不相属，此与妓舍酒馆中花何异哉？（卷三《瓶史·清赏》）

3. 花之整齐正以参差不伦、意态天然

插花不可太繁，亦不可太瘦，多不过二种三种，高低疏密，如画苑布置方妙。置瓶忌两对，忌一律，忌成行列，忌以绳束缚。夫花之所谓整齐者，正以参差不伦，意态天然。如子瞻之文，随意断续；青莲之诗，不拘对偶，此真整齐也。若夫枝叶相当，红白相配，此省曹墀下树，墓门华表也，恶得为整齐哉？（卷三《瓶史·宜称》）

4. 文心与水机，一种而异形

夫天下之物，莫文于水，突然而趋，忽然而折。天回云昏，顷刻不知其几千里。细则为罗縠，旋则为虎眼，注则为天绅，立则为岳玉。矫而为龙，喷而为雾，吸而为风，怒而为霆。疾徐舒蹙，奔跃万状，故天下之至奇至变者，水也。夫余水国人也。少焉习于水，犹水之也。已而涉洞庭，渡淮海，绝震泽，放舟严滩，探奇五泄，极江海之奇观，尽大小之变态，而后见天下之水，无非文者。既官京师，闭门构思，胸中浩浩，若有所触。前日所见澎湃之势，渊洄沦涟之象，忽然现前。然后取迁、固、甫、白、愈、修、洵、轼诸公之编而读之，而水之变怪，无不毕陈于前者。或束而为峡，或回而为澜，或鸣而为泉，或放而为海，或狂而为瀑，或汇而为泽。蜿蜒曲折，无之非水，故余所见之文，皆水也。今夫山高低秀冶，非不文也，而高者不能为卑，顽者不能为媚，是为死物。水则不然。故文心与水机，一种而异形者也。（卷二《文漪堂记》）

5. 虎丘记

虎丘去城可七八里。其山无高岩邃壑，独以近城，故箫鼓楼船，无日无之。凡月之夜，花之晨，雪之夕，游人往来，纷错如织，而中秋为尤胜。

每至是日，倾城阖户，连臂而至。衣冠士女，下迨蔀屋，莫不靓妆丽服，重茵累席，置酒交衢间。从千人石上至山门，栉比如鳞，檀板丘积，樽罍云泻，远而望之，如雁落平沙，霞铺江上，雷辊电霍，无得而状。

布席之初，唱者千百，声若聚蚊，不可辨识。分曹部署，竞以歌喉相斗，雅俗既陈，妍媸自别。未几而摇首顿足者，得数十人而已。已而明月浮空，石光如练，一切瓦釜，寂然停声，属而和者，才三四辈。一箫，一寸管，一人缓板而歌，竹肉相发，清声亮彻，听者魂销。比至夜深，月影横斜，荇藻凌乱，则箫板亦不复用；一夫登场，四座屏息，音若细发，响彻云际，每度一字，几尽一刻飞鸟为之徘徊，壮士听而下泪矣。

剑泉深不可测，飞岩如削。千顷云得天池诸山作案，峦壑竞秀，最可觞客。但过午则日光射人，不堪久坐耳。文昌阁亦佳，晚树尤可观。面北为平远堂旧址，空旷无际，仅虞山一点在望。堂废已久，余与江进之谋所以复之，欲祠韦苏州、白乐天诸公于其中；而病寻作。余既乞归，恐进之兴亦阑矣。山川兴废，信有时哉！

吏吴两载，登虎丘者六。最后与江进之、方子公同登，迟月生公石上。歌者闻令来，皆避匿去。余因谓进之曰："甚矣，乌纱之横，皂隶之俗哉！他日去官，有不听曲此石上者，如月！"今余幸得解官称吴客矣。虎丘之月，不知尚识余言否耶？（历代游记选）

6. 满井游记

燕地寒，花朝节后，余寒犹厉，冻风时作；作则飞沙走砾，局促一室之内，欲出不得；每冒风驰行，未百步辄返。

廿二日，天稍和，偕数友出东直，至满井。高柳夹堤，土膏微润；一望空阔，若脱笼之鹄。于时冰皮始解，波色乍明，鳞浪层层，清澈见底，晶晶然如镜之新开而冷光之乍出于匣也。山峦为晴云所洗，娟然如拭。鲜妍明媚，如倩女之靧面而髻鬟之始掠也。柳条将舒未舒，柔梢披风。麦田浅鬣（liè）寸许。游人虽未盛，泉而茗者，罍而歌者，红装而蹇者，亦时时有。风力虽尚劲，然徒步则汗出浃背。凡曝沙之鸟，呷浪之鳞，悠然自得；毛羽鳞鬣之间，皆有喜气，始知田郊之外，未始无春，而城居者未之知也。

夫能不以游堕事，而潇然于山石草木之间者，惟此官也。而此地适与余近，余之游将自此始，恶能无纪？己亥之二月也。（历代游记选）

7. 晚游六桥待月记

西湖最盛，为春为月。一日之盛，为朝烟，为夕岚。

今岁春雪甚盛，梅花为寒所勒，与杏桃相次开发，尤为奇观。周望数为余言："傅金吾园中梅，张功甫玉照堂故物也，急往观之。"余时为桃花所恋，竟不忍去。

湖上由断桥至苏公堤一带，绿烟红雾，弥漫二十余里；歌吹为风，粉汗如雨，罗纨之盛，多于堤畔之草，艳冶极矣。然杭人游湖，止午未申三时；其实湖光染翠之工，山岚设色之妙，皆在朝日始出，夕舂未下，始极其浓媚。月景尤为清绝；花态柳情，山容水意，别是一种趣味。此乐留与山僧游客受用，安可为俗士道哉。（历代游记选）

十三、袁中道（1570~1623年）

袁中道字小修，一作少修，公安（今湖北公安县）人。与其兄宗道、宏道并称三袁，同以公安派著称。有《珂雪斋集》。

袁中道认为文学艺术是在不断变化中前进的，前进的动力是文艺中主情和主法两种创作思想、创作方法的矛盾斗争。他认为"性情之发，无所不吐"，其末流必趋于俚，不得不以法律救之；而"法律之持，无所不束"，其末流必趋于浮，义不得不以性情救之。文艺就是在这种情、法循环交替的矛盾斗争中发展着。袁中道这种用事物的矛盾来考察文艺的历史，对每一种主张采取分析的态度是有其进步性的。他较两兄晚殁，后来目睹仿公安的流弊，晚年又形成以性灵为中心兼重格调的思想，这是与两兄稍异之处。

木书引文据上海杂志公司《珂雪斋文集》。

1. 情与景

夫情无所不写，而亦有不必写之情；景无所不收，而亦有不必收之景，知此乃可以言诗矣。（卷一《蔡不瑕诗序》）

2. 情景之新故

天地间之景，与慧人才士之情，历千百年来，互竭其心力之所至，以呈工角巧意，其余无蕴矣。然景虽写，而其未写者如故也，情虽泄，而其未泄者如故也。有苞含，即有开敷，有开敷，又有苞含。前之人以为新矣，而今视之即故。今之人以为新矣，而后视之又故。……以前视今，故者复新，以后视今，新者又故。（卷二《牡丹史序》）

3. 园圃之胜，天地之美，大都有其缺陷

闻喜李文叔曰：园圃之胜，不能兼者六。务宏大者，鲜幽邃；人力胜者，少苍古；多泉水者，艰眺望。惟斐晋公湖园兼之。（卷十二《书灵宝许金吾先园图后》）

李习之常言：虎丘池水不流，天竺石桥无水，灵鹫拥前山，不可远视，峡山少平地，泉出山无所潭。天地间之美，其缺陷大都如此。（卷七《游洪山九峰记》）

4. 神愈静而泉愈喧，泉愈喧而神愈静

玉泉初如溅珠，注为修渠，至此忽有大石横峙，去地丈余，邮泉而下，忽落地作大声，闻数里。予来山中，常爱听之。泉畔有石，可敷蒲，至则跌〔趺〕坐终日。其初至也，气浮意嚣，耳与泉不深入，风柯谷鸟，犹得而乱之。及暝而息焉，收吾视，返吾听，万缘俱却，嗒焉丧偶，而后泉之变态百出。初如哀松碎玉，已如鹍弦铁拨，已如疾雷震霆，摇荡川岳。故予神愈静，则泉愈喧也。泉之喧者，入吾耳，而注吾心，萧然冷然，浣濯肺腑，疏瀹尘垢，洒洒乎忘身世，而一死生。故泉愈喧，则吾神愈静也。（卷六《爽籁亭记》）

5. 自然与人工，野逸与浓丽

大都自然胜者，穷于点缀，人工极者，损其天趣。故野逸之与浓丽，往往不能相兼。惟此山骨色相和，神彩互发，清不稿，丽不俗。(卷七《游太和记》)

6. 峰岩之色、骨、态、饰

夫此岩也，望之岚彩墨气，浮于天际，则其色最灵。玲珑驳蚀，虚幻鲜活，空而多窍，浮而欲落，则其骨最灵。侧出横来，若有视瞻性情，可与酬酢，可与话言，则其态最灵。其 山之最为颖慧者欤。吁，岩之所以为灵也。(卷七《灵岩记》)

语未终，而雾忽下坠，日轮当空，天都一峰，如张图画，有若主人屏息，良久而出见客者。游人皆拊掌大叫。予偶足肋拘挛，乃坐草间，以手扪足，而目注视天都峰不置。大约亭立天表，健骨峻嶒，其格异；轻岚澹墨，被服云烟，其色异；玉温壁润，可拊可飱，其肤异；咫尺之间，波折万端，其态异；无爪甲泥，而生短松，如翠羽，其饰异。夫道子之脚，陁子之头，皆貌吾所常见之山耳，若貌此，翻觉太奇，不似山矣。顷之雾坠，诸山尽出，莲花峰依稀与天都相似，而天丽过之。天都尊特，莲花生动。(卷八《游黄山记》)

7. 太和山如一美丈夫，诸胜皆全

大约太和山，一美丈夫也。从遇真至平台为趾，竹荫泉界，其径路最妍。从平台至紫霄为腹，遏云入汉，其杉桧最古。从紫霄至天门为臆，砂翠斑烂，以观山骨，为最亲。从天门至天柱为颅，云奔雾驶，以穷山势，为最远。此其躯干也。左降而得南崖，皱烟驳霞，以巧幻胜。又降而得五龙，分天隔日，以幽邃胜。又降而得玉虚宫，近村远林，以宽旷胜。皆隶于山之左臂。右降而得三琼台，依山傍涧，以淹润胜。又降而过蜡烛涧，转石奔雷，以滂拜胜。又降而得玉虚岩，崚虚嵌空，以苍古胜。皆隶于山之右臂。合之，山之全体具焉。其余皆一发一甲，杂佩奢带类也。(卷七《游太和记》)

8. 水予石以色，石予水以声

予旧闻之中郎云，太和琼台一道，叠雪轰雷，游人乃云，此山诎水，殊可笑。予拉游侣，请先观水，为山灵解嘲。乃行涧中。两山夹立处，雨点披麻斧劈诸皴，无不备具，洒墨错绣，花草烂斑，怪石万种，林立水上，与水相遭，呈奇献巧。大约以石尼水，而不得往，则汇而成潭，以水间石，而不得朋，则峙而为屿。石偶诎而水赢，则纡徐而容与，水偶诎而石赢，则颓叠而吼怒。水之行地也迅，则石之静者反动而转之，为龙为虎，为象为兕。石之去地也远，则水之沉者反升而跃之，为花为蕊，为珠为雪。以水洗石，水能予石以色，而能为云为霞，为砂为翠。以石捍水，石能予水以声，而能为琴为瑟，为歌为呗。石之跰避水，而其岩上覆，则水常含雪霰之气，而不胜冷然，石之颅避水，而其颠内却，则水常亲曦月之光，而不胜烂然。(卷七《游太和记》)

9. 岳阳楼之观，得山而壮，得水而妍

洞庭为沅、湘等九水之委。当其涸时，如匹练耳。及春夏间，九水发而后有湖。然

九水发，巴江之水亦发。九水方奔腾浩淼，以趋浔阳，而巴江之水，卷雪轰雷，白天上来，竭此水方张之势，不足以当巴江旁溢之波。九水始若屏息敛衽，而不敢与之争。九水愈退，巴江愈进，向来之坎窦，隘不能受，始漫衍为青草，为赤沙，为云梦，澄鲜宇宙，摇荡乾坤者，八九百里。而岳阳楼峙于江湖交会之间，朝朝暮暮，以穷其吞吐之变态，此其所以奇也。楼之前为君山，如一雀尾，垆排当水面，林木可数。盖从君山酒香朗吟亭上望洞庭，得水最多，故直以千里一壑，粘天沃日为奇。此楼得水稍诎，前见北岸，政须君山妖蒨，以文其陋。况江湖于此会，而无一山以屯蓄之，莽莽洪流，亦复何致？故楼之观，得水而壮，得山而妍也。（卷六《游岳阳楼记》）

十四、《园冶》——计成

计成（1582~？）字无否，号否道人，明末造园家。主张园林假山应按真山形态堆垛，并动手完成假山石壁工程而闻名；造园成名之作有为吴玄所造"五亩园"，其他有记载的园林是"寤园"、"石巢园"、"影园"等。他根据实践经验和图纸整理提炼，于1634年写成最系统的造园著作《园冶》。被誉为世界最早的造园学名著。

计成的《园冶》是我国一部最早的和最系统的造园专著。在这部著作中，计成比较系统地谈到园林艺术的各个方面，特别在借景方面所作的详细阐述，有重要的美学价值。计成的论述一方面反映了他本人以及当时士大夫的审美趣味，同时也在一定程度上反映了我国园林艺术的民族特点，总结了劳动人民长期的园林建设实践经验，是研究中国古典园林的重要著作。计成的《园冶》对清初李渔等人的园林艺术思想，有着直接影响。

本书引文据《园冶》，城市建设出版社，1957版。《园冶注释》，中国建筑工业出版社，1981年版。

1. 斯千古未闻见者

不佞少以绘名，性好搜奇，最喜关全、荆浩笔意，每宗之。游燕及楚，中岁归吴，择居润州。环润皆佳山水，润之好事者，取石巧placed置竹木间为假山，予偶观之，为发一笑。或问曰："何笑？"予曰："世所闻有真斯有假，胡不假真山形，而假迎勾芒者之拳磊乎？"或曰："君能之乎？"遂偶为成"壁"，覩观者俱称："俨然佳山也。"遂播闻于远近。适晋陵方伯吴又予公闻而招之。公得基于城东，乃元朝温相故园，仅十五亩。公示予曰："斯十亩为宅，余五亩，可效司马温公'独乐'制。"予观其基形最高，而穷其源最深，乔木参天，虬枝拂地。予曰："此制不第宜掇石而高，且宜搜土而下，令乔木参差山腰，蟠根嵌石，宛若画意；依水而上，构亭台错落池面，篆壑飞廊，想出意外。"落成，公喜曰："从进而出，计步仅四百，自得谓江南之胜，惟吾独收矣。"别有小筑，片山斗室，予胸中所蕴奇，亦觉发抒略尽，益复自喜。时汪士衡中翰，延予銮江西筑，似为合志，与又予公所构，并骋南北江焉。暇草式所制，名《园牧》尔。姑孰曹元甫先生游于兹，主人皆予盘桓信宿。先生称赞不已，以为荆关之绘也，何能成于笔底？予遂出其式视先生。先生曰："斯千古未闻见者，何以云'牧'？斯乃君之开辟，改之曰'冶'可矣。"

崇祯辛未之秋杪　否道人　暇于扈冶堂中题（《自序》）

2. 今日之"国能"即他日之"规矩"

古文百艺，皆传之于书，独无传造园者何？曰："园有异宜，无成法，不可得而传也"。异宜奈何？简文之贵也，则华林；季伦之富也，则金谷；仲子之贫也，则止于陵片畦；此人之有异宜，贵贱贫富，勿容倒置者也。若本无崇山茂林之幽，而徒假其曲水；绝少'鹿砦''文杏'之盛，而冒托于'辋川'，不如嫫母傅粉涂朱，祇益之陋乎？此又地有异宜，所当审者。是惟主人胸有丘壑，则工丽可，简率亦可。否则强为造作，仅一委之工师、陶氏，水不得潆带之情，山不领回接之势，草与木不适掩映之容，安能日涉成趣哉？所苦者，主人有丘壑矣，而意不能喻之工，工人能守，不能创，拘牵绳墨，以屈主人，不得不尽贬其丘壑以徇，岂不大可惜乎？此计无否之变化，从心不从法，为不可及；而更能指挥运斤，使顽者巧、滞者通，尤足快也。予与无否交最久，常以剩水残山，不足穷其底蕴，妄欲罗十岳为一区，驱五丁为众役，悉致琪华、瑶草、古木、仙禽，供其点缀，使大地焕然改观，是亦快事，恨无此大主人耳！然则无否能大而不能小乎？是又不然。所谓地与人俱有异宜，善于用因，莫无否若也。即予卜筑城南，芦汀柳岸之间，仅广十笏，经无否略为区画，别具灵幽。予自负少解结构，质之无否，愧如拙鸠。宇内不少名流韵士，小筑卧游，何可不问途无否？但恐未能分身四应，庶几以《园冶》一编代之。然予终恨无否之智巧不可传，而所传者祇其成法，犹之乎未传也。但变而通，通已有其本，则无传，终不如有传之足述，今日之'国能'即他日之'规矩'；安知不与《考工记》并为脍炙乎？

崇祯乙亥午月朔　友弟郑元勋于影园。（《题词》）

3. 兴造论[*]

世之兴造，专主鸠匠，独不闻三分匠、七分主人之谚乎？非主人也，能主之人也。古公输巧，陆云精艺，其人岂执斧斤者哉？若匠惟雕镂是巧，排架是精，一梁一柱，定不可移，俗以"无窍之人"呼之，其确也。故凡造作，必先相地立基，然后定其间进，量其广狭，随曲合方，是在主者，能妙于得体合宜，未可拘牵。假如基地偏缺，邻嵌何必欲求其齐，其屋架何必拘三、五间，为进多少？半间一广，自然雅称，斯所谓"主人之七分"也。第园筑之主，犹须什九，而用匠什一，何也？园林巧于因借，精在体宜。愈非匠作可为，亦非主人所能自主者，须求得人，当要节用。因者：随基势高下，体形之端正，碍木删桠，泉流石注，互相借资；宜亭斯亭，宜榭斯榭，不妨偏径，顿置婉转，斯谓"精而合宜"者也。借者，园虽别内外，得景则无拘远近，晴峦耸秀，绀宇凌空；极目所至，俗则屏之，嘉则收之，不分町疃，尽为烟景，斯所谓"巧而得体"者也。体宜因借，匪得其人，兼之惜费，则前工并弃，即有后起之输、云，何传于世？予亦恐浸失其源，聊绘式于后，为好事者公焉。（卷一）

4. 园说 *

凡结园林，无分村郭，地偏为胜，开林择剪蓬蒿；景到随机，在涧共修兰芷。径缘三益，业拟千秋。围墙隐约于萝间，架屋蜿蜒于木末。山楼凭远，纵目皆然；竹坞寻幽，醉心即是。轩楹高爽，窗户虚邻；纳千顷之汪洋，收四时之烂漫。梧荫匝地，槐荫当庭，插柳沿堤，栽梅绕屋；结茅竹里，浚一派之长源；障锦山屏，列千寻之耸翠。虽由人作，宛自天开。刹宇隐环窗，仿佛片图小李；岩峦堆劈石，参差半壁大痴。萧寺可以卜邻，梵音到耳；远峰偏宜借景，秀色堪餐。紫气青霞，鹤声送来枕上；白蘋红蓼，鸥盟同结矶边。看山上箇篮舆，问水拖条枋杖；斜飞堞雉，横跨长虹；不羡摩诘辋川，何数季伦金谷。一湾仅于消夏，百亩岂为藏春，养鹿堪游，种鱼可捕。凉亭浮白，冰调竹树风生；暖阁偎红，雪煮炉铛涛沸。渴吻消尽，烦顿开除。夜雨芭蕉，似杂鲛人之泣泪；晓风杨柳，若翻蛮女之纤腰。移竹当窗，分梨为院；溶溶月色，瑟瑟风声；静扰一榻琴书，动涵半轮秋水。清风觉来几席，凡尘顿远襟怀；窗牖无拘，随宜合用；栏杆信画，因境而成。制式新番，裁除旧套；大观不足，小筑允宜。

5. 相地 *

园基不拘方向，地势自有高低；涉门成趣，得景随形，或傍山林，欲通河沼。探奇近郭，远来往之通衢；选胜落村，藉参差之深树。村庄眺野，城市便家。新筑易乎开基，只可栽杨移竹；旧园妙于翻造，自然古木繁花。如方如圆，似偏似曲；如长弯而环璧，似偏阔以铺云。高方欲就亭台，低凹可开池沼；卜筑贵从水面，立基先究源头，疏源之去由，察水之来历。临溪越地，虚阁堪支；夹巷借天，浮廊可度。倘嵌他人之胜，有一线相通，非为间绝，借景偏宜；若对邻氏之花，馋几分消息，可以招呼，收春无尽。架桥通隔水，别馆堪图；聚石叠围墙，居山可拟。多年树木，碍筑檐垣；让一步可以立根，斫数桠不妨封顶。斯谓雕栋飞楹构易，荫槐挺玉成难。相地合宜，构园得体。

（1）山林地

园地惟山林最胜，有高有凹，有曲有深，有峻而悬，有平而坦，自成天然之趣，不烦人事之工。入奥疏源，就低凿水，搜土开其穴麓，培山接以房廊。杂树参天，楼阁碍云霞而出没；繁花覆地，亭台突池沼而参差。绝涧安其梁，飞岩假其栈；闲闲即景，寂寂探春。好鸟要朋，群麋偕侣。槛逗几番花信，门湾一带溪流，竹里通幽，松寮隐僻，送涛声而郁郁，起鹤舞而翩翩。阶前自扫云，岭上谁锄月。千峦环翠，万壑流青。欲藉陶舆，何缘谢屐。

（2）城市地

市井不可园也；如园之，必向幽偏可筑，邻虽近俗，门掩无哗。开径逶迤，竹木遥飞叠雉；临濠蜿蜒，柴荆横引长虹。院广堪梧，堤湾宜柳；别难成墅，兹易为林。架屋随基，浚水坚之石麓；安亭得景，莳花笑以春风。虚阁荫桐，清池涵月；洗出千家烟雨，移将四壁图书。素入镜中飞练，青来郭外环屏。芍药宜栏，蔷薇未架；不妨凭石，最厌编屏；束久重修，安垂不朽？片山多致，寸石生情；窗虚蕉影玲珑，岩曲松根盘磚。足征市隐，犹胜巢居，能为闹处寻幽，胡舍近方图远？得闲即诣，随兴携游。

（3）村庄地

古之乐田园者，居于畎亩之中；今耽丘壑者，选村庄之胜，团团篱落，处处桑麻；凿水为濠，挑堤种柳；门楼知稼，廊庑连芸。约十亩之基，须开池者三，曲折有情，疏源正可；余七分之地，为垒土者四，高卑无论，栽竹相宜。堂虚绿野犹开，花隐重门若掩。掇石莫知山假，到桥若谓津通。桃李成蹊，楼台入画。围墙编棘，窦留山犬迎人；曲径绕篱，苔破家童扫叶。秋老蜂房未割，西成鹤廪先支。安闲莫管稻粱谋，沽酒不辞风雪路。归林得意，老圃有余。

（4）郊野地

郊野择地，依乎平冈曲坞，叠陇乔林，水浚通源，桥横跨水，去城不数里，而往来可以任意，若为快也。谅地势之崎岖，得基局之大小；围知版筑，构拟习池。开荒欲引长流，摘景全留杂树。搜根惧水，理顽石而堪支；引蔓通津，缘飞梁而可度。风生寒峭，溪湾柳间栽桃；月隐清微，屋绕梅余种竹；似多幽趣，更入深情。两三间曲尽春藏，一二处堪为暑避。隔林鸠唤雨，断岸马嘶风。花落呼童，竹深留客。任看主人何必问，还要姓氏不须题。须陈风月清音，休犯山林罪过。韵人安褻，俗笔偏涂。

（5）傍宅地

宅傍与后有隙地可葺园，不第便于乐闲，斯谓护宅之佳境也。开池浚壑，理石挑山，设门有待来宾，留径可通尔室。竹修林茂，柳暗花明。五亩何拘，且效温公之独乐；四时不谢，宜偕小玉以同游。日竟花朝，宵分月夕。家庭侍酒，须开锦幛之藏；客集征诗，量罚金谷之数。多方题咏，薄有洞天。常余半榻琴书，不尽数竿烟雨。涧户若为止静，家山何必求深。宅遗谢朓之高风，岭划孙登之长啸。探梅虚蹇，煮雪当姬。轻身尚寄玄黄，具眼胡分青白。固作千年事，宁知百岁人。足矣乐闲，悠然护宅。

（6）江湖地

江干湖畔，深柳疏芦之际，略成小筑，足征大观也。悠悠烟水，澹澹云山；泛泛鱼舟，闲闲鸥鸟。漏层阴而藏阁，迎先月以登台。拍起云流，筋飞霞伫。何如缑岭，堪偕子晋吹箫；欲拟瑶池，若待穆王侍宴。寻闲是福，知享即仙。

6. 立基 *

凡园圃立基，定厅堂为主。先乎取景，妙在朝南，倘有乔木数株，仅就中庭一二。筑垣须广，空地多存，任意为持，听从排布；择成馆舍，余构亭台；格式随宜，栽培得致。选向非拘宅相，安门须合厅方。开土堆山，沿池驳岸。曲曲一湾柳月，濯魄清波；遥遥十里荷风，递香幽室。编篱种菊，因之陶令当年；锄岭栽梅，可并庾公旧迹。寻幽移竹，对景莳花。桃李不言，似通津信；池塘倒影，拟入鲛宫。一派涵秋，重阴结夏。疏水若为无尽，断处通桥；开林须酌有因，按时架屋。房廊蜒蜿，楼阁崔巍，动"江流天地外"之情，合"山色有无中"之句。适兴平芜眺远，壮观乔岳瞻遥；高卑可培，低方宜挖。

7. 屋宇 *

凡家宅住房，五间三间，循次第而造；惟园林书屋，一室半室，按时景为精。方向随宜，鸠工合见；家居必论，野筑惟因。虽厅堂俱一般，近台榭有别致。前添敞卷，后进余轩；

必有重椽，须支草架；高低依制，左右分为。当檐最碍两厢，庭除恐窄；落步但加重庑，阶砌犹深。升栱不让雕鸾，门枕胡为镂鼓。时遵雅朴，古摘端方。画彩虽佳，木色加之青绿；雕镂易俗，花空嵌以仙禽。长廊一带回旋，在竖柱之初，妙于变幻；小屋数椽委曲，究安门之当，理及精微。奇亭巧榭，构分红紫之丛；层阁重楼，迥出云霄之上；隐现无穷之态，招摇不尽之春。槛外行云，镜中流水，洗山色之不去，送鹤声之自来。境仿瀛壶，天然图画，意尽林泉之癖，乐余园圃之间。一鉴能为，千秋不朽。堂占太史，亭问草玄，非及云艺之台楼，且操般门之斤斧。探其合志，常套俱裁。

8. 铺地 *

大凡砌地铺街，小异花园住宅。惟厅堂广厦中铺，一概磨砖，如路径盘蹊，长砌多般乱石，中庭或宜叠胜，近砌亦可回文。八角嵌方，选鹅子铺成蜀锦；层楼出步，就花梢琢拟秦台。锦线瓦条，台全石版，吟花席地，醉月铺毡。废瓦片也有行时，当湖石削铺，波纹汹涌；破方砖可留大用，绕梅花磨斗，冰裂纷纭。路径寻常，阶除脱俗。莲生袜底，步出个中来；翠拾林深，春从何处是。花环窄路偏宜石，堂迴空庭须用砖。各式方圆，随宜铺砌，磨归瓦作，杂用钩儿。

9. 掇山 *

掇山之始，桩木为先，较其短长，察乎虚实。随势挖其麻柱，谅高挂以称竿；绳索坚牢，扛台稳重。立根铺以粗石，大块满盖桩头；堑里扫以查灰，着潮尽钻山骨。方堆顽夯而起，渐以皴纹而加；瘦漏生奇，玲珑安巧。峭壁贵于直立；悬崖使其后坚。岩、峦、洞、穴之莫穷，涧、壑、坡、矶之俨是；信足疑无别境，举头自有深情。蹊径盘且长，峰峦秀而古。多方景胜，咫尺山林，妙在得乎一人，雅从兼于半土。假如一块中竖而为主石，两条傍插而呼劈峰，独立端严，次相辅弼，势如排列，状若趋承。主石虽忌于居中，宜中者也可；劈峰总较于不用，岂用乎断然。排如炉烛花瓶，列似刀山剑树；峰虚五老，池凿四方。下洞上台，东亭西榭。罅堪窥管中之豹，路类张孩戏之猫。小藉金鱼之缸，大若鄐都之境；时宜得致，古式何裁？深意画图，余情丘壑。未山先麓，自然地势之嶙嶒；构土成冈，不在石形之巧拙。宜台宜榭，邀月招云；成径成蹊，寻花问柳。临池驳以石块，粗夯用之有方。结岭挑之土堆，高低观之多致；欲知堆土之奥妙，还拟理石之精微。山林意味深求，花木情缘易逗。有真为假，做假成真；稍动天机，全叼人力。探奇投好，同志须知。

10. 借景 *

构园无格，借景有因。切要四时，何关八宅？林皋延伫，相缘竹树萧森；城市喧卑，必择居邻闲逸。高原极望，远岫环屏，堂丹淑气侵人，门引春流到泽。嫣红艳紫，欣逢花里神仙；乐圣称贤，足并山中宰相。闲居曾赋，芳草应怜。扫径护兰芽，分香幽室；卷帘邀燕子，间剪轻风。片片飞花，丝丝眠柳。寒生料峭，高架秋千，兴适清偏，怡情丘壑。顿开尘外想，拟入画中行。林阴初出莺歌，山曲忽闻樵唱，风生林樾，境入羲皇。幽人即韵于松寮，逸士弹琴于篁里。红衣新浴，碧玉轻敲。看竹溪湾，观鱼濠上。山容蔼蔼，行云故落凭栏；水面鳞鳞，爽气觉来欹枕。南轩寄傲，北牖虚阴。半窗碧隐蕉桐，环堵翠延萝薜。俯流玩月，坐石品泉。苧衣不耐凉新，池荷香绾；梧叶忽惊秋落，虫草鸣幽。湖平无际之浮光，山媚可餐之秀色。寓目一行白鹭，醉颜几阵丹枫。眺远高台，搔首青天那可问；凭虚敞阁，举杯明月自相邀。冉冉天香，悠悠桂子。但觉篱残菊晚，应探岭暖梅先。少系杖头，招携邻曲。恍来林月美人，却卧雪庐高士。云冥黯黯，木叶萧萧。风鸦几树夕阳，寒雁数声残月。书窗梦醒，孤影遥吟。锦幛偎红，六花呈瑞。棹兴若过剡曲，掃烹果胜党家。冷韵堪赓，清名可并。花殊不谢，景摘偏新。因借无由，触情俱是。

夫借景，林园之最要者也。如远借、邻借、仰借、俯借，应时而借，然物情所逗，目寄心期，似意在笔先。庶几描写之尽哉！（卷三）

十五、《长物志》——文震亨

文震亨（1585~1645年），字启美，曾祖文徵明，家世以书画擅名，其著作《长物志》12卷，有室庐、花木、水石、禽鱼、书画、几榻、器具、位置、衣饰、舟车、蔬果、香茗等类卷。本书节选卷一《室庐》、卷三《水石》、卷十《位置》等三篇。

"长物"意为多余无用之物，有自谦意味。《四库全书提要》称《长物志》："所论皆闲适游戏之事，纤悉毕具。……其言收藏、赏鉴诸法，亦颇有条理。"

文氏在《室庐》的海（总）论中提出："随方制象，各有所宜"，方在这里可以有方位、方向、法度、常规、类别、道理等多种含义，随其中某种理解去创制形象（形式或表象），其结果、理当、只能是"各有所宜"；在《位置》卷中，对经营位置或空间布局提出："位置之法，繁简不同、寒暑各异、高堂广榭、曲房奥室，各有所宜，即如图画鼎彝之居，亦须安设得所，方如图画。"在"山斋"一节中将"俱随地所宜"；对衣冠制度讲"必与时宜"；对工艺造物将"精炼而适宜，简约而必另出心裁"；"宜"的审美观和设计原则在书中有20多处。

在《水石》卷中文氏认为："石令人古，水令人远。园林水石，最不可无。……一峰则太华千寻，一勺则江湖万里。……苍崖碧涧，奔泉泛流，如入深岩绝壑之中，乃为名区胜地。"在《花木》卷中文氏讲："弄花一岁，看花十日"；"牡丹称花王，芍药称花相"；"幽人花伴，梅实专房"；"丛桂开时，真称'香窟'，……树下地平如掌，洁不容睡，花落地，即取以充食品。"

他对山水名胜的提炼，对花木特色的概括，对"宜"原则的充分重视，说明他在文人生活中既重视鉴赏、体验，也精于理论、原则，更在长物和著述中抒发着对真、善、美的观念与理想。同时，文氏还是造园实践家。据《吴县志·第宅园林志》载，在苏州高师巷冯氏废园基础上改建而成的"香草宅"即是文氏参与主持的园作；文氏还曾于苏州西郊构碧浪园，南都置水嬉堂。

本书引文据《长物志图说》山东画报出版社，2004 年。

1. 室庐 *

居山水间者为上，村居次之，郊居又次之。吾侪纵不能栖岩止谷，追绮、园之踪，而混迹廛市，要须门庭雅洁，室庐清靓。亭台具旷士之怀，斋阁有幽人之致。又当种佳木怪箨，陈金石图书，令居之者忘老，寓之者忘归，游之者忘倦。蕴隆则飒然而寒，凛冽则煦然而燠。若徒侈土木、尚丹垩，真同桎梏、樊槛而已。志"室庐"第一。

（1）总论——

忌用"承尘"，俗所称"天花板"是也，此仅可用之廨宇中。地屏则间可用之。暖室不可加簟，或用氍毹为地衣亦可，然总不如细砖之雅。南方卑湿，空铺最宜，略多费耳。室忌五柱，忌有两厢。前后堂相承，忌工字体，亦以近官廨也。退居则间可用。忌旁无避弄，庭较屋东偏稍广，则西日不逼。忌长而狭，忌矮而宽。亭忌上锐下狭，忌小六角，忌用葫芦顶，忌以茆盖，忌如钟鼓及城楼式。楼梯须从后影壁上，忌置两傍，砖者作数曲更雅。临水亭榭，可用蓝绢为幔，以蔽日色；紫绢为帐，以蔽风雪。外此俱不可用。尤忌用布，以类酒舫及市药、设帐也。小室忌中隔，若有北窗者，则分为二室。忌纸糊，忌作雪洞，此与"混堂"无异，而俗子绝好之，俱不可解。忌为卍字窗傍填板，忌墙角画梅及花鸟。古人最重题壁，今即使顾、陆点染，钟、王濡笔，俱不如素壁为佳。忌长廊一式，或更互其制，庶不入俗。忌竹木屏及竹篱之属。忌黄白铜为屈戍。庭际不可铺细方砖．为承露台则可。忌两楹而中置一梁，上设叉手笆，此皆元制而不甚雅。忌用板隔，隔必以砖。忌梁椽画罗纹及金方胜。如古屋岁久，木色已旧，未免绘饰，必须高手为之。凡入门处，必小委曲，忌太直。斋必三楹，傍更作一室，可置卧榻。面北小庭，不可太广，以北风甚厉也。忌中楹设栏楯，如今拔步床式。忌穴壁为橱，忌以瓦为墙。有作金钱梅花式者，此俱当付之一击。又鸱吻好望，其名最古。今所用者，不知何物，须如古式为之，不则亦仿画中室宇之制。檐瓦不可用粉刷，得巨栟榈擘为承溜最雅，否则用竹，不可用木及锡。忌有卷棚，此官府设以听两造者，于人家不知何用。忌用梅花篸，堂帘惟温州湘竹者佳，忌中有花如绣补，忌有字如"寿山"、"福海"之类。

总之，随方制象，各有所宜，宁古无时，宁朴无巧，宁俭无俗。至于萧疏雅洁，又本性生，非强作解事者所得轻议矣。（《海论》）

（2）照壁——

得文木如豆瓣楠之类为之，华而复雅，不则竟用素染，或金漆亦可。青紫及洒金描画，俱所最忌，亦不可用六。堂中可用一带，斋中则止中楹用之。有以夹纱窗或细格代之者，俱称俗品。

（3）堂——

堂之制宜宏敞精丽，前后须层轩、广庭，廊、庑俱可容一席。四壁用细砖砌者佳，不则竟用粉壁。梁用球门，高广相称。层阶俱以文石为之，小堂可不设窗槛。

（4）山斋——

宜明净，不可太敞。明净可爽心神，太敞则费目力。或傍檐置窗槛，或由廊以入，俱随地所宜。中庭亦须稍广，可种花木、列盆景。夏日去北扉，前后洞空。庭际沃以饭沈，雨渍苔生，绿褥可爱。绕砌可种翠芸草令遍，茂则青葱欲浮。前垣宜矮，有取薜荔根瘗墙下，洒鱼腥水于墙上以引蔓者，虽有幽致，然不如粉壁为佳。（《卷一》）

2. 水石 *

石令人古，水令人远。园林水石，最不可无。要须回环峭拔，安插得宜。一峰则太华千寻，一勺则江湖万里。又须修竹、老木、怪藤、丑树交覆角立。苍崖碧涧，奔泉汛流，如入深岩绝壑之中，乃为名区胜地。约略其名，匪一端矣。志"水石"第三。

（1）广池——

凿池自亩以及顷，愈广愈胜。最广者，中可置台榭之属。或长堤横隔，汀蒲、岸苇杂植其中，一望无际，乃称巨浸。若须华整，以文石为岸，朱栏回绕。

忌中留土，如俗名"战鱼墩"，或"拟金焦"之类。池傍植垂柳，忌桃杏间种。中畜凫雁，须十数为群，方有生意。最广处可置水阁，必如图画中者佳。忌置簰舍。于岸侧植藕花，削竹为栏，勿令蔓衍。忌荷叶满池，不见水色。

（2）小池——

阶前石畔，凿一小池，必须湖石四围，泉清可见底。中畜朱鱼、翠藻，游泳可玩。四周树野藤、细竹。能掘地稍深，引泉脉者更佳。忌方圆八角诸式。

（3）瀑布——

山居引泉，从高而下为瀑布稍易。园林中欲作此，须截竹，长短不一，尽承檐溜暗接，藏石罅中。以斧劈石叠高，下凿小池承水，置石林立其下，雨中能令飞泉喷薄，潺湲有声，亦一奇也。尤宜竹间松下，青葱掩映，更自可观。亦有蓄水于山顶，客至去闸，水从空直注者。终不如雨中承溜为雅，盖总属人为，此尤近自然耳。

（4）凿井——

井水味浊，不可供烹煮。然浇花洗竹，涤砚拭几，俱不可缺。凿井须于竹树之下，深见泉脉，上置辘轳引汲，不则盖一小亭覆之。石栏古号"银床"，取旧制最大而古朴者置其上。井有神，井傍可置顽石，凿一小龛，遇岁时奠以清泉一杯，亦自有致。

（5）天泉——

秋水为上，梅水次之。秋水白而冽，梅水白而甘。春冬二水，春胜于冬，盖以和风甘雨故。夏月暴雨不宜，或因风雷蛟龙所致，最足伤人。雪为五谷之精，取以煎茶，最为幽况，然新者有土气，稍陈乃佳。承水用布，于中庭受之，不可用檐溜。

（6）地泉——

乳泉漫流如惠山泉为最胜，次取清寒者。泉不难于清，而难于寒。土多、沙腻、泥凝者，必不清寒。又有香而甘者，然甘易而香难，未有香而不甘者也。瀑涌湍急者勿食，食久令人有头疾。如庐山水帘、天台瀑布，以供耳目则可，入水品则不宜。温泉下生硫磺，亦非食品。

3. 花木 *

弄花一岁，看花十日。故帏箔映蔽，铃索护持，非徒富贵容也。第繁花杂木，宜以亩计。乃若庭除槛畔，必以虬枝古干，异种奇名，枝叶扶疏，位置疏密。或水边石际，横偃斜披；或一望成林；或孤枝独秀。草木不可繁杂，随处植之，取其四时不断，皆入图画。又如桃、李不可植庭除，似宜远望；红梅、绛桃，俱借以点缀林中，不宜多植。梅生山中，有苔藓者，移置药栏，最古。杏花差不耐久，开时多值风雨，仅可作片时玩。蜡梅冬月最不可少。他如豆棚、菜圃，山家风味，固自不恶，然必辟隙地数顷，别为一区；若于庭除种植，便非韵事。更有石磉木柱，架缚精整者，愈入恶道。至于艺兰栽菊，古各有方，时取以课园丁，考职事，亦幽人之务也。志《花木第二》。

4. 盆玩

盆玩，时尚以列几案间者为第一，列庭榭中者次之，余持论反是。最古者以天目松为第一，高不过二尺，短不过尺许，其本如臂，其针如簇，结为马远之"欹斜诘屈"，郭熙之"露顶张拳"，刘松年之"偃亚层叠"，盛子昭之"拖拽轩翥"等状，栽以佳器，槎牙可观。又有古梅，苍藓鳞皴，苔须垂满，含花吐叶，历久不败者，亦古。若如时尚作沉香片者，甚无谓。盖木片生花，有何趣味？真所谓以"耳食"者矣。又有枸杞及水冬青、野榆、桧柏之属，根若龙蛇，不露束缚锯截痕者，俱高品也。其次则闽之水竹，杭之虎刺尚在雅俗间。乃若菖蒲九节，神仙所珍，见石则细，见土则粗，极难培养。吴人洗根浇水，竹翦修净，谓朝取叶间垂露，可以润眼，意极珍之。余谓此宜以石子铺一小庭，遍种其上，雨过青翠，自然生香；若盆中栽植，列几案间，殊为无谓，此与蟠桃、双果之类，俱未敢随俗作好也。他如春之兰蕙；夏之夜合、黄香萱、夹竹桃花；秋之黄蜜矮菊；冬之短叶水仙及美人蕉诸种，俱可随时供玩。盆以青绿古铜、白定、官哥等窑为第一，新制者五色内窑及供春粗料可用，馀不入品。盆宜圆，不宜方，尤忌长狭。石以灵璧、英石、西山佐之，馀亦不入品。斋中亦仅可置一、二盆，不可多列。小者忌架于朱几，大者忌置于官砖，得旧石凳或古石莲磉为座，乃佳。《花木第二》

5. 位置

位置之法，繁简不同，寒暑各异，高堂广榭，曲房奥室，各有所宜，即如图书鼎彝之属，亦须安设得所，方如图画。云林清秘，高梧古石中，仅一几一榻，令人想见其风致，真令神骨俱冷。故韵士所居，入门便有一种高雅绝俗之趣。若使堂前养鸡牧豕，而后庭侈言浇花洗石，真不如凝尘满案，环堵四壁，犹有一种萧寂气味耳。志《位置第十》。

十六、徐霞客（1586~1641年）

徐霞客，明末旅行客、散文家。名弘祖、字振之，别号霞客。他自幼好学，爱奇出，博览史籍和图经地志，以"问奇于名山大川"为志，自21岁起出游，30多年间历尽艰险，将实地观察所得，按日记载。经后人整理，现存日记1050天，包括名山游记、西南游记、专题论文和诗文，共60多万字。1980年上海古籍出版社出版了《徐霞客游记》全三册。

徐霞客的毕生旅行考察和科学实践成果十分丰富,他是中国和世界研究岩溶地貌(喀斯特)的卓越先驱,仅在湖南、广西、贵州、云南探查过的石灰岩溶洞就有 270 多个,对岩洞景观、成因、方位、结构等记述的准确性和现代测量结果十分相近。他指出,有些岩洞是因水的机械侵蚀造成,钟乳石是含钙质的水滴蒸发凝聚而成;对石灰岩石山、峰林、洼地、落水洞、伏流现象均有生动记述;对云南腾冲的火山遗迹和地热现象描述,也是中国最早。

《徐霞客游记》既有重大的科学价值,也是优美的游记文学作品。他写景记事,皆从真实中来;写景状物,力求精细;写景时,重抒情,注意表现人的主观感受。例如:当人爬进洞口时,"蛇伏以进,背磨腰贴。"……出洞时,"穿窍而出,恍若脱胎易世。"写雁宕诸峰是"危峰乱叠,如削如攒,如笔如卓"。还有"人意山光,皆有喜态","岚光掩映,石色欲飞","岭上乱石森立,如云涌出"等。丰富的描绘手段,具有恒久的审美价值,被后人誉为"世间真文字、大文字、奇文字"。

本书引文据《徐霞客游记》(上海古籍出版社,1980 年版)。

1. 写景托出意境

十四日,……早雾既收,远山四辟,……泊于杨村。是日共行五十五里,追及先行舟同泊,始知迟者不独此舟也。江清月皎,水天一空,觉此时万虑俱净,一身与村树人烟俱镕,彻成水晶一块,直是肤里无间,渣滓不留,满前皆飞跃也。(《浙游日记》)

2. 桂林东郊峰林平原

二十八日,平明,……望西北五峰高突;……又四五里,直抵五峰之南,乱尖叠出,十百为群,横见侧出,不可指屈。……其西北有山危峙,又有尖丛亭亭,更觉层叠。……又三里,复穿山峡而西,则诸危峰分峙叠出于前,愈离立献奇,联翩角胜矣。石峰之下,俱水汇不流,深者尺许,浅者半尺。诸峰倒插于中,如出水青莲,亭亭直上。初,二大峰夹道,后又二峰夹道,道俱叠水中,取径峰隙,令人应接不暇。但石俱廉厉凿足,不勉目有余而足不及耳。其峰曰雷劈山,以其全半也。(《粤西游日记》)

3. 写景重主观感受

初三日,……欲竟山中未竟之旨。……盖兰宗所结庐之东,有石崖傍峡而起,起数十丈,其下嵌壁而入,水自崖外飞悬,垂空洒壁,历乱纵横,皆如明珠贯索。余因排帘入嵌壁中,外望兰宗诸人,如隔雾牵绡,其前树影花枝,俱飞魂濯魄,极罨映之妙。崖之西畔,有绿苔上翳,若绚彩铺绒,翠色欲滴,此又化工点染,非石非岚,另成幻相者也。崖旁山木合沓,琼枝瑶干,连幄成阴,杂花成彩。(《滇游日记》)

4. 硫磺塘景象

初七日,阴雨霏霏。……其北崖之下,有数家居焉,是为硫磺塘村;……遥望峡中蒸腾之气,东西数处,郁然勃发,如浓烟卷雾,……先趋其近溪烟势独大者,则一池大四五亩,中洼如釜,水贮于中,止及其半,其色浑白,从下沸腾,作滚涌之状,而势更厉;沸泡大如弹丸,百枚齐跃而有声,其中高且尺余,亦异观也,……溯小溪西上,半里,坡间烟势更大,见石坡平突,东北开一穴,如仰口而张其上腭,其中下缩如喉,水与气从中喷出,如有炉橐鼓风煽焰如下,水一沸跃,一仃沸,作呼吸状,跃出之势,风水交迫,喷若发机,声如吼虎,其高数尺,坠涧下流,犹热若探汤;或跃时,风从中卷,水辄旁射,揽人于数尺外,飞沫犹烁人面也。余欲俯窥喉中,为水所射,不得近。(《滇游日记》)

十七、《帝京景物略》——刘侗

刘侗(约 1593~约 1636 年),字同人,号格庵。他和于奕正合撰的《帝京景物略》8 卷是记述北京风土景物较早的书籍。此书初刻于明崇祯八年(1635 年)。他俩还曾合著《南京景物略》,书未成,两人先后去世,残稿未传。

作者在序中,先述北京的重要地位,认为定都洛阳不如长安,长安不如北京,明成祖定都北京是件大事,"前万事未破斯荒,后万世无穷斯利,捶勒九边,囊箧四海,岂偶哉。"在这块"神人萃,物爽冯,……熙游盛今古"的京城,作者居住多年,所以他们详细地记述了北京的山水园林、名胜古迹、岁时风俗、及其相关诗作,作者自述写作态度认真,"事有不典不经,侗不敢笔,辞有不达,奕正未尝辄许也。"所记述的北京景物反映了明末北京的实际情况。

本书引文据《帝京景物略》(北京古籍出版社,1980 年版)。

1. 太学石鼓 *(节录)

都城东北艮隅,瞻其坊曰"崇教",步其街曰"成贤",国子监在焉。国初本北平府学,永乐二年,改国子监。左庙右学,规制大备。彝伦堂之松,元许衡手植也。庙门之石鼓,周宣王猎碣也。维我太祖高皇帝,先教学,致重儒均,为万世化本。稽古虞商在郊、夏周在国之制,建太学南都之鸡鸣山,去朝市十里。我成祖文皇帝,建北太学,虽沿元址,其去朝市如之。不越都阃,而朝集市纷远矣,而峨峨辟雍之士,敬业逊志矣。庙初设像,嘉靖九年,撤像以主焉,启圣有专祠焉;庑从祀,有陟有黜焉;从大学士张孚敬等议也。凡我列圣践阼,必躬行释菜礼,皮弁执圭,再拜而献帛爵,毕,仍再拜,临彝伦堂,赐祭酒、司业等坐讲,赐敕戒谕焉。

夫我朝之初,兴教国子,升坐、背诵、课试、点闸、假限之严,古莫比也。燕赐之恩,衣廪之给,服、器、庖、汛之需役,其重其详,古莫比也。住号,坐班,积分及格,历岁月,教成授官,内台谏,外藩臬,古莫比也。勋戚重臣,教习必繇太学,四拜而谒师儒,跪而听问,古莫比也。其所得士,德、功、节、学,不之胜书,每礼闱启试,国子生居十有七,古莫比也。其声教讫四海之外,琉球、交趾、啰啰、乌撒等,遣子入学,有举制科,归其国者,古莫比也。盖是时,儒雍之秩,博、助、正、录,无不参不座之晨。官、民、军功、恩生,退省号房,无不灯不诵之夜。率性堂积分簿,无不岁不纪之资。熏濡器识，论乐鼓钟，文士备武，武士备文。故载道所、典籍库之板本无尘，明道堂之席恒燠，射圃之鼓，日有闻焉。计便例开，入监有纳粟、纳马，出监有减历、增历，差拨不敷，坐班数少，议增则铨壅，议减则廪虚。我皇上首幸辟雍，寻颁孝经小学，罢纳粟例，修举积分法，禁逃班越历者，将太学六堂之士，会讲、复讲、背书、课业，月有期日，坐堂七百，积试八分，撇淬铲碛，忠良辈出。祖宗得人之烈，今斯盛哉。

庙门内之石鼓也，其质石，其形鼓，其高二尺，广径一尺有奇，其数十，其文籀，其辞诵天子之田。初潜陈仓野中，唐郑余庆取置凤翔之夫子庙，而亡其一。皇祐四年（1053年），向傅师得之民间，十数乃合。宋大观二年（1108年），自京兆移汴梁，初置辟雍，后保和殿。嵌金其字阴，错错然。靖康二年（1127年），金人辇至燕，剔取其金，置鼓王宣抚家，复移大兴府学。元大德十一年（1307年），虞集为大都教授，得之泥草中，始移国学大成门内，左右列矣。石鼓，自秦汉无传者。郡邑志云：贞观中，吏部侍郎苏勉纪其事曰："虞、褚、欧阳，共称古妙"盖显闻于唐初，自是，表章代有已。唐自虞、褚、欧阳外，则有苏勖、李嗣真、张怀瓘、窦臮、徐浩、杜甫、韦应物、韩愈；宋则有薛尚功、杨文昺、欧阳修、梅询、苏轼、黄庭坚、张师正、王顺伯、王应麟、赵明诚、郑樵；元则有杨桓、熊朋来、吾衍、潘迪、虞集、周伯温。而我朝杨修撰慎，以为鼓发闻已先，晋王羲之、唐章怀太子尝言之。言鼓者，表厥攸始也，言人人殊。谓周宣王之鼓，韩愈、张怀瓘、窦臮也。谓文王之鼓，至宣王刻诗焉，韦应物也。谓秦氏之文，宋郑樵也。谓宣王而疑之，欧阳修也。谓宣王而信之，赵明诚也。谓成王之鼓，程琳、董逌也。谓宇文周作者，马子卿也。鼓文今剥漫，而可计数其方，要当六百五十七言。先所存无考。在宋治平中，存字四百六十有五。元至元中，存字三百八十有六。杨慎乃曰："正德中存字仅三十余。"据今拓本，则甲鼓字六十一，乙鼓字四十七，丙鼓字六十五，丁鼓字四十七，戊鼓字一十二，己鼓字四十一，庚鼓字八，壬鼓字三十八，癸鼓字六，共三百二十五字存，惟辛鼓字无存者。嘉兴李尚宝日华又曰："东坡有手钩石鼓文，篆籀全，音释备，远胜潘迪等所录，世有传者。"或曰：勒石而鼓之何？曰：前此矣，今衡阳县合江亭石鼓书院，有石鼓一焉，其大覆钟，其字禹篆，其文禹禋祀文也。盖三代之铭制：文德于彝鼎，武功于钲鼓，征伐之勋，表于兵钺。田狩以阅武也。武王初集大统，因伐兽陈天命，策命诸侯。故武成之记事也，以策；岐阳之记猎也，以鼓。

唐韩愈"石鼓歌"：张生手持石鼓文，劝我试作石鼓歌。少陵无人谪仙死，才薄将奈石鼓何。周纲陵迟四海沸，宣王愤起挥天戈。大开明堂受朝贺，诸侯剑佩鸣相磨。搜于岐阳骋雄俊，万里禽兽皆遮罗。镌功勒成告万世，凿石作鼓隳嵯峨。从臣才艺咸第一，简选撰刻留山阿。雨淋日炙野火烧，鬼物守护烦撝呵。公从何处得纸本，毫发尽备无差讹。辞严义密读难晓，字体不类隶与蝌。年深岂免有缺画，快剑斫断生蛟鼍。鸾翔凤翥众仙下，珊瑚碧树交枝柯。金绳铁索锁纽壮，古鼎跃水龙腾梭。陋儒编诗不收入，二雅褊迫无委蛇。孔子西行不到秦，掎摭星宿遗羲娥。嗟予好古生苦晚，对此涕泪双滂沱。忆昔初蒙博士征，其年始改称元和。故人从军在右辅，为我量度掘臼科。濯冠沐浴告祭酒，如此至宝存岂多。毡苞席裹可立致，十鼓只载数骆驼。荐诸太庙比郜鼎，光价岂止百倍过。圣恩若许留太学，诸生讲解得切磋。观经鸿都尚填咽，坐见举国来奔波。剜苔剔藓露节角，安置妥帖平不颇。

大厦深檐与盖覆，经历久远期无他。中朝大官老于事，讵肯感激徒媕娿。牧童敲火牛砺角，谁复着手为摩挲。日销月铄就埋没，六年西顾空吟哦。羲之俗书趁姿媚，数纸尚可博白鹅。继周八代征战罢，无人收拾理则那。方今太平日无事，柄用儒术崇丘轲。安能以此上论列，愿借辩口如悬河。石鼓之歌止于此，呜呼吾意其蹉跎。

唐韦应物"石鼓歌"：周宣王大猎兮岐之阳，刻石表功兮炜煌煌。石如鼓形数止十，风雨缺讹苔藓涩。今人濡纸脱其文，既击既扫白黑分。忽开满卷不可识，惊潜动蛰走云云。飞嵎委蛇相纠错，乃是宣王之臣史籀作。一书遗此天地间，精意长存世溟漠。秦家祖龙还刻石，碣石之罘李斯迹。世人法古犹好传，持来比此殊悬隔。

宋苏轼"后石鼓歌"：冬十二月岁辛丑，我初从政见鲁叟。旧闻石鼓今见之，文字郁律蛟蛇走。细观初以指画肚，欲读嗟如钳在口。韩公好古生已迟，我今况又百年后。强寻偏傍推点画，时得一二遗八九。我车既攻马亦同，其鱼维鳣贯之柳。古器纵横犹识鼎，众星错落仅名斗。馍糊半已似瘢胝，诘曲犹能辨跟肘。娟娟缺月隐云雾，濯濯嘉禾秀稂莠。漂流百战偶然存，独立千载谁与友。上追轩颉相唯诺，下揖冰斯同鷇𪃽。忆昔周宣歌鸿雁，当时史籀变蝌蚪。厌乱人方思圣贤，中兴天为生耆耈。东征徐虏阚虓虎，北伐犬戎随指嗾。象胥杂沓贡狼鹿，方召联翩赐圭卣。遂因鼛鼓思将帅，岂为考击烦蒙瞍。何人作颂比崧高，万古斯文齐岣嵝。勋劳至大不矜伐，文武未远犹忠厚。欲寻年代无甲乙，岂有文字记谁某。自从周衰更七国，竟使秦人有九有。扫除诗书诵法律，投弃俎豆陈鞭杻。当年何人佐祖龙，上蔡公子牵黄狗。登山刻石颂功烈，后者无继前无偶。皆云皇帝巡四国，烹灭强暴救黔首。六经既以委灰尘，此鼓亦当随击掊。传闻九鼎沦泗上，欲使万夫沉水取。暴君纵欲穷人力，神物义不污秦垢。是时石鼓无处避，无乃天工令鬼守。兴亡百变物自闲，富贵一朝名不朽。细思物理坐叹息，人生安得如汝寿。

宋梅尧臣"石鼓诗为雷逸老，因呈祭酒吴公"。石鼓作自周宣王，宣王发愤搜岐阳。我车我马攻既良，射夫其同弓矢张。舫舟又渔缚鳣鲂，何以贯之维柳杨。从官执笔言成章，书在鼓腰镌刻藏。历秦汉魏下及唐，无人着眼来形相。村童戏坐老死丧，世复一世如鸟翔。唯闻元和韩侍郎，始得纸本歌且详。欲以毡衣归上庠，天官媕阿驼肯将。传至我朝一鼓亡，九鼓缺剥文失行。近人偶见安碓床，亡鼓作臼刳中央。心喜遗篆犹在傍，以臼易臼庸何伤。以石补空恐舂粱，神物会合居一方。雷氏有子胡而长，日模月仿志暮强。聚完辨舛经星霜，四百六十飞凤凰。书成大轴绿锦装，偏斜曲直筋骨藏。携之谒我巧趋跄，我无别识心彷徨。……

2. 香山寺 *（节录）

京师天下之观，香山寺，当其首游也。一日作者心，当二百年游人目，为难耳。丽不欲若第宅，纤不欲若园亭，僻不欲若庵隐，香山寺正得广博敦穆。岗岭三周，丛木万屯，经涂九轨，观阁五云，游人望而趋趋，有丹青开于空际，钟磬飞而远闻也。入寺门，廓廓落落然，风树从容，泉流有云。寺旧名甘露，以泉名也。泉上石桥，桥下方池，朱鱼千头，投饵是肥，头头迎客，履音以期。级石上殿，殿五重，崇广略等，而高下致殊，山高下也。斜廊平楣，两两翼垂，左之而阁而轩。至乎轩，山意尽收，如臂右舒，曲抱过左。轩又尽望：望林抟抟，望塔芊芊，望刹脊脊。青望麦朝，黄望稻晚，皛望潦夏，绿望柳春。望九门双阙，如日月晕，如日月光。世宗幸寺，曰：西山一带，香山独有翠色。神宗题轩曰来青。来青轩而右上，转而北者，无量殿，其石径廉以阄，其木松。转而右西者，流憩亭，其石径渐渐，其木也，不可名种。山多迹，葛稚川井也，曰丹井。金章宗之台、之松、之泉也，曰祭星台，曰护驾松，曰梦感泉。仙所奕也，曰棋盘石。石所形也，曰蟾蜍石。山所名也，曰香炉石。或曰：香山，杏花香，香山也。香山士女，时节群游，而杏花天，十里一红白，游人鼻无他馥，经蕊红飞白之旬。寺始金大定，我明正统中，太监范弘拓之，费钜七十余万。今寺有弘墓，墓中衣冠尔。盖弘从幸土木，未归矣。

3. 碧云寺*（节录）

天巧不受人分，人工不受天分，云山一簇，惟缺略荒寒，结茆数椽，宜耳。东西佛土，有满月莲华境界，备诸庄严，比丘僧尼，优婆男女，发愿愿生，而碧云寺僧，不事往生也，住是界中矣。然西山林泉之致，到此失厥高深。寺从列槐深迳，崔巍数百石级，烂其三门。入门，回廊纳陛，围绣步玉。目营营，不舍廊，足滑滑，不支阶。降升阤六，赞绕厢六，稽首殿三。网拱丹丹，琐闼青青，四阖八牖，庑承廊巡。甍不屑雕，而髹之以金。罳画金上，日月飞光，其有晕霱。壁不屑画，而隆注之以塑，桥孔洞阴，诸天鬼神，其有窟宅矣。殿后，端正一阁，金色四合，黛漆时施。僧秋盆桂周乎阁，炉香交桂，镫光交月，香光圚满，人在月轮，钟磬吉祥，捧号缤纷。左侧有泉，屋之，纳以方池，吐以螭唇，并泉为洞，砌方丈耳，洞其名。洞前而亭，对者亦亭，肃如主宾。填荷池，伐竹苑所落成也。螭唇施泉，既给僧厨，回向殿前，方池朱鱼，红酣绿沉，饵之则争。泉去乎寺，乃声呦呦，越涧而奔焉。寺二元碑：一至顺二年立，一元统三年立。白石黑章，碑俚不文，而石文也以存。碧云，庵于元耶阿利吉。寺于正德十一年，饰于天启三年，土之人亦曰于公寺云。

4. 卧佛寺*（节录）

香山之山，碧云之泉，灌灌于游人。北五里，曰游卧佛寺，看娑罗树也。山转凹，寺当山之矩，泉声不传，石影不逮。行老柏中数百步，有门瓮然，白石塔其上，寺门也。寺内即娑罗树，大三围，皮鳞鳞，枝槎槎，瘿累累，根抟抟，花九房峨峨，叶七开蓬蓬，实三棱陀陀，叩之丁丁然。周遭殿墀，数百年不见日月，西域种也。初入中国，参山、天台，与此而三。游者匝树则返矣，不知泉也。右转而西，泉呦呦来石渠，出地已五六里，寺僧分泉入花畦，泉不更出。寺长住，花供之，不知泉也，又不知石。泉注于池，池前四五古杨，散阴云云。池后一片石，凝然沉碧，木石动定，影交池中。石上观音阁，如屋复台层。阁后复壁，斧刃侧削，高十仞，广百堵。循壁西去，三四里皆泉皆石也。寺，唐名兜率，后名昭孝，名洪庆，今曰永安。以后殿香木佛，又后铜佛，俱卧，遂目卧佛云。寺西广慧庵，东五花阁。更西南弘法寺，寺内外槐皆龙爪。更南张公兆，张公一女二子，女，文皇帝妃，子，封彭城、惠安二伯，其封也，以军功。

5. 水尽头 *（节录）

观音石阁而西，皆溪，溪皆泉之委；皆石，石皆壁之余。其南岸皆竹，竹皆溪周而石倚之。燕故难竹，至此林林亩亩，竹丈始枝，笋丈犹箨，竹粉生于节，笋梢出于林，根鞭出于篱，孙大于母。过隆教寺而又西，闻泉声，泉流长而声短焉，下流平也。花者，渠泉而役乎花，竹者，渠泉而役乎竹，不暇声也。花竹未役，泉犹石泉矣。石罅乱流，众声渐渐，人踏石过，水珠渐衣，小鱼折折石缝间，闻磴音则伏。于葃于沙，杂花水藻，山僧园叟，不能名之。草至不可族。客乃斗以花，采采百步耳，互出，半不同者。然春之花，尚不敌其秋之柿叶，叶紫紫，实丹丹，风日流美，晓树满星，夕野皆火。香山曰杏，仰山曰梨，寿安山曰柿也。西上圆通寺，望太和庵前，山中人指指水尽头儿，泉所源也。至则磊磊中，两石角如坎，泉盖从中出。鸟树声壮，泉喈喈，不可骤闻。坐久，始别，曰：彼鸟声，彼树声，此泉声也。又西上，广泉废寺，北半里，五华寺。然而游者瞻卧佛辄返，曰卧佛无泉。

长洲文徵明"卧佛寺观石洞，寻源至五花阁"：道傍飞洞玉淙淙，下马寻源到上方。怒沫洒空经雨急，潆流何处出烟长。有时激石闻琴筑，便欲沿洄泛羽觞。还约夜凉明月上，五花阁下听沧浪。

6. 玉泉山 *（节录）

山，块然石也，鳞起为苍龙皮。山根碎石卓卓，泉亦碎而涌流，声短短不属，杂然难静听，絮如语。去山不数武，遂湖，裂帛湖也。泉进湖底，伏如练帛，裂而珠之，直弹湖面，涣然合于湖。盖伏趋方怒，虽得湖以散，而怒未有泄，阳动而上，泡若沫若。阴阳不相受，故油中水珠，水中亦珠，动静相摩，有光轮之。故空轮流火，水亦轮水，及乎面水则泄，是固然矣。湖方数丈，水澄以鲜，深而浮色，定而荡光，数石朱碧，屑屑历历，漾沙金色，波波紫紫，一客一影，一荇一影，容无匿发，荇无匿丝矣。水拂荇也，如风拂柳，条条皆东。湖水冷，于冰齐分，夏无敢涉，春秋无敢盥，无敢啜者。去湖遂溪，缘山修修，岸柳低回而不得留。石梁过溪，亭其湖左，曰望湖亭，宣庙驻跸者，今圮焉。存者，南史氏庄。又南，上下华严寺，嘉靖庚戌虏阑入，寺毁焉。寺存者二洞：华严、七真。洞壁刻元耶律氏词也，人曰楚材者，讹。又南，周皇亲别墅，今方盛。迁而西，观音庵，庵洞曰吕公，今存。昔吕仙憩此，去而洞名也。又北金山寺，寺今荒破，未废尔。寺亦洞，曰七宝。是诸洞者，惟一华严，洞中度以丈，丈三之，其六曰洞，可狸鼠相蔽窥也。径寺登乎山，望西湖，月半规，西堤柳，虹青一道，溪堑间，民方田作时，大河悠悠，小河箭流，高田满岕，低田满罐。今湖日以亭圃，堤柳日以浓，田日以开。山旧有芙蓉殿，金章宗行宫也。昭化寺，元世祖建也。志存焉，今不可复迹其址。

7. 云水洞 *（节录）

登大小摘星岭，西望胡良拒马大小河，如练，如带，如游丝，在挂杖下，颠则落河中耳，而隔山不知其几十里。望且行，缘岭四五降升，达云水洞口。买炬，种火，脱帽襫，结履袜，薄饮，且饭，倩土人导，秉炬寻杖，队而进洞。洞门高丈，入数十丈，乃暗，乃炬，乃卑，乃伛行。又数十丈，鹿豕行，手足掌地，肩背摩石。又鳖行，肘膝着地，背腹着石。又蜥蜴行，背膺着石，鼻颔着泥，以爪勾而趾蹲之。乃卑渐高矣，则苦煤，从前入者炬灰也。触焰，飞而眯，触手，黟不脱，导者寻除之，后者袖左右麾以入。渐见垂钟乳，入渐高。虽高，然曲盘，且仄鳞也。则前炬张如鳌，后屈曲，又蟹行蜥行焉。入又渐张，垂乳甚众，冰质雪肤，目不接土石色，心忐忐悴悴，谓过一天地，入一天地矣。左壁闻响，如人间水声，炬之，水也。声落潭底，不知其归。又入，有黄龙白龙盘水畔，爪怒张。导者曰：乳石也。焠炬其上，杖之而石声。乃前，扬炬，望钟楼、鼓楼，栏栋檐脊然，各取石左右击，各得钟声、鼓声、磬声、木鱼声，声审已。导者曰：塔。共掷石而指塔，塔层层，大三围，其半折。导者曰：雪山也。果一山纷如，光霏霏者芒如，磴益侧不属，石益滑。乃又臂引猿行，又入而左，有天光透入，定想之，洞口外昼光也。光所及，壁上有字，可行可数，若梯可致也，尚其可辨识。左侧高广，有光乱乱，乃众泉潴，分受炬光。泉深莫测，而穴复洼小，从前入者，亦无更进此，凛然议且出。凡洞行，得一爽，丛而息；得一遗炬，履而壮；得一形似外人造者物，而嘉叹；得一光，知犹天也，而心安然。凡入洞，三易炬，出，杀炬三一。凡入洞，伏仆仄援，七易其行；出，杀行十一。出洞矣，趋接待庵。中道一石，小儿足迹，僧曰：善财也。按志：大房山下孔水洞，时见白龙出，辄化为鱼，尝又闻乐作。唐胡詹记：有人构火浮舟，行五六日莫究，但仙鼠旋飞，颒鱼来近火光也。开元间旱，每遣使投玉璧。金泰和中，忽桃花流出，瓣如当五钱。今山下别无孔水洞，其即云水洞欤？而入不可以舟，而洞中潭，亦不得所从出也。

十八、张岱（1597~1679 年）

　　张岱字宗子、石公，号陶庵，晚明散文家。著有《琅嬛文集》、《陶庵梦忆》、《西湖梦寻》等。

　　明代后期，记叙山水园林的散文有了蓬勃的发展。张岱就是这方面的一个代表性作家。张岱在一些散文中，对于山水园林的风格，以及人们对自然美的欣赏，作了比较细致的分析。他认为骄侈华赡之辈是领略不到山水的性情风味的，一般人也不能欣赏自然美，只有具备静深、灵敏等特殊性格的有闲之士，才能成为山水的"解人"。

　　张岱还有一些散文，对鲁藩烟火、瓜州龙船以及彭天锡串戏等民间艺术，作了很生动的美学分析，也很有启发性。对《西湖七月半》、《湖心亭看雪》均写得意境极佳，对虎丘的月夜、西湖的莲灯，无不写得逼真如画。

　　对当时戏剧表演中片面追求怪幻闹热的倾向，张岱提出了批评，认为作剧一定要合乎情理，这样的闹热才是真闹热、真出奇，令人余味不尽。

　　本书引文据上海杂志公司《琅嬛文集》、《陶庵梦忆》、《武林掌故丛书》六集《西湖梦寻》。

1. 西湖、鉴湖、湘湖三者之性情风味不同

自马臻开鉴湖，而縠汉及唐，得名最早；后至北宋，西湖起而夺之。人皆奔走西湖，而鉴湖之澹远，自不及西湖之冶艳矣。至于湘湖，则僻处萧然，舟车罕至，故韵士高人，无有齿及之者。余弟毅孺，常比西湖为美人，湘湖为隐士，鉴湖为神仙，余不谓然。余以湘湖为处子，眠娗羞涩，犹及见其未嫁之时；而鉴湖为名门闺淑，可钦而不可狎；若西湖则为曲中名妓，声色俱丽，然依门献笑，人人得而媟亵之矣。人人得而媟亵，故人人得而艳羡；人人得而艳羡，故人人得而轻慢。在春夏则热闹之，至秋冬则冷落矣；在花朝则喧哄之，至月夕则星散矣；在晴明则萍聚之，至雨雪则寂寥矣。故余尝谓善读书无过董遇三余，而善游湖者，亦无过董遇三余。董遇曰：冬者，岁之余也；夜者，日之余也；雨者，月之余也。雪巘古梅，何逊烟堤高柳？夜月空明，何逊朝花绰约？雨色溕濛，何逊晴光潋滟？深情领略，是在解人。即湖上四贤，余亦谓乐天之旷达，固不若和靖之静深；郆侯之荒诞，自不若东坡之灵敏也。其余如贾似道之豪奢，孙东瀛之华赡，虽在西湖数十年，用钱数十万，其于西湖之性情，西湖之风味，实有未曾梦见者在也。世间措大，何得易言游湖？（《西湖梦寻·西湖总记·明圣二湖》）

2. 为亭榭楼台曲径回廊而山水风月益增其妙

吼山云石，大者如芒，小者如菌，孤露孑立，意甚肤浅。陶氏书屋则护以松竹，藏以曲径，则山浅而人为之幽深也。水宕水胜，而亭榭楼台，意全在水，一水之外，不留寸趾。非以舟中看水，则以槛中看水。舣舟其下，则悄然骨瑟，肃然神怖，顷返欲堕，不可久留。旱宕水不甚胜，而意不在水，多留隙地，以松放其山，而山反亲昵，以疏宕其水，而水反萦回。造屋者只为丛林，不为山水。有厨庖而山水以厨庖妙，有回廊而山水以回廊妙，有层楼曲房而山水以层楼曲房妙，有长林可风，有空庭可月。夜瘗孤灯，高岩拂水，自是仙界，决非人间。肯以一丸泥封其谷口，则宲然桃源，必无津逮者也。

（《琅嬛文集·吼山》）

3. 山水之间以石胜者妙，以土胜者亦妙

盖山水之间，有以石胜者，曰岩曰峦；有以土胜者，曰阜曰垤。后之造园者，见山脚有石，加意搜剔，未免伤筋动骨，遂露出一片顽皮，是则好事者之过也。（《琅嬛文集·西施山书舍记》）

4. 西湖七月半之看月者，亦可作五类看之

西湖七月半，一无可看，止可看看七月半之人。看七月半之人，以五类看之。其一楼船箫鼓，峨冠盛筵，灯火优傒，声光相乱，名为看月，而实不见月者，看之。其一亦船亦楼，名娃闺秀，携及童娈，笑啼杂之，遂坐露台，左右盼望，身在月下，而实不看月者，看之。其一亦船亦声歌，名妓闲僧，浅斟低唱，弱管轻丝，竹肉相发，亦在月下，亦看月而欲人看其看月者，看之。其一不舟不车，不衫不帻，酒醉饭饱，呼群三五，挤入人丛，昭庆断桥，嘄呼嘈杂，装假醉，唱无腔曲，月亦看，看月者亦看，不看月者亦看，

而实无一看者，看之。其一小船轻幌，净几暖炉，茶铛旋煮，素瓷静递，好友佳人，邀月同坐，或匿影树下，或逃嚣里湖，看月而人不见其看月之态，亦不作意看月者，看之。（《陶庵梦忆·西湖七月半》）

5.瓜州龙船的装饰趣味

秦淮有灯船无龙船，龙船无瓜州比，而看龙船亦无金山寺比。瓜州龙船一二十只，刻画龙头尾，取其怒；傍坐二十人持大楫，取其悍；中用彩篷，前后旌幢绣伞，取其绚；撞钲挝鼓，取其节；艄后列军器一架，取其锷；龙头上一人足倒竖，战敪其上，取其危；龙尾挂一小儿，取其险。（《陶庵梦忆·金山竞渡》）

6.鲁藩烟火之妙，妙在与灯互为变幻

兖州鲁藩烟火妙天下。烟火必张灯。鲁藩之灯，灯其殿，灯其壁，灯其楹柱，灯其屏，灯其座，灯其宫扇伞盖，诸王公子宫娥僚属舞队乐工，尽收为灯中景物。及放烟火，灯中景物又收为烟火中景物。天下之看灯者，看灯灯外，看烟火者，看烟火烟火外，未有身入灯中光中影中烟中火中，闪烁变幻，不知其为王宫内之烟火，亦不知其为烟火内之王宫也。（《陶庵梦忆·鲁藩烟火》）

7.青藤诸画，苍劲中姿媚跃出

唐太宗曰："人言魏征崛强，朕视之更觉妩媚耳。"崛强之与妩媚，天壤不同，太宗合而言之，余蓄疑颇久。今见青藤诸画，离奇超脱，苍劲中姿媚跃出，与其书法奇崛略同。太宗之言，为不妄矣！故昔人谓摩诘之诗，诗中有画；摩诘之画，画中有诗。余亦谓青藤之书，书中有画；青藤之画，画中有书。（《琅嬛文集·跋徐青藤小品画》）

8.空灵妙诗难于入画，有诗之画未免板实

弟独谓诗中有画，画中有诗，因摩诘一身兼此二妙，故连合言之，若以有诗句之画作画，画不能佳，以有画意之诗为诗，诗必不妙。如李青莲《静夜思》诗："举头望明月，低头思故乡"，有何可画？王摩诘《山路》诗："兰田白石出，玉川红叶稀"，尚可入画，"山路原无雨，空翠湿人衣"，则如何入画？又《香积寺》诗："泉声咽危石，日色冷青松"，松、泉声、危石、日色、青松，皆可描摩，而"咽"字，"冷"字，则决难画出。故诗以空灵才为妙诗，可以入画之诗，尚是眼中金银屑也。画如小李将军，楼台殿阁，界画写摩，细入毫发，自不若元人之画，点染依稀，烟云灭没，反得奇越。由此观之，有诗之画，未免板实，而胸中丘壑，反不若匠心训手之为不可及也。（《琅嬛文集·与包严介》）

十九、金圣叹（1608~1661年）

金圣叹名采，字若采，明亡后改名人瑞，字圣叹，一说本姓张。文艺批评家。曾

评点《离骚》、《庄子》、《史记》、杜诗、《水浒传》、《西厢记》，合称"六才子书"。现流传的著作有《金圣叹全集》。

金圣叹博览群书，常以"佛"诠释"儒、道"，论文喜附会"禅"理。他接受"佛"的虚无思想，又直面现实，以为"生死迅疾，人命无常，富贵难求，从吾所好，则不著书其又何以为活也。"其思想有着明显的矛盾。但在作品的艺术分析中，则包含了很多合理的深刻的见解，特别是关于塑造典型性格的论述，内容十分丰富。他自谓"直取其文心"，"略其形迹，伸其神理"，旨在探索创作规律。

金圣叹从理论上概括了《水浒传》在塑造典型人物形象方面的艺术成就，说明了典型性格在文艺中的首位作用，塑造典型性格既应表现出多面性、复杂性，又应表现出统一性、连续性等类要求和手法。他在这方面的见解，不论从深度或广度来说，都是空前的。

他很重视作品的情节结构、细节描写，认为情节既要出人意外，又要合乎情理，还要强调结构的完整性。作者必要"全局在胸"，讲究"过接"、"关锁"、"脱卸"等必然的次第。金圣叹有很多精采的富于启发性的分析，促进了文艺作品创作和欣赏批评的进一步开展。

本文引文据唱经堂原本校印本《金圣叹全集》、中华书局影印本《第五才子书施耐庵水浒传》、中华书局藏版《第六才子书》及上海杂志公司《尺牍新钞》。

1.《史记》是以文运事，《水浒》是因文生事

某尝道《水浒》胜似《史记》，人都不肯信，殊不知某却不是乱说。其实《史记》是以文运事，《水浒》是因文生事。以文运事，是先有事生成如此如此，却要算计出一篇文字来，虽是史公高才，也毕竟是吃苦事；因文生事即不然，只是顺着笔性去，削高补低都由我。（《读第五才子书法》）

2. 词家写景须写得又清真又灵幻

余尝言写景是填词家一半本事，然却必须写得又清真又灵幻乃妙。只如六一词，"帘影无风，花影频移动"九个字，看他何等清真，却何等灵幻。盖人徒知帘影无风是静，花影频移是动，而殊不知花影移动，只是无情，正为极静，而"帘影无风"四字，却从女儿芳心中仔细看出，乃是极动也。呜呼，善填词者，必皆深于佛事者也。只一帘影花影，皆细细分别不差，谁言慧业文人，不生天上哉。（《金圣叹全集》卷六《批欧阳永叔词十二首》）

3. 学剑、游山、行文，均须用尽心力，而后能奇、变、妙、神

尝观古学剑之家，其师必取弟子，先置之断崖绝壁之上，迫之疾驰，经月而后，授以竹枝，追刺猿猱，无不中者；未而后归之室中，教以剑术，三月技成，称天下妙也。圣叹叹曰：嗟乎！行文亦犹是矣。夫天下险能生妙，非天下妙能生险也；险故妙，险绝故妙绝；不险不能妙，不险绝不能妙绝也。

游山亦犹是矣。不梯而上，不缒而下，未见其能穷山川之窈窕、洞壑之秘隐也。梯而上，缒而下，而吾之所至，乃在飞鸟徘徊、蛇虎蹢躅之处，而吾之力绝，而吾之气尽，而吾之神色素然犹如死人，而吾之耳目乃一变换，而吾之胸襟乃一荡涤，而吾之识略乃

得高者愈高，深者愈深，奋而为文笔，亦得愈极高深之变也。

　　行文亦犹是矣。不搁笔，不卷纸，不停墨，未见其有穷奇尽变出妙入神之文也；笔欲下而仍搁，纸欲舒而仍卷，墨欲磨而仍停，而吾之才尽，而吾之髯断，而吾之目瞤，而吾之腹痛，而鬼神来助，而风云忽通，而后奇则真奇，变则真变，妙则真妙，神则真神也。吾以此法遍阅世间之文，未见其有合者。今读还道村一篇，而独赏其险妙绝伦。嗟乎！支公畜马，爱其神骏，其言似谓自马以外，都更无有神骏也者，今吾亦虽谓自《水浒》以外，都更无有文章，亦其诬哉。(《水浒传》第四十一回首评)

4. 妙手所写，纯是妙眼所见

　　不惟写妙画，兼写出王宰妙士来。天下妙士，必有妙眼，渠见妙景，便会将妙手写出来，有时或立地便写出来，有时或迟五日十日方写出来，有时或迟乃至于一年、三年、十年后方写出来，有时或终其身竟不曾写出来。无他，只因他妙手所写纯是妙眼所见，若眼未有见，他决不肯放手便写，此良工之所以永异于俗工也。凡写山水，写花鸟、写真、写字、作文、作诗，无不皆然(《金圣叹全集》卷二《杜诗解·戏题王宰画山水图歌》)

5. 世之善游者，胸中必有别才，眉下必有别眼

　　吾读世间游记，而知世真无善游人也。夫善游之人也者，其于天下之一切海山方岳、洞天福地，固不辞千里万里，而必一至以尽探其奇也；然而其胸中之一副别才，眉下之一双别眼，则方且不必直至于海山方岳、洞天福地而后乃今始曰：我且探其奇也。夫昨之日，而至一洞天，几罄若干日之足力、目力，心力，而既毕其事矣，明之日，而又将至一福地，又将罄若干日之足力、目力、心力，而于以从事。彼从旁之人，不能心知其故，则不免曰，连日之游快哉！始毕一洞天，乃又造一福地。殊不知先生且正不然，其离前之洞天，而未到后之福地，中间不多，虽所隔止于三、二十里，又少而或止于八、七、六、五、四、三、二里，又少而或止于一里、半里，此先生则于是一里、半里之中间，其胸中之所谓一副别才，眉下之一双别眼，即何尝不以待洞天福地之法而待之哉！今夫以造化之大本领、大聪明，大气力，而忽然结撰而成一洞天、一福地，是真骇目惊心之事，不必又道也。然吾每每谛视天地之间之随分一鸟一鱼，一花一草，乃至鸟之一毛、鱼之一鳞、花之一瓣、草之一叶，则初未有不费彼造化者之大本领、大聪明，大气力，而后结撰而得成者也。谚言"狮子搏象用全力，搏兔亦用全力"，彼造化者则真然矣，生洞天福地用全力，生随分之一鸟一鱼、一花一草，以至一毛一鳞、一瓣一叶，殆无不用尽全力。由是言之，然则世间之所谓骇目惊心之事，固不必定至于洞天福地而后有此，亦为信然也！抑即所谓洞天福地也者，亦尝计其云如之何结撰也哉！

　　庄生有言，指马之百体非马，而马系于前者，立其百体而谓之马也。比及大泽，百材皆度，观乎大山，水石同坛，夫人诚知百材万木杂然同坛之为大泽大山，而其于游也，斯庶几矣！其层峦绝巘，则积石而成是穹窿也，其飞流悬瀑，则积泉而成是灌输也。果石石而察之，殆初无异于一拳者也，试泉泉而寻之，殆初无异于细流者也。且不直此也。老氏之言曰："三十辐共一毂，当其无有车之用；埏埴以为器，当其无有器之用；凿户牖以为室，当其无有室之用。"然则一一洞天福地中间，所有之回看为峰，延看为岭，

仰看为壁，俯看为谿，以至正者坪、侧者坡、跨者梁、夹者碉，虽其奇奇妙妙，至于不可方物，而吾有以知其奇之所以奇，妙之所以妙，则固必在于所谓当其无之处也矣。盖当其无，则是无峰、无岭、无壁、无溪、无坪坡梁碉之地也，然而当其无，斯则真吾胸中一副别才之所翱翔，眉下一双别眼之所排荡也。夫吾胸中有其别才，眉下有其别眼，而皆必于当其无处而后翱翔而后排荡。然则我真胡为必至于洞天福地，正如顷所云，离于前未到于后之中间三、二十里，即少止于一里、半里，此亦何地不有所谓当其无之处耶？一略彴小桥，一槎枒独树，一水一村，一篱一犬，吾翱翔焉，吾排荡焉，此其于洞天福地之奇奇妙妙，诚未能知为在彼而为在此也！且人亦都不必胸中之真有别才，眉下之真有别眼也。必曰先有别才而后翱翔，先有别眼而后排荡，则是善游之人，必至旷世而不得一遇也。如圣叹意者，天下亦何别才、别眼之与有，但肯翱翔焉，斯即别才矣，果能排荡焉，斯即别眼矣。

米老之相石也，曰要秀、要皱、要透、要瘦。今此一里半里之一水一村、一桥一树、一篱一犬，则皆极秀、极皱、极透、极瘦者也！我亦定不能如米老之相石故耳，诚亲见其秀处、皱处、透处、瘦处乃在于此。斯虽欲不于是焉翱翔，不于是焉排荡，亦岂可得哉！且彼洞天福地之为峰、为岭、为壁、为溪，为坪坡梁碉，是亦岂能多有其奇奇妙妙者乎？亦都不过能秀、能皱、能透、能瘦焉耳！由斯以言，然则必至于洞天起福地而后游此，其不游之处，盖已多多也！且必至于洞天福地而后游此，其于洞天福地亦终于不游已也！何也？彼不能知一篱一犬之奇妙者，必彼所见之洞天福地皆适得其不奇不妙者也。盖圣叹平日与其友斫山论游之法如此，今于读《西厢·红娘请宴》之一篇，而不觉发之也。（《第六才子书》卷五《请宴》首评）

二十、李渔（1611~约1679年）

李渔字笠鸿、谪凡，号笠翁，浙江兰溪人。平生著作甚多，所著《闲情偶寄》一书，是他论述戏曲、建筑、园林、烹饪等方面的杂著。

李渔对戏曲理论和园林艺术都有较深的见解。自谓"生平有两绝技"，"一则辨审音乐，一则置造园亭"。

李渔的园林艺术理论，比较侧重于园林审美特点的研究。他认为园林建设的目的，是以"一卷代山，一勺代水"，"变城市为山林"。在园林的设计上，他反对模仿，提倡创新，主张表现造园家的个性。他还从审美的角度，具体地论述了如何选择山石，如何造山，如何借景等等。

据陈植先生考证，李渔的造园实践有"北京黄米胡同之半亩园林泉，及宣武门内西单牌楼郑亲王府之惠园，……至其自营者有伊园、层园及芥子园。芥子园地不及三亩，而屋居其一，石居其一，以小胜大，亦属不可多得者也。"

本书引自《闲情偶寄》和芥子园刊本《笠翁一家言全集》。

1. 构造园亭，须自出手眼

常谓人之葺居治宅，与读书作文同一致也。譬如治举业者，高则自出于眼，创为新异之篇，其极卑者，亦将读熟之文，移头换尾，损益字句而后出之，从未有抄写全篇，而自名善用者也。乃至兴造一事，则必肖人之堂以为堂，窥人之户以立户，稍有不合，不以为得，而反以为耻。常见通侯贵戚，捆盈千累万之资以治园圃，必先谕大匠曰：亭则法某人之制，榭则遵谁氏之规，勿使稍异。而操运斤之权者，至大厦告成，必骄语居功，谓其江户开窗，安廊置阁，事事皆仿名园，纤毫不谬。噫，陋矣！以构造园亭之胜事，上之不能自出于眼，如标新创异之文人；下之至不能换尾移头，学套腐为新之庸笔，尚嚣嚣以鸣得意，何其自处之卑哉？（《闲情偶寄·居室部》）

2. 居室之制，贵精不贵丽

土木之事，最忌奢靡。匪特庶民之家，当崇俭朴，即王公大人，亦当以此为尚。盖居室之制，贵精不贵丽，贵新奇大雅，不贵纤巧烂漫。凡人止好富丽者，非好富丽，因其不能创异标新，舍富丽无所见长，只得以此塞责。譬如人有新衣二件，试令两人服之，一则雅素而新奇，一则辉煌而平易，观者之目，注在平易乎？在新奇乎？锦绣绮罗，谁不知贵，亦谁不见之。缟衣素裳，其制略新，则为众目所射，以其未尝睹也。（《闲情偶寄·居室部》）

3. 途径要雅俗俱利而理致兼收

径莫便于捷，而又莫妙于迂。凡有故作迂途以取别致者，必另开耳门一扇，以便家人之奔走，急则开之，缓则闭之，斯雅俗俱利而理致兼收矣。（《闲情偶寄·居室部》）

4. 房舍须有高下之势，总有因时制宜之法

房舍忌似平原，须有高下之势。不独园圃为然，居宅亦应如是。前卑后高，理之常也。然地不如是，而强欲如是，亦病其拘。总有因时制宜之法，高者建屋，卑者建楼，一法也；卑处叠石为山，高处浚水为池，二法也。又因其高而俞高之，坚阁磊峰于峻坡之上；因其卑而俞卑之，穿塘凿井于下湿之区。总无一定之法，神而明之，存乎其人，此非可以遥授方略者矣。

5. 居宅无论精粗，总以能蔽风雨为贵

居宅无论精粗，总以能蔽风雨为贵。常有画栋雕梁、琼楼玉槛，而止可娱睛，不堪坐雨者，非失之太敞，则病于过峻。故柱不宜长，长为招雨之媒；窗不宜多，多为匿风之数。务使虚实相半，长短得宜。（《闲情偶寄·居室部》）

6. 窗棂栏杆坚而后论工拙，宜简不宜繁

窗棂以明透为先，栏杆以玲珑为主。然此皆属第二义。其首重者止在一字之坚，坚而后论工拙。尝有穷工极巧以求尽善，乃不逾时而失头堕趾，反类画虎未成者，计

其新而不计其旧也。总其大纲，则有二语：宜简不宜繁，宜自然不宜雕斫。凡事物之理，简斯可继，繁则难久。顺其性者必坚，戕其体者易坏。木之为器，凡合榫使就者，皆顺其性以为之者也。雕刻使成者，皆戕其体而为之者也。一涉雕镂，则腐朽可立待矣。故窗棂栏杆之制，务使头头有榫，眼眼着撒。然头眼过密，榫撒太多，又与雕镂无异，仍是戕其体也。故又宜简不宜繁。根数愈少愈佳，少则可坚；眼数愈密愈贵，密则纸不易碎。然既少矣，又安能密？曰：此在制度之善，非可以笔舌争也。窗栏之体，不出纵横、欹斜、屈曲三项。……但取其简者、坚者、自然者变之，事事以雕镂为戒，则人工渐去，而天巧自呈矣。(《闲情偶寄·居室部》)

7. 取景在借

开窗莫妙于借景，而借景之法，予能得其三昧。……向居西子湖滨，欲构湖舫一只，事事犹人，不求稍异，止以窗格异之。人询其法，予曰：四面皆实，犹虚其中，而为便面之形。实者用扳，蒙以灰布，勿露一隙之光。虚者用木作框，上下皆曲而直其两旁，所谓便面是也，纯露空明，勿使有纤毫障翳。是船之左右，止有二便面，便面之外，无他物矣。坐于其中，则两岸之湖光、山色、寺观、浮屠、云烟、竹树，以及往来之樵人、牧竖、醉翁、游女，连人带马，尽入便面之中，作我天然图画，且又时时变幻，不为一定之形。非特舟行之际，摇一橹变一象，撑一篙换一景，即系缆时风摇水动，亦刻刻异形。是一日之内现出百千万幅佳山佳水，总以便面收之，而便面之制，又绝无多费，不过曲木两条、直木两条而已。世有掷尽金钱求为新异者，其能新异若此乎？

此窗不但娱己，兼可娱人；不特以舟外无穷之景色摄入舟中，兼可以舟中所有之人物并一切几席杯盘射出窗外，以备来往游人之玩赏。何也？以内视外，固是一幅便面山水，而以外视内，亦是一幅扇头人物。譬如拉妓邀僧，呼朋聚友，与之弹棋观画，分韵拈毫，或饮或歌，任眠任起，自外观之，无一不同绘事。同一物也，同一事也，此窗未设以前，仅作事物观，一有此窗，则不烦指点，人人俱作画图观矣。……

予又尝取枯木数茎，置作天然之牖，名曰梅窗。生平制作之任，当以此为第一。己酉之夏，骤涨滔天，久而不涸，斋头淹死榴橙各一株，伐而为薪，因其坚也，刀斧难入，卧于阶除者累日。予见其枝柯盘曲，有似古梅，而老干又具盘错之势，似可取而为器者，因筹所以用之。是时栖云谷中，幽而不明，正思辟窗，乃幡然曰：道在是矣。遂语工师，取老干之近直者，顺其本来，不加斧凿，为窗之上下两旁，是窗之外廓具矣。再取枝柯之一面盘曲，一面稍平者，分作梅树两株，一从上生而倒垂，一从下生而仰接。其稍平之一面，则略施斧斤，去其皮节而向外，以便糊纸。其盘曲之一面，则匪特尽全其天不稍戕斫，并疏枝细梗而留之。既成之后，剪彩作花，分红梅绿萼二种，缀于疏枝细梗之上，俨然活梅之初着花者。同人见之，无不叫绝。予之心思，讫于此矣，后有所作，当亦不过是矣。……

予性最癖，不喜盆内之花，笼中之鸟，缸内之鱼，及案上有座之石，以其局促不舒，令人作囚鸾絷凤之想。故盆花自幽兰水仙而外，未尝寓目。鸟中之画眉，性酷嗜之，然必另出己意而为笼，不同旧制，务使不见拘囚之迹而后已。自设便面以后，则平生所弃之物，尽在所取。从来作便面者，凡山水人物，竹石花鸟，以及昆虫，无一不在所绘之内。

故设此窗于屋内，必先于墙外置板，以备成物之用。一切盆花笼鸟，蟠松怪石，皆可更换置之。如盆兰吐花，移之窗外即是一幅便面幽兰；盎菊舒英，内之窗中即是一幅扇头佳菊。或数日一更，或一日一更。即一日数更，亦未尝不可；但须遮蔽下段，勿露盆盎之形，而遮蔽之物，则莫妙于零星碎石。是此窗家家可用，人人可办，讵非耳目之前第一乐事！

……然此皆为窗外无景，求天然者不得，故以人力补之。若远近风物，尽有可观，则焉用此碌碌为哉？昔人云：会心处正不在远。若能实具一段闲情，一双慧眼，则过目之物，尽在画图，入耳之声，无非诗料。譬如我坐窗内，人行窗外，无论见少年女子是一幅美人图，即见老妪白叟扶杖而来，亦是名人画幅中必不可无之物，见婴儿群戏是一幅百子图，即见牛羊并牧，鸡犬交哗，亦是词客文情内未尝偶缺之资。牛溲马渤，尽入药笼。予所制便面窗，即雅人韵士之药笼也。（《闲情偶寄·居室部》）

8. 一花一石之位置，能见主人之神情

幽斋磊石，原非得已。不能致身岩下与木石居，故以一卷代山，一勺代水，所谓无聊之极思也。然能变城市为山林，招飞来峰使居平地，自是神仙妙术假手于人以示奇者也，不得以小技目之。且磊石成山，另是一种学问，别是一番智巧，尽有丘壑填胸、烟云绕笔之韵事，命之画水题山，顷刻千岩万壑，及倩磊斋头片石，其技立穷，似向盲人问道者。故从来叠山名手，俱非能诗善绘之人。见其随举一石，颠倒置之，无不苍古成文，纡回入画，此正造物之巧于示奇也。……然造物鬼神之技，亦有工拙雅俗之分，以主人之去取为去取。主人雅而喜工，则工雅者至矣；主人俗而容拙，则拙而俗者来矣。有费累万金钱，而使山不成山，石不成石者，亦是造物鬼神作祟，为之摹神写像，以肖其为人也。一花一石，位置得宜，丰人神情已见乎此矣，奚俟察言观貌，而后识别其人哉。（《闲情偶寄，居室部·山石》）

9. 山大要气魄胜人，无补缀穿凿之痕

山之小者易工，大者难好。予遨游一生，遍览名园，从未见有盈亩累丈之山，能无补缀穿凿之痕，遥望与真山无异者。犹之文章一道，结构全体难，敷陈零段易。唐宋八大家之文，全以气魄胜人，不必句栉字篦，一望而知为名作，以其先有成局，而后修饰词华，故粗览细观，同一致也。若夫间架未立，才自笔生，由前幅而生中幅，由中幅而生后幅，是谓以文作文，亦是水到渠成之妙境。然但可近视，不耐远观；远观则襞襀缝纫之痕出矣。书画之理亦然。名流墨迹，悬在中堂，隔寻丈而观之，不知何者为山，何者为水，何处是亭台树木，即字之笔画，杳不能辨，而只览全幅规模，便足令人称许。何也？气魄胜人，而全体章法之不谬也。（《闲情偶寄·居室部》）

10. 土山带石，石山带土，土石二物，原不相离

抑分一座大山为数十座小山，穷俯视，以藏其拙乎？曰：不难，用以土代石之法，既减人工，又省物力，且有天然委曲之妙。混假山于真山之中，世人不能辨者，其法莫妙于此。累高广之山，全用碎石，则如百衲僧衣，求一无缝出而不得，此其所以不耐观也。

以土间之，则可泯然无迹，且便于种树。树根盘固，与石比坚，且树大叶繁，浑然一色，不辨其为谁石谁土。立于真山左右，有能辨为积累而成者乎？此法不论石多石少，亦不定求土石相伴，土多则是土山带石，石多则是石山带土。土石二物，原不相离，石山离土，则草木不生，是童山矣。

小山亦不可无土，但以石作主，而土附之，土之不可胜石者，以石可壁立，而土则易崩，必仗石为藩篱故也。外石内土，此从来不易之法。（《闲情偶寄·居室部·山石》）

11. 山石之美，俱在透、漏、瘦

言山石之美者，俱在透、漏、瘦三字。此通于彼，彼通于此，若有道路可行，所谓透也；上有眼，四面玲珑，所谓漏也；壁立当空，孤峙无倚，所谓瘦也。然透、瘦二字，在在宜然，漏则不应太甚。若处处有眼，则似窑内烧成之瓦器，有尺寸限在其中，一隙不容偶闭者矣。塞极而通，偶然一见，始与石性相符……（《闲情偶寄·居室部》）

12. 峭壁之设，要有万丈悬崖之势

假山之好，人有同心，独不知为峭壁，是可谓叶公之好龙矣。山之为地，非宽不可，壁则挺然直上，有如劲竹孤桐，斋头但有隙地，皆可为之一。且山形曲折，取势为难，手笔稍庸，便贻大方之诮，壁则无他奇巧，其势有若累墙，但稍稍纡回出入之，其体嶙峋，仰观如削，便与穷崖绝壑无异。且山之与壁，其势相因，又可并行而不悖者。凡累石之家，正面为山，背面皆可作壁。匪特前斜后直，物理皆然，如椅榻舟车之类，即山之本性，亦复如是，逶迤其前者，未有不崭绝其后。故峭壁之设，诚不可已。但壁后忌作平原，令人一览而尽，须有一物焉蔽之，使坐客仰观不能穷其颠末，斯有万丈悬崖之势，而绝壁之名为不虚矣。蔽之者维何？曰：非亭即屋，或面壁而居，或负墙而立，但使目与檐齐，不见石丈人之脱巾露顶，则尽致矣。（《闲情偶寄·居室部·山石》）

13. 假山皆可作洞

假山无论大小，其中皆可作洞。洞亦不必求宽，宽则借以坐人。如其太小，不能容膝，则以他屋联之。屋中亦置小石数块，与此洞若断若连，是使屋与洞混而为一，虽居屋中，与坐洞中无异矣。洞中宜空少许，贮水其中而故作漏隙，使涓滴之声从上而下，旦夕皆然。置身其中者，有不六月寒生，而谓真居幽谷者，吾不信也。（《闲情偶寄·居室部·山石》）

14. 草木之娱观者，或以花胜，或以叶胜

草木之类，各有所长。有以花胜者，有以叶胜者。花胜则叶无足取，且若赘疣，如葵花蕙草之属是也。叶胜则可以无花，非无花也，叶即花也，天以花之丰神色泽，归并于叶而生之者也。不然，绿者，叶之本色，如其叶之，则亦绿之而已矣，胡以为红、为紫、为黄、为碧，如老少年，美人蕉，天竹，翠云草诸种，备五色之陆离，以娱观者之目乎？即其青之绿之，亦不同于有花之叶，另具一种芳姿。是知树木之美，不定在花，犹之丈大之美者，不专主于有才，而妇人之丑者，亦不尽在无色也。观群花令人修容，观诸卉则所饰者不仅在貌。（《闲情偶寄·种植部》）

15. 鸟声之悦人者，以其异于人声

　　鸟之悦人以声者，画眉鹦鹉二种。而鹦鹉之声价，高出画眉上，人多癖之，以其能作人言耳。予则大违是论，谓鹦鹉所长，止在羽毛，其声则一无可取。鸟声之可听者，以其异于人声也。鸟声异于人声之可听者，以出于人者为人籁，出于鸟者为天籁也。使我欲听人言，则盈耳皆是，何必假口笼中。况最善说话之鹦鹉，其舌本之强，犹甚于不善说话之人，而所言者又不过口头数语，是鹦鹉之见重于人，与人之所以重鹦鹉者，皆不可诠解之事。至于画眉之巧，以一口而代众舌，每效一种，无不酷似，而复纤婉过之，诚鸟中慧物也（《闲情偶寄·颐养部》）

16. 才情者，人心之山水；山水者，天地之才情

　　李子邀游天下，几四十年，海内名山大川，十经六七，始知造物非他，乃古今第一才人也。于何见之，曰：见于所历之山水。洪蒙未辟之初，蠢然一巨物耳，何处宜山，何处宜江宜海，何处当安细流，何处当成巨壑，求其高不干枯，卑不泛滥，亦已难矣，矧能随意成诗，而且为诗之祖，信手入画，而更为画之师，使古今来一切文人墨客，歌之咏之，绘之肖之，而终不能穷其所蕴乎哉？故知才情者，人心之山水；山水者，天地之才情。使山水与才情判然无涉，则司马子长何所取于名山大川，而能扩其文思、雄其史笔也哉！平章天下之山水，当分奇与秀之二种。奇莫奇于华岳，及东西二粤诸名山，是魁奇灏瀚之才也。秀莫秀于吾浙之西湖，是清新俊逸之才也。西湖者，山水之尤物，前人方之西子，后人即以名之。盖深知其窈窕难名，而借人以名之者耳。是造物之才畅乎彼而尽乎此矣。然才情所萃之地，必得一才人主之，斯为得所。主西湖者，向得苏白二公，相与盘桓者不过数载，而千百年后，咏西湖之胜者必及之，未尝一日去口实。（《笠翁文集·梁冶湄明府西湖垂钓图赞》）

二一、《尺牍新钞》

　　《尺牍新钞》为清初周亮工所纂。周亮工（1612~1672年），字符亮，号栎园，河南祥符（今开封）人。他嗜绘画、书法、篆刻，善鉴赏，爱收藏，因此他的文集中多题跋、引语、书后一类文字，有《赖古堂集》、《因树屋书影》。

　　《尺牍新钞》中保存了明末清初一些有关美学、文艺思想的资料，有重要的参考价值。

　　本书引文据《尺牍新钞》（上海杂志公司）。

1. 同是园趣而有荡乐悲戒之不同

　　留都如故家敝园，轩爽之气，自在分野，明秀之色，自在山川，矜冶之态，自在人物，繁丽之容，自在廛陌。然而其云烟风气之间，有荒寒焉，有旷远焉。故有入焉而荡，亦

或以戒，入焉而乐，亦或以悲。荡者溺其繁冶，戒者蹙其衿丽，乐者以其轩爽明秀，而悲者以其荒寒旷远也。同是园趣，而荡与乐者生于大，悲与戒者生于旧，能通此志，虽收金陵于斗室，寄长干于千里可也。（一集徐世溥《答杨维节博士论著述书》）

2. 西湖之妙与西湖之病

西湖之妙，余能知之，而西湖之病，余亦能知之。昔人以西湖比西子，人皆知其为誉西子也，而西湖之病，则寓乎其间乎！可见古人比类之工，寓讽之隐。不言西湖无有丈夫气，但借其声称以誉天下之殊色，而人自不察耳。不独此也。即天半峨嵋，昔人以为誉此山者，无以加焉；由今思之，隐然有引之以入于妇人之数，而不许其独为丈夫者。
（一集唐时《与徐穆公》）

3. 牡丹花以干大者为佳

牡丹毕竟以长干丰叶者为佳。今人求花之大，而不顾其干，有干不满尺，而花过尺五者，此中人以为胜。弟谓天下事，岂可使根本弱于枝叶哉！花，人面也，干，人身也，譬如以美女丰盈之面，加诸三尺之身，见者且怪其臃肿矣，故毕竟以干大者为佳。足下以为然不？ （一集唐堂《与周雪客》）

4. 山林宫阙之美与文章之美

昔人之评山林宫阙者，曰壮丽，曰奇峭，曰幽邃，而李勉于灵隐，独叹为标致。"标致"二字，前亦无人拈出，后亦无人雷同，若此选之亭亭秀出，盖亦书中之灵隐也。（二集安致沅《谢惠〈尺牍新钞〉》）

二二、《历代宅京记》——顾炎武

顾炎武（1613~1682 年）明末清初学者。初名绛，清初更名炎武，字宁人，号亭林。平生学风严谨，注重经世致用，著作甚多。其中《历代宅京记》20 卷，是我国第一部辑录都城历史资料的专书。保存了有关苑、囿、台、池、园、陵、馆、观和都城种树的史料。扬州阮元叙称："宁人顾氏，崎岖南北，所考山川、都邑、城郭、宫室，皆出自实践。当先生盛游之时，尝以一骡二马载书自随，所至扼塞，即呼老兵土民，询其曲折。或与平日所闻不合，则即坊肆中发书而对勘之。……其精审如此。"徐元文拜述："先生勖语：必有体国经野之心，而后可以登山临水，必有济世安民之识，而后可以考古论今"。

本书据《历代宅京记》摘引（中华书局，1984 年版）。

1. 贞观长安种杨槐柳

太宗本纪曰：贞观二十年（647 年）秋七月辛亥，宴五品以上于飞霜殿。殿在玄武

门北，因地形高敞，层阁三城，轩栏相注，又引水为洁渌池，树白杨槐柳，与阴相接，以涤炎暑焉。《卷之六·关中四》

2. 开元长安种果树

玄宗开元十九年（732年）夏六月，诏修理两都街市、沟渠、桥道。二十六年冬十月，诏于西京、东都往来之路作行宫千余间。二十八年春正月，于两京路及城中苑内种果树。《卷之六·关中四》

3. 永泰长安种六街树

永泰二年（766年）春，种城内六街树，禁侵街筑垣舍者。（中朝故事云：天街两畔槐木俗号为槐衙，曲江池畔多柳，亦号为柳衙，以其成行排立也。骆宾王诗：杨沟连凤阙，槐路拟鸿都。旧书吴凑传云：官街树缺，所司植榆以补之。凑曰：榆非九衢之玩，亟命易之以槐。及槐荫成而凑卒，人之树而怀之。）《卷之六·关中四》

4. 建康种好树美竹

东昏侯三年（501年）夏，于阅武堂起芳乐苑，山石皆涂以五采，跨池水立紫阁诸楼观，壁上画男女私亵之像。种好树美竹，天时盛暑，未及经日，便就萎枯。于是征求民家，望树便取，毁撤墙屋以移致之，朝栽暮拔，道路相继，花药杂草，亦复皆然。《卷之十三·建康》

5. 开封种杨柳榆

按宋史地理志：新城周迴五十里百六十五步。……其后又于金辉门南置开远门。其濠曰护龙河，阔十余丈，濠之内外皆植杨柳，粉墙朱户，禁人往来。

东京梦华录曰：新城每百步设马面、战棚，……城里牙道，各植榆柳成荫。

《卷之十六·开封·宋京城》

二三、王夫之（1619~1692年）

王夫之字而农，号薑斋，明末清初的思想家、学者。晚年居衡阳西北石船山，因称船山先生。一生坚持爱国主义和唯物主义的批判与战斗精神，总结和发展了中国传统的唯物主义，创立了博大的哲学体系，是启蒙主义思想的先导之一。著书七十种，收入《船山遗书》。

王夫之认为"形而上"的"道"与"形而下"的"器"所标志的一般（共同本质、普遍规律）和个别（具体事物及其特殊规律），两者是"统此一物"的两个方面，是不能分离的；对发展观，他把自然界看作永恒运动生化着的物质过程，"天地之气，恒生于动而不生于静"，明确肯定"静由动得"而"动静皆动"，以为相对的静止是万物得以形成的必要条件；对知行关系，他强调"行"在认识过程中的主导地位，"行可兼知，而知不可兼行"，"知行相资以为用"，提出"知之尽，则实践之"的命题，人可以在改造自然、社会和自我的实践中，发挥重大作用。

王夫之认为，客观现实本身就有美，这种美是在事物的运动中产生和发展的，即"两间之固有者，自然之华，因流动生变而成其绮丽"。艺术家真实地反映这种现实美，"貌其本荣，如所存而显之"，就产生了艺术美。王夫之强调艺术家必须有丰富的直接经验，强调"身之所历，目之所见，是铁门限"，在文艺领域中坚持了一条唯物论的认识路线。

王夫之认为，凡是优秀的作品都是"内极才情，外周物理"，也就是说，能够反映客观事物的本质和规律。对艺术创作中的情与景的关系，他认为二者"虽有在心、在物之分"，但又是相辅相成、不可割裂的，景生情，情生景，真正美的艺术创作，应该"含情而能达，会景而生心，体物而得神。"王夫之的这些论述，既指出了艺术的形象思惟的特点，又坚持了唯物论的反映论的原则，更对情景交融作了深入阐发，客观上启迪了后来的王国维对该问题的论述。

本书引文据人民文学出版社《薑斋诗话》、中华书局《尚书引义》、船山学社 1917 年版《船山古近体诗评选三种》。

1. 情与景，比与兴，情景名为二，而实不可离

兴在有意无意之间，比亦不容雕刻。关情者景，自与情相为珀芥也。情景虽有在心在物之分，而景生情，情生景，哀乐之触，荣悴之迎，互藏其宅。天情物理，可哀而可乐，用之无穷，流而不滞；穷且滞者不知尔。"吴楚东南坼，乾坤日夜浮。"乍读之若雄豪，然而适与"亲朋无一字，老病有孤舟"相为融浃。当知"倬彼云汉"，颂作人者增其辉光，忧旱甚者益其炎赫，无适而无不适也。唐末人不能及此，为玉合底盖之说，孟郊、温庭筠分为二垒。天与物其能为尔阛分乎？（《薑斋诗话》卷一）

情景名为二，而实不可离。神于诗者，妙合无垠。巧者则有情中景，景中情。景中情者，如："长安一片月"，自然是孤栖忆远之情；"影静千官里"，自然是喜达行在之情。情中景尤难曲写，如"诗成珠玉在挥毫"，写出才人翰墨淋漓、自心欣赏之景。凡此类，知者遇之；非然，亦鹘突看过，作等闲语耳。（《薑斋诗话》卷二）

不能作景语，又何能作情语邪？古人绝唱句多景语，如"高台多悲风"，"胡蝶飞南园"，"池塘生春草"，"亭皋木叶下"，"芙蓉露下落"，皆是也，而情寓其中矣。以写景之心理言情，则身心中独喻之微，轻安拈出。谢太傅于《毛诗》取"訏谟定命，远猷辰告"，以此八字如一串珠，将大臣经营国事之心曲，写出次第：故与"昔我往矣，杨柳依依；今我来思，雨雪霏霏"同一达情之妙。（《薑斋诗话》卷二）

近体中二联，一情一景，一法也。"云霞出海曙，梅柳渡江春。淑气催黄鸟，晴光转绿苹"，"云飞北阙轻阴散，雨歇南山积翠来。御柳已争梅信发，林花不待晓风开"，皆景也。何者为情？若四句俱情，而无景语者，尤不可胜数。其得谓之非法乎？夫景以情合，情以景生，初不相离，唯意所适。截分二橛，则情不足兴，而景非其景。且如"九月寒砧催木叶"二句之中，情景作对；"片石孤云窥色相"四句，情景双收：更从何处分析？陋

人标陋格，乃谓"吴楚东南坼"四句，上景下情，为律诗宪典，不顾杜陵九原大笑；愚不可瘳，亦孰与疗之？（《薑斋诗话》卷二）

景中生情，情中含景，故曰，景者情之景，情者景之情也。高达夫则不然，如山家村筵席，一荤一素。（《唐诗评选》卷四岑参《首春渭西郊行呈蓝田张二主簿》）

情景合一，自得妙语。撑开说景者，必无景也。（《明诗评选》卷五沈明臣《渡峡江》）

龙湖高妙处，只在藏情于景，间一点入情，但就本色上露出，不分涯际，真五言之圣境也。（《明诗评选》卷五张治《秋郭小寺》）

古今人能作景语者，百不一二，景语难，情语尤难也。"世人皆欲杀，吾意独怜才"，非情语。"不才明主弃，多病故人疏"，尤非情语。偃偨讼理，唐人不免，况何大复一流冲喉直撞，如里役应县令者哉。先生尤工于言情，萦纡曲尽，《谷风》《蟋蟀》之后，不愧古人矣。（《明诗评选》卷五曹学佺《寄钱受之》）

结一点即活，愈知两分情景者之求活得死也。（《明诗评选》卷五石沆《无题》）

杂用景物入情，总不使所思者一见端绪，故知其思深也。（《古诗评选》卷一《伤歌行》）

于景得景易，于事得景难，于情得景尤难。"游马后来，辕车解轮"，事之景也；"今日同堂，出门异乡"，情之景也。子建而长如此，即许之天才流丽可矣。（《古诗评选》卷一曹植《当来日大难》）

只在适然处写结语，亦景也，所谓人中景也。公子嘉作公行略云，或有以格律气骨论公诗者，公不为动，应谓此耳。以一情一景为格律，以颜色言情为气骨，雅人之不屑久矣（《明诗评选》卷五文微明《四月》）

诗以道情，道之为言路也。情之所至，诗无不至，诗之所至，情以之至，一遵路委蛇，一拔木通道也。然适越者至越尔，今日适越而昔来。古今通哂，东渐闽西涉蜀，以资越之眷属，则令人日交错于舟车而无已时，无他，不足于情中故也。古人于此，乍一寻之，如蝶无定宿，亦无定飞，乃往复百歧，总为情止，卷舒独立，情依以生，空杳之迹微，大忍之力定，视彼充然者岂不能，然薄天子而不为耳。（《古诗评选》卷四李陵《与苏武诗》）

语有全不及情，而情自无限者，心目为政，不恃外物故也。"天际识归舟，云间辨江树"隐然一含情凝眺之人呼之欲出，以此写景，乃为活景。故人胸中无丘壑，眼底无性情，虽读尽天下书，不能道一句。司马长卿谓读千首赋便能作赋，自是英雄欺人。（《古诗评选》卷五谢朓《之宣城郡出新林浦向板桥》）

从闻捣衣者想象即雅。代捣衣者言情，即易入俗稚。其妙尤在平浑无痕。结语可谓丽以则，丽可学，则不可至也。（《古诗评选》卷一温子升《捣衣篇》）

游览诗固有适然未有情者，俗笔必强人以情，无病呻吟，徒令江山短气。写景至处，但令与心目不相睽离，则无穷之情，正从此而生。一虚一实、一景一情之说生，而诗遂为阱为梏为行尸。噫！可畏也哉，（《古诗评选》卷五孝武帝《济曲阿后湖》）

一味从情上写，更不入事，此谓实其所虚。苏武、李陵不期被祝生夺却项下珠也。（《明诗评选》卷四祝允明《别唐寅》）

所思为何者，终篇求之不得，可性可情，乃《三百篇》之妙用，盖唯抒情在己，弗待于物发思，则虽在淫情，亦如正志，物自分而己自合也。呜呼！哭死而哀，非为生者，圣化之通于凡心不在斯乎！（《古诗评选》卷一曹丕《燕歌行》）

一色用兴写成，藏锋不露。歌行虽尽意排宕，然吃紧处亦不可一丝触犯。如禅家普说相似，正使横说竖说，皆绣出鸳鸯耳。金针不度，一度即非金针也。（《明诗评选》卷二朱器封《均州乐》）

句句叙事，句句用兴用比，比中生兴，兴外得比，宛转相生，逢原皆给。故人患无心耳，苟有血性有真情如子山者，当无忧其不淋漓酣畅也。（《古诗评选》卷一庾信《燕歌行》）

2. 身之所历，目之所见，是铁门限

身之所历，目之所见，是铁门限。即极写大景，如"阴晴众壑殊"、"乾坤日夜浮"，亦不逾此限。非按舆地图便可云"平野入青徐"也，抑登楼所得见者耳。隔垣听演杂剧，可闻其歌，不见其舞；更远则但闻鼓声，而可云所演何出乎？前有齐、梁，后有晚唐及宋人，皆欺心以炫巧。（《薑斋诗话》卷二）

二四、叶燮（1627~1703 年）

叶燮字星期，号已畦，学者称横山先生，吴江（今苏州）人。有《已畦诗文集》、《原诗》等。

叶燮认为艺术的本源是客观的"理"、"事"、"情"，"以在我之四（'才'、'胆'、'识'、'力'），衡在物之三（'理'、'事'、'情'），合而为作者之文章"。这一唯物主义的艺术本源论，是叶燮在文学理论上的主要创造，并以此为自己理论的宗旨。

叶燮在反映论的基础上，分析了"才"、"胆"、"识"、"力"四者的关系，强调"识"的重要，指出"识为体，而才为用，若不足于才，当先研精推求乎识"，"识明则胆张"。从而反对了艺术上的天才论。

叶燮对于艺术作为审美认识的特殊性作了深刻的分析，指出："惟不可名言之理，不可施见之事，不可径达之情，则幽渺以为理，想象以为事，惝恍以为情，方为理至、事至、情至之语。"这就是说，艺术家通过形象思维，可以达到更高一级的真实。

关于工拙美恶，他提出"当争是非，不当争工拙"，"是非明则工拙定"。由此出发，他重质轻文；重自然而轻人工，"自然之理不论工拙，随在而有，不斧不凿"；他反对片面追求"陈熟"或者"生新"，认为两者均"各有美有恶，非美恶有所偏于一者"，若能"抒写胸襟，发挥景物，境皆独得，意自天成，……忘其为熟，转益见新，无适不可也。"

叶燮还在他的唯物主义艺术本源论的基础上，深刻地论述了艺术的发展观——艺术的继承和创新的关系，论述了艺术的形式美、艺术风格的多样化、诗品与人品的统一等多方面的问题。

本书引文据清戊午孟夏梦篆楼刊本《已畦文集》。

1. 以在我之四，衡在物之三，合而为作者之文章

曰理，曰事、曰情，此三言者足以穷尽万有之变态。凡形形色色，音声状貌，举不能越乎此。此举在物者而为言，而无一物之或能去此者也。曰才、曰胆、曰识、曰力，此四言者所以穷尽此心之神明。凡形形色色，音声状貌，无不待于此而为之发宣昭著。此举在我者而为言，而无一不如此心以出之者也。以在我之四，衡在物之三，合而为作者之文章。大之经纬天地，细而一动一植，咏叹讴吟，俱不能离是而为言者矣。(《原诗》内篇)

游览诗切不可作应酬山水语。如一幅画图，名手各各自有笔法，不可错杂。又名山五岳亦各各自有性情气象，不可移换，作诗者以此二种心法，默契神会；又须步步不可忘我是游山人，然后山水之性情气象，种种状貌变态影响，皆从我目所见、耳所听、足所履而出，是之谓游览。且天地之生是山水也，其幽远奇险，天地亦不能一一自剖其妙，自有此人之耳目手足一历之，而山水之妙始泄。如此方无愧于游览，无愧乎游览之诗。(《原诗》外篇)

2. 物之美本乎天

凡物之生而美者，美本乎天者也，本乎天自有之美也。然孤芳独美，不如集众芳以为美。待乎集事在乎人者也。夫众芳非各有美，即美之类而集之。集之云者，生之植之，养之培之，使天地之芳无遗美，而其美始大。(《已畦文集》卷六《滋园记》)

凡物之美者，盈天地间皆是也，然必待人之神明才慧而见。而神明才慧本天地间之所共有，非一人别有所独受而能自异也。故分之则美散，集之则美合，事物无不然者。(《已畦文集》卷九《集唐诗序》)

3. 天地之至文

天地之大文，风云雨雷是也。风云雨雷，变化不测，不可端倪，天地之至神也，即至文也。试以一端论：泰山之云，起于肤寸，不崇朝而遍天下。吾尝居泰山之下者半载，熟悉云之情状：或起于肤寸，弥沦六合；或诸峰竞出，升顶即灭；或连阴数月；或食时即散；或黑如漆；或白如雪；或大如鹏翼；或乱如散鬈；或块然垂天，后无继者；或联绵纤微，相续不绝；又忽而黑云兴，土人以法占之，曰"将雨"，竟不雨；又晴云出，法占者曰"将晴"，乃竟雨。云之态以万计，无一同也。以至云之色相，云之性情，无一同也。云或有时归，或有时竟一去不归，或有时全归，或有时半归，无一同也。此天地自然之文，至工也。若以法绳天地之文，则泰山之将出云也，必先聚云族而谋之曰：吾将出云，而为天地之文矣，先之以某云，继之以某云，以某云为起，以某云为伏，以某云为照应、为波澜，以某云为逆入，以某云为空翻，以某云为开，以某云为阖，以某云为掉尾。如是以出之，如是以归之，一一使无爽，而天地之文成焉。无乃天地之劳于有泰山，泰山且劳于有是云，而出云且无日矣！苏轼有言："我文如万斛源泉，随地而出。"亦可与此相发明也。(《原诗》内篇)

二五、《名山图》、《天下名山图咏》

　　《名山图》是明代崇祯六年（1633年），由墨绘斋刊。书中有仿自地方志而绘出的山水名景图55幅。作者分别是郑千里、吴左千、赵文度、杜士良、陈路若、黄长吉、蓝田叔、孙子真、刘叔宪、单继之等。图中的岗岭岩壑、烟云飞瀑、亭台园榭形神兼备，是早期描写风景园林的佳作和刻刊本。

　　《天下名山图咏》是清代光绪二年（1876年），山谷书屋石印本，由清代沈锡龄撰辑。书中分省汇录了各地的山水景胜112处，每处均有情景逼真的图绘、简介和名家诗咏，可与《名山图》对照研析。

1.《名山图》选录①

7.1.1. 燕山

7.1.2. 盘山

7.1.3. 钟山

7.1.4. 燕矶（矶）

---

① 本图转引自《风景园林设计资料集—风景规划》2006年版。

7.1.5. 茅山　　　　　　　　　　　　　　　7.1.6. 九华

2.《天下名山图咏》选录①

7.4.1. 天寿山

7.4.2. 西山

7.4.3. 燕山

7.4.4. 盘山

7.4.5. 十三山

7.4.6. 东岳泰山

二六、石涛（1642~约1718年）

石涛本姓朱，名若极，法名原济，字石涛，又号苦瓜和尚、大涤子、清湘陈人等，善画山水及花果兰竹，画名极盛。著有《苦瓜和尚画语录》及后人所辑《大涤子题画诗跋》等。

清初，文艺领域里盛行复古主义的思潮。在绘画方面，宣扬以古为法，以古为我。石涛的《画语录》就是针对这种复古主义思潮而写的。

石涛强调"有我"，要求画家显自己之面目，发自己之肺腑，虽法古而不泥于古，达到师古而化之。为此，他提出须面向自然，"搜尽奇峰打草稿"，使山川与自己神遇而迹化，这种主张在当时是有进步意义的。他一反仿古之风，构图新奇，笔墨雄健纵姿，在气概与风神上自具独特面目，于气势豪放中寓有静穆气氛，为同代诸家所不及。

过去的一些画论著作往往只限于讨论具体的绘画技法，很少涉及一般的世界观，石涛的《画语录》则将绘画技法与对宇宙的看法结合起来，理论性和系统性都比较强。从这个角度看，《画语录》也值得我们重视和研究。

本书引文据《石涛画语录》（人民美术出版社）。

1. 山川[*]——搜尽奇峰打草稿

得乾坤之理者，山川之质也。得笔墨之法者，山川之饰也。知其饰而非理，其理危矣。知其质而非法，其法微矣。是故古人知其微危，必获于一。一有不明，则万物障。一无不明，则万物齐。画之理，笔之法，不过天地之质与饰也。山川，天地之形势也。风雨晦明，山川之气象也。疏密深远，山川之约径也。纵横吞吐，山川之节奏也。阴阳浓淡，山川之凝神也。水云聚散，山川之联属也。蹲跳向背，山川之行藏也。高明者，天之权也。博厚者，地之衡也。风云者，天之束缚山川也。水石者，地之激跃山川也。非天地之权衡，不能变化山川之不测；虽风云之束缚，不能等九区之山川于同模；虽水石之激跃，不能别山川之形势于笔端。且山水之大，广土千里，结云万里，罗峰列嶂，以一管窥之，即飞仙恐不能周旋也。以一画测之，即可参天地之化育也。测山川之形势，度地土之广远，审峰嶂之疏密，识云烟之蒙昧。正踞千里，邪睨万重，统归于天之权、地之衡也。天有是权，能变山川之精灵；地有是衡，能运山川之气脉；我有是一画，能贯山川之形神。此予五十年前，未脱胎于山川也；亦非糟粕其山川而使山川自私也。山川使予代山川而言也，山川脱胎于予也，予脱胎于山川也。搜尽奇峰打草稿也。山川与予神遇而迹化也，所以终归之于大涤也。（《山川章第八章》）

2. 变化[*]（节录）

凡事有经必有权，有法必有化。一知其经，即变其权；一知其法，即功于化。夫画，天下变通之大法也，山川形势之精英也，古今造物之陶冶也，阴阳气度之流行也，借笔

墨以写天地万物而陶泳乎我也。……我之为我，自有我在。(《变化章节三》)

3. 笔墨[*]（节录）

山川万物之具体:有反有正,有偏有侧,有聚有散,有近有远,有内有外,有虚有实,有断有连,有层次,有剥落,有丰致,有飘缈,此生活之大端也。故山川万物之荐灵于人,因人操此蒙养生活之权。苟非其然,焉能使笔墨之下,有胎有骨,有开有合,有体有用,有形有势,有拱有立,有蹲跳,有潜伏,有冲霄,有崱〔崩〕屴,有磅礴,有嵯峨,有巉岏,有奇峭,有险峻,一一画其灵而足其神!(《笔墨章第五》)

4. 境界[*]

分疆三叠两段,似乎山水之失;然有不失之者。如自然分疆者,"到江吴地尽,隔岸越山多"是也。每每写山水,如开辟分破,毫无生活,见之即知。分疆三叠者:一层地,二层树,三层山,望之何分远近? 写此三叠奚啻印刻? 两段者:景在下,山在上,俗以云在中,分明隔做两段。为此三者,先要贯通一气,不可拘泥分疆三叠两段,偏要突手作用,才见笔力,即入千峰万壑,俱无俗迹。为此三者入神,则于细碎有失,亦不碍矣。(《境界章第十》)

5. 蹊径[*]

写画有蹊径六则:对景不对山,对山不对景,倒景,借景,截断,险峻。此六则者,须辨明之。对景不对山者,山之古貌如冬,景界如春,此对景不对山也。树木古朴如冬,其山如春,此对山不对景也。如树木正,山石倒,山石正,树木倒,皆倒景也。如空山杳冥,无物生态,借以疏柳嫩竹,桥梁草阁,此借景也。截断者,无尘俗之境,山水树木,翦头去尾,笔笔处处,皆以截断,而截断之法,非至松之笔莫能入也。险峻者,人迹不能到,无路可入也。如岛山、渤海、蓬莱、方壶,非仙人莫居,非世人可测,此山海之险峻也。若以画画险峻,只在峭峰、悬崖、栈道崎岖之险耳,须见笔力是妙。(《蹊径章第十一》)

6. 林木[*]

古人写树,或三株、五株、九株、十株,令其反正阴阳,各自面目,参差高下,生动有致。吾写松柏、古槐、古桧之法,如三五株其势似英雄起舞,俛仰蹲立,蹁跹排宕,或硬或软,运笔运腕,大都多以写石之法写之。五指、四指、三指皆随其腕转,与肘伸去缩来,齐并一力。其挥笔极重处,却须飞提纸上,消去猛气;所以或浓或淡,虚而灵,空而妙。大山亦如此法,余者不足用。生疏中求破碎之相,此不说之说矣。(《林木章第十二》)

7. 海涛[*]（节录）

海有洪流,山有潜伏;海有吞吐,山有拱揖;海能荐灵,山能脉运。山有层峦叠嶂,邃谷深崖,巉岏突兀,岚气雾露,烟云毕至,犹如海之洪流,海之吞吐,此非海之荐灵,亦山之自居于海也。海之汪洋，海之含泓，海之激啸，海之蜃楼雉气，海之鲸跃龙腾。海潮如峰，海汐如岭，此海之自居于山也，非山之自居于海也。山海自居若是，而人亦有目视之者。……（《海涛章第十三》）

8. 四时 *

凡写四时之景，风味不同，阴晴各异，审时度候为之。古人寄景于诗，其春日："每同沙草发，长共水云连。"其夏日："树下地常阴，水边风最凉。"其秋日："寒城一以眺，平楚正苍然。"其冬日："路渺笔先到，池寒墨更圆。"亦有冬不正令者，其诗曰："雪悭天欠冷，年近日添长。"虽值冬似无寒意，亦有诗曰："残年日易晓，夹雪雨天晴。"以二诗论画，欠冷、添长、易晓、夹雪，摹之不独于冬，推于三时，各随其令。亦有半晴半阴者："片云明月暗，斜日雨边晴。"亦有似晴似阴者："未须愁日暮，天际是轻阴。"予拈诗意以为画意，未有景不随时者。满目云山，随时而变，以次哦之，可知画即诗中意，诗非画里禅乎？（《四时章第十四》）

9. 法无定相，气概成章

古人写树叶苔色，有深墨浓墨，成分字、个字、一字、品字、厶字，以至攒三聚五，梧叶、松叶、柏叶、柳叶等垂头、斜头诸叶，而形容树木、山色、风神态度。吾则不然。点有风雪雨晴四时得宜点，有反正阴阳衬贴点，有夹水夹墨一气混杂点，有含苞藻丝缨络连牵点，有空空阔阔干燥没味点，有有墨无墨飞白如烟点，有焦似漆邋遢透明点。更有两点，未肯向学人道破。有没天没地当头劈面点，有千岩万壑明净无一点。噫！法无定相，气概成章耳。

……书与画，天生自有一人职掌一人之事。（《石涛题画》）

二七、郑板桥（1693~1765 年）

郑板桥名燮，字克柔，工诗词书画，尤善画兰竹，为"扬州八怪"之一。书亦别致。有《板桥全集》。

郑板桥，少孤贫，天资奇纵，慷慨啸傲。自谓"凡吾画兰、画竹、画石，用以慰天下劳人，非以供天下之安享人也。"自称"四时不谢之兰，百节长青之竹，万古不败之石，千秋不变之人"，借以寄托其坚韧倔强的品格。

郑板桥主张诗文要"沉着痛快"，"道着民间痛痒"，推崇"掀天揭地之文，震电惊雷之字，呵神骂鬼之谈，无古无今之画"。他的这些主张，表现了现实主义的倾向，在当时具有积极的意义。

郑板桥根据自己丰富的创作经验，论述了艺术创作过程中"眼中之竹"、"胸中之竹"和"手中之竹"的区别和转化。这是研究艺术思维规律的一个重要思想资料，值得重视。

本书引文据中华书局上海编辑所《郑板桥集》。

1. 眼中之竹，胸中之竹，手中之竹

江馆清秋，晨起看竹，烟光、日影、露气，皆浮动于疏枝密叶之间。胸中勃勃，遂有画意。其实胸中之竹，并不是眼中之竹也。因而磨墨展纸，落笔倏作变相，手中之竹又不是胸中之竹也。总之，意在笔先者，定则也；趣在法外者，化机也。独画云乎哉！（《题画》）

2. 写其神，写其生，不拘成局

画竹之法，不贵拘泥成局，要在会心人深神，所以梅道人能超最上乘也。盖竹之体，瘦劲孤高，枝枝傲雪，节节干霄，有似乎士君子豪气凌云，不为俗屈。故板桥画竹，不特为竹写神，亦为竹写生。瘦劲孤高，是其神也；豪迈凌云，是（其）生也；依于石而不囿于石，是其节也；落于色相而不滞于梗概，是其品也。竹其有知，必能谓余为解人；石也有灵，亦当为余首肯。（补遗）

3. 一块元气团结而成画

古之善画者，大都以造物为师。天之所生，即吾之所画，总需一块元气团结而成。……聊作二十八字以系于后：敢云我画竟无师，亦有开蒙上学时。画到天机流露处，无今无古寸心知。（补遗）

二八、《广群芳谱》（1709 年）

《广群芳谱》是在王象晋著的《群芳谱》的基础上增补编成。由汪灏等著于清康熙四十七年（1708 年）。"原本群芳谱，大抵讬兴群芳、寄情花木，可为风雅之助"，可以"与同志者共焉，相与怡情，相与育物，相与阜财用而厚民生，"可以"使吾民优游于农圃之中，家室盈宁，乐其业而不惮（畏难）其勤。"

今本《广群芳谱》是 1985 年 6 月上海书店据 1935 年商务印书馆《国学基本丛书》影印出版。全书总四册 100 卷，内分 11 谱，共介绍了天时四季约 1400 多种事物。对每一物分为四部分介绍：①详释名状，②汇考征据事实，③集藻传记文典杂著，④别录制用移植等目。

因篇幅局限，本书仅摘选王象晋原叙、御制佩文斋序和总目录。又因第四章已节录有白居易养竹记，范成大梅谱、菊谱等内容，这里则节录"木谱"中的"松"的介绍，本书合计有了松竹梅菊等四个名物的介绍。

1. 王象晋原叙[*]（节录）

……予性喜種植，斗室傍羅盆草數事，瓦缽內蓄文魚數頭，薄田百畝，足供饘粥。

郭門外有園一區，題以"涉趣"，中為亭，顏以"二如"，雜藝蔬茹數十色，樹松竹棗杏數十株，植雜草野花數十器。種不必奇異，第取其生意鬱勃，可覘化機；美實陸離，可充口食；較晴雨時澆灌，可助天工；培根核，屏菑翳，可驗人事。暇則抽架上農經花史，手錄一二則，以補咨詢之所未備。每花明柳媚，日麗風和，攜斗酒，摘畦蔬，偕一二老友，話十餘年前陳事。醉則偃仰於花茵莎榻，淺紅濃綠間，聽松濤醋鳥語，一切升沉寵辱，直付之花開花落。因取平日所涉歷咨詢者，類而著之於編，而又冠以天時歲令，以便從事。歷十餘寒暑始克就緒，題之曰"二如亭群芳譜"，與同志者共焉。相與怡情，相與育物，相與阜財用而厚民生……

2. 御制佩文斋序 *（节录）

……比见近人所纂《群芳谱》，搜辑众长，义类可取。但惜尚多疏漏，因命儒臣即秘府藏帙，捃摭荟萃，删其支冗，补其阙遗。上原六经，旁据子史，洎夫稗官野乘之言，才士之所歌吟，田夫之所传述，皆著于篇。而奇花瑞草之产于名山，贡自远徼绝塞，为前代所未见闻者，亦咸列焉。复允廷臣之请，益以朕所赋咏。依类分载，总一百卷，命名曰《佩文斋广群芳谱》。……

3. 总目录

天時譜六卷（四季 12 月）
穀譜四卷（40 种）
桑麻譜二卷（7 种）
蔬譜五卷（110 种）
茶譜四卷（难计算）
花譜三十二卷（186 种）
果譜十四卷（160 种）
木譜十四卷（230 种）
竹譜五卷（难计算）
卉譜六卷（185 种）
藥譜八卷（495 种）

4. 木谱（卷第 68）

松一

原：松百木之長猶公故字從公，礧柯多节，盤根樛枝，皮粗厚，望之如龙鳞，四时常青，不改柯叶。三鍼者爲栝子松，七鍼者爲果松，千歲之松，下有茯苓，上有兔絲，又有赤松白松鹿尾松，秉性尤異，至如石橋怪松，則巉巖陁石所礙，鬱不得伸，變為偃蹇，離奇輪困，非松之性也。增：【廣雅】道梓松也。【西陽雜俎】金松葉似麥門冬，葉中一縷如金綖，出浙東台州尤多，洛中有魚甲松，【學圃餘疏】栝子松俗名剔牙松，歲久亦生實。

匯考原：【書禹貢】岱畎絲枲，鉛松怪石，【詩衛風】淇水悠悠，檜楫松舟。增：【鄭風】山有橋松。原：【小雅】如松柏之茂，無不爾或承。【魯頌】徂來之松，松桷有舃，路寝孔碩。【商頌】陟彼景山，松柏丸丸，松桷有梴，旅楹有閑，寢成孔安。【禮記禮器】其在人也，如竹箭之有筠也，如松柏之有心也，二者居天下之大端矣，故貫四時而不改柯易葉。【周禮夏官】河内曰冀州，其利松柏。【左傳】培壇無松柏，松柏之下，其草不殖。【論語】夏后氏以松，歲寒然後知松柏之後凋也。【史記龜策傳】松柏為百木長，而守門閭。【晉書山濤傳】濤年踰耳順，居喪過禮，負土成墳，手植松柏。【孫綽傳】綽所居齋前種一株松，恒自守護，鄰人謂之曰，松樹子非不楚楚可愛，但恐永無棟梁用耳，綽荅曰，楓柳雖復合抱，亦何所施耶。增:【晉書孝友傳】許孜二親沒，建墓於縣之东山，列植松柏，亘五六里，時有鹿犯其松栽，孜悲嘆曰，鹿獨不念我乎，明日忽見鹿为猛獸所殺，置於所犯栽下，孜悵悷不已，乃为作塚埋於隧側，猛獸即於孜前自撲而死，孜益嘆息，又取埋之，自後樹木滋茂而无犯者。【石勒載記】太興二年大雨霖，中山常山尤甚，溥沱泛溢，衝陷山谷，巨松僵拔，浮於溥沱，東至渤海，原隰之間，皆如山積。【宋書符瑞志】宋文帝元嘉八年四月，東莞莒縣松樹連理。……

　　別录……原:【種藝】八月終，擇成熟松子柏子同收頓，至來年春分時，甜水浸十日，治畦中，下水土糞，漫散子於畦内，如種荣法，或單排點種，上覆土厚二指許，畦上搭短棚蔽日，旱則頻澆，常須濕潤，至秋後去棚，高四五寸，十月中，夾葍稭籬以禦北風，畦内亂撒麥糠覆樹，令梢上厚二三寸，止南方宜微蓋，至穀雨前後，手爬淨澆之，次冬封蓋，如前二年，後於三月帶土移栽，先撅坎，用糞土相合，納坎中，水調成稀泥，栽於内擁土，令坎滿，下水塌實，不用杵築脚踢，次日，看有縫處，以細土掩之，常澆令濕，至十月以土覆藏，毋使露樹，春間去土，次年不須覆，若果松須種於盆，仍用水隔，勿令蟻傷根。【移植】過冬至三候以後，至春社以前，松柏杉槐，一切樹皆可移栽，大樹須廣留土，如一丈樹留土二尺，遠移者二尺五寸，用草繩纏束根土，樹大者從下去枝三二層，記南北運至栽處深鑿穴，先用水足，然後下樹，加乾土，將樹架起搖之，令土至根底皆徧，實土如舊根四圍築實，然後澆水令足，俟乾再加土一二寸，以防乾裂，勿令風入傷根，百株百活，若欲偃蹇婆娑，將大根除去，止留四邊鬚根。【製用】【清異錄】却老霜九鍊松枝為之，辟穀長生，松節松之骨也，質堅氣勁，筋骨間諸病宜之,釀酒巳風痺。松葉一名松毛,除惡疾,安五臟。生毛去風痛脚痺及風濕瘡。松白皮，松根下皮也，解勞益氣。松皮，松樹老皮也，一名赤龍皮，生肌止血，斂瘡口治瘡。松液火燒松枝溢出者，治瘡疥及牛馬瘡。……

二九、《避暑山庄三十六景》（1711 年）

　　避暑山庄又称热河行宫，是我国现存最大的帝王离宫别院。始建于清康熙四十二年（1703），四十七年（1708）初具规模，历经扩建，至乾隆五十五年（1790）建成。有康熙五十年（1711）自写的《避暑山庄记》和以四字题名的三十六景诗，每首诗附有木刻插图一幅。《避暑山庄三十六景》单行本即原刊本的插图，由李一氓先生 1979 年供稿，人民美术出版社于 1983 年出版。本书因篇幅局限仅选录"避暑山庄三十六景序"及部分插图。三十六景名称序列如下：

1.烟波致爽 2.芝径云堤 3.无暑清凉 4.延熏山鋗 5.水芳岩秀 6.万壑松风 7.松鹤清樾 8.云山胜地 9.四面云山 10.北枕双峰 11.西岭晨霞 12.锤峰落照 13.南山积雪 14.梨花伴月 15.曲水荷香 16.风泉清听 17.濠濮间想 18.天宇咸畅 19.暖流暄波 20.泉源石壁 21.清风绿屿 22.莺啭乔木 23.香远益清 24.金莲映日 25.远近泉声 26.云帆月舫 27.芳渚临流 28.云容水态 29.澄泉绕石 30.澄波叠翠 31.石矶观鱼 32.镜水云岑 33.双湖夹镜 34.长虹饮练 35.甫田丛樾 36.水流云在

1. 李一氓避暑山庄三十六景序 *（节录）

……避暑山庄自康熙四十二年（1703 年）动工，真正完成现在这样的规模，则要到乾隆五十五年（1790 年），前后约八十年时间。清朝利用了这个地方，对蒙古、新疆、西藏、青海、四川以及台湾少数民族，进行所谓"怀柔"政策，加强了团结，巩固了统治。乾隆中叶以后，近如朝鲜、安南、南掌、缅甸，远至英国的使节都曾先后到过避暑山庄，进谒清朝皇帝。这时避暑山庄已成了清王朝的第二个政治中心，自然也成了清宫廷阴谋的策源地。如以后咸丰死于避暑山庄，而立同治，杀肃顺，就都是在这里预谋的。

避暑山庄占地 560 万平方米，是我国现存古代帝王宫苑占地面积最大的一处。颐和园仅 290 万平方米。山庄宫墙周长近十公里，宫门有丽正门、德汇门、碧峰门等五处。根据园林布局和建筑用途，山庄可分为宫殿区和苑景区两大部分：

宫殿区在避暑山庄南部，包括"正宫"、"松鹤斋"、"万壑松风"和"东宫"四组建筑群，为清帝举行庆典、处理政务、召见臣僚、接晤使节和一般起居的地方。这些建筑，背山面湖、眼界开阔。

正宫是山庄主要建筑"淡泊敬诚"殿；正前门有丽正门、午门、朝房、"避暑山庄"门。这个殿的性质，相当于北京故宫的"太和殿"。殿后有"四知书屋"、"烟波致爽"、"云山胜地"等宫殿。这些建筑，虽属宫殿，但摒弃台基陛石，琉璃瓦饰，重檐斗栱等构造形式，木用白木，瓦用灰瓦，以求与山林景物相调和。

松鹤斋在正宫东侧，为后妃居住，后附建畅远楼，便于随时眺望湖山景色。

万壑松风位于松鹤斋后，踞岗临湖，古松参天，康熙常于此批阅奏章，乾隆幼年曾于此读书听课。

东宫原在东侧山坡下，有"清音阁"（戏台）、"勤政殿"、"卷阿胜地"等建筑，湖光山色，忽然开朗，尽在眼前。不幸这组建筑早被火灾，今不存。

苑景区是山庄园林建筑的重点所在，可分为湖区、平原区、山区三个部分：

湖区在宫殿区之北，洲岛星布，长堤横亘，山庄风景集中于此。湖面由堤、洲、屿互相连接分割，东为镜湖，南为上湖下湖，西为如意湖，北为澄湖。湖水流经湖闸与宫墙水闸、通武烈川。湖上楼台掩映，馆榭错落，衬以垂柳、红莲，宛似江南水乡。湖景依康熙所题，即有"芝径云堤"、"无暑清凉"、"云山胜地"、"延熏山馆"、"天宇咸畅"、"金莲映月"、"双湖夹镜"、"澄波叠翠"。即占三十六景中八景。湖区东北角有一温泉，即热河命名之由来。

　　平原区在湖区之北，远到"南山积雪"山下，一片平原，沿湖岸自东而西，建有"莆田丛樾"、"莺啭乔木"、"濠濮间想"、"水流云在"四个亭子，为湖区与平原区的划界风景；亦三十六景的四景。在这区内有万树园，老榆万株，浓荫遍地，驯鹿野兔，出没其间。园内无任何建筑，有活动时，张布帐、蒙古包以供应用；清帝以此作为同蒙古等民族进行狩猎、摔跤、赛马、比武的地方。西部乾隆时曾建文津阁，贮《四库全书》一部，书今已移藏北京图书馆，所以馆前道路得"文津街"之名。

　　山区在山庄西北部，面积最大，地形上被松云峡、梨树峪、西峪三条山谷划为四部分。园林建筑即利用山和谷的变化，或依山跨谷，或踞岗临崖，或掩映于林木之中，或起伏于峦陂之上。康熙建"四面云山"、"西岭晨霞"、"南山积雪"、"北枕双峰"、"锤峰落照"五亭，高踞山巅。"梨花伴月"则培植大片梨树林，"风泉清听"则与涓涓流泉声相和。在这地区，也还有若干处康熙时风景建筑，没有列入三十六景的。

　　利用自然地形，舍弃雕梁画栋，保留山林野趣，这是避暑山庄作为皇家园林设计的一个重要的艺术特点。行宫初建时，康熙就有意题以一个纯朴的名字："避暑山庄"。康熙五十年（1711 年）自写《避暑山庄记》。后来，乾隆四十七年（1782 年）自写《避暑山庄后序》，都发挥的是这个论点。……

2. 芝径云堤　并序

　　夹水为堤，逶迤曲折，径分三枝，列大小洲三，形若芝英，若云朵，复若如意。有二桥通舟楫。

芝迳云堤　第二景

3. 水芳岩秀 并序

山清则芳，山静则秀。此地泉甘水清，故择其所宜，邃宇数十间于焉。诵读几暇，养静可以涤烦，可以悦性。作此，自戒始终之意云。

水芳岩秀 第五景

4. 云山胜地 并序

万壑松风之西，高楼北向。凭窗远眺，林峦烟水，一望无极，气象万千，洵登临大观也。

云山胜地 第八景

5. 四面云山　并序

澄泉绕石，迤西，过泉源，盘冈纡岭，有亭翼然，出众山之巅，诸峰罗列，若揖若拱。天气晴朗，数百里外，峦光云影，皆可远瞩。亭中长风四达，伏暑时，萧爽如秋。

四面云山，第九景

6. 曲水荷香

曲水荷香　第十五景

7. 水流云在

水流云在　第三十六景

三十、《圆明园图咏》（1723~1735年）

　　《圆明园图咏》是清代雍正时期（1723~1735年）由朝中大臣主持，将园中四十处名景详尽绘制并赋诗作注，内有雍正帝的《圆明园记》和乾隆帝的《圆明园后记》，是研究圆明园的珍贵资料。该书是据光绪十三年（1888年）天津石印书屋版本原大代印，由河北美术出版社于1987年10月印刷。

　　《圆明园四十景图咏》是清代乾隆元年（1736年）宫廷画师沈源、唐岱绘制，为绢本彩绘。该图册于乾隆十一年（1746年）终裱呈进，安设于圆明园呈览。咸丰十年（1860年）遭"八国联军"劫掠，现藏于法国巴黎国家图书馆。民国16年（1927年），程演生从巴黎拍摄携回，中华书局出版。

　　因篇幅局限，本书仅各录其中三景图咏并列参考。四十景名称按顺序全录如下：

　　1. 正大光明　2 勤政亲贤　3. 九州清晏　4. 镂月开云　5. 天然图画

　　6. 碧桐书院　7. 慈云普护　8. 上下天光　9. 杏花春馆　10. 坦坦荡荡

　　11. 茹古涵今　12. 长春仙馆　13. 万方安和　14. 武陵春色　15. 山高水长

　　16. 月地云居　17. 鸿慈永祜　18. 汇芳书院　19. 日天琳宇　20. 淡泊宁静

　　21. 映水兰香　22. 水木明瑟　23. 濂溪乐处　24. 多稼如云　25. 鱼跃鸢飞

1. 正大光明

正大光明

园南出入贤良门内为正衙不雕不
绘得松轩茅殿意屋后峭石壁立玉
笋嶙峋前庭虚敞四望墙外林木阴
湛花时霏红叠紫层映无际。

《圆明园图咏》清雍正
（1723~1735）

圆明园　正大光明

正大光明

胜地同灵囿，遗规继畅春。
当年成不日，奕代永居辰。
义府庭萝壁，恩波水泻银。
草青思示俭，山静体依仁。
只可方衢室，何须道玉津。
经营惩峻宇，出入引良臣。
洞达心常豁，清凉境绝尘。
每移云馆跸，未费地官缗。
生意荣芳树，天机跃锦鳞。
肯堂弥廑念，俯仰惕心频。

《圆明园四十景图咏》清·乾隆
（1736~1746）

2. 水木明瑟

水木明瑟
用泰西水法引入室中以转风扇泠泠
瑟瑟非丝非竹天籁遥闻林光逾生净
绿郦道元云竹柏之怀与神心妙达智
仁之性共山水效深兹境有焉。

圆明园 水木明瑟

水木明瑟 调寄秋风清
林瑟瑟，水泠泠。
溪风群籁动，山鸟一声鸣。
斯时斯景谁图得，非色非空吟
不成。

3. 蓬岛瑶台

蓬岛瑶台
福海中作大小三岛仿李思训画意为仙山楼
阁之状岩岩亭亭望之若金堂五所玉楼十二
也真妄一如小大一如能知此是三壶方丈便
可半升铛内煮江山。

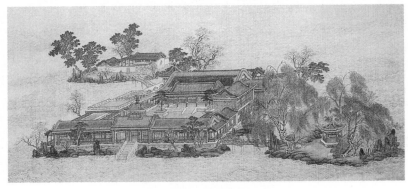

圆明园　蓬岛瑶台

蓬岛瑶台
名葩绰约草葳蕤，
隐映仙家白玉墀。
天上画图悬日月，
水中楼阁浸琉璃。
鹭拳净沼波翻雪，
燕贺新巢栋有芝。
海外方蓬原宇内，
祖龙鞭石竟奚为。

三一、《日下旧闻考》（1775~1788 年）

《日下旧闻考》是乾隆三十九年（1774 年）窦光鼐、朱筠等据《日下旧闻》加以增补、考证而成，到乾隆五十年（1785 年）至五十二年（1787 年）刻版出书，是关于北京史地、城坊、宫殿、名胜等的资料选辑。日下，就是京都，这里专指北京。前书《日下旧闻》是康熙二十五年（1686 年）朱彝尊编辑的 42 卷书，该书刊刻后，清廷在北京大兴土木，尤其大规模兴建风景园林。康熙四十八年（1709 年）始建圆明园，乾隆十年（1745 年）修静宜园，十三年修碧云寺，十六年修清漪园，定名万寿山、昆明湖（今颐和园），十八年修静明园（今香山），在城内大修三海（北海、中海、南海），修景山五亭……，使北京城池、宫殿，皇家园苑有了很大变化。乾隆三十九年（1774 年）开始编辑《日下旧闻考》，由大学士于敏中领衔编著，实际编辑应是窦、朱等人。《日下旧闻考》有 160 卷，是《日下旧闻》的 3 倍，书中辑录有一两千种书，不仅收集、考证、保留了大量珍贵史料，同时也可以看到康熙中叶到乾隆初、中期北京城市的变化，其中记述的皇家园苑，后世大都开放为公共风景园林，也成为进一步研究人类文明发展的重要实证与宝贵遗产。《四库全书总目提要》评论此书："因朱彝尊《日下旧闻》删繁补阙，援古证今……相为考核。……履勘遗迹，订妄以存真，千古舆图，当以此本为准绳矣。"

本书引文据《日下旧闻考》（北京古籍出版社，1981 年版）。

1. 燕山八景 *（节录）

补自宋员外迪以潇湘风景写平远山水八幅，一时观者留题，目为潇湘八景。南渡诗人若陈允平衡仲、张盘叔安、周密公谨、悉汉倬然，皆有西湖十景诗。而北平旧志载金明昌遗事有燕京八景，元人或作为古风，或演为小曲。所谓八景者，居庸叠翠、玉泉垂虹、太液秋风、琼岛春阴、蓟门飞雨、西山积雪、卢沟晓月、金台夕照是也。至永乐间，馆阁诸公相集倡和，蓟门飞雨为蓟门烟树和者相属。因而十室之邑，三里之城，五亩之园，以及琳宫梵宇，靡不有八景诗矣。（寄园寄所寄録）

（1）增琼岛在皇城西北苑中。下瞰池水，环以雉堞，地势陂陀，叠石为山，嶄岩磊砢，层叠而上，石磴阴洞，萦纡蔽亏，乔松古桧，深翳森蔚，隐然神仙洞府也。谓之大山子。山顶有广寒殿，殿之四隅各有亭。左二亭曰玉虹、方壶，右二亭曰金露、瀛洲。山半有三殿，中曰仁智，东曰介福，西曰延和。其下太液池，前有飞桥，以通仪天殿，东有石桥以通琼林苑。山之上常有云气浮空，氤氲五采，郁郁纷纷，变化倏忽，莫测奇妙，故曰琼岛春云［阴］。（燕山八景图诗序）

（2）增太液池在城之右，东瞰琼华岛，而西北南三面极深广。芰荷菱芡，舒红卷翠，鱼跃鸟浮，上下天光，真胜境也。东南有仪天殿，中架长桥以通往来。又有土台，松桧苍苍然，天气清明，日光滉漾，而波澜涟漪，清彻可爱，故曰太液晴波。（燕山八景图诗序）

（臣等谨按）元一统志八景内有太液秋波，明人亦曰晴波，后改为太液秋风，仰荷宸章屡经题咏，益昭画一矣。

（3）增玉泉在宛平县西北三十里。山有石洞三，一在山之西南，其下有泉，深浅莫测。一在山之阳，泉自山而出，鸣若杂佩，色如素练，澄泓百顷，鉴形万象，莫可拟极。一在山之根，有泉涌出，其味甘冽。洞门刻玉泉二字。山有观音阁，又南有石岩，名吕公洞，其上有金时芙蓉殿废址，相传以为章宗避暑处。以兹山之泉，逶迤曲折，蜿蜿然其流若虹，故曰玉泉垂虹。（燕山八景图诗序）

（4）原西山来自太行，连冈叠岫，上干云霄，挹抱回环，争奇献秀。值大雪初霁，凝华积素，若屑琼雕玉，千岩万壑，宛然图画。（戴司成集）（西山晴雪）

原西山诸兰若，白塔无虑数十，与山隈青霭相间。流泉满道，或注荒池，或伏草逵，或散漫尘沙间。春夏之交，晴云碧树，花香鸟声，秋则乱叶飘丹，冬则积雪凝素，信足赏心，而雪景尤胜。（长安客话 以上二条原在郊坰门，今移改）

（5）增蓟门在旧城西北隅。门之外旧有楼馆，雕栏画栋，凌空缥缈，游人行旅，往来其中，多有赋咏。今并废而门犹存。二土阜树木翁然，苍苍蔚蔚，晴烟拂空，四时不改，故曰蓟门烟树。（燕山八景图诗序）

（6）原卢沟本桑干河，俗曰浑河，在都城西南四十里。有石桥横跨二百余步。桥上两旁皆石栏，雕刻石狮，形状奇巧，金明昌间所造。两崖多旅舍，以其密迩京师，驿通四海，行人使客，往来络绎，疏星晓月，曙景苍然，亦一奇也。（戴司成集）

原卢沟晓月为京畿八景之一。（破梦闲谭）

（7）增居庸去北京九十里，在昌平县西北三十里。关之中延袤四十余里，两山夹峙，一水旁流，骑通连驷，车行兼辆。先入南口，过关入北口。关中有峡曰弹琴，道旁有石曰仙枕，两崖峻绝，层峦叠翠。又有石城，横跨东西两山，南北设两门，敌台十二，置军卫以守之。淮南子云，天下有九塞，居庸其一焉。南眺临军都，亦谓之军都山。以兹山苍翠秀丽，故曰居庸叠翠。（燕山八景图诗序）

（8）增金台有三处，并在易州，易水东南。去县三十里者曰大金台，今在大兴县境。去县东南十六里者曰西金台，去县东南一十五里者曰小金台。昔燕昭王尊郭隗，筑宫而师事之，置千金于金台上，以延天下士，遂以得名。其后金人慕其好贤之名，亦建此台，今在旧城内。后之游者，往往极目于斜阳古木之中，徘徊留恋，以寄其遐思，故曰金台夕照。（燕山八景图诗序）

2. 南苑 *（节录）

南海子在都城南二十里。（畿辅通志）

（臣等谨按）南海子即南苑，在永定门外。元时为飞放泊，明永乐时复增广其地，周垣百二十里。我朝因之，设海户一千六百，人各给地二十四亩。春搜冬狩，以时讲武。恭遇大阅，则肃陈兵旅于此。

南苑缭垣为门凡九，正南曰南红门，东南曰迴城门，西南曰黄村门，正北曰大红门，稍东曰小红门，正东曰东红门，东北曰双桥门，正西曰西红门，西北曰镇国寺门。（南苑册）

（臣等谨按）南海子旧辟四门，本朝增之为九门。

南苑总尉一人，正四品，防御八人，正五品。（大清会典）

凡田于近郊，设围场于南苑，以奉宸苑领之。统围大臣都八旗统领等各率所属官兵先莅围场布列，镶黄、正白、镶白、正蓝四旗以次列于左，正黄、正红、镶红、镶蓝四旗以次列于右，两翼各置旗以为表，两哨前队用白，两协用黄，中军用镶黄。驾至围场，合围校猎。（同上）

原正统七年正月，修南海子北门外桥。八年六月，修南海子红桥。十月朔，上谕都察院曰：南海子先朝所治，以时游观。以节劳佚。中有树艺，国用资焉。往时禁例甚严，比来守者多擅耕种其中，至私鬻所有，复纵人刍牧。其即榜谕之，达者罪无赦。十年正月，修南海子北门外红桥。十二年六月，修南海子北门大红桥。天顺二年二月，修南海子行殿大红桥一，小桥七十五。（明英宗实录）

原南海子在京城南二十里，旧为下飞马放泊，内有按鹰台。永乐十二年增广其地，周围凡一万八千六百六十丈。中有海子三，以禁城北有海子，故别名南海子。（明一统志）

（臣等谨按）南苑缭垣实一万九千二百八十丈，海子今实有五。朱彝尊所引明一统志称一万八千六百六十丈有海子三者，实未详考。禁城外北海子即今禁城外之积水潭，详城市门。

原 元制，冬春之交，天子亲幸近郊，纵鹰隼搏击以为游豫之度，谓之飞放。（元史兵志）

原 南苑方一百六十里，苑中有按鹰台，台旁有三海子，皆元之旧也。国朝辟四门，缭以周垣，设海户千人守视。自永乐定都以来，岁时搜猎于此。（大政记）

（臣等谨按）南海子旧辟四门，本朝增为九门。海户亦仍其制。按鹰台即晾鹰台之别名，详见卷首晾鹰台条下。

原 城南二十里有囿曰南海子，一百六十里，中有殿，殿旁晾鹰台，台临三海子，筑七十二桥以渡，元之旧也。海子西北隅，岁清明日蚁集成邱，中一邱高丈，旁三四邱亦数尺，竟日乃散去。土人呼为蚂蚁坟。西墙有沙冈委蛇，岁岁增长，高且三四丈，土人曰沙龙。（帝京景物略）

补 南海子周环一百六十里，有水泉七十二处，元之飞放泊也。晾鹰台，元之仁虞院也。明置二十四园。（梅村集）

3. 畅春园*（节录）

畅春园在南海淀大河庄之北，缭垣一千六十六丈有奇。（畅春园册）

（臣等谨按）畅春园本前明戚畹武清侯李伟别墅，圣祖仁皇帝因故址改建，爰锡嘉名。皇上祗奉慈宁，问安承豫，每于此停憩。因在圆明园之南，亦名前园云。

圣祖仁皇帝御制畅春园记：都城西直门外十二里曰海淀，淀有南有北。自万泉庄平地涌泉，奔流濊濊，汇于丹陵沜。沜之大，以百顷，沃野平畴，澄波远岫，绮合绣错，盖神皋之胜区也。朕临御以来，日夕万几〔机〕，罔自暇逸，久积辛勚，渐以滋疾。偶缘暇时，于兹游憩，酌泉水而甘，顾而赏焉。清风徐引，烦疴乍除，爰稽前朝戚畹武清侯李伟因兹形胜，构为别墅。当时韦曲之壮丽，历历可考，圮废之余，遗址周环十里。虽岁远零落，故迹堪寻。瞰飞楼之郁律，循水栏之逶迤。古树苍藤，往往而在。爰诏内司，少加规度，依高为阜，即卑成池。相体势之自然，取石甓夫固有。计庸界值，不役一夫。宫馆苑籞，足为宁神怡性之所。永惟俭德，捐泰去雕。视昔亭台丘壑林木泉石之胜，絜其广袤，十仅存夫六七。惟弥望涟漪，水势加胜耳。当夫重峦极浦，朝烟夕霏，芳蓼发于四序，珍禽喧于百族。禾稼丰稔，满野铺芬。寓景无方，会心斯远。其或稉稌未实，旸雨非时。临陌以悯胼胝，开轩而察沟浍。占离毕则殷然望，咏云汉则悄然忧。宛若禹甸周原，在我户牖也。每以春秋佳日，天宇澄鲜之时，或盛夏郁蒸，炎景烁金之候，几务少暇，则祗奉颐养，游息于兹。足以迓清和而涤烦暑，寄远瞻而康慈颜。扶舆后先，承欢爰日，有天伦之乐焉。其轩墀爽垲以听政事，曲房邃宇以贮简编，茅屋涂茨，略无藻饰。于焉架以桥梁，济以舟楫，间以篱落，周以缭垣，如是焉而已矣。既成而以畅春为名，非必其特宜于春日也。夫三统之迭建，以子为天之春，丑为地之春，寅为人之春，而易文言称乾元统天，则四德皆元，四时皆春也。先王体之以对时育物。使圆顶方趾之众各得其所，跂行喙息之属咸若其生。光天之下，熙熙焉，皞皞焉，八风罔或弗宣，六气罔或弗达，此其所以为畅春者也。若乃秦有阿房，汉有上林，唐有绣岭，宋有艮岳，金钉壁带之饰，包山跨谷之广，朕固不能焉，亦亿所弗取。朕匪敢希踪古人，媲美曩轨，安土阶之陋，惜露台之费，亦惟是顺时宣滞，承颜致养，期万类之义和，思大化之周浃。一民一物，念兹在兹，朕之心岂有已哉？

4. 圆明园*（节录）

圆明园在挂甲屯之北，距畅春园里许。（圆明园册）

（臣等谨按）圆明园为世宗宪皇帝藩邸赐园，康熙四十八年所建。园额今恭悬圆明园殿者，圣祖御书。悬大宫门者，世宗御书。

世宗宪皇帝御制圆明园记：圆明园在畅春园之北，朕藩邸所居赐园也。在昔皇考圣祖仁皇帝听政余暇，游憩于丹陵沜之涘，饮泉水而甘。爰就明戚废墅，节缩其址，筑畅春园。熙春盛暑。朕以扈跸，拜赐一区。林皋清淑，波淀渟泓，因高就深，傍山依水，相度地宜，构结亭榭，取天然之趣，省工役之烦。槛花堤树，不灌溉而滋荣；巢鸟池鱼，乐飞潜而自集。盖以其地形爽垲，土壤丰嘉，百汇易以蕃昌，宅居于兹安吉也。园既成，仰荷慈恩，锡以园额曰圆明。……至若嘉名之锡以圆明，意旨深远，珠未易窥。尝稽古籍之言，体认圆明之德。夫圆而入神，君子之时中也。明而普照，达人之睿智也。……

5. 长春园*（节录）

圆明园之东曰长春园。（长春园册）

（臣等谨按）长春园本圆明园东垣外隙地，旧名水磨村。就添殿宇数所，敬依长春仙馆赐号，锡名曰长春园，额悬宫门。

长春园宫门五楹，东西朝房各五楹，正殿为澹怀堂，后为众乐亭，亭后河北敞宇为云容水态，其西稍南为长桥。（长春园册）

（臣等谨按）澹怀堂内额曰乐在人和。联曰：敷政协民心，好愒箕风毕雨；澄怀观物理，妙参智水仁山。与众乐亭、云容水态诸额皆皇上御题。

（又按）园内诸河之水由圆明园东垣之一空闸五空闸流出，环绕各所，又东出七空闸，灌溉稻田。

云容水态西北循山迳入，建琉璃坊楔三，其北宫门五楹，南向。内为含经堂七楹，后为淳化轩，又后为蕴真斋。含经堂东为霞翥楼，为渊映斋，堂西为梵香楼，为涵光室。（长春园册）

（臣等谨按）淳化轩内额曰奉三无私。联曰：贞石丽延廊，略存古意；淳风扇环宇，冀遂初心。东西廊庑壁间嵌御定淳化阁帖石刻。蕴真斋内额曰礼园书圃，霞翥楼内额曰味腴书屋。

6. 清漪园*（节录）

清漪园建于万寿山之麓，在圆明园西二里许，前为昆明湖。（清漪园册）

（臣等谨按）孙承泽春明梦余录载，瓮山在玉泉山之旁，西湖当其前，金山拱其后，明时旧有圆静寺，后废。今上乾隆十五年，于其地建大报恩延寿寺，命名万寿山。并疏导玉泉诸派，汇于西湖，易名曰昆明湖。设战船，仿福建广东巡洋之制，命闽省千把教演。自后每逢伏日，香山健锐营弁兵于湖内按期水操。若其经流，则自绣漪桥南入长河，引流入京城，绕紫禁城而出，归通惠河通济漕渠，灌溉田亩，实万世永赖之利也。皇上御题额曰清漪园，有御制昆明湖记、清漪园记，恭载卷内。

宫门五楹东向，门外南北朝房。驾两石梁，下为溪河，左右罩门内有内朝房，亦南北向，内为勤政殿七楹。（清漪园册）

7. 静明园 *（节录）

（臣等谨按）静明园在玉泉山之阳，园西山势窈深，灵源浚发，奇征趵突，是为玉泉。山麓旧传有金章宗芙蓉殿，址无考，惟华严、吕公诸洞尚存。康熙年间创建是园，我皇上几余临憩，略加修葺。园内景凡十六，谨依御制十六景诗次序，条列于后。

静明园宫门五楹，南向。门外东西朝房各三楹，左右罩门二，前为高水湖。（静明园册）

（臣等谨按）园内为门六，正中御书宫门额曰静明园。东为东宫门，为小南门，又东为小东门，园内西北为夹墙门，稍南为西宫门。其中水城关闸一，及东宫门南闸，宣泄玉泉，由高水湖东南引入金河，与昆明湖水合流为长河。

宫门内为廓然大公，正殿七楹，东西配殿各五楹。（静明园册）

（臣等谨按）廓然大公为十六景之一，后宇额曰涵万象，皆御题。

廓然大公之北临后湖，湖中为芙蓉晴照，西为虚受堂。（静明园册）

（臣等谨按）芙蓉晴照为十六景之一，檐额曰乐景阁。

乾隆十八年御制芙蓉晴照诗 峰萼如青莲华，其巅相传为金章宗芙蓉殿遗址，名适暗合，非相袭也。秋水南华趣，春光六月红。羞称张氏面，不断卓家风。无意峰光落，恰看晴照同。更传称别殿，旧迹仰晞中。

（臣等谨按）芙蓉晴照御制诗，恭载首见之篇，余不备录。

虚受堂之西，山畔有泉，为玉泉趵突，其上为龙王庙。（静明园册）

（臣等谨按）玉泉趵突为十六景之一，亦为燕山八景之一。旧称玉泉垂虹。第垂虹以拟瀑泉则可，若玉泉则从山根仰出，喷薄如珠，实与趵突之义允合。详见御制玉泉趵突诗，并御制天下第一泉记，记文已恭载形胜卷内。泉上碑二，左刊天下第一泉五字，右刊御制玉泉山天下第一泉记，臣汪由敦敬书。石台上复立碣二，左刊玉泉趵突四字，右勒上谕一通。御题龙王庙额曰永泽皇畿。（卷八十五国朝苑囿）

8. 静宜园 *（节录）

（臣等谨按）香山名胜若来青轩、洪光寺诸处及婆罗宝树，皆昔蒙圣祖仁皇帝临幸，天章肇锡，御额亲题。我皇上清跸所临，略加葺治，敬仰前谟，恭抒辰翰。谨依御制静宜园二十八景诗次第，编载卷内。

静宜园前为城关二，由城关入，东西各建坊楔，中架石桥，下为月河，度桥左右朝房各三楹，宫门五楹。（静宜园册）

（臣等谨按）静宜园额悬宫门檐端，皇上御书。城关南额曰松扉，北额曰萝崿，东坊额曰芝廛，曰烟壑，西坊额曰云衢，曰兰坂。

御制静宜园记:乾隆乙丑秋七月，始廓香山之郛，薙榛莽，剔瓦砾，即旧行宫之基，茸垣筑室。佛殿琳宫,参错相望。而峰头岭腹凡可以占山川之秀,供揽结之奇行者,为亭,为轩,为庐,为广,为舫室,为蜗寮,自四柱以至数楹,添置若干区。越明年丙寅春三月而园成,非创也,盖因也。昔我皇祖于西山名胜古刹,无不旷览。游观兴至,则吟赏托怀。草木为之含辉,岩谷因而增色。恐仆役侍从之臣或有所劳也,率建行宫数宇于佛殿侧。无丹艧之饰,质明而往,信宿而归,牧围不烦。如岫云、皇姑、香山者皆是。而惟香山去圆明园十余里而近。乾隆癸亥,予始往游而乐之。自是之后,或值几暇,辄命驾焉。盖山水之乐不能忘于怀,而左右侍御者之挥雨汗而冒风尘亦可廑也。于是乎就皇祖之行宫,式葺式营,肯堂肯构。朴俭是崇,志则先也,动静有养,体智仁也。名曰静宜,本周子之意,或有合于先天也。殿曰勤政,朝夕是临,与群臣咨政要而筹民瘼,如圆明园也。有憩息之乐,省往来之劳,以恤下人也。山居望远村平畴,耕者,耘者,馌者,获者,敛者,历历在目。杏花菖叶,足以验时令而备农经也。若夫岩峦之怪特,林薄之华滋,足天成而鲜人力。信乎造物灵奥而有待于静者之自得耶!凡为景二十有八,各见于小记而系之诗。

宫门内为勤政殿五楹,南北配殿各五楹,殿前为月河。(静宜园册)

(臣等谨按)勤政殿为二十八景之一。内额曰与和气游。联曰:林月映宵衣,寮寀一堂师帝典;松风传书漏,农桑四野绘豳图。皆皇上御书。月河源出碧云寺,内注正凝堂池中,复经致远斋而南,由殿右岩隙喷注,流绕墀前。

勤政殿后北为致远斋,南向,五楹。斋西为韵琴斋,为听雪轩,东有楼为正直和平。

(静宜园册)

三二、《宸垣识略》——吴长元辑(1788年)

吴长元(生卒不详),字太初,著有《燕兰小谱》、《宸垣识略》等。

《宸垣识略》约成书于乾隆五十三年(1788年),共16卷,记述了北京史地沿革和名胜古迹。该书与《日下旧闻考》为同时代著作,其记述视野及其详简有别,这里仅选录《日下旧闻考》所不详的《景山》内容。

1. 景山

景山一名万岁山,在神武门北,为大内之镇山。高百余丈,周垣二里。

北上门为景山正门,南与神武门相对。

绮望楼在景山前北上门内.后即景山,有五峰,上各有亭,俱供佛像。山旁翼以短垣,接东西围墙。有小门二,山后东曰山左里门,西曰山右里门。中南向者为寿皇殿,门内寿皇殿九间,供圣祖仁皇帝神御,有御制碑文。殿后东北曰集祥阁,西北曰兴庆阁。殿东为永思门,内为永思殿,又东为观德殿,仍明旧也。

护国忠义庙在观德殿东,塑关帝立马像。林木阴翳,周围多植奇果。

厚载门南逼紫禁城，俗所谓煤山者，本万岁山，其高可数十仞，众木森然。相传其下皆聚石炭，以备闭城不虞之用者。

明崇祯七年九月量万岁山，自山顶至山根，斜量二十一丈，折高一十四丈七尺。

万岁山左门、山右门，于万历三十八年添牌，有玩芳亭，万历二十八年更玩景亭，二十九年再更毓秀亭。亭下有寿明洞，又有左右毓秀馆、长春门、长春亭、寿皇殿、万福阁；下曰臻福堂、康永阁；下曰聚仙室、延宁阁；下曰集仙室。万福阁东曰观德殿，又有永寿门、永寿殿、观花殿、集芳亭、会景亭、兴隆阁。万历四十一年，更玩春楼万福阁西曰永安亭，永安门乾佑阁下曰嘉禾馆，乾祐门兴庆阁下曰景明馆。外为山左里门、山右里门。

山左宽旷，为射箭所，故名观德。永寿殿在观德殿东南相近，内多牡丹、芍药。旁有大石壁立，色甚古。臻福堂西有一树，铁云板衔树干内，仅露十之三，盖古物也。（《卷三》）

三三、袁枚（1716~1797 年）

袁枚字子才，号简斋，世称随园先生，晚年自号仓山居士、随园老人。

他 33 岁时，在南京小仓山买"隋园"旧址，筑"随园"，过着论文赋诗、优游自在的生活。 著有《小仓山房诗文集》、《随园诗话》、《子不语》等。

袁枚认为性情是诗之源，作品应该表现个人的性情和遭遇，抒写个人的灵感。

他活跃诗坛 60 余年，存诗 4000 余首，主要有即景抒情的旅游诗和叹古讽今的咏史诗两类。袁枚把"性灵"和"学识"结合起来，以性情、天分和学力为创作基本，以真、新、活 为创作追求。他说："惟我诗人，众妙扶智，但见性情，不著文字。""才者，情之发；才盛，则情深。""诗文自须学力，然用笔构思，全凭天分。""诗难其雅也，有学问而后雅，否则，俚鄙率意也。""诗人之作意用笔，如美人之发肤巧笑，先天也；诗文之征文用典，如美人之衣裳首饰，后天也。"（《补遗》）。他的性灵说较明代公安派全面完整。

本书引文据清乾隆蒋士铨序本《小仓山房集》，人民文学出版社《随园诗话》。

1. 论山水园林

余学古文者也。以文论山，武夷无直笔，故曲；无平笔，故峭：无复笔，故新；无散笔，故遒紧。不必引灵仙荒渺之事，为山称说，而即其超隽之概，自在两戒外别竖一帜。（《小仓山房文集》卷二十九《游武夷山记》）

人之欲惟目无穷。耳耶、鼻耶、口耶，其欲皆易穷也。目仰而观，俯而窥，尽天地之藏，其足以穷之耶？然而古之圣人受之以观，必受之以艮。艮者，止也，于止知其所止。黄鸟且然，而况于人？园，悦目者也，亦藏身者也。（《小仓山房文集》卷十二《随园四记》）

夫物虽佳，不手致者不爱也；味虽美，不亲尝者不甘也。子不见高阳池馆兰亭梓泽乎？苍然古迹，凭吊生悲，觉与吾之精神不相属者何也？其中无我故也。公卿富豪未始不召梓人营池囿，程巧致功，千力万气落成。主人张目受贺而已，问某树某名而不知也。何也？其中亦未尝有我故也。惟夫文士之一水一石，一亭一台，皆得之于好学深思之余。有得则谋，不善则改。其莳如养民，其刈如除恶，其创建似开府，其浚渠堑山如区土宇版章。默而识之，神而明之。惜费故无妄作，独断故有定谋。及其成功也，不特便于己快于意，而吾度材之功苦，构思之巧拙皆于是征焉。(《小仓山房文集》卷十二《随园后记》)

凡园近城则嚣，远城则僻，离城五六里而遥，善居园者，必于是矣。(《小仓山房文集》卷二十九《榆庄记》)

2. 峡江寺飞泉亭记 *

余年来观瀑屡矣，至峡江寺而意难决舍，则飞泉一亭为之也。凡人之情，其目悦，其体不适，势不能久留。天台之瀑，离寺百步，雁宕瀑旁无寺。他若匡庐，若罗浮若青田之石门，瀑未尝不奇，而游者皆暴日中，踞危崖，不得从容以观，如倾盖交，虽欢易别。惟粤东峡，山高不过里许，而磴级纡曲，古松张覆，骄阳不炙。过石桥，有三奇树鼎足立，忽至半空，凝结为一。凡树皆根合而枝分，此独根分而枝合，奇已。登山大半，飞瀑雷震，从空而下。瀑旁有室，即飞泉亭也。纵横丈余，八窗明净，闭窗瀑闻，开窗瀑至。人可坐，可卧，可箕踞，可偃仰，可放笔研，可瀹茗置饮。以人之逸，待水之劳，取九天银河，置几席间作玩。当时建此亭者其仙乎？僧澄波善弈，余命霞裳与之对枰。于是水声、棋声、松声、鸟声，参错并奏。顷之，又有曳杖声从云中来者，则老僧怀远抱诗集尺许，来索余序。于是吟咏之声又复大作，天籁人籁合同而化。不图观瀑之娱，一至于斯，亭之功大矣。(《小仓山房文集》卷二十九《峡江寺飞泉亭记》)

3. 随园记 *

金陵自北门桥西行二里，得"小仓山"。山自"清凉"胚胎，分两岭而下，尽桥而止，蜿蜒狭长，中有清池水田，俗号"干河沿"。河未干时，清凉山为南唐避暑所，盛可想也。凡称金陵之胜者，南曰："雨花台"，西南曰："莫愁湖"，北曰："钟山"，东曰："冶城"，东北曰："孝陵"，曰："鸡鸣寺"。登小仓山，诸景隆然上浮；凡江湖之大，云烟之变，非山之所有者，皆山之所有也。

康熙时，织造隋公。当山之北岭，构堂皇，缭垣牖，树之楸千章，桂千畦，都人游者，翕然盛一时。号曰："隋园"，因其姓也。

后三十年，余宰江宁，园倾且颓弛，其室为酒肆，舆台嚾（huān）呶，禽鸟厌之，不肯妪伏；百卉芜谢，春风不能花。余恻然而悲！问其值，曰："三百金"。购以月俸。茨墙剪阈，易檐改塗。随其高为置江楼，随其下为置溪亭，随其夹涧为之桥，随其湍流为之舟，随其地之隆中而欹侧也为缀峰岫，随其翁郁而旷也为设宧窔，或扶而起之，或挤而止之，皆随其丰杀繁瘠，就势取景，而莫之夭阏者，故仍名曰："随园"，同其音，易其义。

落成，叹曰："使吾官于此，则月一至焉；使吾居于此，则日月［日］至焉；二者不可得兼，舍官而取园者也。"遂乞病，率弟香亭、甥湄君，移书史，居随园。闻之苏子曰："君子不必仕,不必不仕"。然则余之仕与不仕,与居兹园之久与不久,亦随之而已。夫两物之能相易者,其一物之足以胜之也。余竟以一官易此园,园之奇可以见矣。己巳三月记。(《小仓山房文集》卷十二)

4. 西碛山庄记 *

江橙里先生得"西碛山庄"之次年,赋诗八章,走币索余为记。余告之曰："凡游其地而不能忘者,心记之,胜于笔记之也。予游山庄一稔矣,爱其形胜之奇,天施地设,非人所为,故常置诸心目,微子之请,方将书梗概当卧游,而况受主人诓诱耶?"

庄在吴门邓尉之西,旧号"逸园",离城七十里.极蟹胥虾螺之饶。入茸门,古梅铺棻,芳树翁蔚,曲涧巉岩,环庐而呈。所扁表者,有"清晖阁",有"九峰草庐",有"钓雪槎",有"鸥外春沙馆",凡十余处.皆各极其胜。而"腾啸台"为尤奇。台袤夷亩许,"西碛山"从背起接天,苍苍然而临太湖,三万六千顷之烟波,浮涌台下。余游时,适主人程君外出.相传园已售扬州江氏。俄而有持蕴火来置灶者,询之,果江氏家僮。予素知程故高士,能诗,闻其弃园而骇。及闻橙里得之,复娸娸然喜。盖橙里之才且贤,犹夫程君,而与予交,尤狎于程君故也。因思古者杨凭之宅,白傅居之。萧复之宅,王缙居之。天于幽渺复绝之境,往往郑重爱惜,必畀诸克称此居之人,转不若朱门华堂之滥施,而无所于靳也。虽然,学问之道无穷,园亦然。程君治园之力尽矣,故弃园;橙里之力有余,故得园。然则增荣益观,又安知非天之为园计,而故乃舍旧而新是谋耶?经之营之,似亦橙里所不宜得已。

园中亭榭,无可改更。惟台旁少屋,天风清寒,客难久留。得构数椽其间,观鱼龙出没,与缥缈、莫厘二峰朝夕拱挹,岂非置身天际哉!苟此室成,予虽衰,苟不百里重跰而再至者,有如此水。(《吴县志》卷三十九)

三四、《履园丛话》——钱泳 (1759~1844年)

钱泳字立群,一字梅溪,能诗,工隶书,长期作幕客,足迹遍及南北,见闻较广,自称"日积日多,自为笔记,以所居履园名曰丛话"。钱泳的《履园丛话》是清代笔记之作中较有参考价值的一种,共有24卷。其中,碑帖卷中《周石鼓文》条,记述了传世最早的石刻"石鼓"的流传过程,为研究石鼓文提供了方便;古迹、陵墓、园林各卷是实地考察记录,可备研究史地参考。

本书引文据《履园丛话》(中华书局,1979年版)。

1. 周石鼓文 *

周石鼓文在京师太学仪门内,为石刻中最古,高二尺,广径尺余,形似鼓,而顶微圆,其一如臼。相传为周宣王猎鼓也。初弃陈仓野中,(按续汉郡国志右扶风陈仓注引辛氏三秦记云"陈仓有石鼓山,鸣则有兵"并非上有石鼓旧文也。今金石家辄曰陈仓石鼓者,恐误。)唐郑余庆徙凤翔县学,而亡其一。宋皇祐四年，向传师得之民间。大观二年，徙汴京国学，以金嵌其字。靖康二年，金人辇至燕，剔其金，置大兴学。元大德十一年，大都教授虞集始移国学。其篆凡六百五十言，至元中存三百八十六字，今仅存者二百八十余字而已。谓为周宣王鼓者，韩愈、张怀瓘、窦冀也；谓为文王鼓至宣王刻诗者，韦应物也；谓为秦氏之文者，郑樵也；谓宣王而疑之者，欧阳修也；谓宣王而信之者，赵明诚也；谓为成王鼓者，程琳、董逌也；谓为宇文周物者，马定国也，故王伯厚皆驳正之。至杨用修云得李宾之家唐人搨［拓］本全文，恐是升庵伪造。今阳湖孙渊如观察竟取杨本刻诸虎丘孙子祠，亦好奇之甚矣。高宗纯皇帝以乾隆庚戌亲临辟雍，见石鼓漫泐，为立重栏，以蔽风雨，即以原文集为十诗，再刻十石，并御制石鼓文序，仍从韩愈定为宣王时刻。圣训煌煌，垂示万古，真艺林盛事云。（《履园丛话》卷九）

2. 造园

造园如作诗文，必使曲折有法，前后呼应，最忌堆砌，最忌错杂，方称佳构。园既成矣，而又要主人之相配，位置之得宜，不可使庸夫俗子驻足其中，方称名园。今常熟、吴江、昆山、嘉定、上海、无锡各县城隍庙俱有园亭，亦颇不俗。每当春秋令节，乡佣村妇，估客狂生，杂遝欢呼，说书弹唱，而亦可谓之名园乎？

吾乡有“浣香园”者，在“啸傲泾”，江阴李氏世居。康熙末年，布衣李芥轩先生所构，仅有堂三楹，曰：“恕堂”。堂下惟植桂树两三株而已。其前小室，即“芥轩”也。沈归愚尚书未第时，尝与吴门韩补瓢、李客山辈往来赋诗于此，有《浣香园唱和集》，乃知园亭不在宽广，不在华丽，总视主人以传。

有友人购一园，经营构造，日夜不遑。余忽发议论曰：“园亭不必自造。凡人之园亭，有一花一石者，吾来啸歌其中，即吾之园亭矣，不亦便哉！”友人曰：“不然，譬如积赀巨万，买妾数人，吾自用之，岂可与他人同乐耶？”余驳之曰：“大凡人作事，往往但顾眼前，傥有不测，一切功名富贵、狗马玩好之具，皆非吾之所有，况园亭耶？又安知不与他人同乐也”。

吴石林癖好园亭，而家奇贫，未能构筑，因撰《无是园记》，有《桃花源记》、《小园赋》风格。江片石题其后云：“万想何难幻作真，区区丘壑岂堪论。那知心亦为形役，怜尔饥躯画饼人。”“写尽苍茫半壁天，烟云几叠上蛮笺。子孙翻得长相守，卖向人间不值钱。”余见前人有所谓“乌有园”、“心园”、“意园”者，皆石塘十余亩，皆植千叶莲华，四围环绕垂杨，间以桃李，春时烂漫可观，而尤宜于夏日。道光己丑岁，余应河帅张芥航先生之招，寓园中者凡四载，余有《澹园二十四咏》，为先生作也。

3. 营造

凡造屋必先看方向之利不利，择吉既定，然后运土平基。基既平，当酌量该造屋几间，堂几进，衖（xiàng）几条，廊庑几处，然后定石脚，以夯石深、石脚平为主。基址既平，方知丈尺方圆，而始画屋样，要使尺幅中绘出阔狭浅深，高低尺寸。贴签注明，谓之图说。然图说者仅居一面，难于领略，而又必以纸骨按画，仿制屋几间，堂几进，衖几条，廊庑几处，谓之烫样。苏、杭、扬人皆能为之，或烫样不合意，再为商改，然后令工依样放线，该用若干丈尺，若干高低，一目了然，始能断木料，动工作，则省许多经营，许多心力，许多钱财。

余每见乡村富户，胸无成竹，不知造屋次序，但择日起工，一凭工匠随意建造，非高即低，非阔即狭。或主人之意不适，而又重拆，或工匠之见不定，而又添改，为主人者竟无一定主见。种种周章，比比皆是。玉屋未成而囊钱已罄，或屋既成而木料尚多，此皆不画图、不烫样之过也。

屋既成矣，必用装修，而门窗槅扇最忌雕花。古者在墙为牖，在屋为窗，不过浑边净素而已，如此做法，最为坚固。试看宋、元人图画宫室，并无有人物、龙、凤、花卉、翎毛诸花样者。又吾乡造屋，大厅前必有门楼，砖上雕刻人马戏文，灵珑剔透，尤为可笑。此皆主人无成见，听凭工匠所为，而受其愚耳。

造屋之工，当以扬州为第一，如作文之有变换，无雷同，虽数间小筑，必使门窗轩豁，曲折得宜，此苏、杭工匠断断不能也。盖厅堂要整齐如台阁气象，书房密室要参错如园亭布置，兼而有之，方称妙手。今苏、杭庸工，皆不知此义，惟将砖瓦木料搭成空架子，千篇一律，既不明相题立局，亦不知随方逐圆，但以涂汰作生涯，雕花为能事，虽经主人指示，日日叫呼，而工匠自有一种老笔主意，总不能得心应手者也。

装修非难，位置为难，各有才情，各有天分，其中款奥，虽无宪法，总要看主人之心思，工匠之巧妙，不必拘于一格也。修改旧屋，如改学生课艺，要将自己之心思而贯入彼之词句，俾得完善成篇，略无痕迹，较造新屋者似易而实难。然亦要看学生之笔下何如，有改得出，有改不出。如仅茅屋三间，梁圬栋折，虽有善手，吾未如之何也已矣。汪春田观察有《重葺文园》诗云："换却花篱补石栏，改园更比改诗难。果能字字吟来稳，小有亭台亦耐看。"（《履园丛话》卷十二）

4. 堆假山

堆假山者，国初以张南垣为最。康熙中则有石涛和尚，其后则仇好石、董道士、王天于、张国泰，皆为妙手。近时有戈裕良者，常州人，其堆法尤胜于诸家，如仪征之"朴园"，如皋之"文园"，江宁之"五松园"，虎丘之"一榭园"，又孙古云家书厅前山子一座，皆其手笔。尝论狮子林石洞皆界以条石，不算名手，余诘之曰："不用条石，易于倾颓奈何？"戈曰："只将大小石钩带联络，如造环桥法，可以千年不坏。要如真山洞壑一般，然后方称能事。"余始服其言。至造亭台池馆，一切位置装修，亦其所长。（《履园丛话》卷十二）

三五、《扬州画舫录》——李斗（1749~1817年）

李斗，字北有，号艾塘（艾堂）。博学工诗，通数学、音律，精戏曲。自谓"幼失学，疏于经史，而好游山水。"青壮年时，"尝三致粤西，七游闽浙，一往楚豫，两上京师。"

退而扬州家居,"时泛舟湖上"、"漫飞双桨著闲书"。著有《扬州画舫录》、《岁生记》、《奇酸记》、《艾堂乐府》等。

《扬州画舫录》记载乾隆年间扬州全盛时的风景园林、名胜沿革、寺观祠宇、梨园酒肆、风俗文化、工段营造等内容,颇为后人称道。全书有草河录、新城北录、城北录、城南录、城西录、小秦淮录、虹桥录、桥东录、冈东录、冈西录、蜀冈录、工段营造、舫扁录等,分列 18 卷,并有附图 32 幅,还有袁枚、阮元诸家的序、跋、题咏。此初刻于乾隆六十年(1795 年)。

本书引文据《扬州画舫录》(山东人民出版社,2001 年版)《中国古典风景园林图汇》(学苑出版社,2000 年版)。

1. 白塔晴云

乾隆二十二年,高御史开莲花埂新河抵平山堂,两岸皆建名园。北岸构白塔晴云、石壁流淙、锦泉花屿三段,南岸构春台祝寿、筱园花瑞、蜀冈朝旭、春流画舫、尺五楼五段。

"白塔晴云"在莲花桥北岸,岸漘外拓,与浅水平。水中多巨石,如兽蹲踞;水落石出,高下成阶。上有奇峰壁立,峰石平处刻"白塔晴云"四字。阶前高屋三间,名曰:"桂屿。"屿后为"花南水北之堂。"堂右为"积翠轩",轩前建"半青阁",阁临园中小溪河。溪西设红板桥,桥西梅花里许,筑"之"字厅。厅外种芍药,其半为"芍厅"。前为"兰渚",后为"苍筤馆",复数折入"林香草堂",堂后入"种纸山房,"其旁有"归云别馆",外为"望春楼",楼右为"西爽阁"。

桥南小屿种桂数百株,构屋三楹,去水尺许。虎斗鸟厉,攒峦互峙。屋前缚矮桂作篱,将屿上老桂围入园中。山后多荆棘杂花,后构厅事,额曰"花南水北之堂"。……"积翠轩"在屿北树间。……

屿西"半青阁"。阁前嵌石隙,后倚峭壁,左角与"积翠轩"通,右临小溪河。窗拂垂柳,柳阑绕水曲,阁外设红板桥以通屿中人来往。桥外修竹断路,瀑泉吼喷,直穿岩腹,分流竹间,时或贮泥侵穴。薄暮渔艇乘水而入,遥呼抽桥,相应答于绿树蓊郁之际。而屿东村春[春]坞笛,又莫之闻也。

园中芍药十余亩,花时植木为棚,织苇为帘,编竹为篱,倚树为关。游人步畦町,路窄如线,纵横屈曲,时或迷失,不知来去。行久足疲,有茶屋于其中,看花者皆得契而饮焉,名曰"芍厅"。

"芍厅"后于石隙中种兰。早春始花,至于初夏,秋时花盛,一干数朵,谓之"兰渚"。渚上筑室三间,过此竹势始大,筑小室在竹中,额曰"苍筤馆"。

春夏之交,草木际天,中有屋数椽,额曰"林香草堂"。堂后小屋数折,屋旁地连后山,植蕉百余本,额曰"种纸山房"。

"种纸山房"之右,短垣数折,松石如黛,高阁百尺,额曰"西爽"。其西竹烟花气,生衣袂间;渚宫碧树,乍隐乍现;后山暖融,彩翠交映,得小亭舍,曰"归云别馆"。

"望春楼"前有园池,左右设二石桥,曲如蟹螯,额曰:"一渠春水"。池前高屋五楹,露台一方。台外即新河湾处,大石侧立,作惊涛怒浪,篙刺蜂房。飞楼杰阁,崛起于云霄之间，复道四通于树石之际。朱金丹青，照耀陆离。额曰"小李将军画本"。屋后小卷对"望春楼"。

"西爽阁"前夹河外，堤上树木苍茂。构小屋高不盈四五尺，枋楣梁柱，皆木之去肤而成者，名曰："木假亭"。如苏老泉木假山之类，今谓之天然木。（卷十四）

2. 蜀冈

蜀冈在大仪乡，顾祖禹《读史方舆纪要》云："蜀冈在府西北四里，西接仪征、六合县界，东北抵茱萸湾，隔江与金陵相对。"洪武《扬州府志》云："扬州山以蜀冈为首。"《嘉靖志》云："蜀冈上自六合县界，来至仪征小帆山入境，绵亘数十里，接江都县界，迤逦正东北四十余里，至湾头官河水际而微；其脉复过泰州及如皋赤岸而止。"……

《平山堂图志》按《朱子语类》云："岷山夹江两岸而行，一支去为江北许多去处。"又云："自蟠冢汉水之北，生下一支，至扬州而尽"。正谓蜀冈也。凡此皆蜀冈之见于诸书者也。

今蜀冈在郡城西北大仪乡丰乐区，三峰突起：中峰有"万松岭"、"平山堂"、"法净寺"诸胜；西峰有"五烈墓"、"司徒庙"及胡、范二祠诸胜；东峰最高，有"观音阁"、"功德山"诸胜。冈之东西北三面，围九曲池于其中，池即今之平山堂坞，其南一线河路，通保障湖。（卷十六）

3. 蜀冈保障河全景图

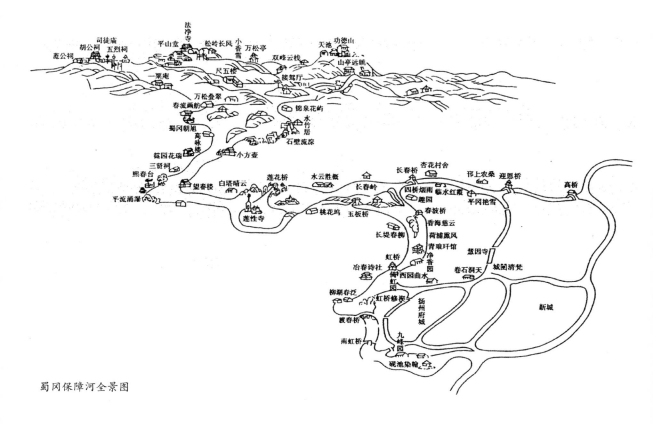

蜀冈保障河全景图

4. 图说烫样

造屋者先平地盘，平地盘又先以画屋样。尺幅中画出阔狭浅深高低尺寸，搭签注明，谓之"图说"。又以纸裱使厚，按式做纸屋样，令工匠依格放线，谓之"烫样"。工匠守成法，中立一方表，下作十字，拱头蹄脚，上横过一方，分作三分，中开水池。中表安二线垂下，将小石坠正中心。水池中立水鸭子三个，所以定木端正。压尺十字，以平正四方也。

5. 平基唯土作是任

平基唯土作是任。土作有大小夯碢、灰土、黄土、素土之分，以虚土折实土，夯筑以把论。先用大碢排底，将灰土拌匀，下槽，头夯充开海窝。每窝打夯头，筑银锭，余随充沟，充剁大小梗，取平。落水压渣子，起平夯，打高夯，取平。旋满筑拐眼落水，起高夯、高碢，至顶步平串碢，此夯筑法也。夯筑填垫房屋地面、海墁素土，每槽用夯五把，雁别翅四夯头，筑打取平，落水撒渣子，复筑打后起高碢一遍，顶步平串碢一遍，此平基法也。平基之始，即今俗所谓动土日。

6. 喻皓造"木经"

自喻皓造《木经》，丁缓、李菊，遂为殿中无双。后世得其法，揣长楔大，理木有傆，削木有斤，平木有铲，析木有锯，并胶有橹，钉木有槛，㯠括蒸矫，以制其拘。凡不得入者利其栓，不得合者利其榫。造千庑万厦于斗室之中，不溢禾芒蛛网于层楼之上。估计最尊，谓之料估为先。次之大木匠，而锯工、雕工、斗科工、安装菱花匠随之，皆工部住坐雇觅之辈。大木匠见方折工，举榫眼、榫卯、椽椀、下槽头、圆平面、开口、交口、旧料锖砍、油皮剔补、刮刨诸活计以折算。锯工二八加锯，以面数加飞头见方折算，及四号拉扯，有葫芦、人字、丁字、十字、一字、拐子平面、过河、三四五岔之制，并旧料锯解截锯诸活计。雕工司山花、博缝、雀替、云拱之属。斗科匠以斗口尺寸折算，加草架摆验诸活计。安装匠司斗科装修诸活计。

7. 工段营造做法名录

①垂花门法；②方亭做法；③大木做法；④单昂做法；⑤折料法则；⑥斗科做法；⑦木植见方之法；⑧搭材匠；⑨营舍之工（泥水匠、瓦匠）；⑩宪瓦；⑪墁地；⑫大脊；⑬墙脚根；⑭砍砖匠；⑮琉璃瓦；⑯石工；⑰湖上裹角法；⑱顶为浮图；⑲装修作；⑳牖窗；㉑木桥做法；㉒雕銮匠之职；㉓影壁；㉔木顶格；㉕铜料做法；㉖亮铁槽活；㉗油漆匠；㉘画作；㉙装潢匠；㉚花架；㉛匾；㉜厅事；㉝堂；㉞阁；㉟台；㊱梯；㊲亭；㊳斋；㊴廊；㊵仙楼；㊶船房；㊷屏风；㊸棕毡；㊹长几。（卷十七）

三六、曹雪芹（?~1763年，一作 ?~1764年）

曹雪芹名沾，字梦阮，号雪芹、芹圃、芹溪，《红楼梦》（即《石头记》）的作者。曹雪芹曾著有《废艺斋集稿》一书，内容主要是关于工艺美术和园林艺术的理论和技法。全稿在国内已找不到，但近年来陆续发现了一些残篇。

在《岫里湖中琐艺》中，曹雪芹有一些论面的断片。他认为作品能否"臻于妙境"，"破除藩篱"，光的运用有着极其重要的作用。他指出"明暗成于光，彩色别于光"，所以"敷彩之要，光居其首"。这是一种新鲜的见解。曹雪芹提出这种见解，是否与当时西洋画在我国的传播有关，需要进一步研究。

本书引文转引自《红楼梦学刊》1979年第一辑，又引自《红楼梦》（人民文学出版社，1962年版）。

1. 敷彩之要，光居其首

芹溪居士曰：愚以为作画初无定法，惟意之感受所适耳。前人佳作固多，何所师法？故凡诸家之长，尽吾师也。要在善于取舍耳。自应无所不师，而无所必师。何以为法？万物均宜为法。必也取法自然，方是大法。

且看蜻蛉中乌金翅者，四翼虽墨，日光辉映，则诸色毕显。金碧之真，黄绿青紫，闪耀变化，信难状写。若背光视之，则乌褐而已，不见颜色矣。他如春燕之背，雄鸡之尾，墨蝶之翅，皆以受光闪动而呈奇彩。试问执写生之笔者，又将何以传其神妙耶？

每画一物或一景，首当明其旨趣，则主次分矣。然后经营位置，则远近明矣。

取形勿失其神，写其前须知舍其后。画其左不能兼其右。动者动之，静者静之。轻重有别，失之必倾。高低不等，违之乱形。近者清晰，纤毫可辨；远者隐约，涵蓄适中，理之必然也。

至于敷彩之要，光居其首。明则显，暗则晦。有形必有影，作画者岂可略而弃之耶？每见前人作画，似不知有光始能显象，无光何以现形者。明暗成于光，彩色别于光，远近浓淡，莫不因光而辨其殊异也。

然而画中佳作，虽有试之者，但仍不敢破除藩篱，革尽积弊，一洗陈俗之套，所以终难臻入妙境，不免淹滞于下乘者，正以其不敢用光之故耳。

诚然，光之难以状写也，譬如一人一物，面光视之，则显明朗润；背光视之，则晦暗失泽。备阴阳于一体之间，非善观察于微末者，不能窥自然之奥秘也。若畏光难绘而避之忌之，其何异乎因噎废食也哉！

试观其画山川林木也，则常如际于阴雨之中。状人物鸟兽也，则均似处于屋宇之内。花卉虫蝶，亦必置诸暗隅。凡此种种，直同冰之畏日，唯恐遇光则溶。何事绘者忌光而畏之甚耶？

信将废光而作画，则墨白何殊，丹青奚辨矣。若尽去其光，则伸手不见夫五指，有目者与盲瞽者无异。试思去光之画，宁将使人以指代目，欲其扪而得之耶？

其于设色也，当令艳而不厌，运笔也，尤须繁而不烦。置一点之鲜彩于通体淡色之际，自必绚丽夺目；粹万笔之精华于全幅写意之间，尤觉清新爽神。所以者何？欲其相反相成，彼此对照故也。（《废艺斋集稿·岫里湖中琐艺》）

2. 曲径通幽

刚至园门，只见贾珍带领许多执事人旁边侍立。贾政道："你且把园门关上，我们先瞧外面，再进去。"贾珍命人将门关上，贾政先秉正看门，只见正门五间，上面筒瓦泥鳅脊；那门栏窗槅，俱是细雕时新花样，并无朱粉涂饰，一色水磨群墙；下面白石台阶，凿成西番莲花样。左右一望，雪白粉墙，下面虎皮石，砌成纹理，不落富丽俗套：自是喜欢。遂命开门进去。只见一带翠嶂挡在前面。众清客都道："好山，好山！"贾政道："非此一山，一进来园中所有之景悉入目中，更有何趣？"众人都道："极是。非胸中大有丘壑，焉能想到这里。"

说毕，往前一望，见白石峻峭，或如鬼怪，或似猛兽，纵横拱立；上面苔藓斑驳，或藤萝掩映；其中微露羊肠小径。贾政道："我们就从此小径游去，回来由那一边出去，方可遍览。"说毕，命贾珍前导，自己扶了宝玉，逶迤走进山口。

抬头忽见山上有镜面白石一块，正是迎面留题处。贾政回头笑道："诸公请看，此处题以何名方妙？"众人听说，也有说该题"叠翠"二字的，也有说该题"锦嶂"的，又有说"赛香炉"的，又有说"小终南"的，种种名色，不止几十个。原来众客心中，早知贾政要试宝玉的才情，故此只将些俗套敷衍。宝玉也知此意。

贾政听了，便回头命宝玉拟来。宝玉道："尝听见古人说：'编新不如述旧，刻古终胜雕今'况这里并非主山正景，原无可题，不过是探景的一进步耳。莫如直书古人'曲径通幽'这旧句在上，倒也大方。"众人听了，赞道："是极，好极！二世兄天分高，才情远，不似我们读腐了书的。"贾政笑道："不当过奖他。他年小的人，不过以一知充十用，取笑罢了。再俟选拟。"（红楼梦《第十七回》）

3. 稻香村

一面说，一面走，忽见青山斜阻。转过山怀中，隐隐露出一带黄泥墙，墙上皆用稻茎掩护。有几百枝杏花，如喷火蒸霞一般。里面数楹茅屋，外面却是桑、榆、槿、柘，各色树稚新条，随其曲折，编就两溜青篱。篱外山坡之下，有一土井，旁有桔槔辘轳之属；下面分畦列亩，佳蔬菜花，一望无际。

贾政笑道："倒是此处有些道理。虽系人力穿凿，却入目动心，未免勾引起我归农之意。我们且进去歇息歇息。"说毕，方欲进去，忽见篱门外路旁有一石，亦为留题之所。众人笑道："更妙，更妙！此处若悬匾待题，则田舍家风一洗尽矣。立此一碣，又觉许多生色，非范石湖田家之咏不足以尽其妙。"贾政道："诸公请题。"众人云："方才世兄云：'编新不如述旧。'此处古人已道尽矣：莫若直书'杏花村'为妙。"

贾政听了，笑向贾珍道："正亏提醒了我。此处都好，只是还少一个酒幌，明日竟做一个来，就依外面村庄的式样，不必华丽，用竹竿挑在树梢头。"贾珍答应了，又回道：

"此处竟不必养别样雀鸟，只养些鹅、鸭、鸡之类，才相称。"贾政与众人都说："好。"贾政又向众人道："'杏花村'固佳，只是犯了正村名，直待请名方可。"众客都道："是呀！如今虚的，却是何字样好呢？"

大家正想，宝玉却等不得了，也不等贾政的话，便说道："旧诗云：'红杏梢头挂酒旗。'如今莫若且题以'杏帘在望'四字。"众人都道："好个'在望'！又暗合'杏花村'意思。"宝玉冷笑道："村名若用'杏花'二字，便俗陋不堪了。唐人诗里，还有'柴门临水稻花香'，何不用'稻香村'的妙？"众人听了，越发同声拍手道："妙！"贾政一声断喝："无知的畜生！你能知道几个古人，能记得几首旧诗，敢在老先生们跟前卖弄！方才任你胡说，也不过试你的清浊，取笑而已，你就认真了！"

说着，引众人步入茆堂，见里面纸窗木榻，富贵气象一洗皆尽。贾政心中自是欢喜，却瞅宝玉道："此处如何？"众人见问，都忙悄悄地推宝玉教他说好。宝玉不听人言，便应声道："不及'有凤来仪'多了。"贾政听了道："咳！无知的蠢物，你只知朱楼画栋、恶赖富丽为佳，哪里知道这清幽气象呢？——终是不读书之过！"宝玉忙答道："老爷教训的固是，但古人云'天然'二字，不知何意？"

众人见宝玉牛心，都怕他讨了没趣；今见问'天然'二字，众人忙道："哥儿别的都明白，如何'天然'反要问呢？'天然'者，天之自成，不是人力之所为的。"宝玉道："却又来！此处置一田庄，分明是人力造作成的：远无邻村，近无负郭，背山无脉，临水无源，高无隐寺之塔，下无通市之桥，峭然孤出，似非大观，那及前数处有自然之理、自然之趣呢？虽种竹引泉，亦不伤穿凿。古人云'天然图画'四字，正恐非其地而强为其地，非其山而强为其山，即百般精巧，终不相宜……"未及说完，贾政气得喝命"又出去！"才出去，又喝命："回来！"命："再题一联，若不通，一并打嘴巴！"宝玉吓的战兢兢的，半日，只得念道："新绿涨添浣葛处，好云香护采芹人。"（《红楼梦》第十七回）

三七、魏源（1794~1857年）

魏源原名远达，后更名，字墨深，又字墨生、汉士。近代思想家、文学家。

19世纪中叶，我国正处于1840年鸦片战争前后的激荡时期，魏源同龚自珍、林则徐等人，都是以认识时代、改革弊政自许的少数有识之士。他重视实践、主张变革，明确提出了"经世致用"的主张。他又承林则徐的《四洲志》编纂《海国图志》，系统介绍世界各国状况，提出了著名的"以夷攻夷"、"以夷款夷"、"师夷长技以制夷"的方针。他认为中国对于西方国家，只要"因其所长而用之，即因其所长而制之，风气日开，智慧日出，方见东海之民犹西海之民"（《海国图志》卷二），就一定能赶上西方国家。在近代史的开端上表现出高远的憧憬和展望。

魏源也是一位旅行家和山水诗人。他认为"士而任天下之重，必自其勤访问始"。自称"足迹几遍域中"，"半生放浪山水里"，"州有九，涉其八；岳有五，登其四"。他游山又必穷幽极胜，不避艰苦，履险如夷。"奇从险极生，快自艰余获"；"好奇好险信幽癖，此中况趣谁知之。不深不幽不奥旷，苦极斯乐险斯夷"。他说："一游胜读十年书，幽深无际谁能如？"魏源在艺术创造上重视自然，强调有独立的生命与风貌，有如造物之陶铸万品，"一花一天地"。他的山水诗重在勾画出千山万水的实际风貌，如以行、坐、立、卧、飞五字来刻画五岳的形象特征，既有清逸幽美的境界，但更多是"倚天拔地自雄放"的飞动特点，他说"山贵特立而耿介"，寄寓了高远的志怀和品格。

本书引文据《魏源集》（中华书局，1976 年版）。

1. 游山学

"人知游山乐，不知游山学。人生天地间，息息宜通天地籥（yuè 古乐器）。特立之山介，空洞之山聪，淳蓄之山奥，流驶之山通。泉能使山静，石能使山雄，云能使山活，树能使山葱。谁超泉石云树外，悟入介奥通明中？游山浅，见山肤泽，游山深，见山魂魄。与山为一始知山，窅寐形神合为一。蜗争膻慕世间人，请来一共云山夕！"（《游山吟》）

2. 五岳行坐立卧飞

"恒山如行，岱山如坐，华山如立，嵩山如卧，惟有南岳独如飞，朱鸟展翅垂云天。"

（《衡岳吟》）

3. 十诗九山水

"太白十诗九言月，渊明十诗九言酒，和靖十诗九言梅，我今无一当何有？惟有耽山情最真，一丘一壑不让人。昼时所历梦同趣，贮山胸似贮壶冰。渊明面庐无一咏，太白登华无一吟，永嘉虽遇谢公屐，台荡胜迹皆未寻。昔人所欠将余俟，应笑十诗九山水。他年诗集如香山，供养衡云最深里。"（《戏自题诗集》）

4. 天台观瀑歌

雁湫之瀑烟苍苍，中条之瀑雷硠硠，匡庐之瀑浩浩如河江。惟有天台之瀑不奇在瀑在石梁：如人侧卧一肱张，力能撑开八万四千丈，放出青霄九道银河霜。我来正值连朝雨，两崖逼束风愈怒。松涛一涌千万重，奔泉冲夺游人路。……休道雨瀑月瀑，那知冰瀑妙，破玉裂琼凝不流，黑光中线空明窈。层冰积压忽一摧，天崩地坼空晴昊，前冰已裂后冰乘，一日玉山百颓倒。……（《天台石梁雨后观瀑歌》）

三八、蔡元培（1868~1940 年）

蔡元培字鹤卿，号孑（jié）民，后改字仲申。中国近代思想家。曾任北京大学校长 10 年多。

蔡元培学问渊博，贯通古今中外，是中国近代美育思想的倡导者。他认为美（包括艺术）有两大特性："一是普遍"，即人人都可以视听玩赏；"二是超脱"，即超乎利用范围。美的鉴赏，"足以破人我之见，去利害得失之计较"，"陶养性灵，使之日进于高尚"。可以破生死利害的顾忌，"当重要关头，有'富贵不能淫，贫贱不能移，威武不能屈'的气概，甚至有'杀身成仁'，而不'求生以害仁'的勇敢"。这是救国救民所需要的高尚品德。

他认为美育是进行世界观教育的"津梁"，"故教育家欲由现象世界而引以到达实体世界之观念，不可不用美感之教育"。

本书引文据《蔡元培选集》（中华书局，1959 年版）。

1. 美的普遍性与超脱性

纯粹之美育，所以陶养吾人之感情，使有高尚纯洁之习惯，而使人我之见、利己损人之思念，以渐消沮者也。盖以美为普遍性，决无人我差别之见能参入其中。食物之入我口者，不能兼果他人之腹；衣服之在我身者，不能兼供他人之温，以其非普遍性也。美则不然。即如北京左近之西山，我游之，人亦游之；我无损于人，人亦无损于我也。隔千里兮共明月，我与人均不得而私之。中央公园之花石，农事试验场之水木，人人得而赏之。埃及之金字塔、希腊之神祠、罗马之剧场，瞻望赏叹者若干人，且历若干年，而价值如故。各国之博物院，无不公开者，即私人收藏之珍品，亦时供同志之赏览。各地方之音乐会、演剧场，均以容多数人为快。所谓独乐乐不如众乐乐，与寡乐乐不如与众乐乐，以齐宣王之恬，尚能承认之，美之为普遍性可知矣。且美之批评，虽间亦因人而异，然不曰是于我为美，而曰是为美，是亦以普遍性为标准之一证也。美以普遍性之故，不复有人我之关系，遂亦不能有利害之关系。马牛，人之所利用者，而戴嵩所画之牛，韩干所画之马，决无对之而作服乘之想者。狮虎，人之所畏也，而芦沟桥之石狮、神虎桥之石虎，决无对之而生搏噬之恐者。植物之花，所以成实也，而吾人赏花，决非作果实可食之想。善歌之鸟，恒非食品，灿烂之蛇，多含毒液。而以审美之观念对之，其价值自若。美色，人之所好也，对希腊之裸像，决不敢作龙阳之想。对拉斐尔若鲁滨司之裸体画，决不敢有周昉秘戏图之想。盖美之超绝实际也如是。且于普通之美以外，就特别之美而观察之，则其义益显。例如崇闳之美，有至大至刚两种。至大者如吾人在大海中，惟见天水相连，茫无涯涘。又如夜中仰数恒星，知一星为一世界，而不能得其止境，顿觉吾身之小虽微尘不足以喻，而不知何者为所有。其至刚者，如疾风震霆、复舟倾屋、洪水横流、火山喷薄，虽拔山盖世之气力，亦无所施，而不知何者为好胜。夫所谓大也、刚也，皆对待之名也。今既自以为无大之可言，无刚之可恃，则且忽然超出乎对待之境，而与前所谓至大至刚者胖（xi）合而为一体，其愉快遂无限量。当斯时也，又岂尚有利害得丧之见能参入其间耶！其他美育中如悲剧之美，以其能破除吾人贪恋幸福之思想。小雅之怨诽，屈子之离忧，均能特别感人。《西厢记》若终于崔张团圆，则平淡无奇，唯如原本之终于草桥一梦，始足发人深省。《石头记》若如《红楼后梦》等，必使宝黛成婚，则此书可以不作。原本之所以动人者，正以宝黛之结果一死一亡，与吾人之所谓幸福全然相反也。又如滑稽之美，以不与事实相应为条件。如人物之状态，各部分互有比例。而滑稽画中之人物，则故使一部分特别长大或特别短小。作诗则故为不谐之声调，用字则取资于同音异义者。方朔割肉以遗细君，不自责而反自夸。优旃谏漆城，不言其无益，而反谓漆城荡荡寇来不得上。皆与实际不相容，故令人失笑耳。要之美学之中，其大别为都丽之美，崇闳之美（日本人译言优美、壮美）。而附丽于崇闳之悲剧，附丽于都丽之滑稽，皆足以破人我之见，去利害得失之计较，则其所以陶养性灵，使之日进于高尚者，固已足矣。

2. 美育为世界观教育的津梁

虽然，世界观教育，非可以旦旦而聒之也。且其与现象世界之关系，又非可以枯槁单简之言说袭而取之也。然则何道之由？曰：由美感之教育。美感者，合美丽与尊严而言之，介乎现象世界与实体世界之间，而为之津梁。此为康德所创造，而嗣后哲学家未有反对之者也。在现象世界，凡人皆有爱恶惊惧喜怒悲乐之情，随离合、生死、祸福、利害之现象而流转。至美术，则即以此等现象为资料，而能使对之者，自美感以外，一无杂念。例如采莲煮豆，饮食之事也，而一入诗歌，则别成兴趣；火山赤舌，大风破舟，可骇可怖之景也，而一入图画，则转堪展玩。是则对于现象世界，无厌弃而亦无执着也。人既脱离一切现象世界相对之感情，而为浑然之美感，则即所谓与造物为友，而已接触于实体世界之观念矣。故教育家欲由现象世界而引以到达实体世界之观念，不可不用美感之教育。（《对于教育方针之意见》）

三九、梁启超（1873~1929 年）

梁启超字卓如，号任公，近代思想家，著有《饮冰室合集》。

在清末，梁启超从改良主义的政治立场出发，吸收了欧美资产阶级思想，写了大量论述美育、美术与科学，人工美和自然美、悲剧与喜剧、艺术与现实、艺术与政治等美学方面的文章，同时提倡所谓"诗界革命"、"小说界革命"。

梁启超认为趣味是生活的原动力，审美本能为人人所共有，强调情感教育，尤其重视小说的重大作用。他说："今日欲改良群治，必自小说界革命始；欲新民，必自新小说始。"这种观点对破除封建社会的传统观念起了积极作用，但他把艺术的作用夸大到了决定一切的步，则是错误的、唯心的。

梁启超认为地理环境对精神文明的影响很大，"大而经济、心性、伦理之精，小而金石、刻画、游戏之末，几无一不与地理有密切之关系"。他分析了天然景物的不同类型对人们情感理智所产生的不同影响，认为我国与希腊文明不同的原因在此，我国艺术南北风格的不同原因也在于此。梁启超也看到随着政治的统一、交通的发达，这种地理环境的特殊作用会逐渐消失，所以他又说"文学地理"常随"政治地理"为转移。

梁启超认为一切物境皆虚幻，惟心所造之境为真实。物境随人的心境不同而不同，心不同而境绝异。他以同一景物在不同艺术家的不同表现为例，证明天下没有物境，只有心境，要人们明白"三界唯心"这个基本道理。这说明梁启超的世界观是一种主观唯心主义的哲学，他的美学思想就是以这种世界观作基础的。

本书引文据《饮冰室合集》（上海中华书局，1936 年版）、《饮冰室诗话》（人民文学出版社，1959 年版）。

1. 天然之景物对精神文明的作用

若夫精神的文明与地理关系者亦不少。凡天然之景物过于伟大者，使人生恐怖之念，想象力过敏，而理性因以减缩，其妨碍人心之发达，阻文明之进步者实多。苟天然景物得其中和，则人类不被天然所压服，而自信力乃生，非直不怖之，反爱其美，而为种种之试验，思制天然力以为人利用。以此说推之，则五大洲之中，亚、非，美三洲，其可怖之景物较欧洲为多，不特山川、河岳，沙漠等终古不变之物为然耳，如地震、飓风、疫疠等不时之现象，欧洲亦较少于他洲。故安息时代之文明，大率带恐怖天象之意，宗教之发达，速于科学，迷信之势力，强于道理。彼埃及人所拜之偶像，皆不作人形。秘鲁亦然，墨西哥亦然，印度亦然。及希腊之文明起，其所塑绘之群神，始为优美人类之形貌，其宗教始发于爱心，而非发于畏心。此事虽小，然亦可见安息埃及之文明，使人与神之距离远，希腊之文明，使人与神之距离近也。而希腊所以能为世界中科学之祖国者，实由于是。

既就欧洲内论之，亦有可以证明此例者。欧洲中火山地震等可怖之景，惟南部两半岛最多，即意大利与西班牙、葡萄牙是也。而在今日之欧洲，其人民迷信最深，教会之势力最强者，惟此三国。且三国中，虽美术家最多，而大科学家不能出焉。此亦天然之景物与想象理性之开发有关系一明证也。

要而论之，欧罗巴以前之文明，全恃天然界之恩惠。其得之也，非以人力，故虽能发生，而不能进步。欧洲则适相反，其天然界不能生文明，故自外输入之文明，不可不以人力维持之，兢兢焉，勤勤焉，而此兢兢勤勤之人力，即进步之最大原因也。（《饮冰室文集》卷《地理与文明之关系》）

由此观之，历代王霸定鼎，其在黄河流域者，最占多数。固由所蕴所受使然，亦由对于北狄取保守之势，非据北方而不足以为拒也。而其据于此者，为外界之现象所风动所熏染，其规模常宏远，其局势常壮阔。其气魄常磅礴英鸷，有俊鹘盘云，横绝朔漠之概。

由此观之，建都于扬子江流域者，除明太祖外，大率皆创业未就，或败亡之余，苟安旦夕者也。为其外界之现象所风动所熏染，其规模常绮丽，其局势常清隐，其气魄常文弱，有月明画舫缓歌慢舞之观。

其在文学上，则千余年南北峙立，其受地理之影响，尤有彰明较著者，试略论之。……

（四）词章 燕赵多慷慨悲歌之士，吴楚多放诞纤丽之文，自古然矣。自唐以前，于诗于文于赋，皆南北各为家数。长城饮马，河梁携手，北人之气慨也；江南草长，洞庭始波，南人之情怀也。散文之长江大河一泻千里者，北人为优；骈文之镂云刻月善移我情者，南人为优。盖文章根于性灵，其受四围社会之影响特甚焉。自后世交通益盛，文人墨客，大率足迹走天下，其界亦寝微矣。

（五）美术音乐　吾中国以书法为一美术，故千余年来，此学蔚为大国焉。书派之分，南北尤显。北以碑著，南以帖名。南帖为圆笔之宗，北碑为方笔之祖。道健雄浑，峻峭方整，北派之所长也，《龙门二十品》《爨龙颜碑》《吊比干文》等为其代表。秀逸摇曳，含蓄潇洒，南派之所长也，《兰亭》《洛神》《淳化阁帖》等为其代表。盖虽雕虫小技，而与其社会之人物风气，皆一一相肖有如此者，不亦奇哉！画学亦然。北派擅工笔，南派擅写意。李将军（思训）之金碧山水，笔格遒劲，北宗之代表也。王摩诘之破墨水石，意象逼真，南派之代表也。音乐亦然。《通典》云："祖孝孙以梁陈旧乐，杂用吴楚之音，周隋旧乐，多涉胡戎之技，于是斟酌南北，考以古音，而作大唐雅乐。"直至今日，而西梆子腔与南昆曲，一则悲壮，一则靡曼，犹截然分南北两流。由是观之，大而经济、心性、伦理之精，小而金石、刻画、游戏之末，几无一不与地理有密切之关系。天然力之影响于人事者，不亦伟耶，不亦伟耶！

大抵自唐以前，南北之界最甚，唐后则渐微，盖"文学地理"常随"政治地理"为转移。自纵流之运河既通，两流域之形势，同相接近，天下益日趋于统一，而唐代君主上下，复努力以联贯之。贞观之初，孔颖达、颜师古等奉诏撰《五经正义》，既已有折衷南北之意。祖孝孙之定乐，亦其一端也。文家之韩柳，诗家之李杜，皆生江河两域之间，思起八代之衰，成一家之言。书家如欧（欧阳询）、虞（世南）、褚（遂良）、李（邕）、颜（真卿）、柳（公权）之徒，亦皆包北碑南帖之长，独开生面。盖调和南北之功，以唐为最矣。由此言之，天行之力虽伟，而人治恒足以相胜。今日轮船铁路之力，且将使东西五洲合一炉而共冶之矣，而更何区区南北之足云也。（《饮冰室文集》卷十《中国地理大势论》）

四十、王国维（1877~1927 年）

王国维字静安，号观堂，近代思想家、学者。其著作刊为《海宁王静安先生遗书》104 卷。

王国维是位比较复杂的人物。他在哲学、教育、文学、史学、文字学和考古学等方面，都取得了卓越的成就，他的研究成果，大都有着承前启后的重要意义，成为中国近代罕见的杰出学者。

1908 年他发表《人间词话》，在探求历代词作得失的基础上，结合自己艺术鉴赏和创作经验，提出了"境界"说，成为他的艺术论的中心和精华。他说："境非独谓景物也。喜怒哀乐，亦人心中之一境界。故能写真景物、真感情者，谓之有境界。否则谓之无境界。""有境界的作品，其言情也必沁人心脾，其写景必豁人耳目。"他又指出"境"是对"自然人生之事实"的客观描写，"意"是对这种"事实"的主观态度，所以意境是主客观的统一，

"境界"则是意和境的统一共名。

围绕境界这一中心，又论述了写境与造境，有我之境与无我之境、景语与情语、隔与不隔、对宇宙人生的"入乎其内"与"出乎其外"等内容，广泛接触到写实与理想化的关系，创作中主观与客观的关系，景与情的关系，观察事物与表现事物的关系等创作规律性问题。

王国维的美学观点也有失偏颇之处，但在中国近代和现代都有很大影响。

本书引文据《海宁王静安先生遗书》（上海商务印书馆，1940 年版）《人间词话》（人民文学出版社，1960 年版）。

1. 优美与壮美

美之为物有二种：一曰优美，一曰壮美。苟一物焉，与吾人无利害之关系，而吾人之观之也，不观其关系，而但观其物；或吾人之心中无丝毫生活之欲存，而其观物也，不视为与我有关系之物，而但视为外物，则今之所观者，非昔之所观者也。此时吾心宁静之状态，名之曰优美之情，而谓此物曰优美。若此物大不利于吾人，而吾人生活之意志为之破裂，因之意志遁去，而知力得为独立之作用，以深观其物，吾人谓此物曰壮美，而谓其感情曰壮美之情。普通之美，皆属前种。至于地狱变相之图，决斗垂死之像，庐江小吏之诗，雁门尚书之曲，其人固氓庶之所共怜、其遇虽戾夫为之流涕，讵有子颓乐祸之心，宁无尼父反袂之戚，而吾人观之，不厌千复。格代之诗曰："凡人生中足以使人悲者，于美术中则吾人乐而观之。"此之谓也。此即所谓壮美之情。而其快乐存于使人忘物我之关系，则固与优美无以异也。

至美术中之与二者相反者，名之曰眩惑。夫优美与壮美，皆使吾人离生活之欲，而入于纯粹之知识者。若美术中而有眩惑之原质乎，则又使吾人自纯粹之知识出，而复归于生活之欲。如粔籹蜜饵，《招魂》《七发》之所陈；玉体横陈，周昉、仇英之所绘；《西厢记》之《酬束》，《牡丹亭》之《惊梦》；伶元之传飞燕，杨慎之赝《秘辛》；徒讽一而劝百，欲止沸而益薪。所以子云有"靡靡"之消，法秀有"绮语"之诃。虽则梦幻泡影，可作如是观，而拔舌地狱，专为斯人设者矣。故眩惑之于美，如甘之于辛，火之于水，不相并立者也。吾人欲以眩惑之快乐，医人世之苦痛，是犹欲航断港而至海，入幽谷而求明，岂徒无益，而又增之。则岂不以其不能使人忘生活之欲，及此欲与物之关系，而反鼓舞之也哉！眩惑之与优美及壮美相反对，其故实存于此。（《静庵文集·红楼梦评论》）

有有我之境，有无我之境。"泪眼问花花不语，乱红飞过秋千去"，"可堪孤馆闭春寒，杜鹃声里斜阳暮"，有我之境也。"采菊东篱下，悠然见南山"，"寒波澹澹起，白鸟悠悠下"，无我之境也。有我之境，以我观物，故物皆着我之色彩。无我之境，以物观物，故不知何者为我，何者为物。古人为词，写有我之境者为多，然未始不能写无我之境，此在豪杰之士能自树立耳。（《人间词话》三）

无我之境，人惟于静中得之。有我之境，于由动之静时得之。故一优美，一宏壮也。（《人间词话》四）

2. 观物、造境、境界

诗人对宇宙人生，须入乎其内，又须出乎其外。入乎其内，故能写之。出乎其外，故能观之。入乎其内，故有生气。出乎其外，故有高致。美成能入而不出。白石以降，于此二事皆未梦见。(《人间词话》六十)

词人之忠实，不独对人事宜然。即对一草一木，亦须有忠实之意，否则所谓游词也。(《人间词话删稿》四十四)

诗人必有轻视外物之意，故能以奴仆命风月。又必有重视外物之意，故能与花鸟共忧乐。(《人间词话》六十一)

有造境，有写境，此理想与写实二派之所由分。然二者颇难分别。因大诗人所造之境，必合乎自然，所写之境，亦必邻于理想故也。(《人间词话》二)

自然中之物，互相关系，互相限制。然其写之于文学及美术中也，必遗其关系、限制之处。故虽写实家，亦理想家也。又虽如何虚构之境，其材料必求之于自然，而其构造，亦必从自然之法则。故虽理想家，亦写实家也(《人间词话》五)

山谷云："天下清景，不择贤愚而与之，然吾特疑端为我辈设。"诚哉是言！抑岂独清景而已，一切境界，无不为诗人设。世无诗人，即无此种境界。夫境界之呈于吾心而见于外物者，皆须臾之物。惟诗人能经此须臾之物，镌诸不朽之文字，使读者自得之。遂觉诗人之言，字字为我心中所欲言，而又非我之所能自言，此大诗人之秘妙也。境界有二：有诗人之境界，有常人之境界。诗人之境界，惟诗人能感之而能写之，故读其诗者，亦高举远慕，有遗世之意。而亦有得有不得，且得之者亦各有深浅焉，若夫悲欢离合，羁旅行役之感，常人皆能感之，而惟诗人能写之。故其入于人者至深，而行与世也尤广。(《人间词话附录》十六)

词以境界为最上。有境界则自成高格，自有名句。五代、北宋之词所以独绝者在此。(《人间词话》一)

严沧浪《诗话》谓："盛唐诸公(《诗话》"公"作"人")，唯存兴趣。羚羊挂角，无迹可求。故其妙处，透澈("澈"作"彻")玲珑，不可凑拍("拍"作"泊")。如空中之音，相中之色，水中之影("影"作"月")，镜中之象，言有尽而意无穷。"余谓：北宋以前之词。亦复如是。然沧浪所谓兴趣，阮亭所谓神韵，犹不过道其面目，不若鄙人拈出"境界"二字，为探其本也(《人间词话》九)

言气质，言神韵，不如言境界。有境界，本也。气质、神韵，末也。有境界而二者随文矣(《人间词话删稿》十三)

"红杏枝头春意闹"，着一"闹"字而境界全出。"云破月来花弄影"，着一"弄"字而境界全出矣。(《人间词话》七)

境界有大小，不以是而分优劣。"细雨鱼儿出，微风燕子斜"，何遽不若"落日照大旗，马鸣风萧萧"；"宝帘闲挂小银钩"，何遽不若"雾失楼台，月迷津渡"也。(《人间词话》八)

"明月照积雪"、"大江流日夜"、"中天悬明月"、"黄(当作"长")河落日圆"。此种境界，可谓千古壮观。求之于词，唯纳兰容若塞上之作，如《长相思》之"夜深千帐灯"，《如梦令》之"万帐穹庐人醉，星影摇摇欲坠"差近之。(《人间词话》五十一)

大家之作，其言情也必沁人心脾，其写景也必豁人耳目。其辞脱口而出，无矫揉妆束之态。以其所见者真，所知者深也。诗词皆然。持此以衡古今之作者，可无大误矣。(《人间词话》五十六)

境非独谓景物也。喜怒哀乐，亦人心中之一境界。故能写真景物，真感情者，谓之有境界。否则谓之无境界。(《人间词话》六)

昔人论诗词，有景语、情话之别。不知一切景语，皆情语也。(按：原稿此则已删去。)

(《人间词话删稿》十)

第六章　现代

（1912~2012 年）

　　1840 年的鸦片战争，百年屈辱，列强封锁，激厉着中华民族复兴，迈向世界大国的现代步伐。

　　社会发展需求，是科技与文化发展的根本动因，中华文化的"经世"、"变易"、"民本"、"自强不息"、"兼容并包"、"忧患意识"诸项内生活力，在民族复兴中起着坚韧的中坚作用。在经历了"中体西用"、"本位文化"、"全盘西化"、"会通超胜"的论争之后，中国文化沿着"民族的科学的大众的"新文化方向发展。在文化研究中，"古今中外法"把时间的"古今"和空间的"中外"结合成自己的动因，把五谷蔬果鸡鸭鱼肉变成自己的肌肉，把物质、制度、观念的要素，综合成发展的能量系统。

　　在风景园林发展中，还应强调"地方"特点，因而，"古今中外地"就成为风景园林研究、创新、发展的主路。在"绿化祖国"、"实行大地园林化"，创建"园林城市"、"山水城市"、"美丽中国"的声浪中，现代风景园林发展呈现出系统集成的特征，风景、园林、绿地三系各有功能与结构特点，各有演化与调控规律，三系相辅相成地创造着和谐优美的生存境界。

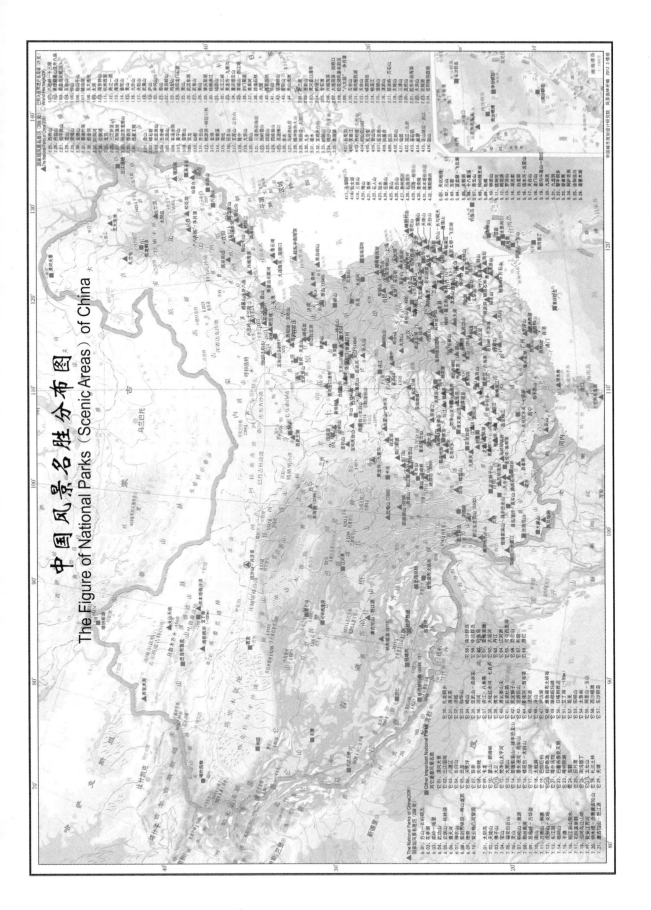

中国风景名胜分布图

The Figure of National Parks (Scenic Areas) of China

一、郭沫若（1892~1978 年）《石鼓文研究》

郭沫若，原名开贞，字鼎堂，号尚武。现代文学家、历史学家和社会活动家。他学识渊博，才华卓著，对学术文化的贡献是多方面的，被誉为中国文化战线的一面旗帜。他还对秦刻石等资料研究作出贡献，著有《石鼓文研究》（1936 年）。

石鼓文是中国现存最早的刻石文字。石鼓为花岗岩石质，圆顶平底，高约 60 厘米。在十块鼓形石上，每块各刻四言诗一首，内容为歌咏秦国君的畋猎游乐情况，因而也称其为"猎碣"。原文 700 字以上，现仅存 272 字，原体在陕西凤翔南，唐初见于文献，杜甫、韦应物、韩愈等有诗篇题咏。现在实物藏北京故宫博物院。所刻书体，为秦始皇统一文字前的大篆，即籀文。历来对其书法评价很高。

关于石鼓的年代，唐代以来学者见解分歧，经近代和今人进一步研究公认为东周（前 770~ 前 256 年）的秦国刻石。郭沫若等主张刻于春秋时期，唐兰等主张刻于战国时期。

石鼓文的刻诗与《诗经》大小雅相似，研究者依《诗》的体例，取石鼓各篇起首文字作为篇名，有《汧沔》、《灵雨》、《而归》、《作原》、《吾水》、《车工》、《田车》、《銮歔》、《马荐》、《吴人》等名，但在各篇排序上尚有不同意见。

石鼓文记载了古秦这个诸侯小国，在陕西凤翔县南，渭河以北，千河之东的低洼沼泽地区，曾仿效周文王建灵台灵囿，而在此建坛畤以敬天，建园囿"为所游优"。在这"山林川谷美"和坛畤园囿相结合的三十里内，还可以狩猎、习武、圈养驯马。这也正是我国早期风景区开辟、建设过程、功能活动的写照和例证，可以称其为"古秦汧水畤囿风景区"。

本书引文据科学出版社 1982 北京《郭沫若全集》第九卷《石鼓文研究》。

本书仅选"汧沔"、"作原"、"吾水"三个石鼓的"原文之复原及其考释"、"注释"、"附图"等部分内容。较详的译注可参见本章张钧成先生的研究成果。

1. 汧沔第一

此石称道汧源之美与游鱼之乐，刻石渭滨而称道汧源者溯始也。汧源乃秦襄公旧都，襄公攻戎救周，盖自此出师，故首叙其风物之美以起兴。

原文复原

考释

汧殹（繄）沔沔，丞（烝）皮（彼）淢淖渊。
▲渊（真部）

鰋鲤處之，君子▲渔（之部）（鱼部）
之。鰊又有小魚，其游趣趣。
▲趣

帛魚鱳鱳，其盩氐鲜。

黄帛其鯿▲鳊，又有
（箱方鲕）又有

鮉（首鲕）鲦▲鲦（元部）其朔孔庶▲庶（鱼部）其魚隹惟可何

燮燮淫淫趍趍▲趍（鱼部）

隹鲤隹鲤。可何以橐

之隹楊及柳。
▲佳楊及柳（之▲幽合韵）

2. 作原第四

此石叙西時事，先辟原场，后建祠宇，更起池沼园林以供游玩，石虽半折，然其全文可想见也。

作原第四

原文复原

考释

补注

考释栏：

□□獻，乍（作）原作

□□導逆我㽞

除帥及彼阪

□草爲世十三里（之部）

微緻ˊ逌㽞

栗柞裁其

機榴膚，鳴

亞箬其華（魚部）

□爲丽游燮

蠹導（幽部）二日尌

五日（王部）

补注：

補注：
矦字，近人釋微，可从，字在此當讀爲
溦。導有理也溦有清義，導溦猶言理清
矣。涌理。瀰逌沿通，謂所沿之事。

補注：
機嘗卽說文所收趡字之異，讀如林。
詩小雅巧言「秩秩大猷」，說文引作藐。
黄大猷，其證也。

3. 吾水第五

此石叙作畤既成，将畋游以行乐。

吾水第五

原文复原

考释

避言水既瀞避
道既平避□
既止嘉樹則
△里（文部）天子永寍（耕部）
日隹丙申里々
薪々避其□道
□馬既迪（算部）趫
□康々駕夺盦
蹊騂々（元部）駞□□
□毋不□。
四馽騛々國□。
□公謂大□
余及女
寍昌不余躬。

补注

金今
余及女
寍昌不余躬。

（行首一字为次行余字异撝·
似尚有残筆作 金 卸金字
误为今及·级有如作为词解
柱也·下缺二字盖禾地芟。）

4. 汧汧石之近况及其拓墨　甲·石影　乙·拓墨

附图一甲

附图二乙

二、《毛泽东诗集》——毛泽东（1893~1976 年）

毛泽东创作的诗词作品。至 20 世纪 70 年代末期，已发表的毛泽东诗词共 43 首。其中诗 14 首，词 29 首。毛泽东诗词题材多样，大都与革命或建设事业密切相关，其中有 15 首涉及风景名胜。它充分展示了作者丰富的想象力，特别是豪放雄浑的思想情感，具有神采飞扬的生动形象和景、情、理有机统一的深广意境。作者所体验出的人生哲理，在这些意境中有着形象化的体现。

毛泽东诗词影响深远。[西江月]《井冈山》《七律·长征》，随《西行漫记》一书传遍世界。代表作 [沁园春]《雪》，1945 年在重庆发表后，为全国文化界所瞩目，当时的《新民报》晚刊编者附注，说它"风调独绝，文情并茂，而气魄之大乃不可及"。数十年来，其诗词出版版式多样，其中有《毛泽东诗词讲解》（臧克家讲解、周振甫注释，1957，中国青年出版社）。其诗词先后被译成英、俄、法、德、日、印度、希腊等几十个国家和民族的文字。本书选录的七首作品，均与风景名胜密切相关。

本书引文据《毛泽东诗词讲解》（中国青年出版社，1957 年版）和《毛泽东诗词》（人民文学出版社，1963 年版）

1. 沁园春·长沙 1925 年

独立寒秋，湘江北去，橘子洲头。

看万山红遍，层林尽染；漫江碧透，百舸争流。

鹰击长空，鱼翔浅底，万类霜天竞自由。

怅寥廓，问苍茫大地，谁主沉浮？

携来百侣曾游，忆往昔峥嵘岁月稠。

恰同学少年，风华正茂；书生意气，挥斥方遒。

指点江山，激扬文字，粪土当年万户侯。

曾记否，到中流击水，浪遏飞舟？

2. 七律 长征 1935 年 10 月

红军不怕远征难，万水千山只等闲。

五岭逶迤腾细浪，乌蒙磅礴走泥丸。

金沙水拍云崖暖，大渡桥横铁索寒。

更喜岷山千里雪，三军过后尽开颜。

3. 念奴娇 昆仑 1935 年 10 月

横空出世，莽昆仑，阅尽人间春色。

飞起玉龙三百万，（原注）

搅得周天寒彻。

夏日消溶，江河横溢，人或为鱼鳖。

千秋功罪，谁人曾与评说？

而今我谓昆仑：不要这高，不要这多雪。

安得倚天抽宝剑，把汝裁为三截？

一截遗欧，一截赠美，一截留中国。

太平世界，环球同此凉热。

原注：（前人所谓"战罢玉龙三百万，败鳞残甲满天飞"，说的是飞雪。这里借用一句，说的是雪山。夏日登岷山远望，群山飞舞，一片皆白。老百姓说，当年孙行者过此，都是火焰山，就是他借了芭蕉扇扇灭了火，所以变白了。）

4. 沁园春　雪　1936 年 2 月

北国风光，千里冰封，万里雪飘。

望长城内外，惟余莽莽；大河上下，顿失滔滔。

山舞银蛇，原驰蜡象，（原：指高原，即秦晋高原。）欲与天公试比高。

须晴日，看红装素裹，分外妖娆。

江山如此多娇，引无数英雄竞折腰。

惜秦皇汉武，略输文采；唐宗宋祖，稍逊风骚。

一代天骄，成吉思汗，只识弯弓射大雕。

俱往矣，数风流人物，还看今朝。

5. 浪淘沙　北戴河　1954 年夏

大雨落幽燕，白浪滔天，秦皇岛外打鱼船。一片汪洋都不见，知向谁边？

往事越千年，魏武挥鞭，东临碣石有遗篇。萧瑟秋风今又是，换了人间。

6. 七律　登庐山　1959 年 7 月 1 日

一山飞峙大江边，跃上葱茏四百旋。冷眼向洋看世界，热风吹雨洒江天。

云横九派浮黄鹤，浪下三吴起白烟。陶令不知何处去，桃花源里可耕田？

7. 卜算子　咏梅　读陆游咏梅词，反其意而用之

风雨送春归，飞雪迎春到。已是悬崖百丈冰，犹有花枝俏。

俏也不争春，只把春来报。待到山花烂漫时，她在丛中笑。

8. 附：陆游原词　卜算子　咏梅

驿外断桥边，寂寞开无主。已是黄昏独自愁，更著风和雨。

无意苦争春，一任群芳妒。零落成泥碾作尘，只有香如故。

三、刘敦桢（1897~1968年）

刘敦桢，字士能。他毕生研究中国古代建筑，长期在南京工学院任教授、建筑系主任，1953年创办中国建筑研究室，1955年当选为中国科学院技术科学部学部委员。他的著作丰硕，其中《苏州古典园林》于1960年完稿，1963年修改与补充，1973年起由后继者对文字和照片、图纸进行了整理，1979年10月由中国建筑工业出版社出版。这是一部有着时代特色、8开本的精美园林巨著。

本书引文据《苏州古典园林》（中国建筑工业出版社，1979年10月第一版）。

1. 苏州古典园林发展因素

苏州一带，从晋室南迁以后始见造园的记载①，但迄至唐代，园林数量仍然不多。五代时，吴越地区受战争破坏较少，是全国最富庶的地区之一。钱镠父子踞杭州大治城郭宫室，苏州是其重要据点，贵族官僚的造园活动盛极一时。据北宋朱长文《乐圃记》载"钱氏时，广陵王元璙者（按：即钱镠之子）实守姑苏，好治林圃，其诸从徇其所好，各因隙地而营之，为台为沼，今城中遗址颇有存者"②。其将孙承佑也大建园池，苏州现存历史最早的园林——沧浪亭，就是在其遗址上经历代改建而成。北宋末年，宋徽宗赵佶在东京营苑囿"艮岳"，于苏州设应奉局，令朱勔采江南奇花异石。《宋史》朱勔传谓："士民家一石一木稍堪玩，必撤屋抉墙以出"，可见当时苏州造园风气已较普遍。南宋时，赵氏政权腐朽昏愦，经济上的掠夺和生活上的奢靡达到惊人的地步，临安（今杭州）、吴兴是贵族官僚集居的城市，造园之风大盛③。富饶的苏州也是他们掠夺和享乐的一个重要地方，园林别墅不断兴建，除城区有不少私园外，郊外的石湖、尧峰山、天池山、洞庭东西山等风景优胜地点，也先后出现了官僚地主的园林和别墅④。明清是封建社会末期，经济发达的江南地区成为私家园林的集中地⑤，苏州的造园活动也达到一个新的高潮，从明嘉靖至清乾隆之间，大小官僚地主争相造园，成为一时风尚，为时几达三百年之久。这种造园活动的经济基础就是地主阶级对广大劳动人民的残酷剥削⑥。太平天国以后，一批反动官僚镇压农民起义发了横财，纷纷来到苏州，大造第宅园林，又使苏州出现了一次造园高潮⑦。这就更清楚地表明了清末苏州园林兴盛的社会背景。

江南诸城市的经济，有些以商业为主，有些是手工业品的重要产地，有些是官僚地主的消费城市，还有兼具二种或三种性质的。由于各地的情况不同，园林的数量、规模和保存状况也有区别。其中苏州从春秋到两汉已是东南的重要城市，不但农业生产水平较高，而且是丝织品和各种美术工艺品相当发达的手工业城市，自唐代至鸦片战争为止，虽曾遭受数次兵灾，但随即恢复，继续维持其繁荣。另一方面，随着经济的发展，文风也甲于东南诸省，明清二代由科举登仕途，甚至置身卿相的人为数也不少。此辈平日搜刮民脂民膏，年老归家，购田宅，建园林。而他处的官僚地主也往往羡慕苏州风物优美和生活舒适，来此优游养老。当然，苏州与唐和北宋的洛阳、南宋的吴兴、明代的南京有所不同，但其性质同为官僚地主们的消费城市则无差别。因此，旧日名园虽屡易其主，却往往保存着原来的面貌，或踵事增华，予以改建。所以清代江南园林虽推苏州、扬州、杭州三地为代表，而私家园林则以苏州为最多。

在自然条件方面，自来兴建园林大都以筑山开池为主，两者之中又以筑山较易，得水为难。江南一带湖泊罗布，河港纷驶，可谓得天独厚。筑山必须用石，石以玲珑空透者为上品。苏州洞庭西山所产太湖石，颜色富有深浅变化，且洞多皱多，自唐以来就蜚声全国。次如湖州吴家埠，吴兴弁山，昆山马鞍山，常州黄山，宜兴张公、寿九、江山诸洞，镇江圌山、大岘山，句容龙潭，南京青龙山以及常熟、杭州等地所产石料，虽质地稍差，但取材便利。黄石各地皆产，其中尤以苏州的尧峰、穹窿、上方、七子、灵岩诸山，以及无锡浒墅关的扬山等地，石质坚硬，表面带有各种纹理，并有白、黄、红、紫等色。这也为苏南浙北的园林发展提供了有利条件。这些条件早在公元5世纪中叶已被利用，如《宋书》戴颙传谓：颙"出居吴下，吴下士人共为筑室，聚石引水，植林开涧，少时繁密，有若自然，"便是很好的证明。

就园林本身来说，汉以前文献实物都极缺乏，实际情况尚待研究。从两汉起，记载渐多，如刘武（梁孝王）、袁广汉及梁冀等人的园林，均开池筑山，模仿自然。刘武的兔园，宫观相联，延亘数十里。袁氏园中房屋徘徊连属，重阁修廊，行之移晷不能遍[8]。可见，我国园林使用大量建筑物与山水相结合，已有二千多年的传统了。但这只是我国古代园林特征的一面。另一方面，魏正始间士大夫玄谈玩世，寄情山水，以隐逸为高尚。两晋以后，受佛教影响，这种趋向更为明显。南北朝时，士大夫从事绘画的人渐多，至唐中叶遂有文人画的诞生，而文人画家往往以风雅自居，自建园林，将"诗情画意"融贯于园林之中，如宋之问、王维、白居易等都是当时的代表人物。从思想实质上说，所谓"诗情画意"，不过是当时官僚地主和文人画家将诗画中所表现的阶级情调，应用到园林中去，创造一些他们所爱好的意境。根据对苏州各园的调查，这种思想情趣主要是标榜"清高"和"风雅"。例如把园中山池，寓意为山居岩栖，高逸遁世；以石峰象征名山巨岳，以鸣雅逸；以松、竹、梅比作孤高傲世的"岁寒三友"，喻荷花为"出污泥而不染"的"君子"等。这类借景寓意的自我标榜，常用题名、匾联和园记、诗画等加以表述。如拙政园远香堂的题名，是取自宋周敦颐《爱莲说》中"香远益清"的句意。拙政园扇面亭的题名"与谁同坐轩"，是引用苏轼"与谁同坐，明月清风我"[9]的词句，孤高到只有明月清风才能为伍。……

我国山水画和园林在摹写自然方面有其共通之处，因此南宋以后画家参与园林设计者渐多，这对我国古代园林艺术的提高起了促进作用。在江南一带如明代的张南阳、周秉忠、计成，清代的张涟、张然、叶洮、戈裕良等皆擅长绘画，又以造园著名。他们通过实践，掌握了不同程度的造园技艺，并以之为职业，奔走于权贵之门，其中计成著有《园冶》一书，一定程度上反映了明末江南造园技艺的成就，是明清间著名的造园著作。

在封建社会里，只有农民和手工业工人是创造社会财富和创造文化的基本阶级。古代造园匠工在长期的实践中，薪火相授，积累了丰富的经验，提高了技术，创造了我国优秀的园林艺术。据记载，北宋洛阳的匠工已采用嫁接法发展花木品种[⑩]。南宋有专门造假山的工人，称为"山匠"[⑪]。明代江南造园工人技艺更为精湛，如明田汝成《西湖游览志》载：杭州工人陆氏，"堆垛峰峦、拗折涧壑，绝有天巧，号陆叠山。"明《吴风录》记载苏州有"种艺叠山"的匠工，称"花园子"[⑫]。有的园林还由工人直接写仿山中景物而成[⑬]。这些记载多少反映了两宋至明代造园工匠们承担实际工作的情况。清康熙间李渔所著《闲情偶寄》曾说："尽有丘壑填胸，烟云绕笔之韵士，命之画水题山，顷刻千岩万壑，及倩磊斋头片石，其技立穷，似向盲人问道者。从来叠山名手俱无能诗善绘之人，见其随举一石，颠倒置之，无不苍古成文，迂回入画"[⑭]。这段话说出了当时的一些真实情况，表明真正掌握造园技术的是那些毕生从事造园工作，而姓名和事迹却未见于记载的匠工们。上述记载也说明，我国古典园林的造园艺术，渊源久远，经历代匠师们的继承、发展，才达到了高度的艺术成就。

　　以上简单地阐述了影响苏州古典园林发展的若干因素。至于江南地区园林的存废情况，扬州自清嘉庆后，旧日瘦西湖一带盛极一时的私家园林，早已不复存在。杭州、吴兴、南浔、上海、青浦、常熟、无锡、南京等处的园林，在解放前几十年内颓废或改建的不在少数。独苏州一地，大自规模宏丽的拙政园、留园，小至一丘一壑的小庭院，不仅数量多，而且保存比较完好。这些园林大多数集中在城内，又以观前和阊门之间的地区数量最多，观前与东北街之间次之，城东南部又次之。推其原因，主要是园主贪图物质享受，园林必使紧靠住宅，住宅又以水陆交通便利与接近商业中心为宜，因而形成上述情况。……

【注释】

①《晋书》王献之传所记顾辟疆园。②见《古今图书集成》考工典一百十九。③见吴自牧《梦粱录》、耐得翁《都城纪胜》、周密《吴兴园林记》。④见民国《吴县志》卷三十九。⑤见王世贞《游金陵诸园记》、《娄东园林志》及各地方志。⑥据顾炎武《日知录》卷十载，明时苏州一府的田赋占全国十分之一左右，可见农民负担之重。又同书卷十三："人奴之多，吴中为甚，今吴中仕宦之家，有多至一、二千人者"，反映了当时地主阶级对劳动人民压榨的严重情况。⑦如营怡园的顾文彬、耦园园主沈秉成以及拥有大片邸宅庭园的任道镕等，都是镇压农民起义的刽子手。⑧旧题汉刘歆撰《西京杂记》。⑨见《全宋词》324面，苏轼词《点绛唇》。⑩宋李格非《洛阳名园记》李氏仁丰园条。⑪见明周淙辑《稗海》所录宋周密《癸辛杂识》。⑫见《百陵学山》所录黄省曾撰《吴风录》。⑬民国《吴县志》卷三十九，怡老园条。⑭《闲情偶寄》卷九山石第五。

2. 布局 *（节录）

　　过去麇居在苏州的官僚地主们既贪图城市的优厚物质供应，又想不冒劳顿之苦寻求"山水林泉之乐"，因此就在邸宅近傍经营既有城市物质享受，又有山林自然意趣的"城市山林"，来满足他们各方面的享乐欲望。

　　这种官僚地主的私园，在功能上是住宅的延续与扩大。为了享乐，园中常设有宴客聚友用的厅堂，小住起居用的别院，观剧听曲用的戏台，读书作画用的斋馆，以及坐憩游眺用的亭台楼阁等。所以，园内的建筑物较多，而园址总是紧靠于宅旁。

　　当然，官僚地主造园，更重要的是追求幽美的山林景色，因此除了上述建筑物外，还要凿池堆山，栽花种树，用人工仿造自然山水风景，以达到身居城市而享有山林之趣的目的。

　　此外，他们还常用园林之豪华来相互夸耀，园中山石的奇特，花木的名贵，亭阁、装修家具的精美，都被用作沽名邀誉的手段。如留园因冠云峰而轰动一时，狮子林因奇峰阴洞而闻名，网师园以芍药见称于时，这种事例在当时是屡见不鲜的。同时，这些园主是封建文化的占有者，他们标榜清高，附会风雅，因而使书法、绘画、诗文也都成为园中不可缺少的装饰品。

　　在这种情况下形成的苏州古典园林，是一种既有居住功能，又有多种艺术的综合体。但要在一块不大的基地内，满足上述种种要求，就存在着在小面积内既要容纳大量建筑物，又要构筑自然山水的矛盾，这需要高超的造园技艺才能加以解决。在这方面，古代匠师们积累了丰富的经验，他们一方面创造了适应园林要求的建筑风格，把房屋、花木、山水融为一个整体。另一方面，则用"咫尺山林"再现大自然的风景。在造景中，还运用了各种对比、衬托、尺度、层次、对景、借景等手法，使园景能达到小中见大，以少胜多，在有限空间内获得丰富的景色。不过，由于历史条件的限制，上述造园手法仍不能根本解决空间封闭壅塞、建筑和山石过于密集的缺点。

　　苏州各园的具体布局方式，因规模、地形、内容的不同而有所差异。其中住宅内园林化的庭院多设在厅堂或书房前后，缀以湖石、花木、亭廊，组成建筑物的外景。小型园林基本上是上述庭院的扩大，或是在一个主要空间周围配置若干小院而成，不过平面较为复杂，景物也相应增加，畅园、壶园就是此类小园林的代表。中型园林和大型园林景物更多，而且往往单独使用，因此另设园门直通街衢①。它们的基本布局方式是：以厅堂作为全园的活动中心，面对厅堂设置山池、花木等对景，厅堂周围和山池之间缀以亭榭楼阁，或环以庭院和其他小景区，并用蹊径和回廊联系起来，组成一个可居、可观、可游的整体。

【注释】

①宋时官僚地主的园林已有对外开放的记载（见《古今图书集成》一百二十三所引《元城语录》关予洛阳司马光独乐园的记载）。清代苏州这种风气更盛，道光十年顾铁卿撰《清嘉录》三月游春玩景条："春暖，园林百花竞放，阍人索扫花钱少许，纵人流览，士女杂遝，罗绮如云，园中畜养珍禽异卉，妆点一新。"又同治三年袁学澜《苏台揽胜词》春日游吴中诸家园林诗并序，"豪门右族，争饰池馆相娱乐，或因或刱，穷汰极侈，春时开园，纵人游赏，……恒弥月不止焉。"

3. 理水 *（节录）

　　自然风景中的江湖、溪涧、瀑布等，具有不同的形式和特点，这是我国古典园林理水手法的来源。古代匠师长期写仿自然，叠山理水，创造出自然式的风景园，并对自然山水的概括、提炼和再现，积累了丰富的经验。苏州位于江南平原地区，河港纵横，地下水位较高，便于开池引水，因而多数园林以曲折自然的水池为中心，形成园中的主要景区。同时，在雨量较多的苏州一带，掘地开池还有利于园内排蓄雨水，并产生一定的调节气温、湿度和净化空气的作用，又为园中浇灌花木和防火提供了水源，因此，水池成了苏州古典园林中所常具的内容。

　　在组织园景方面，以水池为中心，辅以溪涧、水谷、瀑布等，配合山石、花木和亭阁形成各种不同的景色，是我国造园的一种传统手法。这是由于明净的水面形成园中广阔的空间，能够给人以清澈、幽静、开朗的感觉，再与幽曲的庭院和小景区形成疏与密，开朗和封闭的对比，为山林房屋展开了分外优美的景面，而池周山石、亭榭、桥梁、花木的倒影以及天光云影、碧波游鱼、荷花睡莲等，都能为园景增添生气。因此环绕水池布置景物和观赏点，久已成为苏州古典园林中最常见的布局方式。较大的园林，水池还往往支流纡回盘曲，形成许多小区景。有些园林更有溪涧、水谷和瀑布等。

4. 叠山 *（节录）

我国自然风景式园林在西汉初期已有了叠石造山的方法①。经过东汉到三国，造山技术继续发展。据《后汉书》记载，梁冀"广开园囿，采土筑山，十里九坂，以象二崤，深林绝涧，有若自然"②。曹魏的芳林园具有"九谷八溪"之胜③。可见汉魏间园林已不是单纯地模仿自然，而是在一定面积内，根据需要来创造各种自然山景了。两晋南北朝时，士大夫阶层崇尚玄学，虚伪放诞，以"逃避现实"，爱好奇石，寄情于田园山水之间为"高雅"，因而当时园林推崇自然野趣，成为一种风习④。这是在汉魏园林的基础上，对自然山水进行了更多的概括和提炼，然后才逐步形成起来的。唐、宋两代的园林，由于社会经济和文化的发展，不但数量比过去增多，而且从实践到理论都累积了丰富的经验，同时还受到绘画的影响，使叠石造山逐步具有中国山水画式的特点，成为长期以来表现我国园林风格的重要手法之一。这样的假山，其组合形象富于变化，有较高的创造性，是世界上其他国家的园林所罕见的。这是由于古代匠师们，从无数实物中体会山崖洞谷的形象和各种岩石的组合以及土石结合的特征，融会贯通，不断实践，才创造出雄奇、峭拔、幽深、平远……等意境。

苏州园林多位于城市中，由于园林面积及其他条件所局限，叠石造山的方式也很有出入。其中规模最小的多在住宅的客厅或书房的前后庭院内，布置少数石峰，或累石为山，或依墙构石壁，或沿小池点缀少数湖石。小型园林的面积虽比庭院稍大，但布局仍不太复杂，往往以水池为中心，以山石衬托水池、房屋和花木，或利用山坡、土阜建造园林，或以人工叠造假山作为园中主景。中型园林大都有山有池，与房屋、花木组合为若干景区，而在主要景区内设山峦洞壑模拟真实的山林。有些则于临水一面构危崖峭壁，或叠成高低起伏的池岸，其下再建石矶、钓台，使山水的结合更为紧密。体形高大的假山，为了扩大视野，往往在山上建造亭阁，以俯览园内或眺望园外的景物。山既可划分园景，又为增加园内宁静的气氛和降温、隔尘等提供了有利条件。至于在园林布局上，通常在水池的一面叠山造林，而在另一面错置厅堂亭榭，无论从山林越过清澈的池水遥望高低错落的建筑，或自房屋欣赏对岸的山崖树木，都是重要的对景，而房屋与山林遥相掩映，又收到良好的对比作用。在规模较大的大型园林，随着各景区和庭院的大小，叠造假山、石峰、石壁或仅置少数湖石；也有在较大景区内建假山数处，利用山势的连绵起伏互相呼应，将空间划分为几个部分，使园景有分有合，互相穿插，以增加风景的曲折和深度。总之，苏州园林从整体布局到小空间的处理，大则叠石造山，小则布置一、二湖石，都创造了许多特有的手法，其中一部分且具有较高的艺术水平。……

【注释】

①《西京杂记》卷二、卷三，《三辅黄图》卷三。②《后汉书》列传二十四梁冀传。③《水经注疏》卷十六穀水芳林园。④《水经注》卷十六穀水华林园，《魏书》卷九十三茹皓传、《洛阳伽蓝记》卷二张伦宅。

5. 建筑 *（节录）

建筑在苏州古典园林中具有使用与观赏的双重作用。它常与山池、花木共同组成园景，在局部景区中，还可构成风景的主题。山池是园林的骨干，但欣赏山池风景的位置，常设在建筑物内，因此建筑不仅是休息场所，也是风景的观赏点。建筑的类型及组合方式与当时园主的生活方式有密切的关系，因而园林建筑以其数量之多与比重之大形成为一种突出的现象。一般中小型园林的建筑密度可高达30%以上，如壶园、畅园、拥翠山庄；大型园林的建筑密度也多在15%以上，如沧浪亭、留园、狮子林等。正因为如此，园林建筑的艺术处理与建筑群的组合方式，对于整个园林来说，就显得格外重要。

苏州古典园林中的建筑，不但位置、形体与疏密不相雷同，而且种类颇多，布置方式亦因地制宜，灵活变化。建筑类型常见的有：厅、堂、轩、馆、楼、阁、榭、舫、亭、廊等等。其中除少数亭阁外，多围绕山池布置，房屋之间常用走廊串通，组成观赏路线。各类建筑除满足功能要求外，还与周围景物和谐统一，造型参差错落，虚实相间，富有变化。

由于使用性质的不同，建筑处理也有不同。厅堂多位于园内适中地点，周围绕以墙垣廊屋，前后构成庭院，是园林建筑的主体。厅堂造型比较高大宏敞，装修精美，家具陈设富丽，在反映园主奢靡生活方面，具有典型性。留园五峰仙馆、狮子林燕誉堂，均为这类例子。可观赏周围景物的四面厅，多建于环境开阔和风景富于变化的地点，四周门窗开朗，并绕以檐廊，既可在厅内坐观，又便于沿廊浏览，如拙政园远香堂。书斋、花厅，环境要求安静，常与主要景区隔离，自成院落，在建筑处理上则另有一种格调。如留园的还我读书处①，拙政园玉兰堂，前面都有小庭院，虽无山池之胜，但几株花木，散点石峰，也堪构成小景。至于亭、榭、曲廊，主要供休憩、眺望或观赏游览之用，同时又可以点缀风景，所以此类建筑多设于山巅、水边或园林四周，所谓"花间隐榭，水际安亭"就是这种手法的表述。

园林建筑的造型与组合，都求其轻巧玲珑，富有变化，建筑形式亦无定制，普通住宅房屋，多用三间五间，惟有园林建筑，一室半室，随宜布置，结构采用斗栱的极少，装修亦不雕鸾贴金，力求朴素大方。

园林建筑的空间处理，大都开敞流通。尤其是各种院落的灵活处理，以及空廊、洞门、空窗、漏窗、透空屏风、槅扇等手法的应用，使园内各建筑之间，建筑与景物之间，既有分割，又达到有机联系，融为一体。例如留园古木交柯与石林小院二处，内外空间穿插，景深不尽。

园林建筑的色彩，多用大片粉墙为基调，配以黑灰色的瓦顶，栗壳色的梁柱、栏杆、挂落，内部装修则多用淡褐色或木纹本色，衬以白墙与水磨砖所制灰色门框窗框，组成比较素净明快的色彩。而且白墙既可作为衬托花木的背景，同时花木随着日照位置和阳光强弱投影于白墙上，可造成无数活动景面。

园林建筑还可以作为造景的手段。不论是对景、借景或景物的变换与联系都起着重要的作用。

建筑用于对景，方式多种多样，如拙政园远香堂北面正对雪香云蔚亭，东面正对绣绮亭，反之，从雪香云蔚亭南望可畅览远香堂与倚玉轩一带。这种把建筑与建筑，建筑与景物交织起来融为一体的处理是苏州古典园林造园艺术的一种优秀手法。

建筑用于借景的有远借、邻借、俯借、应时而借等方式。建筑的门窗、廊柱之间，也可作为取景框，其中不乏构图的佳例。

季节气候与房屋处理亦有关系。如拙政园的三十六鸳鸯馆即为考虑冬夏二季不同的应用，听雨轩则以观赏雨景为主题。

建筑在园林中与山、池、花木的有机配合，是造园艺术手法中的一个重要问题。

山上设亭阁，体形宜小巧玲珑，加上树木陪衬，形象自然生动。同时，又因其位于园中制高点上，无论俯瞰园景或眺望园外景色，都是重要的观赏点。拙政园的雪香云蔚亭、待霜亭、绣绮亭可作为此类建筑的代表。这几座山亭不但本身形体优美，造型各异，而且与环境配合恰当，为园景增色不少。以建筑为主体，山石为辅的处理手法，有厅山（如留园五峰仙馆前后院）、楼山（如留园冠云楼东侧）、书房山（如王洗马巷七号某宅庭院）等。

临水建筑为取得与水面调和，建筑造型多平缓开朗，配以白墙、漏窗及大树一、二株，能使池中产生生动的倒影。建筑与水面配合的方式，可分为几种类型：一种是凌跨水上，如拙政园的小沧浪、网师园的濯缨水阁、耦园的山水间；一种为紧邻水边，如拙政园的香洲、倚玉轩，留园的绿荫轩、清风池馆；另一种与水面之间有平台过渡，如拙政园的远香堂、留园的涵碧山房、怡园的藕香榭等。后者往往由于平台过于高大与水面不能有机结合，显得不够自然。

建筑在园林中与花木的配合也极为密切。不仅花木配置可以构成庭院小景，而且花木形态、位置对建筑的构图也起很大作用。从现存的园林里，可以看到许多建筑与花木配合恰当，组成优美园景构图的实例，尤其建筑与生长多年的大树有机配合，是一种传统手法[2]，留园、拙政园、网师园、沧浪亭等处都有不少此类例子。

苏州古典园林的建筑是在封建社会中发展起来的，因此虽有不少传统艺术手法可供借鉴，但其类型与性质都是为了适应当时园主剥削阶级奢靡生活的需要，以致建筑物过于密集，对于园林再现自然的意趣终有矛盾；加上当时建筑艺术受到剥削阶级意识形态的影响，造成有的建筑装修雕饰繁琐，费工费料。

【注释】

①原名"还读我书"。②明计成《园冶》相地："多年树木砑筑檐垣，让一步可以立根，砍数桠不妨封顶，斯谓雕栋飞楹构易，荫槐挺玉成难。"这说明布置园林建筑时，利用已生长多年的大树，构成园景，是我国造园艺术的传统手法。

6. 花木 *（节录）

花木是组成园景不可缺少的因素。苏州古典园林的花木配植以不整形不对称的自然式布置为基本方式，手法不外直接模仿自然，或间接从我国传统的山水画得到启示。花木的姿态和线条以苍劲与柔和相配合为多，故与山石、水面、房屋有机结合，形成了江南园林独特的风格。在大片落叶树和常绿树的混合配植中，常利用各种树形的大小，树叶的疏密，色调的明暗，构成富于变化的景色，在形成自然山林方面起着重要作用。如拙政园中部二岛，用较多的落叶树配以适当的常绿树，与土坡上茂密的竹丛和池边的芦苇相组合，掩映于宽阔的水面上，取得了较好的效果。

花木既是园中造景的素材，也往往是观赏的主题，园林中许多建筑物常以周围花木命名，以描述景的特点，如拙政园的远香堂、倚玉轩、雪香云蔚亭、待霜亭、梧竹幽居亭、松风亭、柳阴路曲等等①，其他各园此类名称也屡见不鲜。

利用花木的季节性，构成四季不同的景色，是苏州古典园林中习用的一种手法。例如各园厅堂前的玉兰与花台上的牡丹，侧重春景；怡园内群植的紫薇，拙政园与狮子林等的荷蕖，主要供夏季观赏；留园西部土山上的枫林，以及各园的桂花与菊花，构成秋景；拙政园西部十八曼陀罗花馆②前的山茶，以及各园小院内栽植的天竹、蜡梅，则为冬景。不仅如此，园林中对花木混合布置的方法更为重视，如网师园小山丛桂轩前院和留园冠云峰庭院，都配有四季分别可观赏的花木，花期衔接交替，形成四时景色的变化。

苏州园林花木的栽植，大都根据地形、朝向和干湿情况，结合花木本身的生长习性配植。例如桂花、山茶、黄杨、天竹、枸骨、女贞等耐阴，多植于墙阴屋隅；松、柏、榆、枣、丝兰等耐旱，则多植于山上；垂柳、枫杨、石榴等喜湿，多布置在池畔。但并不机械地为其习性所拘束，而是根据花木的姿态、线条、构图、色香等特点，与周围环境作有机的配植。

充分利用和发挥原有大树在园林中的作用，也是一种传统的手法。由于某些园林历史悠久，往往遗留若干百年至数百年的古树，后人重建新园，并不因其妨碍修建而加以砍伐，相反地却视为珍品，充分利用这些古树，与山、池、房屋巧妙地组合起来。如网师园看松读画轩南的柏树与罗汉松，拙政园中部的几株大枫杨，留园中部的银杏与朴树，狮子林问梅阁前的银杏，都是利用古树的较好例子。……

【注释】
① "远香"原由荷花引申而来（见宋周敦颐《爱莲说》)，远香堂面临荷池，故名。"倚玉"，据明文徵明拙政园诗："倚楹碧玉万竿长"，轩前原有竹。"雪香"意为梅花，"云蔚"指山间树木茂密。"待霜"指霜降橘始红，亭旁种橘树。梧竹幽居亭旁有梧有竹。松风亭前有松。柳阴路曲廊前植柳。② 曼陀罗花树即山茶的别称。

四、陈植（1899~1989 年）

陈植，字养材。中国造园学倡导人，专攻造园学，历任南京林业大学等校教授。主要著作有《造园学概论》、《筑山考》、《园冶注释》、《中国历代名园记选注》等。

本书引文据《园冶注释》1981 年第一版．中国建筑工业出版社。

《陈植造园文集》1988 年第一版．中国建筑工业出版社。

《中国历代名园记选注》1983 年第一版．中国建筑工业出版社。

1. 筑山考①*（节录）

尝读文震亨氏《长物志》曰："石令人古，水令人远，最不可无，要须回环峭拔，安插得宜，一峰则太华千寻，一勺则江湖万里，又须修竹老木，怪藤丑树，交覆角立，苍崖碧涧，奔泉汛流，如入深岩绝壑之中，乃为名区胜地，约略其名，匪一端矣"。噫！林泉之美，跃然纸上，读之令人神往、不能自己也！我国造园，素以自然驰誉海内外，而论我国造园美者，复艳称"假山"，故假山实我国造园艺术之精粹也。假山之筑，张淏氏于其《艮岳记》中号曰："筑山"。计成氏于其园冶书中称曰："掇山"，而南京谓之："堆山"，杭州谓之："叠山"；南宋张叠山即以工于假山之构筑著称，犹清初以营造设计为业之"样式雷"也。由筑山构成之景物，所谓"林泉"或"泉石"是也。我国筑山之历史极古，构石之艺术至精，文献之记载，固指不胜屈，然系统之著述，实凤毛麟角。窃谓造园学既为我国中兴学术之一，故不欲研究我国之造园则已，不然，应先自筑山之探讨始。……

（一）史迹

我国筑山，奚自昉乎？孔子"为山"列子"移山"（即愚公移山）之喻，虽不能据为事实，然国中典籍筑山之志，盖自此始。降及嬴秦，上林、长杨、兰池、阿房（均在咸阳今陕西西安）等宫苑之置，宫馆复道，兴筑日繁，虽人力所施，穷极奢丽，雕饰益工，野趣日鲜，而宫内苑聚土为山，十里九坂。梁孝王兔园中，百灵山，山有肤寸石，落燕岩，栖龙岫，雁池，池中有鹤洲，凫渚诸宫观相连，延亘数十里，奇果异树，珍禽怪兽毕致，构石之术，盖随时代而俱进矣。

茂陵富人袁广汉筑园于北邙山下，东西四里，南北五里，激流水注其内，构石为山，高十余丈，积沙为洲屿，激水为波澜，私人园林筑山之早，惟此为最。

汉既屋社，魏明帝命张伦起景阳山于芳林苑中。

梁元帝于子城中（在江陵今湖北陵县）造湘东苑，穿池构山，长数百丈，植莲蒲，岸缘植以奇木，其上有通陂阁，跨水为之。

高齐武成帝，增饰华林苑，若神仙所居，改曰："仙都苑，"苑中封山为岳，皆隔水相望，分为四渎，因为四海，汇为大池，曰："大海"。后主武平四年（573年）亦于仙都苑中池筑山，殿楼间起，穷华极丽。

后燕慕容熙，大筑龙腾苑，广袤十余里，役徒二万人，起景云山于苑内。

隋炀帝大业元年（605年）筑西苑（于长安）周二百里，其内为海，曰："积翠池"，周十余里，为方丈，蓬莱，瀛洲诸山，高出水百余丈，台观宫殿，罗络上下，向背如神。

宋徽宗政和七年(1117年)，筑山于禁城(在汴京，今开封)东陬，号曰："寿山艮岳"(亦称万寿山），诏宦者梁师成（字守道）董其役。时有平江（今江苏吴县）朱勔者，取浙中珍奇花木竹石以进，号曰："花石纲"，专置应奉局于平江，斫山辇石，虽江湖不测之渊，凡力所能致者，必百计以出之，计令宦者以献者，大率灵璧、太湖诸石，二浙奇竹异花，登莱文石，湖湘文竹，四川佳果异木之属，皆越海渡江，凿城郭而至，竭府库之积累，萃天下之技艺，凡六载而成。寿山嵯峨，两峰并峙，列嶂名屏，瀑布下入雁池，池水清沦涟漪凫雁浮泳水面，栖息石间，不可胜计。西庄有亭曰："巢云"，高山峰岫，下视群岭，若在掌上。自南徂北，行冈脊两山间，绵亘数里，与东山相望，水出石口，喷薄飞注如兽面，名之曰："由龙渊""跃龙峡"，由磴道盘行，萦曲扪石而上，既而山绝路隔，继以木栈，倚石排空，周环曲折，有蜀道之难。诸山前列巨石，凡三丈许，号曰："排衙"，巧径峻岩，藤萝蔓衍，若龙若凤，不可殚穷。支流为山庄、为回溪，自山蹊石罅，挛条下平陆，中立而四顾，则岩峡洞穴，亭阁楼观，乔木茂草，或高或下，或远或近，一出一入，一荣一凋，四面周匝，若在重山大壑，深邃幽岩之底，不知京邑空旷，坦荡而平夷也。

宋室南渡，初至金陵，置御园，八仙园，养种园，绍兴十七年（1147年）建玉津园于杭州南龙山之北，复以灵隐寺、冷泉亭为临安胜景，去城既远，难于频幸，乃于宫中凿大池，续竹筒数里，引西湖水注之，其上叠石为山，作飞来峰，峰高丈余。

赵翼王园在方家谷，（杭州）园中层叠巧石为洞，曲引流泉灌之，水石奇胜，花竹繁鲜，旁有仙人基石。

金人入据中原，改元"贞元"，奠都中都（今北京），作海子（今北京什刹海）于南苑，以厌南中王气。其琼华岛（在今北京北海中）在太液池中，以承光殿北度石梁，至岛，皆以夕砖乳花石杂甃之，若洞窈窕，蹬道行折，多叠奇石，嶙山亢炸崿，其巅即辽太后梳妆台也。汴京花石纲，悉辇以致之，北海假山[2]，盖乃艮岳遗物也。

元大都（今北京）御苑万寿山，在大内西北，太液池（旧称西海子）之阳，金人名曰："琼花岛"，高数十丈，中统三年（1262年）修缮之，至元八年（1271年）赐今名。其石皆叠玲珑石为之，峰峦隐映，松桧隆郁，秀若天成，引金河水至其后，转机运蚪，汲水至山顶，出石龙口，注方池，伏流至智仁殿后，有石刻蟠龙，昂首喷水仰出，然后由东西流入太液池，泉石之美，莫能逾也。

吴中狮子林，山石结构之佳，叹为罕有。该园于元至正间，由僧人天如、惟则、延米德润、赵元良、倪元镇、徐幼文共商叠成；元镇为之图，并取佛书"狮子座"名之。中有狮子峰，含晖峰，吐月峰，三雪堂，卧云室，问梅阁，指柏轩，玉鉴池，冰壶井，修竹谷，小飞虹，大石屋诸胜。湖石玲珑，洞壑宛转，上有合抱大松五，故亦称："五松园"。明时尚属今画禅寺中，清初鞠为民居，荒废已久，乾隆二十七年（1762年）高宗南巡，始开辟薙草，筑园墙垣，而始与寺隔绝，以迭经高宗临幸，故其山石名震遐迩。

明太祖定鼎金陵（时称应天），规模宏丽，城西南杏花村一带，园之渊薮也。东园一名："太傅园"，壮丽尤为诸园冠，中有心远堂、月台、小蓬莱、一鉴堂诸胜，及峰峦洞壑亭榭之属。魏公南园，堂前有坐月台，有峰石杂卉之属，右复为堂，曰："周背廊"，前汇一池，三面有石。

成祖迁都燕京，园林随以继起。西苑有太液池，池上有蓬莱山，山巅有广寒宫。东苑殿后，瑶台玉砌，奇石森耸。清华园在都门西北之海淀，武清侯李伟之别业也；池东百步置断石，石纹五色，狭者尺许，修者百丈，西折为阁，为飞桥，为山洞，西北为水阁，叠石以激水，其形如帘，其声如瀑，禽鱼花木之胜，南中无以过也。

清室入关之始，兵事倥偬，初无意于土木；顺治、康熙初季，仅因明代南海子之旧，略事修葺，备阅军搜狩之用，迨三藩平定，海内乂安，康熙二十三年（1684年），二十八年（1689年）再度南巡，爱江南湖山之美，就海淀西月陵浒，明武清侯李伟清华园故址，命吴人叶陶筑畅春园，为避暄听政之所。尔后复改"澄心"为"静明"，并建香山行宫，与畅春鼎足而立。雍正践祚，复有圆明园营建之举，园在畅春北里许，挂甲屯，园本世宗藩邸，雍正三年（1725 年）大礼告成，遂就园南建殿宇，朝署、值所，为侍值诸臣治事之地。又濬地引泉，辟田庐，营蔬圃，增构亭榭，规模略具。逮及高宗（乾隆），以畅春奉太后，而自居圆明，其时八方无事，物力殷阗，有清一代，允为全盛。园居土木之工，乾隆七年（1742 年）营安佑宫（即鸿慈永祜），九年（1744 年）成御制四十景诗，凡篇所列建筑，而无世宗（雍正）题咏者，疑皆建于此数年间也。又南宋而还，江南园林之胜，甲于宇内，倪瓒、计成所经营，张涟父子所规划，脍炙人口，迥非一日，数度南巡，浏览名园，胜景，必图写形制，仿制园中，仿海宁隅园为安澜园，仿宁波天一阁为文源阁，仿江宁瞻园（即明中山王西圃）营如园于长春园内，仿苏州黄氏涉园为狮子林，仿杭州汪氏园为小有天，并仿西湖风景为三潭印月、雷峰夕照、平湖秋月、南屏晚钟、柳浪闻莺，王壬秋氏圆明园词所谓："移天缩地在君怀"是也。其奇峰异石之不可摹效者，则无不辇致北来，扬州九峰园，奇石最高者九，遂以名园，高宗南巡，遂选二石入圆明园中。杭州宗阳宫为南宋德寿宫旧址，有穹石曰："芙蓉"，具玲珑刻削之致，高宗十六年（1751 年）南巡，拂拭其石，大吏辇送京师，命致之长春园，倩园，太虚室，赐名"青莲朵"（按此石今存北京中山公园）。北方之石，则房山有青石，长三丈，广七尺，色青而润，明米万钟欲致之勺园，达良乡力竭而止，乾隆十六年（1751 年）辇致清漪园［按光绪十四年（1888 年）改称颐和园］乐寿堂，名："青芝岫"。又米氏别有石一卷，后亦移置御苑，曰："青云片"。清高宗爱石之殷，可与政和艮岳先后媲美也。圆明园于咸丰十年（1860 年）九月五日毁于联军，琳宫玉宇，尽为瓦砾，诚世界造园艺术之一大损失也。

环秀山庄亦称耕荫义庄，在苏州黄鹂坊东，旧为明申文定公时行宅，故今犹名："申衙前"，中有宝纶堂，后具园林，亦有声于时，后由其裔孙继际，筑"蘧园"，中有来青阁，魏叔子（禧）为之记。其地先为景德寺，后改学道书院，再改兵备道署，后复改为文定公宅。清乾隆间，刑部郎蒋楫（字济川，号方樏）居之，得泉，号曰"飞雪"，其从兄恭棐为之记，后归太仓毕尚书秋帆（沅），继为孙建威士毅宅，道光末，归汪氏，始改今名，故世亦称："汪家义庄"。庭前石山精巧，有问泉亭，补秀山房，一房秋水，半房山阁，冯桂芬为之记。飞雪泉久经淤塞，迩复疏导，犹有飞瀑之胜。中国营造学社刘敦桢氏《苏州古建筑调查记》云："调查怡园、拙政园、狮子林、汪园四处，惟汪园结构特辟蹊径，在诸园中最为杰出，门内建方亭，下为小池一泓，池东假山峥嵘直上，纯用'大劈法'，其下劈为幽谷，深窈婉转，势若天成，而池北复构敞轩，一径蛇蟠，经小亭导致山巅，深树参差，翁蔚四合，几置身尘中，全园面积不足一亩，而深溪洞壑，落落大方，一洗世俗矫揉造作之弊，可谓以少胜多者"云。日本造园大师原熙博士，于苏州庭园假山中，最称许之，予过姑苏，亦尝往游，以其地不广，山不高，石不多，而曲折玲珑，景物最胜，叹为神技。世称石出戈裕良手笔，当在蒋楫所居时代，为之布置者也。

寒碧山庄，在苏州阊门外花步里，今称"留园"，并于清光绪二年（1876 年）归武进盛氏（宣怀字杏荪）后，所改者也。旧为明徐同卿泰时东园故址，入清为刘观察恕（字蓉峰）所居，恕性爱石，园中聚奇石为十二峰曰：奎宿、玉女、箬帽、青芝、累黍、一云、印月、猕猴、鸡冠、拂袖、仙掌、干霄，皆自为名，王学浩为之图，钱大昕题曰："花步小筑"，范来宗为之记。归盛氏后，大加修葺，有涵碧山房、洞天一碧、揖峰轩、石林小院、闻木樨香轩、绿荫亭、半野草堂、自在处、远翠阁、佳晴喜雨快雪之亭、花好月圆人寿轩、仙苑、停云、又一村、亦吾庐。又增辟东西两园，即今之东山丝竹、冠云峰、云满峰、头月满天楼、奇石寿太古轩；西偏小蓬莱、蔬畦、果圃诸胜。山石之奇，以冠云峰为最，园广袤四十余亩，俞曲园（樾）为之记曰："咸丰中，余往游焉，见其泉石之胜，花木之美，亭榭之幽深，诚足为吴中名园之冠。"予慕其景物之胜，过苏往游，必徘徊久之，留连而不忍去也。是园山石不知出于何人手笔，要非名家不能有此技巧也。

（二）作家

筑山之术，并无成法，全凭意匠，非胸有丘壑者，不能为也。计成《园冶》，李诫《营造法式》中，均于筑山独阙图式，盖亦以"园有异宜，无成法，不可得而传也"。所有假山作家，兹就史籍或私人笔记中可参考者，述之如次：

张伦，魏人。明帝时，造景阳山于芳林苑中，重岩复岭，深溪洞壑，高林巨树，悬葛垂萝，崎岖石路，涧道盘纡。

茹浩，北魏人。采掘北邙及南山佳石，徙竹汝颖，罗蔚其间，经构楼馆，列于上下，树花栽木，颇有野致。

冯亮字灵通，北魏南阳（今河南南阳县）人。博览群书，笃好佛理，性既雅好山水，复巧思绝人，而工营构，世宗欲召为羽林监领中书舍人，固辞不拜，乃隐居嵩高（即嵩山），结竿林岩，甚得栖游之适，颇以此闻。世宗乃给其工力，诏造闲居、佛寺，林泉既奇，营置复美，曲尽山居之妙。

崔士顺，北齐博陵（今河北安平县）人。武成帝时，为黄门侍郎，太府卿，营仙都苑，封三象五岳，分流为四渎、四海，汇为天池，建楼观堂殿于其间，其北岳飞鸾殿，北海密知堂，奇巧机妙，自古罕有。

庾信字小山，小字兰成，北周人。文藻艳丽，与徐陵齐名，所筑小园，山为箦覆，地有堂坳，欹侧八九丈，纵横数十步，榆柳二三行，梨桃百余树，自著《小园赋》记之。

王维字摩诘，太原（今山西太原县）人。生于唐圣历二年（699年），卒于乾元二年（759年），玄宗时为尚书右丞，肃宗时致仕隐于蓝田（今陕西蓝田县）之辋川。氏为诗人，兼工丹青，既归辋川，即相地作园，分置孟城坳、华子冈、文杏馆、斤竹岭、鹿柴、木兰柴、茱萸沜、宫槐陌、临湖亭、南垞、欹湖、柳浪、栾家濑、金石屑、白玉滩、北垞、竹里馆、辛夷坞、漆园、椒园诸景于其间。摩诘乃山水画之理论而兼实际家也。以之构石，如何不使名山大川毕陈几席而收眼底者哉？盖所谓"山水由平面而进于立体"，其意境盖无二致也。东坡谓："摩诘诗中有画，画中有诗。"予将易之曰："摩诘诗中有画，画中有园"矣。

白居易字乐天，太原人，生于唐大历七年（772年），卒于会昌六年（846年）亦工诗文，庐山草堂，即其造园作品也。草堂有平地，平台、方池、石涧、飞泉、瀑布、夹涧有古松、老杉、松下多灌丛萝茑，下铺白石为出入道，堂北据层崖、堂东悬瀑布，四傍耳目杖履可及者，春有锦绣谷"花"，夏有白门洞"云"，秋有虎溪"月"，冬有炉峰"雪"，虽属天然景色，然非乐天，不足以领略之，非乐天亦不足以配合之，所谓"人杰地灵"，相得益彰者也。有此清景，宜其"不惟忘忧，可以终老"矣。

李德裕字文饶，赵郡（今河北赵县）人。生于唐贞元三年（787年），卒于大中三年（849年）。其赞皇（即河北赞皇县）平泉庄，周回十里，堂榭百余所，天下奇花异草，珍松怪石，靡不毕致。文饶自擅吟咏，且属显宦，自不可与浮沉宦海者一概而论。故其园林，当即主人精心之作也。所著《平泉山居草木疏》，足资佐证，岂特爱好游憩已哉！

李诚字明仲，管城（今属河南郑县治）人，生于宋景祐二年（1039年），卒于大观四年（1110年），熙宁中为将作少监，奉敕编著《营造方式》三十六卷，元祐六年（1091年）而成，各项建筑，均具图式，独于叠石仅在工作料例中，著录垒石山及泥假山，壁隐假山，盆山名称，及所需原料数量，既无说明，复阙图式，岂亦"园无成法"，不可得而传耶！

朱勔，宋平江（今江苏吴县）人，冲之子也。冲狡狯有智能，以善治园圃名于世，时徽宗重意花石，勔语其父，密取浙中珍异以进，寿山艮岳之成，盖其力也。勔虽以谄事蔡京，得以显贵，鄙不足齿，然于筑山，以世其父业，为寿山选材、施工，以底于成，献替艺术，有足多者，要亦不可以人而废其业也！勔于吴中营置同乐园，园中奇石林立，视艮岳中神运峰，实无愧色，今苏州老孙桥东南之绿水园，即其遗迹。世仍以"朱家园"称之。宋室南渡，临安园林，一时称盛，垒山构石，显由杭州陆叠山及吴兴石匠任之，即朱勔子孙，犹世修其业，不坠家风，今日道筑山者，犹首推苏杭，流风遗韵，扇被至深也。

倪瓒字元镇，号云林，无锡（今江苏无锡县）人。生于元大德五年（1301年），卒于明洪武七年（1374年）。精于绘事，与黄子久（公望）、吴仲圭（镇）、王叔明（蒙）等，号称四大家。其石虽仿关仝，然关为正锋，倪多侧笔，乃更润秀，且其皴，水尽潭空，简而又简。绘与园，其理一也。故苏州狮子林山石之筑，虽非出于云林一人之手，然云林所与共商叠成者，皆一时之彦，且复为之图记，其负责似较他人为尤重也。今所存者，不能尽如人意，盖由后人妄自增葺，已非云林手迹，画蛇之诮，其乌能免哉？

计成字无否，号否道人，吴江（今江苏吴江县）人。生于明万历十一年（1582年）。少以绘名，性好搜奇，并宗荆浩、关仝笔意，雅擅筑山之术，为晋陵（今江苏武进县）吴方伯又予（元），銮江（今江苏仪征县）汪中翰士衡，及其友人郑元勋等次第造园，咫尺山林，各饶野致；并著《园冶》，以传后世。书共三卷、十篇，其与筑山有关者，计掇山、选石两篇，殿以借景，尤为今人所乐道；我国有造园术，虽由来已久，然为系统记述而成专书，实自计氏始也。日人尊之为世界最古造园专籍，洵不诬也。掇山复以位置、性质，列为园山、厅山、楼山、阁山、书房山、池山、内室山、峭壁山、山石池、金鱼缸、峰峦、岩洞、涧、曲水、瀑布等十七节，靡不叙述详明，简而易行。选石复以性质、产地，分为太湖石、昆山石、宜兴石、龙潭石、青龙山石、灵璧石、岘山石、宣石、湖口石、英石、散兵石、黄石、旧石、锦川石、花石纲、六合石子等十六节。且曰："掇山之始，桩木为先，较其短长，察乎虚实，随势挖其麻柱，谅高挂以称竿……立根铺以粗石，大块满盖桩头……峭壁贵乎直立，悬崖使其后坚，岩峦洞穴之莫穷，涧壑坡矶之俨是，信足疑无别境，举头自有深情，溪逐盘且长，峰峦秀而古，多方景胜，咫尺山林。……假如一块中坚而为主石，两条旁插而呼劈峰，独立端严，次相辅弼，……主石虽忌于居中，宜中者也可，劈峰总较于不用，岂用乎断然。……未山先麓，自然地势之嶙嶒，构土成冈，不在石形之巧拙。"筑山之术，盖尽乎斯矣。

文震亨字启美，长洲（今江苏吴县）人。生于明万历十三年（1585 年），卒于清顺治二年（1645 年）。雅好水石，于所著《长物志》中，专篇论之。志共十二卷，就中与造园有关者，除水石一卷外，复有室庐、花木、禽鱼、蔬果四卷。氏就冯氏废园，构为香草垞（在今苏州高师巷），中有婵娟堂、绣铗堂、笼鹅阁、斜月廊、众香廊、绣台、玉局斋、乔柯、奇石、方池、曲沼、雀栖、鹿柴、鱼床、燕幕，以至纤筼弱草、盆峰盆卉，无不被以嘉名。入清归陆氏，渐废，光绪间归江陵邓氏，启美盖亦明季造园一大师也。

张涟字南垣，华亭（今江苏松江县）人，后迁秀水（今浙江嘉兴县），故亦称秀水人，亦明之遗民也。少学画，好画人像，兼通山水，遂以其意垒石，故他技不甚著，独以石名。南垣尝曰："今夫群峰造天，深岩蔽日，此盖造物神灵之所为，非人力所可得而致也。况其地，辄跨数百里，而以盈丈之址，五尺之沟，尤而笑之，何异市人搏兔以欺儿童哉？虽夫平冈小坂，陵阜陂陁，板筑之功，可计日以就，然后错之以石，棋置其间，缭以短垣，翳以密筱，若似乎奇峰绝嶂，累累乎墙外，而人或见之也。其石脉之所奔注，伏而起，突而怒，为狮蹲，为兽攫，口鼻含牙，呀错距跃，决林莽、岛巳轩楹而不去，若似乎处大山之麓，截溪断谷，私此数石者，为我用也。方塘石洫，易以曲岸回沙，邃阃雕楹，改为青扉白屋，树取其不凋者，松、杉、桧、栝，杂植成林，石取其易致者，太湖、尧峰，随宜布置，有林泉之美，无登顿之劳，不亦可乎？"此虽由吴梅村（名伟业、字骏公，梅村其号也，人多以其号称之。）于其传中，代为述之，然梅村南垣，年相若，里相迩（梅村太仓人），意气相投，往返颇密，所记当信史也。南垣经营粉本，高下浓淡，早有成法，初立土山，树木未添，岩壑已具，随皴随改，烟云渲染，补入无痕，即一花一竹，疏密欹斜，妙得俯仰，山未成，先思着房，屋未就，又想其中之所设施，窗棂几榻，不事雕饰，雅合自然。氏为此技既久，土石草树，咸能识其性情，每创首之日，乱石林立，或卧或倚，踌躇四顾，正势侧峰，横支竖理，皆默识在心，借成众手，常高坐一室，与客谈笑，呼夫役曰：某树下某石，可置某处。目不转视，手不再指，若金在冶，不假斧凿，甚至结顶，悬而下缒，尺寸不爽。尝于梅村之友人斋前，作荆（浩）关（仝）老笔对峙平碱，已过五寻，不作一折，忽于其巅得数石，盘亘得势，则全体飞动，苍然不群，此既以他人叹为莫及者也。其所为园，以李工部之"横云"，虞观察之"顾园"，王奉常（王世懋）之"乐郊"，钱宗伯（谦益）之"拂水"（闻即系常熟红豆山庄，今尚存），吴吏部之"竹亭"为最著，群公交书走币，无虑数十家，其不能应者，无不引为憾事。有子四人，能传父术，北京瀛台、王家、畅春苑及王宛平怡园，皆其子然所制（见骨董琐记）。晚岁辞涿鹿冯相国（诠）之聘，遣其仲子行，退老于鸳鸯湖（即浙江南湖）之滨。

李渔字笠翁，清初钱塘（今浙江杭县）人。为人风流倜傥，工诗词，亦精筑山之术，所著《一家言》居室器玩部中，曾详论之。北京黄米胡同之半亩园林泉，即氏之所设计也。后为河督麟庆（字见亭，满洲人）所得，麟氏所著《鸿雪因缘图记》中曾详记之。北京宣武门内西单牌楼郑亲王府内之惠园，引池叠石，饶有幽致，相传亦为笠翁手笔。

僧石涛，名道济，号清湘老人，又字大涤子，苦瓜和尚，瞎尊者，明楚藩后也。生于广东，精分、隶书，善画山水、兰、竹，笔意纵恣，大江以南，推为第一。惟为人书画，题款不自称为僧，盖以宗室隐于僧中，有难言之隐者也。清康熙中，亦以叠石著称，扬州片石山房二厅之后，湫以方池，池上有太湖石山子一座，高五六丈，甚奇峭，相传即石涛手笔也。

叶洮字金城，号云川（一作秦川），清初青浦（今江苏青浦县）人，有年子也。世其画学。康熙中供奉内廷，诏作畅春园图，称旨，奉命监造，陈昌祺氏谓："是园一树一石，皆金城所布置也。"

雷家玺字国贤，江西南康府建昌县（今永修县）人。其曾祖发达，字明所，生于明万历四十七年（1619年），卒于清康熙三十二年（1693年）。清初以艺受募入京，是为"样式雷"（亦称样子雷）发祥之始。其祖金玉，字良生；有子五人，独稚子声澄（字藻亭）世其业。声澄有子三人（长子家玮、次子家玺、幼子家瑞），家玺其仲子也，家玺生于清乾隆二十九年（1764年），卒于道光五年（1825年）。乾隆五十七年（1792年）承办万寿山、玉泉山、香山园庭、热河避暑山庄，及昌陵工程。乾隆八十万寿典景作台工程及嘉庆中圆明园工程，皆其所承办也。其孙思起（字永荣号禹门）生于道光六年（1826年），卒于光绪二年（1876年），同治十三年（1874年）时，有修复圆明园之议，思起与其子延昌，因进园庭工程图样，蒙召见五次。延昌字辅臣，又字恩绶，生于道光二十五年（1845年），卒于光绪三十三年（1907年），光绪初年，三海、万寿山庆典工程，先后踵兴，延昌均与其役。

黄氏兄弟，履晟字东曙，履暹字仲昇，履昊字昆华，履昂字中荷，本安徽歙县潭渡人，乾隆间，寓居扬州，以盐荚起家，俗称："四元宝"。好构名园，尝以千金购得秘书一卷，为营造之法，每一造作，虽淹博之士，不能考其所自。履晟家康山南，筑易园，园中三层台，称杰构。履暹家倚山南，有十间房花园，至四桥烟雨、水云胜概二段，其北郊别墅也。履昊由刑部，官至武汉黄德道，家阙口门有容园。履昂家阙口门，有别圃，改虹桥为石桥。其子为蒲筑长堤春柳，为荃筑桃花坞一段。

姚蔚池，清乾隆间吴县人，玉调子也。有异才，善图样，平地顽石，构制天然。

戈裕良，清嘉道间武进人。常熟之燕谷，仪征之朴园，如皋之文园，江宁之五松园，苏州之环秀山庄，及虎丘之一榭园，孙古云家书厅前山子一座，皆其手笔也。尝谓："狮子林石洞，皆界以条石，不算名手，只能将大小石，钩带联络，如造环桥法，可以千年不坏，要如真山洞壑一般，方称能事。"至造亭台池馆，一切位置、装修，亦其所长。

它如明季陈继儒（字眉公，华亭人），李贽（字卓吾，鄞人），屠隆（字纬真，鄞人），高深甫等，点缀山林，附庸风雅，疏泉立石，各有佳构。清初仇好石、董道士、王天宇、张国泰等，皆为叠石名手，惜皆语焉不详，不克为后世法耳！

我国假山、结构莫不艳称苏杭，此固由于历史悠久、人才辈出使然，然其选材便利，亦为一大原因。盖山石所选，以太湖石为最佳，苏杭两地，皆接濒太湖，取材既便，选石尤易，此所以佳构遍境内也。苏杭而外，吴兴，扬州，亦不示弱；盖吴兴地接太湖，选石亦优，其南浔夙称财富，故名园中莫不拥有佳山，迄犹脍炙人口也。扬州在昔盐运盛时，豪贾靡不竞构园林，以相炫耀，山石之筑，方之苏杭，绝无逊色，故欲求林泉遗迹，及叠石名匠，仍当于苏、杭、湖、扬四处觅之焉。

筑山之术，实为一种专门学术，其结构应有画意、诗意，始能引人入胜，不然便感平淡无奇，或竟流于刀山剑树，然筑山复非画家诗人所尽能。张山来（潮）氏尝曰：

"叠山、垒石，另有一种学问，其胸中丘壑，较之画家为难，盖画则远近、高卑，疏密，可以自主，此则合地宜、因石性，多不当弃其有余，少不必补其不足，又必酌主人之贫富，随主人之性情，犹必藉群工之手，是以难耳。况画家所长，不在蹊径，而在笔墨。予尝以画工之景，作实景观，殊有不堪游览者，犹之诗中烟雨穷愁字面，在诗虽为佳句，然当之者殊苦也。若园亭之胜，则只赖布景得宜，不能乞灵于他物，岂画家所可比乎？"良以绘画为平面，筑山为立体，平面者，目之可及者只一面，立体者，目之可及者乃五面，且假山复非若绘画之可望而不可及也，可远眺，可近观，可登临，可环睇，其材料随地而不同，好恶因人而异致，益以能力范围，复未必尽似，故一山之筑，一石之叠，应因人、因地、因力、因财，各制其宜，不若山水画家之各就所长，信手挥成者也。此所以画家、诗人不可胜数，而画家之能筑山者，几寥若晨星，诗人而能筑山者，更凤毛麟角，若云林、摩诘、无否、南垣，无不诗中有画，画中有诗，故筑山之术，亦皆高人一等，而不可及也。郑元勋序园冶曰："凡百艺皆传之于书，独无传造园者何？曰：园有异宜，无成法，不可得而传也。"钱梅溪（泳）曰："造园如作诗文，必使曲折有法，前后呼应，最忌堆砌，最忌错杂，方称佳构。"盖皆极言造园之难也，而造园中，尤以筑山为最难，此所以后世无传耶？自古工诗善画者能有几人，工诗善画，而擅筑山，为人称道者能有几人，筑山之术，洵不易也。无否、南垣两氏之变化也，皆能从心而不从法，且常复指挥运斤，使顽者巧、滞者通，此所以令人叹服，而引为不及也。今造园学，既于大学建筑、园艺、森林、艺术各系中，列为正式学课之一，则嗣后对于筑山之术，必有有志之士，潜心研究，以发扬光大此可宝之国技，不让先贤专美于前也。

【注释】

①原载 1944 年 9 月出版之《东方杂志》第 40 卷第 17 号。时在云南大学任教。②今北海山石，已非太湖石，不知何故？

2. 重印《园冶》序 *

我国造园艺术发轫最早。典籍可稽者，以黄帝之悬圃为最早，至周代文王之囿，记载更详，尔后代有营建，不可胜记。其学术性叙述，亦所在多有，然就中作为专籍，具有系统者，当以明季崇祯四年（1631 年）吴江（今江苏吴江县）计成（字无否，号否道人，生于明万历十年即 1582 年，工诗文）氏所著《园冶》（原称《园牧》）一书为最，迄今盖已三百二十余年矣。郑元勋（字超宗，号惠东，歙人，家江都，崇祯癸未进士，工诗画，有影园，著《文娱集》）氏为之题词曰："古人百艺皆传之于书，独无传造园者何？曰：'园有异宜，无成法，不可得而传也'。""造园"二字，见之文献，亦以此书为最早，想造园之名，已为当日通用之名词；造园之学，已为当日研求之科学矣。四十年前，日本首先援用"造园"，为正式科学名称，并尊《园冶》为世界造园学最古名著，诚世界科学史上我国科学成就光荣之一页也。1921 年春，余于日本东京帝国大学教授造林兼造园权威学者本多静六博士处，始见此书，为木版本三册，闻系得之北京书肆者。归国后，求之国内各地，遍觅不得。当 1931 年，在前中央大学农学院讲授造园学时，以急待参考，曾函请日本东京高等造园学校校长上原敬二博士雇人代录，以"一·二八"事变发生而中止。适朱启钤氏搜集之《园冶》残书，补成三卷，由陶兰泉氏搜入《喜咏轩丛书》内，于是年印行问世，而阚铎氏复参阅日本内阁文库内该书藏本，校正图式，分别句读。

于翌年（1932年）由中国营造学社付印出版，尤便阅读。三百年前之世界造园学名著，竟能重刊与国人相见，诚我国造园科学及其艺术复兴时期之一大幸事。

《园冶》共分三卷。一卷分兴造论、园说及相地、立基、屋宇、装折四篇。二卷全志栏杆。三卷分门窗、墙垣、铺地、掇山、选石、借景六篇。其中兴造论及园说，叙述造园意义。屋宇、装折、栏杆、门窗、墙垣五篇，虽属建筑艺术，然其形式全为配合园林要求，无不力求优美，盖为造园建筑艺术，而非一般形式可比。至于相地、立基、铺地、掇山、选石、借景六篇，全属造园艺术，亦属此书精华所在。其立论皆从造园出发，其命名"园冶"，盖别于普通住宅营建者也。相地分山林、城市、村庄、郊野、傍宅、江湖等地，除就各种地区说明特性外，并对造园设计、施工所应取舍之道，无不分别指陈，足证我国古代园林，不仅限于宅傍市区，即山林、江湖、郊野、村庄等人迹罕至之处，仍复注意美化，而为造园对象也。立基篇分厅堂、楼阁、门楼、书房、亭榭、廊房、假山等基，皆从揽胜，幽静，享受观点出发，使建筑位置适应造园要求，俾获相得益彰，亦近代造园理论中所强调者。铺地篇按材料分为乱石、鹅子、冰裂、诸砖等地；形式分人字、席纹、间方、斗纹、六方、攒六方、八方间六方、套六方、长八方、八方、海棠、四方间十字、香草边、毯门、波纹等十五式，按式铺成园路，景物益胜，充分表现我国园林中造园与建筑调和之美。掇山篇分园山、厅山、楼山、阁山、书房山、池山、内室山、峭壁山、山石池、金鱼缸、峰峦、岩洞、涧、曲水、瀑布各节，无不因地制宜，并详叙桩木理论，及掇山途径，均有独到之处，尤为本书精髓所在。造石篇中列举可供园林景物点缀之各地名石，凡十七种，各叙特性，俾便选用，以供玩赏。如与掇山理论结合运用，则峰、峦、岩、壑，毕陈几席，咫尺山林，纵目皆然，为园林增色，非浅鲜矣。借景篇分为："远借"、"邻借"、"仰借"、"应时而借"等数种，亦其独到之处。借景之名，已为近代造园学上通用之术语。借景之术，尤为近世造园学家所爱好之技巧，亦可贵也。计氏造景与建筑各种理论及其形式，迄至今日仍为世界科学家所重视，而乐于援用诚我国先贤科学上辉煌成就也。

当抗战期间，我国文物损失不可胜数，胜利后，此书已不可多得。解放而后，各地造园事业，发展甚速，造园有关书籍，几搜罗殆尽，此书尤不易得，数年来曾先后与出版社商请重版，均因故推诿，不得要领。今夏得城市建设出版社函告，该书已经各方推荐，决予重印，并向余征求原书。当以前所藏书，于抗战期间尽付浩劫，无以应命，特介绍数处，就近洽商，终以各方商借，不获端倪，仍属代为物色，因商之老友陆费执教授，当蒙慨允惠寄。几经周折，此书遂获按照营造学社版式重刊，与世人相见，何幸如之！

造园学在我国大学林学、园艺及建筑等系中，列为正式课程已有三十余年之历史，解放后，1952年，教育部并在北京农业大学中成立造园专业（1956年始调整至北京林学院），而各大市人民委员会中，亦先后相继成立园林局、处，以负造园设计、施工、管理之责，抑亦我国造园建设事业前途中，足资欣慰者也。当此造园科学及其事业极待发展之际，而在世界造园科学中，久负盛名之《园冶》一书，终获各方支持及时重刊问世，必将有助于祖国造园科学遗产之发扬，及其伟大艺术成就之认识，暨今后我国优美造园风格之学习与介绍，则《园冶》之得获重刊，乌可以等闲视哉！

养材 1956年10月14日志于南京林学院

3.《园治注释》序 *

　　我国造园艺术，具有悠久的历史和辉煌的成就，其中有关文献，不一而足，然就中能从科学立论，作出系统的阐述的，要以明末吴江计成所撰的《园冶》一书为最著。该书成于明崇祯四年（1631 年）；距今五十余年前，得到日本造园界人士的推崇，尊为世界造园学最古名著。自此以后，渐次引起国内学术界的注意，开始从事于残本的搜集和文字、图式的勘订，在民国二十年（1931 年）先后由陶兰泉与中国营造学社分别印行，使国人重视先民遗著，在祖国的建筑和造园艺术上，发挥了相应的作用。

　　《园冶》成书于三百二十年以前，具有高度的造园艺术水平，虽其旨趣着重在私人享乐，在今日应该受到批判，但这由于日时的限制，似未可求之于古人。其所以终有清一代二百六十八年间，寂然无闻，直待日本造园界发现推崇后，始引起国内学术界重视，意者该书前列阮大铖序文，后钤“安庆阮衙藏版”印信，证明该书木版，实由阮氏代刻，而大铖名挂逆案，明亡，又乞降异族，向为士林所不齿，计氏虽以艺术传食朱门，然仍不免为人目为“阮氏门客”，遭人白眼，遂并其有裨世用的专著，亦同遭不幸而被人擯弃；该书之所以长期湮没，历久不彰者，可能即缘于是。计氏生当封建社会，挟其卓越的造园艺术，奔走四方，自食其力，终其身，竟致“贫无买山力”，而“甘为桃源溪口人”，充分反映了旧社会艺术家可悲的境遇，晚年仍不甘自私其所能，而亟欲公诸于世，其胸襟磊落，尤属难能而可贵，岂能不顾事实，妄肆抨斥，与当日一般阿谀帮闲之徒等量齐观，而使一代艺术大师，冤蒙不洁，宁可谓乎？

　　解放后，在党的正确领导下，城市及风景建设面貌一新，造园事业应时而起，出现了造园教育迅速发展的空前盛况，从而感到造园有关参考读物需要的迫切，前城市建设出版社有鉴及此，经各方推荐，在一九五六年，就该书营造出版社版本影印问世，惜为数不多，还不能满足读者的要求。更重要的是：由于该书文体受到时代的影响，囿于明代文章的风格，骈四俪六，并杂陈当日苏州土话，令人费解，为求古为今用，普遍适应读者的愿望，实有详加注释之必要。在各方面的提倡和同志们的鼓励之下，不揣谫陋，姑作尝试。在工作过程中，得到南京工学院刘敦桢先生对建筑名词的注释，予以大力的支持，杨超伯先生予以典实的查补，文字的商榷，版本的校订，并经建筑科学院刘致平先生、同济大学陈从周先生先后详加校补，分别订正，以底于成；陈先生致力尤勤，均所心感，特此志谢。

　　本稿原本以城建出版社影印版为蓝本，除将目次按照内容重加编排，俾便检阅外，并将误字、句读及引文分别订正（详见校勘记）。释文虽以尽可能要求体现原意，决不擅加损益为准则，但为原文体裁及个人水平所限，其中欠妥失实之处，仍所难免，尚希读者同志不吝指教，俾便再版时，得以订正。

（养材）志于南京林学院 1964.6.3

4.《中国历代名园记选注》自序 *（节录）

　　当今各国造园，莫不采取以庭园（我国古名园林）为起点，而渐向大自然发展的进程，以完成其美化国土的宏大目标。但庭园云云，除属个人享乐，美化环境所必需之外，所有古代庭园，因属历史文物，尤应尽力维护，传之后世，以供学者专家之研究考证。尝忆当旅日时期，所见彼邦古代庭园之保存，因经政府尽最大努力加以保护，迄今完好如初者，据有关记载，全国尚有一〇九处之多；因时代不同，风格各异，经专家研究，翔实记载，图文并茂，汇为大观，令人敬佩。反顾祖国名园，或已梓泽丘墟，无复孑遗；或经重加修葺，面目全非，憋然忧之。解放后，余即从事于我国名园历史考查及其图、记之征集，拟辑为《历代名园记》一书，以供中外学者之研究参考。至 1981 年止，前后收集园记共三十万字，为供造园学家学术上之考证及修复时之依据起见，凡园之有名而无记及有记而无实景记载者，因限于体例均予割爱，未加选辑，此不能不引为遗憾耳。是书之辑，所以摒弃空论，注重实景为主者，其用意盖在于引起当前有关部门对古代名园之重视，而将全国现存名园，一律列为国家重点文物保护单位之一，作定期开放，并规定参观人数，以示限制而便保护；其必修葺者，亦应按照原状恢复旧观，严禁任意取舍，以免名存实亡、丧失保存意义。同时，也藉以激起从事造园研究者的重视，将祖国庭园艺术列为研究专题之一，并将科研成果汇为专籍，以供同好学习之需。

五、童寯（1900~1983 年）

童寯，字伯潜。早期从事建筑设计，参加设计的工程约 100 项。1944 年起兼任教授，1952 年担任南京工学院建筑系教授，直至逝世。1930 年代开始致力于中国古典园林研究，调查、踏勘和测绘、拍摄江南一带园林，1937 年著有《江南园林志》，该书包括文字和图片两部分，并有"文献"举略 37 种，因抗战"历尽波折"二十余载，1963 年由中国工业出版社出版。

本书引文据《江南园林志》（中国工业出版社，1963 年 11 月北京第一版）。

1. 造园 *

自来造园之役，虽全局或由主人规划，而实际操作者，则为山匠梓人，不着一字，其技未传。明末计成著园冶一书，现身说法，独辟一蹊，为吾国造园学中唯一文献，斯艺乃赖以发扬。造园一事，见于他书者，如《癸辛杂识》、《笠翁偶集》、《浮生六记》、《履园丛话》等，类皆断锦孤云，不成系统。且除李笠翁为真通其技之人，率皆嗜好使然，发为议论，非本自身之经验。能诗能画能文，而又能园者，固不自计成始。乐天之草堂，右丞之辋川，云林之清闷，目营心匠，皆不待假手他人者也。与计成同时之造园学家，则有明遗臣朱舜水。舜水当易代之际，逃日乞师，其志未遂。今东京后乐园，犹存朱氏之经营。明之朱三松、清初张南垣父子、释道济、王石谷、戈裕良等人，类皆丘壑在胸，借成众手，惜未笔于书耳。

园之布局，虽变幻无尽，而其最简单需要，其实全含于"園"字之内。今将"園"字图解之："囗"者园墙也。"土"者形似屋宇平面，可代表亭榭。"口"字居中为池。

"衣"在前似石似树。日本"寝殿造"庭园，屋宇之前为池，池前为山，其旨与此正似。园之大者，积多数庭院而成，其一庭一院，又各为一"园"字也。

园之妙处，在虚实互映，大小对比，高下相称。《浮生六记》所谓："大中见小，小中见大；虚中有实，实中有虚；或藏或露，或浅或深，不仅在周回曲折四字也。"钱梅溪论造园云："造园如作诗文，必使曲折有法，前后呼应，最忌堆砌，最忌错杂，方称佳构。"（见《履园丛话》）

盖为园有三境界，评定其难易高下，亦以此次第焉。第一、疏密得宜；第二、曲折尽致；第三、眼前有景。试以苏州拙政园为喻。园周及入门处，回廊曲桥，紧而不挤。远香堂北，山池开朗，展高下之姿，兼屏障之势。疏中有密，密中有疏，弛张启阖，两得其宜，即第一境界也。然布置疏密，忌排偶而贵活变，此迂回曲折之必不可少也。放翁诗："山重水复疑无路，柳暗花明又一村。"侧看成峰，横看成岭，山回路转，竹径通幽，眼前对景，应接不暇，乃不觉而步入第三境界矣。斯园亭榭安排，于疏密、曲折、对景三者，由一境界入另一境界，可望可即，斜正参差，升堂入室，逐渐提高，左顾右盼，含蓄不尽。其经营位置，引人入胜，可谓无毫发遗憾者矣。

日本造园家小堀远州尝谓庭园以深远不尽为极品，切忌一览无余。此在中国园林，尤为一定不易之律。《园冶》论"相地"，凡山林江湖、村庄郊野、城市傍宅，莫不可以为园。园建于平地者多。间有因山为园者，其起伏转折，更为有趣。如范成大居越城因山为亭榭。李笠翁缘云居山构屋，称为层园。袁枚随园，及现存之惠山云起楼，亦依山为高下者也。

或有平地限于广狭，用重台叠馆之法。进退盘折，多至数层。沈复所述皖城王氏园，即其例也。

《浮生六记》：

"其地长于东西，短于南北。盖北紧背城，南则临湖故也。既限于地，颇难位置，而观其结构，作重台叠馆之法。重台者，屋上作月台为庭院，叠石栽花于上，使游人不知脚下有屋。盖上叠石者则下实，上庭院者即下虚，故花木仍得地气而生也。叠馆者，楼上作轩，轩上再作平台，上下盘折，重叠四层，且有小池，水不漏泄，竟莫测其何虚何实……，面对南湖，目无所阻。"

此种做法，以人力胜天然。既省地位，又助眺望，可谓夺天工矣。又有所谓借景者，大抵郊野之园能之。山光云树，帆影浮图，皆可入画。或纳入窗牖，或望自亭台。木渎羡园之危亭敞牖，玩灵岩于咫尺。无锡寄畅园有锡山龙光寺塔，高悬檐际，皆借景之佳例。或有由一园高处，而能将邻园一望无遗。昔苏州徐园，尽览南园之胜。斯非借景，真可谓劫景矣。

造园掘土，低者成池，高者为山，自然之势。故园林无水者，盖不多见。有水而鱼莲生其中，舟梁渡其上，舫榭依其涯。惟汪洋巨浸，反足为累。李格非论园圃之胜："不能相兼者六，务宏大者少幽邃，人力胜者少苍古，多水泉者艰眺望。"如南浔数园，大而多水，有一览无余之憾。常熟虚霩居，幽邃不足，盖亦地旷而池宽也。

2. 造园要素^{*}（节录）

一为花木池鱼；二为屋宇；三为叠石。花木池鱼，自然者也。屋宇，人为者也。一属活动，一有规律。调剂于二者之间，则为叠石。石虽固定而具自然之形，虽天生而赖堆凿之巧，盖半天然、半人工之物也。吾国园林，无论大小，几莫不有石。李格非记洛阳名园，独未言石，似足为洛阳在北宋无叠山之证。王世贞亦谓"洛中有水、有竹、有花、有桧柏而无石，文叔记中不称有叠石为峰岭者可推也。"（《见游金陵诸园记序》）然据《洛阳伽蓝记》所载，洛在北魏，已早具叠山规模矣。

叠山为吾国独有之艺术，于"假山"章中详述之。记称纪元前一世纪，罗马名人西西洛酷爱其园中之石，谅不过天然岩石，偃卧原地。今意大利之名园，犹间有岩石，花草生于石隙，但无堆凿作峰形者。英国岩石园，亦与此无异。惟其以砖砌洞，外敷松石，象征岩穴者，有时几可乱真。日本庭园之石，多零块散处，称为"舍石"或连组成阵，具含隐义。巨石成堆者，则象征枯山水。但他国园石，类不违就地取材之旨，与我国湖山石迥异也。

园林之胜，言者乐道亭台，以草木名者盖鲜。三卷《园冶》无花木专篇，足见计成之"不知为不知"也自来文人为记，每详于山池楼阁，而略于花丛树荫，独《洛阳名园记》描写花木，不厌其繁。如洛阳天王院花园子，有牡丹数十万本。扬州芍园花田，广至数亩。然天王院仍有池亭，芍园亦有长廊舫屋，所以为园者，非止栽花已也。《洛阳名园记》所载，木有栝、松、桐、梓、桧、柏之属，兼有竹、葛及藤，花则至千种。记又述李氏仁丰园云：

"李卫公有《平泉花木记》，百余种耳。今洛阳良工巧匠，批红判白，接以他木，与造化争妙，故岁岁益奇。且广桃、李、梅、杏、莲、菊各数十种。牡丹、芍药至百余种。而又远方奇卉，如紫兰、茉莉、琼花、山茶之俦，号为难植，独植之洛阳，辄与土产无异。故洛中园圃花木，有至千种者。"

按《三辅黄图》载武帝初修上林苑，群臣远方各献名果异卉三千余种植其中。是花木之种，汉已早备。《平山堂图志》所载扬州各园，花有桂、梅、玉兰、绣球，树有棕榈、榆、椐、柳等。而筱园芍田，广可百亩。图志又云：

"扬州芍药甲天下。载在旧谱者，多至三十九种。年来不常厥品，双歧并萼，攒三聚四，皆旧谱所未有，故称花瑞焉。"

《扬州画舫录》：

"湖上园亭，皆有花园，为莳花之地。桃花庵花园在大门大殿阶下。养花人谓之花匠。莳养盆景，蓄短松、矮杨、杉、柏、梅、柳之属。海桐、黄杨、虎刺以小为最。花则月季、丛菊为最。冬于暖室烘出芍药、牡丹，以备正月园亭之用。"

园林无花木则无生气。盖四时之景不同，欣赏游观，怡情育物，多有赖于东篱庭砌，三径盆盎，俾自春迄冬，常有不谢之花也。《西清诗话》云："欧公守滁阳，筑醒心、醉翁两亭于琅琊幽谷，且命幕客谢某者，杂植花卉其间。谢以状问名品，公即书纸尾云：浅深红白宜相间，先后仍须次第栽，我欲四时携酒去，莫教一日不花开。"每日有花，真近于理想者，惟事实上只公园与公署有专人供浇培锄剔之役，私人园林，尤其主人偶然一至者，当使维持工作减至最少限度。否则如文震亨《长物志》所云："弄花一岁，看花十日"，勿乃苦乐不均耶？徐日久柬吴伯霖云：

"园中初起手时，便约法三章：若花木之无长进，若欲人奉承，若高自鼎贵者，俱不蓄。故庭中惟桃李红白，间错垂柳风流，其下则有兰蕙夹竹，红蓼紫葵。堤外夹道长杨，更翼以芦苇，外周荣黍。前有三道菊畦，杂置蓖麻玉膏粱，长如青黛。"

此法多任自然，不赖人工，固不必倚异卉名花，与人争胜，只须"三春花柳天裁剪"耳。

吾国自古花木之书，或主通经，或详疗治。《尔雅》及《本草纲目》，其著者也。他若旨在农桑，词关风月，则去造园渐远。唐贾耽《百花谱》，以海棠为花中神仙。宋范成大有《菊谱》、《梅谱》；欧阳修有《洛阳牡丹记》；赵时庚有《金漳兰谱》；王贵学有《王氏兰谱》；王观有《芍药谱》；陈思有《海棠谱》。明王象晋镌《群芳谱》，清初增为《广群芳谱》。惜王谱于栽培之道，语焉不详。明末王路又纂修《花史》。乾隆间，陈淏子辑《花镜》一书。园林主人之喜观而不善植者，此一助也。嘉庆间，查彬辑《采芳随笔》，详考花木果蔬。道光间，吴其浚著《植物名实图考》，亦涉及观赏。清末许衍灼编《花卉图说》，首言栽种，次按花开季节列约百五十种，最后兼及花之功用，实玩赏而关心经济者也。惟各书或缺图解，互异其说，读者不易名实对证。加以海通以后，舶来异种，时有增加，是有赖于今之治植物学者，加以科学整理矣。

园林兴造，高台大榭，转瞬可成，乔木参天，辄需时日。苟非旧园改葺，则屋宇苍古，绿荫掩映，均不可立期。计成所谓"新筑易乎开基，只可栽杨移竹；旧园妙于翻造，自然古木繁花"，此也。陈眉公论园，亦曰："老树难。"

园林虽厅榭相望，然多资游赏，而不供起居。园内亦有划一角为居停者，其体式自稍有别。若江宁随园，则子才终年所寓，至今有暖阁之制。今则住宅有采西式者，殊为不伦。通例宅园远隔，主人偶尔涉足，甚则一生不至。《洛阳名园记》称赵韩王园以扃钥为常者是也。香山诗："今日园林主，多为将相官，终生不曾到，只当画图看。"看园似看图，是游于园之外矣。盖惟超然园外，始益见画图之美。然园中建筑物，每因此偏重局势外观，忽略其内部组织。高阁无梯，或有梯而不利登降，皆为常事。古时，其梯竟可撤焉。如陈寿《三国志·诸葛亮传》所云："琦乃将亮游观后园，共上高楼，饮宴之间，令人去梯。"他如曲桥无槛，径必羊肠，廊必九回。不求便捷，忽视安全，皆入画一念有以致之也。……

3. 假山 *

汉武帝于太液池中，建蓬莱、方丈、瀛洲三山，盖土筑也。《汉书》谓"采土筑山，十里九阪。"《洛阳伽蓝记》称梁冀于洛阳城外造土山鱼池。自孔氏一篑之喻，以迄汉末，积土为山，由来甚久。叠石为假山，志乘可考者，亦始自汉。《三辅黄图》：

"梁孝王好营宫室苑囿之乐。作曜华宫，筑兔园。园中有百灵山，有肤寸石、落猿岩、栖龙岫。"

"茂陵富民袁广汉，藏镪巨万，家僮八九百人。于北山下筑园，东西四里，南北五里，激流水柱其中，构石为山，高十余丈，连延数里。"

六朝叠石之艺，渐趋精巧。北魏张伦，造景阳山。《洛阳伽蓝记》：

"伦造景阳山，有若自然。其中重岩复岭，嵚崟相属，深溪洞壑，逦递连接。……

崎岖石路，似壅而通，峥嵘涧道，盘于复直。"

综上所述，景阳宛然今日吴中狮子林也。顾恺之所书《女史箴》中山水，已具高下曲折之势。时距恺之后百五十年，两晋风流，由宗炳之方寸昆阆，化为展子虔之咫尺千里。士夫胸中丘壑，笃好林薮，泉石膏肓，至唐更甚。李德裕营平泉庄，自为记云："于龙门之西，得乔处士故居。……又得江南珍木奇石，列于庭际。"牛僧儒置墅营第，与石为伍。白居易为作《太湖石记》志其事。记云：

"古之达人，皆有所嗜。玄晏先生嗜书，稽中散嗜琴，靖节嗜酒，今丞相奇章公嗜石。石无文、无声、无臭、无味，与三物不同，而公嗜之何也？众皆怪之，走独知之。昔故友李生名约有言云，苟适吾意，其用则多。诚哉是言，适意而已，公之所嗜知之矣。公以司徒保厘河雒，治家无珍产，奉身无长物。惟东城置一第，南郭营一墅。精葺宫宇，慎择宾客。性不苟合，居常寡徒，游息之时，与石为伍。石有聚族，太湖为甲，罗浮、天竺之石次为。今公之所嗜者甲也。先是公之僚吏，多镇守江湖，知公之心，惟石是好，乃钩深致远，献瑰纳奇，四五年间，累累而至。公于此物独不廉让，东第南墅，列而置之。富哉石乎，厥状非一。有盘拗秀出如灵邱鲜云者，有端俨挺立如真官吏人者，有缜润削成如珪瓒者，有廉棱锐列如剑戟者。又有如虬如凤，若跧若动，将翔将踊；如鬼如兽，若行若骤，将攫将斗。风烈雨晦之夕，洞穴开阖，若欲云散雷，嶷嶷然有可望而畏之者；烟消影丽之旦，岩崿霮霱，若拂岚扑黛，蔼蔼然有可狎而玩之者。昏晓之交，名状不可。撮要而言，则三山五岳，百洞千壑，覼缕族缩，尽在其中。百仞一拳，千里一瞬，坐而得之，此所以为公适意之用也。会昌三年五月丁丑记。'

叠石与亭池台榭，同为园林之一部，本冥顽不灵之物。奇章之嗜石，不以其可游，而以其可伍。是以生命与石矣。降及北宋，米元章至呼石为兄，惊而下拜，是石又并人格而有之矣。《梁溪漫志》：

"米元章守濡须，闻有怪石在河壖，莫知其所自来。人以为异。公命移至州治，为燕游之玩。石至而惊，遽命设席，拜于庭下曰，吾欲见石兄二十年矣。言者以为罪，坐是罢去。"

帝王爱石成癖者，莫过于宋徽宗。《癸辛杂识》：

"前世叠石为山，未见显著者，至宣和艮岳，始与大役。连舻辇致，不遗余力，其大峰特秀者，不特侯封，或赐金带，且各图为谱。"

"艮岳之取石也，其大而穿透者，致远必有损折之虞。近闻汴京父老云，其法乃先以胶泥实填众核，其外覆以麻筋杂泥固济之，令圆滑。日晒极坚实，始用大木为车，致于舟中。直俟抵京，然后浸之水中，旋去泥土，则省人力而无他虞。此法甚奇，前所未闻也。"

艮岳在今开封铁塔附近。湖石之当时未及启运赴汴者，则遗于江南各地。靖康元年，金人围汴，诏毁艮岳为炮石，现犹有湖石一二散处城中云。

自宋以来，私园以叠石著者，首推吴兴叶少蕴园。居卞山之阳，万石环之，名石林。《吴兴园林记》称其"在霅最古，今不复存。"万石非人力所能尽致，盖多因山有而经营之耳。正如《五总志》所云："叶少蕴既辞政路，结屋霅川山中。凡山中有石隐于土者，皆穿剔表出之。久之，一山皆玲珑空洞，日挟策其间，自号石林山人。"

吴中卫清叔园，假山最大。吴兴俞子清园，假山最奇。《癸辛杂识》：

"浙右假山最大者，莫如卫清叔吴中之园。一山连亘二十亩，位置四十余亭，其大可知矣。然余生平所见秀拔有趣者，皆莫如俞子清侍郎家为奇绝。盖子清胸中自有丘壑，又善画，故能出心匠之巧。峰之大小凡百余，高者至二三丈。……今皆为有力者负去。荒田野草，凄然动陵谷之感焉。"

元末僧维则叠石吴中，盘环曲折，登降不遑，丘壑蜿转，迷似回文，迄今为大规模假山之仅存者，即狮子林也。《重修狮子林敕名画禅寺记》："在昔元至正间，有大德天如禅师，得法于天目狮子岩幻住和尚，已而驻锡于苏之东城。叠石为山，名狮子林，识法源也。"《画禅寺碑记》："郡城东狮子林古刹，元高僧维则所建。则性嗜奇，蓄湖石多作猄猊状。寺有卧云室、立雪堂。前列奇峰怪石，突兀嵌空，俯仰万变。"《扬州画舫录》称狮子林乃维则延朱德润、赵元善、倪元镇、徐幼文共商所叠。

清初扬州园林，盛极一时。其以叠山称者，有余元甲万石园，出僧石涛手。仇好石作宣石山，董道士作九狮山。汪氏南园，置太湖石九，号称九峰园。《扬州画舫录》：

"扬州以名园胜，名园以垒石胜。余氏万石园出道济手。……若近今仇好石垒怡性堂宣石山，淮安董道士垒九狮山。"

"歙县汪氏得九莲庵地建别墅曰南园。……得太湖石九于江南。大者逾丈，小者及寻。……以二峰置海桐书屋，二峰置澄空宇，一峰置一片南湖，三峰置玉玲珑馆，一峰置雨花庵屋角。"

九峰园为高宗南巡时赐名，遗址在江都城西南角外，现止余砚池积水而已。

有清初叶，李笠翁叠山北京。张南垣则以此技闻于东南，其四子于康熙间继其业。南垣所为山，以土作冈，点缀数石，全体飞动，苍然不群。吴梅村《张南垣传》：

"……南垣过而笑曰，是岂知为山者耶！今夫群峰造天，深岩蔽日，此盖造物神灵之所为，非人力可得而致也。况其地辄跨数百里，而吾以盈丈之址，五尺之沟，尤而效之，何异市人搏土以欺儿童哉！惟夫平冈小坂，陵阜陂陁，版筑之功，可计日以就。然后错之以石，碁置其间，缭以短垣，翳以密筱，若似乎奇峰绝嶂，累累乎墙外而人或见之也。其石脉之所奔注，伏而起，突而怒，为狮蹲，为兽攫，口鼻含呀，牙错距跃，决林莽，犯轩楹而不去，若似乎处大山之麓，截溪断谷，私此数石者为吾有也。"

以土代石之法，李笠翁亦善为之。其所著《一家言》，谓此法既减人工，又省物力，且便于种树，与石混然一色，所谓混假山于真山之中也。

戈裕良叠石之艺，远胜前人。专能钩带大小石如造环桥，与真洞壑不少差，不可谓非叠山术之革命。山石堆叠之法，配搭用铁钩，接密用米浆和石灰。

戈常论狮子林石洞皆界以条石，不算名手。计成《园冶》论掇山，亦云合凑收顶。加条石替之，千古不朽。是条石覆洞，至明末仍为准绳。狮林各洞，壁虽各洞，壁虽玲珑，其顶则平。戈所作洞，顶壁一气，成为穹形。然二者目的，均趋写实。若南垣之墙外奇峰，断谷数石，则专重写意。可云狮林仅得其形，戈得其骨，而张得其神矣。

叠山自昔近地取石。如北魏茹皓为山，采北邙及南山佳石，即其一例。独艮岳花石纲运自浙中，舳舻千里，沿于淮、汴。后人叠峰，遂竞尚湖石，至明、清之际而益风靡，计成、张南垣皆力诋之。《园冶》谓"世之好事，慕闻虚名，钻求旧石。某名园、某峰石、某名人题咏、某代传至于今，斯真太湖石也。今废，欲待价而沽，不惜多金，售为古玩还可。又有惟闻旧石重价买者。"梅村《张南垣传》有云："……好事之家，罗取一二异石，标之曰峰，皆从他邑辇至；决城闉，坏道路。人牛喘汗，仅而得至。"物之累人，可想见已。

真太湖石出自西洞庭，并不多见，普通所谓太湖石，非来自太湖中岛屿者也。《扬州画舫录》：

"石工张南山尝谓澄空宇二峰为真太湖石。太湖石乃太湖中石骨，浪激波涤年久，孔穴自生。因在水中，殊难运致。……若郡城所来太湖石，多取之镇江竹林寺、莲花洞、龙喷水诸地所产。其孔穴似太湖石，皆非太湖岛屿石骨。"

《博物要览》：

"太湖石产苏州府洞庭湖，石性坚而润，而嵌空穿眼，宛转险怪。有三种：一种色白；一种色青黑；一种微黑黄。其质文理纵横，连联起隐，于石面遍多坎坎，盖因风浪冲击而成，谓之弹子窝。叩之有声，多峰峦岩壑之致。大者高数丈至丈余止，可以装饰假山，为园林之玩。"

《姑苏采风类记》：

"太湖石出西洞庭，多因波涛激啮而为嵌空，浸濯而为光莹。或缜润如珪璧，廉列如剑戟，蠢如峰峦，列如屏障。或滑如肪，或黝如漆。或如人、如兽、如禽鸟。好事者取以充苑囿庭除之玩，此所谓太湖石也。"

真太湖石既难罗致，又非常人所能辨识，故有制以赝鼎，从中取利者。《长物志》：

"石在水中者为贵，岁久为波涛冲击，皆成空石，面面玲珑。在山上者名旱石，枯而不润，赝作弹窝，若历年岁久，斧痕已尽，亦为雅观。吴中所尚假山，皆用此石。"

《素园石谱》：

"平江 太湖工人，取大材，或高一二丈者，先雕置急水中舂撞之，久久如天成，或以烟薰，或染之色。色石今不常见。昔曹魏起景阳山于芳林园，取白石英及紫石英五色大石于太行（见孙盛《魏春秋》），为色石叠山之滥觞。齐东昏侯造芳乐苑，山石皆涂以五彩（见《东昏本纪》）。《癸辛杂识》云："俞子清园中，群峰之间，萦以曲涧，甃以五色小石，旁引流泉。"斯又巧于意匠者矣。

计成《园冶》于掇山一章，言之特详。其论太湖石，以消夏湾者为极品。其选石列昆山、宜兴、龙潭、青龙山、灵璧、岘山、宣石、湖石、英石十余种。计成论峭壁，与李笠翁所说颇有出入。计成之峭壁，直立靠墙，以粉壁为纸，以石为绘，其旁杂植松、柏、梅、竹，收之圆窗，宛然镜游。笠翁峭壁，则若筑墙，蔽以亭屋，仰观如削，与穷崖绝壑无异。计壁重平面，而李壁重立体，实各尽其妙也。

业叠山者，在昔苏州称花园子，湖州称山匠，扬州称石工；人称张南垣为张石匠。叠山之艺，非工山水画者不精。如计成，如石涛，如张南垣，莫不能绘，固非一般石工所能望其项背者也。

论石专书，宋有《杜绾石谱》，列一百十六种。此外尚有宋《宣和石谱》及明林有麟《素园石谱》。大抵描写峰峦，图说并列，供有生、李、米、柯之癖者神游，非阐叠山之旨者，其去园林，盖已远矣。

六、梁思成（1901~1972年）

　　著名建筑学家。1946年创办清华大学建筑系并任主任直到逝世，1953年起任中国建筑学会副理事长，1955年当选为中国科学院技术科学部学部委员。他为中国建筑史研究做了开创性工作，1934年写成《清式营造则例》，1943年写成《中国建筑史》。1950年代起，热情宣传祖国建筑遗产，如《北京——都市计划的无比杰作》等文，他是"人民英雄纪念碑"等重要建筑设计的领导人之一，1963年作了扬州鉴真纪念堂方案设计。他的著作已编成《梁思成全集》。他的一些设计思想和艺术标准，虽难见于文字，却被广泛传播，例如："中而新"是第一等的，"洋而新"是第二等的，"中而古"是第三等的，"洋而古"则是第四等的。

　　本书引文据《梁思成全集》（中国建筑工业出版社，2001年版）。

1. 举世无匹的杰作

　　北京今日城垣的外貌正是辩证的发展的最好例子。北京在部署上最出色的是它的南北中轴线，由南至北长达七公里余。在它的中心立着一座座纪念性的大建筑物。由外城正南的永定门直穿进城，一线引直，通过整一个紫禁城到它北面的钟楼鼓楼，在景山巅上看得最为清楚。世界上没有第二个城市有这样大的气魄，能够这样从容地掌握这样的一种空间概念。更没有第二个国家有这样以巍峨尊贵的纯色黄琉璃瓦顶，朱漆描金的木构建筑物，毫不含糊的连属组合起来的宫殿与宫庭。紫禁城和内中成百座的宫殿是世界绝无仅有的建筑杰作的一个整体。环绕着它的北京的街型区域的分配也是有条不紊的城市的奇异的孤例。当中偏西的宫苑，偏北的平民娱乐的什利海，紫禁城北面满是松柏的景山，都是北京的绿色区。在城内有园林的调剂也是不可多得的优良的处理方法。这样的都市不但在全世界里中古时代所没有，即在现代，用最进步的都市计划理论配合，仍然是保持着最有利条件的。

　　我们可以从外城最南的永定门说起，从这南端正门北行，在中轴线左右是天坛和先农坛两个约略对称的建筑群；经过长长一条市楼对列的大街，到达珠市口的十字街口之后，才面向着内城第一个重点——雄伟的正阳门楼。在门前百余公尺的地方，拦路一座大牌楼，一座大石桥，为这第一个重点做了前卫。但这还只是一个序幕。过了此点，从正阳门楼到中华门，由中华门到天安门，一起一伏、一伏而又起，这中间千步廊（民国初年已拆除）御路的长度，和天安门面前的宽度，是最大胆的空间的处理，衬托着建筑重点的安排。这个当时曾经为封建帝王据为己有的禁地，今天是多么恰当的回到人民手里，成为人民自己的广场！由天安门起，是一系列轻重不一的宫门和广庭，金色照耀的琉璃瓦顶，一层又一层的起伏峋峙，一直引导到太和殿顶，便到达中线前半的极点，然后向北，重点逐渐退削，以神武门为尾声。再往北，又"奇峰突起"的立着景山做了宫城背后的衬托。景山中峰上的亭子正在南北的中心点上。由此向北是一波又一波的远距离重点的呼应。由地安门,到鼓楼、钟楼,高大的建筑物都继续在中轴线上。但到了钟楼,中轴线便有计划地,也恰到好处地结束了。中线不再向北到达墙根,而将重点平稳地分配给左右分立的两个北面城楼——安定门和德胜门。有这样气魄的建筑总布局,以这样规模来处理空间,世界上就没有第二个!……

北京是在全盘的处理上,完整地表现出伟大的中华民族建筑的传统手法和在都市计划方面的智慧与气魄,证明了我们的民族在适应自然,控制自然,改变自然的实践中有着多么光辉的成就。这样一个城市是一个举世无匹的杰作。(《伟大祖国建筑传统与遗产》)

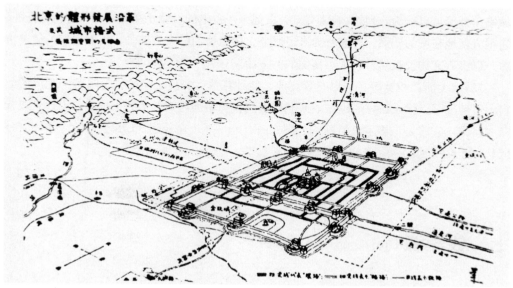

梁思成所绘北京体形发展沿革及其城市格式图。(来源:《梁思成文集》第四卷,1986 年)

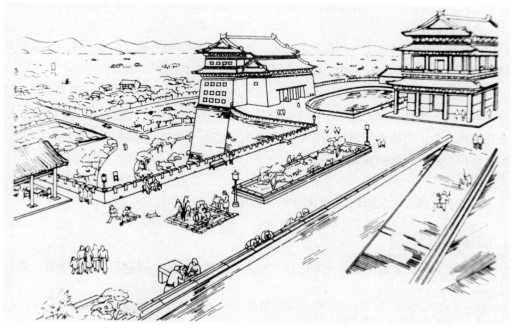

梁思成的北京城墙公园设想图。(来源:《梁思成文集》第四卷,1986 年)

2. 将城墙建成 "环城立体公园"

"城墙并不阻碍城市的发展，而且把它保留着与发展北京为现代城市不但没有抵触，而且有利。……"将城墙建设成"全世界独一无二"的"环城立体公园"。护城河"可以放舟钓鱼，冬天又是一个很好的溜冰场。不惟如此，城墙上面，平均宽度约为十米以上，可以砌花池，栽植丁香、蔷薇一类的灌木，或铺些草地，种植草花，再安放些园椅。夏季黄昏，可供数十万人的纳凉游息，秋高气爽的时节，登高远眺，俯视全城，西北苍苍的西山，东南无际的平原，居住于城市的人民可以这样的接近大自然，胸襟壮阔。还有城墙角楼等可以辟为陈列馆，阅览室，茶桌铺……古老的城墙正在等候着负起新的任务，它很方便地在城的四周，等候着为人民服务，休息他们的疲劳筋骨，培养他们的优美情绪，以民族文物及自然景色来丰富他们的生活。"……

"城墙上面面积宽敞，可以布置花池，栽种花草，安设公园椅，每隔若干距离的敌台上可建凉亭，供人游息。由城墙或城楼上俯视护城河与郊外平原，远望西山远景或紫禁城宫殿。它将是世界上最特殊的公园之一，——一个全长达 39.75 公里的立体环城公园！"（《关于北京城墙存废问题的讨论》）

七、钱学森（1911~2009 年）

钱学森是杰出科学家。他那"中国航天事业奠基人"的成就，他的理想信念与民族气节、大成智慧和系统工程思想、创新精神与大家风范，成为中国知识界的典范，被誉为"人民科学家"。

他在任职中国科学技术协会主席期间，从全国学科结构的角度，对中国园林及其学科特点、定位和发展，对园林、建筑、城市三者关系，指明了战略方向。

难忘的 1958 年，有三件事显现出钱先生的思想魅力与春雷效果[①]：一是钱学森在 3 月 1 日的《人民日报》上发表了"不到园林，怎知春色如许——谈园林学"；二是 8 月在北戴河会上，毛泽东主席提出"要使我们祖国的山河全部绿化起来，要达到园林化，到处都很美丽，自然面貌要改变过来。"三是 11~12 月，中共八届六中全会提出"实行大地园林化"。

本文引文据《中国园林》2010 年第 2 期第 1~12 页。

1. 园林学

世界上其他国家的园林，大多以建筑物为主，树木为辅；或是限于平面布置，没有

[①] 1950 年代的"学苏"潮中，大学的"造园"被更名为"城市及居民区绿化"，形成了"抑园扬绿"的氛围，"谈园林学"一文在大报上发表后的"正名"效应，令当年的学子、学界与业界难以忘却，也影响着"绿化祖国"、"实行大地园林化"两大理想在同年推出。

立体的安排。而我国的园林是以利用地形，改造地形，因而突破平面；并且我们的园林是以建筑物、山岩、树木等综合起来达到它的效果的。如果说：别国的园林是建筑物的延伸，他们的园林设计是建筑设计的附属品，他们的园林学是建筑学的一个分支；那么，我们的园林设计比建筑设计要更带有综合性，我们的园林学也就不是建筑学的一个分支，而是与它占有同等地位的一门美术学科。

话虽如此，但是园林学也有和建筑学十分类似的一点；就是两门学问都是介乎于美的艺术和工程技术之间的，是以工程技术为基础的美术学科。要造湖，就得知道当地的水位，土壤的渗透性，水源流量，水面蒸发量等；要造山，就得有土力学的知识，知道在什么情形下需要加墙以防塌陷。我们要造林育树，就得知道各树种的习性和生态。总之，园林设计需要有关自然科学以及工程技术的知识。我们也许可以称园林专家为美术工程师吧。（1958 年"不到园林，怎知春色如许——谈园林学"）

2. 园林空间六层次

先说园林的空间。园林可以有若干不同观赏层次，从小的说起，第一层次是我国的盆景艺术，观赏尺度仅几十个厘米；第二层次是园林里的窗景，如苏州园林的漏窗外小空间的布景，观赏尺度是几米；第三层次是庭院园林、像苏州拙政园、网师园那样的庭园，观赏尺度是几十米到几百米；第四层次是像北京颐和园、北海那样的园林，观赏尺度是几公里；第五层次是风景名胜区，像太湖、黄山那样的风景区，观赏尺度是几十公里。还有没有第六层次？也就是几百公里范围的风景游览区？像美国的所谓"国家公园"？从第一层次的园林到第六层次的园林，从大自然的缩影到大自然的名山大川，空间尺度跨过了 6 个数量级，但也有共性。从科学理论上讲，都是园林学，都统一于园林艺术的理论中。

不同层次的园林，也有不同之处："游"盆景，大概是神游了，可以坐着不动去观看，静赏；游窗景，要站起来，移步换景；游庭园，要漫步，闲庭信步；游颐和园，就得走走路，划划船，花上大半天甚至一整天的时间；游一个风景区就要有交通工具了，骑毛驴，坐汽车，乘游艇、汽轮，开摩托车等；更大的风景区，将来也许要用直升机，鸟瞰全景。所以，第五层次的园林，要布置公路。而第六层次的园林，除公路外，还要有直升机场。这算是不同层次园林的个性吧！园林大小尺度可能有上述 6 个层次，当然，小可以喻大，大也可以喻小，这就是园林学的学问了。（1983 年"再谈园林学"）

3. 园林发展的新技术因素

我国被称为"花园之母"，名园遍及全国各地，为世人所称颂。但我们不要为此而不求进步，不再去发展园林学。

现代建筑技术和现代建筑材料也为园林学带来又一个新因素，如立体高层结构。我想，城市规划应该有园林学的专家参加。为什么不能搞一些高低层次布局？为什么不能"立体绿化"？不是简单地用攀援植物，而是在建筑物的不同高度设置适宜种植花草树木的地方和垫面层，与建筑设计同时考虑。让古松侧出高楼。把黄山、峨眉山的自然景色模拟到城市中来。这里是讲现代科学技术和园林学结合的问题，也是园林如何现代化的一个方面。……我的意思是希望园林学这门学科，要研究包括这所有不同尺度的园林空间结构的理论和实践问题。（1983年"再谈园林学"）

4. 中国园林是 L.G.H 三方面的综合艺术产物

我们说"园林"是中国的传统，一种独有的艺术。园林不是建筑的附属物，园林艺术也不是建筑艺术的内容。现在有一种说法，把园林作为建筑的附属品，这是来之于国外的。国外没有中国的园林艺术，仅仅是建筑物附加上一些花、草、喷泉就称为"园林"了。外国的 Landscape、Gardening、Horticulture 3 个词，都不是"园林"的相对字眼，我们不能把外国的东西与中国的"园林"混在一起。……中国园林不是建筑的附属品，园林艺术也不是建筑艺术的附属。

其次，中国园林也不能降到"城市绿化"的概念。……我认为我们对"园林""园林艺术"要明确一下含意：明确园林和园林艺术是更高一层的概念，Landscape、Gardening、Horticulture 都不等于中国的园林，中国的"园林"是这 3 个方面的综合，而且是经过扬弃，达到更高一级的艺术产物。要认真研究中国园林艺术，并加以发展。我们可以吸取有用的东西为我们服务，譬如过去我国因限于技术水平，园林里很少有喷泉，今后我们的园林可以设置流动的水，但不能照抄外国的建筑艺术，那是低一级的东西，没有上升到像中国园林艺术这样的高度。（1984年"园林艺术是我国创立的独特艺术部门"）

5. 山水城市

"我近年来一直在想一个问题：能不能把中国的山水诗词、中国古典园林建筑和中国的山水画融合在一起，创立'山水城市'的概念？人离开自然又要返回自然。社会主义的中国，能建造山水城市式的居民区。"（1990年给吴良镛的信）

"近年来我还有个想法：在社会主义中国有没有可能发扬光大祖国传统园林，把一个现代化城市建成一座大园林？高楼也可以建得错落有致，并在高层用树木点缀，整个城市是山水城市'。"（1992年给吴翼的信）

"我想既然是社会主义中国的城市，就应该：第一，有中国的文化风格；第二，美；第三，科学地组织市民生活、工作、学习和娱乐。所谓中国的文化风格就是吸取传统中的优秀建筑经验。如果说现在高度集中的工作和生活要求高楼大厦，那就只有'方盒子'一条出路吗？为什么不能把中国古代园林建筑的手法借鉴过来，让高楼也有台级，中间布置些高层露天树木花卉？不要让高楼中人，向外一望，只见一片灰黄，楼群也应参差有致，其中有楼上绿地园林，这样一个小区就可以是城市的一级组成，生活在小区，工作在小区，有学校，有商场，有饮食店，有娱乐场所，日常生活工作都可以步行来往，又有绿地园林可以休息，这是把古代帝王所享受的建筑、园林，让现代中国的居民百姓也享受到。这也是苏扬一家一户园林构筑的扩大，是皇家园林的提高。中国唐代李思训的金碧山水就要实现了！这样的山水城市将在社会主义中国建起来！以上讲的还是一个城市小区，在小区与小区之间呢？城市的规划设计者可以布置大片森林，让小区的居民可以去散步、游憩。如果每个居民平均有 70 多平方米的林地，那就可以与今天乌克兰的基辅、波兰的华沙、奥地利的维也纳、澳大利亚的堪培拉相比了，称得上是森林城市了。所以，山水城市的设想是中外文化的有机结合，是城市园林与城市森林的结合。山水城市不该是 21 世纪的社会主义中国城市构筑的模型吗？"（社会主义中国应该建山水城市.《城市科学》1993 年）

"建设山水城市要靠现代科学技术，例如现在正兴起的信息革命就可以大大减少人们的往来活动，坐在家里就能办公，因此有可能在 21 世纪解决交通堵塞、空气噪声污染，从而大大改进生态环境。山水城市是更高层次的概念，山水城市必须有意境美！何谓意境美？意境是精神文明的境界，在文艺理论中有许多论述讲意境。这是中国文化的精华！"……"我们的山水城市还有一个内涵，这和国内同志要多讲，即其为人民的社会主义内涵——要让大家安居乐业，不是少数人快乐而多数人贫困。在资本主义国家就不是这样：例如美国大资本家都独居于他们各自的庄园，是'山水城市'了，而一般人民大众呢？却是另一样景象！所以说透了，山水城市是社会主义的、中国社会主义的，我们把我国传统文化和社会主义结合起来了。"（1995 年给高介华的信）

八、汪菊渊（1913~1996 年）

中国工程院士，风景园林学家，中国园林学奠基人，园林专业创始人。先后任北京市农林水利局局长，北京市园林局局长，副局长，总工程师，技术顾问等，全国政协第六、第七届委员会委员，中国风景园林学会副理事长，名誉理事长。

汪菊渊在 1944 年即对其学生陈俊愉（现为中国工程院士）讲："我已决定专心致志地研究中国园林史了。"随后曾为园林专业编撰第一部园林史教材：《中国古代园林史纲要》、《外国园林发展史概述》，为《中国大百科全书——建筑·园林·城市规划》卷编委会副主任，主编了园林学部分。发表风景园林学科论文数十篇。

1979 年 6 月"中国园林史的研究"古代部分正式开题，这是汪先生负责，有二十个单位数十位老、中、青研究者参加的全国性部级课题。1987 年初由汪菊渊执笔的《中国古代园林史纲要》刻印完毕，发向有关成员征求意见。1990 年代有关部门曾准备正式出版，新一轮的修编工作于 1994 年也基本形成书稿，并完成了上半部分校勘。然而，1996 年汪老突然病故……。后期，汪菊渊院士的"公众人物"特征和繁忙的社会工作，使他为之献出毕生精力的《中国古代园林史》，终未能亲手修毕。直到 2011 年，《中国古代园林史》才在后学者的集体努力下整理出版。

本书引文据《中国大百科全书：建筑·园林·城市规划》（中国大百科全书出版社，1988 年第 1 版）及《中国古代园林史》（中国建筑工业出版社，2012 年第 2 版）。

1. 园林学

人类同自然环境和人工环境是相互联系、相互作用的。园林学是研究如何合理运用自然因素（特别是生态因素）、社会因素来创建优美的、生态平衡的人类生活境域的学科。

游乐和休息是人们恢复精神和体力所不可缺少的需求。几千年来，人们一直在利用自然环境，运用水、土、石、植物、动物、建筑物等素材来创造游憩境域，进行营造园林的活动。在今天看来，园林的作用主要有 3 个方面：供人们游乐休息、美化环境和改善生态。在园林营建中，改造地形，筑山叠石，引泉挖湖，造亭垒台和莳花植树，要运用地貌学、生态学、园林植物学、建筑学、土木工程等方面的知识，还要运用美学理论，尤其是绘画和文学创作理论。在规划各种类型的园林绿地时，需要考虑它们在地域中的地位和作用，这就涉及城市规划、社会学、心理学等方面的知识。园林建设和经营管理要耗费大量物质财富和劳动力，在宏观布局和具体项目的规划设计中，必须充分考虑社会效益、环境效益和经济效益。

2. 园林学的性质和范围

园林学的内涵和外延，随着时代、社会和生活的发展，随着相关学科的发展，不断丰富和扩大。对园林的研究，是从记叙园林景物开始的，以后发展到或从艺术方面探讨造园理论和手法，或从工程技术方面总结叠山理水、园林建筑、花木布置的经验，逐步形成传统园林学科。资产阶级革命以后，出现了公园。先是开放王公贵族的宫苑供公众使用；后来研究和建设为公众服务的各种类型的公园、绿地等。20 世纪初，英国 E. 霍华德提出"田园城市"理论；十月革命后，苏联将城市园林绿地系统列为城市规划的内容，逐渐形成城市绿化学科。随着人对自然依存关系的再认识和环境科学、城市生态研究的发展，人们逐步理解到人类不仅需要维护居住环境、城市的良好景观和生态平衡，而且一切活动都应该避免破坏人类赖以生存的大自然。园林学的研究范围随之扩大到探讨区域的以至国土的景物规划问题。

3. 园林学发展简史

园林是人类社会发展到一定阶段的产物。世界园林三大系统发源地——中国、西亚和希腊，都有灿烂的古代文化。从散见于古代中国和西方史籍记述园林的文字中，可以大致了解当时园林建设的工程技术、艺术形象和创作思想。研究园林技术和园林艺术专著的出现，以及园林作为一门学科的出现，则是近代的事情。由于文化传统的差异，东西方园林学发展的进程也不相同。东方园林以中国园林为例，从崇尚自然的思想出发，发展出山水园；西方古典园林以意大利台地园和法国园林为例，把园林看作建筑的附属和延伸，强调轴线、对称，发展出具有几何图案美的园林。到了近代，东西方文化交流增多，园林风格互相融合渗透。

（1）园林学在中国的发展

中国园林最早见于史籍的是公元前 11 世纪西周的灵囿。囿是以利用天然山水林木，挖池筑台而成的一种游憩生活境域，供天子、诸侯狩猎游乐。

从《史记》、《汉书》、《三辅黄图》、《西京杂记》等史籍中可以看到，秦汉时期园林的形式在囿的基础上发展成为广大地域布置宫室组群的"建筑宫苑"。它的特点：一是面积大，周围数百里，保留囿的狩猎游乐的内容；二是有了散布在广大自然环境中的建筑组群。苑中有宫，宫中有苑，离宫别馆相望，周阁复道相连（见上林苑、建章宫）。

魏晋南北朝时期，社会动乱，哲学思想上儒、道、佛诸家争鸣，士大夫为逃避世事而寄情山水，影响到园林创作。两晋时，诗歌、游记、散文对田园山水的细致刻画，对造园的手法、理论有重大影响。如陶渊明的《桃花源记》，寄托了他对理想社会的憧憬，所描述的"林尽水源，便得一山，山有小口……初极狭，才通人，复行数十步，豁然开朗"的情景，对园林布局颇有启示。谢灵运的《山居赋》，是他经营山居别业的感受，对园林相地卜居的原则，因水、因岩、因景而设置建筑物和借景的手法，以及如何选线开辟路径、经营山川等都作了阐述。从文献中可以看到，这时期大量涌现的私园已从利用自然环境发展到模仿自然环境的阶段，筑山造洞和栽培植物的技术有了较大的发展，造园的主导思想侧重于追求自然情致，如北魏张伦在宅园中"造景阳山，有若自然"，产生了"自然山水园"。

唐宋时期，园林创作同绘画、文学一样，起了重大变化。从南朝兴起的山水画，到盛唐已臻于成熟，以尺幅表现千里江山。歌咏田园山水的诗，更着重表现诗人对自然美的内心感受和个人情绪的抒发。在文学理论方面，盛唐诗人王昌龄首先提出了诗的"意境"之说。园林创作，也从单纯模仿自然环境发展到在较小的境域内体现山水的主要特点，追求诗情画意，产生了"写意山水园"。唐宋时期有些文学作品提出了造园理论和园林的布局手法。唐代王维的《辋川集》用诗句道出怎样欣赏山水、植物之美，怎样在可歇、可观、可成景处选地构筑亭馆，怎样利用自然胜景组成优美的园林别业。柳宗元有不少"记"讲到园林的营建，如《零陵三亭记》、《柳州东亭记》谈到即使是废弃地，只要匠心独运加以改造，就能成园。自居易喜爱造园，长安有宅园，庐山建草堂，任杭州刺史时开辟西湖风景区。《草堂记》记述他的庐山草堂怎样选址，园林建筑怎样同环境协调，怎样引泉水创造既有声音、又像雨露的景色；又记述了草堂的'四时风光，以及自己"外适内和，体宁心恬"的感受。宋代欧阳修的《醉翁亭记》记述了滁州城郊风景区的选址、建亭，晨暮四时景色。宋朝开始有评述名园的专文，如北宋李格非的《洛阳名园记》，南宋周密的《吴兴园林记》。以后有明代的《娄东园林志》、王世贞《游金陵诸园记》等。这些文人欣赏园林所写的评述，对明清文人山水园的造园艺术原则和欣赏趣味颇具影响。

田园山水诗，游记和散文，山水画和画论，以及一般艺术和美学理论，对于自然山水园发展为唐宋写意山水园和明清文人山水园都有重大影响。这种影响主要在认识自然、表现自然以及园林布局、构图、意境等方面提出借鉴。但园林学的理论体系，只有通过造园的实践和经验的积累，并经过造园家的提炼和升华才能产生。

明代已有专业的园林匠师，他们运用前代造园经验并加以发展。明代造园家计成的《园冶》是关于中国传统园林知识的专著，是实践的总结，也是理论的概括。书中主旨是要"相地合宜，构园得体"，要"巧于因借，精在体宜"，要做到"虽由人作，宛自天开"。明代文震亨《长物志》中有花木、水石等卷谈及园林。明末清初李渔《闲情偶寄·居室部》山石一章，对庭园置石掇山有独到的见解。计成和李渔都既有丰富的造园实践经验，又有高度的诗、画艺术素养，他们提出的一些造园原则，至今仍很有启发意义。

1868 年外国人在上海租界建成外滩公园以后，西方园林学的概念进入中国，对中国传统的园林观有很大的冲击。1911 年辛亥革命前后，中国城市中自建公园渐多。无锡《整理城中公园计划书》中，将公园列为都市建设的项目。从 20 世纪 20 年代起，中国一些农学院园林系、森林系或工学院的建筑系开设庭园学或造园学课程，中国开始有现代园林学教育，同传统的师徒传授的教育方式并行。有的学者出版了专著，如童玉民的《造庭园艺》（1926 年），叶广度的《中国庭园概观》（1926 年），范肖岩的《造园法》（1934 年），莫朝豪的《园林计划》、陈植的《造园学概论》（1935 年）等。这些著作论述了园林植物、园林史、园林规划设计等方面的问题，并介绍国外风景建筑学的知识。此时，开始用现代测绘手段研究中国传统园林。建筑师童寯的《江南园林志》（1937 年写成，1963 年出版）是这方面研究的成果。

中华人民共和国建立后的 30 多年，园林学虽然历经曲折，仍然有较大的发展。研究范围由于城市绿化和园林建设的大量实践，从传统园林学扩大到城市绿化领域；由于旅游事业的迅速发展，又扩大到风景名胜区的保护、利用、开发和规划设计领域。在学术研究方面，一方面吸收国外风景建筑学和城市绿化学科的理论，一方面致力于中国传统园林艺术理论的研究，以期形成具有中国特色的中国现代园林学科。出版了一批园林专著，如刘敦桢的《苏州古典园林》和童寯的《造园史纲》，反映对古典园林和园林史研究的成就；陈植的《园冶注释》扩大了《园冶》这本传统园林著作的影响；陈从周的《说园》对欣赏园林和园林创作艺术提出了有益的观点；中国城市规划设计研究院编的《中国新园林》是有关中国当代园林设计方面的专集。在园林人才培养方面，1951 年北京农业大学园艺系和清华大学营建系合作创立了中国第一个造园专业，有较完备的教学计划和课程设置。目前全国已有十多所农林、建筑、城建院校开办了观赏园艺、风景园林和园林的系或专业。1983 年在中国建筑学会下建立园林学会，出版了学术刊物《中国园林》。

（2）园林学在西方的发展

世界上最早的园林可以追溯到公元前 16 世纪的埃及，从古代墓画中可以看到祭司大臣的宅园采取方直的规划，规则的水槽和整齐的栽植。西亚的亚述有猎苑，后演变成游乐的林园。巴比伦、波斯气候干旱，重视水的利用。波斯庭园的布局多以位于十字形道路交叉点上的水池为中心，这一手法为阿拉伯人继承下来，成为伊斯兰园林的传统，流布于北非、西班牙、印度，传入意大利后，演变成各种水法，成为欧洲园林的重要内容。

古希腊通过波斯学到西亚的造园艺术，发展成为住宅内布局规则方整的柱廊园。古罗马继承希腊庭园艺术和亚述林园的布局特点，发展成为山庄园林。

欧洲中世纪时期，封建领主的城堡和教会的修道院中建有庭园。修道院中的园地同建筑功能相结合，如在教士住宅的柱廊环绕的方庭中种植花卉，在医院前辟设药圃，在食堂厨房前辟设菜圃，此外，还有果园、鱼池和游憩的园地等。在今天，英国等欧洲国家的一些校园中还保存这种传统。13 世纪末，罗马出版了 P. 克里申吉著的《田园考》（Opus Rurafiurn Commodorum），书中有关于王侯贵族庭园和花木布置的描写。

在文艺复兴时期，意大利的佛罗伦萨、罗马、威尼斯等地建造了许多别墅园林。以别墅为主体，利用意大利的丘陵地形，开辟成整齐的台地，逐层配置灌木，并把它修剪成图案形的植坛，顺山势运用各种水法（流泉、瀑布、喷泉等），外围是树木茂密的林园。这种园林通称为意大利台地园。台地园在地形整理、植物修剪艺术和水法技术方面都有很高成就。佛罗伦萨建筑师 L. B. 阿尔伯蒂《论建筑》一书把庭园作为建筑的组成部分，书中的第九篇论述了园地、花木、岩穴、园路布置等。

法国继承和发展了意大利的造园艺术。1638 年法国 J. 布阿依索写成西方最早的园林专着《论造园艺术》(Traite du Jardinage)。他认为：“如果不加以条理化和安排整齐，那么，人们所能找到的最完美的东西都是有缺陷的。”17 世纪下半叶，法国造园家 A. 勒诺特提出要“强迫自然接受匀称的法则”。他主持设计凡尔赛宫苑，根据法国这一地区地势平坦的特点，开辟大片草坪、花坛、河渠，创造了宏伟华丽的园林风格，被称为勒诺特风格，各国竞相效仿。

18 世纪欧洲文学艺术领域中兴起浪漫主义运动。在这种思潮的影响下，英国开始欣赏纯自然之美，重新恢复传统的草地、树丛. 于是产生了自然风景园。英国 W. 申斯通的《造园艺术断想》(Unconected Thoughts on Gardening, 1764 年)，首次使用风景造园学(Landscape Gardening)一词，倡导营建自然风景园。初期的自然风景园创作者中较著名的有 C. 布里奇曼、W. 肯特、L. 布朗等，但当时对自然美的特点还缺乏完整的认识。18 世纪中叶，W. 钱伯斯从中国回英国后撰文介绍中国园林，他主张引入中国的建筑小品。他的著作在欧洲，尤其在法国颇有影响。18 世纪末英国造园家 H. 雷普顿认为自然风景园不应任其自然，而要加工，以充分显示自然的美丽而隐藏它的缺陷。他并不完全排斥规则布局形式，在建筑与庭园相接地带也使用行列栽植的树木，并利用当时从美洲、东亚等地引进的花卉丰富园林色彩，把英国自然风景园推进了一步。美国造园家 A. J. 唐宁著《风景造园理论与实践概要》(A Treatise on the Theory and Practice of Landscape Gardening, 1841 年)，对美国园林颇有影响。

从 17 世纪开始，英国把贵族的私园开放为公园。18 世纪以后，欧洲其他国家也纷纷仿效。自此西方园林学开始了对公园的研究。

19 世纪下半叶，美国风景建筑师 F. L. 奥姆斯特德于 1858 年主持建设纽约中央公园时，创造了“风景建筑师”(Landscape Architect)一词，开创了“风景建筑学”。他把传统园林学的范围扩大了，从庭园设计扩大到城市公园系统的设计，以至区域范围的景物规划。他认为城市户外空间系统以及国家公园和自然保护区是人类生存的需要，而不是奢侈品。此后出版的 H. W. S. 克里夫兰的《风景建筑学》也是一本重要专著。

美国风景建筑师协会主席 C. W. 埃利奥特 1910 年对风景建筑学作了较完整的解说。他写道：“风景建筑学主要是一种艺术，因此它最重要的作用是创造和保存人类居住环境和更大郊野范围内的自然景色的美；但它也涉及城市居民的舒适、方便和健康的改善。市民由于很少接触到乡村景色，迫切需要借助于风景艺术（创作的自然）充分得到美的、恬静的景色和天籁，以便在紧张的工作生活之余，使身心恢复平静。”

1901 年美国哈佛大学创立风景建筑学系，第一次有了较完备的专业培训课程表，其他一些国家也相继开办这一专业。1948 年成立国际风景建筑师联合会。

4. 园林学的研究内容与展望

从上文对园林学发展的历史回顾中可以看出，园林学的研究范围是随着社会生活和科学技术的发展而不断扩大的，目前包括传统园林学、城市绿化和大地景物规划 3 个层次。传统园林学主要包括园林历史、园林艺术、园林植物、园林工程、园林建筑等分支学科。园林设计是根据园林的功能要求、景观要求和经济条件运用上述分支学科的研究成果来创造各种园林的艺术形象。城市绿化学科是研究绿化在城市建设中的作用，确定城市绿地定额指标，规划设计城市园林绿地系统，其中包括公园、街道绿化等。大地景物规划是发展中的课题，其任务是把大地的自然景观和人文景观当作资源来看待，从生态、社会经济价值和审美价值三方面来进行评价，在开发时最大限度地保存自然景观，最合适地使用土地。规划的步骤包括自然和景观资源的调查、分析、评价；保护或开发原则、政策的制订；规划方案的编制等。大地景物的单体规划内容有风景名胜区规划、国家公园的规划、休养胜地的规划、自然保护区游览部分的规划等。这些工作中也要应用传统园林学的基础知识。现将传统园林学几个主要分支学科作一简要的介绍。

园林史　主要研究世界上各个国家和地区园林的发展历史，考察园林内容和形式的演变，总结造园的实践经验，探讨园林理论遗产，从中汲取营养，作为创作的借鉴。从事园林史研究，必须具备历史科学包括通史和专门史，尤其是美术史、建筑史、思想史等方面的知识。

园林艺术　主要研究园林创作的艺术理论，其中包括园林作品的内容和形式，园林设计的艺术构思和总体布局，园景刨作的各种手法，形式美构图原理在园林中的运用等。园林是一种艺术作品，园林艺术是指导园林创作的理论。从事园林艺术研究，必须具备美学、艺术、绘画、文学等方面的基础理论知识。园林艺术研究应与园林史研究密切结合起来。

园林植物　主要研究应用植物来创造园林景观。在掌握园林植物的种类、品种、形态、观赏特点、生态习性、群落构成等植物科学知识的基础上，研究园林植物配置的原理，植物的形象所能产生的艺术效果，植物与山石、水体、建筑、园路等相互结合、相互衬托的方法等。

园林工程　主要研究园林建设的工程技术，包括地形改造的土方工程，掇山、置石工程，园林理水工程和园林驳岸工程，喷泉工程，园林的给水排水工程，园路工程，种植工程等。园林工程的特点是以工程技术为手段，塑造园林艺术的形象。在园林工程中运用新材料、新设备、新技术是当前的重大课题。

园林建筑　主要研究在园林中成景的，同时又为人们赏景、休息或起交通作用的建筑和建筑小品的设计，如园亭、园廊等。园林建筑不论单体或组群，通常是结合地形、植物、山石、水池等组成景点、景区或园中园，它们的形式、体量、尺度、颜色以及所用的材料等，同所处位置和环境的关系特别密切。因地因景，得体合宜，是园林建筑设计必须遵循的原则。

展望：

当代在世界范围内城市化进程的加速，使人们对自然环境更加向往；科学技术的日新月异，使生态研究和环境保护工作日益广泛深入；社会经济的长足进展，使人们闲暇时间增多，促进旅游事业蓬勃发展；因此，园林学这样一门为人的舒适、方便、健康服务的学科，一门对改善生态和大地景观起重大作用的学科，有了更加广阔的发展前途。园林学的发展一方面是引入各种新技术、新材料、新的艺术理论和表现方法用于园林营建，另一方面是进一步研究自然环境中各种因素和社会因素的相互关系，引入心理学、社会学和行为科学的理论，更深入地探索人对园林的需求及其解决途径。

　　本文引自《中国大百科全书：建筑·园林·城市规划》（中国大百科全书出版社，1998 年版）9~13 页。

5. 中国山水园

　　中国是一个地大物博、文化历史悠久、多民族的国家，创造了光辉灿烂的古代文化，有着极为丰富的文化艺术遗产和优秀传统，并产生了许多伟大的艺术匠师。中国园林的发展，从有直接史料（文字记载的）的殷周的囿算起，已有三千多年的历史，在世界园林史上，不仅是起源古老、自成系统，而且是惟一能从古至今绵延不断地发展、演变，形成具有中华民族所特有的、独创的园林形式，著称为"中国山水园"。

　　山水园不只是山水泉石的园景而已，它包括了云烟岚霭（气象条件）、晨昏四季（时间条件）、树木花草（植物条件）、鱼禽鸟兽（动物条件）、亭堂廊榭（园林建筑）等多方面题材综合融成的一个美的自然和美的生活的境域。

　　中国山水园是 3000 多年来我国园林发展的整个历史总和的形式，是中华民族所特有的独创的园林形式。上述简史表明，山水园的内容和形式不是一成不变的，是随着历史的发展，在不同的时代，由于社会生活、文化艺术、审美意识等不断演变而变化的；一定时期的园林都是在一定历史条件下，在前人的形式及其内容基础上向前发展的。

　　发展到近代为止，中国的园林是以创作山水、自然为生活境域的山水园而著称。我们对于"山水园"的理解不能仅仅从字面上来看，认为就是山和水而已，它是包括了山、水、泉石、云烟岚霭，树木花草，亭榭楼阁等题材构成的生活境域，但这个境域是以山水为骨干的。（《中国古代园林史》）

6. 城市公园

　　城市公园首先是为了维护城市生态平衡、改善环境质量而合理分布的公共绿地。城市公园又是居民日常生活中进行游憩、保健、文化等活动的物质境域而均匀分布的。创作现代城市公园，必须从内容出发，根据一个公园的性质、地位和任务要求进行创作，符合于今天人民的物质生活和精神生活上对休息、娱乐、文化、体健等活动的需要。今天的社会生活且不说建国前，就是与建国后 20 世纪 50 年代到 70 年代社会生活相比较也有了较大变化。今天的人口构成中，老龄人的比重将逐年增大，老年人的生理、心理和生活特点是什么，他们对公园有什么要求，应当充分了解并重视。今天的青年，包括大龄青年，以及有子女的中年人，对在公园的活动要求是各不相同的，较之过去也有了变化。怎样寓社会主义精神教育、身心健康教育和科学文化教育于公园里的游乐中，是重要的问题。少年儿童是国家的希望，要求在公园中为他们创造能达到上述精神文明作用的活动环境和条件，应特别受到重视，是关系到国家前途的问题。所有这些，坐在斗室里苦思冥想是不行的，要走出去，深入到各阶层人民生活中去，不同年龄阶段的人们的生活中去，用科学方法，包括社会学、心理学、行为学，进行调查研究，得出明确的答案。要向生活学习，使我们的园林创作与生活同步前进，才能使我们营建的园林，符

合时代的要求和人民的需要，并用生动的艺术形象鼓舞人民为创造共产主义的美好生活而斗争的热情。(《中国古代园林史》)

7. 艺术的发展

艺术的发展首先是由艺术创作即艺术作品来决定的，没有作品就没有艺术。将艺术实践即具体创作所积累的经验加以综合后就产生了艺术理论。艺术理论与具体作品不同，它是用范畴、概念和科学抽象形式表现出社会及其阶段的艺术观点。由于艺术理论使我们能够了解艺术的实质、艺术的发生、发展规律及其在社会中的作用。艺术理论一旦产生，就会影响社会艺术的发展，影响作家、诗人、艺术家的创作，并活在千万人的意识之中。艺术实践产生理论，而艺术理论又转过来影响艺术创作，这样相互关联的发展就形成艺术思想的历史发展。过去所有艺术发展对艺术创作是有很大影响的。(《中国古代园林史》)

九、陈俊愉 (1917~2012 年)

中国工程院院士，风景园林学家，园艺教育家，花卉专家。先后任北京林业大学园林系主任，中国风景园林学会副理事长，中国园艺学会副理事长。

陈俊愉为祖国园林与花卉事业奋斗了一生，他主编了《中国花经》、《中国花卉品种分类学》、《中国农业百科全书·观赏园艺卷》，选育出梅花、地被菊、月季、金茶花等新品种 70 余个，开创了花卉抗性(野化)育种新方向。他毕生从事全国梅花品种的普查、搜集、整理、分类等研究，他主编的《中国梅花品种图志》于 1989 年问世，1996 年出版了《中国梅花》，2010 年出版了中英双语版《中国梅花品种图志》，并获 2012 年新闻出版总署"原创图书奖。"陈先生 2011 年荣获中国风景园林学会终身成就奖，中国观赏园艺终身成就奖。

本书引文据《中国园林》2002 年第 3 期、2011 年第 8 期。

1. 大地园林化的提出 *

1958 年 8 月，毛泽东在北戴河提出："要使我们祖国的山河全部绿化起来，要达到园林化，到处都很美丽，自然面貌要改变过来"。同年 11~12 月，中国共产党八届六中全会指出"应当争取在若干年内，根据地方条件，把现有种农作物的耕地面积逐步缩减到 1/3 左右，而以其余的一部分土地实行轮休，种牧草、肥田草，另一部分土地植树造林，挖湖蓄水，在平地、山上和水面，都可以大种其万紫千红的观赏植物，实行大地园林化"。1959 年 3 月，人民日报发表了社论和短评，指出"大地园林化是一个长远的奋斗目标"。随后，中国林业出版社汇集有关文章，出版了《大地园林化文集》第一辑和第二辑，总的看法认为大地园林化是一个可以实现的伟大理想。

实行大地园林化，既要保护自然、美化大地，又要大兴山川草木之利、发展生产、提高人居环境和生活水平。绿化是大地园林化的基础，大地园林化是其进一步的发展与提高，它是绿化祖国的高级阶段，其规模和形式是因地制宜、多种多样的。但总的内容还是以树木为主体，组成有色、有香、有花、有果、有山、有水，有丰富生产内容和诸多美景的国家大花园。

大地园林化反映出广大人民群众对祖国锦绣河山生态环境建设和全面绿化、美化以及文态建设宏伟目标的向往。今天在全国人民基本实现小康的情况下再提大地园林化，实有其重大的现实意义和历史意义。

2. 城市园林化是大地园林化的重点 *

与大地园林化一脉相承并为其重点组成部分的是城市园林化。城市园林化或称城镇园林化，即要在城镇所辖范围内实现园林化的任务。在城市园林化规划与实施之前，须先对其意义与特点有个清晰的认识。

城市人口集中、产业发达、污染严重、无生命设施（高楼大厦、广场、道路等）过多，导致热岛效应严重。市民生活、工作于"水泥钢铁牢笼"中，环境嘈杂紊乱，失去生态平衡。在文态方面，既缺乏高品位民族文化内涵，又日益感受庸俗低劣文化之压力。至于地方特色与乡土气息，也在逐渐受挤和淹没中。各地出现城市病、工业病和现代病的人数渐多，市民身心健康受到很大影响。城市园林绿地近年虽有增加，但仍分布不均，绿量不足，人均公共绿地面积远低于国际先进水平。

在城市园林化中，既要解决城市生态问题，又要提高文态建设质量。只有这样，才能创造出优美、自然、洁净、安静、鸟语花香、景色宜人、文化氛围丰富而品位高尚，有利于人们身心健康的环境来。总之，要发挥环境效益、社会效益、游憩效益、经济效益、文化效益等综合的效益，使城乡居民在物质和精神上兼得其利，获取双丰收。

3. 传承文明和与时俱进 *

偶听有人闲谈："不要办了新奥运，丢了老北京。"刚一闻之，疑近讥讽；仔细思量，大有深意。

我国为眼前和局部利益而损害或毁灭长远、全局甚至根本利益的教训还少吗？例如北京古城，如果当年国家领导人虚心听取梁思成、林徽因夫妇的血谏，收回拆城墙的成命，而在昌平或大兴另建一个"新北京"，那么，北京古城今天就成了全球最大的旅游古都，城墙上也可像梁思成在《新建设》上所发表的文章那样，建成全球惟一的城墙公园了。可惜，梁教授夫妇的谏言和建议都无济于事，他俩受到了批判，北京古城墙还是被推倒，此事也从而成为千古遗憾。

但是在这之前，梁教授还是办成一件挽救外国历史名城和园林文化于危急之中的义举，使世人为之敬佩不已，其英名永垂万世。那就是早在抗日战争时期的大后方昆明，他想到日本京都和奈良的城市园林文化，不仅是该国的精品，也是世界园林艺术的东方代表作。当时，我国和美国是日本共同的敌国，为了保护世界园林文化，他冒着生命危险与当时盟军美国飞虎队队长陈纳德联系。经协商后约定，让日方在该两城市之四角，用其国旗铺地为标志，以便飞虎队投弹时手下留情。这事经过一番交涉，终于如愿以偿。

京都、奈良幸免于难，其东方城市与园林美景至今保存良好，供世人参观欣赏。著者曾于1985年趁参加国际造园家联盟（International Federation of Landscape Architects，简称IFLA）大会之机，访问了京都和奈良。日人至今犹惊喜交加，庆幸他们几十年前的虎口逃生。

今天我们应该多从历史经验与教训中汲取教益。结论应是：既要继承优良传统文化之精华，又要慎重而大胆地与时俱进，切合时代精神，不断开拓和创新。"改革名花走新路"、"改革名园走新路"、"改革名城走新路"——此之谓也。

4. 国花的概念*

国花（国树）的评选是18世纪以来世界优良传统和成功的经验，目前全球约有100个国家确认了自己的国花（国树）。这是一个很好的世界性成果，其优越性与积极作用已在很多国家显现，受到普遍的欢迎。

关于国花（国树）的概念，《辞海》（1989年版）云："有的国家以自己国内特别著名的花卉作为他们国家的表征，这种花称为国花。"《中国农业百科全书·观赏园艺卷》（1996年）则云：国花是"被选作一国表征的花卉（树木）。国花（国树）用来反映该国人民对该一种或几种花卉（树木）的传统爱好和民族感情。

讲到国花（国树）的来源，大致有以下4类，即：1）各国原产的传统名花，如古巴以姜花（*Hedychium species*）为国花，以王棕（*Roystonea species*）为国树。尼泊尔以树杜鹃（*Rhododendron arboreum*）为国花。2）由外国传入，但经该国栽培、育种、繁殖、推广多年，成效显着，远近闻名。如荷兰之由东高加索和我国新疆等地引入郁金香属植物（*Tulipa species*）种质资源，经过二三百年杂交、改良、研究、推广，已成为世界之郁金香王国。3）用该国的野生和栽培植物，作为国花。如英国的狗蔷薇（*Rosa canina*）、德国的矢车菊（*Centaurea cyanus*）和瑞士的火绒草（*Leontopodium species*）皆为著例。4）有特殊经济价值的植物，如原产加拿大并作食糖原料之糖槭（*Acer saccflarum*），又如俄罗斯自国外引入之油料作物向日葵（*Helianthus annuus*），均系著名的例证。

一般国家只设1种国花（国树），有的既有1种国花，又有1种国树。还有少数国家有2个甚至更多的国花。如日本以菊花（*Chrysanthemum × morifolitlm*）为皇室国花（唐代自中国长安引入栽培），以樱花（*Prunus serrulata*）等为民间国花。又如墨西哥以仙人掌（*Opuntia species*）为木本国花，以大丽花（*Dahlia Pinnata*）作草本国花。此外，还有极少数国家具"三国花"甚至"四国花"者，兹不赘述。

5. 国花之特质*

大家都很关心国花，但其特质为何？则罕见有人研究。我曾用2年左右的时间，到国家图书馆查阅约100个国家的宪法，看国花（树）是否入宪。结果发现国花（国树）和国旗、国徽、国歌等大不相同，后三者是正式入宪的，而国花、国树、国鸟等则无一列入现行宪法。这就是说，国旗、国徽和国歌等的法律性、政治性较强，必须正式入宪，以昭郑重。而国花、国树和国鸟之属，则与球类、酒类相似，是由老百姓约定俗成、众望所归。国花、国树、国鸟之类的特质与之相近，都是人民性和文化性较强，而政治法律性甚弱。像茅台酒称国酒，乒乓球称国球，一经提出，众人支持。故德国在分为东德和西德两国前即以当地野生之矢车菊为国花，分为两国后，仍各以之为国花，至后又统一成德国，还是用矢车菊作国花——这充分说明了德人热爱家乡原产的这种野花，而和政治上的分合无涉。

6. 中国的国花评选问题——新中国成立前 *（节录）

我国古代向无国花一说。至于花王、花魂等，不过是誉颂之称，不能作为国花之正式佐证。正式确定国花，应是 1929 年国民政府北伐后定都南京，先由内政部、教育部开展调查研究，然后广泛征求意见，在刊物上讨论、比较，最后才以梅（*Prunus mume*）为国花。同时在南京中山门外明孝陵附近设梅花山，广植梅花名品，成为今日"天下第一梅山"之前身。至于牡丹（*Paeonia suffruticosa*），则系国产另一名花，号称花王，以花大、瓣多，花型、花色丰富而见长，受到国人的喜爱。清代末年（1903），慈禧以太后的身份，在颐和园修国花台。

7. 中华人民共和国的国花问题 *

1949 年中华人民共和国成立后，起初 30 多年无人提及国花之事。直至 1982 年 1 月，我在《植物杂志》上发表文章，提出："我国国花应是梅花。"此议一出，就受到国内外的重视。如香港《明报》专为此事发表社评，表示赞成。后 1988 年，我又主动著文《祖国遍开姊妹花——关于评选国花的探讨》。我改变主意的动机很简单——让祖国大部分地区可以在露地观赏到自然开放的 1 种或 2 种国花。此项建议的目标明确，即让多数地区的多数人能看到至少 1 种国花在当地自然开放。于是，便形成了这个绝佳的搭配——互补短长，相得益彰。因为，梅花是乔木，牡丹系灌木：前者冬末春初怒放，后者晚春初夏盛开；一个代表精神文明（"梅是国魂"），一个反映物质文明（牡丹乃富贵花）。因此，双国花之建议才得到了 103 位中国科学院和中国工程院院士们的亲笔签名同意。此举——院士为一专门问题有百人以上踊跃签名，对我国来说是空前的，在世界上也是开天辟地的第一遭。

我国国花评选，从 1982 年算起，迄今已将近 30 年。1995 年曾由农业部出面，上报以牡丹为国花的方案，听说全国人大常委会认为分歧太大，暂予搁置。后来，花卉主管部门改制，但主管行政部门和社团仍沿用以牡丹为国花、四季名花（兰、荷、菊、梅）作陪衬的老方案。

近年 103 位院士签名支持"梅花牡丹双国花"，最初由《人民日报·海外版》于 2009 年 3 月 26 日发表此消息（文题：国花最好"选双花"）。而后，又于 2009 年 7 月在《中国花卉盆景》第 7 期上，刊出专文，并将 103 位院士亲笔签名一一印出。2009 年这 2 篇文章是沉闷声中的春雷，其对我国国花问题之及时合理解决，起到了积极推动作用。为此，我谨以人民一份子的身份，呼吁有关部门主管人士幡然醒悟，改弦更张，发动群众，积极评选，才可能获得比较合理而为多数地区多数人士满意的结果。若然，则国家幸甚、国人幸甚，我们的先辈、同辈和子孙都幸甚！

十、陈从周（1918~2000年）

陈从周，原名郁文，晚年别号梓翁，1942年毕业于之江大学文学系。1940年代被张大千收为入室弟子，攻山水人物花卉。1952年起执教于同济大学建筑系任教授。由他主持的工程有上海豫园东部的复原设计、云南安宁楠园设计。主要著作有：《说园》《苏州园林》、《中国名园》、《园林丛谈》等。晚年主持《中国园林鉴赏辞典》，其中有精美篇章《中国的园林艺术与美学》（代前言）。

本书引文据《中国园林鉴赏辞典》（华东师范大学出版社，2001年版）。

1. 以情悟物

中国人讲道义，讲感情，讲义气，这都同情有关系。文学艺术如果脱离了感情的话，就很难谈了。中国人以情悟物，进而达到人格化。比如以园林里的石峰来说，中国园林里堆石峰，有的叫美人峰，有的叫狮子峰、五老峰，名称各异。其实它像不像狮子呢？并不像。像美人吗？也并不像。还讲它像什么五老。为什么有这么多名称？这是感情悟物，使狮子、石头人格化，欣赏的是它们的品格。而国外花园中的雕塑搞得很像很像，这就是各个国家、各个民族的审美习惯不同。中国人看东西，欣赏艺术往往带有自己的感情，要加入人的因素。比如，中国的花园建造有大量的建筑物，有廊柱、花厅、水榭、亭子等等。我们知道一个园林里有建筑物，它就有了生活。有生活才有情感，有了情感，它才有诗情画意。"芳草有情，斜阳无语，雁横南浦，人倚西楼。"这里最关键是后面那句，"人倚西楼"。有楼就有人，有人就有情。有了人，景就同情发生关系。

2. 自然美与人工美

原始森林是美，大自然风光也美，但大自然给人的美同人为的美在感情上就有区别。为什么过去中国造花园，必先造一个花厅？花厅可以接客，有了花厅以后，再围绕花厅造景，凿池栽树，堆叠假山。所以中国的风景区必然要点缀建筑物，以便于游览者行脚。比如泰山就有个十八盘。登泰山开始，先要游岱庙，到了泰山脚，还有一个岱宗坊，过了岱宗坊还有大红门，再到中天门，中天门上去才到南天门。在这个风景区也盖了大量的建筑物。这样步步加深，步步有景。所以中国的园林和风景区，同建筑有着极为密切的关系。从美学观点看就是同人发生关系，同生活发生关系，同人的感情发生关系。

3. 构园

中国建园叫"构园"，着重在"构"。有了"构"以后，就有了思想，就有了境界。"构"就牵涉到美学，所以构思很重要。中国好的园林就有构思，就有境界。王国维在《人间词话》中说，词要有境界，晏几道有晏几道的境界，李清照有李清照的境界。所以我就提出八个字："园以景胜，景以园异。"面对众多慕名而来的国外游客，中国导游讲花园，却讲不出境界。外国人看这个花园有景，那个花园也有景，有什么不同？导游讲不出，他不懂得"园以景胜，景以园异"的道理。我们造园林有一条，就是同中求异。同中求不同，不同中求同，即所谓"有法而无式"。"法"是有的，但是"式"却没有，没有硬性规定。有许多人造园，就好像庸医，凡是发烧就用一个方子。如果烧不退，另外方子就拿不出来，这就说明他没有理论上的武装。有了园林的理论再去学习园林设计，那个园林才是好的。

4. 立意

　　园林的立意，首先考虑一个"观"字。我曾经提出过"观"，有静观，有动观。动与静，是相对的，世界上没有相对论，便没有辩证法，就不成其为世界。怎样确定这个园子以静态为主呢？或者以动观为主呢？这和园林的大小有关系。小园以静观为主，动观为辅。大园以动观为主，静观为辅，这是辩证法，园林里面的辩证法最多。这样一来得到什么结论呢？小园不觉其小，大园不觉其大，小园不觉其狭，大园不觉其旷，所以动观、静观有其密切关系。我们现在的画，展览会里的大幅画，是动观的画。这种大画挂到书房里，那就不得体了，书房画要耐看，宜静观。

　　动观、静观这个原则要互相结合。要达到"奴役风月，左右游人"。什么叫"奴役风月"呢？就是我这个地方要它月亮来，就掘个水池，要它风来，就建个敞口的亭廊，这样风月就归我处置了。"左右游人"，就是说设计好要他坐就坐，要他停就停，要他跑就跑。说句笑话："叫他立正不稍息，叫他朝东不朝西，叫他吃干不吃稀。"这就涉及心理学、美学。要这样做，就要"引景"。杭州西湖，有两个塔，一个保俶塔在北山，一个雷峰塔在南山，后来雷峰塔塌了，所有的游人，全部往北部孤山、保俶塔去了。后来我提出，"雷峰塔圮后，南山之景全虚"，南山风景没有了。这就是说没有一座建筑去"引"他了。所以说西湖只有半个西湖。北面西湖有游人，南面西湖无游人。我建议重建雷峰塔，以雷峰塔作引景，把人引过去。园林要有"引景"把游客"引"过去。所以，山峰上造个亭子，游客就会往上爬。"引景"之外呢，还有"点景"。景一点，这样景就"显"了。所以，你看，西湖的北山，保俶塔一点以后，北山就"显"出来了。同样颐和园的佛香阁一点以后，万寿山也就"显"出来了。不懂得"引景"，不晓得"点景"，就不了解园林的画意。还有"借景"，什么叫"借景"呢？"借景"就是把园外的景，组合到园内来。你看颐和园，如果没有外面的玉泉山和西山，这个颐和园就不生色了。他一定要把园外的景物借进来。

5. 园林艺术的少而精

　　中国园林艺术很巧妙，它运用了许多美学原理。就拿花木种植来讲，主要是求精，求精之外适当求多。先要讲姿态好，尤珍爱古树能入画，这才有艺术性，才能有提高。多而滥还不如少而精。中国人看花，看一朵两朵。外国人求多，要十朵几十朵。中国人看花重花之品德，外国人重色，中国人重香，这种香也要含蓄。有香而无香，无香而有香，如兰花，香幽。外国人的玫瑰花，香得厉害，刺激性重，这也是不同的欣赏习惯。

　　中国园林的好，在于求精不求滥。比如讲"小有亭台亦耐看"，"黄茅亭子小楼台，料理溪山却费才"。黄茅亭子，设计得好，也是精品，并不是所有亭子造得金碧辉煌，才是好。"小有亭台亦耐看"，着眼在个"耐"字。所以说要得体，恰如其分。

中国园林艺术是以少胜多。外国要几公顷造一花园，中国造园少而精。"少而精"，这是艺术的概括和提炼。中国古代写文章精炼，五言绝句中只二十个字，写得好。现在剧本中为什么一些对白这么长呀！他不是去从古代剧本中吸收精华，所以废话特别多。你去看《玉簪记》，"琴挑"的对白多么好，一个男的在弹琴，弹的是凤求凰。女的问他："君方盛年，为何弹此无妻之曲？"回答是"小生实未有妻"，他马上坦白交代。女的接着说："这也不管我事。"好！这三句句子，调情说爱，统统有了。所以"精炼"这个手法是我们美学上、文艺理论上一个值得称道的手法。

6. 还我自然

园林中还有一个还我自然的问题。怎么叫"还我自然"，我们造花园，就要自然。自然是真，真就是美，我们欣赏风景区，就要欣赏它的自然。当然风景区并不是一个荒山，需要我们人工的点缀，这就涉及美学问题。什么样的风景区，就要加上什么样的建筑，当然包括点景、引景等这许多原则。搞得好，他是烘云托月，把自然的景色烘托得更美。我们要"相地"，要"观势"。从前的风水先生，他也要"观"，要"相"呢。中国的名山大部分都有和尚庙，他也要"相地"也要"选址"。选地点，是有规律的，它是一个综合的研究。你看和尚庙，他选的地方一定有水，有日照，没有风，房子没有造，他先搭茅篷住在这里，住上一年之后，完全调查清楚之后才正式建造的。所以天下名山僧占多。他要生活，又要安静，他就要有一个很好的地点。所以选地非常重要，不但庙的选址，有名的陵墓的选址，也是这样。比如南京的明孝陵，风不管多么大，跑到明孝陵便没有风。了不起啊！跑到中山陵则性命交关，风大得不得了。明孝陵望出去，隔江就是对景，中山陵就没有对景。所以过去好的坟墓，比如北京的十三陵，群山完全是抱起来的，因此选址很重要。

7. 园林是综合艺术

中国园林是综合艺术，中国的园林是从中国文学、中国画中得来的。如果一个园林经不起想象，这个园林就不成功了。一个人到了景色宜人的花园里就会想入非非。园林要使人觉得游一次不够以后还想来，这个园林就成功了。园林除了讲究一个树木姿态、假山层次、建筑高低之外，还讲究一个雅致问题。雅同审美有关系，同文化有关系。雅能养性，使人身处花园连烦恼都没有了。比如苏州网师园，我们游一次要半天，两个小青年五分钟就看完了。我有一次陪外宾，游了半天，他们越看越有味道。有许多东西他们不理解。你一讲他明白了，也觉得有味道了。真正对这个园林有所理解，才能把握美在哪里，这样的导游才能像我们老师一样做到循循善诱。

一个园林有一个园林的特征，代表了设计者的思想感情和境界。没有自己特征的园林就不好。一所好的花园要用美学观点去苦心经营设计，这里构思很重要，它体现了人的思想感情、思想境界，对游人产生陶冶性情的作用。园林是一个提高文化的地方，陶冶性情的地方，而不只是吃喝玩乐的场所。园林是一首活的诗，一幅活的画，是一件活的艺术作品。

　　造园难，品园也难，品园之后才能知道它的好与坏在哪里。1958 年，苏州网师园修好以后，邀我去，一看不行，有些东西搞错了，比如网师园有个简单的道理，这边假山，那边建筑；这边建筑，那边假山，它们位置是交叉的。现在西部修成这一边相对假山，那一边相对建筑，把原来的设计原则搞错了。园林上有许多原则，其实很简单，就是要处理好调配关系。所以能品园才能游园，能游园就能造园。现在造花园像卖拼盆，不像艺术建筑，这就是缺少文化，没有美学修养。比如我们看画，这幅是唐伯虎的，那幅是祝枝山的，要弄清它的"娘家"。任何东西都有个来龙去脉，有个根据。做学问要有所本，营建园林也要有所本。另外，我国古典园林是代表了它那个时代的面貌，时代的精神，时代的文化，这同美学的关系也很大。要全面研究园林艺术，美学工作者的责任也相当重。

十一、周维权（1927~2007 年）

　　风景园林学家。历任清华大学建筑学院教授，中国风景园林学会常务理事，建设部风景名胜专家顾问，毕生从事建筑教育和设计，从事风景园林和中国建筑的研究工作，发表过园林、风景、古建筑、建筑理论方面的论文三十余篇，主要学术著作有《颐和园》、《中国古典园林史》、《中国名山风景区》。

　　本书引文据《中国古典园林史》（清华大学出版社，1999 年第 2 版）、《中国名山风景区》（清华大学出版社，1996 年第 1 版）。

1. 名山风景区

　　中国是世界上最早把山岳作为风景资源来开发的国家，也是最早把山岳风景作为旅游观光对象的国家。不言而喻，在中国传统的风景区之中，依托于山岳或者以山岳为主体的山岳风景区必然占着相当大的比重。人们以"山水"作为大自然风景的代称，也就意味着自然风景的大约一半在山岳。而传统的山岳风景名胜区中的大多数又都是佛教和道教的活动基地，以寺、观等宗教建置为主体的人文因素显示了宗教与山岳风景的密切关系，形成了风景建设与宗教建设相结合的情况。这些风景区的发展伴随着中国封建社会的漫长历史和佛、道宗教的漫长历史，相应地经历了从萌芽、成长而至于全盛、衰微的漫长过程。如果从人文的角度加以衡量，它们的属性并不同于一般的山岳风景名胜区，因此，应该把它们作为一个特殊的类别来看待，这就是本书所要论述的"名山风景区"。

　　按照传统的说法，所谓名山，除泛指其较高的知名度之外还包含两层意思：一、形体比较高大的山，上古典籍中提到的名山如《尚书·武成》"告于皇天后土，所过名山大川"（《十三经注疏》，中华书局影印本，1980 年）*，《礼记·礼器》"因名山升于中天"（同上书）等，均训为高山、大山。二、带有一定宗教色彩的山，包括早先的原始宗教和后来的佛教、道教，其中的一部分发展成为全国性和地区性的宗教活动中心。所谓名山风景区，意即兼有名山性质的风景区，或者具备风景区格局的名山。这个特殊的类别也是中国传统风景名胜区中的一个重要的类别，其重要性不仅表现在数量上占着相当大的比重，而且还表现在质量上的不同于一般的情况：

一、名山风景区都是历经千百年的筛选、淘汰，最终约定俗成，为社会所公认而保留下来的佼佼者。在这些维持着良好的自然生态的山岳环境内，充满了美的自然物和自然现象，诸如岩石、土壤、水体、植物、动物、云雾、雨雪以及阴晴、明晦、季相等等。它们的综合或个别、从总体到局部构成各式各样丰富多彩的自然景观，给予人们以最大限度的美的享受，是中国山岳自然景观的精华荟萃，具有很高的审美价值。

二、名山风景区作为佛、道宗教活动的基地，宗教建筑始终是人文因素的主体和人文景观的主要资源，不少寺、观蜚声国内外，有很高的知名度。相对而言，世俗建筑数量较少，仅居于次要的地位。由于名山远离城市，与朝廷的封建政权保持着一定的距离，寺观为求得自身的生存、安全和发展而逐渐形成较为特殊的地主经济（丛林经济）、组织管理（丛林制度）。个别的寺观还有习武的，"外家武术"诸流派大多出自名山。这些，都强化了名山的凝聚力和区域格局，并赋予类似基层政权的性质，成为相对独立的政治、经济实体。……

三、名山风景区的宗教建筑，包括寺观在内的绝大多数既适应于宗教活动的功能需要，也满足人们的观赏要求。在基址选择和设计经营上十分注意建筑与周围自然环境的谐调，烘托宗教气氛，把佛、道宗教的审美与世俗的审美融糅起来，使得寺、观兼具"风景建筑"的性质而成为名山的重要点缀。山上道路的布设不仅解决交通问题，还兼顾景观的组织、景点的联络而成为动态的游览观赏路线。

四、名山风景区蕴藏着丰富的文化内涵。千百年来人们涉足名山进行建设活动、宗教活动和世俗活动，从而留下大量的人文因素。社会上不同阶层、不同集团、不同素养的人，以各自的方式在与名山风景的接触过程中所留下来的这些人文因素经过不断积淀，也经过不断筛选，逐渐系统化、综合化而成为以山岳为载体的文化现象，或者因山岳而衍生出来的文化现象。遍布全国各地的名山风景区，正是这种世界上独一无二的文化现象——"山岳文化"的精华荟萃之所在。

综合以上所述的四方面的情况，我们不妨为这个特殊的风景名胜区类别作出比较更确切的界说：名山风景区是山岳文化集中荟萃的、有自然景观之美和人文景观之胜并显示较浓重的宗教色彩、具备一定规模和区域格局的山岳综合体。

2. 名山风景简介

分布在全国各地的名山风景区，目前已为公众所确认的大约有近50处之多。经国务院批准的国家重点风景名胜区119处之中，有37处属于名山风景区的性质，其中的泰山、黄山、武当山由联合国教科文组织世界遗产委员会正式批准我国申请分别列入"世界遗产名录"的自然遗产和文化遗产项目。

本章选择31处加以简单介绍，约占总数之过半。它们都是历史悠久、约定俗成的佛、道宗教胜地，具备一定的代表性和知名度。其中有全国甚至国际性的宗教活动中心，有地区性的宗教活动中心，也有的目前虽已不进行宗教活动但仍保留着一定数量的佛寺道观或宗教遗迹。它们都已由各级政府明令设置管理机构、划定区域范围、建置必要的旅游设施，在性质上已由传统的名山风景区转化为现代型的风景名胜区了。

五岳：——

在中国的众多名山之中，五岳是历史最悠久的五座名山，可谓万山之长，域中之山莫尊于五岳了。先秦古籍中只有"四岳"，至《同礼·春官·大宗伯》始出现"五岳"之名，即东岳泰山、西岳华山、南岳衡山、北岳恒山、中岳嵩山。汉武帝以衡山远，徙南岳之祭于安徽天柱山，隋代又改回衡山。宋代曾一度以河北常山为北岳，明代又改回恒山。五岳的开发历史，与历代帝王的封禅、祭祀活动和佛、道宗教势力的消长兴衰有着密切的关系。封禅活动始于秦始皇，汉代是封禅泰山、祭祀五岳的极盛时期。唐、宋的封禅、祭祀虽不如汉代之频繁，但唐代尊五岳为王，岳神有王者之尊，宋代尊五岳为帝，岳神相当于皇帝，则五岳的崇高地位更在汉代之上。明、清时封禅活动基本停止，仅由朝廷指派官员岁时祭祀。清康熙、乾隆两帝在东巡、南巡途中曾登临泰山，但并未行封禅之大礼，乃是一般的祭祀和游览观光。

两晋南北朝以来，佛教和道教相继涉足五岳，建置佛寺和道观作为宗教活动的基地。唐代，道教把五岳的岳神纳入其神仙谱系之中，道观亦在五岳大量建置。杜光庭《洞天福地岳渎名山记》尊五岳的岳神为"高真上仙……以福天下，以统众神"。他们各有职司：西岳神主世界金银铜铁五金之属，陶铸坑冶，兼羽毛巨鸟；东岳神主人间生死；南岳神主世界分野之地，兼督鳞甲水族；北岳神主世界江河湖海，兼四足负荷之类；中岳神主世界土地山川陵谷，兼牛羊食稻。《大金重修中岳庙碑》也称"五岳在宇宙间，縠胚胎剖判之初，钟造化神秀之气，镇压厚地，奠安一方，喷薄风雷，蒸腾云雨，材用縠是乎出，宝藏縠是由殖，形势然，非它名山巨镇所可方拟"（《金石萃编》第 156 卷，中国书店，1991 年）。这些，都充分反映了道教对五岳所具有的功能和地位的崇敬。宋以后，两教势力经过长期的斗争，除西岳外，其余四岳均为佛、道共尊的名山。到明、清时期，西岳华山一直为道教独据，东岳泰山、北岳恒山的道教势力逐渐壮大而成为道教名山，中岳嵩山佛教兴盛而成为佛教名山，只有南岳衡山仍然保持着佛、道共尊的局面。

佛教名山：——

佛教四大名山即五台山、峨眉山、普陀山、九华山。在众多的佛教名山之中，它们的香火最盛、知名度最高，是佛教名山之首席。这四座名山又分别根据佛经的记载而被附会为文殊、普贤、观音、地藏四大菩萨显灵说法的道场，宣扬文殊的大智、普贤的大行、观音的大悲、地藏的大愿。有的文献则根据这四座山的自然环境来与四大菩萨的道行相联系，《普陀山志》载："佛经称地藏、普贤、文殊、观音诸佛道场曰地、火、水、风，为四大结聚。九华，地也；峨嵋，火也；五台，风也；普陀，水也"。此外，关于它们早期开发建设的情况还流传着许多动人的神话故事。因此，四大名山在佛教徒的心目中，便具有不同于一般名山的特殊的神圣意义。四山的佛教活动，唐宋开始兴旺，到明清而臻于极盛。它们各自拥有数百座寺院、上千的僧众，山上到处香烟袅袅，梵呗齐颂，成为蜚声中外的佛教圣地。每到宗教节日，朝山进香者不仅来自全国各地，还有来自国外的佛教信徒，摩肩接踵，络绎不绝。

佛教名山在早期本来是佛、道共尊，佛寺与道观并存，有的甚至就是道教名山。以后经过两教之间的长期竞争消长，到明清时道教逐渐衰微而佛教独盛。当然，也有佛教一直兴旺而胜过道教的。因此，佛教名山上的宗教建筑未必全部都是佛寺，也还保留着少数道观，开展一定的宗教活动。"五岳"的原始宗教和封禅祭祀的色彩到后期已逐渐淡化，佛道共尊的局面亦难以为继，其中的中岳嵩山由于道教势力衰微、佛寺大量建置，变成为佛教名山。佛教其他名山有：庐山、天台山、雁荡山、雪窦山、鼓山、丹霞山、鸡足山、盘山、苍岩山等九处。

道教名山：——

道教一向把风景优美的山岳视为神仙境界，教徒以山岳作为理想的修炼场所，从创教之始即与山岳发生密切的关系，传统名山风景区之中亦以道教名山居多，历史也最悠久。它们发展到后期，也像佛教名山一样，山上的宗教建筑不一定都是道观，尚有少数佛寺，开展一定的佛事活动，保留着佛、道两教在过去长期竞争消长的痕迹。"五岳"之中，西岳华山和北岳恒山从来就是道教独据，东岳泰山虽有佛教涉足，但势力始终不如道教之大。它们都由于原始宗教色彩的淡化和帝王祭祀活动的消失而成为道教名山。

道教名山有：武当山、武夷山、青城山、齐云山、崂山、三清山、龙虎山、王屋山、崆峒山、巍宝山等十处。

佛道名山：——

佛、道名山指的是现在仍然是佛教和道教共尊、两教势均力敌的名山，山上的佛寺和道观并存而且数量大体相当。这类名山在早期本来很多，宋以后两教凭藉政治背景，利用社会力量互相排挤，到明清时期已经为数很少了。第一节中介绍的南岳衡山便是一例，本节再介绍三例：天柱山、医巫闾山、千山。……

3. 名山风景鉴赏

名山风景包括自然景观和人文景观，是人们能够接触到的风景自然资源和人文资源的总和，也是风景鉴赏的客体。人作为鉴赏的主体，在游览观光的时候从客体那里获得风景信息。风景信息包括审美方面的信息，科学方面的信息以及社会、历史方面的信息；前者予人以美的享受和性情的陶冶，后两者则能启迪心智、增长知识。一个普通的游览观光者，当其面对名山风景时，主要的收获必然是从那里得到最大限度的美的享受，并在享受的过程中陶冶自己的性情，加深对祖国和乡土的热爱，这就是以名山风景的整体或局部作为鉴赏对象而进行的审美活动。与此同时，心智也受到一定启迪，知识也有所增长。反过来说，如果观光者对名山风景具备必要的科学方面的理解和社会、历史方面的认识，则将会有助于深化审美活动、提高鉴赏品位。风景鉴赏与人的学养、素质有着密切的关系，但毕竟不同于专业性的学术考察。就此意义而言，名山风景鉴赏主要是通过审美活动来完成，自然景观和人文景观所传达给人们的审美信息量的多寡，直接关涉到名山风景质量的优劣。

传统的名山风景区，自然景观传达给人们以最多、最富于魅力的审美信息，必然成为风景的主体。但就名山风景的质量而言，人文景观的重要性绝不亚于自然景观。清代画家唐岱在《绘事微言》一文中把山岳比拟为人体的形象：

夫山有体势……山之体，石为骨，林木为衣，草为毛发，水为血脉，云烟为神采，岚霭为气象，寺观、村、落、桥梁为装饰也。（《历代论画名著汇编》，文物出版社，1982 年）

唐岱所说的装饰与被装饰的关系，大体上相当于山岳风景中的人文景观与自然景观的关系。这个关系具体表现在风景区的开发过程以及开发的结果，无非两种形态：一种是"人定胜天"的形态，一种是"天人谐和"的形态。中国历来的名山风景区的开发属于后一种形态。在大多数情况下，人文景观与自然景观始终保持着彼此交融、亲和、协调，显示人文与自然的统一，这与汉民族的思维方式、传统哲学、美学思想的主导都有直接的关系。当然，由于人文装饰不恰当而破坏自然景观的天生丽质，导致两者的对立、互斥，以至于在一定程度上降低名山的风景质量的情况也是有的。天人谐和的形态乃是"形象化"或者"物化"了的天人合一的哲学思想，从这个观点看来，名山风景的质量固然取决于自然景观和人文景观本身，同时还取决于此两者之间的谐调、交融的关系。也就是说，自然景观应保持其天生丽质，人文景观则必需天人谐和。

赏名山风景，简而言之，就是以一处名山作为审美对象，领略其山体、水体、生物、天象所呈现的自然美，山岳文化中的物质文化、人群活动所呈现的艺术美和社会美，以及它们之间的谐调、交融的关系。而自然美、艺术美、社会美正是人类美感经验的三个主要范畴，也是近代美学研究的三大领域。就此意义而言，名山风景区不仅是一个非常庞大的审美对象，其所包含的审美内容也是最为全面的。

4. 名山风景魅力

经历了奴隶社会后期和整个封建社会时期漫长岁月的开发，也经过了多次约定俗成的历史筛选，分布在各地的名山风景区最终形成其独特的性格和迷人的魅力，卓立于中国乃至世界的风景名胜区之林。

它们荟萃着众多的自然景观，是华夏大地锦绣河山的精华所在，山岳之美的典型。其中一些知名度很高的，在公众的心目中，无异于国家和民族的象征。

它们积淀了丰厚的人文因素，以人文景观的形态而显示其艺术价值、科学价值和文物价值，犹如一处处庞大无比的露天博物馆。

它们形象地纪录了古人创造性劳动的业绩，体现了汉民族坚韧不拔的创业精神，犹如一座座历史的丰碑。

它们具有浓厚的宗教色彩，反映了原始宗教、道教和汉地佛教兴衰发展的历史轨迹，本身又是过去的佛、道宗教活动中心，而其中的一些现在仍然继续发挥其宗教中心的作用。因此，它们在当前宗教活动的延续、宗教学术研究的开展等方面，都占着重要地位。它们蕴藏着极丰富的山岳文化，是源远流长的汉文化的一个组成部分，无异于阅读不完的形象史书、开掘不尽的知识宝库。

这是造物主的鬼斧神工所创造的一份珍贵的自然遗产，也是祖先的精心开发而保留下来的一份珍贵的文化遗产。它们作为国之瑰宝，理应当之无愧。

5. 中国园林独树一帜

中国幅员辽阔，江山多娇。面积达 960 万平方公里的国土跨越几个不同的气候带。

在这个辽阔的地域内山脉蜿蜒，大河奔流，海岸曲折，湖泊罗布，植物繁茂，林相丰富，大自然风景的绮丽多姿，在世界上可谓首屈一指。中国又是一个历史悠久的文明古国，延续五千多年间所创造的辉煌灿烂的古典文化，对人类的文明和进步曾经作出过巨大的贡献。大地山川的钟灵毓秀，历史文化的深厚积淀，孕育出中国古典园林这样一个源远流长、博大精深的园林体系。它展现了中国文化的精英，显示出华夏民族的"灵气"。它以其丰富多彩的内容和高度的艺术水平而在世界上独树一帜，被学界公认为风景式园林的渊源。

中国古典园林作为古典文化的一个组成部分，在它的漫长发展历程中不仅影响着亚洲汉文化圈内的朝鲜、日本等地，甚至远播欧洲。早在公元6世纪，中国的造园术经由朝鲜半岛传入日本。此后，伴随着日本全面吸收汉文化而陆续出现的园林形式几乎都在不同程度上受到中国的直接影响。可以说，日本古典园林的产生、发展、成熟都一直从中国汲取养分，并与本土园林多次复合、变异而形成具有鲜明民族特色的园林体系。18世纪中叶，正当法国资产阶级成为一个新兴阶级崛起的时候，它的启蒙思想家们从中国借用孔孟的伦理道德观念作为反抗宗教神权统治的思想武器；随着海外贸易的开展，欧洲商人从中国带回大量工艺品，传教士寄回大量描写中华文物之盛的文字报告。这些，都在欧洲人面前呈现一种前所未知的高水平的东方文化，欧洲艺术的某些领域内因此而掀起了一股崇尚中国的热潮。就在这个"中国热"的氛围中，通过传教士的介绍，欧洲人开始知道在遥远的东方存在着一种与当时风行欧陆的规整式园林和英伦三岛的英国式园林都全然不同的中国造园艺术，犹如空谷足音在欧洲引起公众的强烈反响，也引起了欧洲的一些造园家研究中国园林、仿建中国园林的浓厚兴趣。由于他们的倡导和上流社会的推波助澜，在造园的实践活动中又逐渐形成一种新的风格，时兴于当时许多欧洲国家的宫廷、府邸。

常言道，中国古典园林充满诗情画意，这就说明它与诗文、绘画艺术的极为密切的关系。园林、文学、绘画这三个艺术门类在中国历史上同步发展、互相影响、彼此渗透的迹象十分明显，因此，欲全面地研究中国艺术的发展史，绝不能忽略园林。中国古典园林既是艺术形态的社会精神财富，又是具有实用功能的社会物质财富，它包含的内容涉及文化的所有层次——物态层的文化、制度层的文化、心态层的文化，其牵涉面之广、综合性之强，实为其他艺术门类所无法企及。因此，要全面而完整地了解中国文化的发展情况，也不能忽略园林。

6. 园林发展动力

城市作为人类文明的产物，也是人们依据自然规律、利用自然物质而创造出来的一种人工环境，或曰："人造自然"。城市的出现必然伴随着人与大自然环境的相对隔离。城市的规模越大，相对隔离的程度也就越高。如果人们长期生活在城市之中，势必要寻求直接接近大自然的机会，或者创造一种间接的补偿方式。前者属于旅行、游山玩水的范畴；后者则必须藉助于园林的建置。所以说，园林乃是为了补偿人们与大自然环境相对隔离而人为创设的"第二自然"。它们并不能提供人们维持生命活力的物质，但在一定程度上能够代替大自然环境来满足人们的生理方面和心理方面的各种需求。随着社会的不断发展、文明的不断进步，人们的这些需求势必相应地从单一到多样、从简单到繁复、从低级到高级，这就形成了园林发展的最基本的推动力量。

7. 园林发展阶段

人类通过劳动作用于自然界，引起自然界的变化，同时也引起人与自然环境之间关系的变化。在人类社会的历史长河中，纵观过去和现在，展望未来，人与自然环境关系的变化大体上呈现为四个不同的阶段。相应地，园林的发展也大致可以分为四个阶段。这四个阶段之间虽然并不存在截然的"断裂"，但毕竟由于每一个阶段上人与自然环境的隔离状况并不完全一样，园林作为这种隔离的补偿而创设的"第二自然"，它们的内容、性质和范围当然也会有所不同。因此，有关于园林的定义、界说，亦应结合不同的阶段来分别阐释，并以它所从属的那个阶段的政治、经济、文化背景作为评价的基点。这样就可避免以今人而求全于古人，或者以古代而拘泥于现代之弊。

第一阶段：人类社会的原始时期，主要以狩猎和采集来获取生活资料，使用的劳动工具十分简单。人对外部自然界的主动作用极其有限，几乎完全被动地依赖大自然。由于完全不了解它因而满怀恐惧、畏敬的心情，把自然界的事物和现象都当作神灵的化身加以崇拜。……人，作为大自然生态的一部分而纳入它的良性循环之中。换言之，人对于大自然是经常处于感性适应的状态，人与自然环境之间呈现为亲和的关系。在这种情况下，当然没有必要也没有可能产生园林。直到后期进入原始农业的公社，聚落附近出现种植场地，房前屋后有了果木蔬圃。虽说出于生产的目的，但在客观上已多少接近园林的雏形，开始了园林的萌芽状态。

第二阶段：古代亚洲和非洲的一些地区首先发展了农业，人类随之而进入以农耕经济为主的文明社会。农业的产生是人类历史上的首次技术革命，农业文化的兴起使得人们能够按照自己的需要而利用和改造自然界，开发土地资源，利用太阳的热能进行农作物的栽培。

这个阶段大体上相当于奴隶社会和封建社会的漫长时期，人们对自然界已经有所了解，能够自觉地加以开发：大量耕作农田，兴修水利灌溉工程，还开采矿山和砍伐森林。这些开发活动创造了农业文明所特有的"田园风光"，同时也带来了对自然环境的一定程度的破坏。

生产力进一步发展和生产关系的改变，产生了国家组织和阶级分化，出现了大小城市和镇集。居住在城市、镇集里面的统治阶级，为了补偿与大自然环境相对隔离的情况而经营各式园林。生产力的发达以及相应的物质、精神生活水平的提高，促成了造园活动的广泛开展，而植物栽培、建筑技术的进步则为大规模兴建园林提供了必要的条件。在这个阶段内，园林经历了由萌芽、成长而臻于兴旺的漫长过程，在发展中逐渐形成了丰富多彩的时代风格、民族风格、地方风格。而这许多不同风格的园林又都具有四个共同特点：一、绝大多数是直接为统治阶级服务，或者归他们所私有；二、主流是封闭的、内向型的；三、以追求视觉的景观之美和精神的寄托为主要目的，并没有自觉地体现所谓社会、环境效益；四、造园工作由工匠、文人和艺术家来完成。

据此，我们不妨为这一阶段的园林作如下的界说：在一定的地段范围内，利用、改造天然山水地貌，或者人为地开辟山水地貌，结合植物栽培、建筑布置，辅以禽鸟养蓄，从而构成一个以追求视觉景观之美为主的赏心悦目、畅情舒怀的游憩、居住的环境。

第三阶段：18 世纪中叶，蒸汽机和纺织机在英国广泛使用促成了产业革命。工业文明兴起，带来了科学技术的飞跃进步和大规模的机器生产方式，为人们开发大自然提供了更有效的手段。与此同时，资本主义的大工业相对集中，城市人口密集，大城市不断膨胀、居住环境恶化，这种情形到 19 世纪中叶以后在一些发达国家更为显着。

为了改善城市的环境质量而兴造一系列的公共园林，相应地就需要花费大量的劳动力来进行管理和维护。能否寻求一种更经济有效的方式？ 19 世纪末期兴起的研究人类、生物与自然环境之间的关系的一门科学——生态学为此提供了可能性。造园家开始探索运用生态学来指导园林的规划，用不同年龄、不同树种的丛植来进行公园的植物配置，形成一个类似自然群落、能够自我维护的结构。以后，又陆续出现运用生态学的原理设计城市绿化和城市防护林带的尝试，收到了一定的效果。这些初步尝试所取得的成就，又为现代园林的规划设计注入了新鲜血液。

这一阶段的园林比之上一阶段，在内容和性质上均有所发展、变化：一、除了私人所有的园林之外，还出现由政府出资经营、属于政府所有的、向公众开放的公共园林。二、园林的规划设计已经摆脱私有的局限性，从封闭的内向型转变为开放的外向型。三、兴造园林不仅为了获致视觉景观之美和精神的陶冶，同时也着重在发挥其改善城市环境质量的生态作用——环境效益，以及为市民提供公共游憩和交往活动的场地——社会效益。四、由现代型的职业造园师主持园林的规划设计工作。

第四阶段：第二次世界大战后，世界园林的发展又出现新的趋势。大约从 20 世纪 60 年代开始，在先进的发达国家和地区，经济高速腾飞，进入了后工业时代或曰信息时代。同时，人类所面临着的诸如人口爆炸、城市膨胀、粮食短缺、能源枯竭、环境污染、贫富不均、生态失调等严峻问题，也促使人们更深刻地认识到过去对自然资源的掠夺性开发所导致的恶果，认识到开发、利用的程度超过了资源的恢复和再生能力所造成的无法弥补的损失。

这些情况必然会反映在园林上，从而引起它的内容和性质的变化：一、私人所有的园林已不占主导地位，城市公共园林、绿化开放空间以及各种户外娱乐交往场地扩大，城市的建筑设计由个体而群体，更与园林绿化相结合而转化为环境设计，确立了城市生态系统的概念。"城市在园林中"已经由理想变为广泛的现实，在一些发达国家和地区出现相当数量的"园林城市"。二、园林绿化以改善城市环境质量、创造合理的城市生态系统为根本目的，充分发挥植物配置在产生氧气、防止大气污染和土壤被侵蚀、增强土壤肥力、涵养水源、为鸟类提供栖息场所，以及减灾防灾等方面的积极作用，并在此基础上进行园林审美的构思。园林的规划设计广泛利用生态学、环境科学以及各种先进的技术，由城市延展到郊外，与城市外围营造的防护林带、森林公园联系为一个有机的整体系统，甚至更向着广阔的国土范围延展，形成区域性的大地景观规划。同时，举凡农业、工业、矿山、交通、水利等自然开发工程都与园林绿化建设相结合，从而减少乃至消除它们对环境质量的负面影响，达到美化环境的目的。三、在实践工作中，城市的飞速发展改变了建筑和城市的时空观，建筑、城市规划、园林此三者的关系已经密不可分，往往是"你中有我、我中有你"。因而园林学的领域大为开拓，成为一门涉及面极广的综合学科。园林艺术作为环境艺术的一个重要组成部分，它的创作不仅需要多学科、多专业的综合协作，公众亦作为创作的主体而参与部分的创作活动。因此，跨学科的综合性和公众的参与性便成了园林艺术创作的主要特点，并从而建立相应的方法学、技术学和价值观的体系。

8. 中国园林的类型

中国古典园林指的是世界园林发展第二阶段上的中国园林体系而言。它由中国的农耕经济、集权政治、封建文化培育成长，比起同一阶段上的其他园林体系，历史最久、持续时间最长、分布范围最广，这是一个博大精深而又源远流长的风景式园林体系。

按照园林基址的选择和开发方式的不同，中国古典园林可以分为人工山水园和天然山水园两大类型。

人工山水园，即在平地上开凿水体、堆筑假山，人为地创设山水地貌，配以花木栽植和建筑营构，把天然山水风景缩移摹拟在一个小范围之内。这类园林均修建在平坦地段上，尤以城镇内的居多。在城镇的建筑环境里面创造摹拟天然野趣的小环境，犹如点点绿洲，故也称之为"城市山林"。

天然山水园，一般建在城镇近郊或远郊的山野风景地带，包括山水园、山地园和水景园等。规模较小的利用天然山水的局部或片段作为建园基址，规模大的则把完整的天然山水植被环境范围起来作为建园的基址，然后再配以花木栽植和建筑营构。……如果选址恰当，则能以少量的花费而获得远胜于人工山水园的天然风景之真趣。

如果按照园林的隶属关系来加以分类，中国古典园林也可以归纳为若干个类型。其中的主要类型有三个：皇家园林、私家园林、寺观园林。

皇家园林属于皇帝个人和皇室所私有，古籍里称之为苑、苑囿、宫苑、御苑、御园等的，都可以归属于这个类型。

私家园林属于民间的贵族、官僚、缙绅所私有，古籍里面称之为园、园亭、园墅、池馆、山池、山庄、别业、草堂等的，大抵都可以归入这个类型。

寺观园林即佛寺和道观的附属园林，也包括寺观内部庭院和外围地段的园林化环境。

皇家园林、私家园林、寺观园林这三大类型是中国古典园林的主体、造园活动的主流、园林艺术的精华荟萃。除此之外，也还有一些并非主体、亦非主流的园林类型，如衙署园林、祠堂园林、书院园林、会馆园林以及茶楼酒肆的附属园林等等，它们相对来说数量不多，内容大都类似私家园林。公共园林的建置情况见于一些经济、文化发达地区的城镇、村落，为居民提供公共交往、游憩的场所；它们多半是利用河、湖、水系稍加园林化的处理或者城市街道的绿化，也有因就于名胜、古迹而稍加整治、改造的，绝大多数都没有墙垣的范围，呈开放的、外向型的布局，与其他园林类型的建置采用封闭的、内向型的布局不一样。公共园林一般由地方官府出面策划，或为缙绅出资赞助的公益性质的善举，虽然后期的发展已较为普遍，但作为一个园林类型而言其本身尚未成熟，还不具备鲜明的类型特征。

基于上述观点，本书论述的中国古典园林，概以皇家、私家、寺观三大类型作为重点，兼论其他类型，但不涉及风景名胜区、陵园和坛庙。

9. 中国园林的特点

中国古典园林作为一个园林体系，若与世界上的其他园林体系相比较，它所具有的个性是鲜明的。而它的各个类型之间，又有着许多相同的共性。这些个性和共性可以概括为四个方面：一、本于自然、高于自然；二、建筑美与自然美的融糅；三、诗画的情趣；四、意境的涵蕴。这就是中国古典园林的四个主要的特点，或者说，四个主要的风格特征。

这四大特点乃是中国古典园林在世界上独树一帜的主要标志。它们的成长乃至最终形成，固然由于政治、经济、文化等的诸多复杂因素的制约，而从根本上来说，与中国传统的天人合一的哲理以及重整体观照、重直觉感知、重综合推衍的思维方式的主导也有着直接的关系。可以说，四大特点本身正是这种哲理和思维方式在园林艺术领域的具体表现。园林的全部发展历史反映了这四大特点的形成过程，园林的成熟时期，也意味着这四大特点的最终形成。

中国古典园林的三大类型之中，皇家园林与私家园林乃是最为成熟因而也是最具个性的两个类型。可以这样说，这两个类型作为园林的精华荟萃，无论在造园思想和造园技术方面，均足以代表中国古典园林的辉煌成就。到了后期，北方的皇家园林和江南的私家园林分别发展成南、北并峙的两个高峰。其中，北方的离宫御苑和江南的宅园尤为出类拔萃，相继出现许多为世人所瞩目的杰出作品，把它们置于世界名园之列亦当之无愧。如今，皇家园林中的颐和园，私家园林中的苏州园林，经联合国教科文组织批准列入"世界文化遗产"，也绝非偶然。

寺观园林虽说也是三大类型之一，但其宗教色彩并不显著；除个别情况外，一般都接近于世俗的私家园林。在这一点上，与同属汉文化圈内的日本古典园林中的寺院园林是有所不同的。汉地佛教传入日本之后，形成强大的思想力量和社会力量，它的影响也直接波及到园林艺术的创作实践。净土宗的佛寺把殿堂建筑与园林结合起来以表现"净土"的形象，利用造园艺术的手段把西方极乐世界具体地复现于人间，从而形成一种具有宗教意境的园林——净土园林。此后，禅宗传入日本，则甚至以禅宗的哲理作为造园思想的主导，赋与造园手法以宗教寓意，相继出现各种式样的"禅宗园林"。宗教色彩浓郁的净土园林和禅宗园林还影响及于世俗园林，促成世俗园林一定程度的宗教化。禅宗僧侣中涌现许多杰出的造园家和造园匠师，对日本古典园林的发展曾作出过积极的贡献。所以说，日本的禅僧造园犹如中国的文人造园；日本的寺院园林突出其浓郁的宗教色彩，而中国的寺观园林则具有明显的文人风格和世俗情调；日本世俗园林的宗教化犹如中国寺观园林的世俗化。

至于其他非主流的园林类型，如像衙署园林、祠堂园林、书院园林、会馆园林等，与私家园林几无二致；公共园林虽然已显示其开放性的特点，但大多数是自发而形成，谈不上多少规划设计，尚处在比较原始的状态。

所以说，皇家园林和私家园林乃是中国古典园林中最具代表性的两个类型，它们本身的发展也最为集中地反映了中国古典园林演进的历程。

十二、张钧成（1930~2002年）

林史研究家。由他主持的《中国古代林业史》课题，于1994年完成第一分册（先秦部分）。全课题未及完成却因病突然去世。该分册后由中华发展基金管理委员会和五南图书出版公司联合出版。

本书引文据《中国古代林业史》第一分册"先秦部分"（北京林业大学林业史研究室，1994年）。

1. 河姆渡文化

河姆渡遗址位于浙江省余姚县河姆渡镇，系我国长江下游新石器时代遗址，其文化遗存为公元前5000年至公元前3500年之间。1973年被发现，1977年进行了第二次发掘。

在河姆渡遗址中发掘有陶片，一为五叶纹陶片，一为三叶纹陶片，皆生意盎然，（见下图C及D），前者被认为是百合科多年生植物之万年青，后者被认为是兰花（虾脊兰），这是距今6900年前我国先民的创造，反映了对花卉的爱好和欣赏水平，尽管当时生产水平低下，但已能从大自然的花卉中获得美感，并反映在古老的陶文化中。在此遗址中还有陶钵底四叶纹和各种枝叶形纹，象征着花卉文化的开端。有的学者根据该遗址第四文化层中发现的植物遗存有珠兰、夜合花、旱莲木等20余种属，以及发现九里香、荷花、杜鹃、石韦、海金沙等30余种孢粉判断，此时期先民已从事观赏植物的栽培，他们结合此遗址出土的陶盆、陶钵，认为我国盆栽艺术当始于此时。

C五叶纹陶片

D三叶纹陶片

2. 黄帝驯兽

黄帝部落的崛起是由于"神农氏世衰。诸侯相侵伐，暴虐百姓，而神农弗能征。于是轩辕乃习用干戈，以征不享，诸侯咸来宾从。"（《史记·五帝本纪》）。黄帝的业绩在于一方面继承神农氏的事业，发展农林生产，"治五气，艺五种，抚万民，度四方"，"时播百谷草木，淳化鸟兽虫鱼"；另一方面要以武力征服四方，所谓"教熊罴貔貅貙虎，以与炎帝战于阪泉之野。……与蚩尤战于涿鹿之野"，在战争中，"披山通道，未尝宁居"。阪泉之战和涿鹿之战是我国历史上较早的著名战役，是夏、黎两部落之间的战争，阪泉在今北京延庆与河北交界一带平原，涿鹿在河北境内，这两次战争是统一中华民族的序幕，也是我国有记载的战争毁林的开端，见《吕氏春秋·孟秋季·荡兵》："蚩尤之时，民固剥林木以战矣"。无论"披山通道"（砍伐丛林，开辟道路），还是"剥林木"（以木为兵器），都是破坏森林，自此，战乱毁林成为我国森林逐渐减少的重要原因之一。

从上述《史记》的记载中还可以看到，黄帝是驯养和训练野生动物的代表人物，在战争中使用了熊罴（pí）、貔貅（píxiū）和貙（qū）虎，都是猛兽，这种以木棒武器，加上人兽的大搏斗，其场面是相当可观的。可以看出，此时我国已能将森林中的野兽训练成作战的猛兽，其动物驯养水平不言而喻。

3. 大禹治水

《竹书纪年》载："尧十九年命共工治河；尧六十年命崇伯鲧治河；六十九年黜崇伯鲧；七十二年命司空禹治河；八十年禹治水成功"，这一时期约为公元前 2339 年～公元前 2278 年之间。据《史记·夏本纪》称：舜"行视鲧之治水无状，乃殛鲧于羽山以死"。于是治水的任务落在鲧之子夏禹的身上，他"伤先人父鲧功之不成受诛，乃劳神焦思，居外十三年，过家门不敢入。薄衣食，致孝于鬼神。卑宫室，致费于沟。陆行乘车，水行乘船，泥行乘橇，山行乘檋。左准绳，右规矩，载四时，以开九州、通九道、陂九泽、度九山。"据《尚书·禹贡》载："禹敷土，随山刊木，奠高山大川"。此次禹治水，实际是我国第一次国土的综合治理，将国土划分为九州，开辟了道路，整治了河道，调查了全国的森林资源，为夏王朝的建立奠定了基础。其整治国土的范围与此次洪水的范围有关，据《孟子·滕文公上》载："当尧之时，天下犹未平，洪水横流，禽兽繁殖，五谷不登，禽兽偪人，兽蹄鸟迹之道交于中国。……禹疏九河，瀹济、漯，而注诸海，决汝、汉，排淮、泗而注之江"，可见洪水的范围为黄河、淮河及汉水流域。大致勾画了整治国土的区域。

这次洪水对我国城镇的发展、建筑风格的形成和防汛等有重要的启示，如《管子·度地》称："圣人之处国者，必于不倾之地"；《墨子·辞过》称："古之民未知为宫，时就陵阜而居"；《淮南子·齐俗训》称："禹令民聚土积薪，择丘陵而处之"。这些论断都说明与此次洪水有关。从近代考古中亦可证实，此时期的遗址多在高处或成梯状台地，说明当年是筑台而居；《山西通志》载：在夏县禹城有青台"高百余尺，俗传妃涂山氏女，因禹治水八年于外，筑台望思之，禹庙在上"。《山海经·海内北经》记载有帝尧台、帝喾台、帝丹朱台、帝舜台等，应该说这些都是先民抵御洪水的痕迹。后世在建筑宫室时，或"构木为台"，或"夯土为台"，莫不与此有关。

4. 国土区划

关于上古时期我国的国土区划，据《汉书·地理志》载：黄帝时期"方制万里，划野分州，得百里之国万区"；自《尚书·禹贡》始有"禹别九州""任土作贡"之说，这是一种根据山川走向对当时国土所作的大致分野，它基本反映了中华民族最初的活动范围，这不仅是我国最早的国土区划，后来也成为中国的代称。相传帝喾时期已将国土划分九州，即冀、兖、青、徐、豫、扬、雍、梁、荆等九州；至帝舜时期因洪水泛滥，将国土分为十二州，增加了幽、并、营三州；禹平水土之后，恢复九州区划，其大致区划，如下图所示。"夏商以后，沿上世九州之名，各就其疆理所及而分之，故每代小有不同"。

《尚书·禹贡》即按此九州记述洪水之后，土地恢复状况及各地物产（包括林产品）的进贡规定。现将其有关内容例举如下。

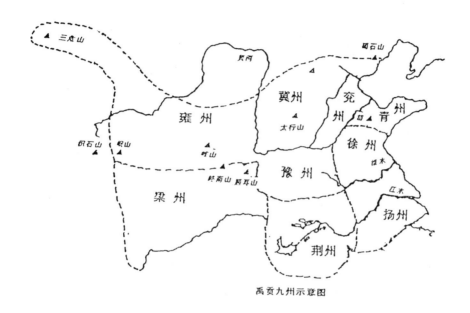

禹贡九州示意图

兖州："桑土既蚕，是降丘宅土"（可种植桑树的地方，都已养蚕，人们从丘陵迁下来，居于平地）；"厥草惟繇，厥木惟条"（此地草非常茂盛，此地树木枝干修长）；"厥贡漆丝，厥篚织文"（此地进贡的物品是漆和丝，和用篚包装的花绸）。

青州："岱畎丝、枲、铅、松、怪石"（进贡泰山山谷出产的丝、麻、铅、松和怪石）；"厥篚檿丝"（此地进贡的是用篚包装的野蚕丝）。

徐州："草木渐包"（草木逐渐恢复）；"厥贡惟土五色、羽畎夏翟、峄阳孤桐、泗滨浮磬"（此地进贡的是五色土、羽山山谷的野鸡、峄山南坡的桐木和泗水之滨可做磬的石头）。

扬州："筱簜既敷，厥草惟夭，厥木惟乔"（大小竹类遍布各地，这里草幼嫩而美好，这里树木高大）"鸟夷卉服。厥篚织贝，厥包橘、柚"（东南海岛夷人穿草编的衣服。此地用篚进贡的是用小贝织成的布，打包进贡的是橘和柚）。

荆州："厥贡羽、毛、齿、革、惟金三品，杶、干、栝、柏，……惟菌、簵、楛、三邦底贡厥名。包匦菁茅，厥篚玄、纁、玑组"（这里进贡鸟羽、牦牛尾、象牙、兽皮及三种颜色不同的铜、杶木、柘木、桧树、柏木，……惟有箘竹、簵竹、楛木，是由湖泊附近三国进贡他们最有名的。用绳子包裹进贡的是菁茅，用篚包装进贡的是黑绸和浅绛色的绸）。

豫州："厥贡漆、枲、絺、紵，厥篚纤纩"（这里进贡的有漆、麻、细葛布、纻麻，这里用篚进贡的是纤细的丝絮）。

梁州："厥贡……熊、罴、狐、狸、织皮"（这里进贡的有……熊、罴、狐、狸、地毯之类）。

从上列记述可见夏初洪水去后各州物产大略以及森林植被的恢复。夏代第三个君主太康有因在外狩猎而失国的故事，"盘游无度，畋于有洛之表，十旬弗返"（《尚书·五子之歌》），从一个侧面说明夏都周围是森林茂密之地，所谓"芒芒禹迹，面为九州，经启九道，民有寝庙，兽有茂草，各有攸处"（《左传·襄公四年》）。

5. 夏代城邑与瑶台

我国城邑的发展与森林有极大的关系，一个城邑的建立，必然是以消耗大量森林为代价，古代城邑的选址也多为依山傍水、距森林较近之地。传说城郭的创始人为鲧，《世本》称："鲧作城郭"。城邑建设的第一个高潮当为夏代。夏代在建筑方面结束了"堂高三尺，土阶三等，茅茨不剪，采椽不刮"（《史记·太史公自序》）的格式，而是"民乃知城郭、门闾、室屋之筑"（《管子·轻重戊篇》），至夏代末，"夏桀筑南单之台"（《竹书纪年》）；"筑倾宫，饰瑶台"（《文选·吴都赋》），其宫室建筑的豪华则是空前的。据说"桀作瑶台，罢民力，殚民财，为酒池糟堤，一鼓而牛饮者三千人"（《新序卷六》）；另据《通志》载："末嬉壁言无不从，桀为之作象廊、玉床、倾宫、瑶台、琼室、肉山、脯林、酒池，可以运舡，糟提可以望十里，一鼓而牛饮者三千人。"据《史记·孙子吴起列传》："夏桀之居，左河济，右华泰，伊阙在其南，羊肠这其北"，此传说中的园林的范围大致可以判断。这不仅意味着一个王朝的行将覆灭，也标志着木构建筑水平的提高，这也是我国大量木材用于宫室建筑的开端。同时，我国独具特色的园林，如按传说算起，其发端当为夏桀王之瑶台；如以可靠史籍为凭，我国园林之发端应于殷末。

6. 商王"沁阳狩猎区"

从有关狩猎的甲骨卜，据岛邦男《殷墟卜辞综类》收录，商王狩猎过的地方有130

有关狩猎的甲骨卜辞（据李圃编《甲骨文
选读》，上海，华东师范大学出版社，1981.117页）

多个，其中出现 5 次以上的地方有 32 个，其中有 26 个分布在今河南西部。可见商代的国土地广人稀，野兽出没，森林覆盖面积较大，其狩猎地区，提到的地名除"京"外，尚有"盂"（今河南沁阳西北）、"洹"（山东临淄东）、"敦"、"苗"、"牢"、"囚"、"麦"、"呈"、"邵"等，其狩猎的中心地区为"盂"，甲骨学者称此地区为"沁阳狩猎区"，其范围大致为：以沁阳为中心，北抵太行山南麓，南以黄河为界，东及原阳，西至垣曲县东。森林动物的种类除前述鹿、麋外，尚有兕、獐等，特别是有"获象"、"呼象"、"命象"、"省象"等记载，说明当时中原气候温暖、湿润，既有野象，也有驯养的家象，武丁时期有以象为牺牲的卜辞，同时也印证了《吕氏春秋·古乐》："商人服象，以虐于东夷"之语，指殷纣王时期，训练了一支象队，以征讨东夷。

7. 园林的发端

尽管古籍中有黄帝造县〔悬〕圃之说，但应排除在原始氏族社会产生园林的可能性，其发端当为奴隶制社会无疑。传说中夏桀王的瑶台已于本书第一节述及，比较确切的，有史料可稽者，园林发端应为殷末纣王之沙丘苑台及周文王的灵囿，前者不仅可从《尚书·泰誓》所提到殷王的"宫室台榭陂池"得到佐证，而且后世不少古籍均有记载：

帝纣"厚赋税以实鹿台之钱，而盈巨桥之粟。益收狗马奇物，充仞宫室。益广沙丘苑台，多取野兽蜚鸟置其中。慢于鬼神。大冣（jù 聚也）乐戏于沙丘，以酒为池，县〔悬〕肉为林，使男女倮相逐其间，为长夜之饮。"（《史记·殷本纪》）；

"自盘庚徙殷二百五十三年，更不徙都，纣时稍大其邑，南距朝歌，北据邯郸及沙丘，皆为离宫别馆。"（《竹书纪年》）

"纣为鹿台，其大三里，高千尺，望云雨"（《新序·卷六》）；

纣"使师涓作朝歌北鄙之音、北里之舞，造鹿台，而为琼室、玉门，台三里，高千尺，七年乃成，厚赋敛以实鹿台之钱，而盈巨桥之粟，益收狗马奇玩，充牣宫室，以人食兽，广沙丘苑台，多取鸟兽之异者，寘其中。"（《通志·卷三上》）。

沙丘、巨桥等皆在今河北境内，可以说这是一个规模较大的皇家园林。后者是周文王的灵台、灵囿，修筑的时间亦为殷末，略晚于沙丘苑台。《诗·大雅·灵台》是这样描绘：

经始灵台，　　（文王开始兴建灵台）

经之营之。　　（测量规划，营造起来）

庶民攻之，　　（百姓一起动手兴建）

不日成之。　　（很快就建成了）

……

王在灵囿，　　（周文王游乐在灵囿）

麀鹿攸伏。　　（母鹿驯顺，伏地不惊）

麀鹿濯濯　　（成群的母鹿肥壮美好）

白鸟翯翯　　（成群的白鸟羽毛泽丽）

王在灵沼　　（周文王游乐在灵沼）

于牣鱼跃。　　（满池锦鳞在欢跳）

这是一首歌颂周文王的诗篇，也是一首我国皇家园林发端的史诗。灵台是古代帝王天人相通、奉天承运的地方，象征着王权的拥有。按古制"天子有灵台，以观天文，……诸侯卑，不得观天文，无灵台"（《诗·大雅·灵台》孔颖达疏）。周文王此举与当时周文王的崛起、企图取代殷王朝的历史背景不可分，其主要目的是为政治服务，用以号召人民、团结人民、积蓄力量。因此灵台和纣王的沙丘苑台不同，较少人工雕琢。故这里记述的是一个利用天然山水林木，挖池筑台而成的与天相通的场所，也是与民同乐的狩猎、游憩、生活域境。从《孟子·梁惠王下》："文王之囿方七十里，刍荛者往焉，雉兔者往焉。"可知这是一个可与百姓共同享用的地方。故此皇家园林被后世所称道。

尽管这两个苑囿的史料并未提到植物题材，但有关"狗马奇玩"、"野兽蜚鸟"和麋鹿、白鸟的记载，可以说明当时人们不仅能够驯养野生动物，并且在苑囿中是供人赏心悦目，也可以说是我国较早的动物园。

8.周文王的"和德"、"仁德"与"归德"

"文王受命之九年①，时维暮春，在鄗②。召太子发曰：'呜乎！我身老矣。我语汝，我所保与我所守，传之子孙。吾厚德而广惠，忠信而志爱。人君之行，不为骄佚，不为泰靡，不淫于美，括柱茅茨③，为民爱费。山林非时不升斤斧，以成草木之长；川泽非时不入网罟，以成鱼鳖之长；不麛（mí）不卵④，以成鸟兽之长。畋猎唯时，不杀童羊，不夭胎⑤，童牛不服⑥，童马不驰不骛⑦，泽不行害⑧，土不失其宜⑨，万物不失其性，天下不失其时⑩。土可范⑪，蓄。润湿不谷，树之竹苇莞蒲⑫，砾石不可谷，树之葛木⑬，以为絺绤⑭，材用。……故凡土地之间者，圣人裁之⑮，并为民利。是以鱼鳖归其渊，鸟兽归，孤寡辛苦，咸赖其生。山林以遂其材，工匠以为其器，百物以平其利，以通其货，工不失其务，农不失其时，是谓和德⑯。……明开塞禁舍者⑰，取如化；不明开塞禁舍者，失天下如化。人各修其学而尊其名⑱，圣人制之。横生尽以养从生⑲，从生尽之以养一丈夫⑳。无杀夭胎，无伐不成材，无堕四时。'"（《逸周书·卷三·文传》）

"周公曰：'……陂沟道路，丛苴邱坟，不可树谷者，树以材木。春发枯槁，夏发叶荣，秋发实蔬，冬发薪蒸，以匡穷困。……因其土宜，以为民资。则生无乏用，死无传尸，此谓仁德。……且闻禹之禁，春三月，山林不登斧，以成草木之长；夏三月，川泽不入网罟，以成鱼鳖之长；且以并农力执，成男女之功。夫然，则有生而不失其宜，万物不失其性，人不失其事，天不失其时，以成万财。万财既成，放以为人，天下利之而勿德，是谓大仁。……渊深而鱼鳖归之；草木茂而鸟兽归之；称贤使能官有材，而士归之；关市平，商贾归之；分地薄敛，农民归之。水性归下，民性归利。王若欲求天下民，先设其利，而民自至。譬之若冬日之阳，夏日之阴，不召而民自来，此谓归德。'"（《逸周书·卷四·大聚》）

【注释】

①据推算约为公元前1076年。②周代古城之一。③削去树皮的柱子，茅草盖顶之屋。④麛（mí）小鹿，不杀小鹿，不取鸟卵。⑤不杀羊取胎。⑥服为使役之意。⑦骛（wū）为鞭马使急行之意。⑧不要加以破坏。⑨充分利用土地。⑩按时耕作采伐。⑪指范土为陶器。⑫润湿不可种谷，可树竹、苇、莞、草、蒲草。⑬豆科藤本蔓草。⑭细粗葛布。⑮圣人指明君。⑯为风调雨顺、万物各得其所意。⑰即令行禁止之意。⑱自尊自重之意。⑲横生为人以外的万物。⑳从生为人民之意，人民以养天子。

9. 周代的城邑

此时期各诸侯国疆土不断扩大，城邑不断增加。每一个城邑的建设，都是以其周边森林消失为代价。此时期城邑建设除周王室扩建王城，形成东周、西周二城（在今河南洛阳）外，各国均有著名的城邑，或为政治中心，或为商业中心，或兼而有之。如"燕之涿（今河北涿县）、蓟（今北京），赵之邯郸（今河北邯郸），魏之温（今河南温县）、轵（zhǐ今河南济源），韩之荥阳（今河南荥阳），齐之临淄（今山东临淄县），楚之宛陈（即宛丘，今河南淮阳），郑之阳翟（今河南禹县），三川之二周（三川指伊水、洛水、黄河，二周指洛阳之西周、东周二城），富冠海内，皆为天下名都"（《盐铁论·通有篇》）；上面没有提到的还有赵之离石（今山西离石）、上党（今山西上党），魏之大梁（今河南开封）、安邑（今山西夏县），韩之宜阳（河南宜阳）、长子（今山西长子），楚之郢都（今湖北纪南）、寿春（今安徽寿县），越之吴（今江苏苏州），宋之定陶（今山东曹县），秦之雍（今陕西凤翔）、咸阳（今陕西咸阳市）等。这些通都大邑反映了此时期城市的发展。

周初，城邑分成王城、诸侯城（国都）、大夫采邑（都）三个等级，根据等级，其规模和各种建筑物的大小有严格的限制，不得僭越，因为奴隶制社会的城邑功能主要是从政治、军事角度考虑，即"筑城以卫君"，"都，城过百雉，国之害也，先王之制，大都不过参国之一，中，五之一，小，九之一。"（《左传·隐公元年》），一雉为三丈，百雉为三百丈，诸侯、大夫的城邑应为国都的三分之一、五分之一、九分之一，故《战国策·赵策三》称："城虽大，无过三百丈者，人虽众，无过三千家者"。

但随着奴隶制的衰微，旧的制度、传统被打破，城邑的功能加上了发展经济的因素，"城以盛民"，因之新的城邑如雨后春笋，而且也不受"三百丈"的限制，"千丈之城，万家之邑相望也"（《战国策·赵策三》）。如齐国苏秦在说齐宣王时提到："齐地方二千里，带甲数十万，……临淄之中七万户，……其民无不吹竽鼓瑟，击筑弹琴，斗鸡走犬，六博蹋鞠者。临淄之途，车毂击，人肩摩，连衽成帷，举袂成幕，挥汗成雨。家敦而富，志高而扬。"（《战国策·齐策一》）这段话刻画了当时临淄城的繁荣，仅齐国当时就发展到120多个城邑；又如楚之郢都也是南方一大都会，"车挂毂，民摩肩，号为朝衣新，而暮衣弊"（《太平御览·卷七七六》引《桓谭新论》），早晨穿新衣，到晚上就成为旧衣，可见其市面的繁华；又如韩国的宜阳"城方八里，材士十万，粟支数年，公仲之军二十万"（《战国策·东周策》）。这些记述都说明当时城邑的发展。

此时期我国已形成城市规划理论，如《管子·度地》明确："圣人之处国者，必于不倾之地，而择地形之肥饶者。乡山左右，经水若泽，……乃以其天材、地之所生利，养其人。"乡山是指靠近森林，天材也是指森林，依山傍水，是城邑选址的必要条件。

10. 周代的宫室台榭

我国传统的木构建筑风格基本形成于此时期，"如跂斯翼，如矢斯棘，如鸟斯革，如翚斯飞"（《诗·小雅·斯干》）形象地描绘了此时的木构建筑。在承认我国传统木构建筑是民族文化组成部分的同时，也必须承认："宫室奢侈，林木之蠹也"（《盐铁论·散不足》）。这一时期见之于古籍并著称的宫室台榭有：周庄王八年（公元前689年）楚文王立，迁都于郢（今湖北纪南城）大建宫室；周厘王五年（公元前 677 年）秦德公自西垂迁雍（今陕西凤翔）大兴土木，建大郑宫；周惠王十八年（公元前 659 年）鲁僖公即位，建闷宫（已于第二章述及）；周灵王二十三年（公元前 549 年）周灵王起昆昭台，"聚天下异木神工，得嶙谷阴生巨树，其树干寻，文理盘错"（《拾遗记·卷三》）；周景王十年（公元前 535 年）楚灵王筑章华台，"穷土木之技，殚珍宝之实，举国营之，数年乃成。"（边让《章华台赋》）；周景王十一年（公元前 534 年）晋平公筑虒祁宫，"宫室崇侈，民力尽凋"（《左传·昭公八年》）；周敬王二十五年（公元前 495 年）吴王夫差即位，增修姑苏台，"千夫山吟，万人道泣，三年而聚材，五年而建成。……周旋诘屈，横亘五里，崇饰土木，殚竭人力。"（《述异记》）；周敬王三十三年（公元前 487 年）越王勾践为供应姑苏台所需木材，"乃使木工三千余人，入山伐木一年。"（《吴越春秋·卷五》）；周贞定王十四年（公元前 455）齐宣王即位，修筑宫室，"大盖百亩，堂上三百户，以齐之大，具之三年而未成。"（《吕氏春秋·骄恣》、《新序·卷六》）；周显王十四年（公元前 355 年）魏惠王赠赵国优质木材，赵成侯于洺州（今河北永年县）筑檀台，"魏献荣椽，因以为檀台。"（《史记·赵世家》）；周显王十九年（公元前 350 年）秦孝公自雍迁咸阳，仿鲁、卫等国宫室，建新都，"取岐雍巨材，新作宫室，……筑冀阙。"（《三辅黄图·序》）；周显王四十四年（公元前 325 年）赵武灵王即位，在原有信宫、东宫的基础上，取太行山材木，于邯郸筑丛台。

如此众多的宫室营造，无疑需进行大规模的森林采伐，每一个城邑的兴起必然是成片森林的消失，如齐国临淄的建设是以牛山森林为代价，战国时孟子已发出了慨叹："牛山之木尝美矣！以其郊于大国也，斧斤伐之，可以为美乎？是其日月之所息，雨露之所润，非无萌蘖之生焉，牛羊又从而牧之，是以若彼濯濯也。"（《孟子·告子上》），此外"濯濯"是形容秃山的样子。

11. 栈道

栈道为我国古代一种特殊的交通设施，或在平地以木铺路，或在山间峭壁架木为路，亦称阁道、栈阁，是一种较大的木材消耗。春秋时期秦国为开拓疆土，深入巴蜀，在秦岭深山峡谷的悬崖峭壁上凿石为洞，插木为梁，铺以木板，以通车辆及行人。最早的栈道为南接汉中市褒斜谷口，北至眉县斜谷口之褒斜道（亦称连云栈），系中国第一栈道。此栈道有石门隧道，亦为中国最早的石隧道，从开凿的痕迹看，系用以火烧石，以冷水喷激的办法，说明消耗了大量的木材。相继有金牛道的开凿。战国时期周显王三十四年（公元前 335 年）"魏惠王死，葬有日矣，天大雨雪，至于牛目，坏城郭，且为栈道而葬"（《战国策·魏策二》）。由于雪大、深及牛目，葬车无法通行，故铺木栈道以运棺椁；周赧王三十一年（公元前 284 年）燕乐毅破齐，杀齐湣王，其太子逃莒山中，翌年破燕兵、复齐墟，"为栈道木阁，而迎王与后于城阳山中"（《战国策·齐策六》），王指齐襄王，城阳即今山东莒县，这些是古籍中较早的关于栈道的记载。栈道规模较大、并耗木更多者是秦昭襄王时期（公元前 306 年至公元前 251 年）为进一步开发巴蜀，增修的木栈道，即《战国策·秦策三》称："栈道千里，通于蜀汉"，此后，入蜀的栈道，有七条之多，如："子午道"、"陈仓道"、"傥骆道"、"荔枝道"、"米仓道"等，是我国仅次于万里长城的的伟大工程。这些栈道的开凿，除说明我国古代土木工程的高超技艺外，也说明秦岭森林的开发。这一伟大工程，无疑也是以秦岭森林的消耗为代价的。

12. 尔雅

在先秦古籍中，反映动植物种类者主要为四本书。张孟闻称："自上古迄于前汉，言名物者皆无以自外于此四家。盖《禹贡》为舆志方物之祖，《诗篇》探物生情性之原，训释异名，防于《尔雅》，辨识种属，兴自《本草》"。此系就其主要而言，其他如《山海经》、《夏小正》、《周礼》及先秦诸子的著作中也有不少涉及动植物种类等，也都反映了当时先民认识自然的水平。

《尔雅》是流传至今的我国古代第一部通释语义的训诂专著，"兴于中古，隆于汉氏"，列为儒家经典，渐成雅学。自汉代起，注家蜂起，进行了大量的注疏和补证工作，著称者为晋郭璞及宋苏昺撰之《尔雅注疏》；清代邵晋涵、郝懿行、阮元等和晚清王国维等均进行过这方面的考订。两千年间，有关著述近百种。此书原作者已不可考，《四库全书总目提要》称："大抵小学家缀辑旧文，递相增益。"今传《尔雅》共 19 篇，其中语言类 3 篇、人文类 1 篇、建筑器物类 3 篇、天文地理类 5 篇、动植物类 7 篇。其动植物类包括草、木、虫、鱼、鸟、兽等。涉及物种有：草 220、木 92、虫 75、鱼 62、鸟 84、兽 58，并包含有大量的动植物方面的词汇。从自然科学的角度，也可以说《尔雅》是古代生物学。晋郭璞称此书"另有音图"，《隋书·经籍志》亦称："梁有《尔雅图赞》二卷"，说明这是一部图文并茂的书。光绪十年上海同文书局影印有《尔雅音图》，据称系宋刊临摹，为我国较早之动植物图谱，有参考价值，见【图 14】。

结合现代动植物分类研究《尔雅》者亦不乏其人，如邹树文：《西汉以前几种动物分类法的疏证》、夏纬英：《(尔雅)中所表现的植物分类》、《植物名实札记》、苟翠华、许抗生：《也谈我国古代生物分类学思》等。

《尔雅》一书不仅开我国古代研究生物学之先河，积累与保存了大量的生物学知识；并且对动植物进行了科学的分类，其鸟、兽、虫、鱼、草、木的划分与现代的划分基本上是一致的。同时在某些方面进行了更为精细的分类。夏纬英称："《尔雅》的植物名称，在排列上略有顺序；把这些顺序详细观察观察，就可以看到这些表现。而且某些表现还很精细。"他列举 14 种排列在一起，并与现代植物分类吻合的植物，除竹、菌、藻等类外，还包括葱属（*Allium*）、蒿属（*Artemisia*）、杨柳科（Salicaceae）之怪柳（*Tamarix* sp.）、桃李属（*Prunus*）、梓属（*Catalpa*）、槭属（*Acer*）、桑属（*Morus*）、槐属（*Sophora*）等。

13. 物候与四时教令

物候学形成于战国时期，成为阴阳学说的组成部分。并且"知时"成为先秦时期的一种哲理，如《吕氏春秋·首时》所说："……故圣人之所贵唯时也。水冻方固，后稷不种，后稷之种必待春，故人虽智而不遇时无功。方叶之茂美，终日采之而不知，秋霜即下，众林皆赢，事之难易，不在小大，务在知时"。汉代司马迁之父司马谈在论述先秦六家（阴阳、儒、墨、名、法、道）时说："尝窃观阴阳之书，大详而众忌讳，使人拘而多畏；然其序四时之大顺，不可失也"（《史记·太史公自序》），他认为阴阳学说中有关物候部

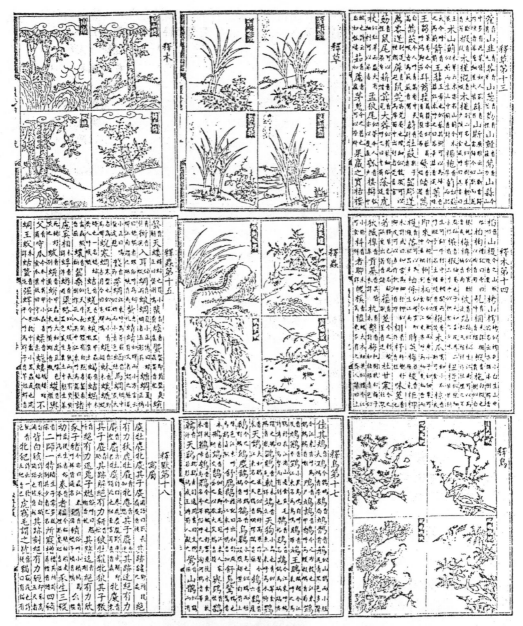

【图14】《尔雅音图》选图（据光绪十年上海同文书局影印本）

分是其精华；司马迁又进一步论述："夫阴阳四时、八位、十二度、二十四节各有教令，
顺之者昌，逆之者不死则亡，未必然也，故曰：'使人拘而多畏'。夫春生夏长，秋收冬藏，
此天道之大经也，弗顾则无以为天下纲纪，故曰：'四时之大顺，不可失也'。"（同上）。
四时指春夏秋冬；十二度指十二个月；二十四节指立春、雨水、惊蛰、春分、清明、谷雨、
立夏、小满、芒种、夏至、小暑、大暑、立秋、处暑、白露、秋分、寒露、霜降、立冬、
小雪、大雪、冬至、小寒、大寒等节气。至晚于春秋战国时期，物候学已与"四时教令"
联系起来。此后，不仅在农林生产中按物候规律办事，相沿成习，并且历代开明的君主

在领导农林生产时皆做为政令推行。同时，物候学做为一种传统的科学，直接反映在我国历代农书中，有的农书则以月令为体例，如汉代之《四民月令》、唐代之《四时纂要》等。至于"物候"一词，在古代诗文中，更广泛地被引用，如梁简文帝《晚春赋》："嗟时序之回斡，叹物候之转移"；唐·杨炯《登秘书阁诗序》："平看日月，唐都之物候可知"；杜审言《和晋陵陆丞早春游望诗》："独有宦游人，偏惊景物新"，《郑谷诗》："山川应物候，皋壤起农情"；元稹《玉泉道中作》："楚俗物候晚，孟冬才有霜"；清·史麟《台城路·晚秋泛舟》："谵月情怀，新晴物候，底事吟情潦草"等。

古籍中有关物候和月令的记载由来久远，如《尚书·尧典》称："历象日月星辰，敬授人时"（意为多次地观察日月星辰，谨慎地把时令传授给人民）；"日中星鸟，以殷仲春。厥民析，鸟兽孳尾。"（意为日夜长短均等之时，南方七宿鸟星出现，是春分时节的标准。其民分散于田野，准备春耕，此时鸟兽交尾）；"日永星火，以正仲夏。厥民因，鸟兽希革"（意为白昼景长之时，大火星出现，是夏至时节的标准。其民解衣而耕，此时鸟兽脱毛）；"宵中星虚，以殷仲秋。厥民夷，鸟兽毛毨（shēn）"（意为昼夜长短均等，虚星宿出现，是仲秋时节的标准。其民喜悦，鸟兽都长出新毛）；"日短星昴，以正仲冬。厥民隩，鸟兽氄（róng）毛"（意为白昼最短的时候，昴星宿在正南方出现，是仲冬时节的标准。其民蛰居取暖，鸟兽长出丰满的羽毛）。

14. 宴乐攻战壶纹

1965 年于四川成都百花潭出土之战国早期"宴乐攻战壶"生动地描绘了当时人们宴乐、习射、攻城、水战、采桑、弋鸟和狩猎等活动情景（见图 16），其中反映木工技术除大型攻战楼船外，木器有各种兵器和乐器。

【图16】成都百花潭出土之战国铜器"宴乐攻战壶"及壶纹（现存故宫博物院）

15. 春秋战国八种植树

社前植树。社祀是一种古老传统，管理此事的官员已于本章第二节"大司徒与社坛植树"述及。《礼记·祭法》称："王为群姓立社曰太社；王自为立社曰王社；诸侯为百姓立社曰国社；诸侯自立为社曰侯社；大夫以下成群立社曰置社。"这种社祀是祭土地、林木、农作物的原始宗教活动。《周礼·地官司徒》:"制其畿疆而沟封之,设其社稷之壝,而树之田主,各以其野之所宜木,遂以名其社与其野",故古代许多地名皆以树木命名。《诗·大雅·绵》:"乃立冢土"、《诗·小雅·甫田》:"以御田祖,以祈甘雨。"都是指这类活动。至于种植何种树木,因时因地而异,《论语·八佾》:"夏后氏以松,殷人以柏,周人以栗";《白虎通·卷一·社稷》引《尚书逸篇》称:"大社唯松,东社唯柏,南社唯梓,西社唯栗,北社唯槐。"其说不一。

墓地植树。管理墓地植树的官员"冢人"已于本章第二节述及。此时期墓地植树,实际上是一种纪念林的营造,不仅做为国家一种制度,并且在民间相沿成习,并有等级的规定,据《古微书·礼纬·稽命征》称:"天子坟高三仞,树以松;诸侯半之,树以柏;大夫八尺,树以栗;庶人无坟,树以杨柳"。至于民间墓地植树有记载的如孔子墓,据《水经注·卷二十五·泗水》:"谯周云:'孔子死后,鲁人就冢次而居者百余家,命曰孔里'。……《皇览》曰:'弟子各以四方奇木来植,故多诸异树'。"

庭院植树。庭院植树的较早记载见之于《诗·鄘风·定之方中》,公元前660年卫国被狄国所破,卫文公迁都楚丘(今河南滑县东),重新营造宫室,种植树木,发展农桑,诗中提到"树之榛栗,椅桐梓漆,爰伐琴瑟",并且提到。"降观于桑",说明当时榛、栗、椅(楸木)、桐、梓、漆、桑等,都是在庭院所植之有经济价值的树木。

园圃植树。由于此时期园圃制的形成,种植经济林木是园圃经济的重要组成部分,是封建制社会的基本经济形态,故孟子说:"五亩之宅,树之以桑"(《孟子·梁惠王上》)。《诗·郑风·将仲子》:"无踰我里,无折我树杞;……无踰我墙,无折我树桑,……无踰我园,无折我树檀";《荀子·富国》:"瓜、桃、枣、李一本数以盆鼓。"说明杞、桑、檀、桃、李、枣等都是于园圃经人工培育所植之树无疑。

行道植树。"列树表道"为我国古代林业传统之一,至晚于周代已成为一种制度,《国语·周语》称:"周制有之曰:'列树以表道,立鄙食以守路。'",鄙为郊野,周代于郊野每十里设庐,以供行人饮食,称鄙食。《吕氏春秋·下贤》载:"桃李垂于行者,莫之援也",指的是公元前522年之前,郑相子产治理郑国时,于都城以桃李为行道树,而且人们都不敢攀折。

河堤造林。《周礼·夏官司马》有"掌固"之职,负责"掌修城郭沟池树渠之固,……凡国都之境有沟树之固,郊亦如之",这是指护城河的河堤造林。关于树木可以固堤并保持水土的科学道理,见之于《管子·度地》:"树以荆棘,以固其地,杂以柏杨,以备决水。"这是水利工程必须配合植树工程的真知灼见。

边境造林。于边境造林植树的林业传统亦由来久远,《周礼·地官司徒》规定其"掌邦之野,以土地之图经田野,造县鄙形体之法,……五鄙为县,五县为遂,皆有地域,沟树之。"例如战国时期秦国与赵国之间的边境林有"松柏之塞"(《荀子·疆国》),或说在今河北灵寿县一带,或说在今河南原武县一带。

驿站植树。《周礼·秋官司寇·野庐氏》:"野庐氏掌达国道路至于四畿,比国郊及野之道路、宿息、井树。"野庐氏是公路及驿站管理官员,宿息为驿站,亦称鄙食、野庐,古代规定每十里设一庐,以供行人饮食,井树皆为驿站所必备者。井共饮食,树为蕃蔽。

16.《石鼓文》与秦时园囿

郭沫若断此石为西畤遗物的同时，并对此十石的排列顺序与训诂提出其独到的看法，成一家之言。现据他所著《石鼓文研究》一书的排列次序及论点，简述如下。

第一石为《汧沔》，郭氏认为这首诗是"称道汧源之美及游鱼之乐……首叙其风物之美以起兴。"从诗中的描写看到汧水流域是一派大自然的生机，其诗为：

"汧（qiān 汧水为渭水支流，今名千河）殹（yì，也）沔沔，（汧水啊！源远而流长）

烝（zhēng，进入）彼淖（nào，烂泥）渊；（注满了那低洼的地方）

鰋（yǎn，鲇鱼）鲤处之，（那里是鲇鱼和鲤鱼聚居的地方）

君子渔之，（人们就在这里捞鱼）

漫漫（mān，大水貌）有鲦（xiǎo，小白鱼）；（浅滩处处有小白鱼）

其游趚趚（shān，鱼游貌）；（穿梭般地在水中游玩）

帛鱼鱳鱳（lì，闪光貌），（白鱼的鳞光在水中闪闪）

其籊（zū，鱼于水中盗食）氏鲜。……（在水中偷食，看得多么清楚）

又鱮（fù，鲫鱼）又鲌（bó，白鱼）……（又是鲫鱼，又是白鱼）

其鱼维何？（都有些什么鱼呢？）

维鱮（xù，鲢鱼）及鲤。（有鲢鱼和鲤鱼）

何以囊（pāo，包裹）之？（用什么带回去呢？）

唯杨及柳。（用杨柳编篓吧）

这些诗句说明这里有湍湍的流水，水中有各种鱼，树木有杨树和柳树，是一片未经开垦的沼泽地，这是对秦畤园囿原来地貌的风景描绘。

第二石为《灵雨》，郭氏认为"此石追述初由汧源出发攻戎救周时事"。

第三石为《而归》，"此石追述凯旋时事，当有天子命辞，惜残泐无从属读"。

第四石为《作原》，郭氏称"此石叙作西畤时事，先辟原场，后建祠宇，更起池沼园林，以供游玩，石虽半断，然其全文可以想见也。"其残缺不全的诗句有：

"作原作□（畤），……（平整好土地，修建起畤坛）"

□为卅里。……（面积里有卅里）

□□□栗，（……栗树）

柞棫其□，……（柞树、棫树……）

亚箬（wēi nuó，即猗傩，草木盛美貌，见《诗·桧风·隰有苌楚》）其华，（这里草木生长得多么美好）

为所游优。（为了悠哉游哉）

从上述残缺不全的诗句可知此园囿的面积为三十里；其树种有栗、柞、棫等；从"亚箬其华"可知其整个植被状况相当好；其中有"为所游优"之句，可知其建立园囿的游乐目的。

第五石为《吾水》，郭氏称："此石叙作畤即成，将畋游以行乐"。从诗中首先可以看出其建立园囿的过程：

"遄（吾）水既瀞（清），（我们已经理好了水）

避（吾）衕（道）既平，（我们已经将道路修好）

避行既止。（我们将定居于此）

嘉树则里，（种植了好的树木）

天子永宁。（天下永远太平）

日佳（惟）丙申，（正好在丙申这一天）

昱昱（yù，照耀）薪薪，（在黎明时刻，点燃薪火）

避（吾）其雾（旁）道。（我来引导你们上路）"　.

此诗前几句结合《作原诗》记述了我国古代造园的完整过程，即理水、堆時（掇山）、修路和植树，前诗"作原作時"指平整土地、掇時和排除积水，"避水既瀞"之句说明园囿内已出现了清澈的流水。理水、掇山，改造地形是我国传统造园的第一步；"避衕既平"之句说明曾修筑园路，这是造园的第二步；"嘉树则里"之句说明有计划地选择好的树种，种植行道树和各类树木。诗的后半段描写了准备驾车出游的情景。

第六石为《车工》，郭氏称："此石叙初出猎时情景"。其中有"麀鹿速速，君子之求"、"麀鹿速速，其来大次（恣）"之句；

第七石为《田车》，郭氏称："此石叙猎之方盛"。其中有"麋豕孔庶，麀鹿雉兔"和"多庶趯趯（lì，跳跃貌），君子逎（乃）乐"之句，不仅说明此地森林动物资源的丰富，而且说明狩猎的过程中，上下之间的团结于和谐。

第八石为《銮欶》（bì cì，车饰之意），郭氏称："此石叙猎之将罢"。其中有"兽鹿如□"、"吾获允异"之句，说明是满载而归。

第九石为《马荐》，郭氏称："此石盖叙罢猎而归时途中所遇之情景"，此石今已一字无存。

第十石为《吴人》，郭氏称："此石叙猎归献祭于時也"。其中有"朝夕敬惕"、"曾受其享"之句，说明猎取野兽之后，首先要献于時，以敬天地鬼神。

秦時园囿修建带有秦国刚刚兴起的特点。　此园囿的兴建应是周王室东迁、中央集权开始衰微、秦国开始扩张势力的产物。因此带有西周及春秋早期的特点。此特点主要是：既要敬天地鬼神！又要从事游猎；既要自建時坛、园囿，又不敢大兴土木、僭越王室。因此采取時、园、囿相结合的造园手法，因此此园囿具有西周时期质朴的、自然的园林风格。

秦時园囿的多种功能。　時（zhì）和灵台一样，是古代祭天地及五帝的祭坛，《说文》称時为"天地五帝所基址也。"《汉书·郊祀志》师古注称："畦時者如种韭畦之形，而時于畦中，各为一土封也。"说明这种時和灵台的性质一样，是敬神明的地方，古代一个民族或一个部落的崛起和统治的延续，被认为是天意，故把祭祀天地鬼神视为大事，特别是古代秦陇地区，坛時颇多，《史记。封禅书》称："自古以雍州积高，神明之隩，故立時郊上帝，诸神祠皆聚云"。有记载的如：秦襄公作西時、秦文公作鄜（fū，地名，今称富县）時、秦宣公作密時于渭南、吴阳有武時、雍东有好時、秦灵公作吴阳上時祭黄帝、作下時祭炎帝、秦献公作畦時于栎阳等。据《括地志》载："三時原在岐州雍县南三十里，《封禅书》云，"秦文公作鄜畤、襄公作西時、灵公作吴阳上時，并此原上，因名也。"故石鼓所记的园囿可能是这三个時当中的一个，時和园囿为一体。和今天北京的天坛、社稷坛一样，其园林是在一种祭祀天地鬼神的氛围之中。

其次，此园囿和灵台一样，在政治目的之外，兼具游乐功能，是供诸侯游猎、休憩之用。如果说《诗·大雅·灵台》说了麀鹿鱼鸟之乐、说了钟鼓歌吟之盛，没有直接了当地说是为了游乐，故成为后世帝王造园的楷模；那么《石鼓文》则比较坦率说了，"为所游优"，承认其游乐功能。和《诗·秦风·车邻》一样，强调其游乐目的，"今者不乐，逝者其耋"（今天不及时行乐，明天转眼老之将至）、"今者不乐，逝者其亡"（今天不及时行乐，明天转眼死去）。结合凤翔高庄出土陶缶判断，此园囿也可能是北园，故可参阅《诗·秦风·驷铁》一诗，其中有"游于北园"之句，故其游乐功能是明确的。

第三是修建此园囿的军事目的。古代的狩猎往往和军事与战争联系在一起，"会猎"一词即交战和军事行动之意。一个刚刚崛起的诸侯，通过狩猎，达到练兵、习武的目的，是很自然的事情。

第四是其生产目的。狩猎也是一种生产活动，既可以将猎物奉献于峙，又可做衣食之用。秦之先祖以驯马著称，是一个擅长畜牧的民族，于此园囿中获取野生动物，也是必不可少的。

由此可见我国传统的园林，从一开始就不仅是一种包括多种文化传统的综合艺术，而且其功能也是多方面的，不仅限于游乐与休憩，而是包括政治、经济、文化、环境等多种因素在内。

秦峙园囿上承灵台，下接晋之虒祁、楚之章华，以及秦汉离宫，是西周与东周之交的一个有代表性的园林。虽其遗迹难寻，且史籍不载，但石鼓犹存，其默默地向人们展示这里曾经存在过的辉煌。故此石可谓周原森林资源和秦峙园囿的写意画卷。

【注释】
①三峙原为唐代地名，三峙有两种说法：一是《史记》所引《括地志》，指秦襄公之西峙、秦文公之鄜峙及秦灵公之吴阳上峙。据《太平寰宇记·卷三十》指秦文公之鄜峙、秦宣公之密峙及秦灵公之吴阳上峙，郭氏主前说，否定《太平寰宇记》密峙说。此四峙修建的年代为：西峙建于秦襄公七年（公元前771年），鄜峙建于秦文公十年（公元前756年）祭白帝，密峙建于秦宣公四年（公元前672年）祭青帝，吴阳上峙建于战国时期秦灵公三年（公元前422年）祭黄帝。②据《史记·封禅书》："秦襄公既侯，居西垂，自以为主少皞之神，作西峙，祭白帝"。郭氏据《帝王世纪》力主西峙于汧地，而非"西垂"（今天水一带）。

十三、东湖风景区（1950年）

武汉东湖风景区位于武昌东郊湖泊区（在先秦时代靠近"云梦"大泽），这里有郭郑湖、汤菱湖、团湖等九个大湖汇聚，若断若连，这里洲渚错综、港汊交织、有"九十九湾"之说。湖区西南有珞珈山和大洪山。相传春秋战国时的楚王曾"落驾"于珞珈山，屈原被楚王流放到鄂渚，还有千年古刹宝通禅寺和始建于元代的七层洪山宝塔。湖区的东南是磨山，这里六峰并峙、植被茂密、三面环水、逶迤八里，有刘备郊天台。正是这片山水宝地，在1950年被"中南军政委员会"确定为"风景区"，从此武汉东湖逐步成为闻名中外的风景胜地。

"中南军政委员会"后更名为"中南行政区",统辖豫、鄂、湘、赣、粤、桂等六省,直到1954年新的政区确立为止。这里节录了具有历史意义的《中南军政委员会通令》的部分文字,可以了解新中国第一代先贤的战略眼光、科学决策和创业者的举措,他们为我国风景名胜的复兴和发展首创了典型范例,其中有些内容竟然成为当下难以企及的理想,因而有着难能可贵的学术、社会、导向价值。

本文引自《中国风景名胜区30年回顾与展望》(中国建筑工业出版社,2012年第1版)第106页。

1. 东湖建设委员会

1950年12月2日,中南军政委员会发布《中南军政委员会通令》(会文文字第088号)。通令规定:成立东湖建设委员会统一管理建设东湖风景区,以适应武汉广大人民文化娱乐之需要藉壮观瞻。

一、查东湖地区广大,风景优美,如只作局部建设计划,诚恐有损于自然风景,不如扩展至东湖全区为宜,而公园地区又从无如此之大,故将"东湖公园"改称"东湖风景区"。

二、区划:根据"并划定以湖水夏汛水位为准,周围三至五里地区作建设风景区范围"之原则改由东岳庙以东之邓家湾起,沿公路东向经卓刀泉;沿公路北向经黄家店;西向沿大路经油房岭至青山港;沿港东岸西南行至沙湖之紫金山;南向经李家湾,有如附图。

三、东湖港汊纵横,水亦较深,出口极少,对鱼逃逸的管理亦易,极合于养鱼之用,可将湖交东湖建设委员会统一管理,以作中南内湖养鱼的试验场所,其渔业收益,可作该会经常费用,而沿湖渔民生活亦可因鱼物繁殖而获得有利改善。

四、在东湖风景区内的土地、山林、湖沼统归国有,并由东湖建设委员会统一管理,在不妨害风景条件下,无论公私机关团体及个人,均可申请拨给地方,作为建筑房舍及庭园等之用,为使有效的利用地方增进风景之幽美起见,其所申请之地方及建筑之式样,须经东湖建设委员会之批准,方能使用。

五、东湖风景区内之地方行政仍归当地政府管辖,但为保护各项建设及渔场不受破坏,可设警察若干人。

六、在东湖建设委员会下设东湖建设管理处,负责日常工作,设处长一人,副处长若干人,由东湖建设委员会提请中南军政委员会任命,建设管理处下可视工作之需要,分设若干组。

七、1951年度,由中南军政委员会拨给人民币20亿元(指旧币)作为建设费,以后建设费用由该建设委员会拟具计划,分年提交军政委员会核拨。

八、东湖建设委员会,以王树声等29位同志(名字附后)组成,并以陶铸为主任委员,张执一,郑绍文,周苍柏3位同志为副主任委员,负责规划东湖风景区建设步骤。